中国石油科技进展丛书（2006—2015年）

低碳关键技术

主　编：闫伦江

副主编：邓　皓　钟太贤　李兴春　罗　凯

石油工业出版社

内 容 提 要

本书重点介绍了2006—2015年中国石油在低碳领域取得的关键技术成果，包括高含水油田节能技术、低渗透油气田节能技术、热采节能节水技术、炼油化工节能节水技术、长输管道节能技术、钻井动力气代油技术、含油污泥资源化利用技术、炼化污水高效处理与回用技术、温室气体捕集与利用关键技术、低碳策略标准与战略技术等。此外，还分析了低碳技术的未来发展趋势。

本书可供石油低碳与环保技术人员、管理人员及院校相关专业师生阅读和参考。

图书在版编目（CIP）数据

低碳关键技术 / 闫伦江主编．—北京：石油工业出版社，2019.6

（中国石油科技进展丛书．2006—2015年）

ISBN 978-7-5183-3449-0

Ⅰ．①低… Ⅱ．①闫… Ⅲ．①石油工业 - 节能 - 研究 Ⅳ．① TE08

中国版本图书馆CIP数据核字（2019）第104648号

出版发行：石油工业出版社

（北京安定门外安华里2区1号 100011）

网 址：www. petropub. com

编辑部：（010）64523738 图书营销中心：（010）64523633

经 销：全国新华书店

印 刷：北京中石油彩色印刷有限责任公司

2019年6月第1版 2019年6月第1次印刷

787×1092毫米 开本：1/16 印张：29.75

字数：760千字

定价：220.00元

（如出现印装质量问题，我社图书营销中心负责调换）

《中国石油科技进展丛书（2006—2015年）》

编　委　会

专　家　组

《低碳关键技术》编写组

主　　编： 闫伦江

副 主 编： 邓　皓　钟太贤　李兴春　罗　凯

编写人员：（按姓氏笔画排序）

王文思　王林平　王宝峰　王嘉麟　王毅霖　云　箭
石海霞　田艳荣　毕研斌　刘　学　刘　东　刘　琴
刘一山　刘光全　刘许民　刘爱华　许　晔　孙静文
李　诚　李其抚　李春晓　李海东　李鸿莉　杨建平
肖述琴　张红朋　张晓飞　张德实　陈　杰　陈由旺
陈昌照　袁　波　袁文静　贾选红　郭　刚　郭树君
常维纯　崔翔宇　彭其勇　谢水祥　熊焕喜　薛兴昌
薛建强　薛瑞新　魏立军

序

习近平总书记指出，创新是引领发展的第一动力，是建设现代化经济体系的战略支撑，要瞄准世界科技前沿，拓展实施国家重大科技项目，突出关键共性技术、前沿引领技术、现代工程技术、颠覆性技术创新，建立以企业为主体、市场为导向、产学研深度融合的技术创新体系，加快建设创新型国家。

中国石油认真学习贯彻习近平总书记关于科技创新的一系列重要论述，把创新作为高质量发展的第一驱动力，围绕建设世界一流综合性国际能源公司的战略目标，坚持国家“自主创新、重点跨越、支撑发展、引领未来”的科技工作指导方针，贯彻公司“业务主导、自主创新、强化激励、开放共享”的科技发展理念，全力实施“优势领域持续保持领先、赶超领域跨越式提升、储备领域占领技术制高点”的科技创新三大工程。

“十一五”以来，尤其是“十二五”期间，中国石油坚持“主营业务战略驱动、发展目标导向、顶层设计”的科技工作思路，以国家科技重大专项为龙头、公司重大科技专项为抓手，取得一大批标志性成果，一批新技术实现规模化应用，一批超前储备技术获重要进展，创新能力大幅提升。为了全面系统总结这一时期中国石油在国家和公司层面形成的重大科研创新成果，强化成果的传承、宣传和推广，我们组织编写了《中国石油科技进展丛书（2006—2015年）》（以下简称《丛书》）。

《丛书》是中国石油重大科技成果的集中展示。近些年来，世界能源市场特别是油气市场供需格局发生了深刻变革，企业间围绕资源、市场、技术的竞争日趋激烈。油气资源勘探开发领域不断向低渗透、深层、海洋、非常规扩展，炼油加工资源劣质化、多元化趋势明显，化工新材料、新产品需求持续增长。国际社会更加关注气候变化，各国对生态环境保护、节能减排等方面的监管日益严格，对能源生产和消费的绿色清洁要求不断提高。面对新形势新挑战，能源企业必须将科技创新作为发展战略支点，持续提升自主创新能力，加快构筑竞争新优势。“十一五”以来，中国石油突破了一批制约主营业务发展的关键技术，多项重要技术与产品填补空白，多项重大装备与软件满足国内外生产急需。截至 2015 年底，共获得国家科技奖励 30 项、获得授权专利 17813 项。《丛书》全面系统地梳理了中国石油“十一五”“十二五”期间各专业领域基础研究、技术开发、技术应用中取得的主要创新性成果，总结了中国石油科技创新的成功经验。

《丛书》是中国石油科技发展辉煌历史的高度凝练。中国石油的发展史，就是一部创业创新的历史。建国初期，我国石油工业基础十分薄弱，20 世纪 50 年代以来，随着陆相生油理论和勘探技术的突破，成功发现和开发建设了大庆油田，使我国一举甩掉贫油的帽子；此后随着海相碳酸盐岩、岩性地层理论的创新发展和开发技术的进步，又陆续发现和建成了一批大中型油气田。在炼油化工方面，“五朵金花”炼化技术的开发成功打破了国外技术封锁，相继建成了一个又一个炼化企业，实现了炼化业务的不断发展壮大。重组改制后特别是“十二五”以来，我们将“创新”纳入公司总体发展战略，着力强化创新引领，这是中国石油在深入贯彻落实中央精神、系统总结“十二五”发展经验基础上、根据形势变化和公司发展需要作出的重要战略决策，意义重大而深远。《丛书》从石油地质、物探、测井、钻完井、采油、油气藏工程、提高采收率、地面工程、井下作业、油气储运、石油炼制、石油化工、安全环保、海外油气勘探开发和非常规油气勘探开发等 15 个方面，记述了中国石油艰难曲折的理论创新、科技进步、推广应用的历史。它的出版真实反映了一个时期中国石油科技工作者百折不挠、顽强拼搏、敢于创新的科学精神，弘扬了中国石油科技人员秉承“我为祖国献石油”的核心价值观和“三老四严”的工作作风。

《丛书》是广大科技工作者的交流平台。创新驱动的实质是人才驱动，人才是创新的第一资源。中国石油拥有 21 名院士、3 万多名科研人员和 1.6 万名信息技术人员，星光璀璨，人文荟萃、成果斐然。这是我们宝贵的人才资源。我们始终致力于抓好人才培养、引进、使用三个关键环节，打造一支数量充足、结构合理、素质优良的创新型人才队伍。《丛书》的出版搭建了一个展示交流的有形化平台，丰富了中国石油科技知识共享体系，对于科技管理人员系统掌握科技发展情况，做出科学规划和决策具有重要参考价值。同时，便于科研工作者全面把握本领域技术进展现状，准确了解学科前沿技术，明确学科发展方向，更好地指导生产与科研工作，对于提高中国石油科技创新的整体水平，加强科技成果宣传和推广，也具有十分重要的意义。

掩卷沉思，深感创新艰难、良作难得。《丛书》的编写出版是一项规模宏大的科技创新历史编纂工程，参与编写的单位有60多家，参加编写的科技人员有1000多人，参加审稿的专家学者有200多人次。自编写工作启动以来，中国石油党组对这项浩大的出版工程始终非常重视和关注。我高兴地看到，两年来，在各编写单位的精心组织下，在广大科研人员的辛勤付出下，《丛书》得以高质量出版。在此，我真诚地感谢所有参与《丛书》组织、研究、编写、出版工作的广大科技工作者和参编人员，真切地希望这套《丛书》能成为广大科技管理人员和科研工作者的案头必备图书，为中国石油整体科技创新水平的提升发挥应有的作用。我们要以习近平新时代中国特色社会主义思想为指引，认真贯彻落实党中央、国务院的决策部署，坚定信心、改革攻坚，以奋发有为的精神状态、卓有成效的创新成果，不断开创中国石油稳健发展新局面，高质量建设世界一流综合性国际能源公司，为国家推动能源革命和全面建成小康社会作出新贡献。

王宜林

2018年12月

丛书前言

石油工业的发展史，就是一部科技创新史。“十一五”以来尤其是“十二五”期间，中国石油进一步加大理论创新和各类新技术、新材料的研发与应用，科技贡献率进一步提高，引领和推动了可持续跨越发展。

十余年来，中国石油以国家科技发展规划为统领，坚持国家“自主创新、重点跨越、支撑发展、引领未来”的科技工作指导方针，贯彻公司“主营业务战略驱动、发展目标导向、顶层设计”的科技工作思路，实施“优势领域持续保持领先、赶超领域跨越式提升、储备领域占领技术制高点”科技创新三大工程；以国家重大专项为龙头，以公司重大科技专项为核心，以重大现场试验为抓手，按照“超前储备、技术攻关、试验配套与推广”三个层次，紧紧围绕建设世界一流综合性国际能源公司目标，组织开展了50个重大科技项目，取得一批重大成果和重要突破。

形成40项标志性成果。（1）勘探开发领域：创新发展了深层古老碳酸盐岩、冲断带深层天然气、高原咸化湖盆等地质理论与勘探配套技术，特高含水油田提高采收率技术，低渗透/特低渗透油气田勘探开发理论与配套技术，稠油/超稠油蒸汽驱开采等核心技术，全球资源评价、被动裂谷盆地石油地质理论及勘探、大型碳酸盐岩油气田开发等核心技术。（2）炼油化工领域：创新发展了清洁汽柴油生产、劣质重油加工和环烷基稠油深加工、炼化主体系列催化剂、高附加值聚烯烃和橡胶新产品等技术，千万吨级炼厂、百万吨级乙烯、大氮肥等成套技术。（3）油气储运领域：研发了高钢级大口径天然气管道建设和管网集中调控运行技术、大功率电驱和燃驱压缩机组等16大类国产化管道装备，大型天然气液化工艺和20万立方米低温储罐建设技术。（4）工程技术与装备领域：研发了G3i大型地震仪等核心装备，“两宽一高”地震勘探技术，快速与成像测井装备、大型复杂储层测井处理解释一体化软件等，8000米超深井钻机及9000米四单根立柱钻机等重大装备。（5）安全环保与节能节水领域：

研发了 CO_2 驱油与埋存、钻井液不落地、炼化能量系统优化、烟气脱硫脱硝、挥发性有机物综合管控等核心技术。（6）非常规油气与新能源领域：创新发展了致密油气成藏地质理论，致密气田规模效益开发模式，中低煤阶煤层气勘探理论和开采技术，页岩气勘探开发关键工艺与工具等。

取得 15 项重要进展。（1）上游领域：连续型油气聚集理论和含油气盆地全过程模拟技术创新发展，非常规资源评价与有效动用配套技术初步成型，纳米智能驱油二氧化硅载体制备方法研发形成，稠油火驱技术攻关和试验获得重大突破，井下油水分离同井注采技术系统可靠性、稳定性进一步提高；（2）下游领域：自主研发的新一代炼化催化材料及绿色制备技术、苯甲醇烷基化和甲醇制烯烃芳烃等碳一化工新技术等。

这些创新成果，有力支撑了中国石油的生产经营和各项业务快速发展。为了全面系统反映中国石油 2006—2015 年科技发展和创新成果，总结成功经验，提高整体水平，加强科技成果宣传推广、传承和传播，中国石油决定组织编写《中国石油科技进展丛书（2006—2015 年）》（以下简称《丛书》）。

《丛书》编写工作在编委会统一组织下实施。中国石油集团董事长王宜林担任编委会主任。参与编写的单位有 60 多家，参加编写的科技人员 1000 多人，参加审稿的专家学者 200 多人次。《丛书》各分册编写由相关行政单位牵头，集合学术带头人、知名专家和有学术影响的技术人员组成编写团队。《丛书》编写始终坚持：一是突出站位高度，从石油工业战略发展出发，体现中国石油的最新成果；二是突出组织领导，各单位高度重视，每个分册成立编写组，确保组织架构落实有效；三是突出编写水平，集中一大批高水平专家，基本代表各个专业领域的最高水平；四是突出《丛书》质量，各分册完成初稿后，由编写单位和科技管理部共同推荐审稿专家对稿件审查把关，确保书稿质量。

《丛书》全面系统反映中国石油 2006—2015 年取得的标志性重大科技创新成果，重点突出“十二五”，兼顾“十一五”，以科技计划为基础，以重大研究项目和攻关项目为重点内容。丛书各分册既有重点成果，又形成相对完整的知识体系，具有以下显著特点：一是继承性。《丛书》是《中国石油“十五”科技进展丛书》的延续和发展，凸显中国石油一以贯之的科技发展脉络。二是完整性。《丛书》涵盖中国石油所有科技领域进展，全面反映科技创新成果。三是标志性。《丛书》在综合记述各领域科技发展成果基础上，突出中国石油领先、高端、前沿的标志性重大科技成果，是核心竞争力的集中展示。四是创新性。《丛书》全面梳理中国石油自主创新科技成果，总结成功经验，有助于提高科技创新整体水平。五是前瞻性。《丛书》设置专门章节对世界石油科技中长期发展做出基本预测，有助于石油工业管理者和科技工作者全面了解产业前沿、把握发展机遇。

《丛书》将中国石油技术体系按 15 个领域进行成果梳理、凝练提升、系统总结，以领域进展和重点专著两个层次的组合模式组织出版，形成专有技术集成和知识共享体系。其中，领域进展图书，综述各领域的科技进展与展望，对技术领域进行全覆盖，包括石油地质、物探、测井、钻完井、采油、油气藏工程、提高采收率、地面工程、井下作业、油气储运、石油炼制、石油化工、安全环保节能、海外油气勘探开发和非常规油气勘探开发等 15 个领域。31 部重点专著图书反映了各领域的重大标志性成果，突出专业深度和学术水平。

《丛书》的组织编写和出版工作任务量浩大，自 2016 年启动以来，得到了中国石油天然气集团公司党组的高度重视。王宜林董事长对《丛书》出版做了重要批示。在两年多的时间里，编委会组织各分册编写人员，在科研和生产任务十分紧张的情况下，高质量高标准完成了《丛书》的编写工作。在集团公司科技管理部的统一安排下，各分册编写组在完成分册稿件的编写后，进行了多轮次的内部和外部专家审稿，最终达到出版要求。石油工业出版社组织一流的编辑出版力量，将《丛书》打造成精品图书。值此《丛书》出版之际，对所有参与这项工作的院士、专家、科研人员、科技管理人员及出版工作者的辛勤工作表示衷心感谢。

人类总是在不断地创新、总结和进步。这套丛书是对中国石油 2006—2015 年主要科技创新活动的集中总结和凝练。也由于时间、人力和能力等方面原因，还有许多进展和成果不可能充分全面地吸收到《丛书》中来。我们期盼有更多的科技创新成果不断地出版发行，期望《丛书》对石油行业的同行们起到借鉴学习作用，希望广大科技工作者多提宝贵意见，使中国石油今后的科技创新工作得到更好的总结提升。

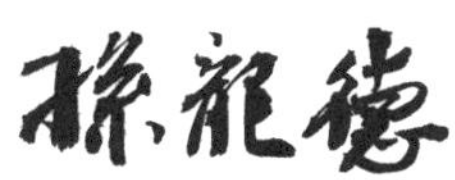

2018 年 12 月

前 言

全球气候变化、温室效应是全人类关注的热点，联合国和世界各国均高度重视，并予以广泛关注和研究。当前，控制气候变化的核心对策是实施低碳发展，低碳发展正在加速推动全球能源格局的战略性重塑。中国受气候变化不利影响较为严重，作为全球应对气候变化的重要参与者，全力推动低碳发展，积极应对气候变化，不仅是中国实现可持续发展的内在要求，也是对全世界的责任担当。

党的十九大报告中指出，推进绿色发展，构建市场导向的绿色技术创新体系，发展绿色金融，壮大节能环保产业、清洁生产产业、清洁能源产业。要推进能源生产和消费革命，构建清洁低碳、安全高效的能源体系。要着力解决突出环境问题，坚持全民共治、源头防治，构建政府为主导、企业为主体、社会组织和公众共同参与的环境治理体系。中国要积极参与全球环境治理，落实减排承诺。因此，低碳发展是建设美丽中国、美丽地球的重大发展目标。

中国石油落实国家发展战略，积极承担社会责任、政治责任，高度重视低碳发展，战略谋划，超前部署，是国内首家设立低碳相关研究方向重大科技专项的央企。在构建清洁低碳、安全高效的能源体系以及污染物防治相关方向积极开展科技创新和技术攻关。为积极应对全球气候变化，抢占低碳发展制高点，以保障能源持续平稳供应、改善民生福祉为己任，始终以高度的社会责任感为社会奉献绿色能源，将科学作为环境保护的抓手，把技术作为低碳发展的支撑，在高含水油田、低渗透油气田、炼化企业、长输管道等不同领域的节能节水和含油污泥、炼化污水、温室气体捕集与利用等石油石化行业污染减排方面，以及钻井动力气代油技术、低碳策略标准与战略技术等方面开展攻关，取得了多项重要科技成果，填补了相应研究领域的空白。成果多次在国际上参加展览，提升了中国石油在低碳领域的国际影响力和话语权。

《低碳关键技术》是《中国石油科技进展丛书（2006—2015年）》的一个

分册，根据中国石油科技管理部统一安排，以低碳关键技术项目研究成果为主，总结了中国石油低碳与节能环保技术研究取得的进展及应用的效果。

本书共 12 章，其中第一章由闫伦江、邓皓编写，第二章由刘学、刘琴、张德实编写，第三章由薛建强、王林平、魏立军、李海东、刘一山、石海霞、刘爱华、肖述琴编写，第四章由王宝峰、杨建平、张红朋、薛瑞新、毕研斌、薛兴昌编写，第五章由李诚、陈杰、王毅霖编写，第六章由李其抚、常维纯编写，第七章由刘东、袁文静编写，第八章由刘光全、谢水祥、李春晓、郭树君、孙静文编写，第九章由李鸿莉、田艳荣、张晓飞编写，第十章由崔翔宇、郭刚、陈昌照、王文思编写，第十一章由袁波、李兴春、陈由旺、云箭、王嘉麟、熊焕喜编写，第十二章由孙静文、李兴春编写。全书由闫伦江、邓皓、钟太贤、罗凯、李兴春等审核。本书的编写和出版得到了中国石油科技管理部等部门的大力支持和帮助，同时许多从事低碳技术研究和环保技术研究的领导和同志都以不同的方式为本书的编写和出版提供了支持和配合。在本书付梓之际，向为本书付出辛勤工作和提供支持的所有人员表示衷心的感谢！

由于编者水平有限，书中难免存在不足，敬请专家和读者批评指正。

目录

第一章 绪 论

近年来，面对全球气候变化对生态系统和人类生存环境造成的严重威胁，西方发达国家纷纷探索新的经济发展模式。在此背景下，英国首先提出了低碳经济这一新的经济发展方式，以应对温室气体排放对全球气候变化的影响。低碳经济作为一种可持续的经济发展模式，其基本内涵主要包括三个方面：一是高能效、低能耗——主要通过发展清洁能源，推进能源技术进步和创新，生产清洁能源产品，降低能源消耗，提高能源利用效率；二是低排放、低污染——最大限度地减少能源消耗中的碳排放和污染物排放；三是可持续、惠长远——在实现经济发展的同时，保护好自然环境和自然资源，实现经济社会的可持续发展。概括地讲，低碳经济就是以低消耗、低污染、低排放为特征的经济发展模式，实质是能源高效利用、清洁能源开发、追求经济绿色增长，对人类社会的生产方式和生活方式将产生深远的影响。实现的基本途径是发展清洁能源和节能减排。

中国石油始终注重强化科技创新，加大环保技术研发，将科学作为环境保护的抓手，把技术作为低碳发展的支撑。“十二五”期间，中国石油按照“布局合理、方向明确、设施先进、资源共享、高效运行”建设原则，以有效支撑、保障快速提升原始创新及科技成果转化能力为目标，开展低碳关键技术攻关研究和应用推广，取得了重大进展，形成了一系列标志性成果，创新、支撑能力大幅度提升：高含水油田节能技术、低渗透油气田节能技术、热采节能节水技术、炼油化工节能节水技术、长输管道节能技术、钻井动力气代油技术等节能提效技术的快速发展开创了基于“油气开发—储运—加工”特点的节能提效新局面；含油污泥资源化利用技术、炼化污水高效处理与回用技术、温室气体捕集与利用关键技术等减排与资源化技术战略瓶颈的攻克，有效提升了石油开发与加工处理过程中的污染物质减排与资源化利用能力，为中国石油满足日趋严格的环保法规标准提供了综合系统的技术支持。低碳战略标准系列软实力发展成果，规划了碳管理和技术发展路线图，搭建了中国石油绿色发展战略支撑基础平台，为中国石油低碳发展战略的持续推进提供了宏观管理技术支撑。低碳关键技术取得的一系列理论技术创新和示范成果，有力地支撑了中国石油低碳可持续发展。

第一节 低碳关键技术发展回顾及现状

“十一五”期间，中国石油依托“双十工程”提前完成“十一五”节能减排目标，能源利用效率得到了较大提高。但与国际平均水平相比，能源利用技术水平及效率还有一定的差距。

一、“十一五”期间国外低碳减排技术发展回顾及战略现状

1. 技术发展回顾

（1）油田节能节水。对于注水工艺，加拿大较典型的注水流程是井站间不设配水间，

由注水站直接向注水井配水，对渗透率高（一般在0.1D以上）的井采取不洗井注水工艺；AGIP石油公司提出了以数据模型为核心的工厂信息集成系统的注水系统方案；Shell石油公司的NOGAT油田应用集成式生产解决方案。在采油系统中，国外学者研制开发了非四连杆机构的新型节能抽油机，以产液量、能耗为目标，对电动机速度变量进行优化，通过改变电动机速度减小抽油杆柱应力和降低系统能耗，例如，UNICO公司研发了抽油机井自动控制系统。在螺杆泵方面，国外某些知名公司（如法国PCM公司）的螺杆泵定子橡胶已形成了系列化，对于不同的井况采用不同泵型和不同定子橡胶等措施来解决耐介质（芳烃/含气/砂等）问题，并且有着自己的一套评价定子橡胶的规范和标准；美国、俄罗斯等国使用有杆抽油泵作为主要机械采油设备，为了满足大泵强采、小泵深抽、稠油井、高含蜡井、腐蚀井和斜井采油的需要，研制了许多特种抽油杆，如超高强度抽油杆、玻璃钢抽油杆、空心抽油杆等。在集输系统中，目前国际大型石油公司都在积极采用一些先进的技术，降低能源消耗，控制温室气体的排放，采用的先进技术主要有添加化学剂、降低水力摩阻、稠油热采产出水循环利用、高效保温技术、先进的原油处理工艺，注重高效破乳剂应用，注重分离器等设备的功能提高和结构优化。

（2）稠油热采。国外蒸汽辅助重力泄油技术（SAGD）发展总体分为三个阶段：第一阶段为1999—2002年，采用MVC工艺处理汽水分离器后的浓缩水，降膜蒸发后的水进直流锅炉，实现污水“零排放”；第二阶段为2003—2005年，采用MVC工艺直接处理除油后的SAGD采出水，将降膜蒸发后的水回用直流注汽锅炉；第三阶段为2006年至今，采用MVC工艺直接处理除油后SAGD采出水，将降膜蒸发后的水回用汽包锅炉，实现注过热蒸汽。加拿大的SAGD开采技术较为成熟，形成了较为成熟的配套工艺技术（高温密闭集输、原油高温密闭脱水、输送技术）。国外的稠油油田也十分重视开采过程中的节油代油措施，且起步较早，已开发出一些新技术和新思路。例如：在稠油油田中采用汽电联供装置；利用太阳能发电；采用煤代替天然气、原油作燃料，减少天然气、原油的消耗；回收烟气余热等。对于污水回用，国外采用的技术是进一步降低水中二、三价主要金属离子含量以防止锅炉结垢，从而取消前面运行成本高昂的除硅工艺。VAPEX（气化抽提）技术用气化烃类溶剂来稀释原油，是较活跃的研究领域，与SAGD相比，VAPEX技术效率高，对环境有利，可原地改质，投入低。在降黏剂研究方面，国外研究较多的是乳化降黏。

（3）炼化节能技术。国外采用的加热炉优化提效工作主要体现在以下几个方面：燃料气全部实施脱硫，脱硫后的燃料气硫含量极低；加热炉设计的大型化；先进的加热炉设计软件；工厂模块化设计及制造；采用了低NO_x燃烧器、烟气NO_x催化转化技术、高温铸铁板式空气预热器、声波气体温度测量系统、高效吹灰器、新型衬里材料、燃气轮机和工艺加热炉的联合、自动控制等技术。

国外许多大型石油公司已将余热协同利用技术作为炼油企业节能降耗的主要手段之一，逐步开展了余热协同利用技术的示范和推广工作，利用先进的工艺流程模拟技术、换热网络优化技术、过程能量集成技术等分析工具，把余热的优化利用重点放在设计阶段，通过在装置设计阶段进行余热协同利用分析和对已有装置、设备及公用工程系统等开展余热协同利用研究工作，不仅保证了工艺流程设计方案的节能效果，而且能够科学、有效地掌握企业实际生产过程中的节能潜力和技术改造方向，通过实施节能方案实现企业能耗降低10%左右，取得了显著的经济效益和社会效益。

在替代燃料种类方面，欧盟专家以电能和生物燃料为主，以合成燃料为辅，以甲烷和液化石油气作为补充。电能包括蓄电瓶、燃料电池和氢技术，生物燃料包括使用动植物油脂或废渣油生产出的生物柴油、生物乙醇和生物甲烷，合成燃料包括利用可再生能源生产出的液化生物质能源、水煤浆和液化煤气等。燃料替代系统技术多集中于研究高、新、精、尖的替代燃料技术的开发利用，并利用已有模型对燃料替代技术进行经济性、环境效益评价。

国外企业在定量计算方面具有较好的基础，形成了较为成熟实用的分析技术手段，国际上一些计算软件，如 Neplan、ETAP 等具有部分针对厂矿企业的计算功能，如电动机启动、谐波计算等，可以进行常规电力系统分析计算。国外研究多在一个炼化企业的整体上考虑整体效益及能源利用率，有时系统分析分类得十分明细，但过于明细的系统划分限制了其他方法的使用，使国外此领域使用的优化方法目前多集中在混合整数线性规划方法上。

在国外，对于水系统建立平衡计算模型是 MES 系统的基本功能模块，对水量和水质实现实时监控，在管理的最底层环节摸准了基础数据，为进一步优化分析奠定了良好的基础。在企业水网络优化分析技术中，主要应用水夹点技术。Tripathi 造纸厂利用水夹点技术，投资了 150 万美元进行技术改造，每年可获得 80 万美元的效益，两年就收回了成本。英国的 Linnhoff March 公司宣称：根据他们做过的 30 多例项目的经验，采用这种方法，对炼厂可有 10%~30% 的节水潜力。

（4）长输管道节能技术。国外原油大多为轻质类原油，该类原油凝点较低，低温流动性较好，无须高温加热，可在常温及较低温度下运输和储存。因此，国外在提高油气管道输送能力和管道运行设备效率技术手段方面具有明显优势。

在天然气减阻增输方面，发达国家在进行天然气减阻剂的相关研究，但到目前为止，仍然处于研究阶段。在天然气管网仿真优化运行技术方面，优化技术发展成熟，不同管道公司均拥有针对各公司运营目标的优化软件产品，并且在生产中广泛应用，效果良好，但这些优化软件均是针对特定管道和特定目标，不具备通用性，不能直接应用于国内天然气管道。

20 世纪 70 年代，国外开始应用数值模拟方法来研究地下储存天然气从建造到注采动态运行的整个过程，美国、德国、丹麦、意大利等国家根据不同类型储气库和不同流动过程、地质地层以及气体种类的差异性，提出了相应的数学模型，为储气库的实际运行提供了理论依据，以达到经济高效地控制地下储气的目的。

（5）柴油机电子控制技术在发达国家的应用率已达到 60% 以上。柴油喷射压力达到 200MPa，燃油耗 195g/（kW·h），排放指标满足 Tier3 标准。国外新开发的高速大功率柴油机普遍采用高压电控电子喷射技术、高压比增压技术、米勒循环，主要有卡特比勒公司、康明斯公司和 MTU 公司等。气代油技术是以纯天然气发动机作为钻井动力，20 世纪 60 年代英国开展过研究，但未见成功应用的先例。双燃料发动机技术用于钻井动力，电代油技术，国外直接采用电动钻机形式。

（6）国外对含油污泥治理技术的研究开展得较早，尤其是美国、加拿大、丹麦、荷兰等欧美国家，工艺技术比较成熟。含油污泥的处理技术主要包括含油污泥的高温处理工艺、含油污泥的调质—机械分离处理工艺、含油污泥的溶剂萃取处理工艺和含油污泥的综合利用。热解吸、焚烧、热水洗涤法、萃取是普遍使用的处理方法。美国专利报道了由

C.Paspek开发的一种溶剂萃取—氧化处理污泥工艺，取得了良好的含油污泥处理效果，处理后的残渣达到填埋要求。美国ECC公司开发了一种直接加热低温热分解处理技术。该技术先将污染土壤或污泥在低温条件下直接加热，使有机污染物挥发出来，然后分离、收集挥发气形成蒸气流，进行最后的氧化处理处置。荷兰G-force（吉福斯）公司为全球著名的油污回收技术提供公司，其油污处理装置用于处理石油钻井、采收、加工炼制等石油工业生产中产生的各种有危险性的油污。该公司的工艺以离心分离技术为核心，在含油废弃物处理领域有着丰富的经验，为欧洲、北美、拉丁美洲及中东等国家和地区的油田、炼厂、船舶及其他工业场所提供了上百套的含油污泥处理系统，对原料组分比较复杂的含油污泥进行了有效的处理和回收。该公司的处理设备自动化程度高，系统的集成能力强，但是预处理设备不是很成熟。

（7）炼化污水处理与回用技术评估。发达国家非常重视环境技术管理，美国针对现有污染源、新污染源、常规污染物和非常规污染物提出了不同的控制技术体系，以污染防治技术为依据制定颁布了50多个行业的环境最佳可行技术指南和排放限值，并已成为贯彻《清洁水法》最重要的政策和措施之一。欧盟于1996年在综合污染防治（IPPC）指令96/61/CE中提出建立最佳可用技术体系（BAT），从1999年开始将BAT用于新建的污染治理设施，要求到2007年现有设施应达到其要求。以BAT为核心的污染防治技术监督管理体系，已经成为欧洲国家对污染源实行综合治理行之有效的重要环境管理制度。在环境技术评价体系建设方面，美国、加拿大和日本等国实行的环境技术验证（ETV）评价体系以及联合国的EnTA评估体系较为成熟。欧盟则是利用费用效益分析法来评价技术或方案的排放达标性能和经济性。

①炼油污水原位升级改造技术：石油化工工业和炼厂产生大量优先污染物，通过一系列原位处理技术进行处理，如美国石油协会（API）的分离器、斜板拦截机（TPI）分离器和溶氧浮选（DAF）单元。后续处理采用悬浮污泥进行生物处理。运行过程中常伴随着大量特定的问题，包括：由于负荷太低（F/M）导致污泥的沉降性能差，油脂、蛋白质和多糖等胞外聚合物的产生对污泥的沉降造成负面影响，有毒化合物对生物过程造成抑制作用，需要更长的污泥停留时间；驯化或启动时间太长，污泥产量大等。上述某些问题可通过用固定生物膜反应器代替悬浮污泥来避免，如滴滤池和生物转盘（RBC）。一系列小试试验报道了藻—菌系统处理高浓度烃类的情况。L.Yang和C.T.Lai用生物滤池和滴滤塔处理高盐度石油废水。原水TOC浓度逐渐增大到1000mg/L，盐度逐渐增加为3.4%，3.6%和4%，水力停留时间为18h，TOC容积负荷为1.5kg/（m^3/d）时，TOC去除率达95%。

②炼油污水回用水深度处理方法与工艺：Alessandra Coelho研究了集中氧化法去除酸性污水中有机污染物的过程。Yusuf Yavuz研究了使用硼金刚石阳极直接和间接电化学氧化，钌混合金属氧化物（Ru-MMO）电极直接电化学氧化以及使用铁电极进行电芬顿和电混凝来处理炼油污水。在最佳的运行条件下，得到了每个电化学方法的结果，并相互对比。除电混凝的电解时间要延长外，苯酚和化学需氧量（COD）在几乎所有的电化学方法中都能完全去除。20世纪90年代以后，O_3氧化、生物活性炭法（BAC）、膜分离、膜生物反应器（MBR）、光化学及电化学等水的深度处理技术成为国内外炼油污水回用研究的热点，处理后出水的水质甚至可以达到饮用水标准，完全能回用于工业生产和生活中。例如，H. A.Joel和Holger Gulyas等采用三级或深度处理工艺，出水水质好，水的重复利用率

高；美国的 Knoblock 等人将膜过滤与生物反应器结合用于深度处理炼油污水，装置长期运行十分稳定，出水水质优良。总之，国外的炼油污水处理运用了多种净水技术，工艺流程较长，污水回用率高，但其处理费用也很高。

③化工污水升级达标与深度处理技术：20 世纪 80 年代，随着生物技术的发展，许多学者致力于化工污水的各种有机物高效降解菌的研究，发表了许多专利，并成功地应用于石油化工污水的高效处理、生物清洗、生物修复和提高原油采收率。美国、日本、德国和英国做了大量研究工作。

④反渗透浓水达标排放处理与利用技术发展现状：国外对反渗透浓水的处理程度同样不高，主要的处理或处置方法包括回流法、直接或间接排放、综合利用及蒸发浓缩。如果反渗透浓水中存在有机污染物，则需要进行净化处理。主要的处理方法包括吸附、生物法、高级氧化、臭氧和过氧化氢氧化以及电化学法。

（8）碳捕集、利用与封存（CCUS）技术是国际公认的重要减排方法和研究热点，已成为各国和国际石油公司占领低碳技术制高点的重要举措。美国能源部提出必须在 8~10 年内发展先进的、可推广的和可承受的碳捕集技术。2008 年美国能源部投资近 5 亿美元发展 CCUS 技术，2009 年增至近 7 亿美元，《美国复兴与再投资法案》又为 CCUS 技术划拨了 34 亿美元资金。2010 年 7 月，美国能源部宣布，将支持 6 个工业二氧化碳捕集转化项目，将工业排放的二氧化碳转化为燃料、塑料、水泥和化肥等产品。这些项目将获得 2.6 亿美元的投资。

碳捕集技术方面，目前国际上大多以吸收法为捕集技术。国际上已有包括加拿大雷吉纳大学和日本三菱重工等多套实验示范装置，研究的主要方向是吸收溶剂的研发、捕集设备性能的提高和过程优化节能技术的研发。在电厂进行燃烧后捕集二氧化碳的项目主要在美国和日本，欧洲和澳大利亚近期也开始了中试规模的试验研究。德国 BASF 公司通过在 MDEA 水溶液中加入一定的活化剂，开发出了活化 MDEA 脱碳工艺（aMDEA 法）。于 20 世纪 70 年代初，在美国和德国实现工业化，广泛应用于合成氨厂的高压气体的脱碳装置。90 年代，法国 Elf 集团对该工艺进行改进后，也开始应用于天然气净化，主要用于处理 H_2S 含量甚微而 CO_2 含量很高的天然气。活化 MDEA 法脱碳具有能耗低、气体净化度高、溶液稳定、挥发性低、对碳钢设备基本无腐蚀等优点，被众多的合成氨厂和甲醇厂所采用。但主要用于高压气体中的 CO_2 脱除，对于低压体系捕集能力较低，导致溶液循环量大。

整体气化联合循环（IGCC）技术方面，全球已经建成投运 IGCC 装置 30 余座，在建和拟建 IGCC 装置 40 余座，这些装置主要分布在美国、欧洲、日本等发达国家和地区，韩国、印度等国也在积极推动 IGCC 的发展。

伴生气回收与利用技术方面，国外油田伴生气回收利用技术发展较早，欧美发达国家的石油公司在油气水多相混输技术——混输泵研制、混输管路流态模拟、多相计量均处于领先地位。目前，多相混输管路流态模拟软件主要分为稳态和瞬态两种，其中稳态模拟软件主要有 PEPITE、PIPEPHASE、TWOPHASE 和 STPHE，瞬态模拟软件主要有 OLGA、PLAC、TACITE 和 TRAFLOW 等，提供了多种流态预测模型。多相混输技术研究的核心设备为多相混输泵，主要为变频电动机驱动，根据泵体结构可分为单螺杆多相泵、反转轴多相泵、双螺杆多相泵、井底多相泵和往复式旋转柱塞泵（WST）多相泵。多相混输系统主要有 NOMAD、海底增压站（SBS）、SMUBS、ELSMUBS 和 Kvaerber 增压站等混输系统，主要用于海洋油田油气混输工艺。20 世纪 70 年代以来，国外天然气凝液回收以节能降耗、提高天然气凝液收率为目的，以低温分离法为主，对天然气凝液回收进行了一系列工艺改进，研发了过冷工艺 GSP 和 LSP、直接换热工艺 DHX、混合剂制冷工艺 MRC 等。燃气发电以燃气内燃机和联合循环燃气轮机为主，燃气轮机主要用于大功率场合，燃气内燃机主要用于装机容量小于 50000kW 或更小的发电市场。天然气液化技术经过 60 多年的发展，已经日趋成熟，目前主要的工艺技术为阶式制冷循环、混合冷剂制冷循环和带预冷的混合冷剂制冷循环 3 种工艺。此外，LNG 的储存和运输也是天然气液化工业的关键技术之一。

二氧化碳的利用技术领域，美国是世界上二氧化碳最大的生产国和消费国，共有 26 家企业 90 余套生产装置，其生产能力为 745×10^4t/a，2011 年消费量为 450×10^4t，开工率为 60% 左右；主要原料为合成氨厂、制氢厂、石化厂、乙醇厂、天然气加工厂副产二氧化碳的回收。日本共有二氧化碳生产装置 30 套，生产能力为 171×10^4t/a，二氧化碳生产装置的利用率为 56% 左右，市场需求量为（90~100）$\times10^4$t/a；二氧化碳气体的来源大致有重油脱硫工艺的副产、制氢工厂的副产、合成氨水洗工序的副产、高炉炼铁副产、石化厂副产和酒厂副产。应用领域与美国有较大差别，二氧化碳用于气体保护焊接占 44%，碳酸饮料、啤酒占 13%，食品冷藏、冷冻占 13%，炼钢（转炉复合吹炼技术）占 9%，铸钢砂型硬化剂占 4%，其他占 17%。

二氧化碳咸水层封存技术上，挪威北海油田 Sleipner 西部二氧化碳咸水层封存项目是世界第一例具工业规模的工程，年封存量不小于 100×10^4t，已有 100×10^4t/a 的二氧化碳注入深部咸水层。日本的 Minami-Nagoaka、美国的 Frio、挪威的 Snehvit、澳大利亚的 Gorgon 和 Otway 两地以及德国的 Ketzin 等处都开展了 CO_2 咸水层地质储存工程项目。

关于温室气体核算方法和数据，国际上具有影响力的核算方法有联合国政府间气候变化专门委员会（IPCC）发布的《国家排放清单编制指南——能源工业》、美国石油学会（API）发布的《油气工业温室气体估算指南》、国际著名咨询机构剑桥能源研究“从油井到车轮”生命周期研究方法等。欧洲在大量数据统计的基础上，详细计算得出本区域内根据不同炼厂构型和产品种类的碳排放系数。

潜力分析基础和技术层面上，英国石油、壳牌等国际石油巨头纷纷加大投入，致力于温室气体控制技术措施研究和实施。例如，埃克森美孚资助开展基础科学研究，提高公司的能源利用效率，研发可以减少排放的设备和方法，对减排政策进行经济效益分析。Shell 不再设计和制造火炬和废气放空的设备，制订了《为可持续发展做出贡献——勘探生产（EP）的未来发展之路》行动计划，设立 18 个环境参数目标，要求各子公司及承包商在生产服务过程中进行控制。

2. 国外低碳发展战略现状

目前，发达国家在低碳经济方面都确立了适合本国国情的战略目标，采取了相应的行动，并不断发展和完善。从西方国家的实践来看，主要措施包括：政策引导、法律规范低碳经济发展；重视低碳技术的研制开发；把发展可再生能源作为碳减排的重要举措；运用财政补贴、税收政策、金融服务、排放权交易等经济手段刺激低碳经济发展；加强国际范围内的减碳协作，推动全球各国共同行动。发达国家一方面在国内积极推进低碳经济，另一方面在全球低碳经济发展博弈中最大限度地获取、维护本国政治和经济利益。国际大石油公司为履行发达国家温室气体减排责任，应对气候变化，树立企业良好社会形象，埃克森美孚、壳牌、BP 等国际石油公司均以减少二氧化碳等温室气体排放为主要目标，制定低碳发展战略，并确定了围绕新能源与可再生能源、提高能效、减少温室气体排放及引导政策标准等四方面的重点发展方向。

国外低碳水平综合评价体系与方法现状：目前，国际上在构建低碳发展综合评价指标体系时基本上遵循了指标体系构建的一般原则，即具有较好的系统性和引导性、较好的可比性、较强的可操作性，定量指标与定性指标相结合，以定量指标为主。比较有代表性的能源消耗目标评价指标体系主要有英国能源行业指标体系、国际原子能机构（IAEA）可持续发展能源指标体系、欧盟（EU）能源效率指标体系、世界能源理事会（WEC）能源效率指标体系等。此外，英国国家可持续发展评价指标体系中也综合纳入了若干能源评价指标。这些指标体系作为重要的能源政策分析和决策支持工具，在实践中得到了较好的应用。由于开发指标体系的具体目的、评价对象、评价主体等方面的差异，上述指标体系在框架设计、指标设定上各有特色。

国外低碳标准制定现状：国际标准化组织环境管理技术委员会（TC207）专门针对温室气体核查与报告，制定了关于温气体管理的系列标准（ISO14064-1、ISO14064-2 和 ISO14064-3），并制定了《产品碳足迹的评价》（ISO14067，于 2013 年发布）等国际标准。此外，世界资源研究所（WRI）于 2007 年启动了针对单个产品在生命周期内的温室气体排放核算和报告标准；英国于 2008 年 10 月正式颁布了《商品和服务在生命周期内的温室气体排放评价规范——PAS 2050》，标准专门针对产品和服务的碳足迹进行评价。

国外开征碳税现状：开征碳税以实现降低二氧化碳排放的目的，最初是 20 世纪 90 年代在一些北欧国家首先出现的。到 2011 年已有 10 多个国家引入碳税，主要为奥地利、捷克、丹麦、爱沙尼亚、芬兰、德国、意大利、荷兰、挪威、瑞典、瑞士和英国等。此外，日本和新西兰等其他一些国家也在考虑征收碳税。

国外碳排放权交易现状：碳排放权交易是清洁发展机制（Clean Development Mechanism，CDM）、黄金标准减排量交易（Gold Standard，GS）、欧盟排放权交易体系（EUETS）和其他温室气体排放权交易机制的统称。碳排放权交易旨在抑制全球变暖，《京都议定书》等国际减排协议中的 CDM、ET 和 JI 等模式均属于其范畴，根据其政策规定，负有温室气体减排义务的发达国家能够进行排放额度的买卖，即难以完成温室气体削减任务的发达国家，可以出资从超额完成任务的国家或从尚不承担减排义务的发展中国家买进温室气体减排额度。碳排放权交易属双赢机制，有利于促进国际合作，不同国家充分发挥各自优势，共同实现温室气体减排，保护全球环境。《京都议定书》规定 2008—2012 年，缔约的发达国家温室气体排放量要比 1990 年平均减少 5.2%。据世界银行粗略计算，发达国家要在 2012 年前如期完成规定的减排任务，碳减排量缺口达 14×10^8t。但是，发达国家的基础设施更新改造周期长、费用高，导致其温室气体削减成本也很高。据测算，发达国家减排 1t 二氧化碳当量温室气体的成本高达 80~100 美元。在这种形势下，为降低温室气体的减排成本，发达国家积极利用 CDM 机制，向削减成本较低的发展中国家购买温室气体减排指标，而购买 1t 二氧化碳当量温室气体减排指标的成本不到 50 美元。由此可见，CDM 项目市场前景较好。

国外低碳数据库建立的现状及趋势：IPCC 早在 2002 年就已经计划建立温室气体减排数据库，目的就是建立国家间的温室气体减排数据库，并通过不断地更新研究成果，保证国家间温室气体排放因子等研究成果共享，研究内容不重复。欧洲委员会联合研究中心与荷兰环境评估署联合开展了全球大气环境监测的排放数据库（EDGAR）。在每个国家、每个区域以及每个地球数据网格上，该数据库均记录相应的直接和间接的人为来源的全球温室气体排放清单。EDGAR 数据库系统可生成各种格式的全球级、区域级与国家级的各种形式排放数据，涵盖多种数据源，2011 年已完成了 1990 年与 1995 年数据存储与管理。夏威夷大学经济研究组织则积极计划发展夏威夷州的能源与温室气体排放数据库。该数据将为政府决策制定者、研究人员、公众提供宽泛的、不同类型的分析数据，从而有利于政府能源决策方案制订、优化能源使用与经济产出的模块构建，以及体现出公众个人的能耗现状。韩国国立环境研究院构建了韩国境内的空气污染与温室气体排放数据库系统。该系统可以估算韩国境内的各种污染气体与温室气体的排放量，并对这些气体的可减少排放量进行了评估。与此同时，该数据库系统也可估算各种气体的未来排放量，并对公众、研究人员以及决策制定者提供相应的高级数据。

二、“十一五”期间中国石油低碳减排技术发展回顾

“十一五”期间，中国石油在油气田系统效率等 11 个方面主要开展了以下技术攻关。

1. 油气田系统提效方面

注水系统：多数油田根据开发的不同阶段，分别建设了普通水注水井网、深度水注水井网、三次采油注水井网。在注水工艺上，采用了“集中注水”工艺。在配水工艺上，主要采用了“单干管单井”和“单干管多井”的配水工艺，注水泵一般选择多级离心泵。

机械采油（机采）系统：目前全国各油田抽油机井的系统效率普遍偏低。提高机采井系统效率已成为各油田节能降耗、降低生产成本、提高经济效益的一个重要问题，在提高机采系统效率方面国内做了大量研究工作。首先从原理到结构形式上另辟新径，研制开发新型节能抽油机。另外，在目前使用的抽油机基础上进行技术革新和改造；在拖动电动机方面，尝试了不同的驱动方式；在系统优化设计软件方面，目前在抽油机井节能方面的研究较多，主要集中在理论研究和计算方面。在螺杆泵方面，国内的研究主要集中在改变螺杆泵定子橡胶工作性能、系统优化设计、减少传动环节等方面，虽然取得了一些进展，但与国外相关产品相比还有差距。

集输系统：大庆油田聚合物驱集油系统以双管掺热集油方式为主，掺水温度为 65℃左右，集油温度为 40℃左右。通过技术创新，形成可实现不加热集输的一系列适用技术措施，达到对已建系统的改造工程量最小、节能经济效益最大化。中原油田从理论上研究结合现场的实际应用，从节能降耗方面提出了中高含水期“端点站加药，管道破乳，常温输送”的集输处理工艺。长庆油田经历了单管常温输送工艺、单管常温密闭集输工艺、井口投球、多井阀组常温密闭集输工艺技术，形成了一套完整的、配套的工艺技术。

2. 油气田节水技术方面

国内外含油污水的处理技术主要包括重力分离法、离心分离法、粗粒化法、过滤法、膜分离法、化学破乳法、化学氧化法、气浮法、吸附法、电化学法和超声波分离法等。除对含油污水的处理外，对于压裂废水、废钻井液的处理也开展了试验研究。如压裂废水由于其高色度、高黏度的水质特点，目前的工艺多为以 Fe/C 微电解和絮凝、氧化为主的五步法或六步法。废弃钻井液的治理方法可归纳为池内填埋、注入安全地层、土地耕作、池

内密封、固液分离、固化、回收利用和生物降解等，其中广泛采用的方法是固化处理。由于废弃钻井液的含水率在 95% 左右，因此固化处理过程中需要加入大量的固化剂，从而导致固化物体积增量很大，处理成本很高。

3. 稠油热采节能方面

目前，国内热采注汽仍然采用出口蒸汽为 75% 的湿饱和蒸汽发生器，针对不同的地域特点与形势，辽河油田目前注汽锅炉正在实行“煤改气”，而新疆油田实行“气改煤”，但不论采用哪种燃料，对于湿蒸汽发生器，出口蒸汽干度均控制在 80% ± 5% 以内，原因是采用了只软化除硬而不除盐的水处理工艺，以降低水处理的运行成本，因此必须保留至少 20% 的盐分，避免在锅炉炉管内壁上结垢，影响安全运行。为了提高蒸汽干度，国内外通常的做法是在注汽锅炉出口加装汽水分离装置，把湿蒸汽中的饱和水分离出来。虽然这样获得了高干度的蒸汽，但系统的热效率却大为降低，分离出的污水处理成本也相应增加。

目前，国内注汽管线保温采用的是硅酸铝镁等复合硅酸盐材料，管壳保温结构，千米热损失在 2%~10% 之间。注汽管柱采用真空隔热管结合密封器辅助注氮气隔热。锅炉注汽干度目前普遍采用手工碱度滴定化验，间隔时间长，化验结果误差大，对干度的了解和控制比较滞后，还没有成熟的干度在线实时监测和控制技术。

国内 SAGD 工艺注汽采用直流锅炉 + 汽水分离器来提高注汽干度的方式；集输工艺采用单井密闭、小站接转工艺，集输温度不高于 100℃，单井计量采用称重式计量装置；水处理工艺采用混凝沉降 + 软化 + 除硅混合工艺；余热回收工艺仍然没有合理有效的方式。

4. 炼油化工节能方面

目前，主要围绕能量系统优化、加热炉提效、余热协同利用等方面。在加热炉优化提效方面，近年来国内炼油企业纷纷加大了加热炉的管理及节能提效技术应用力度，并重点围绕降低排烟温度、降低空气过剩系数、减少炉壁散热损失和不完全燃烧损失方面采取一系列节能提效措施，不断提高加热炉的热效率。在余热协同利用方面，华南理工大学提出了过程系统的能量“三环节”理论以及低温热利用大系统优化技术；西安交通大学也做了较多的低温热实际应用的案例。国内炼化企业都有较多的低温余热利用案例，例如，催化顶循低温热利用、低温热制冷技术的应用、低温热供热的应用、低温热发电技术的应用等。但总体来说，国内炼化企业进行单一装置余热利用技术改造得较多，全面规划得较少，相对比较局部、不系统。

在炼化企业燃料替代技术方面，我国现阶段替代能源的研究主要集中在生物燃料、煤基液体燃料和天然气等领域。近年来，生物质燃料产业的经济性和环保问题日渐凸显。除生物燃料替代技术的研究外，水煤浆替代燃料技术也是当前研究燃料替代的一个重点。采用天然气替代燃料油 / 煤技术是当今燃料替代技术的另外一个研究重点。目前，天然气替代技术仅在个别炼化企业中的某个特定单元进行了改造试用，仅根据单台装置的运行效率、环境因素、经济因素等方面进行设计，改造过程中与全厂的整体情况结合不够，更没有从中国石油层面和区域能源优化角度考虑，以天然气作为替代燃料存在的输送成本、投资以及产业结构调整等诸多制约因素也未充分考虑，但改造后节能、减排效果无法得到规模化确认。

5. 长输管道节能方面

在原油输送方面，我国原油多为石蜡基高凝、高黏、高含蜡原油，中国石油在

“十一五”期间，开展了纳米复配降凝剂改善含蜡原油低温流动性的技术研究，在室内纳米复配降凝剂的研制、中试放大及原油综合处理工艺技术研究方面均取得了技术突破，含蜡原油加剂改性输送技术达到国际领先地位。

在天然气输送方面，中国石油在“十一五”期间开展了天然气减阻剂的室内合成、样品小试、在线注入等方面研究，取得了突破性进展。天然气管网优化运行方面，国内研究起步较晚，目前在稳态优化算法方面比较成熟，但并未形成优化软件产品，也未在生产中广泛应用，尤其是大型复杂天然气管网运行优化问题，国内尚没有可利用的计算工具。

在地下储气库运行方面，我国地下储气库经过十几年的建设实践，在压力系统优化匹配方面取得了一定的成功经验，但系统的压力能优化利用与先进国家相比仍有一定的差距。在储气库的设计、建设和运行过程中尚无相关的技术可以应用，缺少相关的技术分析优化手段，未将整个压力系统作为一个整体来设计、运行和管理。

6. 钻井动力节能方面

对于钻井勘探动力的节能减排研究，中国石油走在了前列，组织进行了气代油工程，形成了钻井用双燃料发动机、天然气发动机等产品，在动力性上满足钻井工况的要求。济南柴油机厂研制的“钻井用 2000 型柴油 / 天然气双燃料发动机”采用了先进的双燃料和柴油转换模式，可根据负载的变化自动控制柴油和天然气的合理比例，在动力性、经济性、可靠性和部分排放指标等方面均取得了突破，填补了国内石油钻机用双燃料发动机的空白，但没有纯天然气发动机应用于钻井动力气代油工程；在井场污水处理技术方面，目前国内处理废钻井液的主要方法可归纳为物理法、生物法、生物化学法、化学法和物理化学法等。主要包括简单处理排放、注入安全地层或井下环形空间、集中处理、坑内密封、土地耕作、固化、固液分离、焚烧，以及微生物处理、膜分离、活性炭吸附和催化氧化等一系列废液深度处理方法。“十一五”以来，通过装备引进和消化吸收，在工程污水处理技术、工艺、药剂等方面取得较大进展，但是影响工程污水治理成本、污水最终应用和达标排放仍是工程污水处理的瓶颈问题。

7. 含油污泥资源化方面

由于受粗放型经济发展模式的影响，国家对石化行业的生产规模和产量非常重视，但是忽略了由此带来的环境污染问题。有关含油污泥的研究我国是从 20 世纪 80 年代末开始起步探索的，起步比较晚。长期以来，各油田普遍采用直接掩埋法处理联合站清罐产生的含油污泥，该方法需占用大量的土地，且掩埋后的污泥中原油及化学药剂短时间内无法分解，原油在土壤中渗透扩散，会造成更大范围的污染。同时，大量的石油类物质不能得到回收利用。随着我国经济体制的改革，以及我国政府对环境污染问题的高度重视，含油污泥处理的研究工作得以普遍而快速地展开。各个油田及炼厂纷纷提出了形式多样的含油污泥的处理方法，相继开发的有焚烧处理法、生物处理法、溶剂萃取法、热解吸法、焦化法、固化处理法、热解处理法、焦化处理法、超临界水氧化及调剖技术处理等方法，并对部分技术开展了工业化试验。但由于对处理方法与油泥性质的适应性研究不够，所上试验工程往往具有一定的盲目性，又由于处理成本高、原油回收率低、缺乏有效分离设备、设备存在二次污染等因素导致大部分技术未能大范围推广应用。

8. 炼化污水处理与回用技术方面

由于环保标准的提高和炼油污水水质成分的复杂化，一些炼油污水原有的污水处理工艺已难以满足新的要求。为此，近年来一些污水处理厂对污水处理工艺进行了改造，开展炼油污水回用水深度处理方法研究与工艺应用。深度处理技术按照原理不同，可分为物理处理法、化学处理法和生物处理法。单一的深度处理技术一般只能去除某一类污染物，几种技术有机耦合才能满足回用水质的要求。生物法具有去除污染物的种类多、效率高、抗冲击能力强、处理成本低等优点，对于处理水量大的化工外排水来说，在深度处理流程中是最有吸引力的核心技术。目前，国内许多污水处理厂采用水解 + 后续生物处理工艺，降解 COD 与脱氮，根据实际情况选择不同的后处理工艺，按目前实际应用有水解 + 活性污泥处理工艺和水解 + 接触氧化工艺两种形式。

在去除难降解污染物及氨氮（NH_4^+-N）的工艺技术方面，曝气生物滤池（BAF）、膜生物反应器（MBR）、悬浮载体生物氧化工艺（MBBR）、序批式生物反应器（SBR）、循环式活性污泥法（CAST）和上流式厌氧流化床（UASB）等生物处理技术已作为重要手段广泛应用于难降解废水处理工艺中。近年来，涌现出光催化氧化、臭氧氧化、湿式氧化、超临界氧化等针对难降解废水处理的高级氧化技术，以及生物法与物理、化学法的多元组合工艺，在去除难降解污染物方面取得了较为理想的效果。在低浓度化工污水适度除硬脱盐工艺技术方面，目前典型的除硬技术主要有化学沉淀法、混凝除硬法、电絮凝法、离子交换法和吸附法等，常规采用的脱盐技术主要有离子交换法、膜蒸馏法、反渗透膜法、电吸附法和电渗析法，均已开展了大规模的工程应用。

9. 碳捕集、利用与封存（CCUS）技术方面

该项技术是国际公认的重要减排方法和研究热点。CCUS 研究已经完成了第一阶段的技术储备，发达国家已开始向我国输出其碳核查、碳管理、碳捕集、碳封存、碳利用等技术。但总体上目前我国落后的并不明显。在碳捕集技术方面，由于燃烧后捕集技术较为成熟，现有电厂烟气中二氧化碳燃烧后捕集技术主要有溶剂吸收法、膜分离法、吸附法和低温分离法；在整体气化联合循环（IGCC）技术方面，我国于 20 世纪 90 年代开始 IGCC 系统的研究，“八五”“九五”“十五”期间国家对 IGCC 系统方案分析及系统优化都进行了支持，并在《国家中长期科学和技术发展规划纲要（2006—2020 年）》明确提出，把重点研究整体气化联合循环等高效发电技术与装备列为优先主题之一。我国对各种煤气化技术的引进以及国家对燃气轮机的打捆招标都为 IGCC 装置在我国的建立奠定了基础。目前正在兴起 IGCC 的建设热潮。我国 2011 年有 20 多台 Texaco 气化炉运行或在建，同时 6 台 Shell 和至少 1 台 Lurgi 气化炉应用于煤基合成氨工业，这将为多联产技术的实施提供较好的条件；形成了一系列油田伴生气综合回收利用技术，包括伴生气回收（包括井场套管气、站点分离气和油罐挥发气的回收以及伴生气的加工及利用）和二氧化碳利用（食品、保护焊、驱油、化学品上的应用是主要途径）。对于石油行业，EOR 是二氧化碳目前最经济的用途之一，“十一五”期间中国石油已开展大量研究和现场试验，取得了良好的社会效益和经济效益；在二氧化碳咸水层封存技术方面，国内也有多个已建成或在建的咸水层碳封存工程项目。

10. 节能减排评价指标体系方面

目前，节能减排评价相关研究的进展主要集中在节能减排评价指标体系的构建、能源效率评价指标体系的构建、资源节约型社会评价指标体系的构建和节能型社会评价指标体系的构建等方面。国家能源研究所戴彦德、周伏秋等专家认为，节能减排评价可分为 3 个

层次：一是企业微观层次，企业评价自身的节能进展及效果、可持续能力和未来的节能潜力；二是行业协会或地方政府层次，从行业的角度对各企业的节能状况进行全面、客观的评价，这一层次的评估更注重各企业在行业内能效的改善质量和相关指标验证等工作；三是国家节能主管部门层次，这一层次的评估主要是汇总各层次评估结果，从宏观层面把握节能的情况。首都经济贸易大学王彦彭研究提出了我国节能减排指标体系。该指标体系确定了 5 个方面 39 项指标，构成了节能减排指标体系。

11. 国内低碳发展战略现状

国内关于低碳发展综合评价的研究基本集中在国家或经济体低碳经济发展评价指标体系、低碳社会评价指标体系和低碳城市评价指标体系三方面，包括低碳经济发展水平的评价、低碳社会的评价指标体系构建、低碳城市的评价指标体系构建、节能减排评价指标体系构建、石油安全的评价理论方法及评价指标体系等。有关工业企业低碳水平评价指标体系的研究尚无人问津。

国内低碳标准制定现状：我国已于 2010 年正式启动低碳认证制度、碳排放和碳减排认证认可关键技术项目研究，从组织、产品、项目、技术 4 个层面开展研究，形成包括碳排放和碳减排核查与认证技术体系、基础数据库、认证标准体系以及监督管理体系在内的完整的国家认证认可体系，并选择典型对象开展碳排放认证认可示范。

国内开征碳税现状：中国作为能源消耗大国和 CO_2 排放大国之一，节能和减排的压力也与日俱增，节能减排工作已成为政府重要的政策目标。除全面采取必要的法律、行政措施外，包括环境税（碳税）在内的经济政策措施自然成为推动节能减排的重要手段加以考虑：目前财政部财政科学研究所立项“中国开征碳税问题研究”。

国内碳排放权交易现状：由于中国位于发展中国家行列,《京都议定书》暂未规定中国的温室气体减排义务，接触较多的是 CDM。近年来，中国政府非常重视温室气体减排工作，并取得了较大进步。为了降低企业的温室气体减排成本，并结合发达国家具有购买温室气体减排指标的需求，中国也积极利用 CDM 政策，在国际市场上出售温室气体减排指标。截至 2010 年 2 月，中国 CDM 项目获得联合国 CDM 项目执行理事会签发的核证减排量已经达 5637×10^4t 二氧化碳当量，占其签发总量的 42%，居世界第一位。

国内外低碳数据库建立的现状及趋势：中国环境规划院气候变化与环境政策研究中心开发了“中国基于源的温室气体排放数据库”，该数据库在主要行业二氧化碳排放清单核算模型基础上，基于行业排放系数库和工业企业活动水平数据库核算基于源的电力、炼焦、合成氨行业能源活动及工艺过程的温室气体排放，从而建立基于源的温室气体排放数据库，可以对行业二氧化碳进行分类管理和分析。能源与交通创新中心建立的中国能效与碳注册系统（ECR），是中国第一个公开的、政府认可的在线注册系统，其目标是建立是一个可靠的、公开的、标准化的关于能源消耗和温室气体排放的信息系统。

第二节　低碳关键技术进展

“十二五”期间，中国石油低碳关键技术开创了基于“油气开发—储运—加工”特点的节能提效新局面，为中国石油实现“十二五”节能减排战略目标奠定了技术基础；有效提升了石油开发与加工处理过程中的污染物质减排与资源化利用能力，为中国石油满足日趋严格的环保法规标准提供了综合系统的技术支持；规划了碳管理和技术发展路线图，为中国石油低碳发展战略的持续推进提供宏观管理技术支撑。

一、高含水油田节能节水技术进展

针对大庆油田等高含水油田现状，经过长期的实践研究，形成了高含水油田节能节水关键技术。2014 年，在大庆油田 20 座注水站、2393 口机采井、3 座联合站系统（包括 12 座转油站、1983 口油井和 4 座污水处理站）开展了采油系统、注水系统、集输系统于一体的高含水油田注采系统集成节能技术先导性试验，首次将采油工程和地面工程多系统研发的新设备（装置）、节能新技术以及成熟的节能技术进行技术集成，将集成后的高效节能技术应用到大庆油田某节能示范区，突破了以往的专业界限，实现了采油工程与地面工程有机结合，开发了一套多管网并存的注水系统仿真优化技术，将混合遗传模拟退火算法应用于计算求解中，提高了求解效率，满足了油田开发生产注水系统多元化需求，将注水系统效率由 52.83% 提高到 60.07%，注水泵泵效由 66.45% 提高到 70.06%；攻克了高含水油田机采系统效率 30% 的技术瓶颈，研发的等壁厚定子螺杆泵等节能技术使平均泵效提高 14.7%；研发的聚合物驱采出液低温集输及处理技术突破了现行 40℃的采出液集输处理技术界限。形成了注水系统综合节能技术、机采系统优化节能技术、集输系统节能节水配套技术，实践了高含水油田注入、集输及处理一体化节能低碳生产模式，实现了高含水油田高效、绿色开发，达到了节能效果最大化。

二、低渗透油气田节能技术进展

通过低渗透油气田节能关键技术研究，初步形成了低渗透油气田节能技术体系。

在油田机采系统，针对单井日产液量普遍较低、抽油机井“大马拉小车”现象比较严重的问题，开展了数字化抽油机技术及抽油机井“降载提效”技术研究，并进行了大面积的推广应用，见到了明显的效果。降低了抽油机的悬点载荷，优化了抽油机的冲次，改善了抽油机的平衡状态，使抽油机“轻装上阵”，机采井“供排平衡”，降低了机采系统能耗。

在油田集输管线清垢方面，化学清垢剂会对设备造成一定的腐蚀破坏，使管壁变薄，废液排放对环境易造成污染，清洗时间较长，特别是钡锶垢，通常化学剂难以清除。针对这些问题开展了物理清垢技术攻关，研发的空化水射流清垢技术解决了油田管线长距离清垢问题，研发的高压水射流清垢技术在总机关清垢中得到成功应用。

在气田主要开展了井下节流技术研究，充分利用地温加热，使节流后气流温度高于节流后压力条件下的水合物形成温度，从而取消了地面加热保温装置，同时大幅度降低了地面集输管线的压力等级，简化了地面流程，降低了生产运行和集输管网成本。井下节流技术在长庆气田已全面推广应用，有效地保证了气田经济有效开发。

三、热采节能节水技术进展

针对目前热注效率低、能耗高、能源浪费严重、稠油污水量迅速上升等问题，开展了热采节能技术关键技术研究，技术内涵主要包括过热蒸汽发生装备及工艺技术、产生过热蒸汽水处理技术、不除硅污水回用锅炉技术、燃煤锅炉富氧燃烧、石油泥渣混煤燃烧技术等技术研究及示范。过热蒸汽发生装备及工艺技术升级改造直流锅炉为过热锅炉，同时配套相应管线保温技术、烟气余热利用技术及SAGD换热技术，以实现热注地面配套装备效率提升。产生过热蒸汽水处理技术通过试验确定过热锅炉用水指标，形成了高效水处理装备及方法。不除硅污水回用锅炉技术研究改变传统除硅模式，研发新型树脂，进行现场小试和中试试验，验证不除硅效果。燃煤锅炉富氧燃烧、石油泥渣混煤燃烧技术通过试验探索富氧燃烧及混煤燃烧技术，为提高燃煤锅炉效率奠定了基础。通过上述技术的研发，节省了地面建设投资，降低了稠油污水回用热采锅炉的运行成本和维护费用。实现稠油经济有效开发，为油田节能降耗、降本增效、环保生产起到积极作用。

四、炼油化工节能节水技术进展

针对制约炼化企业节能减排的关键技术问题，重点突破加热炉优化提效、余热协同利用、节水关键技术评价等技术瓶颈，积极指导炼化企业开展节能节水工作，降低能耗、减少排放，为炼化业务实现“十二五”期间节能节水目标提供重要的技术支撑。

低温余热利用技术以全厂整体生产过程为研究及优化对象，按照总体用能评估、装置内部能量优化、装置间热联合、低温热利用以及公用工程系统优化等主要环节层层展开和深入，最终使全厂总体和局部余热利用实现最优化。

多效浓水蒸发技术开展了反渗透（RO）浓水特征及其低温多效蒸发的影响因素识别研究，RO浓水低温多效蒸发工艺技术方案研究及RO浓水低温多效蒸发设备研制研究，为解决大型石化工业园区循环经济发展面临的节能减排和节水减排难题提供技术支撑与装备支持。

五、长输管道节能技术进展

长输油气管道肩负着为国家经济和社会发展输送油气资源的重要任务，作为能源运输工业的重要载体，在迎来快速发展机遇的同时，也将面临节能降耗新目标的挑战。

通过纳米降凝剂和天然气减阻剂新产品的研制、注入技术改进与完善、储气库压力优化软件的研发、管道设备新技术的引进与应用，为油气管道节能降耗提供技术支持，实现综合能耗降低10%，并获得中国石油自主创新产品两项，取得多项发明专利。

在纳米降凝剂研制方面，管道科技研究中心通过自主研发，攻克了大庆原油降凝改性输送的技术难题，研制出有效改善大庆原油低温流动性的基于有机/无机纳米杂化材料的降凝剂，首创建成了纳米降凝剂的中试示范生产线。首次将纳米技术引入含蜡原油集输及长输管道工艺中，实现了加剂工艺技术与理念的创新突破，将基于有机/无机纳米杂化材料降凝剂中试产品应用于生产管道。实现了大庆原油降凝改性技术的突破。大庆原油处理温度为58~65℃、加剂量为50~100g/t，经室内处理后的原油凝点由33℃下降至17~18℃，降黏率达88%~92%。解决了传统EVA类降凝剂对原油改性效果存在的技术问题和不足，攻克了大庆原油降温输送的技术瓶颈和满输管线加剂运行的经济性问题。大庆原油二次加热处理温度可降至35℃，凝点24℃，与传统降凝剂EVA相比，二次综合加热处理温度可降低20℃；纳米降凝剂改性原油具有静置保持低温流动的长时效性、很好的抗剪切性和广适性。产品主要应用在任京线、中朝线、石兰线以及铁秦线葫芦岛段和秦京线丰润段改线冷投产，取得了很好的效果。

在天然气减阻剂研制方面，国内首次建立了天然气减阻剂性能评价系统，编制了性能测试方法标准，自主研发了国内外首套天然气减阻剂中试生产装置、天然气减阻剂在线注入系统，首次在役长输管道天然气减阻剂现场试验，总试验里程达到400km，减阻率达到10%以上，有效期超过60d。

六、钻井动力气代油技术进展

对于钻井工程而言，钻机作为钻井设备，其驱动方式有机械驱动和电动驱动两类，但两者均依靠内燃机为钻机提供动力，其传统的钻井动力来自柴油机，用天然气发动机或双燃料发动机作为钻井动力难度很大，存在技术瓶颈问题，国内外都没有应用钻井动力源的报道、文献。

钻井动力气代油技术很好地解决了天然气发动机抗冲击负载能力问题、动力总功率的满足问题、并车与负荷分配问题等技术难题；突破了发动机空燃比闭环控制技术、发动机进气导流技术、发动机并车技术、抗冲击负载能量补偿技术等多项关键技术和技术瓶颈，并取得了实用新型专利。满足了勘探作业需要和钻机对发动机的要求，实现了用天然气发动机或双燃料发动机替代传统的柴油机作为钻井动力的目的。运用这些技术制造了满足钻井动力气代油需求的一系列产品和配套设备。

通过产品的工业性试验和推广应用证明，天然气发动机和双燃料发动机都满足了钻井工况的要求，其成熟应用完全替代柴油机。在采用天然气为燃料时，相同工况下，燃料成本仅为柴油的70%左右。如果中国石油所有井队全部以纯天然气发动机做动力，燃料费用每年可节约40亿~50亿元。如果全部采用双燃料发动机，每年可以减少燃料费用支出28亿~35亿元，由此可见，通过天然气代替柴油，在钻井领域经济效益十分明显。天然气作为钻井动力燃料，也可以带动中国石油天然气销售，优化一次能源的利用结构。

钻井动力气代油技术，填补了国内外钻井动力的空白，对于降低钻井成本、降低排气污染、节约石油资源具有重要意义。我国较为丰富的天然气资源也为该项目的推广应用提供了有力的能源保障，具有广阔的市场应用前景，可为用户节约大量燃料成本，同时也为企业带来部分利润，具有良好的经济效益和社会效益。

七、含油污泥资源化利用技术进展

针对油田和炼化企业在生产过程中产生的含油污泥处理难题，从较具有典型特征的稠油污泥、落地油泥和炼化“三泥”3种含油污泥出发，开发了适合不同类型污泥的处理技术。开发了稠油污泥制备衍生燃料技术，开发出了一种新型稠油污泥处理剂，能使含油污泥迅速破乳，处理后的泥渣易于燃烧，还可与燃煤混烧。干化物燃后灰渣全部监测数据均满足排放要求。落地油泥强化化学热洗处理技术通过开发预处理流程、高效清洗药剂和适宜的清洗流程，处理后的油泥可以达到现有含油率要求。针对炼化“三泥”，开发了电渗析—干化—碳化处理工艺，残渣达到农用污泥标准，尾气排放也符合国家《危险废物焚烧污染控制标准》相关指标。上述几种含油污泥处理技术大幅度提高了含油污泥的资源化利用率，实现了含油污泥的资源化处理，解决了油田的含油固废处理技术难题。

八、炼化污水高效处理与回用技术进展

我国炼化污水具有排放量大、水质复杂、冲击性强等特点。从炼油污水和化工污水两

种不同特点的污水出发，开发适合我国国情的炼化污水高效处理与回用技术。炼油污水升级处理关键技术以兰州石化为试点单位，分析了确定特征污染物并针对特征污染物构建优势微生物菌群，开展了炼油污水 A/O^2 生物流化填料工艺廊道试验验证，形成了炼油污水升级处理成套工艺技术。针对化工污水中污染物浓度高、可生化性差等特点，分析化工污水特征污染物，重点开展了原位生物强化及高级氧化技术研究，为化工污水升级达标提供了储备技术。

九、温室气体捕集与利用关键技术进展

在二氧化碳捕集技术研究方面，以低成本 CO_2 捕集为目标，重点围绕烟道气、制氢驰放气和劣质原料气化 3 种碳源开展 CO_2 捕集相关基础理论技术、工艺模拟优化及中试实验研究，初步形成了电厂烟道气、制氢驰放气和劣质原料气化 CO_2 分离工艺技术，有效降低了 CO_2 捕集的成本与能耗。

在二氧化碳地质封存技术研究方面，提出咸水层和油藏 CO_2 地质封存选址指标体系，完善适合我国咸水层和油藏 CO_2 地质封存潜力评价方法，对新疆、大庆、长庆、吐哈、吉林等油田进行潜力评价工作，并开发了潜力评价模型和软件。

十、低碳策略标准与战略技术进展

运用过程分析方法首次建立“石油石化行业低碳发展”系统模型，从三个阶段揭示出具有我国石油石化行业特色的低碳发展内涵；研究制定了中国石油低碳管理和技术发展路线图，搭建了集团公司绿色发展战略支撑基础平台，引领公司未来低碳发展方向；提出了集团公司低碳政策管理发展路线图和低碳技术与产业发展路线图。

第三节 低碳关键技术创新能力建设

在低碳研究领域，结合中国石油低碳管理与技术现状，从低碳管理体系的构建与发展到不同领域（横跨油气开发、储运、炼化等上下游不同作业范围）的技术研发与应用，形成了系列化、多层面、创新性、立体式的低碳研究创新与应用技术产业链，打造出具有中国石油特色的低碳发展技术创新与产业技术平台，有效提升了中国石油的节能减排能力，提高了低碳管理技术水平，形成各类知识产权 231 件，支持建设节能减排“双十”工程 30 项，形成了中国石油低碳技术研发专家与研发团队，为中国石油低碳管理技术的进一步提升发展奠定了基础。.

第二章 高含水油田节能技术

在 2006—2015 年，针对高含水油田原油生产系统能耗高、效率低的问题，在注水系统、机采系统、集输系统开展了大量的节能关键技术研究，形成了高含水油田水聚合物驱注入、采出、集输及处理一体化节能低碳生产新模式。在不断发展完善抽油机节能技术、集输系统节能配套技术和注水系统仿真优化技术的基础上，通过加大在油田生产系统的推广应用范围，取得了良好的高效低耗、节能减排的效果。

第一节 概 述

根据油田含水级别的划分，高含水油田是指油田综合含水率为 60%~90%，其中综合含水率为 60%~80% 称为高含水前期，综合含水率为 80%~90% 称为高含水后期，综合含水率大于 90% 以后称为特高含水期。

大庆油田是典型的高含水油田，通过低碳一期开展的高含水油田节能节水关键技术研究，初步形成了高含水油田节能技术体系。

在油田注水系统，针对注水管网复杂、负荷匹配不平衡、管网压力损失大、无效循环严重的问题开展了注水系统综合节能技术研究，开发了一套多管网并存的注水系统仿真优化技术，将混合遗传模拟退火算法应用在计算求解中，提高了求解效率，满足油田开发生产注水系统多元化需求。通过应用多套管网并存的注水系统仿真优化、注水系统综合调整、提高注水泵泵效技术，将注水系统效率由 52.82% 提高到 60.07%，注水泵泵效由 66.45% 提高到 71.06%。

在油田机采系统，针对高含水阶段采出液性质及产液量变化而导致的机采井选型偏大、系统效率偏低等问题开展了机采系统优化节能技术研究，通过抽油机井选型优化、抽油机动态控制技术、螺杆泵直驱技术和等壁厚定子螺杆泵技术的研究，形成了针对新投产井的选型优化技术，针对现役井的抽油机动态控制技术、螺杆泵直驱技术和等壁厚定子螺杆泵技术，通过应用表明，各项技术应用后系统效率均达到 30% 以上，处于国内高含水油田领先水平，与国际先进技术水平相比距离逐渐缩小，为国内高含水油田机采井高效运行提供了技术借鉴。

在油田采出液集输及处理系统，针对大庆油田属高寒地区的特点，集油系统采用掺热流程方式，随着采出液综合含水率的上升以及三次采油采出液集输处理难度的增大，反复加热处理的能耗比例增高的问题，在高含水原油低温集输与处理特性、低温泵输与低温含油污水处理模拟试验的基础上，通过应用聚合物驱低温集输及处理技术、研制聚合物驱采出液低温处理药剂、研发低温游离水有效脱除技术及采出污水低温处理工艺技术，形成了配套的聚合物驱采出液低温集输及处理技术，突破了现行 40℃的采出液集输处理技术界限，吨油耗气降低 40%。

这是在大庆油田首次开展的集采油系统、注水系统、集输系统于一体的高含水油田注采系统集成节能技术先导性试验，将采油工程和地面工程多个系统研发的新设备（装置）、节能新技术及成熟的节能技术进行技术集成，将集成后的高效节能技术应用到一个节能示范区，突破了以往的专业界限，实现了采油工程与地面工程有机结合，形成了注水系统综合节能技术、机采系统优化节能技术、集输系统节能配套技术，实践了高含水油田注入、集输及处理一体化节能低碳生产模式，实现了高含水油田高效、绿色开发，达到了节能效果最大化。

第二节　机采系统优化节能技术

机采系统节能降耗一直是国内各油田实现高效开发的目标，尤其在我国东部大油田相继进入高含水后期，产液量大幅上升，采油井能耗量巨大的形势下，迫切需要针对高含水油田的优化节能技术，控制采油井能耗的持续攀升。

大庆油田不仅是中国石油而且是我国高含水油田的典型代表，多年来，围绕高含水油田机采井节能降耗进行了系统的技术升级、创新技术的集成应用，为高含水油田机采井高效运行进行了大量探索性研究，并取得了部分值得借鉴的成果，尤其在抽油机选型优化技术、运行参数优化调整技术、螺杆泵地面直驱技术、等壁厚定子螺杆泵技术等研究方面，处于国内领先水平，为高含水油田高效开发提供了技术支撑。

一、抽油机选型优化技术

抽油机井的合理选型是一个系统性技术，从节能角度出发，抽油机选型主要包括五方面内容：明确不同产能变化规律下机型优选原则，建立不同驱替方式下的悬点载荷计算方法，修正不同类型抽油机的减速箱输出扭矩计算方法，抽油机合理载荷、扭矩利用率范围确定及抽油机选型优化设计方法建立。

1. 不同产能变化规律下机型优选原则

1）水驱井选型产能研究

大庆油田是我国高含水油田的典型代表，以大庆油田为例：其基础井网开采主力是高渗透油层，1963年开始开发，1988年产液量达到最高，平均单井日产液320t，综合含水率为83.06%，初步进入了高含水采油阶段，油田开始逐步实施控水措施，平均单井产液量逐年呈下降趋势，当综合含水率达到90%，油田进入特高含水期时，平均单井产液量下降趋势趋于平缓。产能井选型主要以高含水期至特高含水期平均单井产液量为依据。大庆油田一次加密井网开采对象是中低渗透油层，全面机械采油初期综合含水率为40.9%，该含水期至高含水期平均单井产液量上升平缓，综合含水率达到90%以上时，进入特高含水期，油田控制无效产液量措施逐年加大，产液量随之逐年下降。因此，产能选型主要以全面机采初期产液量为依据。大庆油田二、三次加密井网开采对象是低、特低渗透油层，初期已是中含水初期采油阶段，综合含水率在60%以上，“十二五”末期进入了特高含水期采油阶段，初期产液量相对较低，平均单井产液量上升平缓，产液量变化不大，产能选型以投产初期产液量为依据即可。

2）聚合物驱井选型产能研究

根据对典型高含水油田聚合物驱投产区块采油井产液量的统计，各区块趋势基本相同，产液量随时间整体呈下降趋势，产液高值在投产和注聚合物初期，且时间较短，占全过程比例小，因此机型选择按照初期较高稳定期的产液来选型更合理。

2. 悬点载荷计算方法

通过载荷分析，抽油机悬点最大、最小载荷计算公式如下所示：

$$P_{max}=P_{静上}+P_{惯上}+P_{振}+P_{摩上} \tag{2-1}$$

$$P_{min}=P_{静下}-P_{惯下}-P_{振}-P_{摩下} \tag{2-2}$$

其中：$P_{静上}=P'_{杆}+P'_{液}$　　$P_{静下}=P'_{杆}$

$P'_{杆}$和$P'_{液}$可以根据已知参数准确求出。通过上述分析可以看出，惯性载荷主要与 sn^2 有关；振动载荷主要与 sn 有关；摩擦载荷主要与 ηsnL 和 ρLs^2n^2 有关。因此建立如下方程：

$$P_{max}=P_{静上}+k_1sn^2+k_2sn+k_3\eta snL+k_4\rho Ls^2n^2+k_5 \tag{2-3}$$

$$P_{min}=P_{静下}-k_1sn^2-k_2sn-k_3\eta snL-k_4\rho Ls^2n^2-k_5 \tag{2-4}$$

式中　P_{max}——最大悬点载荷，N；

P_{min}——最小悬点载荷，N；

L——泵深，m；

$P_{静上}$——上冲程悬点静载荷，N；

$P_{静下}$——下冲程悬点静载荷，N；

η——效率，%；

s——冲程，m；

n——冲次，min^{-1}；

ρ——井液密度，kg/m^3；

k_1，k_2，k_3，k_4，k_5——待定系数。

利用数据库中的数据进行公式拟合：

水驱

$$P_{max}=P_{静上}+13.3sn^2-400sn+11.33\eta_1snL+0.00000725\rho Ls^2n^2+9532 \tag{2-5}$$

$$P_{min}=P_{静下}-12sn^2+347.5sn-0.133\eta_1snL-0.0000061\rho Ls^2n^2-8319 \tag{2-6}$$

聚合物驱

$$P_{max}=P_{静上}+13.3sn^2-400sn+8.7\eta_2snL+0.00000725\rho Ls^2n^2+8968 \tag{2-7}$$

$$P_{min}=P_{静下}-12sn^2+347.5sn-0.0174\eta_2snL-0.0000061\rho Ls^2n^2-7665 \tag{2-8}$$

3. 抽油机曲柄扭矩计算

对于游梁式抽油机的曲柄摇杆机构，在曲柄摇杆机构中存在着能量的反向流动，曲柄摇杆机构同时存在拖动与被拖动两种运动状态，这种能量的反向流动将增加机构的能量损失。考虑到能量的反向流动，常规抽油机曲柄轴净扭矩由式（2-9）计算。

$$M_N=\overline{TF}\left[P-\left(B+\frac{c}{a}W_b\right)+\frac{c^2W_ba_A}{a^2g}\right]\eta_b^{k_1}-M_c\sin(\theta-\tau) \tag{2-9}$$

式中　M_N——曲柄轴净扭矩，N·m；

$\overline{TF}$——扭矩因数；

B——抽油机结构不平衡重；

a——游梁前臂，m；

c——游梁平衡重心至游梁支点的距离，m；

P——悬点载荷，N；

W_b——游梁平衡重，N；

M_c——曲柄平衡重的最大平衡扭矩，N · m；

θ——曲柄转角，rad；

τ——曲柄平衡重偏置角，rad；

η_b——曲柄到抽油机悬点的机械传动效率（0.95）；

k_1——系数。

当悬点运动速度 v_A>0 时，悬点在上冲程时，k_1=-1；当悬点运动速度 $v_A \leqslant 0$ 时，k_1=1。

双驴头抽油机曲柄轴净扭矩由式（2-10）计算：

$$M_N = \overline{TF}(P-B)\eta_b^{k_1} - M_c\sin\theta \tag{2-10}$$

下偏杠铃抽油机曲柄轴净扭矩由式（2-11）计算：

$$M_N = \overline{TF}\left\{P-B-R_1\frac{Q_1}{a}\left[\cos(\xi-\theta_1)-R_1\frac{a_A}{ag}\right]\right\}\eta_b^{k_1} - M_c\sin(\theta-\tau) \tag{2-11}$$

式中 R_1——下偏杠铃中心至游梁轴中心的距离，m；

Q_1——下偏杠铃的重量，N；

ξ——下偏杠铃的偏置角，rad；

θ_1——游梁与水平轴的夹角，rad。

塔架抽油机曲柄轴净扭矩由式（2-12）计算：

上冲程
$$M_N = (P-Q)R + J\frac{d\omega}{dt} \tag{2-12}$$

下冲程
$$M_N = (Q-P)R + J\frac{d\omega}{dt} \tag{2-13}$$

其中 Q 为平衡重理论重力，计算公式为：

$$Q = 0.5P_Y + P_G \tag{2-14}$$

式中 Q——平衡重重力，N；

P——载荷，N；

ω——主动轮角速度，rad/s；

P_Y——液柱重力，N；

R——主动输入半径，m；

P_G——杆柱重力，N；

J——主动轮转动惯量，kg · m^2。

4. 抽油机合理载荷利用率、扭矩利用率研究

1）抽油机合理载荷利用率确定

（1）抽油机经济寿命计算。

经济寿命主要采用低劣化数值法计算。设某设备使用若干年后残值为零，用 K 来表示设备购置费，T 表示已使用的年数，则每年的设备费用为 K/T（设备原值 K 的年度摊销额），显然与设备的使用年限有关，随着使用年数 T 的增加，K/T 按反比例减少；但是设备使用的时间越长，设备的综合磨损损失越大，设备的维护费及燃料、动力消耗增加，而

设备性能不断下降，这就称为设备低劣化。若这种低劣化每年以 λ 数值增加，则第 T 年的低劣化数值为 λT，它随着使用年数 T 的增加按正比例增加，而经过 T 年使用后，平均低劣化数值为 $\lambda T/2$。据此，则平均每年的设备费用为：

$$y=\frac{\lambda}{2}T+\frac{K}{T} \tag{2-15}$$

式中　K——设备购置费；

T——设备使用年数；

λ——年低劣化增加值。

对式中 y 求导数，并令其等于 0，则可求出所消耗费用最少的经济寿命 T_{min}，即令 $\frac{dy}{dT}=\frac{\lambda}{2}-\frac{K}{T^2}=0$，则

$$T_{min}=\sqrt{2K/\lambda} \tag{2-16}$$

低劣化增加值 λ 是作为已知数给定的。由于每年的 λ 值并不是一个固定值，λ 往往需要处理方可得其值，比如，可以将每年的低劣化增加值折现后取其平均值，作为公式计算中的 λ 值，计算时将 K 同样做折现处理。

（2）年低劣化增加值与载荷利用率关系。

抽油机年低劣化增加值主要包括燃料动力消耗费（电费）、维持维护费和维修、更换部件的费用三部分。而且这三部分都与利用率相关，抽油机载荷、扭矩利用率越高，年低劣化增加值越大。

$$\lambda=\lambda_1+\lambda_2+\lambda_3 \tag{2-17}$$

式中　λ_1——燃料动力消耗费（电费）；

λ_2——维持维护费；

λ_3——维修、更换部件的费用。

它们都与利用率相关，并且 λ_3 受利用率影响最大。

年低劣化增加值随着载荷利用率的增加，假设年低劣化增加值与载荷利用率存在如下关系：

$$\lambda=\lambda_0+A\eta^B \tag{2-18}$$

经过统计回归，其中：$\lambda_0=1500$，$A=2294$，$B=3.7557$。

不同载荷利用率条件下年低劣化增加值与抽油机经济寿命关系见表 2-1。

表 2-1　不同载荷利用率条件下年低劣化增加值与抽油机经济寿命关系

抽油机载荷利用率，%	120	115	110	105	100	95	90	85	80
年低劣化增加值，元	6050	5377	4780	4255	3794	3400	3044	2745	2500
抽油机经济寿命，a	8.1	8.6	9.1	9.7	10.3	10.8	11.5	12	12.6
平均每年的设备费用，元	49193	46377	43727	41255	38956	36878	34894	33136	31623

从计算结果可以看出，随着载荷利用率的提高，抽油机经济寿命减少，平均每年的设备费用增加。

（3）抽油机破坏概率与载荷利用率关系。

通过对现场抽油机井故障率统计，破坏井数与使用时间和载荷利用率的关系如下：

①随着载荷利用率的提高，抽油机经济寿命减少；

②通过更换抽油机损坏件，抽油机的物理寿命无限长；

③当载荷利用率超过 85% 时，抽油机破坏概率明显增加。

因此，抽油机合理载荷利用率应不高于 85%。

2）抽油机合理扭矩利用率

（1）减速箱经济寿命。

将减速箱看作一个独立的个体，同样用低劣化数值法研究其经济寿命。减速箱费用 65000 元。假设年低劣化增加值与扭矩利用率有一定的比例关系：

$$\lambda = \lambda_0 + A\eta^B \tag{2-19}$$

经过统计回归，其中λ_0=200，A=810，B=5.223。

可得到不同扭矩利用率条件下减速箱经济寿命（表 2–2）。

表 2–2　减速箱经济寿命与扭矩利用率关系

减速箱扭矩利用率，%	120	115	110	105	100	95	90	85	80
年低劣化增加值，元	4119	3220	2502	1932	1485	1139	875	675	528
减速箱经济寿命，a	5.6	6.3	7.2	8.2	9.5	10.7	12.1	13.8	15.6

从计算结果可以看出，随着扭矩利用率的提高，减速箱经济寿命减少。

（2）减速箱破坏概率与扭矩利用率关系。

通过对现场抽油机井故障率统计，减速箱破坏井数与使用时间和载荷利用率的关系如下：

①随着扭矩利用率的提高，抽油机经济寿命减少；

②通过更换抽油机损坏件，抽油机的物理寿命无限长；

③当扭矩利用率超过 90% 时，抽油机破坏概率明显增加。

因此，抽油机合理扭矩利用率应不高于 90%。

5. 抽油机类型优选原则

抽油机选型设计过程中，应从净扭矩曲线、均方根扭矩曲线和平均扭矩曲线关系，判断抽油机节能状况，净扭矩曲线越平缓，代表系统节能效果越明显。均方根扭矩可以反映出净扭矩曲线的平缓程度，因此，利用均方根扭矩作为依据进行抽油机类型优选更为科学合理（图 2–1）。

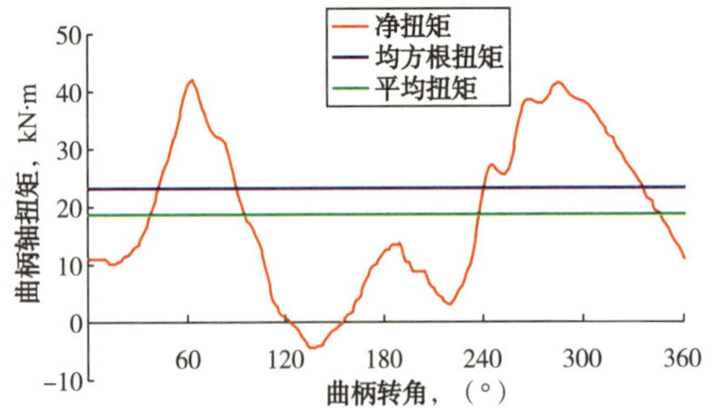

图 2–1　净扭矩、均方根扭矩与平均扭矩曲线

6. 应用效果

利用抽油机选型优化设计方法，在新井产能区块上试验应用，通过跟踪评价，见到较好效果，逐步扩大应用规模，现场累计实施 746 口井，机型较原设计降低 1~2 个等级，实现了整体上提高负载率，单井节电率达到 23.4%，为高含水油田抽油机井选型设计提供了技术支撑。

二、抽油机动态控制技术

常规抽油机运行载荷波动幅度大，载荷实际利用率低，装机功率高，导致整体效率低，能耗偏高，通过抽油机运动特性的理论与试验研究，确定了抽油机周期内变速驱动优化方法，利用周期内速度变化，可使整机载荷波动幅度降低，提高运行效率。

1. 变速驱动优化方法

常规游梁式抽油机在匀速拖动运行时，抽油机拖动装置与四连杆传动机构的负载分布在一个周期内是不均匀的，部分时间内负载率极低甚至被反拖动，而又有部分时间负载率过大甚至于超载。过高和过低的负载率，对抽油机系统各部件以及系统的安全运行都会产生消极作用。如果在游梁式抽油机运行的单个周期内，在保证平均角速度不变的情况下，对电动机角速度做重新分配，在降低能耗的同时充分发挥抽油机系统惯性力来减弱抽油机各部件负载波动的作用，使抽油机井高效平稳运行[4]。

以综合节电率最大为目标的变速优化目标函数和约束条件如下：

目标函数

$$\psi_{\max}=\max\left[f(X_1,X_2,\cdots,X_n)\right] \tag{2-20}$$

约束条件

$$\begin{cases}65\%\leqslant\gamma\leqslant 80\%\text{（常规抽油机）}\\ \sigma_{\max}\leqslant[\sigma]\\ \mathrm{FCL}\leqslant\mathrm{FCL_c}\\ T_{\max}\leqslant T_{\mathrm{c}}\\ Y\geqslant Y_{\mathrm{c}}\end{cases}$$

其中：

$$\gamma=I_{\mathrm{down}}/I_{\mathrm{up}}$$

式中 $X_1,X_2,\cdots,X_n$——计算目标函数的一系列相关参数；

f——计算目标函数的计算函数；

ψ——综合节电率，%；

γ——电流平衡度，%；

FCL，$\mathrm{FCL_c}$——恒速驱动时的周期载荷系数与变速驱动时的周期载荷系数；

$\sigma_{\max}$，$[\sigma]$——杆柱工作最大应力、杆柱最大许用应力，MPa；

T_{c}——减速箱输出轴扭矩，N·m；

Y，Y_{c}——恒速驱动时的产量与变速驱动时的产量。

游梁式抽油机在运行过程中，电动机的运行功率为：

$$P_1=\frac{\omega_0 T_{\mathrm{m}}}{\eta} \tag{2-21}$$

式中 P_1——电动机输入功率，一般为理论计算结果或用电功率测试仪测取的电动机输入功率值，利用测试结果进行的计算更精确，但应用比较麻烦；

ω_0——电动机恒定角速度（一般为三相异步电动机，其转差率一般在 3% 以下，可以认为电动机恒转速，例如 8 极为 750r/min）；

T_{m}——电动机轴瞬态扭矩；

η——电动机效率。

转换式（2-21）可得：

$$T_{\mathrm{m}}=\frac{P_1}{\omega_0}\eta$$

通过上式即可求出电动机输出轴瞬态扭矩 T_m。

选择拖动电动机在一个抽汲周期内的平均功率为“恒功率”运行目标值，则 P 用$\bar{P}$代替，可得理想电动机瞬态角速度 ω（θ）函数为：

$$\omega(\theta)=\frac{\bar{P}}{T_m}=\bar{P}\frac{C\sin\beta}{AR\sin a}W \tag{2-22}$$

角速度 ω（θ）函数是以 θ 为自变量、2π 为周期的连续函数，满足狄里赫利（Dirichlet）条件：函数 ω（θ）在［0，2π］上连续，没有间断点；函数 ω（θ）在［0，2π］上极值点是有限的。因此，可以将 ω（θ）展开成傅里叶级数：

$$\omega(\theta)=a_0+\sum(a_k\cos k\theta+b_k\sin k\theta)\ (k=1,2,3,\cdots) \tag{2-23}$$

其中，a_0，a_k 和 b_k 为傅里叶系数，计算式如下：

$$a_0=\frac{1}{2\pi}\int_0^{2\pi}\omega(\theta)\,\mathrm{d}\theta \tag{2-24}$$

$$a_k=\frac{1}{\pi}\int_0^{2\pi}\omega(\theta)\cos(k\theta)\,\mathrm{d}\theta(k=1,2,3,\cdots) \tag{2-25}$$

$$b_k=\frac{1}{\pi}\int_0^{2\pi}\omega(\theta)\sin(k\theta)\,\mathrm{d}\theta(k=1,2,3,\cdots) \tag{2-26}$$

其中，a_0 即为电动机恒转速 ω_0。

变速拖动曲线应满足下列约束：电动机扭矩峰值不大于额定扭矩，即 T_m（θ，t）$\leqslant T_{m,e}$；电动机转速峰值不大于限定值，即 $0.5\omega_e \leqslant \omega$（$\theta$，$t$）$\leqslant 1.5\omega_e$。

2. 抽油机动态控制装置开发

利用理论研究成果，开发了抽油机动态控制装置，通过多参数回馈分析，按需调整电动机驱动速度与驱动力矩，有效降低系统峰值扭矩，使驱动系统的能量输出更加均衡，最终达到节能降耗、延长整机使用寿命的目的。图 2-2 为其现场安装示意图。

图 2-2　抽油机动态控制装置现场安装示意图

1—曲柄角度传感器；2—电动机速度传感器；3—装置控制柜

1）装置硬件构成

装置由控制器、变频器、接触器、速度传感器、角度传感器等组成。

2）控制原理

控制系统由控制器、电动机随动驱动器（变频器）以及运动状态传感器组成。其中，控制器是整个系统的核心，利用速度、角度传感器的反馈信号，计算抽油机运行的位置及瞬时载荷，通过内部运算，实时控制变频器的功率输出，调整控制抽油机电动机的运行速度。

3. 抽油机动态控制技术试验评价

利用该装置在 CYJ10–3–37HB 常规抽油机标准井（介质水、井深 1000m）进行了常规状态和动态控制状态下节电情况对比测试试验。

（1）相同工况不同动液面动态控制技术节电率对比见表 2–3。

表 2–3 相同工况不同动液面动态控制技术节电率对比

<table>
<tr><th>项目</th><th>动液面
m</th><th>泵径
mm</th><th>悬点载荷利用率
%</th><th>有功功率
kW</th><th>电动机功率利用率
%</th><th>负功功率
kW</th><th>功率因数</th><th>平均电流
A</th><th>有功节电率
%</th><th>无功节电率
%</th><th>综合节电率
%</th></tr>
<tr><td>常规运行</td><td rowspan="2">300</td><td rowspan="6">57</td><td>40.91</td><td>6.318</td><td>17.08</td><td>1.404</td><td>0.341</td><td>33.93</td><td rowspan="2">30.67</td><td rowspan="2">97.40</td><td rowspan="2">36.32</td></tr>
<tr><td>动态运行</td><td>41.2</td><td>4.38</td><td>11.84</td><td>0</td><td>0.992</td><td>10.25</td></tr>
<tr><td>常规运行</td><td rowspan="2">600</td><td>47.65</td><td>8.124</td><td>21.96</td><td>1.17</td><td>0.387</td><td>35.38</td><td rowspan="2">16.99</td><td rowspan="2">96.14</td><td rowspan="2">22.19</td></tr>
<tr><td>动态运行</td><td>47.45</td><td>6.744</td><td>18.23</td><td>0</td><td>0.993</td><td>15.31</td></tr>
<tr><td>常规运行</td><td rowspan="2">800</td><td>52.27</td><td>9.162</td><td>24.76</td><td>0.99</td><td>0.397</td><td>36.63</td><td rowspan="2">11.46</td><td rowspan="2">95.00</td><td rowspan="2">16.49</td></tr>
<tr><td>动态运行</td><td>52</td><td>8.112</td><td>21.92</td><td>0</td><td>0.992</td><td>18.11</td></tr>
<tr><td>常规运行</td><td rowspan="2">300</td><td rowspan="6">70</td><td>60.8</td><td>10.0</td><td>27.0</td><td>0.702</td><td>0.39</td><td>38</td><td rowspan="2">12.82</td><td rowspan="2">94.98</td><td rowspan="2">17.49</td></tr>
<tr><td>动态运行</td><td>62.0</td><td>8.7</td><td>23.5</td><td>0</td><td>0.99</td><td>19.6</td></tr>
<tr><td>常规运行</td><td rowspan="2">600</td><td>72.3</td><td>13.1</td><td>35.4</td><td>0.42</td><td>0.44</td><td>42.38</td><td rowspan="2">6.56</td><td rowspan="2">93.37</td><td rowspan="2">10.62</td></tr>
<tr><td>动态运行</td><td>70.8</td><td>12.2</td><td>32.9</td><td>0</td><td>0.99</td><td>26.36</td></tr>
<tr><td>常规运行</td><td rowspan="2">800</td><td>77.1</td><td>15.75</td><td>42.58</td><td>0.27</td><td>0.47</td><td>44.2</td><td rowspan="2">1.75</td><td rowspan="2">91.16</td><td rowspan="2">5.20</td></tr>
<tr><td>动态运行</td><td>78.2</td><td>15.48</td><td>41.84</td><td>0</td><td>0.99</td><td>32.97</td></tr>
</table>

（2）相同抽汲参数不同平衡率动态控制技术节电率对比见表 2–4。

表 2–4 相同抽汲参数不同平衡率动态控制技术节电率对比

<table>
<tr><th rowspan="2">项目</th><th rowspan="2">泵径
mm</th><th colspan="4">平衡率（下 / 上），%</th><th rowspan="2">有功功率
kW</th><th rowspan="2">负功功率
kW</th><th rowspan="2">功率因数</th><th rowspan="2">平均电流，A</th><th rowspan="2">有功节电率，%</th><th rowspan="2">无功节电率，%</th><th rowspan="2">综合节电率，%</th></tr>
<tr><th>峰值电流</th><th>峰值功率</th><th>平均功率</th><th>峰值扭矩</th></tr>
<tr><td>常规运行</td><td rowspan="4">57</td><td>80</td><td>67</td><td>102</td><td>60</td><td>5.724</td><td>0.966</td><td>0.305</td><td>32.81</td><td rowspan="2">21.59</td><td rowspan="2">97.34</td><td rowspan="2">28.37</td></tr>
<tr><td>动态运行</td><td></td><td></td><td></td><td></td><td>4.488</td><td>0</td><td>0.993</td><td>10.83</td></tr>
<tr><td>常规运行</td><td>97</td><td>95</td><td>304</td><td>90</td><td>6.318</td><td>1.404</td><td>0.341</td><td>33.93</td><td rowspan="2">30.67</td><td rowspan="2">97.40</td><td rowspan="2">36.32</td></tr>
<tr><td>动态运行</td><td></td><td></td><td></td><td></td><td>4.38</td><td>0</td><td>0.992</td><td>10.25</td></tr>
<tr><td>常规运行</td><td rowspan="4">70</td><td>73</td><td>65</td><td>100</td><td>67</td><td>10.0</td><td>0.702</td><td>0.39</td><td>38</td><td rowspan="2">12.82</td><td rowspan="2">94.98</td><td rowspan="2">17.49</td></tr>
<tr><td>动态运行</td><td></td><td></td><td></td><td></td><td>8.730</td><td>0</td><td>0.99</td><td>19.6</td></tr>
<tr><td>常规运行</td><td>95</td><td>92</td><td>265</td><td>95</td><td>10.78</td><td>1.428</td><td>0.45</td><td>38.8</td><td rowspan="2">20.31</td><td rowspan="2">94.64</td><td rowspan="2">24.22</td></tr>
<tr><td>动态运行</td><td></td><td></td><td></td><td></td><td>8.592</td><td>0</td><td>0.99</td><td>19.5</td></tr>
</table>

（3）ϕ 57mm 泵相同液面不同冲次动态控制技术节电率对比见表 2–5。

表 2–5　ϕ 57mm 泵相同液面（800m）不同冲次动态控制技术节电率对比

项目	冲程 × 冲次 $m \times min^{-1}$	悬点载荷，kN	有功功率，kW	电动机功率利用率，%	负功功率，kW	功率因数	平均电流，A	有功节电率，%	无功节电率，%	综合节电率，%
常规运行	3 × 3	49.12	5.034	13.61	0.198	0.2511	31.96	9.77	97.17	18.73
动态运行		49.29	4.542	12.28	0	0.9925	10.84			
常规运行	3 × 6	52.27	9.162	24.76	0.99	0.3979	36.63	11.46	95.00	16.49
动态运行		52	8.112	21.92	0	0.9925	18.11			
常规运行	3 × 9	54.39	16.014	43.28	2.7	0.5212	49.06	13.75	92.08	16.89
动态运行		53.81	13.812	37.33	0	0.9917	28.51			

（4）ϕ 57mm 泵相同液面不同冲程动态控制技术节电率对比见表 2–6。

表 2–6　ϕ 57mm 泵相同液面（800m）不同冲程动态控制技术节电率对比

项目	冲程 × 冲次 $m \times min^{-1}$	悬点载荷，kN	有功功率，kW	电动机功率利用率，%	负功功率，kW	无功功率 kVar	平均电流，A	有功节电率，%	无功节电率，%	综合节电率，%
常规运行	2.1 × 6	51.21	6.054	16.36	0.102	19.26	32.77	7.83	96.84	15.59
动态运行		50.7	5.58	15.08	0	0.608	12.78			
常规运行	3 × 6	52.27	9.162	24.76	0.99	19.58	36.63	11.46	95.00	16.49
动态运行		52	8.112	21.92	0	0.979	18.11			
常规运行	2.1 × 9	56.2	9.18	24.81	0.666	18.81	36.1	8.10	95.39	13.16
动态运行		54.66	8.436	22.80	0	0.868	18.8			
常规运行	3 × 9	54.39	16.014	43.28	2.7	22.25	49.06	13.75	92.08	16.89
动态运行		53.81	13.812	37.33	0	1.763	28.51			

通过试验评价，该技术在油井动液面越深情况下，悬点载荷利用率和电动机功率利用率越大，节电率越小。不同平衡率下，平均功率平衡率越接近 100%，节电率越小。冲程相同，冲次越高，有功节电率越大，无功节电率和综合节电率变小。冲次相同，冲程越长，节电率越大。

4. 应用效果

该技术现场应用 121 口井，应用前后平均单井日节电 33.41kW · h，平均单井节电率 16.77%。由于具有节能和降低曲柄轴扭矩效果，因此具有较好的应用推广前景。

三、螺杆泵直驱技术

螺杆泵井生产效率高，适应采出液介质能力强，适合高含水油田高效开发应用。螺杆泵常规驱动装置传动环节多、能耗损失高，常规控制参数调整不便，日常地面维护工作量大，抽油杆反转机械制动存在安全隐患等问题，通过研制螺杆泵地面直驱装置，将电动机制作成空心轴结构，使光杆从电动机中间穿过，由电动机直接驱动光杆旋转，驱动井下泵工作，解决了常规驱动装置存在的不足。

1. 螺杆泵地面直驱电动机研究

1）电动机类型选择

根据采油螺杆泵系统工作特点，选择永磁电动机作为直驱装置电动机。与其他常规电动机相比，永磁电动机具有如下性能特点。

（1）效率高：由于转子是永磁体，因此在转子上既没有励磁损失，也没有铜损、铁损和无功损耗。

（2）启动转矩大：启动转矩可以达到额定转矩的 3~4 倍，而其他电动机多为 2.2 倍。

（3）调速性能好：易于实现无级调速。

（4）反转制动性能好：能够在断电的情况下实现能耗制动，安全性好。

2）永磁电动机的类型及工作特性

根据直驱电动机波形及控制方式的不同，直驱电动机分为直流和交流两种类型。两个类型的电动机都具有低速大扭矩输出特性，都能满足螺杆泵井的驱动需要。

（1）直流类型。

直驱电动机为永磁无刷直流电动机（BLDC），感应电动势和电流均为方波。永磁无刷直流电动机主要由永磁电动机本体、转子位置传感器和功率电子开关（逆变器）三部分组成，直流电源通过电子开关向电动机定子绕组供电，由位置传感器检测电动机转子位置并发出电信号控制功率电子开关的导通或关断，使电动机转动。

（2）交流类型。

直驱电动机为调速永磁同步电动机（PMSM），感应电动势和电流均为正弦波。这种电动机由变频器供电，当定子绕组接通电源后，采用变频启动方式，加速运转至同步转速时，由转子永磁磁场和定子磁场产生的同步电磁转矩，将转子牵入同步，电动机进入同步运行。

根据控制系统有无位置传感器，这种类型的直驱装置又可细分为有位置传感器和无位置传感器两类。

①有位置传感器：利用有位置传感器可以反馈位置、速度和运转电流信息，实现最佳转矩电流比闭环控制。

②无位置传感器：电动机采用无传感器矢量控制，这种方法利用磁场定向的原理来控制磁通、电流和电压的空间矢量。通过程序运算反馈位置和速度信息，也能实现最佳转矩电流比闭环控制。

2. 直驱装置结构参数

直驱装置采用动静密封系统，将驱动电动机做成空心轴结构，让光杆从电动机的空心轴中穿过，并用方卡连接，在电动机的下部连接承载轴承和支座，从而使整个装置直接坐在井口法兰之上，实现直接驱动，具体结构如图 2-3 所示。

电动机、光杆和支座在井口法兰上面形成一条直线，对中性好，解决了因偏置引起的振动问题；将直驱装置电动机与轴承箱分体设计，杜绝了密封系统渗漏后采出液会进入电动机的安全隐患，定型了直驱装置结构，主要参数见表 2-7。

图 2-3 直驱装置示意图

表 2–7　直驱装置主要参数

型号	额定扭矩 N · m	额定转速 r/min	机构尺寸 （直径 × 高度），mm × mm	连接尺寸 （光杆 × 法兰），mm × mm
LBZQ11	500/700	200/160	490 × 1400	ϕ38 × ϕ380
LBZQ15	700/900	200/160	520 × 1500	ϕ38 × ϕ380
LBZQ22	1000/1300	200/160	620 × 1550	ϕ38 × ϕ380
LBZQ30	1400/1800	200/160	620 × 1550	ϕ38 × ϕ380

3. 直驱装置反转控制

常规驱动装置多采用机械方法进行反转控制，停机时反转能量不能自动释放。直驱装置采用电气制动的方法实现反转控制。正常停机情况下，利用电网的电能、控制器可编程与参数检测功能，由电动机产生一个与反转方向相反的扭矩，控制反转速度，缓慢释放反转动能；在非正常停机时，采用能耗制动方式控制反转速度，即在控制器的电路中设置制动电阻，当电动机停机反转时，制动电路接通工作，此时电动机成为发电机，反转的能量转变成电能消耗在制动电阻上，实现反转控制。

4. 直驱装置电动机温升控制

以 LBZQ22 型直驱装置（额定扭矩 1050N · m、额定转速 200r/min）为例，利用室内模拟检测平台，分别测量该装置在不同工况条件下的温升（图 2–4）。

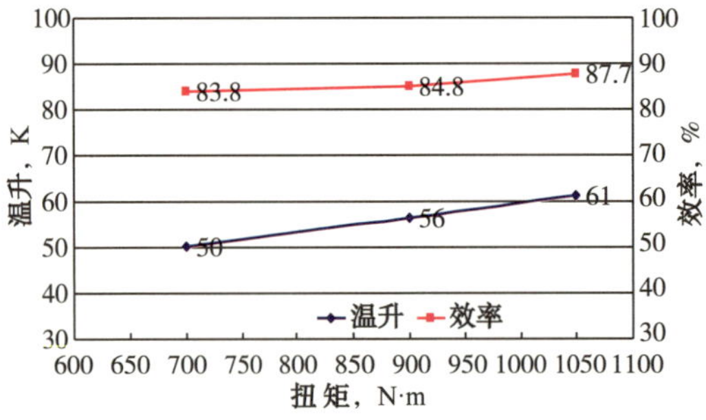

图 2–4　LBZQ22 直驱电动机扭矩—温升曲线

在额定转速下，工作扭矩分别为 700N · m、900N · m 和 1050N · m 时，电动机表面温升分别为 50K、56K 和 61K，对应的驱动装置传动效率分别为 83.8%、84.8% 和 87.7%。

负载扭矩对电动机温升的影响较大。合理匹配负载可有效控制电动机温升，同时获得较高的传动效率。

直驱装置所用的电动机安装在井口上方，需要采用全封闭的隔爆型结构，电动机内部的热量不易散发出去；由于直驱装置结构及空间的限制，电动机采用自然散热方式，散热能力有限。因此，要控制电动机的温升，只能从控制负载扭矩、减小谐波损耗和增强散热能力方面入手。

1）合理匹配负载

电动机绕组的热损耗与工作电流的平方成正比，而工作电流与负载扭矩成正比。因此，合理匹配负载，可以有效降低绕组的热损耗，从而控制电动机温升。

2）抑制谐波损耗

电动机定子绕组采用双层短距分布绕组和分数槽结构，削弱高次谐波电动势和齿谐波电动势，从而改善气隙磁场波形，减少谐波损耗。

3）增强壳体散热能力

适当加大电动机尺寸，增强壳体散热能力。比如 LGZQ30 直驱装置，电动机外径尺寸

由 ϕ610mm 增加到 ϕ622mm，高度尺寸由 722mm 增加到 768mm。

通过采用以上措施，电动机温升的问题得到有效解决。室内实验数据表明，在额定工况条件下，LGZQ30 直驱装置电动机表面温升 53K，LGZQ22 直驱装置电动机表面温升 49K；现场井电动机表面温度与周围环境温度接近。

5. 直驱装置传动效率试验评价

试验方法：选取 LBZQ22 型直驱装置和 QDT22 型常规装置（变频）各 1 台，利用室内检测平台，分别测量两种驱动装置在同等工况条件下的传动效率和耗电量，分析扭矩和转速对效率的影响，对比两种驱动装置的效率，考查直驱装置的节电情况[5]。

数据如图 2-5 至图 2-7 所示。

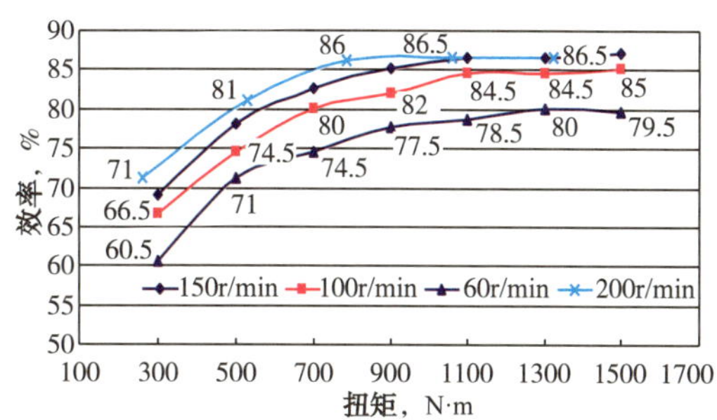

图 2-5　LBZQ22 型直驱装置扭矩—效率曲线

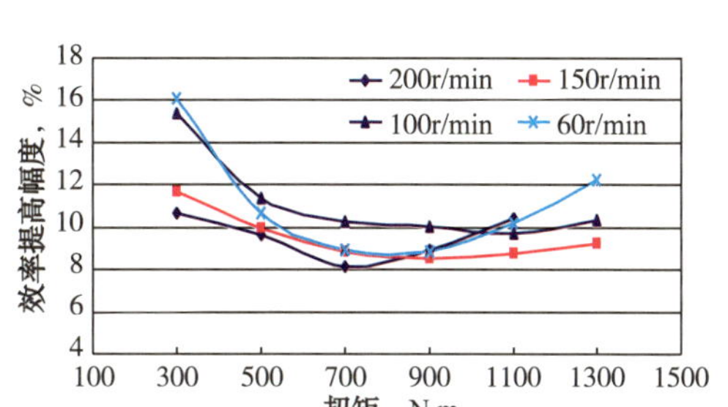

图 2-6　LBZQ22 型直驱装置效率提高幅度—扭矩曲线

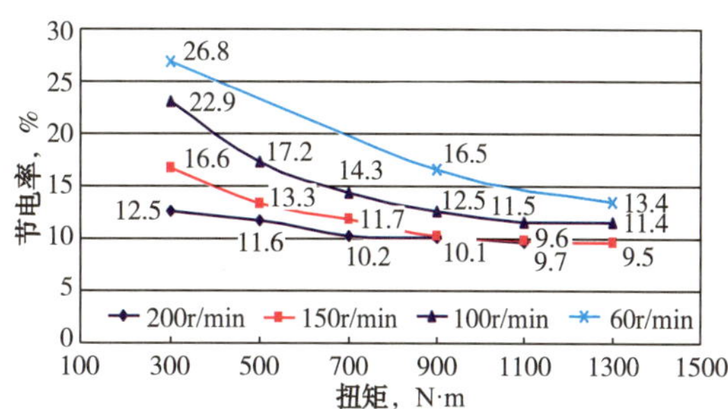

图 2-7　LBZQ22 型直驱装置节电率—扭矩曲线

1）负载扭矩对效率的影响

由图 2-5 可知，负载扭矩对效率的影响较大。在 70% 额定扭矩到额定扭矩范围内，效率均较高（超过 80%）。

2）工作转速对效率的影响

由图 2-5 可知，工作转速对效率的影响相对较小。在 70% 额定扭矩时（约 700N·m），50% 额定转速和额定转速下的效率只相差约 5 个百分点，而在额定扭矩时二者相差更小。

3）效率对比

由图 2-6 可知，LBZQ22 型直驱装置的传动效率比同型号常规装置平均提高 10%，在轻负荷区域（扭矩 300N·m，转速 60r/min）效率提高幅度达到 15%。

4）直驱装置节电率

由图 2-7 可知，LBZQ22 直驱装置在轻负荷（300N·m）条件下节电效果明显，最高可达到 26.8%；在额定负荷（1050N·m）区域节电效果相对较低，约 10%。平均（扭矩 700N·m，转速 100r/min 以下）节电 15%。

6. 应用效果

该技术在现场应用 125 口井，与常规螺杆泵驱动装置相比，平均节电率达到 18.5%，单井日节电 37.05kW·h。由于该技术传动环节减少，安全性、可靠性优于常规驱动装置，且节能效果显著，已成为常规螺杆泵驱动装置的替代产品。

四、等壁厚定子螺杆泵技术

常规螺杆泵定子是由丁腈橡胶浇注在钢体泵筒内形成的，衬套内表面是双螺旋曲面，其厚薄不均。这种结构存在着诸多不足：一是在工作条件下的溶胀、温胀不同，降低了定子橡胶衬套的型线尺寸精度，改变了定转子啮合作用，增大了摩擦损失，降低了泵工作效率和使用寿命；二是螺杆泵工作过程产生的热量主要聚集在橡胶最厚的部分，过高的温度使橡胶物性发生改变，导致定子过早失效。等壁厚定子螺杆泵较常规螺杆泵相比，从机理上解决了上述问题。

1. 等壁厚定子螺杆泵举升性能影响的数值模拟研究

利用有限元软件，建立了等壁厚定子螺杆泵三维动力学模型，通过对等壁厚定子螺杆泵温胀、溶胀、负载扭矩、非均匀温升、水力特性等研究，提出结构参数优化设计方法。

1）定子温胀和溶胀后型线变化分析

螺杆泵定子在井下工作环境中，因为环境温度升高而发生膨胀，即温胀；原油中的一些化学物质渗透到定子橡胶内部，使橡胶发生膨胀，即溶胀。在导热系数、热膨胀系数、比热容及密度相同的情况下，对等壁厚定子螺杆泵和常规螺杆泵的温胀和溶胀进行对比分析。

模拟工况条件：井温 50℃，转速 100r/min。对比分析的常规螺杆泵和等壁厚定子螺杆泵参数主要有：定子偏心距为 7.5mm，转子半径为 21mm，等壁厚定子螺杆泵定子厚度为 10mm，常规螺杆泵定子最薄处厚度为 10mm；橡胶弹性模量为 4MPa，泊松比为 0.499；钢弹性模量为 210000MPa，泊松比为 0.3，初始过盈量为 0.15mm，计算时所使用的溶胀体积变化率为 3%，温度由 15℃升高到 50℃，温升 35℃后的分析结果如图 2-8 和图 2-9 所示。

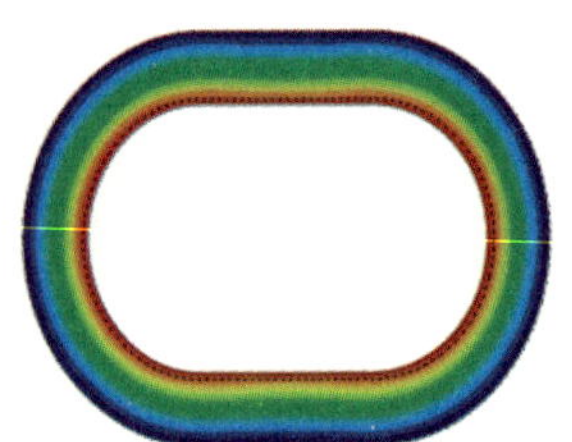

图 2-8　常规定子温胀和溶胀法向位移

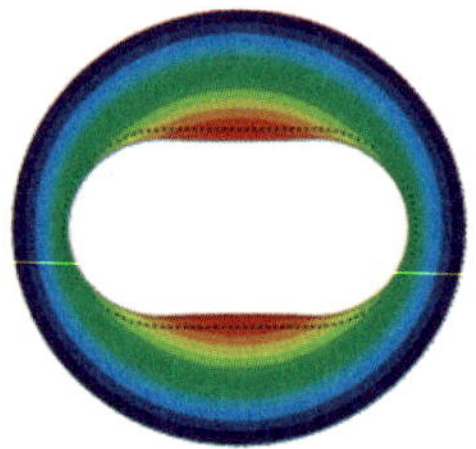

图 2-9　等壁厚定子温胀和溶胀法向位移

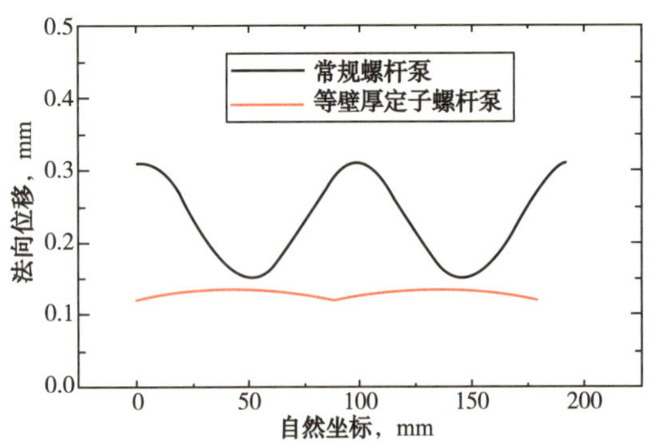

图 2-10　等壁厚定子螺杆泵与常规螺杆泵定子温胀和溶胀后的型线法向位移对比

从图 2-10 可以看出，等壁厚定子螺杆泵的定子型线变化比较均匀，最大法向位移为 0.13mm，而常规螺杆泵的定子型线变化波动较大，在中间位置最大法向位移为 0.31mm，这是由于中间定子橡胶厚度较大，温胀和溶胀后变形较大，因此等壁厚定子螺杆泵运行更平稳。影响定子温升后型线变化的主要参数是橡胶的热膨胀系数；溶胀后定子型线变化主要取决于溶胀体积变化率。

2）等壁厚定子螺杆泵和常规螺杆泵

的扭矩模拟分析

为了准确确定和分析作用在螺杆泵上的负载扭矩，模拟了基于温胀和溶胀后的等壁厚定子螺杆泵和常规螺杆泵扭矩变化。

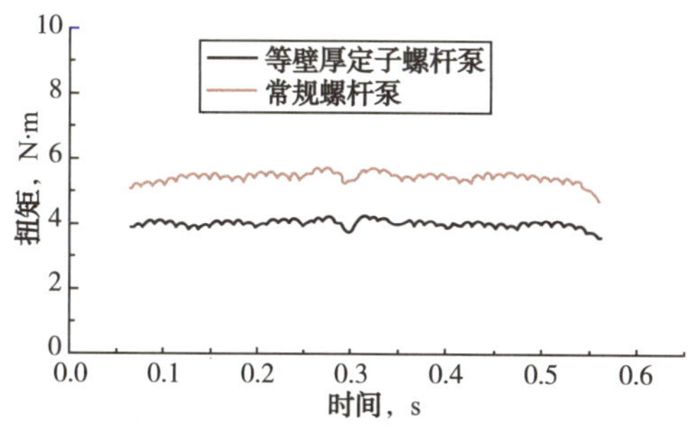

图 2-11　等壁厚定子螺杆泵与常规螺杆泵温胀后扭矩对比

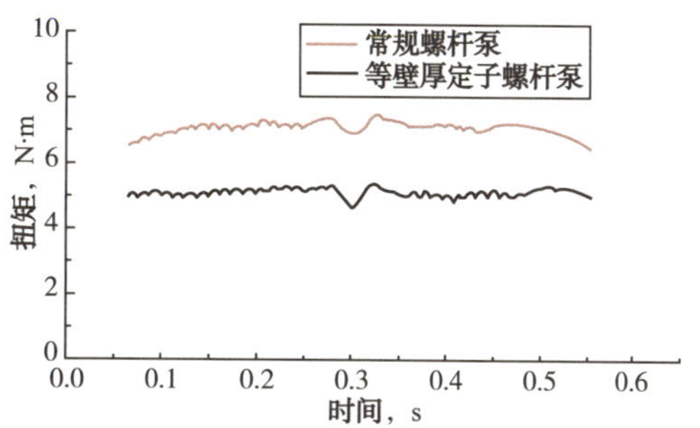

图 2-12　等壁厚定子螺杆泵与常规螺杆泵溶胀后扭矩对比

从图 2-11 和图 2-12 可以看出，在相同的初始过盈量下，由于常规螺杆泵温胀、溶胀后产生的过盈量较大，常规螺杆泵温胀、溶胀后的扭矩比等壁厚定子螺杆泵要大很多。可以看出等壁厚定子螺杆泵温胀、溶胀后扭矩变化较小，具有一定的优越性。

3）等壁厚定子螺杆泵的非均匀温度场分析

螺杆泵运行过程中导致定子温度升高的热源主要来自三个方面:（1）定子橡胶黏弹性滞后损失产生的热量;（2）转子与定子橡胶的摩擦生热;（3）液体与定子橡胶的摩擦生热。由于举升液体为低黏度、不含固体颗粒的液体，因此在研究定子静态热力学性能时不考虑摩擦生热源，仅考虑黏弹性橡胶滞后损失产生的热量。

对螺杆泵定子橡胶非均匀温度场进行模拟分析，偏心距为 7.5mm，转子半径为 21mm，橡胶弹性模量为 4MPa，泊松比为 0.47；钢弹性模量为 210GPa，泊松比为 0.3，初始过盈量取 0.15mm，转速为 100r/min，摩擦系数为 0.25。等壁厚定子螺杆泵橡胶厚度为 10mm，常规螺杆泵定子橡胶厚度最薄处为 10mm，环境温度为 50℃。

由图 2-13 和图 2-14 可以发现，等壁厚定子螺杆泵有 4 个温度极值点，分布在中心的两侧，最高温升 9.5℃；而常规螺杆泵只在中间有两个温度极值点，最高温升 16.4℃，等壁厚定子螺杆泵温升低，影响范围小。

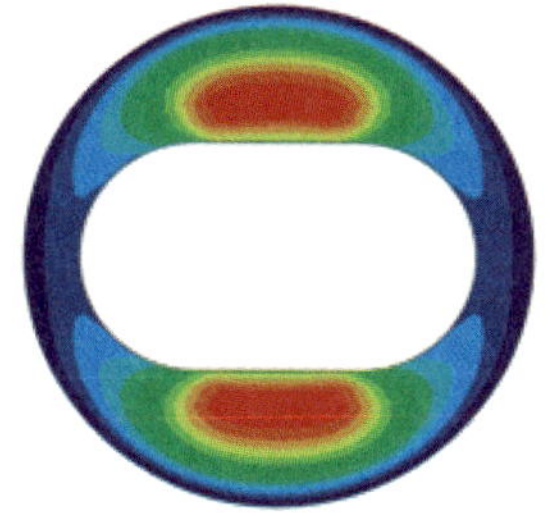

图 2-13　常规螺杆泵定子非均匀温度场

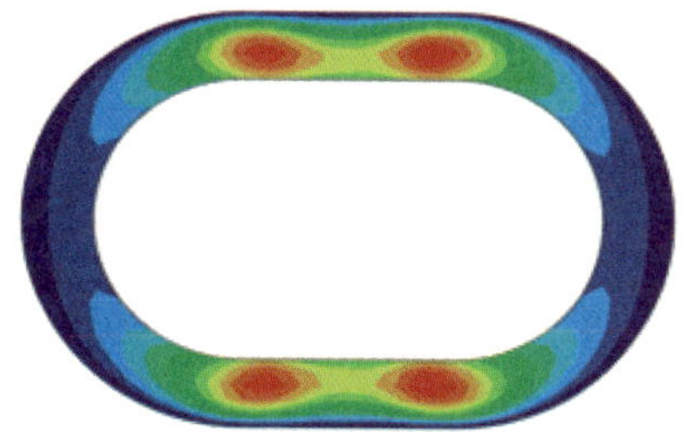

图 2-14　等壁厚定子螺杆泵定子非均匀温度场

4）等壁厚定子螺杆泵的水力特性分析

螺杆泵在工作过程中，存在着举升液体和定子橡胶之间的耦合问题。建立举升液—定子橡胶的流固耦合模型，固体模型采用 ABAQUS 建模，C3D8R 单元，弹性模量 4.0MPa。流体（举升液）模型采用 FLUENT 建模，压差 1.0MPa，定转子之间给定间隙 0.2mm。

螺杆泵的漏失形态有横向漏失与纵向漏失两种。流固耦合后流体模型中定子受到压力的作用而被挤压，定、转子间间隙增大，从而漏失量增大，举升性能降低。

通过对等壁厚定子螺杆泵举升性能的模拟计算，所得模拟结果与实际现场结果吻合，验证了模型的可靠性。偏心距为 7.5mm，初始过盈量为 0.15mm，结果见表 2-8。

表 2-8　DGLB500-14 等壁厚定子螺杆泵举升性能模拟结果与实验数据对比

出口压力 MPa	实验扭矩 N · m	模拟扭矩 N · m	相对误差 %	实验容积效率 %	模拟容积效率 %	相对误差 %
0.04	30	30.0	0.00	100.00	99.97	0.03
1.05	112	109.5	2.23	100.00	99.52	0.48
2.11	198	192.9	2.56	100.00	98.87	1.13
3.07	273	268.5	1.65	99.58	97.74	1.85
4.09	353	348.9	1.19	96.50	93.92	2.67
5.02	426	421.0	1.17	89.64	87.71	2.15
6.12	511	507.6	0.67	72.97	76.80	5.25
7.03	580	575.2	0.83	55.18	59.43	7.70

由表 2-8 可以看出，出口压力与容积效率之间有着非线性关系，当出口压力小于一定的数值时，螺杆泵的容积效率为 100%，这是因为在较小的出口压力下，定子变形较小，定、转子之间仍然有着一定的过盈量。当出口压力增大时，开始有负过盈的产生，于是容积效率开始逐渐降低。故可将出口压力与螺杆泵的容积效率之间的关系看成一个分段曲线，当出口压力小于一个数值时，容积效率为 100%；对于大于该出口压力的线段，可以使用非线性回归分析的方法，可以得到两者之间的关系。

5）等壁厚定子螺杆泵的脱胶分析

等壁厚定子螺杆泵有着诸多优点，但在现场试验初期，脱胶引起的失效占了较大的比例，成为制约等壁厚定子螺杆泵广泛应用的主要原因之一。

在实际运行过程中，螺杆泵定子主要承受转子的挤压和举升液的压力作用，通过数值模拟，分析了举升液压力和转子过盈量对螺杆泵定子的作用力。

等壁厚定子螺杆泵基本结构参数：偏心距为 7.5mm，转子半径为 21mm，壁厚为 10mm。定子橡胶弹性模量为 4MPa，泊松比为 0.499（不可压缩）；转子材料为钢，弹性模量为 210000MPa，泊松比为 0.3。

（1）等壁厚定子螺杆泵内腔液压压差分析。

螺杆泵在运行过程中，定子各腔室存在压差。取压差为 0.5MPa，模拟定子变形和受力情况，如图 2-15 和图 2-16 所示。

比较发现：常规螺杆泵最大剪应变发生在压力作用表面附近，数值大小为 8.3%；而等壁厚定子螺杆泵最大剪应变位于橡胶衬套与定子外管的交界面附近，数值大小为 12.9%。在工程上，一般剪应变超过 10% 是极其有害的，易造成橡胶与外管脱胶。

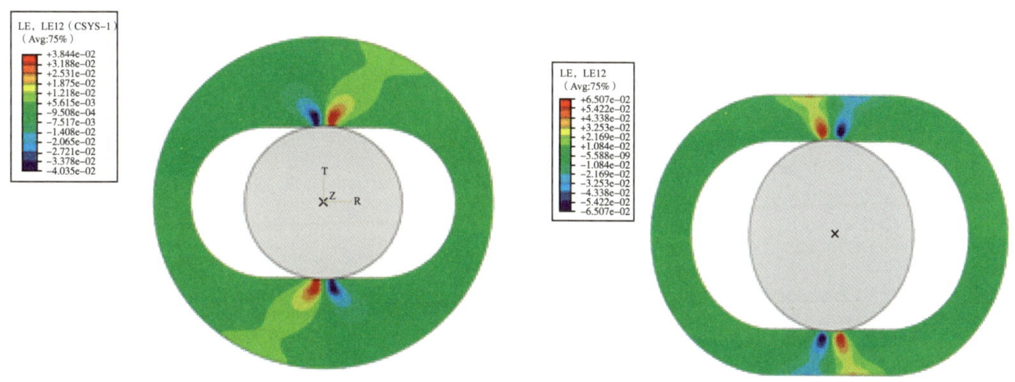

图 2-15　0.5MPa 压差下常规螺杆泵定子剪应变　图 2-16　0.5MPa 压差下等壁厚定子螺杆泵定子剪应变

（2）等壁厚定子螺杆泵定转子过盈接触分析。

螺杆泵在运行过程中，转子和定子间存在一定的过盈接触。等壁厚螺杆泵和常规螺杆泵定转子过盈接触时的应力应变分布模拟情况如图 2-17 和图 2-18 所示。

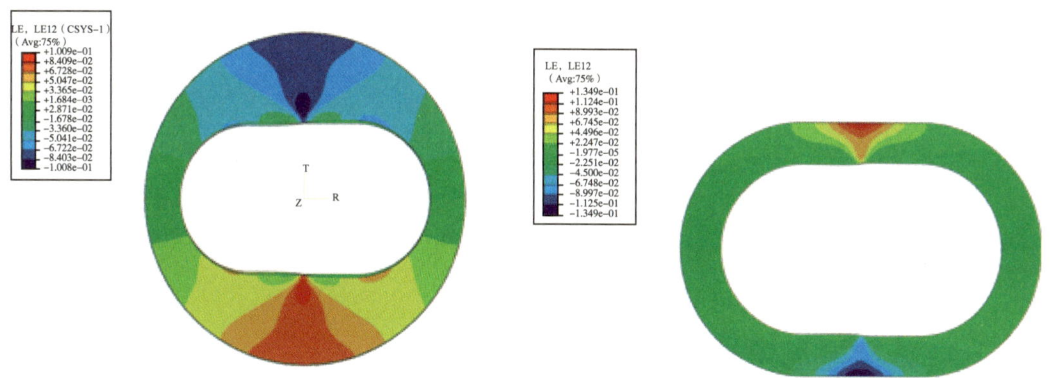

图 2-17　转子过盈接触下常规螺杆泵定子剪应变　图 2-18　转子过盈接触下等壁厚定子螺杆泵定子剪应变

可以看出，常规螺杆泵最大剪应变主要集中在定转子接触的位置附近，而等壁厚定子螺杆泵虽然主要也是集中在接触的位置附近，但是由于橡胶壁厚较薄，在橡胶衬套与缸体外套的交界面上也存在一定的剪应变，这是比较有害的。虽然在正常情况下剪应变的值比较小，不会造成脱胶，但是在井下复杂的环境下，容易造成螺杆泵定子脱胶。

综上所述，通过模拟相同结构参数常规螺杆泵和等壁厚定子螺杆泵的应力—应变场、压力分布规律及转子受力等，对比分析定子橡胶受力及变形情况，认为压差和定转子过盈接触引起的剪应变是造成等壁厚定子螺杆泵容易脱胶的主要原因。

6）等壁厚定子螺杆泵结构参数优化设计方法的确定

以 DGLB500 泵进行模拟，基本结构参数：偏心距为 7.5mm，转子半径为 21mm，定子导程为 400mm；橡胶材料弹性模量为 4MPa，泊松比为 0.499。模拟举升性能时进出口压差为 4.09MPa。

（1）参数对扭矩的影响。

参数对扭矩的影响如图 2-19 和图 2-20 所示。

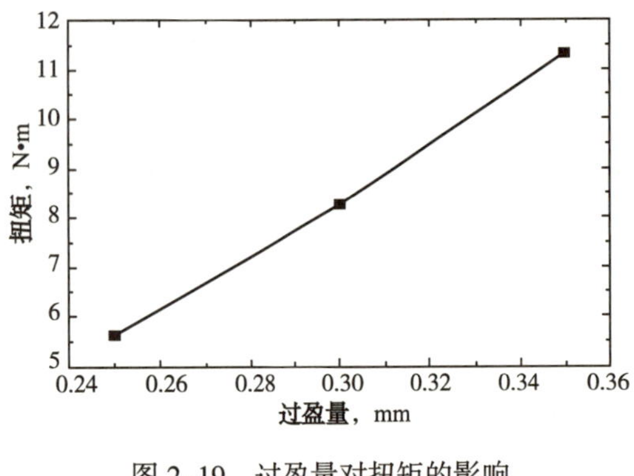

图 2-19 过盈量对扭矩的影响

图 2-20 橡胶厚度对扭矩的影响

从图 2-19 和图 2-20 可以看出，过盈量从 0.25mm 到 0.35mm，单级扭矩从 5.63N · m 上升到 11.34N · m。过盈量越大，扭矩越大。橡胶厚度从 8mm 到 12mm，单级扭矩从 10.54N · m 下降到 6.84N · m。橡胶越厚，扭矩越小。改变转速，不考虑温升导致的过盈变化，单级扭矩变化不大。

（2）参数对容积效率的影响。

参数对容积效率的影响如图 2-21 至图 2-23 所示。

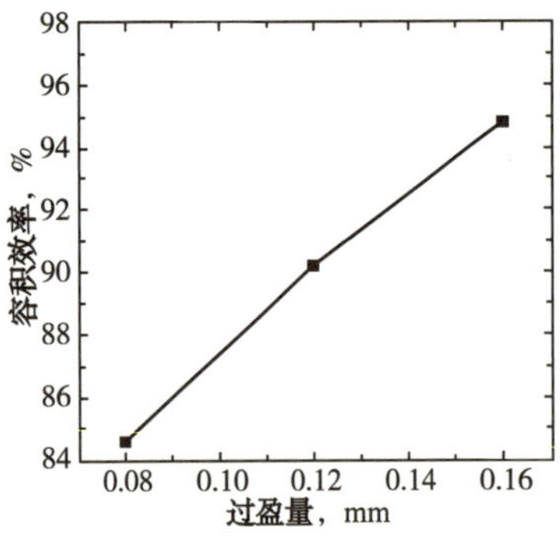

图 2-21 过盈量对容积效率的影响

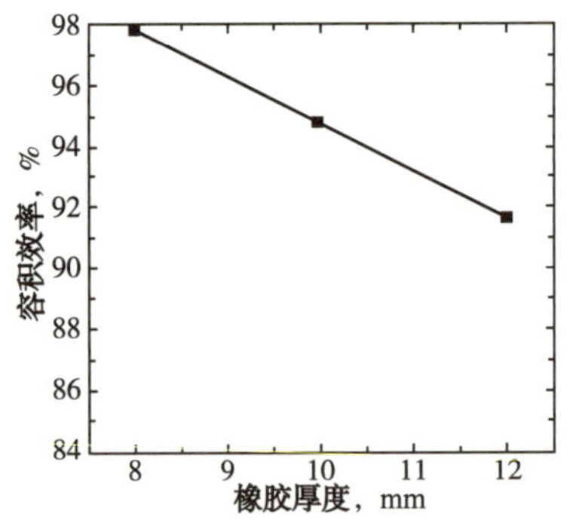

图 2-22 橡胶厚度对容积效率的影响

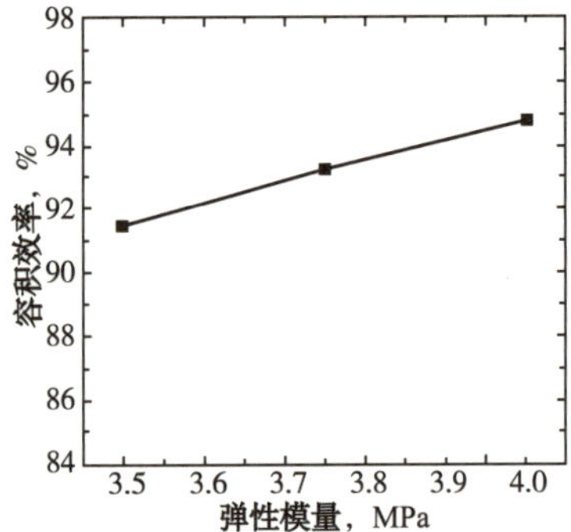

图 2-23 弹性模量对容积效率的影响

从图 2-21 至图 2-23 可以看出，过盈量从 0.08mm 到 0.16mm，容积效率从 84.6% 升到 94.8%。过盈量越大，容积效率越高。

橡胶厚度从 8mm 到 12mm，容积效率从 97.8% 下降到 91.7%。橡胶越厚，容积效率越低。材料弹性模量从 3.5MPa 到 4.0MPa，容积效率从 91.5% 升高到 94.8%。弹性模量越大，容积效率越高。

（3）参数对剪应变的影响。

参数对剪应变的影响如图 2-24 至图 2-26 所示。

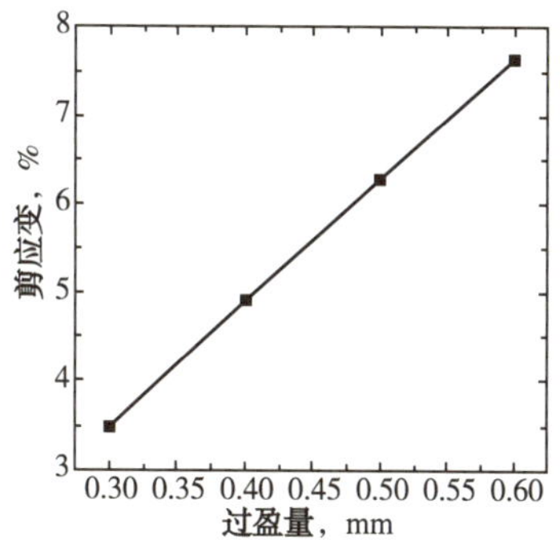

图 2-24　过盈量对剪应变的影响

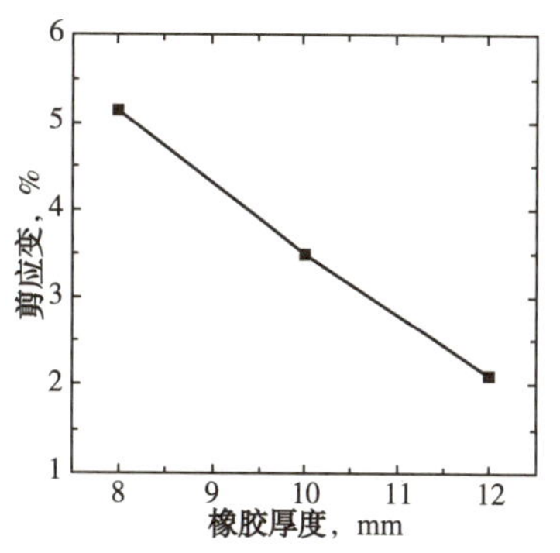

图 2-25　橡胶厚度对剪应变的影响

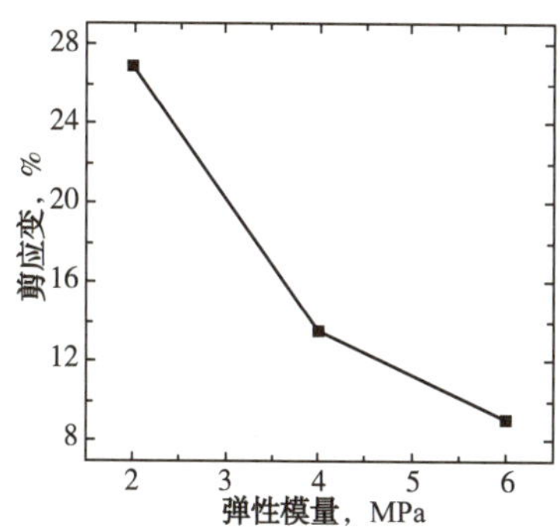

图 2-26　弹性模量对剪应变的影响

从图 2-24 至图 2-26 可以看出，过盈量从 0.3mm 到 0.6mm，剪应变从 0.0349 升到 0.0763。过盈量越大，橡胶与外管黏结处的剪应变越大。

橡胶厚度从 12mm 减小到 8mm，剪应力从 0.0212Pa 升到 0.0513Pa。定子橡胶越薄，橡胶与外管黏结处的剪应变越大。

弹性模量从 2MPa 增大到 6MPa，剪应变从 0.27 降到 0.09。弹性模量越大，橡胶与外管黏结处的剪应变越小。

（4）参数对非均匀温升的影响。

参数对非均匀温升的影响如图 2-27 至图 2-29 所示。

从图 2-27 至图 2-29 可以看出，过盈量 0.25mm 到 0.35mm，最高温升从 1.9℃升到 5.0℃。过盈量越大，温升越高。

橡胶厚度从 8mm 到 12mm，最高温升从 4.3℃降到 2.1℃。橡胶越厚，温升越低。

转速从 50r/min 到 150r/min，最高温升从 1.7℃升到 5℃。转速越快，温升越高。

综上所述，过盈量和橡胶厚度是影响螺杆泵性能的敏感因素。等壁厚定子螺杆泵结构参数的优化设计是要在满足使用条件下，使得其剪应力最小，又要具有较小的工作扭矩和温升，较高的举升性能，保证其良好的工作性能和较长的使用寿命。

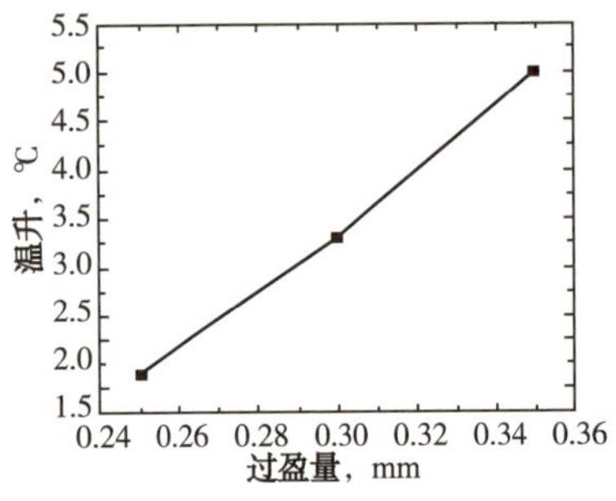

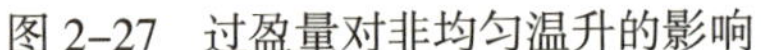

图 2-27　过盈量对非均匀温升的影响

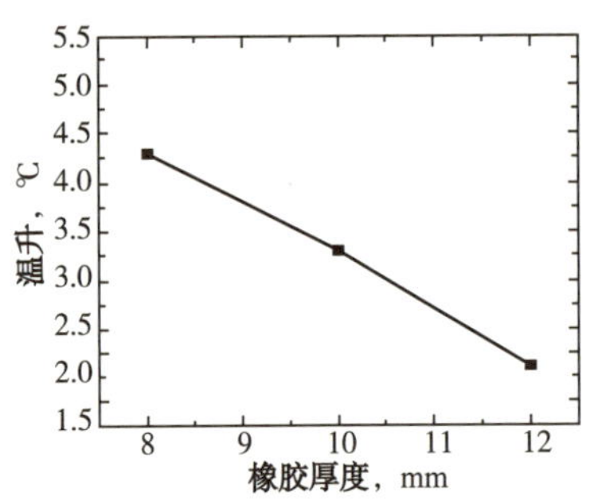

图 2-28　橡胶厚度对非均匀温升的影响

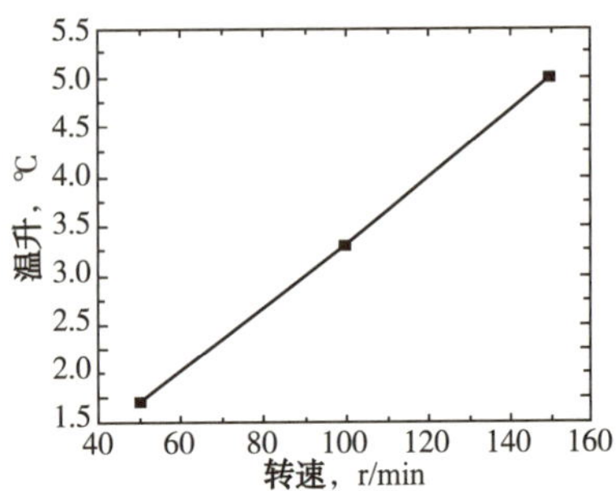

图 2-29　转速对非均匀温升的影响

（5）等壁厚定子螺杆泵级数的优选。

螺杆泵的扬程是由级数决定的，通常把一个定子导程定义为一级。单级承压 = 扬程 / 级数。根据模拟容积效率随压差变化规律，压差越大，容积效率越低。因此，为了提高等壁厚定子螺杆泵举升效率，选择较大的级数，从而降低单级压差。

虽然螺杆泵的总摩擦扭矩 = 单级摩擦扭矩 × 级数，但是负载扭矩 = 摩擦扭矩 + 液压扭矩。增加级数对总负载扭矩影响不大。综上分析，优选出等壁厚定子螺杆泵 GLB 500 级数为 16 级。

依据优化设计方法，完成了 DGLB 200 等 6 种规格等壁厚定子螺杆泵的结构参数设计（表 2-9）。

表 2-9　不同规格等壁厚定子螺杆泵的结构参数

泵型	级数	头数	偏心距，mm	导程，mm	转子直径，mm	橡胶厚度，mm
DGLB1000	13	2	7.0	414	30	10
DGLB800	18	2	7.0	375	33	10
DGLB500	16	1	7.5	400	42	10
DGLB400	15	1	7.0	320	44	10
DGLB300	20	1	7.0	240	44	10
DGLB200	25	1	6.0	200	43	12

2. 等壁厚定子螺杆泵成型工艺技术研究

1）定子外管制造技术研究

根据螺旋曲线结构的特殊性，其加工工艺分为3类。第一类是利用金属切削加工方法，由于定子毛坯管径向尺寸有限，切削刀具对细长管的内孔加工困难，成本高、效率低，加工长度有限（400~500 mm），难以形成批量生产。第二类就是铸造成型工艺方法，铸造工艺工序多、工时长，尺寸误差大，废品率高，铸造长度受限，不能达到质量及批量生产的要求。第三类就是利用金属变形加工方法，根据定子外管内孔螺旋曲线的线型特点，在综合对比分析各类加工方式后，最终选择采用挤压工艺加工定子外管。采用挤压工艺虽然变形抗力大，但挤后的变形硬化能满足定子外管的力学性能要求，而且可以达到很高的尺寸精度和几何精度。

（1）定子毛坯材质的选择和尺寸的确定。

根据定子外管的形状特点，同时为了满足定子外管的实际应用性能，通过筛选，选用N80无缝钢管作为定子毛坯管。

通过对无缝钢管进行密封打压试验，确定选用8mm无缝钢管挤压定子外管。

（2）定子毛坯管修整。

根据定子外管成型尺寸将材料截成所需长度的毛坯管，加工前先对其进行校直，然后进行外圆粗加工。

（3）毛坯管的软化处理。

毛坯管（N80）具有硬度高、变形抗力大等特点，为了降低其变形抗力，提高塑性，延长模具的使用寿命，使坯料适合进行冷挤压，需要进行球化退火处理，退火处理后硬度降到（190±5）HB。

（4）表面处理。

表面处理是冷挤压工艺的一道关键工序，它对表面质量及模具寿命都有很大的影响。本工艺定子毛坯管喷砂去除氧化皮后，采用磷化处理方法。

（5）润滑处理。

毛坯管经磷化处理，清洗干净后，挤压前应进行润滑处理。润滑处理的目的是降低毛坯管和模具之间的摩擦力，防止毛坯管和模具热胶着，延长模具使用寿命。本工艺可采用皂化润滑法或水剂石墨润滑法，考虑到环保和成本因素，选定水剂石墨润滑剂，其优点是无污染，成本低廉，水和石墨的质量比为1：（6~12）。

（6）定子毛坯管挤压成型。

根据定子外管结构和技术要求，选用了无芯棒冷挤压。将毛坯管一端固定在进给机构的卡盘上，另一端插入挤压模具腔室的导向端，进给机构带动毛坯管做相应径向转动和轴向移动。进给机构与压力机相互配合间歇运动，即进给机构运动停止后，压力机开始上下运动。动作节拍和时间由自动控制系统设定，根据定子外管规格不同，径向转速可选择10~15r/min，轴向移动根据导程要求设定。随着毛坯管在模腔中的移动，就被挤压成螺旋形定子外管。

2）冷挤压模具设计

（1）模具材料。

挤压模具在工作过程中，由于承受着高温和高压的作用，容易出现裂纹、磨损、工件超差等失效现象。因此，应选择在高温下热膨胀率小，具有高强度、高硬度和高耐磨性的模具材料，保证外管成型精度，提高挤压模具使用寿命。本试验采用材料为 Cr12MoV，淬火后 3 次回火处理，硬度为 HRC60~62。

（2）模具结构设计。

模具由 6 块压力板和 3 块凹模组成，凹模工作部分与定子管外壁形状和尺寸相同。为了确保挤压中尺寸的稳定性，延长模具寿命，在凹模外边安置了 6 块压力板，以便对凹模进行强有力的支撑，分散作用在凹模上的压力。为减小螺旋形定子外管导程误差，将挤压模具内腔型线设计为两个导程，挤压模具如图 2–30 所示。

图 2–30　定子外管挤压组合模具

（3）模具尺寸设计。

在设计模具型腔时，必须充分考虑金属的变形原理，然后对模具型腔进行设计和确定。由于金属冷挤压加工退模后，金属回弹，导致的结果是尺寸增大，因此设计模具时，开展了定子外管成型尺寸控制理论分析和试验研究，制定了合理的工艺留量。

模具型腔尺寸的设计应根据外管材料的弹性性能进行计算，计算出该种材料在相应尺寸下的弹性变形量，再用成型尺寸减去相应的弹性变形量，即可计算出相应的模具型腔的尺寸。

$$\varepsilon=\varepsilon_t+\varepsilon_S \tag{2-27}$$

其中：

$$\varepsilon_t=\sigma/E$$

式中　ε——总变形；

ε_t——弹性变形；

ε_S——永久变形；

σ——材料在变形程度 ε 时的屈服点；

E——材料弹性模量。

根据公式和金属材料的弹性性能系数即可求出室温下的相应尺寸变形量（回弹量）ε。但还要根据经验，考虑到模具的磨损、使用寿命等多重因素，最终确定相应的模具型腔的尺寸。

3）定子外管检测及质量控制方法

导程检测：通过研究确定了光栅测量仪的导程检测方法。

光栅测量仪（检测螺旋形定子外管导程专用）：包括检测标准平台、3m 长度的光栅尺、活动测头、数显仪等。光栅尺分辨率为 1μm（0.001mm），测量精度为 5μm（0.005mm）。

检测方法：将螺旋形定子外管放在检测标准平台上并固定，首先将活动测头推向螺旋形定子外管导程起始测量点，数显仪记录下起始点的测量值，然后将活动测头推向第二个测量点，数显仪显示一个导程的实际测量值。光栅测量仪既可逐点测量单个导程的长度，也可一次测量多个导程的长度，测量精度高，操作简单。

截面尺寸检测：采用芯棒检测方法。

检测所需工具：为了检测定子外管横截面各处尺寸是否符合要求，采用数控车床加工的芯棒进行整根管内腔尺寸的检测。

检测方法：将螺旋形定子外管放在检测标准平台上并固定，然后将带有连接杆的芯棒从一端到另一端通过整个定子管内腔进行检验，如果芯棒能够顺利通过整个定子管内腔，说明各尺寸误差在控制范围内，满足要求。

通过改进措施提高了螺旋形定子外管的几何形状和尺寸精度，降低了生产成本。通过测量每个导程误差控制在 0.05~0.07mm，累积误差控制在 1.5mm 内。

4）等壁厚定子加工工艺研究

（1）喷砂及粘接工艺技术研究。

常规螺杆泵采用喷射状喷嘴，两端反复的喷砂工艺，但这种工艺使等壁厚定子外管凸凹面喷砂力度不均而影响粘接强度。针对这一问题，设计了具有 45° 角的倾斜喷嘴，辅助机床采用型线跟踪运动方式的喷砂工艺，这种方式可以保证在喷砂过程中，喷嘴与定子被喷砂表面时处于垂直状态，喷砂效果好。

菱形喷砂磨料代替球形磨料，改善喷砂效果，提高黏结附着力，通过试样试验，粗糙度控制为总涂层厚度的 30%。通过黏结剂与橡胶配方的配伍试验，选择了耐温、耐油的黏结剂，采用开姆洛克 205 作为底黏结剂，202 作为面黏结剂。

采用旋转机械喷涂黏结剂工艺，在压力泵的作用下，使黏结剂充分融合雾化，保证涂层均匀，提高黏结强度和附胶率。

黏结剂涂刷厚度过厚、过薄都容易导致黏结失效，通过试验，采用重量法控制胶层的厚度。确定试样 25mm × 25mm 面积上的黏结剂质量为 4g，再通过不同泵型外管的内表面积计算黏结剂实际使用量。

（2）注胶工艺技术研究。

由于等壁厚螺杆泵定子外管型线复杂，橡胶层厚度减小，使注胶通道变窄，橡胶的流动性变差，注胶时不易充满腔室，增大了注胶难度，为了解决这一问题，采取了下列措施：

①为平衡腔室注胶压力，将注胶孔、排气孔和定位位置进行对称设置，保证注胶后橡胶层厚度均匀。

②由于等壁厚定子外管型线复杂，注胶时扶正定位困难，为了解决这一问题，提高扶正定位精度，研究了钻孔模定位方法。

③设计了专用的注胶工装，采用多点注胶工艺，减少橡胶流动阻力和流动距离，并将注胶压力由 16MPa 提高到 18MPa，保证橡胶的致密性和粘接强度。

④设计了定子外管加热保温带，注胶过程始终保持一定的注胶温度，提高橡胶的流动性。

（3）硫化工艺技术研究。

通过硫化参数对橡胶物理机械性能和金属粘接强度的影响试验确定：采用二次硫化，保证粘接强度和硫化胶的综合性能达到最佳值。

一次硫化温度为 120℃，硫化 0.5h；二次硫化温度为 150℃，硫化 2h。

橡胶粘接强度提高到 20.4N/mm，比常规泵粘接强度（15.7N/mm）提高了 30%，解决了脱胶问题。

5）等壁厚定子螺杆泵工作特性试验研究

对开发的 DGLB500-14 等壁厚定子螺杆泵和相同结构参数及配泵过盈量的 GLB500-14 常规螺杆泵在 30℃、50℃和 70℃条件下，分别进行 50r/min、100r/min 和 150r/min 时的水力特性对比试验。

（1）转速试验。

进行等壁厚定子螺杆泵和常规螺杆泵转速试验，在 50℃介质温度条件下，通过控制转速及出口压力，分析比较在 50r/min、100r/min 和 150r/min 时螺杆泵的性能曲线（图 2-31、图 2-32）。

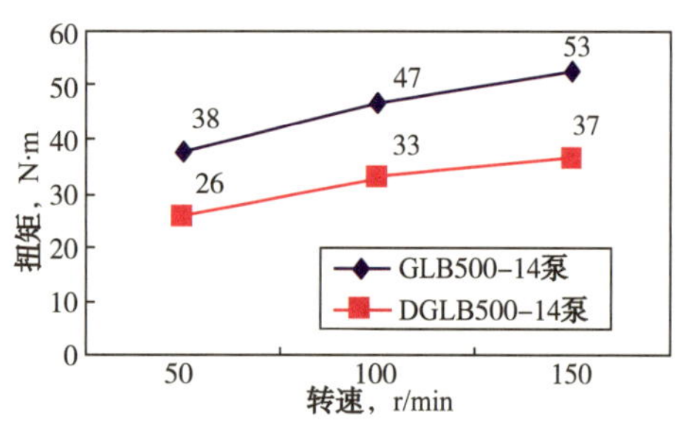

图 2-31 转速对扭矩的影响

图 2-32 转速对单级承压的影响

通过图 2-31 和图 2-32 对比可以看出：转速对等壁厚定子螺杆泵和常规泵工作性能的影响规律一致；100r/min、6MPa 条件下，等壁厚定子螺杆泵容积效率高 12.44 个百分点，高效压力范围更宽，扭矩小 14N · m，单级承压是常规泵的 1.6 倍。

（2）温度试验。

试验用介质为 32# 机械油，转速控制在 100 r/min，介质温度分别控制在 30℃、50℃和 70℃，在螺杆泵性能检测试验台上进行等壁厚定子螺杆泵和常规螺杆泵试验，得到试验数据和相应的试验性能曲线，对比在不同介质温度条件下性能曲线（图 2-33 至图 2-36）的差别，分析温度对螺杆泵举升性能的影响。

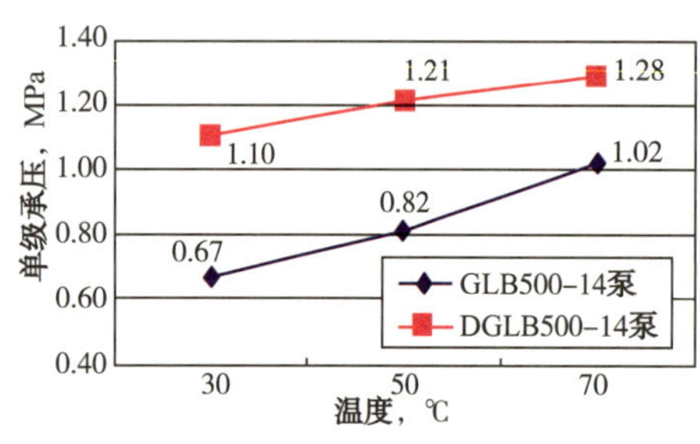

图 2-33 温度对单级承压的影响

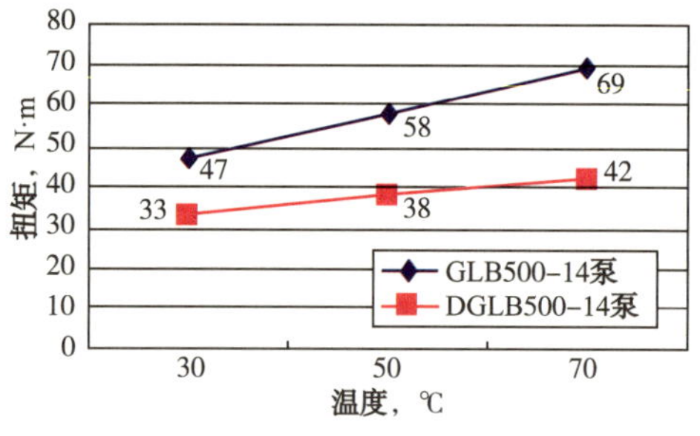

图 2-34 温度对扭矩的影响

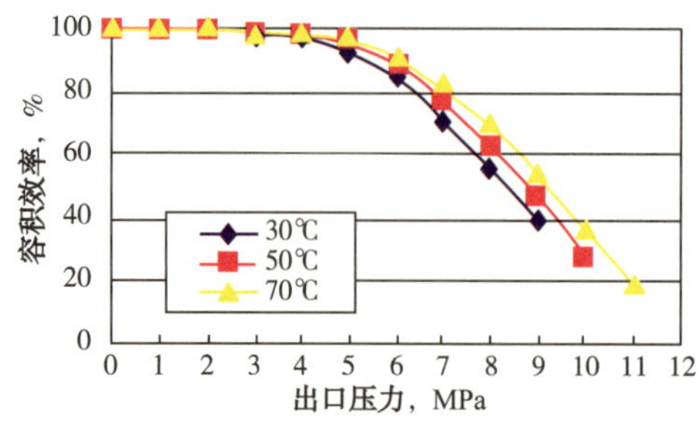

图 2-35 温度对 DGLB500-14 泵容积效率的影响

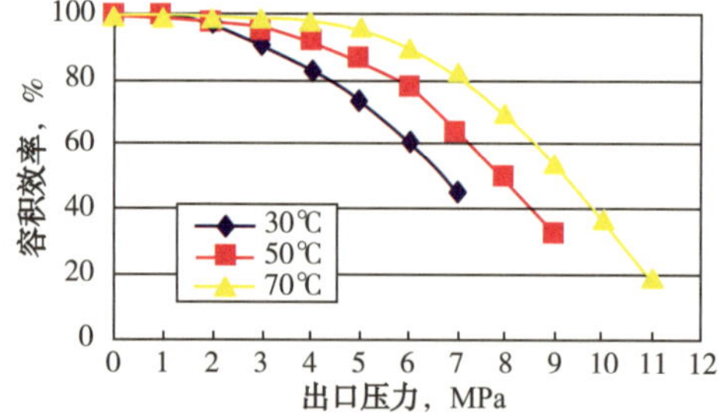

图 2-36 温度对 GLB500-14 泵容积效率的影响

通过图 2–33 至图 2–36 对比可以看出：温度对常规泵的影响大，当温度由 30℃升至 50℃时，常规泵单级承压和扭矩变化幅度分别为 52% 和 45%；等壁厚定子螺杆泵单级承压和扭矩变化幅度分别为 16% 和 27%。

3. 应用效果

该技术在现场应用 172 口井，单井平均泵效达到 69%，平均节电率为 15%。与常规螺杆泵相比，定子橡胶变形均匀，单级承压高，配合精度好，有利于长期保持高泵效运行；同时定子橡胶厚度薄，散热性能好，有效减缓橡胶热老化，延长了使用寿命。该成果从根本上解决了常规螺杆泵的技术瓶颈问题，举升能力显著提升，检泵周期进一步延长，使螺杆泵应用水平登上了一个新的台阶，对提高我国机采井整体水平起到了积极的推动作用，经济效益和社会效益显著，应用前景广阔。

通过以上技术在高含水油田的理论研究及试验应用表明：抽油机选型优化技术在不影响使用寿命的前提下，使抽油机井负载率提升，整机效率提高，适合新投产井应用；抽油机动态控制技术使运行更加合理，节能效果显著，适合在役井改造；螺杆泵地面直驱技术减少了传动环节，提高了传动效率；等壁厚定子螺杆泵技术改善了螺杆泵定子橡胶温涨、溶胀特性，提高了泵效率，达到了高效举升的目的。技术现场应用后，抽油机井系统效率达到 30% 以上，螺杆泵井系统效率达到 33% 以上，处于国内油田领先水平，为高含水油田机采井高效生产提供了技术借鉴和支撑。

第三节 集输系统节能配套技术

截至 2010 年，中国石油天然气集团公司所属各油田大部分进入高含水开发阶段，尤其是东部老油田。高含水油田的特点是产液量大、产油量少、含水高，能耗的实际效率低。各油田采取了单井不加热集油、低温集油、低温采出液处理等多种节能配套技术降低能耗。地处高寒地带的大庆油田，原油具有“三高”特点，即含蜡量高（20%~35%）、凝固点高（30~40℃）、黏度高（21~59mPa·s），油井集油主要采用双管掺热集油流程，采出液处理采用加热模式[1]。进入高含水期后，随着采出液含水率上升，在水驱区块开展联合站系统不加热集油现场试验并进行了推广应用。“十二五”期间，随着大庆油田主力油层采出液见聚合物，集输处理系统耗能呈现上升趋势，开展聚合物驱采出液（含聚合物采出液）低温集油及处理技术研究，是高含水后期油田开发集输系统降低能耗的重要手段之一。

近些年，通过低耗节能集输技术攻关，率先在我国石油系统试验研究成功可大面积推广应用的高寒地区高凝原油采出液低温集输处理工艺技术，形成了低温集油、低温脱水、低温污水处理等低能耗运行模式，突破了现行技术界限，使其能耗和效率指标都达到了高效集输与处理系统要求的指标，取得了显著的经济效益。

一、高含水原油低温集输与处理特性

1. 高含水原油体系特性

高含水原油体系是指将高含水原油视为由乳化原油和游离水构成的两相流体，其主要特点是两相在大多数情况下呈不均匀分布状态，流动行为比以油水均匀分布为特征的中低

含水原油复杂得多，对其整体和分相进行流动特性的研究，可为高含水原油低温集输与处理现场试验方案的制订提供更为科学可靠的依据。

1）温度对高含水原油体系黏度的影响

采用常规黏度计对高含水原油进行黏度测试时，由于体系中游离水很快分离出来，导致测试结果与生产实际之间的误差较大。为解决这个问题，采用室内环道实验装置进行管输参数测试，把测试数据代入罗宾诺维奇—莫纳方程，进行流体类型判别和黏度反算。

$$\frac{\Delta pD}{4L}=K'\left(\frac{8v}{D}\right)^{n'} \tag{2-28}$$

$$\eta=\frac{4n'}{3n'+1}\eta_e \tag{2-29}$$

式中　η——表观黏度；

n'——流变指数；

η_e——有效黏度；

K'——稠度系数。

上式中，$n'=1$ 为牛顿流体，$n'<1$ 为幂律流体，$n'>1$ 为胀流型流体。

下面是在室内环道实验装置上，分别对某联合站高含水原油采出液的流动参数测试数据，回归得到了 n' 值及 K' 值，见表2-10。

表2-10　环道实验实测数据回归 n' 值和 K' 值

温度 ℃	含水率 %	n'			K'		
		喇嘛甸油田（聚合物驱）	萨中油田（聚合物驱）	杏北油田（水驱）	喇嘛甸油田（聚合物驱）	萨中油田（聚合物驱）	杏北油田（水驱）
25	85	1.47	1.53	1.46	0.000683	0.000826	0.000694
	90	1.43	1.39	1.41	0.000647	0.000332	0.000646
	95	1.41	1.37	1.31	0.000610	0.000036	0.000511
35	85	1.29	1.32	1.30	0.001037	0.001057	0.001476
	90	1.23	1.28	1.27	0.003534	0.000759	0.00283
	95	1.15	1.16	1.14	0.000064	0.000250	0.000066
45	85	1.14	1.11	1.13	0.001785	0.002212	0.001859
	90	1.06	1.09	1.08	0.000690	0.000943	0.000776
	95	1.09	1.05	1.07	0.000032	0.000359	0.000022

测试结果表明，在低温条件下，水相占绝大多数的高含水原油体系仍然具有非牛顿流体的流变特征，其非牛顿特性与低温的中低含水原油具有剪切稀释性的流变特性完全相反，呈现出剪切增稠性。这一现象的发现，对工程实际具有重要指导意义。在25℃低温下，含水85%~95%的高含水原油体系黏度为6.9~9.7mPa·s，比中低含水原油的黏度低得多，而且原油黏度的差异以及采出液中是否含有聚合物，对体系黏度没有明显影响。随着高含水原油体系含水率的升高，高含水原油体系的表观黏度呈降低趋势，有利于低温集输。

2）高含水原油体系失流点及其变化规律

以水为主体的高含水原油体系整体流动性难以用凝点来表征，故而建立了高含水原油失流点的概念，采用失流点作为测定高含水原油体系流动性的一个指标，其定义为：在一定条件下，高含水原油体系失去流动性的最高温度。基于这一定义，以水为主体的高含水原油体系的失流点一般低于原油的凝点。与凝点相比，失流点更能正确地反映高含水原油体系的流动特征，具有工程实际意义。

由于高含水原油一旦处于静置状态，就将发生油水分层，采用常规测试方法无法测出其失流点。因此，需要建立不同于原油凝点常规测试方法的新的失流点测试方法。利用胶体磨制备高含水原油体系液体，将该体系液体放进凝点测试仪器中，进行失流点测试，结果如图 2-37 所示。

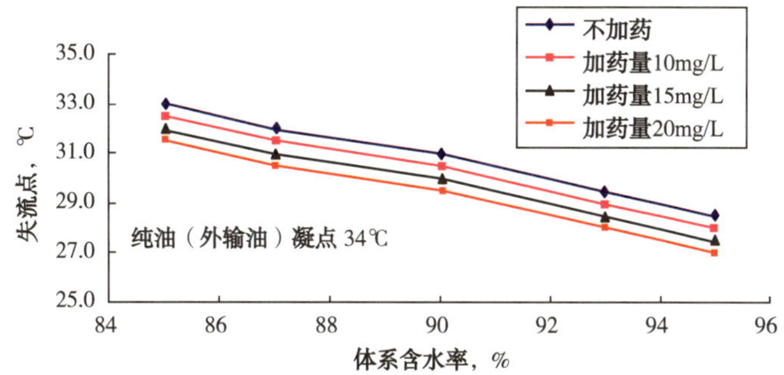

图 2-37 不同破乳剂加药量下，喇嘛甸油田聚合物驱高含水原油体系失流点

在含水率为 85%~95%、破乳剂加入量为 0~20mg/L 的条件下，高含水原油体系的失流点随着含水率和加药量的增加呈下降趋势。在不加药的情况下，当含水率为 85% 时，喇萨杏油田高含水原油体系的失流点为 31~33℃，仅比纯原油的凝点低 1~2℃。当含水率上升到 90% 时，体系的失流点为 30~31℃，比纯原油的凝点低 3℃左右；当含水率上升到 95% 时，体系的失流点为 28.5℃，比纯原油的凝点低 4.5~5.5℃，发生了质的变化。当加药量由 0 增加到 20mg/L 时，体系的失流点仅下降 1.5℃，由此说明，添加破乳剂对高含水原油体系的失流点影响很小。

可以看出，当原油含水率达到高含水之后，高含水原油体系的失流点明显低于原油的凝点，其低温流动性呈明显变好趋势。

3）高含水原油体系油相流变特性研究

由胶体磨制备出聚合物驱和水驱高含水原油体系乳状液，取其恒温静置沉降后的油相作为试样，在 5~100s^{-1} 的剪切速率范围内，采用 HAAKE RS-150 流变仪进行流变特性测试，结果见表 2-11。

表 2-11 聚合物驱高含水原油体系油相流变数据

体系含水率 %	温度 ℃	破乳剂加药量 mg/L	稠度系数	流变指数	拟合系数	油相含水率 %
85	35	0	15.92	0.4127	0.9944	29.4
		10	16.95	0.3903	0.9955	28.7
		15	17.36	0.6224	0.9753	28.5
		20	19.02	0.5784	0.9997	28.6

续表

体系含水率 %	温度 ℃	破乳剂加药量 mg/L	稠度系数	流变指数	拟合系数	油相含水率 %
90	35	0	8.869	0.3740	0.9935	28.9
		10	10.07	0.3443	0.9971	27.5
		15	12.62	0.5167	0.9981	27.3
		20	14.56	0.4278	0.9994	27.0
95	35	0	7.368	0.5770	0.9651	27.3
		10	8.458	0.5336	0.9516	26.4
		15	10.29	0.6040	0.9688	26.5
		20	11.25	0.5379	0.9553	26.4

从表2-11中可以看出，低温下，水驱和含聚合物高含水原油体系的油相的流变指数小于1，为假塑性流体，具有剪切稀释性。高含水原油体系与其油相可分别呈现出胀流型流体和假塑性流体的双重流变特性，这也是高含水原油明显区别于流变特性单一的中低含水原油的一个显著特点。

2. 高含水原油管输特性研究

1）高含水原油的管输流型研究

采用大庆油田建设设计研究院油田地面工程试验基地的多相流试验环道装置工艺流程进行高含水油管输流型研究。试验表明，与其他多相流体一样，高含水原油在管道中流动，油和水在管道中呈现不同的分布型态，主要呈现层状、团状和均匀油分散3种流型，其流型随流速变化而变化。

（1）层状流型：该流型油相（油包水型乳化液）在管道上部流动，水相在管道下部流动。油相和水相之间有一过渡带，流速越低过渡带越薄，油水两相间的界面越明显。

（2）团状流型：该流型的特点是油相呈团块状在管道上部流动，水相在管道下部流动。这种流型是均匀油分散流型与层状流型之间的过渡流型，其形成主要受流速影响。在团状流型下，若流速降低，将转变为层状流型；若流速升高，将转变为均匀油分散流型。

（3）均匀油分散流型：该流型在含水原油转相后出现。油水两相在管道截面上均匀分布，形成水包油型分散体系。流型分布如图2-38所示。若流速降低，油水两相即发生分离。

2）不同流型管输压降变化规律

在进行流型试验的同时，开展了不同含水条件下的管输压降随流型变化的试验，如图2-39所示。结果表明，在相同温度下，当流速逐渐增大时，流型由层状流型向均匀油分散流型变化，管输压降也随之增大。高含水原油具有油水两相流体的流动特性，在管输流速小于2m/s的试验条件下，可形成以乳化原油和游离水构成的两相流型，当含水率一定时，随着管输流速的增大，依次形成层状流、团状流和油水分散流。

在含水率为85%~95%范围内，随着原油含水率的升高，管输压降呈现出下降趋势，尤其当流速大于1m/s时，其下降幅度更为明显。与含水率为85%相比，随着原油含水率的升高，引起管输压降明显下降的含水率转折点为88%。在原油含水率为88%~95%范围内，高含水原油的管输流动特性相近。

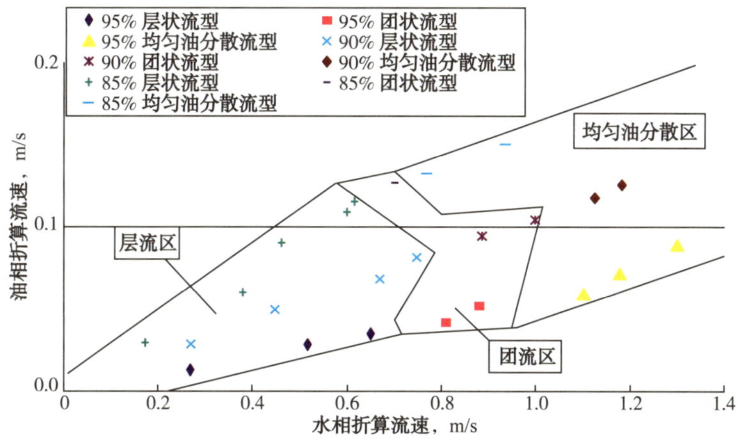

图 2-38　高含水原油的管输流型分布

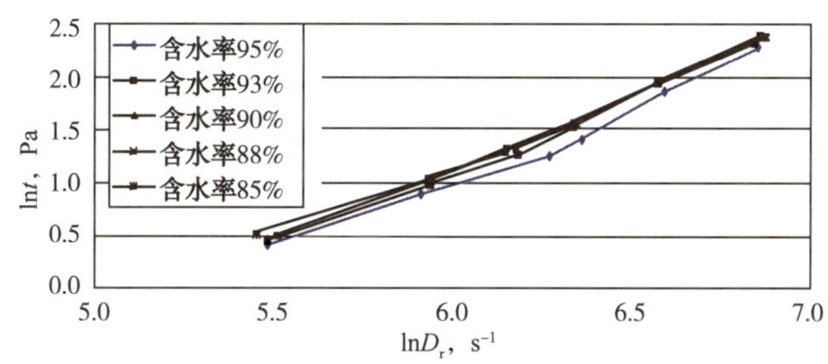

图 2-39　40℃时剪切速率与应力双对数曲线

3）高含水原油管输流变特性研究

采用室内实验环道和试验基地实液试验环道来研究高含水原油的管输流变特性。通过测试高含水原油在不同含水率、不同流量、不同温度下的管输压降，计算出剪切应力 τ ［$\tau=\Delta pD/(4L)$］和流动特性参数值 D_r（$D_r=8V/D$）。然后，对相同温度下的 τ 和 D_r 数据组取对数回归，得出流动特性指数 n' 与稠度系数 K_p' 。由试验数据回归得出 $n'>1$，表明高含水原油仍然具有非牛顿流体的特性，其流变行为符合幂律方程，且具有膨胀性。

4）高含水原油管输压降计算

依据相似原理，取修正项为 $\alpha=\beta(D/d_0)$，β 为待定系数，由 $\Delta p_1=\beta(D/d_0)\Delta p_2$ 的确定。其中，Δp_1 为试验基地试验管道实测压降，Δp_2 为由压降计算公式计算出的压降值，D 为试验基地试验管道管径，d_0 为室内实验环道管径。由计算得出 $\beta=1.5$，因此，修正后的压降计算公式为：

$$\Delta p=\alpha\frac{8^{n'+1}K_p'V^{n'}L}{2D^{n'+1}}\times10^{-6} \tag{2-30}$$

修正系数 $\alpha=1.5D/d_0$。

采用试验基地实液试验环道的测试数据对两种压降计算方法进行了验证。采用修正后的 Metznen-Weltman 计算方法计算管输压降与实测值的比较结果表明，当管输温度为40℃时，平均相对误差为 10.6%，35℃时平均相对误差为 11.5%，30℃时平均相对误差为14.2%。具有满足工程应用要求的前景，而油田常用压降计算公式的计算误差均大于 28%，无法满足工程应用要求。

为了将生产现场高含水原油输送管道的管输压降实测值与两个公式的计算值进行比较，在喇萨杏油田中选取了 6 座新建转油站的高含水原油外输管道进行了管输参数验证测试，测试结果见表 2–12。

表 2–12　两种计算公式的压降计算值与生产现场管道实测值的比较

地点	温度 ℃	流速 m/s	管道规格 mm × mm	长度 m	含水率 %	实测压降 Δp_1 MPa	本研究修正公式计算压降 Δp_2 MPa	Δp_2 与 Δp_1 相对误差 %	常用公式计算压降 Δp_3 MPa	Δp_3 与 Δp_1 相对误差 %
新中站	40.0	0.95	ϕ325 × 7	2650	93.2	0.112	0.091	–18.7	0.139	24.5
杏树岗站	35.2	0.78	ϕ219 × 7	2780	87.8	0.128	0.131	2.9	0.145	13.3
杏南站 01	35.6	1.06	ϕ219 × 7	2200	89.6	0.175	0.179	2.7	0.210	21.2
杏南站 02	36.1	1.16	ϕ219 × 7	2600	90.2	0.218	0.233	6.9	0.276	26.6
萨北站	35.8	0.86	ϕ219 × 7	900	85.4	0.077	0.088	13.9	0.056	–26.5
杏南站 03	35.7	0.62	ϕ219 × 7	3200	90.8	0.132	0.109	17.6	0.096	–20.8
平均相对误差			—	—	—	—	—	11.1	—	22.1

从表 2–12 可以看出，修正公式计算压降与生产现场管道实测压降的相对误差为 11.1%，常用公式计算压降与实测压降的相对误差为 22.1%，修正公式的计算精度明显优于常用公式。

3. 高含水原油沉降分离特性研究

在喇萨杏油田选择有代表性的高含水油井进行就地取样现场测试。在脱水温度 30℃、加药量为 15mg/L、沉降时间小于 15min 的条件下，所有油井采出液的脱后油中含水率和水中含油量几乎都不能达到要求；当沉降时间延长至 20min 时，采油一厂、采油二厂和采油四厂油井采出液的脱后油中含水率为 23.1%~28.6%，水中含油量为 863.4~986.4mg/L，可达到一段脱水指标要求；采油三厂、采油五厂油井采出液脱后的油中含水率达标，水中含油量超标；采油六厂的油井采出液脱后的油中含水率和水中含油量均超标。在脱水温度 35℃、加药量为 5~10mg/L、沉降分离时间为 15min 的条件下，除采油六厂测试井的脱后水中含油量超标外，其余采油一厂至采油五厂所有测试油井的采出液脱后油中含水率和水中含油率均可达标；当沉降时间延长到 20min 时，所有测试井的脱后油中含水率和水中含油量全部达标。35℃高含水采出液沉降分离测试数据见表 2–13。

表 2–13　35℃高含水采出液沉降分离测试数据

测试地点	脱后油中含水率，%				脱后水中含油量，mg/L			
	5min	10min	15min	20min	5min	10min	15min	20min
采油一厂采油井	26.5	25.4	25.1	19.8	1211.7	1103.5	759.2	355.3
采油二厂采油井	26.5	22.4	18.6	16.1	731.6	653.4	432.5	355.5
采油三厂采油井	33.6	26.5	25.2	19.6	1569.1	1230.2	801.1	546.0
采油四厂采油井	22.8	20.1	19.8	18.5	1108.4	998.2	666.3	282.7
采油五厂采油井	28.5	22.4	19.8	18.4	1156.7	804.5	798.7	405.7
采油六厂采油井	36.7	35.1	32.1	28.4	2846.0	1650.2	1103.6	689.7

注：含水率为 95%，分离温度为 35℃，加药浓度为 10mg/L。

上述数据说明，在高含水条件下，采油一厂、采油二厂和采油四厂可实现低温游离水脱除，采油三厂、五厂和六厂的低温游离水脱除难度较大。并且聚合物的存在，没有对采出液的游离水脱除产生明显影响。尽管在高含水条件下的油水分离呈加快趋势，但温度对油水分离效果的影响仍十分明显，温度越低，油水分离越困难。对油水分离效果影响较明显的另一个因素是沉降时间，延长沉降时间，可提高采出液脱后的油水指标达标率。对已建系统来说，游离水脱除器的规格与设置数量已确定，沉降时间难以向增大的方向改变。因此，对高含水原油实行不加热集输或低温集输，所面临的主要技术挑战是如何采取措施解决温度降低对采出液游离水脱除产生的不利影响。

二、低温泵输与低温含油污水处理模拟试验

1. 低温泵输实液模拟试验

油井实行低温集油后，转油站能否达到低温泵输是实现联合站系统低温集输的关键之一。为确定转油站在用离心泵低温输送含水原油的可行性及技术界限，在大庆油田设计院“油田地面工程现场试验基地”采用油井采出液作试验介质，开展了低温泵输的半工业性试验。试验过程中，采用 KYT50–35×3 型模拟离心泵（Q=50m^3/h，H=105m）模拟现场 KYT150–50×3 型在用离心泵（Q=150m^3/h，H=150m），进行了含水率为 20%~50%（模拟缓冲罐突变性低液位的不利泵输工况）、温度为 20~40℃的含水原油泵输工况试验，测定了离心泵的 Q–H 特性、Q–N 特性。

试验结果表明，在输油温度为 30~39℃、含水率为 42%~51% 条件下，其泵特性曲线变化不大。在含水率为 51%（模拟分离缓冲罐低液位运行）的高峰黏度下，离心泵可顺利输送温度为 30℃左右的低温含水原油。

2. 低温含油污水实液模拟试验

该试验设在萨南油田的大庆油田建设设计院现场实液试验基地内进行。油井采出液经三相分离器分离后，得到含油污水，再经换冷器降至试验温度和自然沉降罐沉降除油后，进入小型压力式过滤试验装置，进行低温过滤及滤料反冲洗模拟试验，流程如图 2–40 所示。

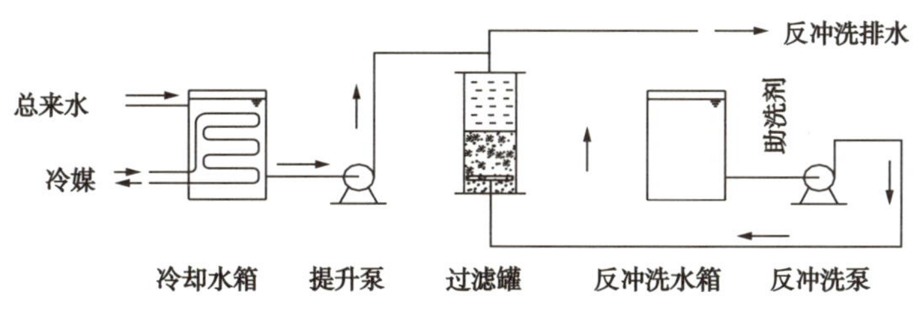

图 2–40　小型低温过滤试验装置流程示意图

33~35℃过滤及加助洗剂反冲洗试验结果表明，过滤进口含油量为 21~159mg/L，过滤压差仍在 1.19~2.38mH_2O 之间变化，即使含油量增加到 100mg/L 以上，过滤压差也没有超过 2.5m 水头损失。另外，从反冲洗表观现象上来看，滤料表层结球物质厚度仅为 5mm，在所有试验期间未发现滤料板结被反冲洗水流整体抬高的现象。

42℃水过滤反冲洗试验结果表明，过滤进口含油量为 38.3~95.8mg/L，进口悬浮

固体含量为 24.7~45.8mg/L，而过滤出水平均含油量最大为 4.19mg/L、最小为 0.20mg/L，出水平均悬浮固体含量最大为 19.4mg/L、最小为 10.0mg/L；而过滤终止压差均在 2.38mH_2O 以下。另外，在观察反冲洗时，发现在滤料的表层结球物质的厚度基本都保持在 0.5cm 以下。

综上所述，在低温反冲洗水中加入助洗剂，提高了滤料的反冲洗效果，使滤料清洗得更为彻底，延长了过滤周期，并具有操作简单、现场改造工作量小的优点。

三、聚合物驱油井采出液低温集输及处理技术

大庆油田地处高寒地带，气候条件差，严寒季节漫长。极端最低气温为 −36.2℃，最大冻土深度为 2.0m，平均积雪 192d。集油系统以双管掺热集油方式为主，掺水温度为 65℃左右，集油温度为 40℃左右，采出液处理温度为 55℃以上，能耗大。需要开展低温集输及处理技术，达到进一步降低能耗、节能减排的目的。

1. 聚合物驱低温集输技术

随着大庆油田聚合物驱全面工业化现场试验，由于采出液中含聚合物，致使水相黏度增大，是水驱采出液水相黏度的 2~2.5 倍，降低集输系统能耗难度大，且大庆油田主力油层采出液已经大面积见聚合物。因此，于 2011—2015 年开展了聚合物驱联合站系统低温集输及处理现场试验。试验区下辖 3 座联合站、16 座转油站、112 座计量间、1904 口采油井、12 台游离水脱除器（运行 11 台）和 10 台电脱水器（运行 9 台）。

试验区单井聚合物最高含量为 825mg/L，平均聚合物最高含量为 290mg/L。转油站系统采用掺水、热洗分开流程。平均掺水温度为 55.8℃，转油站进站与外输平均温度为 40.3℃，井口回压为 0.4~0.6MPa。联合站采用游离水脱除→加热→电脱水的两段原油脱水工艺。游离水脱除温度为 39~42℃，脱后油中含水量在 8% 左右，脱后污水中含油量在 600mg/L 左右。含油污水“一般水”处理采用自然沉降→混凝沉降→压力式核桃壳过滤三级处理流程。

1）聚合物驱低温集输及处理现场试验原则和保驾措施

（1）借鉴 2003—2006 年水驱联合站系统不加热试验经验，试验原则是不改变油系统原来的集输处理现状。

（2）参与试验的所有转油站夏秋季停运掺水炉，春冬季降低掺水温度，开展联合站系统掺低温水低温运行试验。

（3）恢复或完善转油站加药系统，将加药点前移，在转油站投加低温破乳剂。

（4）低温集油试验保驾措施：一是油井掺水管线增设定量掺水阀；二是完善转油站加药系统；三是联合站游离水脱除器油出口至加热炉低含水油管线加电热带伴热保温；四是油井热洗周期在不影响生产的前提下应尽可能延长；五是当油井因井下作业、抽油机维修而较长时间停运时，春冬季通过井口掺水进行自循环，防止管道冻堵。

2）夏秋季油井掺常温水不加热集油试验

在 2012 年 10 月，开展了夏秋季油井掺常温水不加热集油试验，结果见表 2–14。试验区内所有转油站停运掺水炉，各单井掺水量保持不变，掺水温度由加热工况下 60℃降为 36℃左右。运行试验表明，夏秋季节，油井在掺 36℃左右常温水条件下，井口回压最高为 0.61MPa，井口回油温度为 34~37℃，所有油井生产正常。

表 2-14 油井掺常温水不加热集油试验数据（节选）

序号	井号	管线规格 mm × mm	管线长度 m	产液量 t/d	含水率 %	回油温度 ℃	井口回压 MPa
1	1#	ϕ76 × 5	344	48.50	95.20	35.0	0.40
2	2#	ϕ76 × 5	778	151.90	97.00	36.0	0.49
3	3#	ϕ76 × 5	210	199.20	96.90	37.0	0.45
4	4#	ϕ76 × 5	160	53.00	83.50	35.0	0.47
5	5#	ϕ76 × 5	963	41.00	93.60	34.0	0.48
6	6#	ϕ76 × 5	415	90.10	95.60	34.5	0.47
7	7#	ϕ76 × 5	870	12.20	94.60	34.5	0.46
8	8#	ϕ76 × 5	652	58.40	93.10	35.0	0.45
9	9#	JLB–67 × 8.0	535	35.00	96.20	35.0	0.54
10	10#	JLB–67 × 8.0	710	22.60	95.10	34.0	0.61

3）春冬季油井掺低温水集油试验

在 2012 年 12 月至 2013 年 3 月，开展了春冬季油井掺低温水集油试验，结果见表 2–15。试验期间小火烘炉，使掺水温度控制在 45℃以下，各井掺水量保持不变。运行试验表明，冬春季节，转油站加热炉在 45℃左右小火烘炉的情况下，油井掺低温水，井口回压为 0.45~0.69MPa，井口回油温度为 34.5~37℃。与掺常温水相比，井口回压上升 0.05~0.08 MPa，经过整个冬春季运行试验，试验区油井生产正常。

表 2–15 油井掺低温水集油试验数据（节选）

序号	井号	管线规格 mm × mm	管线长度 m	产液量 t/d	含水率 %	回油温度 ℃	井口回压 MPa
1	20#	ϕ76 × 5	360	37.30	89.80	35.5	0.44
2	21#	ϕ76 × 5	800	19.70	96.00	35.5	0.66
3	22#	JLB–67 × 8.0	210	22.00	92.60	35.0	0.49
4	23#	JLB–67 × 8.0	690	36.40	89.30	35.0	0.59
5	24#	JLB–67 × 8.0	445	26.70	84.60	34.5	0.55
6	25#	JLB–67 × 8.0	300	45.50	96.30	35.5	0.52
7	26#	JLB–67 × 8.0	260	41.70	96.60	36.0	0.49
8	27#	JLB–67 × 8.0	470	64.40	93.80	37.0	0.54
9	28#	JLB–67 × 8.0	450	46.00	89.30	35.0	0.51
10	29#	JLB–67 × 8.0	600	45.20	94.60	35.0	0.56

4）聚合物驱转油站低温工况下运行试验

聚合物驱转油站运行试验表明，在掺常温水运行工况下，所辖转油站内所有的掺水炉停炉，掺水量保持不变，各转油站来液温度由加热工况下的 38~42℃下降到 34~37℃，经过 4 个多月的现场试验跟踪，各站集油运行正常。在掺低温水运行工况下，所辖转油站内所有的掺水炉掺水温度控制在 45℃以下，掺水压力为 1.3~1.5 MPa，采出液外输温度为 35~37℃，各站集输系统运行平稳，实验结果见表 2–16 和表 2–17。

表 2-16　萨北 14 号转油站不加热集油试验数据（节选）

时间	掺水汇管温度 ℃	掺水管压 MPa	掺水量 m^3/d	外输量 m^3/d	外输管压 MPa	外输温度 ℃
2013/10/3	37.0	1.30	2813	4531	0.80	36.0
2013/10/4	36.5	1.45	2995	4513	0.80	35.0
2013/10/5	36.0	1.50	3148	4520	0.82	35.5
2013/10/6	36.0	1.40	2980	4461	0.82	35.0
2013/10/7	36.5	1.40	3023	4530	0.81	35.0
2013/10/8	37.0	1.45	2884	4530	0.82	35.0
2013/10/9	36.0	1.43	2814	4467	0.81	35.0
2013/10/10	36.5	1.45	2880	4479	0.80	35.5
2013/10/11	37.0	1.40	2932	5015	0.78	35.5
2013/10/12	36.0	1.40	2874	5169	0.80	35.0
2013/10/13	36.0	1.40	3049	5331	0.78	35.0
2013/10/14	36.5	1.40	2817	5250	0.75	35.5

表 2-17　掺常温水和掺低温水各转油站运行数据

序号	转油站名称	掺常温水转油站外输平均温度，℃		掺低温水外输平均温度，℃	
		7 月	10 月	12 月	3 月
1	15 号站（水）	35.5	35.0	36.0	35.5
2	15 号站	35.5	35.0	36.0	35.5
3	12 号站	35.0	34.0	36.5	35.5
4	14 号站	35.5	35.0	36.5	36.0
5	13 号站	35.0	34.5	35.5	35.0
6	51 号站	36.5	36.0	37.0	36.0
7	25 号站	36.5	36.0	37.0	36.5
8	19 号站	35.0	34.5	36.0	35.0
9	Ⅲ -3 站	37.0	36.0	37.0	36.5
10	1801# 转油站（聚）	36.5	36.0	37.0	36.5
11	17# 转油站（聚）	36.0	35.5	37.0	36.0
12	16# 转油站（聚）	35.5	35.0	36.0	35.5
13	23# 转油站（聚）	37.0	36.0	37.5	36.6

通过不同季节现场跟踪试验表明，采出液综合含水率达到 80% 以上、聚合物含量在 290mg/L 左右的转油站，可实现掺低温水集输或掺常温水集输。

2. 聚合物驱采出液低温破乳剂研制

“十二五”以来，人们对采出液低温处理技术进行了大量的研究，取得了一定的进展，但尚不能满足聚合物驱采出液低温破乳的要求，需要研究新型高效低温破乳剂，为低温集输及处理现场试验提供技术保障。

低温条件下原油黏度较高是导致采出液破乳脱水难度增加的主要原因，研究具有降黏效果的破乳剂，可以提高低温条件下的破乳效果。

从100余种阴离子和非离子型的破乳剂单剂中初步实验得到7种具有一定处理效果的药剂，并以含聚合物浓度为841mg/L的单井采出液为介质，在加药量为40mg/L、温度为35℃、沉降时间为30min的条件下，进行进一步的评价实验。试验结果见表2-18。

表2-18　破乳剂单剂试验结果（节选）

编号	10min水色	水相含油量，mg/L	油中含水率，%
A	黄	573	11.4
B	黄	704	14.3
C	深黄	843	13.2
D	深黄	980	12.5
E	黄	918	11.9
F	深黄	1150	13.6
G	深黄	920	11.2
空白	深黄	1583	22.1

根据破乳剂“协同效应”原理，选择可降低油水界面膜稳定性、加快油滴聚结、水力旋转半径较大、分子柔性较大的不同类型的有效化学药剂进行复配，再以现场聚合物驱低温采出液为介质进行评价，设计了一系列低温破乳剂配方，再进一步以现场聚合物驱低温采出液为介质进行评价，最终确定了新型低温破乳剂DE2030，实验结果见表2-19。

表2-19　联合站来液热化学脱水数据

序号	沉降温度℃	加药量mg/L	1#联合站来液		2#联合站来液	
			脱后含水量%	水相含油量mg/L	脱后含水量%	水相含油量mg/L
1	35	0	33.2	1275	31.0	1313
2		50	20.5	437	18.8	464
3	38	0	30.6	1180	30.7	1258
4		50	12.2	429	10.5	415
5	41	0	29.8	1063	28.7	1187
6		50	11.5	394	9.9	409

评价试验数据表明，在处理温度不大于38℃、静止沉降时间为30min、破乳剂DE2030加药不大于50mg/L的条件下，油中含水量不大于12.2%，水中含油量不大于429mg/L。

3. 实现了聚合物驱采出液低温游离水有效脱除

在集输系统实施低温集输后，通过在转油站投加10mg/L DE2030低温破乳剂，解决了在低温下提高含水原油破乳脱水效果的问题，最大限度地降低脱后水中含油量，减轻低温含油污水处理的负担。同时，通过调整在用游离水脱除器界面控制高度等运行参数，使脱后油中含水量和水中含油量达到指标要求，实验结果见表2-20。

表 2-20 联合站系统低温游离水脱除数据（节选）

时间	2 号游离水脱除器			3 号游离水脱除器		
	进口温度 ℃	进口压力 MPa	界面高度 m	进口温度 ℃	进口压力 MPa	界面高度 m
2013/8/7	36	0.28	1.54	36	0.28	2.02
2013/8/8	35	0.29	1.86	35	0.29	1.77
2013/8/9	36	0.29	2.40	36	0.29	2.44
2013/8/10	35	0.28	2.65	35	0.28	2.42
2013/8/11	36	0.30	2.42	36	0.30	2.05
2013/8/12	35	0.29	1.95	35	0.29	1.76
2013/8/13	35	0.31	1.87	35	0.31	1.93

运行试验在 3 座联合站进行，从运行数据上可以看出，在来液含水率为 90% 左右、聚合物含量为 100~350mg/L 情况下，游离水脱除温度由 39~42℃下降到 35~36℃，脱后油中含水量为 11.3%~12.4%，污水中含油 426~523mg/L，所有游离水脱除器运行正常。

4. 确定了聚合物驱采出污水低温处理工艺

对试验区所辖的 5 座污水处理站（包括 2 座聚合物驱污水站、1 座普通污水处理站和 2 座深度水处理站）在室内开展了提温反冲洗和气水反冲洗效果试验，摸索出了相应的温度界限，通过现场试验，确定了每个污水站采取的处理工艺及相应的技术参数。

22 号污水站、11 号深度污水站反冲洗运行模式：以变强度反冲洗作为常规反冲洗。前 15min 用强度为 3.5L/（m^2 · s）的滤后水反洗，同时辅助机械搅拌，再关闭机械搅拌，用强度为 7L/（m^2 · s）的滤后水反洗 15min。

聚 31 号污水站反冲洗运行模式：以气水反冲洗作为常规反冲洗。

16 号和 13 号深度污水站反冲洗运行模式：以变频反冲洗作为常规反冲洗，滤料污染严重时采用提温反洗。

低污水处理处理温度从 42℃降到 37℃，现场试验见表 2-21。结果表明，实施低温处理后，试验区的污水站水质仍然可以达到注水指标。

表 2-21 试验区污水站出水水质情况调查

序号	站名	执行指标	污水站外输水质达标情况			
			含油量，mg/L		悬浮固体，mg/L	
			指标	实际	指标	实际
1	13 号深污	聚低	≤ 5	0.58	≤ 5	3.51
2	11 号深污	聚低		1.90		3.05
3	22 号站	聚高	≤ 20	5.90	≤ 20	11.7
4	16 号站	聚高		19.2		5.79
5	聚 31 号站	聚高		1.41		5.11

注：聚低是指聚合物驱低渗透回注水指标，聚高是指聚合物驱高渗透回注水指标。

综上所述，在夏秋季停运掺水炉、采用掺常温水运行机制，在冬春季采用掺低温水运行机制，掺水温度控制在 45℃以下。实施后，集油温度由原来的 40~42℃降至 37℃以下，突破了现行的聚合物驱采出液集油温度不低于 40℃的技术界限。通过采取加药点前移和油井定量掺水控制技术，解决了掺水管线和集油管线凝堵问题。低温游离水脱除技术应用后，使原来的处理温度由 42℃左右降至 36℃以下，实现了低温游离水有效脱除。针对聚合物驱采出液低温处理开发的低温破乳剂，实现了乳状液在 35℃左右时有效破乳。在低温工况下，采用气水反冲洗、变强度脉动反冲洗和提温反冲洗技术，有效地提高了滤料再生质量，保证了水质达标，实现了低温水有效处理。通过以上技术应用，示范区实现年节气 $2626\times10^4m^3$，吨油耗气由 $16.4m^3$ 减少到 $7.78m^3$，降低 50%。

在示范区形成的聚合物驱油井低温集油、低温破乳、低温游离水脱除、低温污水处理技术以及相关配套措施，在大庆油田 10000 余口聚合物驱及水驱见聚合物油井规模应用，实现了每年节省天然气 $19336.7\times10^4m^3$。

第四节　注水系统综合节能技术

注水系统综合节能技术经过几十年的实践，已经形成了注水仿真优化技术、注水系统综合调整技术、提高注水泵泵效等技术。由于注水管网越来越复杂，负荷匹配不平衡，管网压力损失大，能耗也越来越高。2010 年，油田注水系统效率为 52.83%，平均注水用电单耗达到 $5.71kW\cdot h/m^3$，中小型多级离心式注水泵泵效仅为 66.45%。虽然开展了大量的注水系统调整和节能技术，但注水系统能量损失大，节能效果不明显。2011 年，大庆油田在示范区采用多套管网并存的注水系统仿真优化技术、注水系统综合调整技术和提高注水泵泵效技术，有效地降低了泵管压差和管网压力损失，使注水单耗下降，提高了注水泵泵效及注水系统效率。

一、多套管网并存的注水系统仿真优化技术

注水系统仿真优化技术从 20 世纪 80 年代开始进行单管单（多）井注水工艺及对单站、局部的人工优化技术实践；2000 年进入仿真与优化软件开发与初步应用阶段，开始进行单站、局部仿真技术、工频泵注水系统的单一注水管网系统优化[2]；到 2011 年，注水系统仿真优化已经进入智能优化与应用阶段，在智能优化基础理论的基础上，针对复杂的注水管网进行仿真和优化。

1. 注水系统节能相关概念及计算方法

1）注水系统仿真

注水系统仿真是在管网系统的结构和参数、注水井节点的用水量等参数已知的情况下，依据系统配注要求，对中心注水站集中控制、各站微机巡控或手动方式进行调节，通过计算确定系统中各节点压力、各管段流量等参数，优化系统开泵方案及运行参数，系统整体最优，实时分布控制，能耗最低，为系统的改造和优化提供依据（图 2–41）。仿真过程实质上是在部分参数已知的情况下求解注水系统的总体方程。

通过注水系统仿真，能够确定各注水站所辖注水区域的管网效率、注水站至端点井的最大压力损失等参数，对注水系统的注水压力、注水单耗、注水泵效率、注水系统能量利用率等参数进行综合优化，并通过应用成熟的技术，进一步提高注水泵效率和注水系统效率。

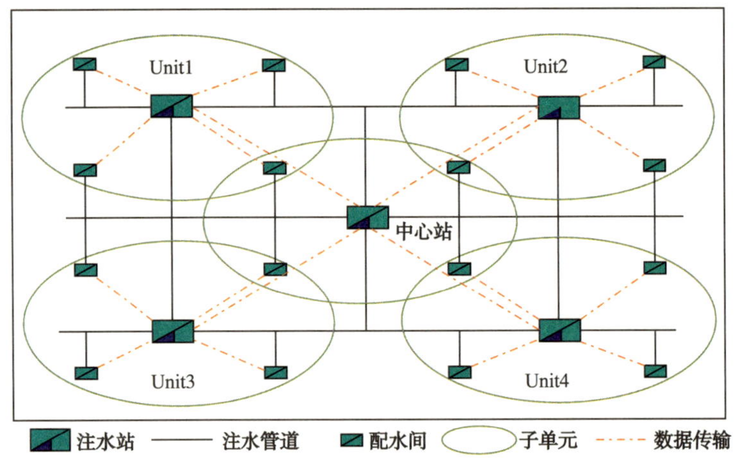

图 2-41　区域注水系统仿真优化示意图

2）注水泵效率

注水泵效率即注水泵的有效功率与轴功率比值的百分数，用公式表示为：

$$\eta_{泵}=\frac{P_e}{P}\times 100\% \tag{2-31}$$

式中　$\eta_{泵}$——注水泵效率，%；

P_e——注水泵的有效功率，kW；

P——注水泵的轴功率，kW。

对于柱塞泵、活塞泵、离心泵及各种增压泵，可采用流量法计算效率，也可以采用温差法，即热力学法计算效率。

3）注水系统效率

注水系统效率是指在油田注水地面系统范围内有效能与输入能的比值，是注水系统中电动机效率、注水泵效率、管网效率和井筒效率的综合效率。

注水电动机平均运行效率、注水泵平均运行效率和注水管网平均运行效率相乘，即可得出注水系统效率。

$$\eta_a=\bar{\eta}_1\bar{\eta}_2\bar{\eta}_3 \tag{2-32}$$

式中　η_a——注水站辖区的注水系统效率，%；

$\bar{\eta}_1$——注水电动机平均运行效率，%；

$\bar{\eta}_2$——注水泵平均运行效率，%；

$\bar{\eta}_3$——注水管网平均运行效率，%。

注水泵平均运行效率主要采用流量法计算：

$$\eta_2=\frac{\Delta p q_{vp}}{3.6P_3}\times 100\% \tag{2-33}$$

式中　η_2——注水泵平均运行效率，%；

Δp——泵进出口压差，MPa；

q_{vp}——注水泵运行流量，m^3/h；

P_3——注水泵运行轴功率，kW。

4）注水单耗

单位时间内所消耗的电量除以相同时间内的注水泵所输出的水量，即为该泵的注水单耗，可采用温差法直接计算：

$$DH=0.2924[\Delta p+4.1868(\Delta t-\Delta t_S)] \tag{2-34}$$

式中　DH——注水泵的单耗，kW·h/m³；

Δp——注水泵进出口压差，MPa；

Δt——注水泵进出口水温差，℃；

Δt_S——等熵温升修正值（查等熵温升修正值表可得），℃。

注水系统单耗计算：

$$DH_1=\frac{W_1}{V_1} \tag{2-35}$$

式中　DH_1——注水系统单耗，kW·h/m³；

W_1——注水系统电动机耗电量，kW·h；

V_1——注水系统注水量，m³。

注水站单耗计算：

$$DH_2=\frac{W_2}{V_2} \tag{2-36}$$

式中　DH_2——注水站单耗，kW·h/m³；

W_2——注水站电动机耗电量，kW·h；

V_2——注水站输出水量，m³。

5）注水站能量利用率

注水站单位时间内输出的水具有的能量与该站注水泵机组输入能量之和的比值，即为注水站能量利用率，以百分数表示，可用式（2-37）计算：

$$\eta_S=\frac{p_{Sout}Q_S}{3.6\sum_{i=1}^{r}N_{MPini}}\times 100\% \tag{2-37}$$

式中　η_S——注水站效率，%；

Q_S——注水站出口流量，m³/h。

2. 注水系统水力分析计算方法

注水系统是由注水站、配水间、注水井及管线交汇点等节点单元和注水干线、注水支线等管线单元组成的一个大型复杂的流体网络系统，即由节点单元、管道单元和附属单元组成[3]。简化的油田注水系统如图 2-42 所示。

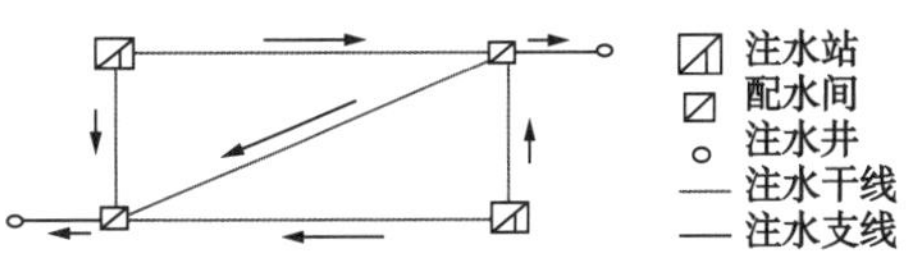

图 2-42　简化的油田注水系统示意图

树状管网可以看作环状管网的一种特殊形式，其节点参数采用递推的方式求得。环状管网的计算相对复杂，首先采用有限元方法将注水管网划分成一系列的单元（管元），各管元之间以节点相连，根据质量守恒和能量守恒原理建立单元特性方程，根据节点流量平衡原理建立各节点方程，进而形成注水管网系统整体方程，通过求解该方程得到各节点压力以及各管道内流量等参数[4]。

1）油田注水系统单元数学模型

在研究油田注水系统的运行情况前，必须建立注水系统基本单元的数学模型，即构造基本单元之间的各种变量参数之间的关系。

（1）注水泵的数学模型：

$$H=a_0-a_1Q^2 \tag{2-38}$$

$$\eta=b_0-b_1(Q-Q_0)^2 \tag{2-39}$$

$$N=\gamma HQ/\eta \tag{2-40}$$

式中 H——泵的扬程；

Q——泵的体积流量；

η——泵的效率；

Q_0——泵达到最高效率时的流量；

a_0，a_1，b_0，b_1——拟合常系数；

N——泵的轴功率；

γ——单位换算系数。

（2）管元的数学模型：

$$\Delta H^i=H_k-H_j \tag{2-41}$$

式中 ΔH^i——管元 i 的压力损失；

H_k——节点 k 的压力；

H_j——节点 j 的压力。

（3）管网节点单元的数学模型：

$$u_i-Q_i-\sum_{j\in I_i}q_{ij}=0, i=1,\cdots,N \tag{2-42}$$

式中 I_i——与节点 i 相连的节点编号集合；

N——管网的节点总数。

2）注水系统仿真计算

油田注水管网系统的仿真计算就是在已知注水管网系统的结构和参数、系统中各节点的输入、输出流量的情况下，通过计算确定注水管网系统中各节点的压力、各管道的流量等参数的值。解决该问题实质上就是在部分参数已知的情况下，求解注水管网系统的总体方程。

$$\begin{bmatrix} K^1+K^2 & -K^1 & -K^2 & 0 & 0 & 0 \\ -K^1 & K^1+K^3+K^4+K^6 & -K^3 & -K^4 & -K^6 & 0 \\ -K^2 & -K^3 & K^2+K^3+K^5+K^7 & -K^5 & 0 & -K^7 \\ 0 & -K^4 & -K^5 & K^4+K^5 & 0 & 0 \\ 0 & -K^6 & 0 & 0 & K^6 & 0 \\ 0 & 0 & -K^7 & 0 & 0 & K^7 \end{bmatrix} \begin{pmatrix} H_1 \\ H_2 \\ H_3 \\ H_4 \\ H_5 \\ H_6 \end{pmatrix} = \begin{pmatrix} C_1 \\ C_2 \\ C_3 \\ C_4 \\ C_5 \\ C_6 \end{pmatrix} \tag{2-43}$$

记为缩写形式：

$$\boldsymbol{KH}=\boldsymbol{C} \tag{2-44}$$

式中 $\boldsymbol{K}$——管网的特征矩阵，且为大型稀疏对称矩阵；

$\boldsymbol{H}$——管网节点压力矢量；

C——管网的节点流量输入矢量。

3）注水管网水力修正计算模型

（1）最优化拟合技术：

$$\min Q(a)=\sum_{i=1}^{n}[y_i-f(x_i,a)]^2 \tag{2-45}$$

（2）单管水力修正：

$$\min F(\zeta)=\sum_{i=1}^{n}[\Delta p-\Delta p(\zeta)]^2 \tag{2-46}$$

式中　Δp——管道实际压降，MPa；

$\Delta p(\zeta)$——计算水力摩阻系数之后的理论压降值，MPa；

n——管道压降样本总数；

$F(\zeta)$——拟合度；

i——样品。

（3）管网水力修正：

$$\min F(\alpha_1,\alpha_2,\alpha_3\cdots\alpha_{n_l})=\sum_{i=1}^{n}\sum_{j=1}^{m}[p_{ij}-p_{ij}(\alpha_1,\alpha_2,\alpha_3,\cdots,\alpha_{nl})]^2 \tag{2-47}$$

式中　p_{ij}——第 i 组样本数据中第 j 个配水间的实际节点压力，MPa；

$p_{ij}(\alpha_1,\alpha_2,\alpha_3,\cdots,\alpha_{nl})$——计算水力摩阻系数之后，第 i 组样本数据中第 j 个配水间的理论计算节点压力，MPa；

n——配水间实际节点压力样本总组数；

m——管网中配水间个数。

3. 注水系统运行方案优化方法

1）恒速泵注水系统生产运行参数优化

主要是在注水站中各注水泵的开停状态已知的前提下，通过调整注水泵的运行参数（流量、压力），达到满足系统配注要求、降低能量损耗的目的[5]。该问题的目标函数为注水能耗最小，即

$$\min f=\gamma\sum_{i=1}^{N_{\mathrm{p}}}\frac{H_iQ_i}{\eta_{\mathrm{p}i}\eta_{\mathrm{m}i}} \tag{2-48}$$

式中　H_i——第 i 台注水泵的扬程；

Q_i——第 i 台注水泵的排量；

$\eta_{\mathrm{p}i}$——第 i 台注水泵在排量为 Q_i 时的效率；

$\eta_{\mathrm{m}i}$——驱动第 i 台注水泵的电动机的效率；

N_{p}——注水泵运行总数量；

γ——单位换算系数。

2）管网水力平衡条件

对于 M 个节点的注水管网，节点 i 的平衡方程为：

$$u_i-u_i'-\sum_{j\in I_i}s_{ij}\mathrm{sgn}(p_i-p_j)\left|p_i-p_j\right|^{1/\alpha}=0 \tag{2-49}$$

式中　u_i，u_i'——节点 i 的输入、输出流量，其中 i=1，…，M-1；

s_{ij}——节点 i 和 j 之间的管道阻力系数；

p_i，p_j——节点 i、j 的压力；

I_i——与节点 i 相连的节点编号集合；

α——常系数；

sgn——符号函数。

sgn 定义为：

$$\mathrm{sgn}(A)=\begin{cases}1 & A\geqslant 0\\ -1 & A<0\end{cases} \tag{2-50}$$

还要考虑水量平衡约束、注水井压力约束、泵排量约束以及注水站的注水量约束。

3）注水系统开泵方案优化

该问题的目标函数为注水能耗最小，模型可表示为：

$$\min F(\boldsymbol{\beta},\boldsymbol{\mu})=\alpha\sum_{i=1}^{m}\sum_{j=1}^{n_{\mathrm{p}i}}\frac{(H_{ij}-H_{ij0})\mu_{ij}\beta_{ij}}{\eta_{\mathrm{p}ij}\eta_{\mathrm{e}ij}} \tag{2-51}$$

式中 m——注水站数量；

$n_{\mathrm{p}i}$——第 i 座注水站内注水泵数量，i=1，2，…，m；

$\boldsymbol{\beta}$——注水泵开停方案向量，$\boldsymbol{\beta}=\{\beta_{ij}|i=1, 2, \cdots, m; j=1, 2, \cdots, n_{\mathrm{p}i}\}$，其中$\beta_{ij}$表示第 i 注水站内第 j 台注水泵的开停方案，1 表示开启，0 表示停止；

$\boldsymbol{\mu}$——注水泵排量向量，$\boldsymbol{\mu}=\{\mu_{ij}|i=1, 2, \cdots, m; j=1, 2, \cdots, n_{\mathrm{p}i}\}$，其中$\mu_{ij}$表示第 i 注水站内第 j 台注水泵的排量；

α——单位换算系数；

H_{ij}——第 i 座注水站内第 j 台注水泵的出口压力；

H_{ij0}——第 i 座注水站内第 j 台注水泵的入口压力；

$\eta_{\mathrm{p}ij}$——第 i 座注水站内第 j 台注水泵的效率；

$\eta_{\mathrm{e}ij}$——第 i 座注水站内第 j 台注水泵的电动机效率。

以注水能耗最小为目标建立油田注水系统运行方案优化数学模型，将遗传算法、模拟退火算法和分层优化法结合起来构造了一种混合遗传模拟退火算法的求解策略，流程如图 2-43 所示。问题划分为两层：第一层通过遗传模拟退火算法确定注水泵的开停方案；第二层在注水泵开停方案给定的基础上确定其最优运行参数。通过这种方法，各种注水泵开停方案均能够找到全局最优解。

4. 注水管网系统改造设计技术

建立注水管网系统改造优化设计的数学模型，一般是以管网改造的投资与今后一段时间内（5~10 年）注水系统运行费用之和最小为目标[6]。若在注水管网系统中节点 i 和 j 之间新增管线，其投资和大修费用的年折算值为：

$$f_{ij}^{1}=\left(\frac{1}{t}+e\right)\left(a_{ij}+b_{ij}D_{ij}^{T}\right)l_{ij} \tag{2-52}$$

式中 f^1——投资和大修费用的年折算值；

t——投资回收期，a；

e——每年折旧和大修费用占管线造价的比值；

D_{ij}——管径，mm；

l_{ij}——管线长度，m；

$a_{ij}+b_{ij}D_{ij}^{T}$——单位长度管线的造价；

T，e，a_{ij}，b_{ij}——常数。

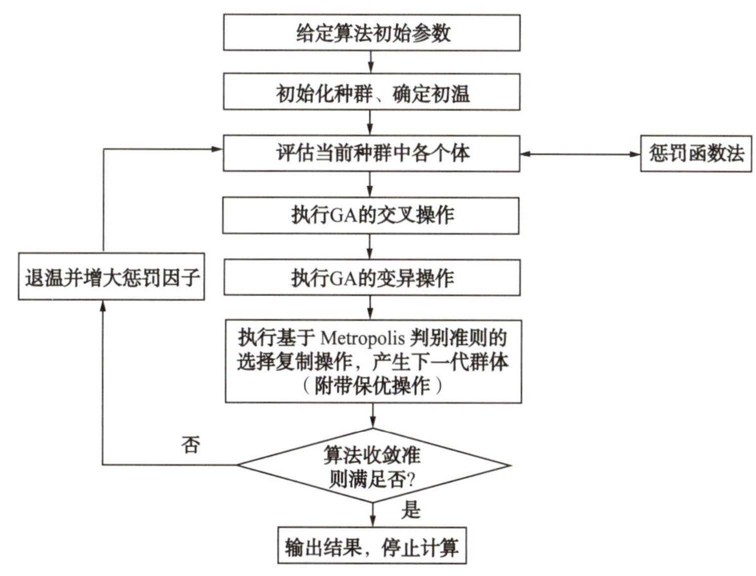

图 2–43　混合遗传模拟退火算法结构流程

在管网改造的过程中，还要进行注水站所辖注水半径判别、注水井排压力差值判别、管线经济流速判别、管线使用年限及穿孔次数判别，以及干线压力满足地质配注要求的判别，从而找到最合理有效的改造方式。

5. 注水系统仿真优化软件的设计与研制

油田注水系统仿真优化软件主要是根据油田注水的实际情况，在计算机上建立其数学模型，通过提取注水井和注水站的实际生产数据，计算出管网中的各点压力、管段压降、流量和流向以及各个注水站的注水半径等，计算整个注水系统管网效率、注水泵效率、注水站效率以及注水系统效率。通过分析，提出注水系统的管网改造和优化开泵等优化方案，指导油田生产，从而达到节能的目的。软件的设计框图如图 2–44 所示，注水系统程序流程如图 2–45 所示。

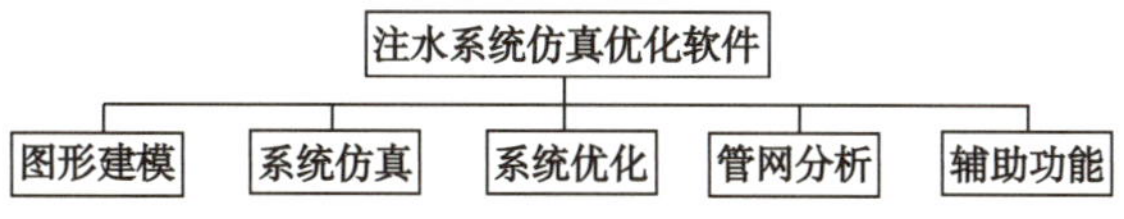

图 2–44　注水系统仿真优化软件的设计框图

1）图形建模模块

图形建模模块是整个油田注水系统仿真优化软件运行的基础。它是通过计算机按照注水井、注水站、配水间和一般管网连接点的实际地理坐标情况以及管线的连接情况，建立起既符合实际管网现状又适合程序计算的管网拓扑结构，实现对整个注水系统的模拟显示，提供一个动态的人机交互的修改管网模型的方式。该模块从实际地理坐标数据库中提取出节点数据和管线数据，形成本程序所需数据格式并可以输出为 DXF 文件供 AutoCAD

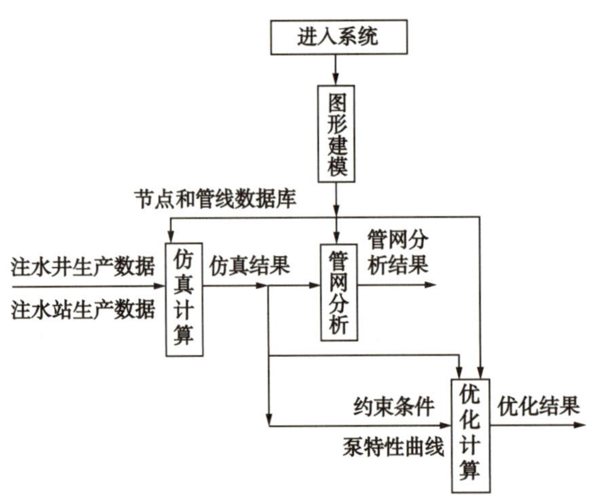

图 2-45　注水系统程序流程

浏览。它是动态可调节的，可以根据现场注水管网实际情况的变更方便地做出相应的调整，适应注水管网的动态变化，满足现场实际生产需要。

主要功能：注水站、配水间和注水井的地理坐标的提取和转化；注水单元属性分析；图形处理设计；图形编辑、修改；管网系统基础数据的录入；DXF 文件输出功能；管网拓扑连接自校验功能。

2）系统仿真模块

系统仿真模块是在预先建立了管网结构模型和系统仿真模型、确定了仿真算法的前提下，通过计算机按照现场实际井、站的生产负荷情况（即配注量、实际注水量或虚拟注水量）以及管线的连接情况，提取注水井和注水站的生产数据，模拟计算出注水管网各段的管线压力损失、各节点处的压力和流量，实现系统的模拟运行。

主要功能：注水系统生产数据的提取和转化；注水系统仿真模型的建立；注水系统仿真模型的解算；模拟仿真运行研究；图形动态显示。

3）系统优化模块

该模块是整个注水仿真优化的核心部分，以注水系统单耗最小为目标，以注水站供水量，注水泵最大、最小排量，注水井的配注压力和流量为约束条件，在现有的管网情况下，应用优化理论和方法进行站排量优化、开泵方案和运行参数的优化。

主要功能：注水泵信息管理和特性曲线拟合；设计优化边界条件；建立以注水系统单耗为目标函数的优化模型；单目标、多约束条件的大型优化模型的解算、约束条件输入，开泵方案优化以及优化结果输出。

4）管网分析模块

系统管网分析是通过对当前注水系统生产数据的模拟仿真，完成各注水站所辖注水半径的搜索，确定各注水站所辖注水区域的管网效率及注水站至端点井的最大压力损失，以图表方式表现注水管网效率、管线流速，针对管网中存在的各种问题分别给出相应的节能运行措施建议。

主要功能：分析注水管网中相互连接注水站的注水半径；分析每个站至末端点的最大压力损失；分析各注水站所辖管网效率；分析管线流速；分析注水井压力。

5）辅助功能模块

辅助功能模块基本上是为整个系统的正常运行提供必要的支持或为系统运行进行输入、输出操作的功能，包括报表打印、数据库管理、注水泵管理和泵特性拟合等。

6. 利用仿真优化软件评价了各套注水系统运行状况

通过开发的注水系统仿真优化软件，选取大庆油田某示范区多套井网并存的实际注水情况建立管网拓扑结构图形和各组成单元的数学模型，计算出管网中的各点压力、管段压降、流量和流向以及各个注水站的注水半径等参数，计算并分析了整个注水系统管网效率、注水泵效率、注水站效率以及注水系统效率，评价了各套注水系统的运行状况。

1）试验区概况

经过 40 年的开发，注水系统已形成普通水、深度水、聚合物驱水 3 套注水系统井网并存，采用单干管单井配水和单干管多井配水两种流程。建成注水井 3302 口，投产各类注水站 25 座，日耗电 128.85×10^4kW·h，泵水单耗 5.71kW·h/m^3。其中，普通污水注水系统建设注水站 12 座，设计能力 $13.8 \times 10^4 m^3/d$，运行负荷 67.61%；深度污水注水系统建设注水站 8 座，设计能力 $9.42 \times 10^4 m^3/d$，运行负荷 55.83%；聚合物驱系统建设注水站 5 座，设计能力 $10.16 \times 10^4 m^3/d$，运行负荷 61.12%。3 套注水系统现状统计见表 2–22。

表 2–22　3 套注水系统现状统计

序号	系统分类	注水站数，座	设计能力 $10^4 m^3/d$	实际注水量 $10^4 m^3/d$	负荷率 %	注水泵台数，台		注水井，口	
						总泵数	开泵数	总井数	生产井数
1	一般水	12	13.80	10.49	67.61	30	12	1104	901
2	深度水	8	9.42	6.36	55.83	23	8	907	679
3	聚合物驱水	5	10.16	5.65	61.12	29	10	1291	869
合计 / 平均		25	33.38	22.49	61.52	82	30	3302	2449

2）注水系统仿真计算

对示范区深度水注水系统和普通水注水系统进行仿真计算，经过管网进行水力模型修正，注水站、配水间、注水井等各节点的仿真计算的误差都控制在 ±15% 以内。示范区注水管网系统总图如图 2–46 所示。

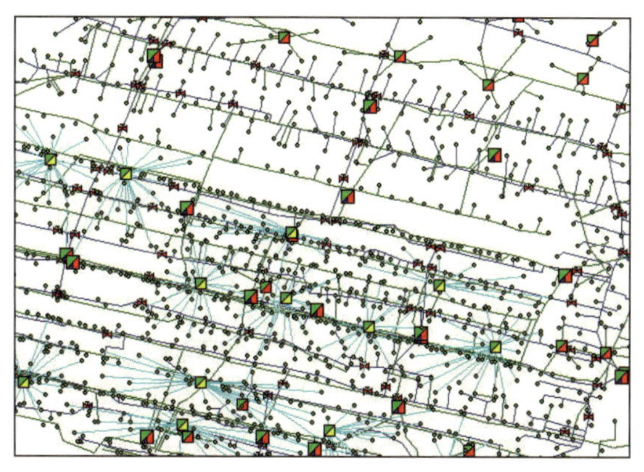

图 2–46　示范区注水管网系统总图（节选）

3）系统管网分析评价

以深度水系统为例：

深度水注水系统现有注水站 8 座，注水泵 23 台，其中双水质备用泵 4 台。通过对现场生产数据统计分析，系统运行注水站 7 座，运行注水泵 8 台，外输水量 64289m^3/d，注水井实际注水量 51877m^3/d，日耗电 44.07×10^4kW·h。进行系统管网分析后的结果如图 2–47 至图 2–50 所示。

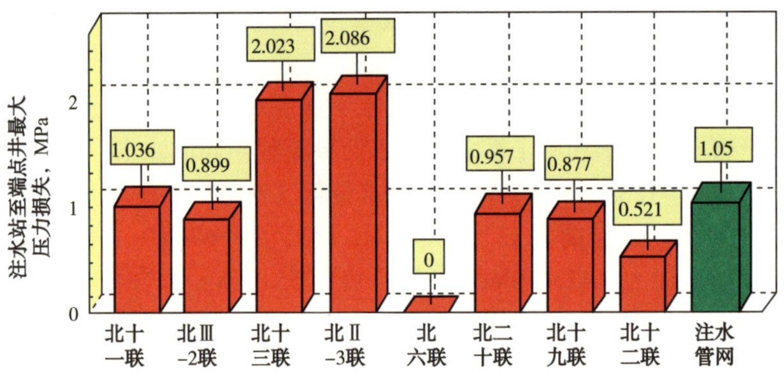

图 2-47　注水站至端点井最大压力损失对比

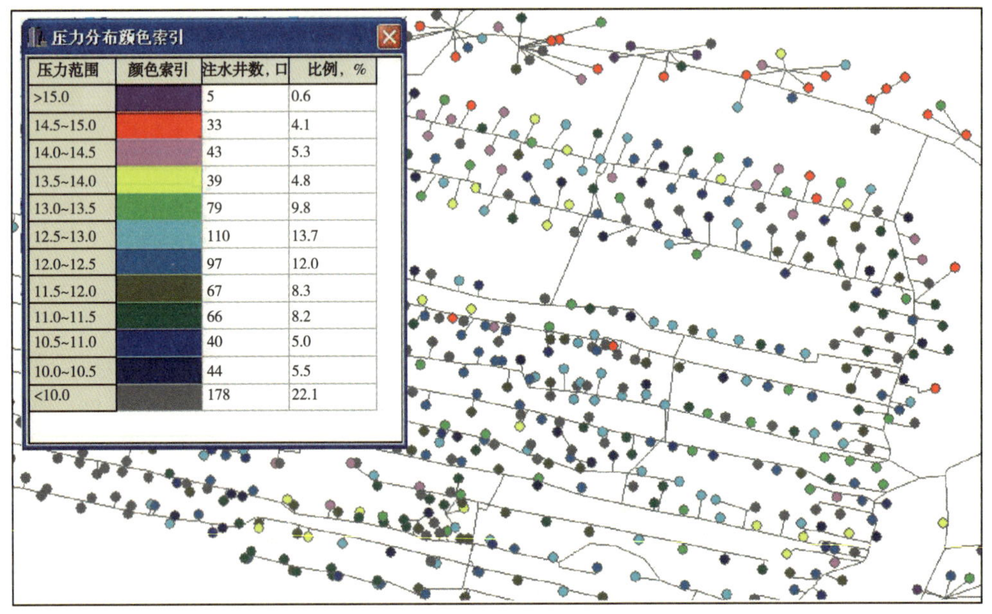

压力范围	颜色索引	注水井数，口	比例，%
>15.0		5	0.6
14.5~15.0		33	4.1
14.0~14.5		43	5.3
13.5~14.0		39	4.8
13.0~13.5		79	9.8
12.5~13.0		110	13.7
12.0~12.5		97	12.0
11.5~12.0		67	8.3
11.0~11.5		66	8.2
10.5~11.0		40	5.0
10.0~10.5		44	5.5
<10.0		178	22.1

图 2-48　注水井压力分析（节选）

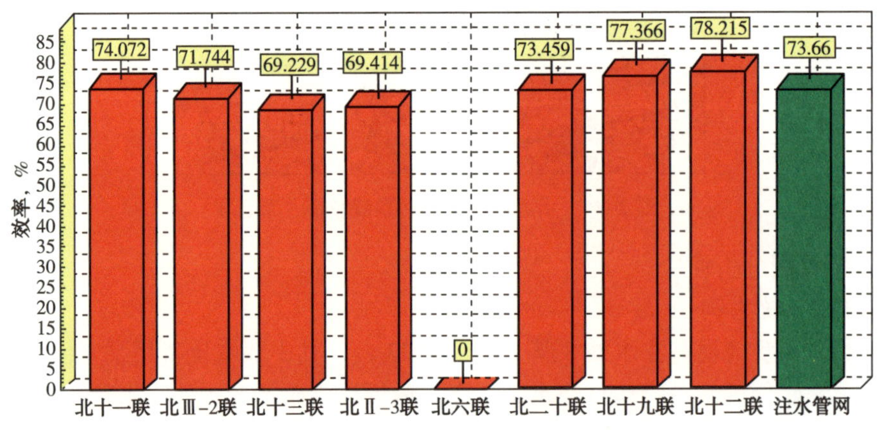

图 2-49　注水站所辖注水管网效率对比

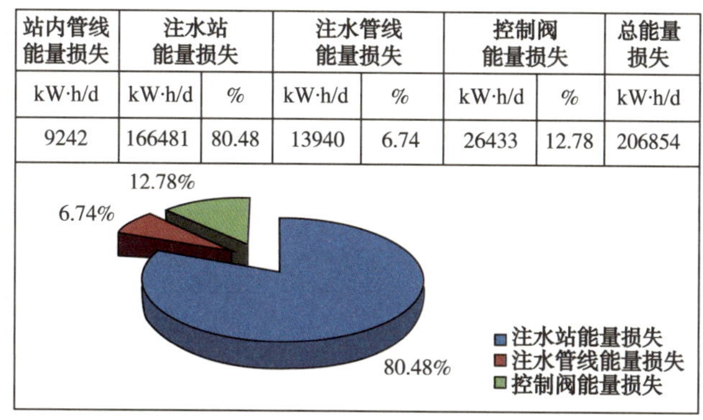

站内管线能量损失	注水站能量损失		注水管线能量损失		控制阀能量损失		总能量损失
kW·h/d	kW·h/d	%	kW·h/d	%	kW·h/d	%	kW·h/d
9242	166481	80.48	13940	6.74	26433	12.78	206854

图 2-50　注水系统各部分能耗情况

经计算分析得出，深度水系统能量利用率为 53.01%，注水单耗为 6.86kW・h/m^3，在站内管线能量损失中，注水站能量损失占 80.48%，注水管线能量损失占 6.74%，控制阀能量损失占 12.78%。

如果考虑注水泵效率和电动机效率，以电动机的耗电为总能耗，将电动机的耗能转换为当量压力，对注水系统各部分能量利用率进行分析。深度水和普通水系统能量利用率分析如图 2-51 和图 2-52 所示。

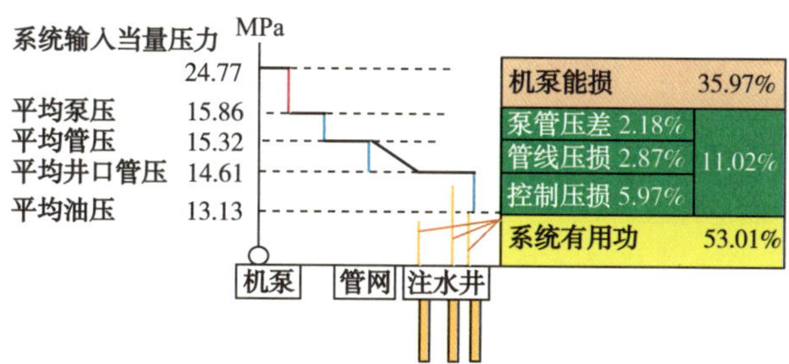

图 2-51　深度水系统能量利用率分析

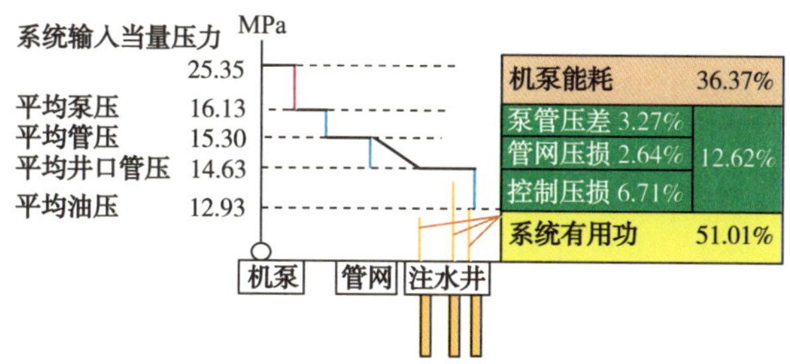

图 2-52　普通水系统能量利用率分析

通过分析，深度水系统机泵能耗占 35.97%，比重偏大，部分注水站的离心泵在运行过程中泵效比平均泵效低 5% 左右，注水泵能量损失大，因此提高注水泵效率仍然是深度水系统节能的一个重点问题。普通水系统能量利用率为 51.01%，机泵能耗占 36.37% 的比重也较偏大，部分注水泵由于使用年限长，过流机件的粗糙度增大，能耗损失偏大，反映出普通水系统节能的一个关键问题也是提高注水泵效率。注水系统的水力耗能由泵管压差、管网压损和控制压损 3 个压降组成，也需要进一步控制降低。

二、注水系统综合调整技术

注水系统综合调整就是在注水系统仿真优化的基础上，通过压力、能量及效率分析，针对压力、注水量等指标不均衡的情况通过一系列调整技术措施加以改善。油田上应用的综合调整技术主要有柱塞泵低压变频技术、高压离心式注水泵变频技术、前置喂水泵调速技术、液体黏性调速技术、液力耦合器调速技术、水力调压泵技术、斩波内馈调速技术等。经过典型示范区实践，针对泵管压差高的问题，通过注水仿真优化开泵和运行方案，应用前置喂水泵调速技术；针对管网压损高的问题，通过同一系统注水站间以及注水井排之间建立联络线，通过一系列的综合调整技术措施，从而有效地降低泵管压差和管网压力损失，降低注入系统泵水单耗。

1. 注水系统优化开泵和运行方案调整

根据注水系统仿真结果，对各套井网进行系统优化研究，以注水站供水量，注水泵最大、最小排量，注水井的配注压力和流量为约束条件，以系统泵水单耗最小为目标，通过建立各套井网优化数学模型并进行解算，提出了各套注水系统的站内排量优化、开泵方案和运行参数的优化。示范区深度水系统优化前后注水站的运行情况对比见表 2-23。

表 2-23 优化前后注水站运行情况对比（节选深度水系统）

站名	实际生产状态						优化运行状态					
	开泵	泵型号	流量 m^3/d	泵压 MPa	管压 MPa	泵管压差 MPa	开泵	泵型号	流量 m^3/d	泵压 MPa	管压 MPa	泵管压差 MPa
11 号站	2#	D300	9250	15.60	15.00	0.60	4#	D400	8794	15.40	15.00	0.40
20 号站	3#	D300	9189	15.90	15.30	0.60	3#	D300	8032	15.60	15.20	0.40
13 号站	4#	D400	8861	16.10	15.60	0.50	5#	D400	9401	15.60	15.40	0.20
23 号站	4#	D300	8525	16.60	16.20	0.40	4#	D300	7780	15.40	15.40	0.00
19 号站	2#	D400	8481	15.70	15.25	0.45	2#	D400	9584	15.40	15.00	0.40
	3#	D250	6368	15.50	15.25	0.25	3#	D250	6310	15.70	15.00	0.70
12 号站	3#	D400	8233	15.60	15.10	0.50	3#	D400	9453	15.20	14.80	0.40
32 号站	3#	D155	5382	15.90	15.00	0.90	3#	D155	4935	15.80	15.30	0.50
平均				15.86	15.33	0.53				15.49	15.15	0.38

深度水系统由于优化前各注水泵的负荷都很高，优化后将注水泵的外输水量重新进行了分配，降低了泵管压差。普通水系统优化后，重新分配后的水量使管网的能耗降低，同时降低了泵管压差和控制压损，减少了无用能耗。

2. 增设注水联络线解决了注水系统局部增压及站间水量调配

示范区深度水系统优化计算结果表明，13 号注水站的压力损失高达 1.733MPa，反映出从注水站至端点井（干线压力）最大压损较大，分析是因为 13 号注水站的外输水量一直向西延伸到井排干线末端，注水半径过长。模拟增加一条井排之间的联络干线，计算后 13 号注水站压力损失减少，其他各站也均有降低。管网增加联络线后，如果设定管道经济流速为 2.0m/s，大于经济流速的管道由原来的 12 条降低为 6 条，整个管网运行效果呈现经济平稳状态。调整前后注水站至端点井（干线压力）最大压损对比如图 2-53 所示。

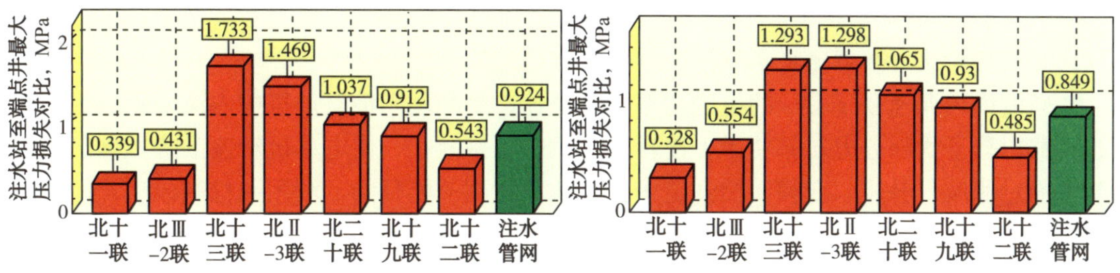

图 2-53　调整前后注水站至端点井（干线压力）最大压损对比

根据优化模拟的结果，现场实施了改造，增设了注水联络线，将注水站两两相连，通过水量调配来实现两座注水站注水泵之间的梯级配备，提高了地区聚合物驱注水系统水量调配的灵活性和可控性，解决了注水泵排量和注入站需求之间的矛盾，减少清水的利用，也降低了清水的处理费用，缓解了该地区聚合物驱注水系统的供需平衡矛盾。管网的平均压降由 0.924MPa 降为 0.849MPa，达到节约清水用量和泵水用电量的目的。

3. 应用前置喂水泵调速技术降低泵管压差

前置喂水泵调速是将现有多级离心式注水泵拆级，新建 1 台排量与主泵相同、扬程 1.6MPa 的前置喂水泵，与拆级后的主泵串联运行。通过对前置喂水泵变频调速，采用压力闭环变频控制方式，根据站外系统压力适时调节喂水泵扬程，从而实现减小泵管压差的目的。该种变频方式最大扬程调节范围为 1.6MPa，流量调节范围 ±15%。其优点是采用低压变频技术，功率在 200kW 左右，与大功率注水泵变频相比节省投资。前置喂水泵调速原理如图 2-54 所示。

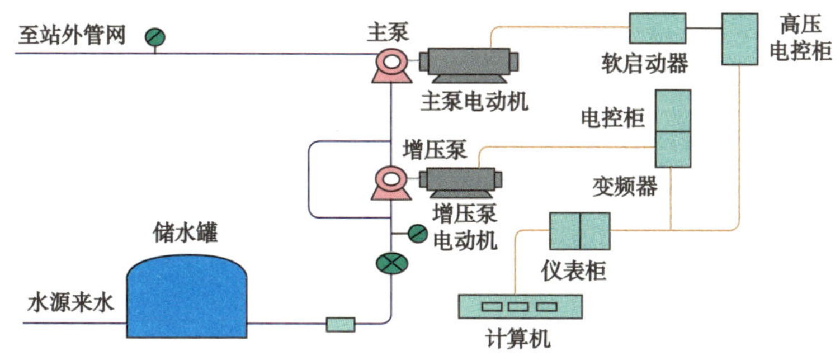

图 2-54　前置喂水泵调速原理

在示范区开展了注水前置泵调速技术现场试验，结果表明，在泵出水量基本不变的情况下，注水单耗下降 0.43kW·h/m^3，泵管压差降低 0.3MPa，泵效提高 3.3%。以注水泵额定排量计算，实现年节电 113×10^4kW·h。前置喂水泵调速效果对比见表 2-24。

表 2-24 前置喂水泵调速效果对比

项目	扬程 m	水量 m^3/d	电量 kW·h	单耗 $kW·h/m^3$	泵压 MPa	管压 MPa	泵管压差 MPa	泵效 %	备注
喂水泵加装前	1650	7452	45040	6.04	16.6	15.1	0.6	69.1	注水泵
喂水泵加装后	1500	7315	38880	5.61	15.5	15.2	0.3	72.4	注水泵
	70~150	7315	2160						前置泵
变化量	—	-137	-3240	-0.43	-1.1	0.1	0.3	3.3	

4. 应用斩波内馈调速技术降低了单耗

斩波内馈调速基于转子的电磁功率控制调速，是利用内馈电动机中内馈绕组的发电功能，移出转子的部分电转差功率，使转化的机械功率减小，使电动机转速下降。移出的电能，通过滤波、升压、变频回馈到定子侧，从而达到节能目的。利用此控制原理，使斩波内馈调速得到简明、量化的分析。通过电传导的方法在转子回路串联附加电势，改变转子的合电势，从而改变理想空载转速。磁通由定子电势和频率决定，故不改变，能够实现恒磁通（即恒转矩）高效率的无级调速。其控制原理如图 2-55 所示。

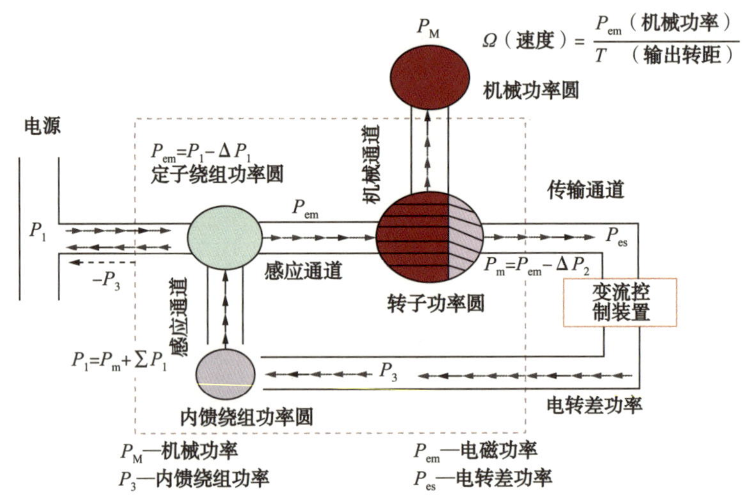

图 2-55 斩波内馈调速控制原理

在示范区针对 D300-150×11 注水泵（表 2-25）开展了现场试验，将电动机更换为高压绕线调速电动机，将原有弹性柱销联轴器更换为叠片联轴器。新建电动机转子调速装置一套（包括启动柜、整流柜、斩波柜、调制柜、逆变柜和反馈变压器），更换动力及控制电缆，改建注水泵电动机基础，注水泵及配套管路利旧。注水电动机参数见表 2-26。

表 2-25 注水泵参数

型号	轴功率，kW	额定扬程，m	额定转速，r/min	效率，%
D300-150×11	1849	1758	2850	76.5

表 2-26 注水电动机参数

型号	电压，kV	功率，kW	频率，Hz	转速，r/min
YQT2-710-2	6.3	2240	50	2975

应用前，注水站注水机组输出水量5000m³/d，泵压15.56MPa，泵水单耗平均6.2kW·h/m³。应用后，在原输水量保持不变的条件下，泵压下降至14.8MPa，泵水单耗下降至5.4kW·h/m³左右（表2–27）。

表2–27　注水机组斩波内馈调速装置应用效果对比

项目	转速，r/min	电流，A	瞬时水量，m^3/h	泵压，MPa	单耗，$kW\cdot h/m^3$
应用前	2700	137	210	15.6	6.2
应用后	2700	135	202	14.8	5.4

三、提高注水泵效率技术

油田常用的提高注水泵效率有注水泵加减级技术、注水泵切削叶轮技术、离心泵涂膜技术等。其中，针对试验区注水泵效率偏低的问题，近几年来，胜利油田和大庆油田成功进行了矿场试验，在国内油气田采用高效率的大排量柱塞泵替代离心泵，能够大幅度提高注水泵效率；在示范区针对离心注水泵，应用成熟的注水泵涂膜技术，也取得了较好的效果。

1. 应用大排量柱塞泵技术提高了注水泵效

针对胜利油田和大庆油田大排量柱塞泵替代高压多级离心泵时所出现的振动大、噪声大等问题，胜利油田整机重心降低0.5m，在泵进出口管道设计中将流速控制在1.2~1.8m/s经济流速范围内，单体泵头改为整体液力端，减少振源。大庆油田在胜利油田试验的基础上，选择了对置式十柱塞注水泵和单边式五柱塞注水泵替代同参数离心泵，为减少振动和噪声，去掉了对置式泵机组的联合底座，对单边式泵机组的联合底座进行二次灌浆充实，达到了减振、降噪的目的。通过现场试验，大幅度提高了注水泵效率。

1）技术原理

用大排量柱塞泵代替离心泵，在相同工况下，同排量柱塞泵与离心泵相比可提高泵效率10%~25%。大排量柱塞式注水泵机组结构形式分两种：一是常规单边五柱塞式注水泵机组，主要由高压电动机（6kV或10kV）、齿轮减速箱、单边五柱塞式注水泵、动力润滑系统和冷却器等组成；二是对置式十柱塞式注水泵机组，主要由高压电动机（6kV或10kV）、单侧皮带轮、对置式十柱塞式注水泵、动力润滑系统和冷却器等组成。

技术特点：

（1）单边五柱塞式注水泵体积比对置式泵大，且为齿轮传动，与后者的皮带传动相比，震动大和噪声高。

（2）两者均配6kV或10kV高压电动机（小流量柱塞泵配电一般为380V）。

（3）对置式十柱塞式注水泵柱塞完全对置式平行布置，对称分布在曲轴两侧，凸轮轴旋转一周两端的柱塞分别在对置的液力端工作，没有空回程。相对于单边柱塞泵，曲轴回转过程中无阻碍运行，相对减轻了曲轴的载荷。

（4）对置式十柱塞式注水泵相对常规柱塞泵效率提高（3%~5%），但维护管理点较常规柱塞泵增多。

2）大排量柱塞泵现场运行试验

现场实施新建了2台150m³/h的大排量柱塞泵，为对比试验效果，分别设计了单边式、对置式大排量注塞泵各 1 台。大排量柱塞泵主要设计参数见表 2–28。

表 2–28　大排量柱塞泵主要设计参数

序号	参数	5DW150/16 Ⅰ .1–1（对置式）	5ZB600–150/16（单边式）
1	排量，m^3/h	150	150
2	功率，kW	800	800
3	出口压力，MPa	16	16
4	质量，t	25	24
5	电动机功率，kW	800	800
6	电动机电压，V	6000	6000

2014 年 1 月开始进行大排量柱塞泵运行调试，5 月开展运行试验，测试设备噪声为 94.5dB。从大排量柱塞泵运行数据来看，整体运行比较平稳，压力、电流、温度基本稳定。大排量柱塞泵与离心泵效率测试对比数据见表 2–29。

表 2–29　大排量柱塞泵与离心泵效率测试对比

注水站	设备编号	类别	电动机额定功率 kW	额定流量 m^3/h	电动机输入功率 kW	功率因数	电动机负载率 %	进口压力 MPa	出口压力 MPa	实际扬程 m	实际流量 m^3/h	电动机效率 %	注水单耗 kW·h/m^3	泵效率，%	泵机组效率，%
32 号注水站	4#	离心泵	1600	155	1038	0.991	60.89	0.03	16.3	1659	150.0	93.8	6.92	69.59	65.28
			1600	155	1102	0.994	64.77	0.03	15.8	1609	173.4	94.0	6.36	73.34	68.98
			1600	155	1174	0.997	69.16	0.03	15.3	1560	197.2	94.3	5.95	75.75	71.40
	5#	柱塞泵	800	150	673	0.811	79.72	0.27	14.8	1479	145.6	94.8	4.62	92.03	87.25
19 号注水站	6#	柱塞泵	800	150	633	0.940	74.93	0.36	13.7	1360	151.0	94.7	4.19	93.35	88.36

现场泵效率测试结果表明，该机组泵效率达到 92.03%，机组效率为 87.25%，高于胜利油田孤岛采油厂孤三注水站 DF250–150×8 型大排量柱塞泵的机组效率（孤三注水站 3# 机组 DF250–150×8 型泵机组效率为 72.13%，4# 机组 DF250–150×9 型泵机组效率为 72.93%），取得了较好的试验效果。

2. 应用离心注水泵涂膜技术提高注水泵效率

1）技术原理

离心注水泵涂膜技术是将泵内主要过流机件（包括泵壳体、叶轮和导翼等），经过高光洁度材料涂层后，减小机械损失，从而提高注水泵效率，节省电耗。涂膜技术首先是对待涂机件进行除锈脱脂、表面处理、净化，然后喷涂底漆、干燥、烧结、喷面漆冷却，最后进行抛光处理。泵涂膜所采用的材料具有耐高温、耐老化、耐腐蚀性、不黏性、摩擦系数小、不导电等特性，喷涂黏结力及附着力较强，能够提高泵体内部构件的光滑度。涂膜前后叶轮光洁度对比情况如图 2–56 所示。

2）效果分析

实施涂膜技术效果对比见表 2–30。

图 2-56　涂膜前后叶轮光洁度对比

表 2-30　实施涂膜技术效果对比

实施地点	实施前			实施后		
	水量 m^3/h	单耗 $kW \cdot h/m^3$	泵效率 %	水量 m^3/h	单耗 $kW \cdot h/m^3$	泵效 %
5 号注水站	311.8	6.04	75.42	319.9	5.74	79.5
14 号注水站	368.4	5.96	76.04	406.8	5.52	81.07

从表 2-30 可以看出，注水单耗降低 0.2kW·h/m^3 以上，泵效率提高了 4% 以上，效果明显。

综上所述，多套管网并存的注水系统综合节能技术依托大庆油田已建注水系统建立了示范区，针对多套管网并存的复杂注水系统进行仿真优化研究，根据优化结果对整个注水系统进行综合调整，通过应用成熟的单项技术，降低注水系统综合能耗，最终形成注水系统仿真优化、注水系统综合调整、提高注水泵效率集成技术，总体实施效果见表 2-31。示范区各系统平均注水单耗下降了 0.26kW·h/m^3，注水泵效率从 66.45% 提高到 71.06%，系统效率从 52.82% 提高到 60.07%，并取得了年节电 1472×10^4kW·h、减 CO_2 排放量 1.47×10^4t 的效果。

表 2-31　注水系统总体实施效果

序号	参数	优化前	优化后
1	注水泵平均运行效率，%	66.45	71.06
2	注水系统总效率，%	52.82	60.07
3	注水单耗，$kW \cdot h/m^3$	5.71	5.45

参考文献

[1] 高晶霞 . 特高含水期不加热集输试验 [J] . 油气田地面工程，2006，30（6）：40-42.

[2] 李江，尤慧珍 . 油田注水仿真优化系统应用 [C] . 北京：2008 年全国石油石化企业节能减排技术交流会，2008.

[3] Guo Junzhong，Qi Yuansheng，Xu Yafen，et al.Operation parameters optimization of centrifugal pumps in

multi-sources water injection system［C］. International Technology and Innovation Conference，2006.

［4］张艳鸣 . 喇嘛甸油田注水系统最佳注水压力研究［D］. 大庆：大庆石油学院，2008.

［5］Wei Shuang，Leung Henry. An improved genetic algorithm for pump scheduling in water injection systems for oilfield［C］.2008 IEEE Congress on Evolutionary Computation，CEC 2008：1027−1032.

［6］Wei Lixin，Liu Yang，Feng Jiuhong.Methods for dispatching and optimization of economic operation of water injection system of large-scale oilfield［C］.Asia-Pacific Power and Energy Engineering Conference，2009.

第三章　低渗透油气田节能技术

通过低碳一期开展的低渗透油气田节能关键技术攻关，在油田机采系统开展数字化抽油机技术及抽油机井“降载提效”技术研究，在油田集输系统开展物理清垢技术研究，在气田主要开展了新型井下节流技术研究，初步形成了低渗透油气田节能技术体系，通过大规模的推广应用，取得了显著的节能效果。

第一节　概　　述

低渗透油气田是以油层渗透率小于 50mD、气层渗透率小于 1mD 区别于常规油气田，其中低渗透油田根据实际生产特征，按渗透率大小可进一步划分为一般低渗透油田（渗透率 10~50mD）、特低渗透油田（渗透率 1~10mD）和超低渗透油田（渗透率小于 1mD）。

低渗透油藏渗流特征最突出的是非达西流动，即当驱动压力梯度较小时，原油不发生流动，只有当压力梯度提高到一定程度后原油才开始流动。原油开始流动时的驱动压力梯度一般称作启动压力梯度。启动压力梯度与渗透性成反比例关系，渗透率越低，启动压力梯度越大。

低渗透油藏开采特征与中高渗透油藏有很大的不同:（1）油井自然产量低，需经压裂改造才有工业开采价值;（2）注水井吸水能力低，注入压力上升快;（3）生产井见注水效果差，压力和产量下降幅度大;（4）油井见水后含水率大幅度上升，产量加速递减。

低渗透油气资源在中国各含油气盆地分布普遍，已经发现很多此类的油气田，并得到有效开发。比较典型的有鄂尔多斯盆地大面积的低渗透岩性油气田，如马岭油田、靖安油田、苏里格气田等。松辽盆地已发现龙虎泡、葡西、英台等低渗透油田。其主要分布在中国的中部和东部，其次分布在西部，是现阶段与未来油气上产的主要领域。

依托中国石油天然气股份有限公司重大科技专项“中国石油低碳关键技术研究”开展的低渗透油气田节能关键技术研究，在油田机采系统，目前主要的采油设备为游梁式抽油机，采用人工调节冲次和平衡的方式，费时费力，且无法根据油井工况变化及时调整。针对上述问题，开展了新井数字化抽油机技术研究，设计研发了冲次和平衡随油井工况自动调节的数字化抽油机，在长庆油田新投井全面推广应用数字化抽油机。借鉴数字化抽油机的设计思路，依托油田数字化平台，针对在用的常规抽油机开展了基于泵功图诊断的自动调节冲次和基于电功率法的自动调平衡技术攻关，研发了具有自动调节冲次和平衡功能的抽油机集中控制节能装置，实现了在用常规抽油机的数字化升级改造，达到了提高效率、节能降耗的目的。

抽油机大小和运行能耗取决于抽油机悬点载荷，根据抽油机悬点载荷理论计算公式可知，降低抽油泵径、抽油杆径和运行冲次是降低抽油机悬点载荷的有效途径。因此，围绕如何降低悬点载荷，使抽油机“轻装上阵”，通过技术创新，研究形成抽油机井降载提效技术并规模化应用，实现低渗透油田机械采油技术的降本增效和节能减排。

在油田集输管线清垢方面，化学清垢剂会对设备造成一定的腐蚀破坏，使管壁变薄，废液排放对环境易造成污染，清洗时间较长，特别是钡锶垢，通常化学剂难以清除。针对这些问题开展了物理清垢技术攻关，研发的空化水射流清垢技术解决了油田小直径管线长距离清垢问题，研发的高压水射流清垢技术在总机关清垢中得到成功应用。

在气田主要开展了井下节流技术研究，充分利用地温加热，使节流后气流温度高于节流后压力条件下的水合物形成温度，从而取消了地面加热保温装置，同时大幅度降低了地面集输管线的压力等级，简化了地面流程，降低了生产运行和集输管网成本。井下节流技术在长庆气田已全面推广应用，有效地保证了气田经济有效开发。

第二节　数字化抽油机技术

长庆油田是典型的“三低”油田，随着超低渗透区块的规模开发和时间的延长，产液量逐年降低，油井供排关系失调，机采系统效率低于中国石油平均水平。

目前主要的采油设备为游梁式抽油机，采用人工调节冲次和平衡的方式，费时费力，且无法根据油井工况变化及时调整。针对上述问题，近年来开始设计研发了冲次和平衡随油井工况自动调节的数字化抽油机，在长庆油田新投井全面推广应用数字化抽油机。

一、新井数字化抽油机技术

数字化抽油机以 SY/T 5044《游梁式抽油机》机械结构为基础，在游梁式抽油机上集成油井参数采集模块、控制模块、传感器、控制装置，实现对抽油机运行状态的参数采集与上传、参数的分析与调整，具备远程控制和调节或抽油机自身智能控制和调节功能。

1. 研究背景

1）油井供排矛盾突出

在众多影响系统效率的因素中，抽油机参数的影响是最大的。

（1）抽油机设计参数不适合某一具体区块，造成抽汲能力与地层供液能力不匹配，即不能达到供排协调。

（2）抽油机在使用过程中，不容易选择和调节适合的参数，达到供排协调。为了保证油井产液量，往往采用较大的抽汲参数，而抽汲参数（冲程、冲次）又与能量消耗成正比，按照标准抽油机一般应设计 3 个冲次挡位，理论上每降低一个挡位，应该降低能耗 33%，因此排大于供是造成系统效率低的重要因素。

（3）长期以来，抽油机的研发人员将工作的重点放在了抽油机自身的平衡技术及抽油机结构的研究上，没有将抽油机与油井有效结合，致使现场抽油机平衡度经常在低于 50% 或高于 150% 的状态下运行，现场平衡的调整和判定往往通过人工实现，存在费时、费力等问题。抽油机不可能在 100% 的平衡状态下和“供排协调”的情况下工作，导致抽油机配备功率较大，载荷利用率偏小，系统效率偏低。

2）适应油田数字化管理的需要

长庆油田实施数字化管理最大限度地降低一线员工的劳动强度和减少一线员工的用工总量，使井场设备实现了无人值守。数字化抽油机的研制成功可以通过站控平台有效实现抽油机的参数调整及管理要求，实现真正意义上的井场无人值守的目的，有利于采油厂实现组织结构的调整和扁平化管理的目的。

2. 系统构成

数字化抽油机以 SY/T 5044《游梁式抽油机》机械结构为基础，在游梁式抽油机上集成工况参数采集模块、控制模块、平衡自动调节装置，实现对抽油机运行状态参数采集与上传、参数的分析与调整，具备远程控制和调节或抽油机自身智能控制和调节功能。数字化抽油机模块化结构如图 3–1 所示。

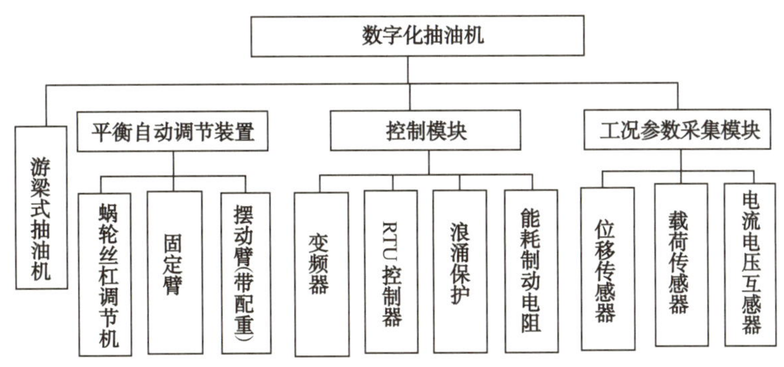

图 3–1　数字化抽油机模块化结构

该机采用全新设计的结构，大量应用新材料和新工艺，极大地提高了抽油机在制造和使用过程中的安全环保性能。采用无基础宽底座的专利技术，安装、更换抽油机方便快捷。

3. 数字化抽油机最佳冲次判定与调节技术

1）技术现状

目前，国内油田集中的矛盾是低产油井数量多。在既有的抽油机采油工作参数组合下，空抽现象普遍存在，泵效和系统效率较低，吨液耗电量居高不下。

多年来为克服空抽现象，提高泵效和系统效率，科研人员进行了深入研究。研究表明：在抽油机的冲程和抽油泵泵径选定后，影响泵效和系统效率的主要因素是冲次，冲次与油井供液能力的合理匹配，是解决空抽问题、提高泵效和系统效率的有效途径。为此，人们开发了抽油机变频调速技术，方便进行冲次调节，取得了一定的成效。

然而变频调速技术，只是很好地解决了冲次调节的便利问题，从硬件上解决了冲次调节问题，如何选择合理冲次仍然难以解决。在此前提下，人们选择合理冲次的方式是：将抽油机载荷、位移传感器获得的功图传输到上位机，在上位机上输入油井参数，利用上位机强大的运算功能，通过专用的“功图分析”软件，获得油井的日产液量，通过这些数据的分析，计算机会给出油井供液不足等结论，根据这些结论选择合理冲次。

专用的“功图分析”软件的原理和结构是这样的：首先，通过载荷、位移传感器，获得载荷位移功图，俗称“地面功图”；其次，利用地面功图，根据油井参数，求解获得抽油泵的泵功图；最后，由泵功图判断泵的有效冲程，再根据冲次可获得日产液量。

上述方案的实施，从数据采集、传输、运算到控制的各个环节，可以形成闭环控制，较好地解决了合理冲次选择过程中的问题。但是，在具体实施过程中，仍然存在系统运行可靠性较差的问题，主要原因在于：抽油机控制单元上所装微处理器的芯片性能有限且容量较小，不足以运行和运算专用功图分析软件，以便获得油井的日产液量，而油井的日产液量又是合理冲次选择的关键参数。因此，必须将单个抽油机所获得的数据，传到运算能力较大的上位机进行运算。然而，多台抽油机与同一台上位机的数据传输，在油田有限的资源配置情况下，很难做到不间断畅通，在数据传输间断的情况下，选择合理冲次的程序将被迫中断，造成闭环控制的程序无法运行。

2）数字化抽油机最佳冲次判定技术方案

为了使抽油机实现数据采集、运算和控制独立完成，不依赖于上位机的运算和控制，保证系统运行更加可靠。数字化抽油机采用了一种抽油机最佳冲次判定方法及装置，最佳冲次判定方法原理如图 3-2 所示。

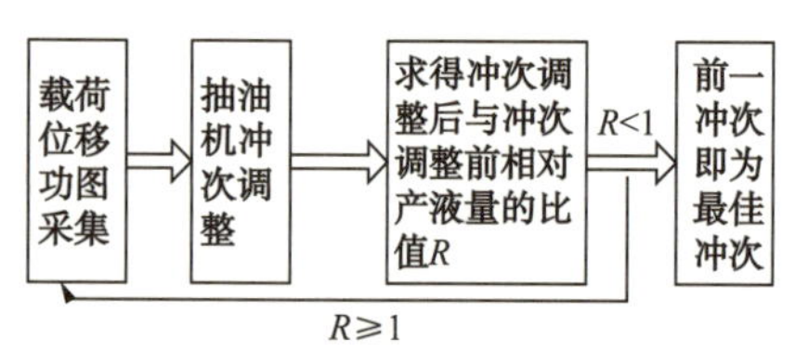

图 3-2　最佳冲次判定方法原理

（1）技术方案。

步骤一：获取当前冲次下抽油机的载荷位移功图，通过计算得到抽油机当前冲次下的相对产液量。

步骤二：改变抽油机冲次，重新获取载荷位移功图，通过计算得到后一冲次下的相对产液量。

步骤三：求得步骤二中后一冲次下的相对产液量与步骤一中前一冲次下的相对产液量的比值 R。

循环步骤一至步骤三，直至比值 $R<1$ 时，前一冲次即为抽油机最佳冲次。

步骤一和步骤二中的相对产液量是通过求取当前冲次下的载荷位移功图的面积来获得的。

（2）数字化抽油机最佳冲次判定装置。

载荷传感器设置于抽油机上悬绳器位置，用于获取抽油机悬点载荷信号；角位移传感器设置于抽油机上游梁支承轴位置，用于获取抽油机悬点载荷下的位移信号；变频器设置于抽油机的智能控制柜内，实现抽油机电动机频率调节，冲次调整；RTU 设置于抽油机的智能控制柜内，是最佳冲次判定装置的控制核心。RTU 内存有最佳冲次判定程序。

数字化抽油机工作时，RTU 获得载荷位移信息，并运行抽油机最佳冲次判定程序进行最佳冲次的判定与调整，对变频器进行控制，实现抽油机在最佳冲次下运行。最佳冲次判定装置如图 3-3 所示。

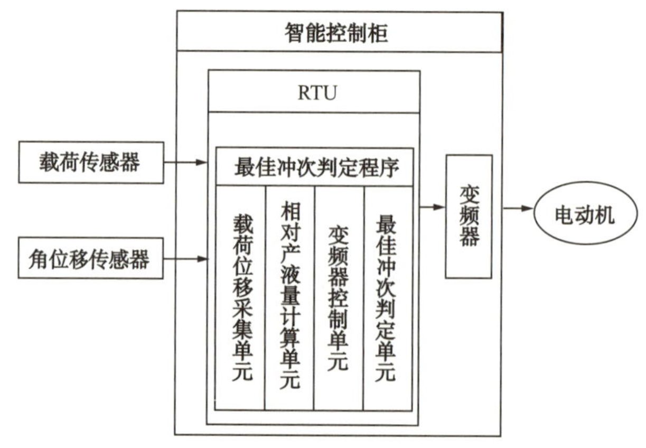

图 3-3　最佳冲次判定装置示意图

3）数字化抽油机最佳冲次判定技术的优点

（1）最佳冲次判定程序可以运行于容量较小的抽油机智能控制柜内的 RTU 芯片中。由于采用了日产液量的相对变化值，而不是日产液量的绝对值，因此冲次改变前后与油井参数有关的杆系迭代方程计算可以略去不计，只要比较载荷位移功图变化即可。

（2）运行最佳冲次判定程序，不需要输入烦琐的油井参数。因此，抽油机控制单元可以省去输入模块。即使修井后下泵深度发生了变化，也不需要重新输入下泵深度等参数，简化了工程技术人员的工作量。

（3）抽油机实现了数据采集、运算和控制的独立完成，不依赖于上位机的运算和控制，保证了系统运行更加可靠。

4. 数字化抽油机自动平衡调节技术

1）技术现状

抽油机工作时，由于上下冲程受力情况不同，在一个往复过程内，悬点处载荷有很大变化，若不采用有效方法进行平衡，会降低抽油机的效率，降低减速箱和电动机的使用寿命。长期处于不平衡状态的抽油机会产生剧烈振动，进而影响各部件之间连接螺栓的强度，甚至剪断连接螺栓，造成抽油机翻车的严重事故。

为了消除这些缺点，一般在抽油机的游梁尾部、曲柄上或两处都加上平衡重。当在下冲程时，抽油杆下落所释放出的势能，将平衡重由低处抬升至高处。当在上冲程时，平衡重由高处下落，把在下冲程储存的势能释放出来，帮助电动机提升抽油杆和液柱。若平衡重的重量选用合适，可保证电动机在上下冲程做功相等，此时抽油机达到平衡。

在现场随着抽油作业的进行，井下液量会随着开采时间而发生变化，进而引起抽油机悬绳器上悬挂重量的变化，导致初始调整平衡的抽油机由于悬点处载荷发生变化而由平衡转化为不平衡。因此抽油机每运转一段时间均需安排人员到井场根据井下实际情况调整平衡重。

对于游梁平衡的抽油机，一般都在游梁尾部装有平衡装置，该平衡装置内部装有一定数量的配重块。通过增减配重块的数量，来增加或减少抽油机尾部平衡装置的重量，从而改变平衡装置整体对抽油机的力矩，进而调整抽油机的平衡。

目前抽油机的平衡状态依靠人工经验判定，平衡调节依赖人力完成。因此，每次调整均需安排 2~3 人到现场操作，调整时抽油机必须停机，费时费力，准确度不高。

2）数字化抽油机自动平衡调节技术

数字化抽油机平衡调节装置主要由固定臂、蜗轮丝杆升降机和带配重的摆动臂组成，固定臂与抽油机游梁尾部挂装固定连接，当蜗轮丝杆升降机通电动作时，丝杠可以伸长或缩短，从而带动摆动臂在一定角度范围内摆动，实现平衡调节。平衡调节装置通过控制系统实时监测抽油机的平衡状态，当抽油机处于不平衡状态时则自动控制蜗轮丝杆升降机动作，通过丝杠带动摆动臂摆动实现平衡自动调整。

数字化抽油机平衡调节装置结构紧凑，体积小，维护操作方便，可靠性高，可根据抽油机工况不停机自动判定并实时调整抽油机平衡状态。抽油机平衡调节装置结构如图 3–4 所示。

3）数字化抽油机自动平衡调节技术的优点

（1）可远程或本地控制，具有自学习功能。

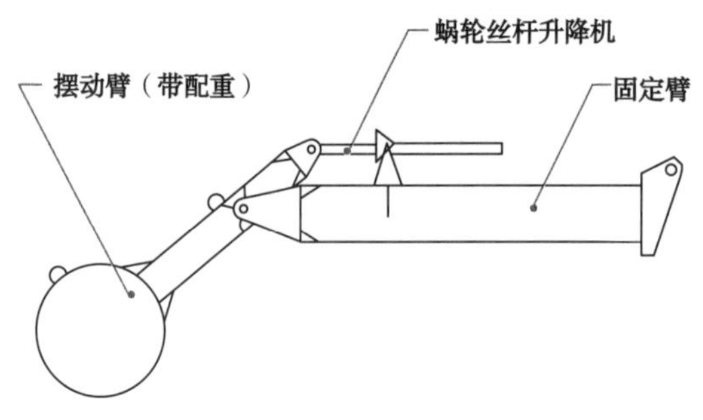

图 3-4　抽油机平衡调节装置结构示意图

（2）自动方式实时判定并调节平衡，降低工人劳动强度，平衡调节范围宽。

（3）机构简单、可靠，维护方便。

（4）无易拆卸零件，避免丢失。

5. 数字化抽油机智能控制技术

数字化抽油机可以实现冲次的自动判定和调整、平衡的自动判定和调整等功能，这些功能的实现除需要设计特殊的机械结构以及选用必要的传感器外，一切智能控制功能的实现最终都集中在数字化抽油机智能控制柜中。因此，对智能控制柜结构及功能的设计和要求变得至关重要。智能控制柜经过多次改进，最终形成控制柜的结构布局和功能规划。

1）智能控制柜结构组成

智能控制柜柜体采用上、下两层双开门设计。上层为智能控制单元，主要元器件为智能控制器（RTU）单元、继电器和直流电源模块；下层为变频器、控制单元，主要元器件为变频器、防雷器、断路器、工频供电接触器、变频供电接触器、继电器和接线柱等。

2）智能控制柜具备的功能

（1）自动状态下，电动机工频启动、停止，同样可变频启动、停止。

（2）变频器故障时，系统可自动切换至工频状态。

（3）具有过载保护、过压保护、欠压保护、缺相保护、防雷保护、防闪断等多种保护功能。

（4）具备 MODBUS RTU 通信功能。

（5）最佳冲次的判断及调节由 RTU 控制。

（6）平衡度的判断及调节由 RTU 控制。

（7）冲次、平衡度显示在操作面板上。

（8）调平衡电动机保护功能：由 RTU 监控平衡电动机控制回路电流，进行保护控制。

（9）工频和变频均具有防雷击保护功能。两种状态下均有在遭到雷击瞬间断电后，能够实现 2~3s 的自动复位，不用人工再次启动。

6. 数字化抽油机一体化载荷悬绳器

目前使用的抽油机悬绳器在测量功图时，加装载荷传感器不方便。现有的技术均为载荷传感器和悬绳器分开使用，在测功图时极不方便。随着油田数字化建设的蓬勃发展，目前的悬绳器已经不能满足抽油机数字化的需要。

一体化载荷悬绳器用于抽油机悬点载荷的采集和抽油机与抽油杆柱的连接，实现了数据采集和悬绳器的一体化。

在具有常规悬绳器功能的同时，可以实现载荷数据采集。而载荷传感器精度要求高、使用条件高，设计了新的载荷传感器，采用 U 形插口，可以在抽油杆和悬绳器不脱开的情况下安装，并具有保护载荷传感器的功能。U 形载荷传感器与信号线的接头采用卡口式圆形电连接器的连接方式。一体化载荷悬绳器是一种针对数字化抽油机而专门设计的新型悬绳器，具有安装简单、安全的优点，如图 3-5 所示。

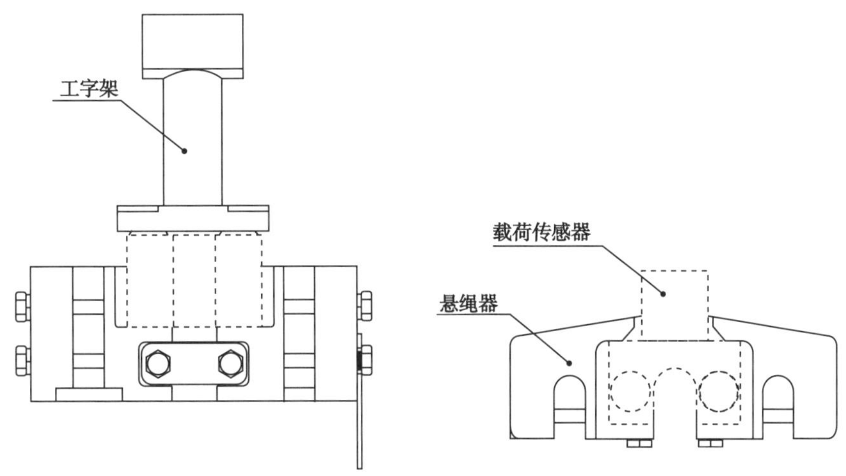

图 3-5 一体化载荷悬绳器示意图

7. 数字化抽油机系列产品

1）数字化抽油机

在游梁式抽油机上集成油井参数采集模块、控制模块、传感器和控制装置，实现对抽油机运行状态的参数采集与上传，具备远程控制和调节或抽油机自身智能控制和调节功能的抽油机即为数字化抽油机。数字化抽油机结构如图 3-6 所示。

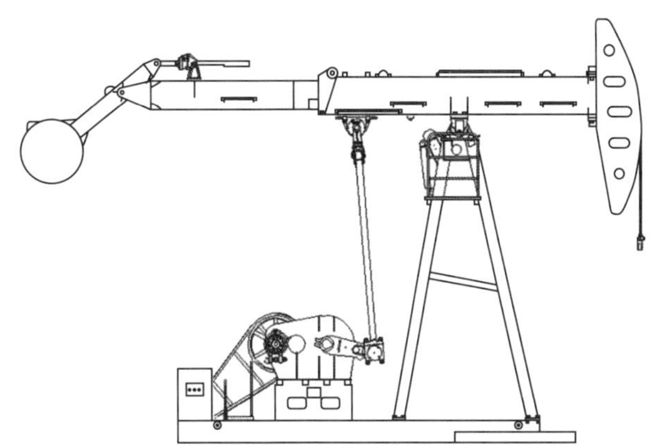

图 3-6 数字化抽油机结构示意图

2）数字化抽油机的功能

（1）油井参数、电参数采集和传输。

油井参数：油井载荷和光杆位移。

电参数：电压、电流。

抽油机运行参数：冲程、冲次。

（2）抽油机远程启停：接收上位机指令实现抽油机远程启停。

（3）语音提示 / 报警：按照上位机指令，进行语音提示和报警。

（4）抽油机平衡度的自动判定及调整。

自动监测并实时显示抽油机的平衡状况（欠平衡、平衡和过平衡），可手动或自动将抽油机调整到最佳的平衡状态。

（5）抽油机最佳冲次的判定及调整。

实时显示抽油机的冲次。可以手动无级调节冲次，也可以根据油井产液量大小，本地或远程自动寻求最佳冲次，将抽油机调整到最佳冲次。

3）数字化抽油机产品系列

数字化抽油机型号参数见表 3-1。

表 3-1　数字化抽油机型号参数

抽油机型号	冲程，m			冲次，min^{-1}	减速器扭矩 kN · m	电动机	
						功率，kW	型号
CYJW10-3-37HY（S3K）	3	2.4	1.8	1.4~5	37	15	Y200L-8
CYJW9-3-37HY（S3K）	3	2.4	1.8	1.4~5	37	15	Y200L-8
CYJW8-3-26HY（S3K）	3	2.4	1.8	1.4~5	26	11	Y180L-8
CYJW7-2.5-26HY（S3K）	2.5	1.8	1.2	1.4~5	26	11	Y180L-8
CYJW6-2.5-18HY（S3K）	2.5	1.8	1.2	1.4~5	18	7.5	Y160L-8
CYJW5-1.8-13HY（S3K）	1.8	1.3	0.9	1.4~5	13	5.5	Y160M2-8
CYJW4-1.8-9HY（S3K）	1.8	1.3	0.9	1.4~5	9	5.5	Y160M2-8
CYJW4-1.5-9HY（S3K）	1.5	1.1	0.8	1.4~5	9	5.5	Y160M2-8

8. 现场应用情况

1）数字化抽油机应用效果实例

试验井为关 ×-×，原抽油机型号为 CYJW7-2.5-26HF，应用前后性能参数对比见表 3-2，功图对比如图 3-7 所示。

表 3-2　数字化抽油机应用前后性能参数对比

序号	参数	单位	应用前	应用后
1	载荷	kN	35.8/21	34.1/21.7
2	冲程	m	2.5	2.55
3	冲次	min^{-1}	3.5	2.3
4	产液量	m^3/d	2.11	2.09
5	电动机功率	kW	11	7.5
6	日耗电量	kW · h	103	55
7	平衡度	%	112	100
8	节电率	%	46.6	
9	冲次调节工作量		（1）需停机约 4h； （2）两名操作人员	（1）无须停机，自动调节； （2）无人值守，按上位机指令执行
10	平衡调节工作量		（1）需停机约 3h； （2）两名操作人员	（1）无须停机，自动调节； （2）无人值守，按指令调节

2）推广应用情况

数字化抽油机实现了冲次、平衡的自动调节，使抽油系统运行参数匹配更加合理，在长庆油田新投油井上全面推广应用数字化抽油机，截至2015年底，累计推广应用2万多台数字化抽油机，综合节电率达到20%。

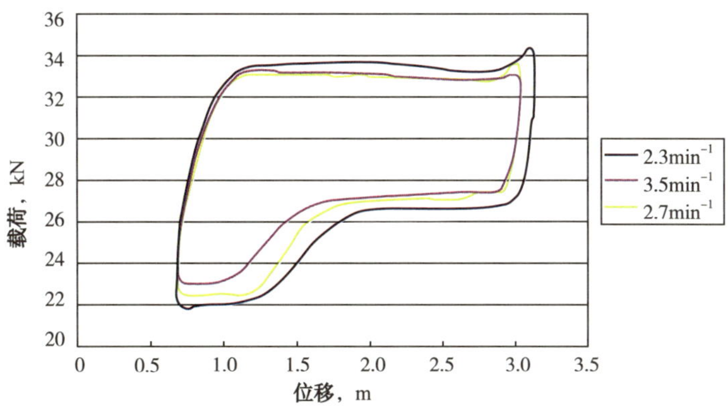

图3-7　数字化抽油机应用前后功图对比

二、常规抽油机数字化升级改造技术

1. 丛式井组抽油机集中控制节能技术

1）研究背景

长庆油田大部分抽油机目前使用的控制系统功能简单，人工调参过程中劳动强度大，难以得到及时有效地执行，因此需要研制新的抽油机控制系统，不断提高油田的自动化管理控制水平。

2）技术原理及特点

针对长庆油田低产低效井多且为丛式井组开发的现状，研发了丛式井组抽油机集中控制节能技术。集成了共直流母线、无级变频调参、软启动、动态功率因数补偿等多项节能技术，可实现多台抽油机集中控制、综合节能的目的。

3）主体技术

（1）无级变频调参技术。

目前，调节抽油机冲次的方法是更换皮带轮的大小或更换低转速电动机，这样只能实现一个固定的转速，即上下冲程按相同冲次运行。集中控制节能技术应用无极变频调参技术，可实现抽油机上下冲程速度的分别调节，从而提高泵的充满量，降低了漏失量，提高了泵效率，抽油机无级调参原理如图3-8所示。

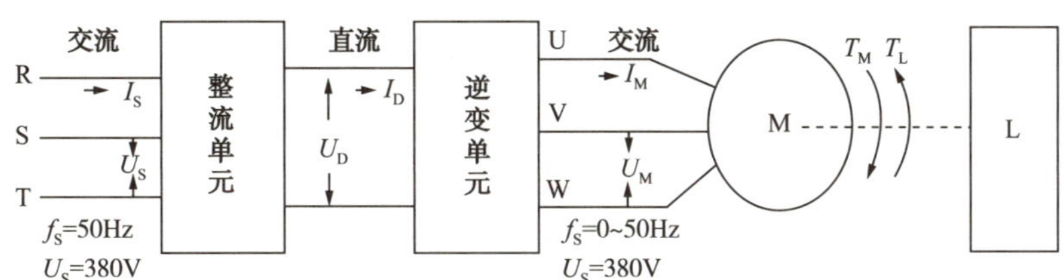

图3-8　抽油机无级调参原理

I_S—整流单元输入电流；U_S—整流单元输入电压；I_D—整流单元输出直流电流；U_D—整流单元输出直流电压；I_M—逆变单元输出电流；U_M—逆变单元输出电压

（2）软启动控制技术。

抽油机工频运行时，电动机全压启动，启动电流是额定电流的 3~7 倍，这势必会对电动机和供电电网造成严重的冲击，导致对电网容量要求过高，而且启动时产生的大电流和震动对设备运行极为不利，直接影响设备的使用寿命。应用全矢量控制型变频器的低频转矩提升功能，使频率从零开始逐渐增大到 50Hz，而转矩保持在电动机启动转矩的 150%。启动电流远低于额定电流，实现了真正意义上的软启动，达到了节能的目的。这样不但减少了电动机启动对电网的冲击，而且能延长设备使用寿命及维修周期，减少设备维修费用。更重要的是减轻了电网及变压器的负担，降低了线损，挖掘出大量的电网“扩容”潜力，软启动原理如图 3-9 所示。

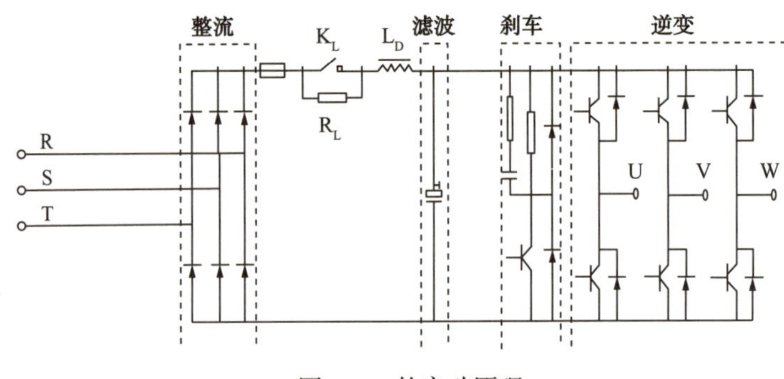

图 3-9 软启动原理

RST—三相输入；UVW—三相输出；K_L—充电接触器；L_D—充电电抗器；R_L—充电电阻

（3）动态功率因数补偿技术。

目前抽油机电动机的功率因数多在 0.4 左右，这样就导致供电电网只有 40% 的容量被利用，致使变压器、线路损耗过大，严重影响了电网有功功率的输送能力和电网的经济运行。通常提高功率因数的基本思想是使用电容器无功补偿设备进行无功补偿。通过在电路中串联或并联的方式接入电容器无功补偿设备后，将可以补偿感性负荷所消耗的无功功率，使功率因数得到提高。集中控制节能技术采用全矢量控制型变频器，根据电动机运行特性动态的改变输出，变频器以每秒 5000 次的速度使电动机功率因数趋近于 1，所有电能都用来做有功功率，无功功率趋近于零，功率因数由原来的 0.25~0.5 提高到 0.95 以上，动态功率因数补偿原理如图 3-10 所示。

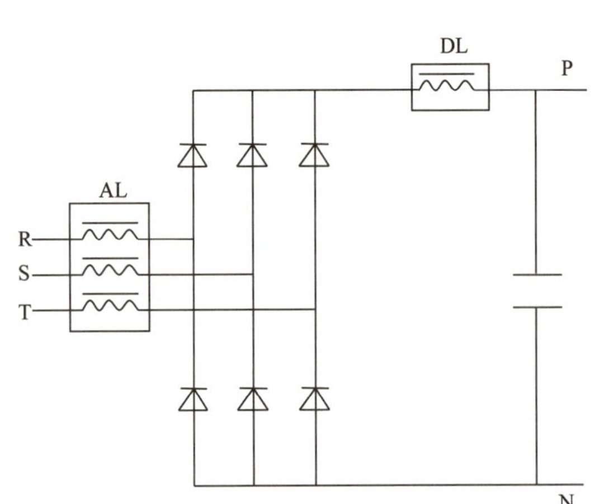

图 3-10 动态功率因数补偿原理

RST—三相输入；UVW—三相输出；A_L—进线电抗器；D_L—整流电抗器

（4）共直流母线技术。

在同一个电力拖动系统中的一个或多个传动有时会发生从电动机端发电得到的能量反馈回电网，这种现象称为“再生能量”。

由于抽油机属位能性负载，在一个

冲程周期运动中，过程中的某一段时间内一定会出现电动机处于再生制动工作状态（发电状态），尤其当配重不平衡时，在抽油机工作的冲程周期中，电动机的再生制动工作状态（发电状态）尤为严重，以往这些发出来的电能通过电阻发热或回馈电网而浪费掉，无法加以利用。针对这种情况，集中控制节能技术采用共直流母线技术将抽油机下冲程运行时所发电能收集利用。

多台抽油机的控制变频器共用一台整流器，将其直流母线并联在一起，可实现抽油机在下冲程运行时，将所发电能储存在变频器电容中，以供给其他抽油机使用。即将下冲程运行的抽油机所发出来的电能提供给丛式井中其他上冲程运行的抽油机，即使有多个电动机处于发电状态，也不用再去考虑其他的处理再生能量的方式，这样不仅消除了电动机所做的负功，减少了对电网的污染，而且还提高了电动机的运行效率，实现了丛式井中抽油机自己发电、自己用电的节能技术。共直流母线技术原理如图 3-11 所示。

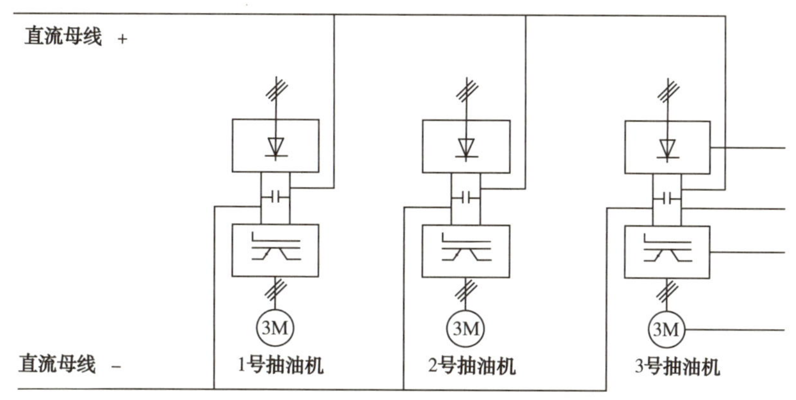

图 3-11　共直流母线技术原理

（5）动态调功技术。

游梁式抽油机是一个典型的变化性负载，其负载电流时刻在波动。集中控制节能技术具有动态调功功能，控制装置以 5000 次 /s 的速度自适应抽油机电动机的载荷，自动改变加在电动机上的端电压，保证电动机在最小电流、最低电压即最小功率状态下运行。图 3-12 为抽油机负载发生变化后，在不改变频率的条件下电压与电流的动态调功曲线图。

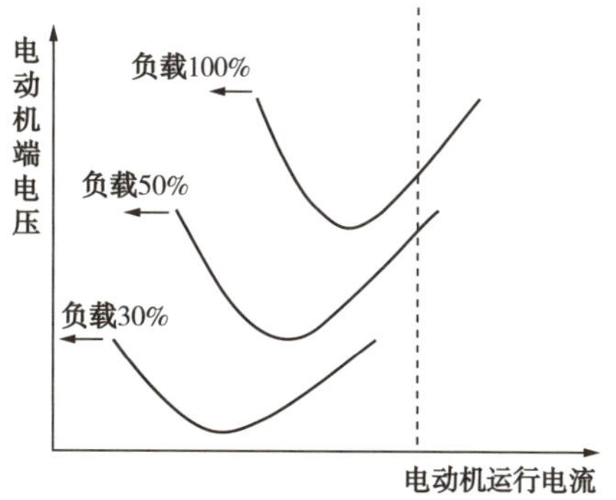

图 3-12　动态调功曲线

4）丛式井组抽油机集中控制节能技术在大井组的应用

针对长庆油田井数多于 8 口井的井组开展大井组抽油机集中控制技术研究，2012 年现场试验应用 10 口油井以上的井组有 3 个。采油八厂 13 口井大井组节能装置如图 3-13 所示。

5）集中控制节能装置组成及特点

该技术设计采用一个柜体，内装多台全矢量控制型变频器，组成一个可分别控制多台抽油机的启动、停止、无级调参系统。可替代原有井场多台抽油机配电控制箱，使井组达

图 3-13　采油八厂 13 口井大井组节能装置

到集中控制、综合节能的目的。

（1）对于供液严重不足的油井可以实施按设定的时间段进行间抽运行的功能，间抽由停止转为运行的状态时具有运行前语音报警提示功能，以满足安全运行的要求。

（2）根据单井供液情况，可进行无级调参控制。将触摸屏设为泵效模式后，通过触摸屏上的上下冲次设定输入按钮，可以直接在触摸屏上设定实际需要的冲次，可以实现“上冲程快，降低油泵漏失系数；下冲程慢，提高油泵充满度”的泵效运行模式。

（3）自动稳压功能。当输入电压为 320~480V 时可自动调节变频 50Hz，电动机输入电压保持在 380V 或想要的电压，此功能在野外供电质量差的环境下，对电动机的保护和正常运行提供了可靠的保障。

（4）具有缺相、过流、过压、欠压、过热、短路、开路、过载等保护功能以及故障提示功能。

（5）电源绿色环保设计。输入端装有输入电抗器、二次回路有隔离变压器与滤波器等屏蔽措施，消除高次谐波对电网的污染，同时也抑制了电网中的高次谐波对本装置的干扰，保证了控制回路运行的稳定与可靠。

（6）长庆油田位于黄土高坡，地处多雷电地区，装置内配有避雷控制单元，可以防止电动机、电器等用电设备遭到雷击。

（7）节能装置如在节能运行中发生故障时，该装置能手动切换到工频运行，不会影响抽油机正常生产。

6）应用效果

应用后电动机功率因数由 0.4 提高到 0.9 以上，平均有功节电率达到 15%，平均无功节电率达到 85%，平均综合节电率达 20% 以上，节能效果显著。

2. 油井数字化控制技术

1）研究背景

目前，大部分抽油机采用开环控制方式，只有简单的控制功能，对抽油机生产运行参数采集还不完善，无法实现站控平台远程调参，已无法满足油田公司提出的数字化井场、无人值守井场对抽油机的控制功能要求。

2）技术原理

该技术基于油田数字化管理平台，采用 PLC 控制器和网络通信技术实现油井能耗参数从单井到场站中控室的自动在线采集、远程传输、数据同步更新显示等功能，可实现抽油机远程和井场两地启停控制及无级调参等数字化管理功能。数字化控制技术原理如图 3-14 所示。

3）主体技术

（1）数字化数据采集传输技术。

通过使用控制柜 PLC 的 MODBUS 通信接口和 MOXA-RS485 转 TCP/IP 通信转换模块，

建立 CQ-YQY-D 型数字化集成控制装置与井场的无线网桥之间的无线通信连接，再由无线网桥完成抽油机到数字化平台的通信连接，从而完成上下位机的通信连接与数据交换工作。

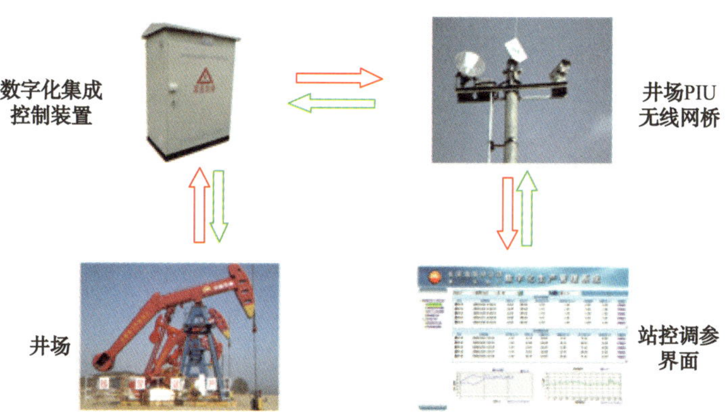

图 3-14　数字化控制技术原理

配合上位机的油田专用版组态软件进行丛式井组的监控画面组态编辑、控制变量的建立与连接，实现了上位机对丛式井组抽油机的数据采集、传输、监控的功能，达到了丛式井组抽油机接入数字化平台的远程启停及远程调参的控制功能，也实现了上位机对丛式井组抽油机的集中监控管理功能。数字化站控调参画面如图 3-15 所示。

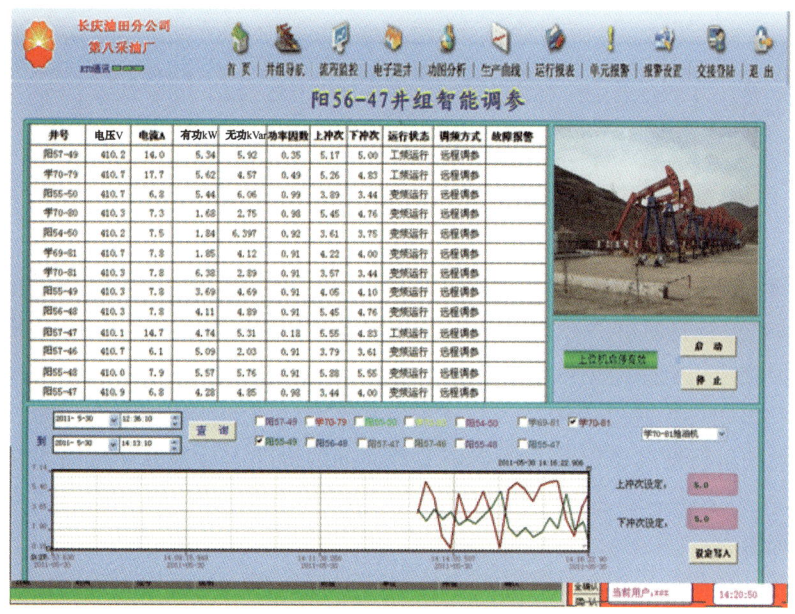

图 3-15　数字化站控调参画面

（2）PLC 控制技术。

PLC 集成了开关量的逻辑控制、模拟量控制、高速总线通信功能、PID 控制、运动定位控制功能、高速脉冲采集、输出功能、数据处理运算、数据存储记录等功能。另外，PLC 具有可编辑调试特点，可以非常方便地进行开发设备现场调试与功能的增加与修改。

（3）触摸屏技术。

触摸屏技术是一种新型的人机交互方式，与传统的键盘和鼠标输入方式相比，触摸屏输入更直观，同时具备功能数据显示和设置输入功能。配合控制 PLC 并且结合组态的抽油机控制程序及画面，可以直观地显示出抽油机的电参数据、运行状态、工作模式和故障信息，也可以实现在现场控制柜上进行运行模式的设定、运行参数的设置。

3. 智能调参技术

1）研究背景

目前在油田数字化平台上不仅实现了以功图和电参数作为依据，通过油田专家系统进行油井井况分析，并在数字化终端上给出油井井况诊断结果及调参依据，然后由工作人员将这些诊断及调参结果应用到抽油机的调参控制上，因此抽油机目前仍处于开环运行的控制方式。其次，一个数字化平台一般担负着几个丛式井组的管理工作，由于不具备抽油机本地自动调参功能，如果每天进行油井运行冲次与理论计算冲次的核对，那么工作量将是非常巨大的。因此，在数字化平台的基础上进行丛式井组抽油机本地自动调参的研究具有重要意义。

2）基于泵功图诊断的智能调参技术

（1）技术原理。

为了实现本地自动调参，同时改善抽油机的运行状况，采取了基于井下抽油泵功图诊断的技术，分析油井的运行情况，从而指导调整抽油机的相关抽汲参数，实现抽油机井的闭环控制及抽油机井合理协调运行。抽油机闭环控制模型如图 3–16 所示。

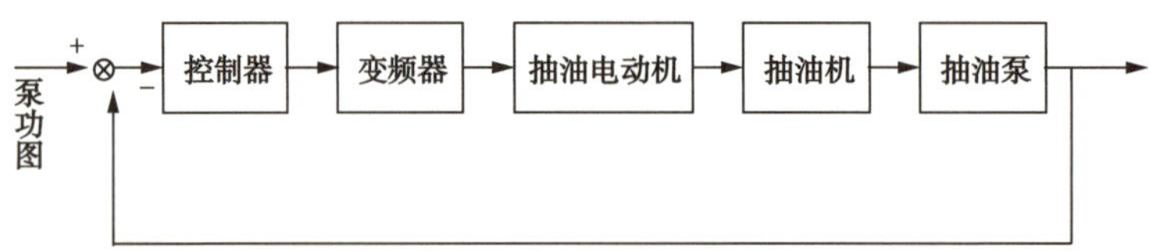

图 3–16　抽油机闭环控制模型

其工作原理是先通过载荷传感器和位移传感器，实时地获取抽油机的地面功图数据，根据 Gibbs 波动方程计算井下泵功图，智能提取油井的泵功图特征，实时诊断和确定泵的运行状况，智能控制电路根据诊断结果，自动选择停机报警、调整冲次或切换到间抽方式等动作[1]。在该闭环控制过程中，核心技术是基于泵功图的抽油井工况诊断技术，其目的是分析井下泵的运行情况，以此为依据调节地面抽油机的运行参数，从而实现抽油机相应的运行方式。

（2）系统组成。

系统先通过载荷传感器和位移传感器实时获取抽油机的地面功图数据，智能调参模块计算井下泵功图并诊断抽油机的运行状况，控制电路根据诊断结果发指令给 PLC，后者接到自动调参或间开指令后控制抽油机动作，从而实现抽油机的闭环控制，数字化集成控制装置通信连接如图 3–17 所示。

（3）应用效果。

对使用智能调参的高 ×–× 井组在变频运行状态和工频运行状态分别进行了节能效果对比测试（表 3–3）。

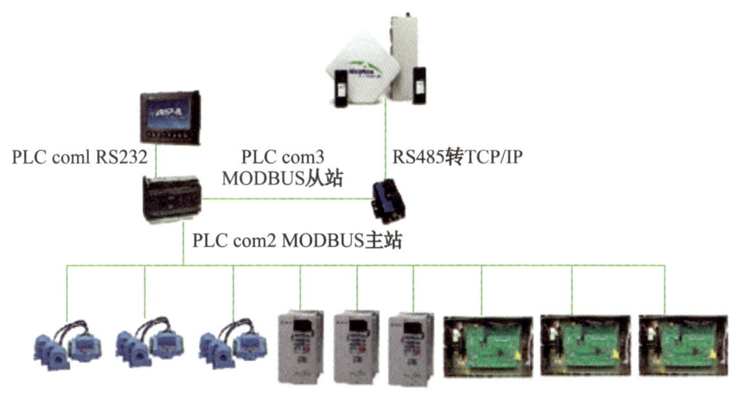

图 3-17 数字化集成控制装置通信连接示意图

表 3-3 高 ×-× 井组变频和工频运行状态节能效果对比数据

运行状态	有功功率 kW	无功功率 kVar	功率因数	日耗电量 kW·h	有功节电率，%	无功节电率，%	综合节电率，%
工频	9.28	42.13	0.24	222.72	20.58	96.75	34.67
变频	7.37	1.37	0.98	176.88			
差值	-1.91	-40.76	0.74	45.84			

从表 3-3 可以看出，高 ×-× 井组变频运行后日耗电量由 222.72kW·h 下降为 176.88kW·h，日节电 45.84 kW·h。与工频对比综合节电率为 34.67%。

高 ×-× 井工频、变频运行测试如图 3-18 和图 3-19 所示。

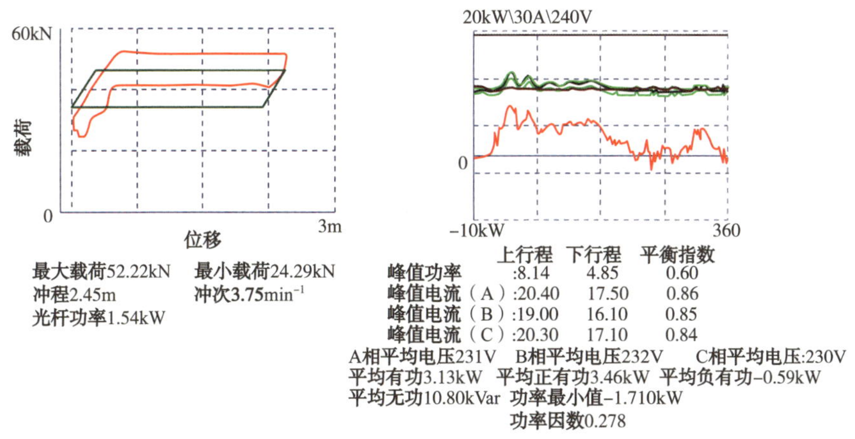

图 3-18 高 ×-× 井工频运行测试

从图 3-18 和图 3-19 中可以看出，功图的面积明显发生了变化，说明在自动调参的情况下，通过改变抽油机的运行参数，泵效得到了较大提高，这也是自动调参模式下在一定的时间段不会影响油井产量的依据。

3）抽油机自动调平衡技术

（1）研究背景。

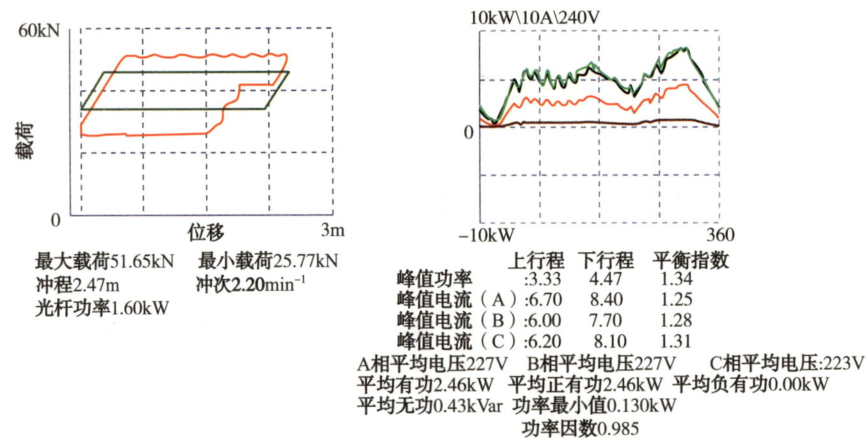

图 3-19 高 ×-× 井变频运行测试

由于地层原油的不断开采造成产量和动液面的变化等原因会使抽油机变得不平衡，而抽油机的平衡问题直接关系到抽油机的寿命和能耗，因此必须反复调节抽油机平衡。但是人工进行游梁式抽油机平衡的诊断和调节会受到主观因素的干扰，导致调整精度偏低，而且平衡调节的劳动强度大、工作效率低，因此开展游梁式抽油机自动调平衡研究就非常必要。

（2）技术原理。

依据力矩平衡原理、平衡诊断与调节技术、电气控制理论等，在游梁臂上加装配重，通过电气控制来智能诊断抽油机平衡状况，从而改变配重平衡力臂长度来调节平衡力矩，实现游梁式抽油机的二次平衡，使平衡扭矩变化曲线最大限度地吻合负载扭矩曲线，从而得到平稳、低峰值的净扭矩曲线[2]，降低了减速器和电动机的额定扭矩，使游梁承受全部负载，其他运动件只承受负载与平衡力之差，有利于延长抽油机使用寿命，提高承载能力。

通过抽油电动机电流及功率监测模块，实时获取抽油机上下冲程的电流及电功率，运算控制电路根据电流或电功率计算得到游梁式抽油机的平衡度，找出油井的不平衡性程度，适当微调具有正、反转特性的电动机进行旋转，从而带动配重在游梁上移动，最终调整游梁式抽油机的平衡性。

（3）技术方案。

充分考虑油田应用现场的需要以及装置安装的各种细节，抽油机自动调平衡装置设计了 3 套实施方案，且逐步优化与更新。

①方案一。

该方案的主要部件有螺杆、拉杆、左右支撑架、平衡块、伺服电动机等。将平衡块穿孔固定于螺杆上，拉杆起到加固平衡重的作用，螺杆一端与电动机相连，通过电动机双向转动带动螺杆双向转动[3]，从而使平衡块左右移动，如图 3-20 所示。

本方案在设计细节上严密，定位精确，安全性比较高，但装置过重，不易于安装与维护，且装置过于复杂，集成度不高，成本较高。另外，长时间使用后，螺杆和拉杆可能会发生弯曲，螺杆旋转来移动平衡块则会造成平衡块卡死而损坏装置，造成设备失效。

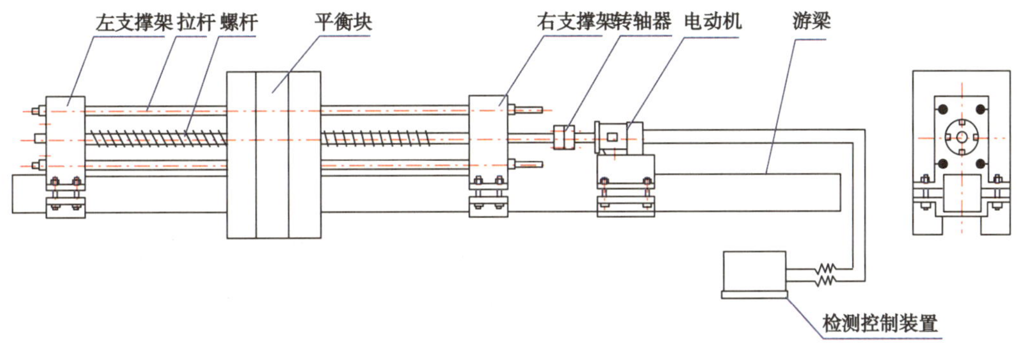

图 3–20　抽油机自动调平衡装置设计方案一机械原理

②方案二。

在方案一的基础上，对装置进行优化设计得到了方案二，其原理如图 3–21 所示。

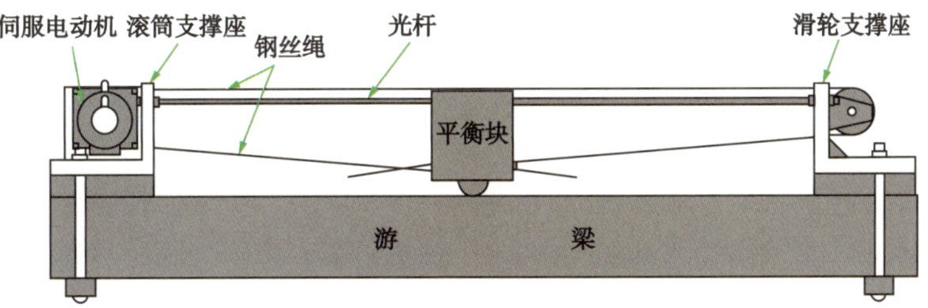

图 3–21　抽油机自动调平衡装置设计方案二机械原理

方案二的基本部件有带滑轮的平衡块、滚筒支撑座、滑轮支撑座、伺服电动机、钢丝绳、光杆。伺服电动机转轴与滚筒中心孔对接，钢丝绳绕过滚筒一端固定在平衡块一侧，另一端绕过滑轮后固定到平衡块的另一侧，通过伺服电动机的精确转动带动滚筒转动，依靠滚筒与钢丝绳之间的摩擦作用带动钢丝绳，拉动平衡块进行左右运动。

方案二在方案一的基础上进行了优化，装置设计相对于方案一更加轻便简单，安全性也比较高，然而成本却比较低。虽然更换了螺杆的传动模式不会使装置造成卡死，但是装置的集成度始终不高，各组件相对分散，安装和维护也不易。

该方案已在采油五厂麻北作业区沙 ×–× 井现场试验成功。

③方案三。

在方案一和方案二的基础上进行了进一步的优化设计，得到了方案三，其原理如图 3–22 所示，实物照片如图 3–23 所示。

图 3–22　抽油机自动调平衡装置设计方案三机械原理

图 3-23　抽油机自动调平衡装置设计方案三实物图

方案三的主要部件有带齿条的齿轮运行导轨、锥形转子电动机、平衡重放置台、联轴的轴承滚轮和扇形齿轮[4]。该方案是将电动机置于平衡重放置台上，锥形转子电动机转动带动固定在转轴上扇形齿轮转动，从而带动固定于平衡重放置台底部横轴上的扇形齿轮转动，进而带动平台底部横轴转动，使横轴两端的齿轮在装置两侧的齿条上运行，使平衡重平台左右移动。

（4）应用效果。

对长庆油田第七采油厂大板梁采油作业区 3 个井场的 8 口抽油机井的自动调平衡装置进行了平衡效果的对比测试，8 台抽油机的平衡度得到了明显改善，平均平衡度调节到了 91.37%，达到了预期的效果。

4. 总体效益

截至 2015 年底，常规抽油机数字化升级改造技术推广 3246 口油井，应用后电动机功率因数由 0.4 提高到 0.85，综合节电率达 20% 以上，年节电 2369×10^4kW · h，折合标煤 7914t，减少碳排放 19549t（表 3-4）。

表 3-4　常规抽油机数字化升级改造技术节能效果

应用井数 口	年节约电量 10^4kW · h	年节约电费 万元	折合标煤 t	减少 CO_2 排放 t
3246	2369	1895	7914	19549

5. 结论及认识

（1）依托油田数字化平台，开展了油井数字化控制技术研究，实现了油井能耗数据自动采集、远传，油井自学习智能调参和间开功能，实现了常规抽油机的数字化升级改造，满足了井场无人值守的数字化生产管理要求，为油田数字化建设提供了有力的技术支撑。

（2）针对供液不足的井组，研究应用油井泵功图诊断技术，自动分析、诊断油井的生产运行参数，并以此为依据动态调整油井的冲次，实现了油井闭环控制、自学习智能调参和间开。

（3）针对生产现场抽油机平衡度无法及时调整的问题，开展了游梁式抽油机平衡度自动调整技术研究，实现了抽油机平衡度实时监测、动态分析及自动调整，降低了一线员工的劳动强度，提高了工作效率。

通过该项目的实施，达到了抽油机数字化智能控制、提高机采井系统效率和井组节能降耗的目的，实现了常规抽油机的数字化升级改造，满足了井场无人值守的数字化生产管理要求，为长庆油田节能降耗和低成本运行提供了有效的技术支撑，应用前景广阔。

第三节　抽油机井降载提效技术

长庆油田主要开发低渗透油藏，单井日产液量普遍较低，其中日产液量低于 $2m^3$ 的油井占总井数的 31.7%。过去由于缺少与油井供液能力相匹配的抽油泵，迫使泵径偏大、油井提升载荷偏大，从而使得抽油杆受力增大、杆径增加，抽油机机型设计也较大，进而导致系统效率低、能耗高，生产运行成本增加。

抽油机机型和运行能耗取决于抽油机悬点载荷，抽油机悬点载荷越大，则抽油机机型及拖动电机的功率越大，从而能耗更高，投资及运行成本也会随之增加。理论分析表明，抽油机井载荷与泵径的平方、杆柱直径的平方和冲次的平方成正比关系。因此，围绕如何降低抽油泵泵径、抽油杆柱直径和抽油冲次，降低抽油机悬点载荷就成为机采系统“减载提效”的研究核心内容。

一、抽油机井载荷的主要影响因素分析

1. 抽油机悬点载荷构成及所占比例

抽油机悬点载荷公式为：

$$P_{max}=A\times[A_r\rho_r gL_P+\rho_l gL_P(A_P-A_r)]\times(1+\frac{sn^2}{1790}) \tag{3-1}$$

式中　P_{max}——最大悬点载荷，kN；

A——不同泵挂深度最大载荷系数；

s——冲程，m；

n——冲次，min^{-1}；

A_r——抽油杆截面积，m^2；

ρ_r——抽油杆密度，t/m^3（钢杆 $7.85t/m^3$）；

ρ_l——液体密度，kg/m^3；

g——重力加速度，$9.81m/s^2$；

L_P——泵深，m；

A_P——抽油泵柱塞截面积，m^2。

经过对油田不同井深下油井悬点载荷的计算分析看出，杆柱载荷比例占 71%~84%，液柱载荷比例占 12%~25%，其他载荷比例占 3.5%~4.0%。不同井深下各类载荷所占比例具体数据见表 3-5。

表 3-5　不同井深下各类载荷所占比例统计

泵深，m	抽油杆柱载荷比例，%	液柱载荷比例，%	其他载荷比例，%
≤ 1200	71.86	24.64	3.56
1200~1400	77.54	18.8	3.67
1400~1600	79.51	16.49	3.99
1600~1800	82.15	13.78	4.07
1800~2000	82.51	13.58	3.91
≥ 2000	83.33	12.66	4.01

2. 影响抽油机悬点载荷的因素分析

（1）杆柱组合影响：分别计算 ϕ16mm+ϕ19mm 与 ϕ19mm+ϕ22mm 两种抽油杆柱组合在下泵深度为 1200m、1400m 和 1600m 下的最大悬点载荷，可以看出在下泵深度一定的情况下，抽油杆径不同时，载荷相差较大，如图 3-24 所示。

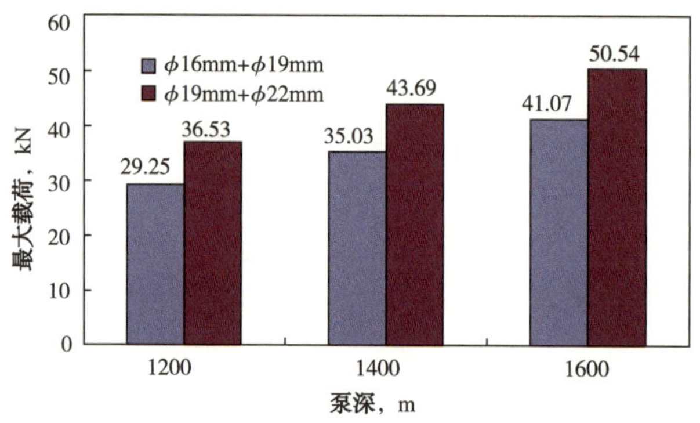

图 3-24　不同杆柱组合下载荷对比

（2）泵径、泵挂深度影响：分别计算 ϕ28mm、ϕ32mm、ϕ38mm 抽油泵在不同泵挂深度时的最大悬点载荷，可以看出在相同的泵挂深度下，随着泵径的增大，最大悬点载荷逐渐上升，如图 3-25 所示。

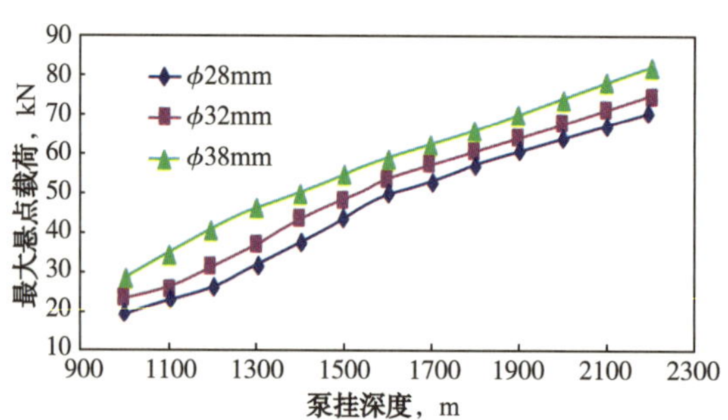

图 3-25　不同泵径下泵挂深度与最大悬点载荷关系

（3）冲次影响：计算冲次分别为 $3.5min^{-1}$、$5min^{-1}$ 和 $7min^{-1}$ 时不同下泵深度的最大悬点载荷，可以看出泵挂深度较浅时，冲次对载荷影响不大；随着泵挂深度的增加，冲次对载荷影响变大，如图 3-26 所示。

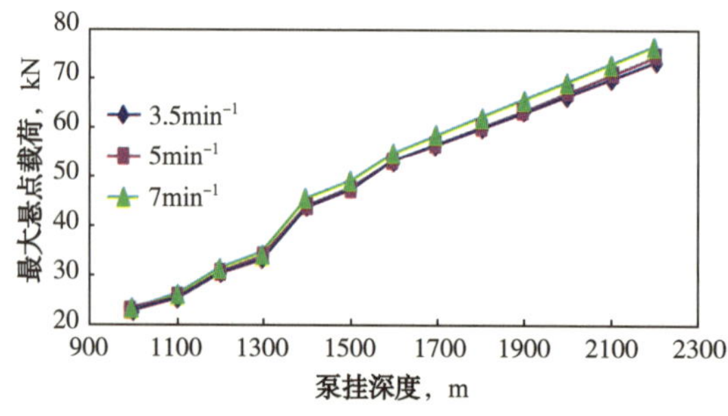

图 3-26　不同冲次下泵挂深度与最大悬点载荷关系

（4）冲程影响：计算冲程分别为1.5m、2.5m和3.0m时不同泵挂深度的最大悬点载荷，可以看出随着泵挂深度的增加，冲程对载荷影响不大，如图3-27所示。

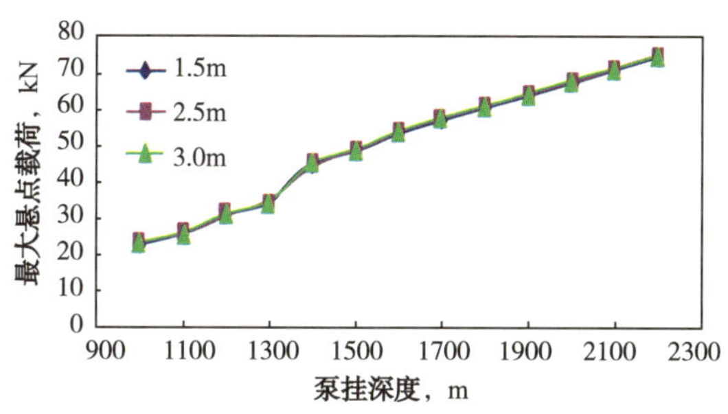

图3-27　不同冲程下泵挂深度与最大悬点载荷关系

综上分析可见，泵挂深度、泵径和杆柱组合是影响抽油机悬点载荷的主要因素，降低泵径可降低井下液柱载荷，从而减少抽油杆应力强度的需求；降低冲次带来的动载荷和摩擦载荷的降低，可使油井最大悬点载荷降低，从而减少抽油杆应力强度的需求。因此，提高抽油杆强度，减小抽油杆径，应用小泵径，降低悬点载荷，可实现抽油机降机型，降低一次性投资，提高系统效率。

二、抽油机井泵效的主要影响因素分析

1. 泵效影响因素分析

抽油泵效率的计算公式：

$$\eta = \frac{Q}{1440 \times \frac{\pi}{4} D^2 sn \times 10^{-6}} \tag{3-2}$$

式中　η——泵效；

Q——产液量，m^3/d；

D——泵径，mm；

s——冲程，m；

n——冲次，min^{-1}。

由泵效计算公式可得，在日产液量一定的情况下，影响抽油泵效果的主要因素是泵径、冲程和冲次。因此，改变不同参数来计算泵效提高的倍数，以此来确定影响泵效的最直接因素。

分别计算“降低泵径，冲程、冲次保持不变”和“降低冲程、冲次，泵径保持不变”的两种情况下，参数降低倍数与泵效提高倍数的数值，绘制参数降低倍数与泵效提高倍数之间的关系曲线，如图3-28所示。

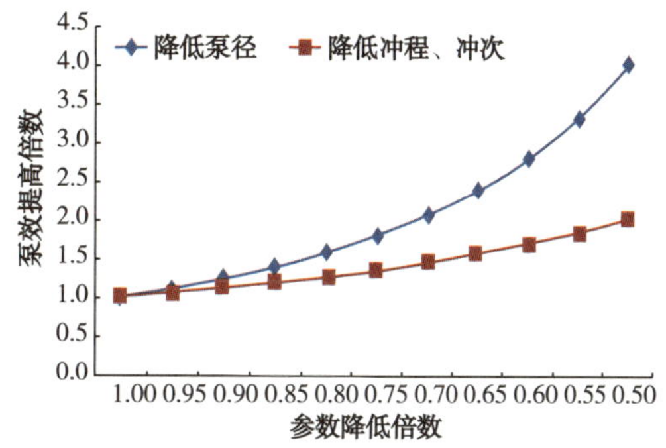

图3-28　参数降低倍数与泵效提高倍数之间关系曲线

由图3-28可以看出，在日产液量一定的条件下，降低泵径是提高泵效的有效

途径，并且减小抽油泵径可以降低抽油机悬点载荷。因此，在供排协调理论基础上，根据产液量合理选择泵径，可提高抽油泵效率及降低悬点载荷。

2. 供排协调理论研究

抽油机井供排协调是地层的供液能力与抽油泵排液能力之间的关系[5]，可通过供排协调图直观地反映。供液能力曲线即 IPR 曲线反映了油井当前的生产潜力，抽油泵排出曲线反映了泵的排液能力，把两条曲线叠合在一起，使两者有机地结合起来，构成了油井的“供排协调图”，只有在供排协调点处，油井供排情况才能达到协调一致，获得油井最大举升产量。

结合油藏流入动态曲线和抽油泵排出曲线，绘制了日产液量分别为 8m^3、5m^3 和 2m^3 时，泵效为 45% 条件下的供排协调图，如图 3-29 至图 3-31 所示。

由图 3-29 可以看出，对于日产液量在 8m^3 左右的油井，ϕ38mm、ϕ32mm 和 ϕ28mm 抽油泵都存在供排协调点。

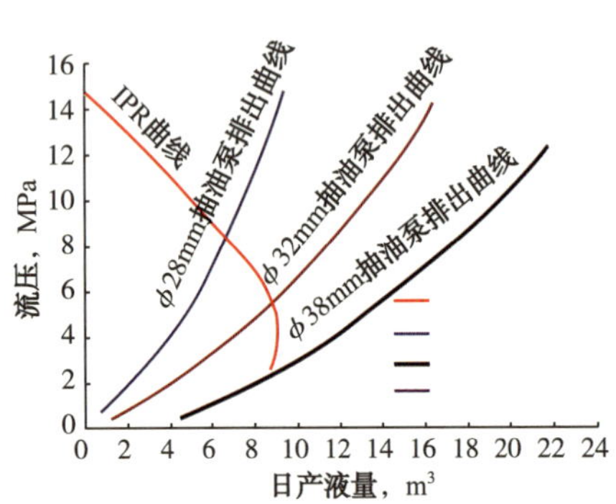

图 3-29　日产液量为 8m^3 的供排协调图

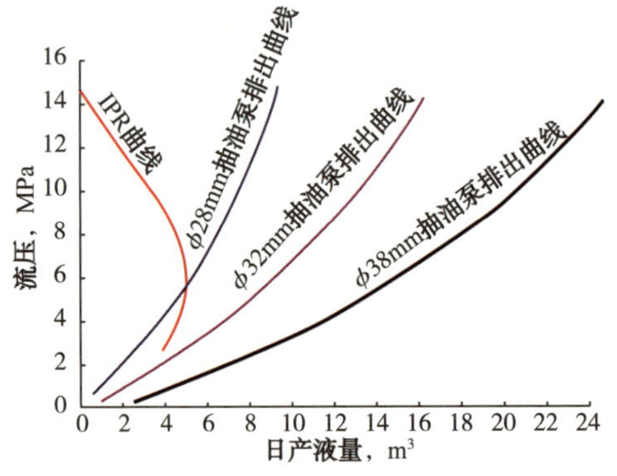

图 3-30　日产液量为 5m^3 的供排协调图

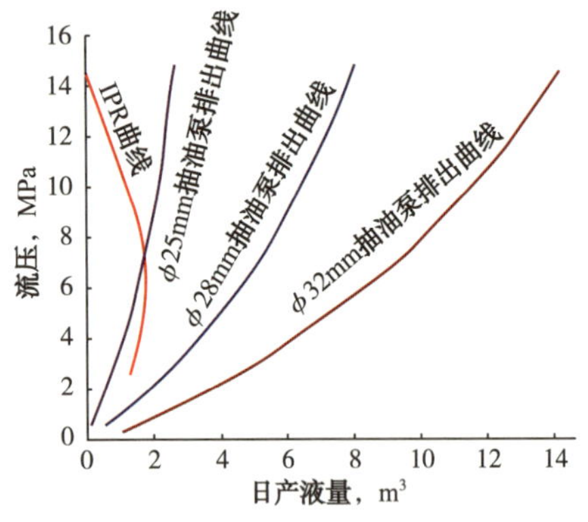

图 3-31　日产液量为 2m^3 的供排协调图

由图 3-30 可以看出，对于日产液量在 5m^3 左右的油井，只与 ϕ28mm 抽油泵有供排协调点，在供排协调点左边区域，油井供液能力高于泵的排出能力，油井生产潜力得不到充分发挥；在供排协调点右侧，泵排出能力虽然较强，但由于油井供液能力较弱，出现了供不应求的现象，在供排协调点处，油井供排情况才能达到协调一致，获得油井最大产量。

由图 3-31 可以看出，对于日产液量在 2m^3 左右的油井，考虑泵效 45%，即便 ϕ28mm 抽油泵也没有供排协调点，因此需研制小于 ϕ28mm 抽油泵达到供排协调，最大限度地发挥油井的产量。

三、抽油机井降载提效配套技术

1. 重量最小抽油杆柱设计理念

通过对油田不同井深下抽油机井悬点载荷组成进行计算统计分析得出，降低杆柱载荷是减小悬点载荷、降低机型的最有效途径。

由表 3–6 可以看出，同一下泵深度，在满足抽油杆柱使用强度的条件下，抽油杆柱比例不同，整个抽油杆柱的重量也不同，减小抽油杆柱直径可以显著降低抽油杆柱重量。

表 3–6　D 级抽油杆不同杆柱组合比例下的重量统计

下泵深度 m	泵径 mm	不同直径抽油杆所占比例，%				抽油杆柱重量 kN
		ϕ 25mm	ϕ 22mm	ϕ 19mm	ϕ 16mm	
1300	28	—	—	34.4	65.6	24.27
	32	—	—	37.3	62.7	24.52
	38	—	—	41.8	58.2	24.91
	44	—	—	46.9	53.1	25.36
1600	28	—	27.0	27.4	45.6	35.35
	32	—	29.4	29.8	40.8	36.16
	38	—	33.3	33.3	33.3	37.41
	44	—	37.8	37.0	25.1	38.84
2000	28	22.6	23.0	54.3	—	57.32
	32	24.3	24.5	51.2	—	58.18
	38	26.8	27.0	46.3	—	59.47
	44	29.4	30.0	40.6	—	60.77

因此，提出了提高抽油杆柱最高强度、降低抽油机悬点载荷的重量最小抽油杆柱设计理念。该方法改变了传统抽油杆柱组合设计逐级选取抽油杆柱强度的方法，以抽油杆柱重量最小为设计目标，直接选取当前抽油杆柱所能达到的最高强度，优化抽油杆柱组合，在抽油杆柱许用应力范围内使选取的抽油杆柱直径减小，从而使抽油杆柱重量最小，实现抽油机悬点载荷的降低，为抽油机选型增加可选余地，降低抽油机井地面投资成本。

由表 3–7 可以看出，H 级抽油杆比 D 级抽油杆有更好的力学性能，因此应用 H 级抽油杆为指导思想的降低抽油机载荷技术是可行的。

表 3–7　D 级抽油杆与 H 级抽油杆力学性能对比

级别	抗拉强度 MPa	屈服强度 MPa	伸长率 %	断面收缩率 %	疲劳强度	
					$\sigma_{0.10}$，MPa	循环周次
D 级	795~965	≥ 590	≥ 10	≥ 50	406	≥ 1.0×10^6
HY 级	965~1195	—	—	—	540	≥ 1.0×10^6
HL 级	965~1195	≥ 795	≥ 10	≥ 45	540	≥ 1.0×10^6

由表 3–8 可见，在其他参数一定的条件下，H 级抽油杆的极限下深明显高于 D 级的。

表 3-8 相同参数下 D 级和 H 级抽油杆极限下深计算

抽油杆级别	抽油杆直径，mm	极限下深，m
D 级	19	3278
	22	3765
H 级	19	5570
	22	6016

由表 3-9 可以看出，在相同泵径和下泵深度条件下，H 级抽油杆比 D 级抽油杆的最大许用应力增加，且抽油机悬点载荷下降。

表 3-9 相同泵挂深度和泵径条件下，不同钢级抽油杆最大悬点载荷对比

级别	冲程 m	冲次 min^{-1}	泵径 mm	泵挂深度 m	杆柱组合	最大悬点载荷 kN	最大许用应力 MPa
D 级	2.5	5.0	32	1800	ϕ22mm × 55%+ϕ19mm × 45%	64.5	257
H 级	2.5	5.0	32	1800	ϕ19mm × 52%+ϕ16mm × 48%	51.1	297

2. 提高强度降直径减重量的抽油杆柱设计

抽油杆柱工作时，时刻受交变载荷作用。在交变载荷作用下，抽油杆柱往往是由于疲劳而发生破坏，而不是在最大拉应力下破坏。矿场使用抽油杆的实践表明，在上部、中部和下部都有断裂，因此抽油杆柱必须满足等强度条件。

1）H 级超高强度抽油杆强度校核

通过计算油田 D 级抽油杆组合及使用安全系数，结合 D 级抽油杆安全系数取值情况，根据表 3-10，确定 H 级抽油杆强度校核时安全系数为 1.3。

表 3-10 H 级抽油杆不同泵径强度校核

杆柱组合	泵挂深度 m	泵径 mm	日产液 m^3	最大载荷 kN	最小载荷 kN	最大应力 MPa	最小应力 MPa	许用应力 MPa	安全系数	D 级抽油杆安全系数
HL 级 ϕ16mm × 100%	1600	28	4.4	35.01	21.5	174.12	106.94	271.49	1.56	ϕ19mm：1.46
		32	5.8	38.02	21.5	189.11	106.94	271.49	1.44	ϕ19mm：1.37
		38	8.2	43.3	21.5	215.35	106.94	271.49	1.26	ϕ19 mm：1.23
	1800	28	4.4	39.39	24.19	195.89	120.31	278.26	1.42	ϕ19 mm：1.33
		32	5.8	42.77	24.19	212.74	120.31	278.26	1.31	ϕ19 mm：1.25
		38	8.2	48.7	24.19	242.21	120.31	278.26	1.15	ϕ19 mm：1.13
HL 级 ϕ19mm × 100%	1600	28	4.4	45.23	30.26	159.54	106.72	271.38	1.7	ϕ19 mm：1.55
		32	5.8	48.25	30.26	170.17	106.72	271.38	1.59	ϕ22 mm：1.47
		38	8.2	53.52	30.26	188.78	106.72	271.38	1.44	ϕ22 mm：1.35
	1800	28	4.4	50.9	34.04	179.52	120.06	278.13	1.55	ϕ22 mm：1.41
		32	6.8	54.29	34.04	191.46	120.06	278.13	1.45	ϕ22 mm：1.34
		38	8.2	60.21	34.04	212.37	120.06	278.13	1.31	ϕ22 mm：1.23

安全系数按照 1.3 计算，在不同泵径、不同泵挂深度条件下，ϕ16mm、ϕ19mm 和 ϕ22mm 高强度抽油杆的最大下深如图 3-32至图 3-34 所示。

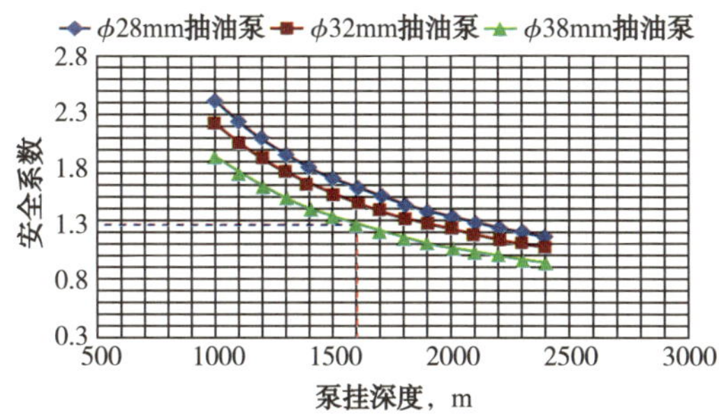

图 3-32　H 级 ϕ16mm 抽油杆强度校核

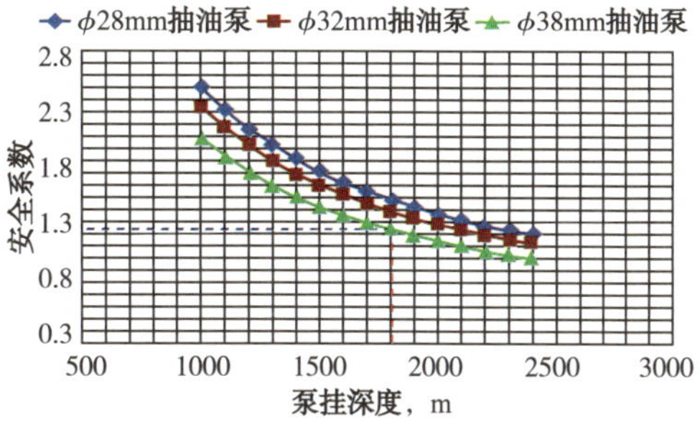

图 3-33　H 级 ϕ19mm 抽油杆强度校核

由图 3-32 至图 3-34 可以看出，安全系数为 1.3、ϕ38mm 抽油泵时，不同杆径抽油杆最大下深为：当杆柱组合为 ϕ16mm×100% 时，最大下深为 1600m；当杆柱组合为 ϕ19mm×100% 时，最大下深为 1800m；当杆柱组合为 H 级 ϕ22mm×100% 时，最大下深为 2400m。

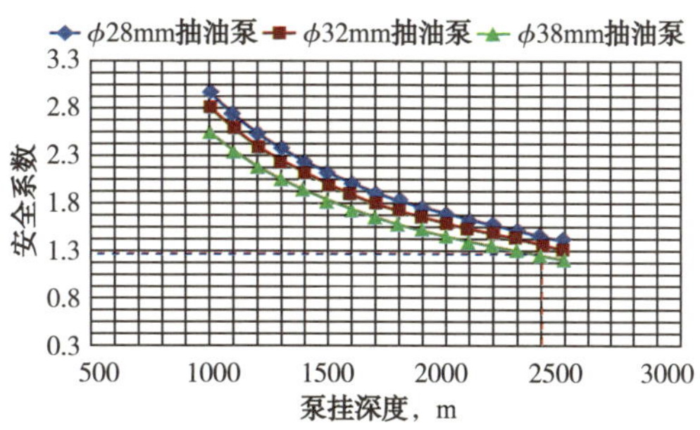

图 3-34　H 级 ϕ22mm 抽油杆强度校核

考虑到定向井、井筒状况复杂，下泵深度不大于 1600m 油井采用 H 级抽油杆，降低抽油杆径，进而降低悬点载荷。

2）H 级超高强度抽油杆柱组合的确定

钢制抽油杆柱分单级和多级两种结构。单级杆柱常用于泵径和井深不大的油井；下泵深的井一般用多级杆，即上部用大直径杆，下部用小直径杆，也称为梯形或组合杆柱。多级杆柱有利于减轻杆柱自重，节省金属和节能。

通常在进行组合杆柱抽油杆强度设计中，要求在满足强度条件下，使抽油杆柱最轻。按照最轻杆柱、完全等强度两个设计准则，杆柱组合优化结果见表 3-11。

表 3-11　抽油杆柱组合优化设计

泵挂深度 H m	优化前杆柱组合		优化后杆柱组合	
	钢级	组合	钢级	组合
$H<1200$	D	ϕ19mm 一级组合	H	ϕ16mm 一级组合
$1200\leqslant H<1400$	D	ϕ22mm+ϕ19mm 二级组合	H	ϕ19mm+ϕ16mm 二级组合
$1400\leqslant H<1600$			H	ϕ19mm+ϕ16mm+ϕ19mm 三级组合
$1600\leqslant H<1800$	D	ϕ22mm+ϕ19mm+ϕ22mm 三级组合	H	ϕ22mm+ϕ19mm+ϕ22mm 三级组合
$H>1800$	H	ϕ22mm+ϕ19mm+ϕ22mm 三级组合	H	ϕ22mm+ϕ19mm+ϕ22mm 三级组合

3. 小直径抽油泵采油技术

1）ϕ28mm 抽油泵的改进与完善

通过油井生产实际情况和在用抽油泵现场应用情况调研，结合 ϕ28mm 整筒泵与 ϕ32mm、ϕ38mm 整筒泵在结构、泵筒壁厚、上出油阀罩壁厚、强度方面的数据对比分析认为，ϕ28mm 抽油泵应用时应解决上出油阀罩的断裂、如何提高整泵强度和刚性、抽油泵阀副失效等问题。

（1）上出油阀罩断裂机理及预防措施。

断裂原因分析：上出油阀罩结构设计存在设计缺陷，按标准 SY/T 5143—1998《组合泵筒管式泵结构及主要零件基本尺寸》要求设计的上出油阀罩，结构上将出油槽设计在阀球球腔的位置，降低了球腔壁的强度。抽油泵工作过程，阀球作用于球腔内壁的往复撞击造成磨损[6]，致使球腔内壁逐渐变薄，加之球腔部位铣出的出油槽的影响，易发生疲劳磨损断裂。常规抽油泵上出油阀罩结构如图 3-35 所示。

解决方案：设计分体式结构的上出油阀罩。该阀罩是将出油槽从球腔部位移至单独的出油接头上，消除了出油槽对球腔强度的影响，出油接头因无阀球尺寸限制，可最大限度地增大壁厚。该方案能较好地解决常规上出油阀罩设计存在的缺陷，有效延长使用寿命，分体式上出油阀罩结构如图 3-36 所示。

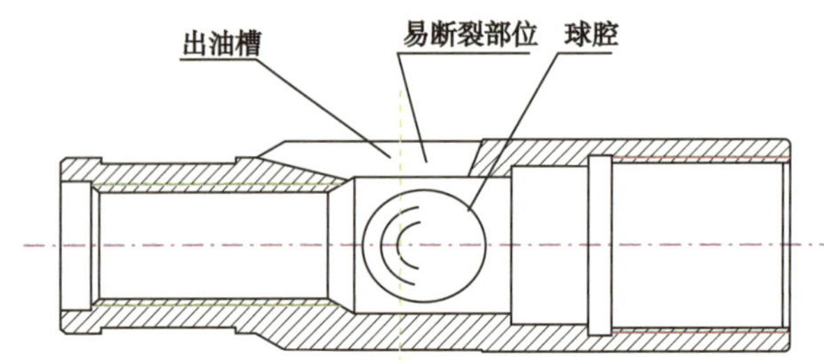

图 3-35　常规抽油泵上出油阀罩结构

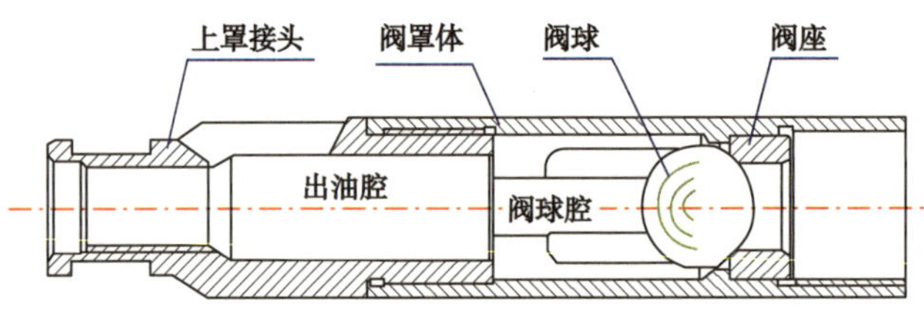

图 3-36　分体式上出油阀罩结构

（2）泵筒弯曲变形机理及预防措施。

弯曲原因分析：常规整筒泵由于只有一层泵筒，运输、储存和起下泵作业过程的任何不当操作，均会引发泵筒弯曲，造成柱塞卡死。ϕ28mm 常规整筒泵泵筒最大外径仅为 ϕ44mm，因泵径小、泵筒长（油田多为 4.5m），易发生弯曲变形，造成卡泵。常规整筒泵结构如图 3-37 所示。

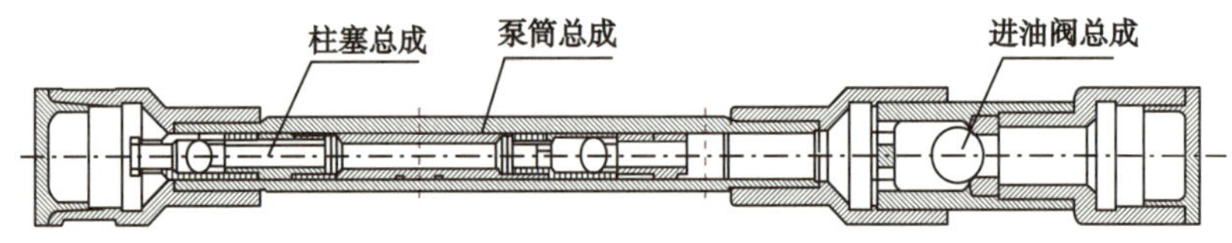

图 3-37　常规整筒泵结构

解决方案：在常规整筒泵的基础上，在泵筒外再增加一个加强套管，起到保护泵筒的作用，整泵结构类似组合抽油泵，该泵是具组合泵和整筒泵优势于一体的抽油泵。加强型抽油泵结构如图 3–38 所示。

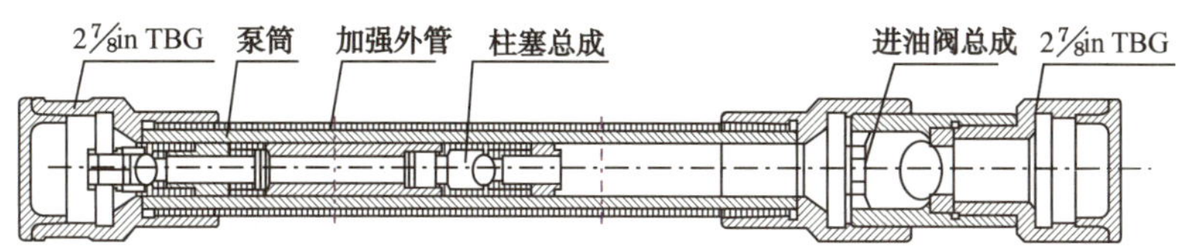

图 3–38　加强型抽油泵结构

（3）游动阀、固定阀漏失机理及预防措施。

漏失原因分析：油井含水量高、腐蚀严重，易造成阀球和阀座密封面的坑窝状腐蚀，引起泵阀漏失；油井结垢使阀球与阀座之间的密封面垢块影响，发生阀座刺漏或泵阀漏失。

解决方案：针对 ϕ28mm 抽油泵固定阀、游动阀漏失的问题，选用碳化钛基硬质合金材质的阀球和阀座。碳化钛基硬质合金阀球和阀座具有良好的耐磨性、耐高温和耐酸碱腐蚀性。常用阀球材料力学性能对照见表 3–12。

表 3–12　常用阀球材料力学性能对照

名称	主要成分	密度 g/cm^3	硬度 HRA	抗弯强度 N/mm^2
ZLT10	（TiW）–Ni	8.90~9.15	≥ 89	≥ 1500
YG8	Wc–Co	14.7~14.85	≥ 88	≥ 1800
9Cr18Mo	Fe–Ni–Mo	7.9	≥ 79.5	≥ 2200
陶瓷	氧化锆	6.0	≥ 88	≥ 800

2）ϕ25mm 实心柱塞抽油泵的研制

（1）ϕ25mm 抽油泵研制的技术难点及结构设想。

常用的整筒管式泵，油流从柱塞内径通过，目前最小的泵径为 ϕ28mm，如果在常规管式抽油泵结构上进行 ϕ25mm 抽油泵的加工，由于其空心柱塞和游动阀安置在柱塞内部的结构设计，则会出现过流面积小、油流阻力大、出油阀罩壁厚更薄、阀球直径更小等问题[7]，进而使得抽油泵可靠性变差，严重影响下井寿命。常规管式泵结构数据见表 3–13。

表 3–13　常规管式泵结构数据

泵径，mm	28	32	38
出油阀球直径，mm	15.88	19.05	23.83
过流面积，cm^2	1.07	1.53	2.28
出油阀罩壁厚，mm	4.25	5.5	6.75

针对常规管式泵再降低泵径可靠性变差的技术难点，运用打气筒的工作原理，提出实心柱塞的结构设计思想。主要通过采用实心柱塞，将原油改变为不从柱塞内流动，同时将出油阀固定在泵下端，进而实现增大出油阀直径、提高过流面积的目的，进而提高 ϕ25mm 抽油泵可靠性。常规抽油泵、实心柱塞抽油泵结构如图 3–39 和图 3–40 所示，ϕ25mm 实心柱塞泵与 ϕ28mm 管式泵结构数据对比见表 3–14。

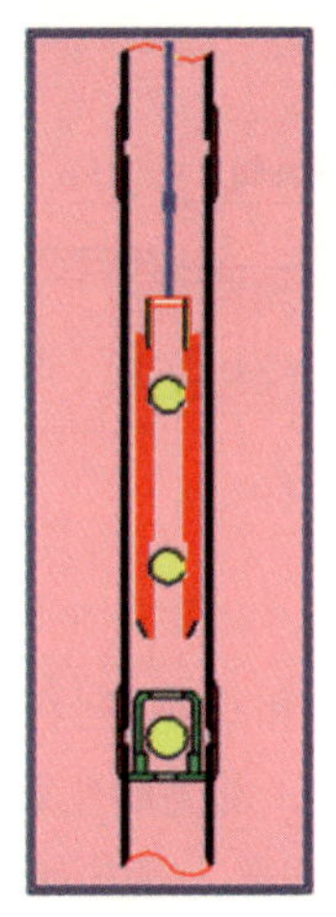
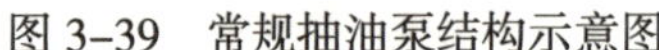

图 3-39　常规抽油泵结构示意图

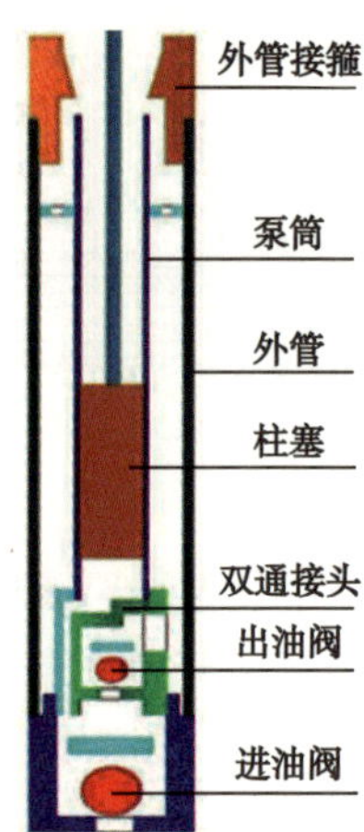

图 3-40　实心柱塞抽油泵结构示意图

表 3-14　ϕ25mm 实心柱塞泵与 ϕ28mm 管式泵结构数据对比

泵径 mm	出油阀球直径 mm	过流面积 cm^2	日产液 $2m^3$ 的泵效 %
ϕ25	34.93	5.69	45.3
ϕ28	15.88	1.07	36.1
ϕ25mm 与 ϕ28mm 相比提高倍数	2.2	5.32	1.25

（2）结构组成及工作原理。

结构组成：主要由外管、柱塞、出油阀总成、双通接头、固定阀总成等组成（图 3-41）。

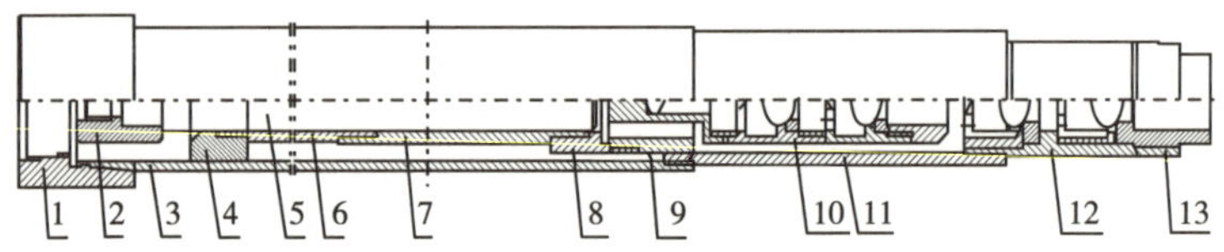

图 3-41　小排量实心柱塞抽油泵结构示意图

1—上接箍；2—拉杆接箍；3—外管；4—扶正头；5—柱塞；6，7—泵筒；8—下接头；9—双通接头；10—出油阀总成；11—下连管；12—固定阀总成；13—下连接头

工作原理：上冲程时抽油杆带动实心柱塞上行，实心柱塞下部的空腔体积增大，压力降低，进油阀组打开，井内原油经进油阀组以及双通流道进入实心柱塞下部的空腔。下冲程时实心柱塞下部的空腔体积减小，压力升高，进油阀关闭，空腔内的原油经双通流道向下，再从出油阀组经双通接头排至油管。

ϕ25mm 实心柱塞抽油泵采用实心结构，改变了油流通道，液体不从柱塞内流动，而是在上冲程时经过双通流道的侧面流道进入泵筒，下冲程时再由双通的中心流道举升到杆管环空，这样柱塞直径可以做得很小，满足小泵抽油举升的要求。

4. 定向井分段悬点载荷计算方法

与直井相比，定向井具有复杂的井身曲线，由二维平面转变为三维空间，使抽油杆柱在定向井井眼中的力学行为比在垂直井眼中的力学行为更加复杂。因此，有必要更加准确地预测定向井抽油机悬点载荷，并计算出抽油机的最大扭矩，进而更加合理地进行抽油机选型。

1）常用悬点载荷理论计算方法

最大悬点载荷计算公式：

$$P_{max1}=(W_r+W_1')(1+\frac{sn^2}{1790}) \tag{3-3}$$

$$P_{max2}=W_1+W_r(1+\frac{sn^2}{1790}) \tag{3-4}$$

$$P_{max3}=(W_r+W_1)(1+\frac{sn^2}{1790}) \tag{3-5}$$

$$P_{max4}=(W_r+W_1')(1+\frac{sn}{137}) \tag{3-6}$$

最小悬点载荷计算公式：

$$P_{min1}=W_r'-\frac{W_r sn^2}{1790} \tag{3-7}$$

$$P_{min2}=W_r(1-\frac{sn^2}{1790}) \tag{3-8}$$

2）定向井悬点载荷计算公式优化

选取 2012 年投产的 2200 口定向井，通过实测载荷与用上述的几种计算公式计算值相比较，进而完成悬点载荷计算公式的优化。

（1）悬点载荷计算公式优选。

选取直井悬点载荷计算公式，将计算结果的相对误差比较，统计平均值可知，式（3–5）计算的最大悬点载荷和式（3–7）计算的最小悬点载荷比较接近实测载荷，具体数据见表 3–15。

表 3–15　各公式相对误差对比

计算公式	最大悬点载荷				最小悬点载荷	
	式（3–3）	式（3–4）	式（3–5）	式（3–6）	式（3–7）	式（3–8）
相对误差，%	8.76	8.32	7.21	11.58	16.45	28.31

将实测载荷和计算载荷线性回归可知（图 3–42、图 3–43），实测载荷 / 计算载荷就是回归方程的斜率，是影响定向井悬点载荷各种复杂因素的系数。

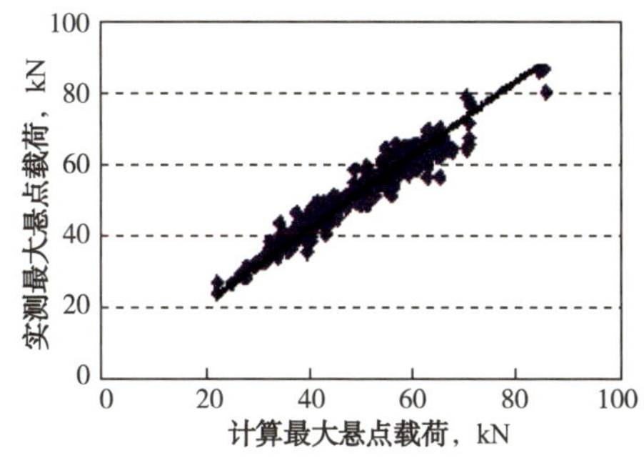

图 3–42　最大悬点载荷计算式（3–5）线性回归

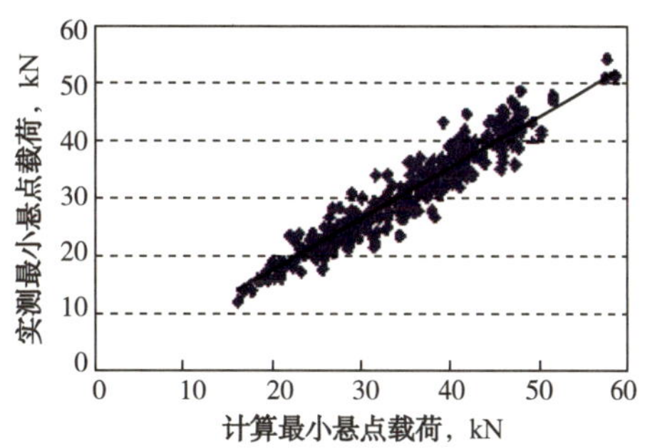

图 3–43　最小悬点载荷计算式（3–7）线性回归

（2）影响悬点载荷各因素权重系数计算。

影响定向井抽油机悬点载荷的因素比较多，仅用一种计算系数难免以偏概全。为了发现定向井抽油机悬点载荷的变化规律，通过计算各因素的权重系数，进而以最重要的因素来计算定向井悬点载荷。

①优选确定评价指标体系。其影响因素主要受井身控制，优选确定出泵挂深度、杆柱组合、泵径、冲程、冲次和含水六大因素。

②权重系数计算分析。在权重系数满足一致性条件下，求得不同因素归一化后的权重系数结果（表 3-16）。

表 3-16　悬点载荷影响因素灰色关联分析

评价因素	泵挂深度	杆柱组合	泵径	冲程	冲次	含水率
关联度	0.9043	0.8537	0.7639	0.7459	0.6134	0.5604
权重系数	0.2036	0.1922	0.1720	0.1679	0.1381	0.1262
关联序	1	2	3	4	5	6

由表 3-16 得到，泵挂深度的权重系数最大，是影响定向井悬点载荷最重要的因素，结果与现场经验也比较吻合。因此，本方法就以泵挂深度为依据，以各段计算系数为优化公式的系数来计算悬点载荷，从而使计算结果更加准确。

（3）按泵挂深度计算悬点载荷公式。

不同泵挂深度下的计算系数见表 3-17。

表 3-17　以泵挂深度为依据计算系数对比

泵挂深度，m	＜ 1200	1200~1600	1600~2000	≥ 2000
最大载荷系数	1.02	1.01	1.00	0.98
最小载荷系数	0.94	0.90	0.90	0.87

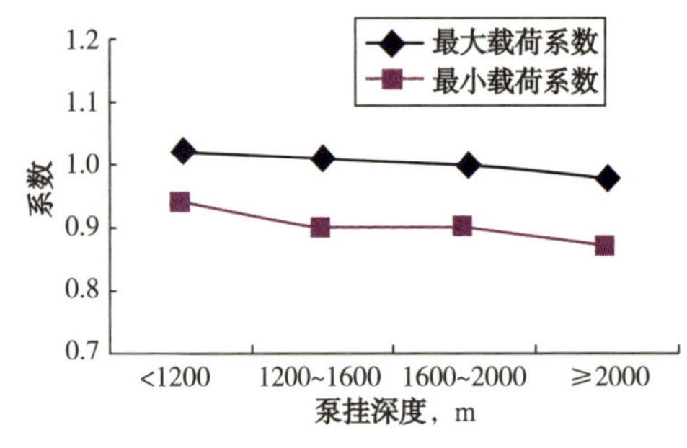

图 3-44　计算系数随泵挂深度变化趋势

从图 3-44 中可以看出，最大载荷系数和最小载荷系数都随泵挂深度的增加逐渐减小。造成这种现象的原因是最大载荷随着泵挂深度增大，杆柱载荷增加，管柱结蜡和摩擦力等引起的载荷变化相对较小，故载荷值越来越接近实际值[8]；最小载荷随着泵挂深度增大，杆柱受到液柱浮力增大，载荷值越来越小，故系数越小。

综上所述，优化出定向井抽油机悬点载荷计算公式。

①泵挂深度 <1200m 时。

最大悬点载荷：

$$P_{max} = 1.02(W_r + W_l)(1 + \frac{sn^2}{1790}) \tag{3-9}$$

最小悬点载荷：

$$P_{min} = 0.94(W_r' - \frac{W_r sn^2}{1790}) \tag{3-10}$$

② 1200m ≤泵挂深度 <1600m 时。

最大悬点载荷：

$$P_{\max} = 1.01(W_r + W_l)(1 + \frac{sn^2}{1790}) \tag{3-11}$$

最小悬点载荷：

$$P_{\min} = 0.90(W_r' - \frac{W_r sn^2}{1790}) \tag{3-12}$$

③ 1600m ≤泵挂深度 <2000m 时。

最大悬点载荷：

$$P_{\max} = 1.00(W_r + W_l)(1 + \frac{sn^2}{1790}) \tag{3-13}$$

最小悬点载荷：

$$P_{\min} = 0.90(W_r' - \frac{W_r sn^2}{1790}) \tag{3-14}$$

④泵挂深度≥ 2000m 时。

最大悬点载荷：

$$P_{\max} = 0.98(W_r + W_l)(1 + \frac{sn^2}{1790}) \tag{3-15}$$

最小悬点载荷：

$$P_{\min} = 0.87(W_r' - \frac{W_r sn^2}{1790}) \tag{3-16}$$

5. 抽油机井合理初期负载率确定和七型、九型抽油机的研制

1）抽油机井合理初期负载率确定

（1）不同油藏油井生产特征分析。

三叠系油藏：通过对西峰长 8、合水长 8、安塞长 6 区以及南梁长 4+5 等三叠系主要油藏开发状况的统计分析表明，随着开采时间的延长，含水后期逐渐上升，但日产液量先呈下降趋势后基本趋于稳定，变化幅度不大。

侏罗系油藏：通过对元城油田的延 10 油藏和马岭油田延 9 油藏统计表明，该类油藏日产液量大，是三叠系油藏的 3~5 倍，随着开采时间的延长，含水率逐渐上升，日产液量呈一定程度上升后趋于平稳。

（2）抽油机井合理初期负载率确定。

现场经验认为，抽油机载荷利用率小于 95% 时即可安全使用。随着开发时间延长，抽油机悬点载荷将发生变化。油井开采末期最大悬点载荷可视为抽油机最大允许载荷，则油井投产时与开采末期最大悬点载荷变化可表示为：

$$\eta_w = \frac{P_{\max1} - P_{\max0}}{P_{\max1}} = 1 - \frac{P_{\max0}}{P_{\max1}} = 1 - \frac{P_{\max0}}{[P_{\max}]} \tag{3-17}$$

式中　η_w——最大悬点载荷变化率，%；

$P_{\max0}$——投产时最大悬点载荷，kN；

$P_{\max1}$——开发末期最大悬点载荷，kN；

$[P_{max}]$——抽油机最大额定载荷，kN。

于是，投产时抽油机负载率为：

$$\frac{P_{max0}}{[P_{max}]}=1-\eta_w \tag{3-18}$$

三叠系油藏：以开发时间较长的王窑区为例，王窑区载荷变化率η_w为 6%，代入求得初期负载率为 94%，考虑一定复杂工况，最大悬点载荷变化率定为 10%。因此，三叠系油井投产初期抽油机负载率按 90% 选取。安塞油田王窑区悬点载荷随含水率变化曲线如图 3-45 所示，安塞油田王窑区不同生产年限油井生产情况及载荷变化统计见表 3-18。

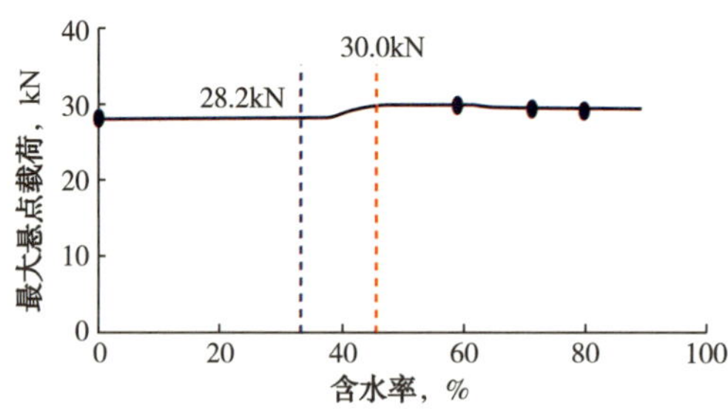

图 3-45　安塞油田王窑区悬点载荷随含水率变化曲线

表 3-18　安塞油田王窑区不同生产年限油井生产情况及载荷变化统计

生产年限 Y，a	油层中深 m	泵挂深度 m	油层中深与泵挂深度差值 m	日产液 m^3	日产油 t	含水率 %	最大载荷 kN	抽油机额定载荷 kN	抽油机负载率 %
$Y\leqslant 1$	1250	1003	247	3.25	1.83	33.8	28.2	51	55.3
$1<Y\leqslant 5$	1269	1102	167	2.74	1.27	45.5	29.8	50	61.8
$5<Y\leqslant 10$	1262	1133	129	3.08	1.07	59.1	30.0	49	61.2
$10<Y\leqslant 20$	1220	1125	95	3.45	1.29	56.0	29.9	46	64.9
$Y>20$	1157	1077	80	3.70	0.90	71.4	29.4	42	70.0

侏罗系油藏：以开发时间较长的马岭油田延 9 油藏为例进行计算，该区块载荷变化率η_w为 24%，计算得到初期负载率为 76%。考虑一定复杂工况，最大悬点载荷变化率定为 30%。因此，侏罗系油井投产初期抽油机负载率按 70% 选取。马岭油田延 9 油藏悬点载荷随含水率变化曲线如图 3-46 所示，马岭油田不同生产年限油井生产情况及载荷变化统计见表 3-19。

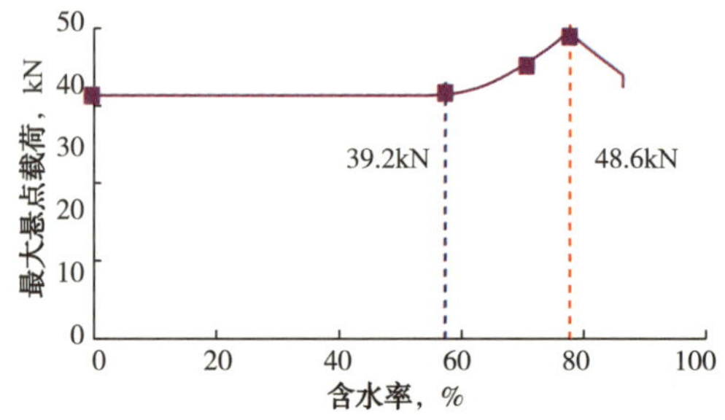

图 3-46　马岭油田延 9 油藏悬点载荷随含水变化曲线

表 3–19　马岭油田不同生产年限油井生产情况及载荷变化统计

生产年限 Y，a	油层中深 m	泵挂深度 m	油层中深与泵挂深度差值 m	日产液 m^3	日产油 t	含水率 %	最大载荷 kN	抽油机额定载荷 kN	抽油机负载率 %
$Y \leqslant 1$	1701	1188	513	5.45	1.97	57.5	39.2	72	61.38
$1<Y \leqslant 5$	1531	1158	373	10.73	1.47	70.9	43.8	69	68.35
$5<Y \leqslant 10$	1547	1250	297	9.24	1.73	78	48.6	64	74.44
$10<Y \leqslant 20$	1477	997	480	15.76	1.62	87.9	41.6	63	66.00
$Y>20$	1470	1036	434	15.42	1.51	88.5	42	63	66.70

2）七型、九型抽油机的研制

长庆油田油藏开发多为低渗透油田区块，采油井供液量不足，为降低产能建设投资费用，开发了七型和九型抽油机，满足了长庆油田超低渗透油田生产需要，也丰富完善了我国抽油机系列型谱。

（1）总体结构。

传统的游梁式抽油机工作可靠，使用寿命长。由于采用曲柄平衡方式，不易调节，平衡率低，不节能。为了保留其优点，克服其不足，设计了整体弯游梁式抽油机。整体弯游梁式抽油机的显著特点是取消了曲柄平衡，将传统的直游梁设计成整体弯游梁。由于采用游梁平衡方式，连杆组件受力减小，大幅度降低了电动机、皮带、减速器的负荷，使用寿命大幅度提高，维护成本明显降低。保持了抽油机的传统传动模式，采用低速电动机实现超低冲次。驴头上死点时，配重箱接近地面，小块配重（25kg/ 块）从侧面插放在配重箱中，可轻松加减，使平衡可调至较高水平并易维持，配重箱做有防盗、防掉落机构，节能并保护抽油机。增加了调冲程支撑装置，调冲程时把游梁与支架锁住，生产运行时将支撑装置固定在支架上。不需要吊车或吊链辅助，2~3 人就能轻松调冲程。

（2）扭矩分析。

整体弯游梁受力如图 3–47 所示，对铰支点 O 满足：

$$WA=GL+FR+T \tag{3–19}$$

式中　W——悬点载荷；

A——游梁前臂长；

T——动力机经减速器和连杆传递至游梁的力 f 对 O 点的力矩；

G——配重装置重力；

F——配重惯性力；

L——配重有效力臂；

R——配重重心运行轨迹曲率半径。

由于 A 是定值，悬点载荷对 O 点的力矩 WA 的变化规律就完全由悬点载荷 W 的变化规律（即功图）决定，抽油机运转中配重的有效力臂 L 也呈周期性变化，配重装置对 O 点的力矩（$GL+FR$）与悬点载荷对 O 点的力矩 WA 镜像拟合得越好，T 就越小，从而达到降低曲柄轴净扭矩峰值及电动机功率实现节能的目的。

减速器输出轴（曲柄轴）净扭矩 T_W 是衡量抽油机性能优劣的重要指标，减速器的选型按典型工况下最大净扭矩 T_{max} 决定额定扭矩，按均方根扭矩 T_e 验算安全系数。

图 3-48 为 CYJ 7-2.5-26HY 型整体弯游梁式抽油机与常规游梁式抽油机的扭矩计算曲线，可明显看出，整体弯游梁式抽油机曲柄轴净扭矩曲线波动减小，而且全是正值。也就是说，整体弯游梁式抽油机消除了负扭矩现象，平衡效果比常规抽油机好。

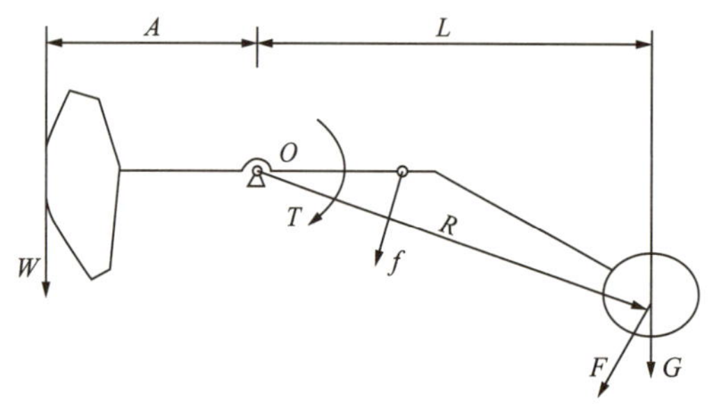

图 3-47 游梁受力分析示意图

图 3-48 抽油机平衡扭矩曲线

（3）七型和九型抽油机技术参数。

七型和九型抽油机技术参数见表 3-20，九型抽油机检测报告如图 3-49 所示。

表 3-20 七型和九型抽油机技术参数

抽油机型号		CYJ7-2.5-26HY	CYJ9-3-37HY
悬点最大负荷，kN		70	90
冲程，m		1.2，1.8，2.5	1.8，2.4，3.0
冲次，min^{-1}		2.5，3.5，5	2.5，3.5，5
平衡方式		游梁平衡	游梁平衡
减速器	型号	26HB	37HB
	最大输出扭矩，kN·m	26	37
	总传动比	44.4	45.8
电动机	型号	Y200S-8	Y200L-8
	功率，kW	11	15
	转速，r/min	730	730
外形尺寸（长 × 宽 × 高），mm × mm × mm		7561 × 2274 × 5662	8130 × 2528 × 6662
全机总重，kg		11800	14500

表 3-21 为常规八型、十型抽油机与非标准的七型、九型抽油机的价格对比，可以看出，七型、九型抽油机成本较八型、十型分别降低了 3.26 万元和 0.45 万元。

表 3-21 抽油机价格对比

常规抽油机		非标准抽油机		单台节约费用 万元
型号	单价，万元	型号	单价，万元	
八型	20.8	七型	17.54	3.26
十型	23.07	九型	22.62	0.45

№ 3986

2007000507Z　　CNAS LO041

检验报告

INSPECTING REPORT

报告编号№（2010）国油质检字第78号

产品名称 PRODUCT：调径变矩无基础抽油机

型号规格 MODEL：CYJ9-3-37HYW

受检单位 INSPECTED ENTERPRISE：新疆维吾尔自治区第三机床厂

检验类别 INSPECTING：受托检验

国家油气田井口设备质量监督检验中心

NATIONAL OLL AND OAS FIFLD WFILIIEAD EQUEFMENT QUALITYSUPERVISIOS AND NSPECTION CENTER

国家油气田井口设备质量监督检验中心

检验报告

Na 3986　　共6页第1页

产品名称	调径变频无基础抽油机	型号规格	CYJ9-3-3TMYV
委托单位	新疆维吾尔自治区第三机床厂	商　　标	新机
受检单位	新疆维吾尔自治区第三机床厂	检验类型	委托检验
生产单位	新疆维吾尔自治区第三机床厂	样品等级特征状态	合格品
抽样地点		送样日期	2010年4月13日
上产单位地　　质	新疆维吾尔自治区乌鲁木齐市东站路1339号	送 样 者	李永强
样品编号	2010年4月　抽样基数　1	检验地点	新疆维吾尔自治区第三机床厂
原编号或生产日期	2010年4月　样品数量　1	检验时间环境条件	(0–5)℃
检验依据	SY/T5044–2003 ▲▲式抽油机 Q/XJ304–3009 异形▲▲式抽油机 CYJ9–3–3TMYV 产品生产样图		
主要检验仪器设备名称型号	J6光学经纬仪 95型半导体点温计 (0–300)▲游标卡尺 表面粗隙度样块 皮带轮静平衡实验架 悬绳拉力试验台	TK–20型管形测力计 AWA5661型精密脉冲声缓计 (50–160)▲内径百分表 (75–100)▲外径千分表 曲柄剪刀差检验芯轴	
检验结论	经检验,该样品所检项目符合标准要求。 签发日期：		
备　　注			
批　　准		审　　核	
主　　检			

图 3-49　九型抽油机检测报告

四、抽油机井综合减载提效的理论效果

1. 理论效果计算

以下理论分析均按长庆油田抽油机井平均工作参数计算。日产液 $3.7m^3$，下泵深度为 1500m，泵径为 31.9mm，冲程为 2.3m，冲次为 $3.9min^{-1}$，杆柱组合为 H 级抽油杆 $\phi 19mm \times 12\%+\phi 16mm \times 40\%+\phi 19mm \times 48\%$。

1）降泵径减载提效理论效果

其他条件不变，随着泵径减小，最大悬点载荷也减小。当泵径由 ϕ38mm 降到 ϕ25mm 时，最大悬点载荷由 54.6kN 减小到 45.5kN，计算结果见表 3-22。

表 3-22　不同泵径下的最大悬点载荷计算

泵径，mm	ϕ38	ϕ32	ϕ28	ϕ25
最大悬点载荷，kN	54.6	50.0	47.3	45.5

在日产液 $3.7m^3$、冲程为 2.3m、冲次为 $3.9min^{-1}$ 的情况下，泵径从 ϕ38mm 降到 ϕ25mm 时，泵效可以从 26.6% 提高到 61.5%，计算结果见表 3-23。

表 3-23　不同泵径的泵效对比

日产液，m^3	冲程，m	冲次，min^{-1}	泵径，mm	理论排量，m^3/d	泵效，%
3.7	2.3	3.9	38	13.9	26.6
3.7	2.3	3.9	32	9.9	37.6

续表

日产液，m^3	冲程，m	冲次，min^{-1}	泵径，mm	理论排量，m^3/d	泵效，%
3.7	2.3	3.9	28	7.5	49.1
3.7	2.3	3.9	25	6.0	61.5

2）降冲次减载效果

其他条件不变，随着冲次的降低，最大悬点载荷也随之减小，从冲次 $7min^{-1}$ 降低到 $1.5min^{-1}$ 时，最大悬点载荷由52.1kN降低到49.1kN，计算结果见表3–24。

表3–24　不同冲次下的最大悬点载荷计算

冲次，min^{-1}	7	5	3.5	1.5
最大悬点载荷，kN	52.1	50.6	49.8	49.1

3）降杆径减载效果

其他条件不变，随着杆径的降低，最大悬点载荷也随之减小，杆径从 ϕ22mm降低到 ϕ16mm时，最大悬点载荷降低了10.4kN，见表3–25。

表3–25　不同杆径下的最大悬点载荷计算

杆柱组合	D级抽油杆	H级抽油杆	载荷下降 kN	降低比例 %
	ϕ22×12%+ϕ19×40%+ϕ22×48%	ϕ19×12%+ϕ16×40%+ϕ19×48%		
最大悬点载荷，kN	48.0	37.6	10.4	21.7

4）综合减载效果

在设备可选参数范围内，通过泵径、冲次、杆径同时降低，最大悬点载荷由58.1kN减小到40.5kN，抽油机机型由七型降到五型，装机功率由11kW降低到5.5kW，见表3–26。

表3–26　综合减载效果

日产液 m^3	冲程 m	冲次 min^{-1}	泵径 mm	杆柱组合	最大载荷 kN	机型
3.7	2.3	7.0	38	D级抽油杆：ϕ22mm×12%+ϕ19mm×40%+ϕ22mm×48%	58.1	七
3.7	1.8	3.9	32	H级抽油杆：ϕ19mm×12%+ϕ16mm×40%+ϕ19mm×48%	40.5	五

2. 矿场应用实践效果及推广应用前景

1）矿场应用实践效果

抽油机井降载提效技术从2011年在长庆油田全面推广，截至2015年底，已累计应用2.5万余口井，有效地节约了生产运行成本，带动了油田泵效和机采系统效率的提升。与2010年相比，全油田泵效由40.1%提升至43.3%；系统效率由20.5%提升至22.0%，年节约成本达到9000余万元。

其中 ϕ28mm抽油泵累计应用1.7万余台，应用比例占总数的29.5%；ϕ25mm实心柱塞泵试验113口井，试验井泵效由17.6%提升至26.5%；H级抽油杆累计应用 4626×10^4m，平均杆径从20.6mm下降至18.0mm；七型及以下抽油机应用比例为51.5%，负载率由60.9%提升至70.5%，年节约一次性投资2000余万元。

2）推广应用前景

该技术的应用，对于提高系统效率、降低投资及运行成本具有显著的积极意义，为长庆油田实现低成本可持续发展提供了重要的技术支撑。

第四节　地面集输系统清垢除垢节能技术

注水开发是目前保持地层压力和提高采收率的主要手段之一，已为国内外广泛采用。我国大部分油田采用注水开发，有的油田含水率不断上升，矿化度变化较大，水性复杂，而且开发工况条件不断发生变化，井筒的温度和压力也在变化，导致地面集输系统结垢严重。例如，近年来长庆油田主力开发油田开发层系多，水质复杂，地面注采管线、集输站点结垢问题突出，每年注采管线因结垢造成的管线堵塞损坏可达400~500余条。目前，油田地面小直径管线以及站内复杂总机关一旦结垢，只能更换管线，维修成本增加，同时影响输送量，消耗大量的电能，严重影响油田正常生产。

针对上述问题开展了小直径管在线清垢器以及复杂管路高压软管输送水力喷头清垢技术研究，实现了降本增效、节能减排，满足了部分井增注、增输。

一、国内外管线清垢技术现状

目前，管线清洗技术主要有化学清洗和物理清洗两类，优缺点见表3–27。化学清洗存在一定环境污染，而且对长距离管线清洗难度大，药品很难到达或充分反应，经常存在清管不彻底、管壁有残垢等现象。从世界清洗技术专利统计来看，化学清洗只占1/4，而大部分是物理清洗方法。例如，美国石油化工企业在换热设备清洗中，除10%不需要清洗外，采用化学清洗的只占5%，其余全为物理清洗。

表3–27　化学清洗与物理清洗的优缺点

方法	优点	缺点
化学清洗	（1）适合清洗形状复杂的物体； （2）不必把设备解体清洗； （3）可发现金属表面龟裂、电蚀等； （4）清洗后可对设备进行钝化处理	（1）对清洗物体造成腐蚀； （2）废液排放污染环境，需要进行专门处理； （3）对施工人员的健康、安全造成危害； （4）用水量大
物理清洗	（1）不存在废液处理的难题； （2）对清洗物体没有腐蚀； （3）对环境无污染； （4）用水量小； （5）除垢效果好	（1）有时需对设备进行解体清洗； （2）不适合清洗结构特别复杂的物体； （3）清洗装置机械规模大

物理清洗主要是通过机械、水力、热学、声学、光学的原理去除物体表面污垢的方法，常用的各类清洗技术如下。

1. 清管器清洗

清管器依靠被清洗管道内流体的自身压力或通过其他设备提供的水压或气压作为动力推动清管器在管道内向前移动，刮削管壁污垢，将堆积在管道内的污垢及杂物推出管外。

清管器清洗技术是国际上近几十年来崛起的一项新兴管道清洗技术，目前已经被世界各国用于管线清洗、保养及维护。20世纪60年代末发明了电子定位清管器，使清管作业有了长足发展，我国20世纪70年代末研制出电子定位清管器及其成套测试仪器。1962

年，美国得克萨斯州休斯敦市的Glrard公司和Knapp公司共同开发了PIG技术，后来在英国建立Glrard公司分支机构。1965年，PIG技术被引进到日本。国外PIG是由特殊聚氨酯材料制成的形如子弹的清洗工具。根据不同的高分子弹性材料包覆外层或在表面安装钢刷、铁钉等凸出物，分别用于清除铁锈、油污、泥沙沉积物、水垢、石蜡焦油及其他物料垢，PIG直径尺寸范围为5~3000mm，收缩比可达到35%，可通过变径管、90°弯头、180°回转弯头等，1994年我国开始引进，现已有几家工厂或公司能生产各种类型的PIG、控制测试仪器，但是其性能指标与国外仪器相比尚有一定差距。

2. 高压水射流清洗

高压水射流是指通过高压水发生装置将水加压至数十个到上千个大气压以上，再通过具有细小孔径的喷射装置转换为高速的微细“水射流”。这种“水射流”的速度一般在1倍马赫数以上，具有巨大的打击能量。这种具有高能量、高速度的水流正向或切向冲击物体表面时将产生强烈的作用，从而完成切割、清洗、破碎等操作。

由于高压水射流清洗具有清洗成本低、速度快、清净率高、不损坏被清洗物、应用范围广、不污染环境等诸多优点，一经问世，便得到了快速的发展和广泛应用。到20世纪80年代中期，高压水射流技术已经被广泛应用到工业切割、石油钻井、化工清洗等行业中。据不完全统计，高压水射流可切割500种以上软硬材料，几乎包括所有应用中的材料。现今美国飞机制造、汽车生产和建筑公司没有不用高压水射流技术的。在石油工程方面，高压水射流技术更被专家们公认为最有前途的钻井技术。在我国，喷射钻井技术被石油部指定为普及推广新技术。在工业发达国家高压水射流清洗已经成为主流清洗技术，在清洗市场占到了较高的份额。当今水射流技术以其效率高、能耗小、改善工作环境等特点，日益受到人们的重视。

3. 超声波清洗

超声波清洗靠超声空化作用、超声空化二阶效应产生的微声流的洗刷作用，以及超声空化在固体和液体界面所产生的高速微射流的冲击作用，使覆盖层脱落。

4. 干冰清洗

干冰清洗是以压缩空气作为动力和载体，以干冰颗粒为被加速的粒子，通过喷射清洗机喷射到被清洗物体表面，利用高速运动的固体干冰颗粒的动量变化、升华、熔化等能量转换，使被清洗物表面的结垢、油垢、残留杂质迅速剥离、清除，而丝毫不会对被清洗物体，特别是金属表面造成任何伤害，尤其不会影响金属表面的光洁度。

根据被清洗物体的形状、材质以及所形成覆盖层的类型和性质，可采用不同的清洗方法，上述几种常用清洗技术的适用范围见表3–28。

表3–28 常用清洗技术的适用范围

清洗种类	适用范围
清管器清洗	管道，尤其是大直径长输管道等
高压水射流清洗	管道、换热器、车辆船舶、建筑物表面、钢铁铸件等
超声波清洗	机械、电子、航空航天、食品、钟表首饰等
干冰清洗	各类模具、机械和电器设备、印刷设备、医药等
激光清洗	飞机、舰船、计算机硬盘、轮胎模具等
等离子体清洗	电子工业、塑料制品、玻璃、眼镜等

二、集输系统清垢节能潜力分析

1. 结垢管线节能潜力分析

近年来，主力开发油田开发层系多，注入水富含硫酸根离子，地层水富含钙、钡、锶离子，二者的严重不配伍及多层流体间不配伍，同时受到温度、压力的影响，导致地面注采管线、集输站点结垢问题突出，结垢管线占总管线的45%，垢型以碳酸钙、硫酸钡锶垢为主，主要分布在姬塬、白豹、环江、樊学等油田三叠系长3—长8及侏罗系延8—延10。

垢是热的不良导体，管线结垢后，管束横截面积减小，流量降低，流动阻力增加，外输泵、抽油泵的耗电量增加，从而造成能源浪费、生产成本的增加，结垢到底能带来多大的能耗损失呢？

以一条 ϕ60mm 管线为例，管线长度为3000m，结垢厚度为13mm，清垢前管线输送压力为4.0MPa，清垢后管线输送压力为1.0MPa，依据理论公式计算管线清垢后年能耗降低 0.9×10^4kW·h。长庆油田采油干线 5.5×10^4km，支线 11.2×10^4km，注水干线3309km，支线6553km，其中以 ϕ48mm、ϕ60mm 小直径管为主，结垢管线平均每年230条，约460km，结垢站点每年约102座，一年集输系统地面管线、总机关因结垢导致耗电量增加 482.4×10^4 kW·h。

油田集输系统结垢难清除，主要有以下特点：一是结垢量大、结垢速度快，垢质成分复杂，含石蜡、沥青质等有机垢、碳酸盐和硫酸盐无机垢等复合垢；二是位差大，黄土高原地势的特性决定了集输管线位差大，最大达80~100m；三是管线距离长；四是结垢管线数量大，管径型号多，更换费用高。

在长期的生产作业实践中，人们发现油田结垢的危害主要反映在两个方面：一是注水能力降低，输送量降低，能耗增加；二是对管线和油管的腐蚀，因为结垢可能造成管线的局部点蚀，引起管线穿孔。具体表现如下：

油田集输系统、注水系统能力降低，输送量降低，能耗增加。输液管线结垢，管道内径缩小造成原油输送能力降低，注水压力升高，注水量达不到配注；加热炉中结垢可使加热炉热效率降低，或温度无法升高，总机关复杂管路结垢导致对应的有油井、井组、增压点停产维修、更换，严重影响油田正常生产。

管线中严重结垢可能使管材变形，最为严重的是设备结垢造成堵塞和腐蚀，进而压力增加引起管线爆裂，给人们的生命财产安全带来巨大的危害。

2. 管线结垢厚度与能耗的关系

1）计算方法

流量与流速存在如下关系：

$$v=\frac{4Q}{\pi d^2} \tag{3-20}$$

式中　v——液体平均流速，m/s；

Q——管中液体流量，m^3/s；

d——管线内径，m。

管线的沿程阻力损失用式（3-21）计算：

$$h_f = 0.0826\lambda \frac{Q^2L}{d^5} \tag{3-21}$$

式中 h_f——管线的沿程阻力损失，m；

λ——管线沿程阻力系数；

L——管线长度，m。

阻力损失的计算与流体在管线中的阻力系数的大小密切相关，然而不同流量在不同管径中存在的流动形态不同，对应的雷诺数也不同，导致流体阻力系数发生变化。流体在管线中流态与阻力系数的关系见表 3-29。

$$Re = \frac{4Q}{\pi dv} \tag{3-22}$$

式中 v——流体的运动黏度，m^2/s；

Re——雷诺数。

注：水的运动黏度取 $1\times10^{-6}m^2/s$，原油的运动黏度取 $31\times10^{-6}m^2/s$。

表 3-29 流体在管线中流态与阻力系数的关系

流态		Re 范围（$\varepsilon=\Delta/R=2\Delta/d$）	阻力系数经验公式
层流		$Re<2000$	$\lambda=64/Re$
紊流	水力光滑	$2000<Re\leqslant59.7/\varepsilon^{8/7}$	$\lambda=0.3164/Re^{0.25}$
	混合摩擦	$59.7/\varepsilon^{8/7}<Re\leqslant(665-765\lg\varepsilon)/\varepsilon$	$1/\sqrt{\lambda}=-1.81\lg[6.8/Re+(\Delta/3.7d)^{1.11}]$
	粗糙	$Re>(665-765\lg\varepsilon)/\varepsilon$	$\lambda=1/[2\lg(3.7d/\Delta)]^2$

注：Δ 为管壁表面的平均绝对粗糙度，通用输油钢管取 0.14mm。

当 $Re\leqslant2000$ 时，即认为流体的流动为层流；当 $Re>2000$ 时，即认为流动为紊流。

$$p = 10^{-6}\rho g h_f \tag{3-23}$$

式中 p——沿程压力损失，MPa。

由压力损失导致的功率损失计算公式为：

$$N=\frac{pQ}{3.6} \tag{3-24}$$

式中 N——功率损失，kW；

p——沿程压力损失，MPa；

Q——流量，m^3/h。

根据上述公式，推导出管线结垢导致的能耗公式。

2）结垢厚度与能耗的关系

根据管线能耗理论公式，以一条长 1334m、内径 38mm、输油量 $2.08m^3/h$、运行 365d 管线为例，研究了管线结垢厚度与能耗的关系。由图 3-50 可以看出，随着输油管线结垢厚度增加，能耗增加，当管线结垢厚度为 1mm 时，能耗为 570kW · h；当管线结垢厚度为 4mm 时，能耗为 3713kW · h。

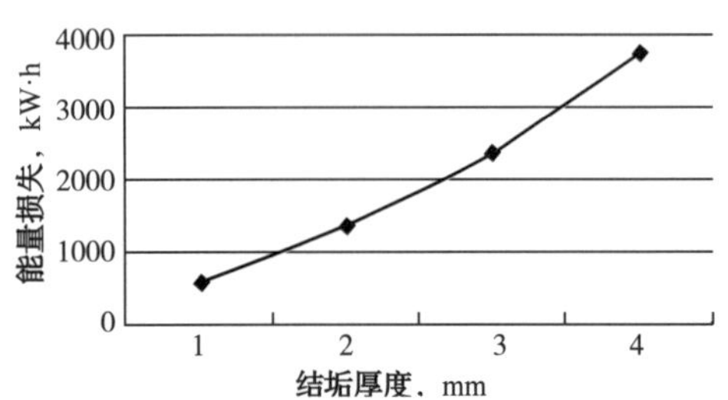

图 3-50 输油管线能量损失与结垢厚度的变化关系

三、空化水射流清垢技术及应用

近些年随着物理清垢技术的发展，出现的空化水射流技术解决了油田管线长距离清垢问题。空化水射流[10]是指当流体经过喷嘴时产生射流，瞬间诱发空泡产生，适度地控制喷嘴出口截面与靶物表面间的距离，使空泡在靶物表面溃灭，产生高压强的反复作用，达到清除管壁上垢物的效果。空化射流是一项典型高效、清洁的新技术，具有除垢能力强、应用范围广等特点。将空化射流清垢技术用于油田地面管线清垢，可快速清除加热炉、集输管线垢物。

1. 清管器结构及设计

空化水射流清管器，是根据水力空穴微射流机理设计的一种有效引发空化现象的设备，具有 3 点特征：

（1）它由两组碗状叶片体构成，两组碗状叶片由连接轴连接，轴长与清垢管线的管径和转弯半径有关。

（2）每组碗状叶片交错固定在轴上，碗状叶片之间由隔层（聚乙烯等）隔开。

（3）碗状叶片由锰钢材料制成，形状为梯弧形。

ϕ 60mm 清管器（图 3–51），由 10 片梯弧形的叶片构成，叶片之间的夹角 α=36° ±3°，可根据清垢管线直径的不同调节叶片的数量和夹层的材质。此外，对大管径清垢或在复杂工况条件下清垢时，后端可配装跟踪探测器。

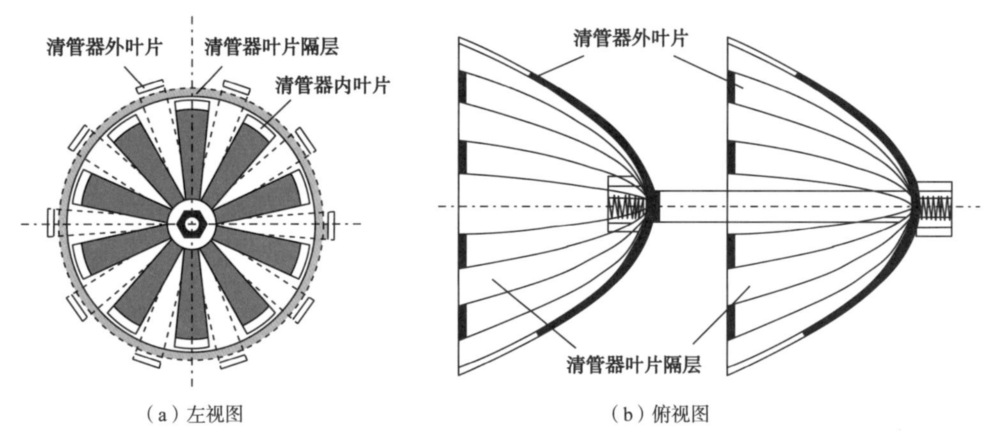

图 3–51　ϕ 60mm 清管器

正常工作时，将空穴清管器放入被清垢管线内，在水压力的推动下向前移动。当遇到垢阻挡时，空穴清管器移动速度减小，水流就会从空穴清管器边缘和清垢管线内壁面间的环隙空间通过，因为环隙空间很小，清管器前端的压力会陡然下降。在大压差情况下，就会出现急速旋转的涡流，形成连续移动的低压区，产生细微气泡，当经过此区域后，压力回升，细微气泡会瞬间被压缩、破裂，发生内爆，形成强力的微射流，快速清出壁面的污垢。

当空穴清管器遇阻时，可通过反方向打压，使清管器从管道起始端退出。

2. 配套设备——电子追踪定位仪

电子追踪定位仪是利用发射机发射不同频率的电磁波施加到地下管网的管道上，再由接收机接收电磁信号来判断管道的位置和深度等参数。

电子跟踪定位仪主要由发射机和接收机两部分组成（图 3–52）。

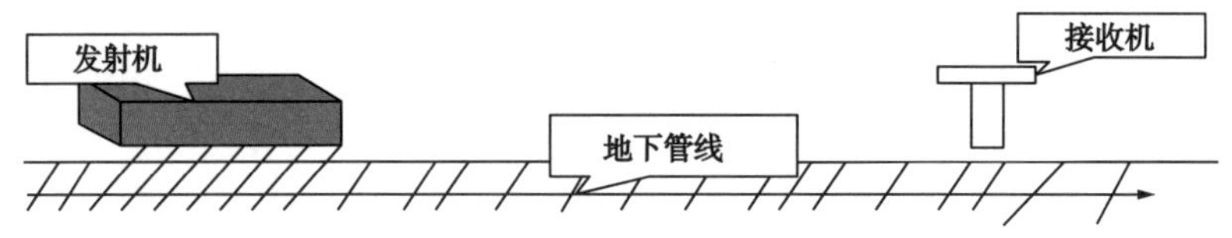

图 3–52　电子跟踪定位仪示意图

1）接收机

（1）电源开关键：打开、关闭接收机电源和用于选择菜单。

（2）频率键：按一下频率键选择下一个频率，当显示所需要的频率时松开该键。

（3）增益控制旋钮：用于增大或减小信号的强度，增益控制一般在 50% 左右。

（4）深度测量和电流测量键：按下该键，显示屏将显示出目标管线的深度和电流值。

（5）天线选择键：按一下峰值 / 谷值 / 单天线选择需要的模式。

2）发射机

（1）电源开关和菜单选择键。

（2）频率选择键用来选择频率。

（3）功率控制按钮：用来控制输出的功率。

3. 关键施工参数选择

1）清管器大小选择

清管器清管过程中，一般是发射一个或几个清管器通过被清垢管线，逐渐清除管道内的污垢。

清管器的直径大小系列与管线规格（外径、壁厚）、管线内结垢厚度以及垢的硬度等密切相关，直径太大有可能造成清管器阻卡现象的发生。

一般情况下，清管器的直径取：

$$d_{min}=D-2n-2\delta \tag{3-25}$$

式中　d_{min}——清管器的最小直径，mm；

D——管道外径，mm；

n——管道壁厚，mm；

δ——管道内结垢厚度，mm。

最小直径的清管器不担负清管任务，只起检验管道内部是否通畅的作用。

清管器最大直径取：

$$d_{max}=(D-2n)\times(105\% \sim 115\%) \tag{3-26}$$

式中　d_{max}——清管器的最大直径，mm；

D——管道外径，mm；

n——管道壁厚，mm。

2）压差和流速参数优选

清管器所能达到的速度取决于其所承受的压差大小，压差的大小由驱动清管器的介质对清管器的推力与清管器所受阻力的综合作用决定。背压大，介质对清管器的推力大，有可能使清管器获得一个较大的加速度而较快地提高速度；反之，清管器向前推移很快时，清管器前的垢物迅速堆积而产生较大的阻力，有可能使清管器的速度减慢，如果在管线清垢的过程中，压力突然急剧升高，那么极有可能是清管器被卡住了，需要马上停止作业检查，以免损坏管线或清管器。因此，清管器在管线中运行，要维持清管器的运行速度不变，必须通过维持介质的推进速度来实现。优选清管器的压差要遵守下面两条原则：

（1）清管器所承受的背压应该在管线的耐压范围内，确保管线安全。

（2）提供的压差必须保证清管器的速度。

3）清管器解卡技术

清管器在管道中遇阻被卡是一种不好预见的情况，清管器在管线清垢的过程中被卡，一般的处理程序如下：

（1）增加清管器的背压，即增大对清管器的推力，看能否解卡，若无效转下一步。

（2）快速关闭接收端管线阀门，在管线中憋压，压力达到一定值后快速开启，反复进行几次，在管路中造成激荡压力，观察能否解卡，若无效转下一步。

（3）停止泵车注水，将泵车和污水罐车对调，改变注水进口，同时投放解卡仪，启动泵车推进解卡仪行进，当解卡仪和清垢仪器衔接后，一同从原投放处返回，若无效转下一步。

（4）在卡点处挖出管线，看此处管线的安装连接情况，若是90º连接管线对接或分叉处，需割管取出清管器，对此进行改造；若是直管线，用重锤从不同侧面敲击管线，然后继续增加背压，若无效也采取割管措施。

4. 技术特点

空化射流清垢技术是一项典型的高效、清洁的新技术，具有除垢能力强，应用范围广等特点，将其应用在油田管线除垢方面，可快速清除管线及加热炉盘管中的污垢。空化射流清垢技术具有比较突出的优点，主要表现为以下几个方面[11]：

（1）清垢彻底。空化射流清垢技术能够彻底清除油垢、化学垢、水垢、锈垢、软性垢、硬性垢、黏性垢等，清垢效率高，并且被清洗后的管壁相对光滑、光亮。

（2）清垢速度快。清管器在1km地下管道中的运行时间只有15min左右，在水套加热炉中的运行时间只有5min左右。

（3）清洗范围广。对ϕ40~1000mm的管路均可清洗，可清洗管线材质包括钢管、玻璃钢管、复合管、铸铁管等；可清除垢质包括硅酸盐、硫酸盐、碳酸盐、聚合物、蜡垢、沥青质、胶质、焦炭、焦油、硅胶、萘、泥沙、锈瘤等各种垢质。

（4）清洗行程长。动力水流自清管器的缝隙中激射而出，携带前面被清洗下来的污垢向前移动，不会形成阻塞，而且一次性清洗距离越长，优势越明显。

（5）具有自动回收功能。当清管器运行受阻时，通过反向打压，容易退出，不会造成卡阻。清垢器尾部也可装有电子测位装置，对清管器定位跟踪，便于了解清洗速度，一旦卡阻便可迅速精确定位。

（6）泵压低，安全可靠。一般高压水射流清洗的水压很高，因为操作失误击伤施工现场人员的事故偶有发生。空化射流清管器施工时，泵压低，安全可靠。

（7）真正环保。由于是纯物理清垢技术，对环境无污染。空化射流清垢技术安装了排污管，污垢直接流入排污池，避免了对环境的污染。

（8）可以在线清垢，大大提高了这项技术的实用性。

5. 应用实例

1）清垢实例

（1）加热炉清垢。

加热炉是油田集输过程中不可缺少的关键设备，担负着油田含水原油的加热升温任务，是油田生产过程中主要能耗设备之一。垢是热的不良导体，一旦结垢，管束截面减小、流量降低，严重时可能因为传热不均，引起爆管事故。

加热炉难以清垢的主要原因：一是加热炉结垢的主要部位是盘管，盘管回程多；二是加热炉盘管的曲率半径小，一般的清垢工具难以进入盘管作业；三是加热炉结垢具有硬度高、附着力强的特点。传统的物理清垢技术无法进入盘管，采用空化射流清垢技术解决了加热炉盘管清垢难题。

华庆油田白 × 增加热炉盘管为 ϕ60mm×6mm 管线，结垢厚度为 10~15mm，垢质坚硬、致密。采用了空化射流清垢，清垢前后对比（图 3-53）表明清垢率为 100%，管道内径完全恢复。由图 3-54 可见，清出的垢物为颗粒状、坚硬钡锶垢。

（a）清垢前　　（b）清垢后

图 3-53　加热炉盘管清垢前后对比

图 3-54　加热炉清出垢样

（2）注水管线清垢。

长庆油田第七采油厂部分注水管线结垢，造成注水压力上升，日注水量不能满足配注要求。对白 ××-37、白 ××7 和白 ××-1 注水管线应用空化射流清垢技术进行清垢。

3 条注水管线垢样酸溶实验及 X 射线衍射分析，结垢物为普通办法极难清除的

Ba（Sr）SO_4 垢，见表 3-30。

表 3-30　垢样酸溶及仪器分析

序号	井号	酸溶前垢重 g	酸溶后垢重 g	酸不溶率 %	X 射线衍射分析
1	白 × ×-37	5.7826	5.0457	94.56	Ba（Sr）SO_4
2	白 × ×7	5.8463	5.0124	96.27	Ba（Sr）SO_4
3	白 × ×-1	5.9361	5.0542	97.47	Ba（Sr）SO_4

对上述管线采用空化射流清垢技术，可以清除管线的结垢物，清垢彻底、效果显著（图 3-55），注水管线清出垢样如图 3-56 所示，经清垢后注水井分压得到大幅度提高（表 3-31）。

表 3-31　注水管线清垢效果统计

名称	规格 mm × mm	清垢长度 m	结垢厚度 mm	清垢前		清垢后	
				分压 MPa	日注 m^3	分压 MPa	日注 m^3
白 × ×3-37	ϕ 60 × 6	2600	12	12.2	16	16.6	75
白 × ×7	ϕ 60 × 6	2600	12	7.8	8	16.6	145
白 × ×-1	ϕ 76 × 9	200	10	12.5	73	16.7	170

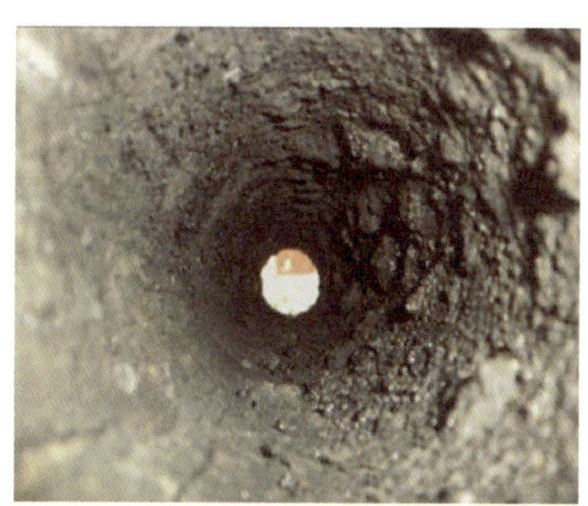

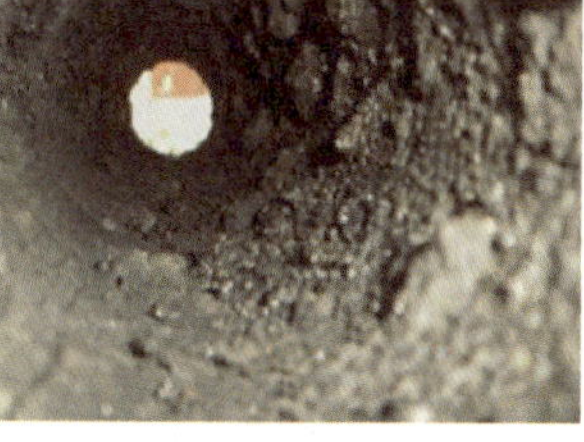

（a）管线清垢前　　（b）管线清垢后

图 3-55　注水管线清垢前后对比

（3）油田集输管线。

长庆油田部分集输系统由于高含水、水质不配伍等原因，管线存在不同程度的结垢，严重影响油田正常生产。现有油田管线除垢技术无法清除，只能更换输油管线。

高位差清垢实例：

白 ×-× 井场至白 × 增输油管线概况：ϕ 89mm × 5mm，全长 850m，落差 80m（图 3-57），施工前该井段结垢厚度为 10~14mm，井组回压 3.1MPa，多次投球均未通过管线到收球筒，清垢后回压降到 0.6MPa。输油管线清垢前后对比如

图 3-56　注水管线清出垢样

图 3-58 所示，清出垢样如图 3-59 所示。

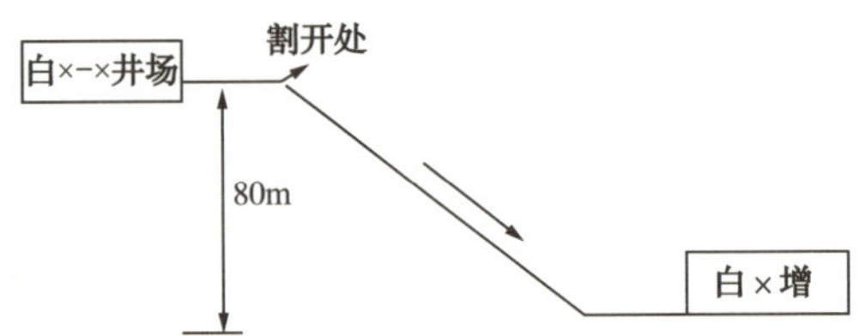

图 3-57　白 ×-× 井场至白 × 增输油管相对位置简图

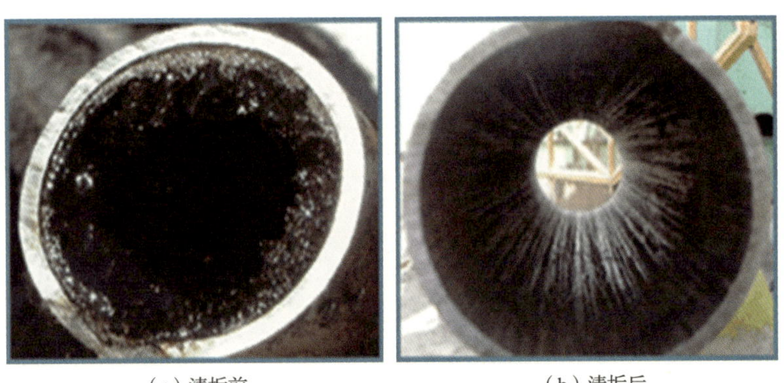

（a）清垢前　　（b）清垢后

图 3-58　输油管线清垢前后对比

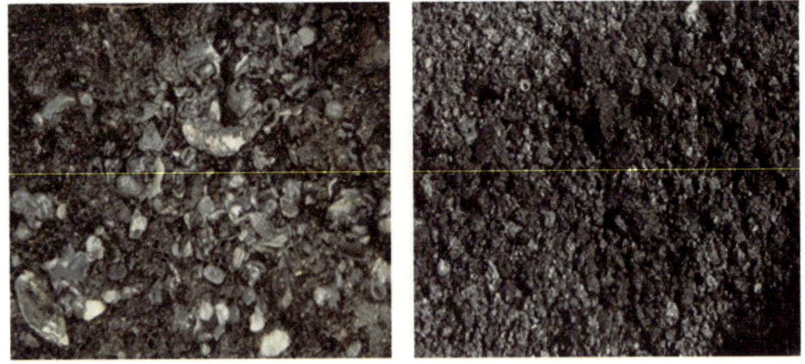

图 3-59　白 ×-× 输油管线清出垢样

2）清垢与节能关系

在油田的生产运行中，如果管线结垢，就导致压力升高，能耗上升。因此，对结垢集输管线清洗可以降低系统压力，达到节能减排、降低成本的目的。

（1）节能计算方法。

管道节能按照 SY/T 6422—2008《石油企业节能产品节能效果测定》测定，按照 SY/T 5264—2012《油田生产系统能耗测试和计算方法》计算，前后对比测试在稳定情况下进行，测试时输油干线压力波动不大于 ±5%，温度变化不大于 ±0.5℃，流量变化不大于 ±5%。

$$\xi_{jy}=\frac{W_1-W_2}{W_1}\times 100\% \tag{3-27}$$

式中　ξ_{jy}——有功节电率，%；

W_1——应用节能产品前吨液百米提升高度有功耗电量，kW·h/（10^2m·t）；

W_2——应用节能产品后吨液百米提升高度有功耗电量，kW·h/（10^2m·t）。

测试、录取的数据包括：设备运行时的电压（V）、电流（A）、输入功率（kW）、功率因数；设备的额定功率（kW）；管线运行时的输送液量（m^3/d）、含水率（%）、液体密度（kg/m^3）等。

$$W=\frac{24P\times100}{(\phi_{油}\rho_{油}+\phi_{水}\rho_{水})hQ} \tag{3-28}$$

式中　W——百米吨液有功单耗，kW·h/（10^2m·t）；

P——输入功率，kW；

$\phi_{油}$——含水率；

$\phi_{水}$——含油率；

$\rho_{油}$——原油密度，kg/m^3；

$\rho_{水}$——水密度，kg/m^3；

h——动液面，m；

Q——产液量，m^3/d。

（2）测试仪器。

测试仪器名称及技术指标见表3-32。

表3-32　测试仪器名称及技术指标

序号	名称	型号	精度	测量范围
1	电能质量分析仪	3169-21	0.25级	电压0~600V 电流0~500A
2	红外非接触测温仪	INFRAPOINT	±0.1℃	-20~750℃
3	数显压力表	SKY100-10SMN	0.5级	0~2MPa；0~10MPa

（3）典型实例。

现以长庆油田第五采油厂一条从井场至增压站输油管线清垢为例，说明需要测试的数据和清垢后的节能情况。井场抽油机的基本参数见表3-33。

表3-33　井场抽油机的基本参数

抽油机型号	运行状态	电动机型号	额定功率，kW	产液量，m^3/d	含水率，%	液体密度，kg/m^3
CYJW7-2.5-26HY	清垢前	Y200L-8	22	9.30	47.8	920
	清垢后	Y200L-8	22	9.30	47.8	920

井场到增油站之间管线输送含水原油的动力由抽油机提供，在测试其节能性时仅测试管线清垢前后抽油机的电参数，见表3-34和表3-35。

表3-34　管线清垢前后抽油机的电参数测试结果

运行状态	电压，V	电流，A	功率因数	输入功率，kW
清垢前	381.2	46.43	0.575	18.25
清垢后	380.91	32.30	0.582	17.87

表 3-35 管线清垢前后抽油机节电参数的计算结果

运行状态	有功耗电量 kW·h	百米吨液有功单耗 kW·h/（10^2m·t）	有功节电率 %	日综合节电量 kW·h	年综合节电量 kW·h
清垢前	437.98	4.92	—	—	—
清垢后	428.88	4.82	2.08	22.83	8331.32

通过电参数计算，井场到增压站管线的有功节电率为2.08%，日综合节电量为22.83kW·h，年综合节电量为8331.32kW·h。

对另外10条清垢管线进行清垢前后测试，其平均有功节电率为6.16%，平均单条年综合节电量为12903.07kW·h，10条管线年综合节电量为12.9×10^4kW·h。由此可见，管线清垢前后节电效果明显。

四、高压水射流清垢技术及应用

高压水射流清垢技术[12]是运用液体增压原理，通过增压泵，将机械能转换成压力能，具有巨大压力能的水通过小孔喷嘴将压力能转变为高度聚集的水射流动能，从而完成清垢的技术。高压水射流常用压力为2~35MPa，极少数结渣作业要用到270MPa，高速射流本身具有较高的刚性，在与垢碰撞时，产生极高的冲击动压和涡流。高压水射流从微观上看存在刚性高和刚性低的部分，刚性高的部分产生的冲击动压增大了冲击强度，宏观上看起快速楔劈作用，而刚性低的部分相对于刚性高的部分形成了柔性空间，起吸屑、排屑作用，从而快速干净地除去垢层。

该技术具有清垢成本低、速度快、清净率高、不损坏被清洗物、应用范围广、不污染环境等特点。高压水射流清垢技术在油田中的应用广泛，如长庆油田用此技术进行总机关清垢。下面从高压水射流的清垢机理、特点、装置及其总机关清垢实例进行介绍。

1. 高压水射流清垢装置

1）油田用高压水射流清垢装置

油田生产中，高压水射流清洗物体内表面主要有两种情况：一是小口径的大容器内壁；二是长管道的内壁。针对管道内壁的水射流清垢装置，包括自进式水射流喷头、高压软管输送装置和高压软管（图3-60）。自进式水射流喷头包括1个前方喷嘴和6个均匀分布的向后喷嘴（图3-61）。高压水通过自进式喷头向后喷嘴喷出，一方面高速的水射流可以清除管线内壁污垢，另一方面射流喷射的后坐力可以提供管线和喷嘴进入管道内部的动力。如果管道已经被堵塞，高压水通过自进式喷头前方喷嘴喷出，可以清除管线堵塞物，实现疏通。

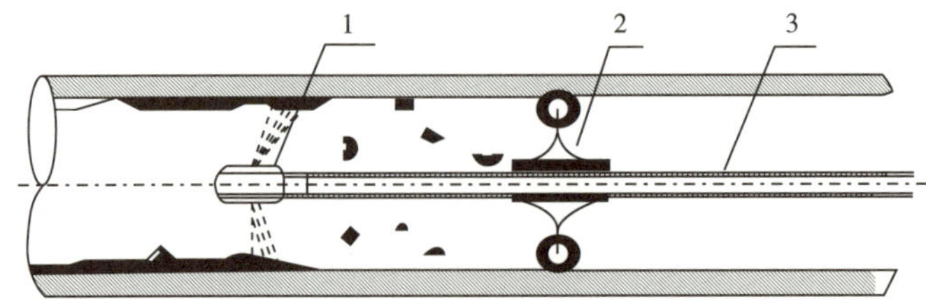

图3-60 高压水射流清垢装置示意图

1—自进式水射流喷头；2—高压软管输送装置；3—高压软管

当用高压水射流清洗长距离水平管线时，加装高压软管输送装置可以提高清洗距离2倍以上。高压软管输送装置主要由滚动轮和主体组成（图3-62）。主体由外层支撑体和内层防滑衬体构成，通过固定螺栓固定在一起，滚动轮通过人字形支架连接到主体上。主体为两个半圆体构成，通过销轴连接，在现场施工时方便安装。工作时将除垢喷头置入被清垢管线内，自喷头开始1.5m安装一个传送装置，然后依次每3m安装一个传送装置，根据需要清垢管线的距离确定安装传送装置的个数。

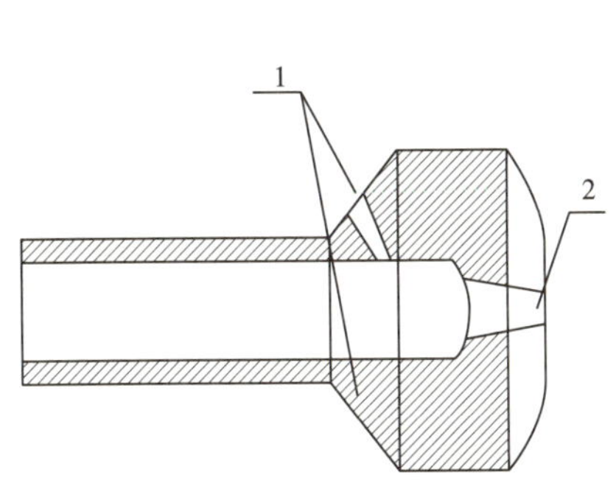

图3-61 自进式水射流喷头

1—向后喷嘴；2—前方喷嘴

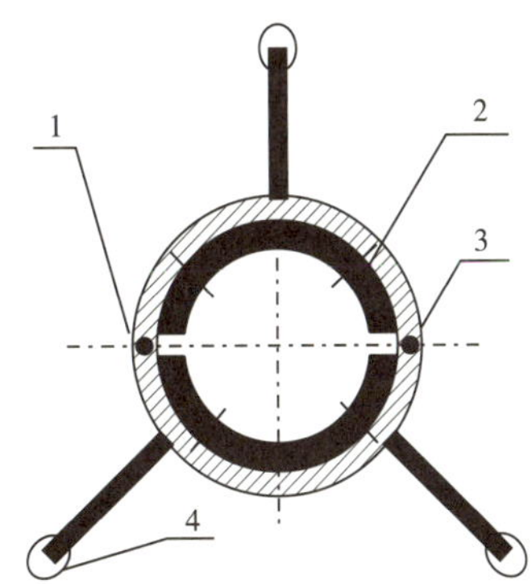

图3-62 高压软管输送装置

1—旋转轴；2—固定螺栓；3—销轴；4—滚动轮

2）高压水射流喷嘴

喷嘴是高压水射流设备的重要元件，它最终形成了水射流工况，同时又制约着系统的各个部件。它的功能不但是把高压泵或增压器提供的静压转换为水的动力，而且必须让射流具有优良的流动特性和动力特性。

从有效地射流作业和节能降耗角度来看，较为理想的喷嘴应符合以下要求：

（1）喷嘴喷射的水束应能将压力有效地转化为对射流表面的喷射力。

（2）喷嘴具有较小的流动阻力，喷出水束受卷吸作用小，并保持射流的稳定，以利于对射流表面的作用。

（3）喷嘴不易发生堵塞。

（4）在保证一定射流效果的前提下，尽可能地降低水耗。

不同的喷嘴会得到不同的射流效果。应根据射流作业的要求，合理地选择喷嘴类型。对于喷嘴的形式，按形状区分有圆柱形喷嘴、扇形喷嘴和异形喷嘴等，按孔数区分有低压喷嘴、高压喷嘴和超高压喷嘴等。

研究表明，在高压射流情况下，圆柱形喷嘴效果比扇形喷嘴好。在喷嘴直径、压力、靶距和作用时间相同的条件下，圆柱形喷嘴的射流效果好，可获得集聚能量较好的集束射流，以得到较大的射流打击力。然而，根据短管射流理论可知，喷嘴如果采用短管圆柱形状：

（1）短管喷嘴与高压管路直接连起来，因为流径突然变小，会产生阻力损失，大大增加了能量损失。

（2）在短管喷嘴内就会出现旋涡低压区，这个旋涡区的压力低于大气压，真空度并随水压加大而增大，当真空度过大时，会从短管出口吸入空气，破坏了短管管口的满流状态，降低流量系数。

为此，圆柱形喷嘴应进行改进，采用截面连续均匀地过渡到所需要的出口面积，最佳的喷嘴形状应尽量与喷嘴出口处的流线保持一致，使流速连续均匀收缩，而不在喷嘴内部产生旋涡分离区。但由于流线型喷嘴难以加工，特别是小直径喷嘴，因此工程中使用的水射流喷嘴多是出口带圆柱段的锥形收敛型喷嘴，如图 3-63 所示。

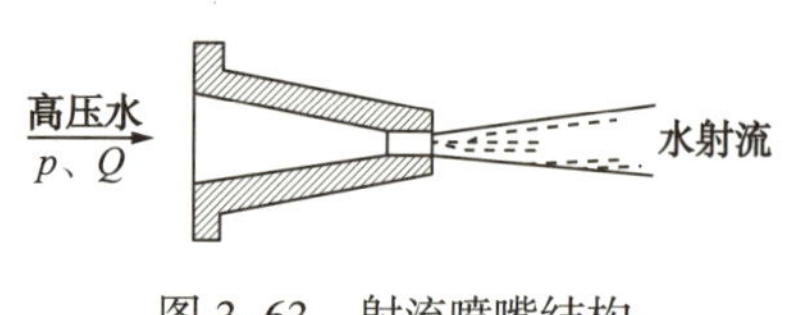

图 3-63　射流喷嘴结构

喷嘴的结构几何参数一般主要包括喷孔直径、喷孔的长径比、喷嘴的入口角、出口角及表面粗糙度等。

（1）喷孔直径。喷嘴喷孔的直径是喷嘴设计时首先要选定的重要参数，也是确定其他参数的依据。一般情况下，孔径大，水耗就增加，堵塞的危险就减小，因此应综合考虑。

（2）喷孔的长径比。喷孔的长径比是影响喷射状态的另一个重要参数，它直接影响到喷嘴的流动阻力、流量参数及喷射速度转换效率等，通常长径比为 2~4。

（3）喷嘴的入口角和出口角。喷嘴的入口角是决定喷嘴流动阻力的主要因素，入口角较大的喷嘴其入口流动阻力较小。喷嘴的出口角则对射流的发展有一定的影响作用，出口角过小，在喷射过程中将产生一定的附壁现象，减弱了射流对作业面的作用，一般工程上出口角通常取 13°。

2. 技术特点

高压水射流清垢技术应用于石油、化工、冶金、煤炭等许多领域，可以清洗各类管线、热交换器、容器的内外结垢物。与传统的人工、机械清垢及化学清垢相比，高压水射流清垢在清洗效果与效率、清洗成本以及环保等方面具有无可比拟的优势。

（1）水射流的压力与流量可以方便地调节，因而不会损伤被清洗物的基体。

（2）与化学清垢不同，高压水射流清垢无有害物质排放与环境污染问题，清洗过后如无特殊要求，不需要进行洁净处理。

（3）清洗形状和结构复杂的物件，能在空间狭窄或环境恶劣的场合进行清洗作业。

（4）高压水射流清垢快速、彻底。例如：下水管道的清通率为 100%，清净率为 90% 以上；热交换器的清净率为 95% 以上；锅炉的除垢率达 95% 以上，清洗每根排管的时间为 2~3min。

（5）清垢成本低，只有化学清垢的 1/3 左右，即高压水射流清垢属于细射流，在连续不间断的情况下，耗水量为 1.8~4.5m^3/h，功率为 35~90kW，属于节能型设备。

（6）高压水射流清垢用途广泛。凡是水射流能直接射到的部位，不管是管道和容器内腔，还是设备表面，也不管是坚硬结垢物，还是结实的堵塞物，皆可使其迅速脱离黏结母体，彻底清洗干净。高压水射流清垢对设备材质、特性、形状及垢物种类均无特殊要求，只要求水射流能够到达即可。

3. 应用实例

集输系统由于水质配伍性和环境因素的变化，结垢问题十分普遍，总机关就是一个结垢严重的地方。总机关清垢有以下几个特点：

（1）清洗距离短，在自进式高压喷头能够前进的范围之内。

（2）管线连接复杂，分支多，但都是呈 90º 连接，故不影响高压软管清垢运行方向。

（3）结垢厚，结垢量大，垢质成分复杂。总机关为不同油井产液混合处，因此可能产生各种垢质，如石油中的蜡、沥青，由于压力下降产生的碳酸盐垢，由于产层不同而生成的硫酸盐垢。

（4）清洗调整多，管线多有阀门、仪表精密部件，不能用化学法简单清洗，因此非常适合高压水射流清洗。

油田总机关是多层水集输混合处，结垢严重，采用高压软管输送水力射流喷头（喷嘴孔径只有 1~2mm）技术清垢，即通过高压软管将喷头深入总机关内利用喷射水流产生的前进力将清垢喷头推进到管线内部，清除内壁污垢及各种堵塞物，从清垢管线进口排出污物，如图 3-64 所示。

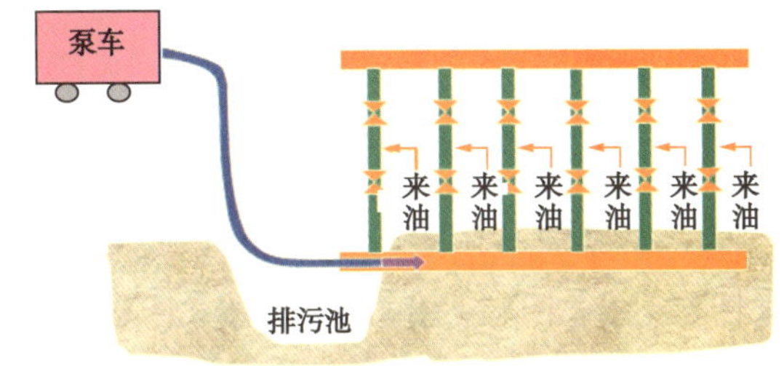

图 3-64　高压水力喷头工作图

高压水射流清垢装置在泵压力为 4MPa 时，可以在内径 45mm 的管道内连续清洗 10m 以上，并自动拐过 45° 的弯头上升 1.5m 左右，时间约 1min。观察表明，管道两端的清洗质量很好，泥垢等全部被清除，得到其本色，如图 3-65 所示。

图 3-65（a）所示的喷头上共有 6 个直径为 1mm 的喷嘴，向后倾斜 45° ，该喷头直接连接在高压软管上。

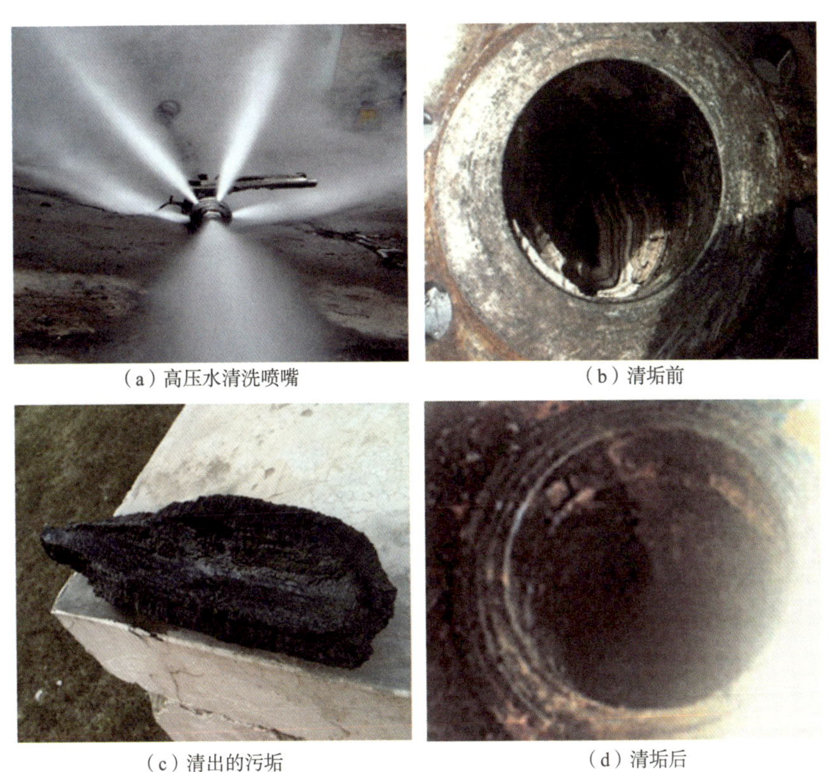

（a）高压水清洗喷嘴　（b）清垢前

（c）清出的污垢　（d）清垢后

图 3-65　高压软管清垢图

在清洗中明显地看到，喷头在刚进入管道时行进的速度较高，然后就很快降下来，再以后速度的下降就慢得多。这对提高清洗效率很不利。为了保证清洗效果，必须对其速度加以控制。通常的方法是控制缠绕高压软管的卷筒的旋转速度。使用这种方法之后，可有效控制喷头刚进入管道时的速度，提高清洗效率，所能清洗的最大有效长度会稍有减小，但对其使用状态没有影响。在施工过程中，由于采用了高压设备，因此应严格按照操作规程进行清洗作业，做好配套防护措施。

地面小直径管道空化水射流及集输站内总机关高压水射流清垢技术在长庆油田规模化应用。2011—2013年在采油二处、采油三厂、采油七厂和采油八厂等9个单位不同地理位置，完成多规格管径的管线清垢308条、54座总机关、6具加热炉，累计清垢长度770km，总共节约能耗 423×10^4kW · h，折算费用283.41万元，同时两项集输系统管线清垢技术为油田节约管线更换费用6343.41万元。2012—2015年长庆油田每年清垢管线400~500条，总机关60座。两项技术规模应用突出表现在安全环保、高效快速、成本低、效益高，实现了降本增效、节能减排，增加了原油输送量和注水量，为油田地面注采、集输生产提供了有力的技术保障，具有显著的经济效益、社会效益和应用推广前景。

第五节　井下节流技术

井下节流技术是将井下节流器安装于油管内某一位置，充分利用地温加热，使节流后气流温度高于节流后压力条件下的水合物形成温度，从而达到取消地面加热保温装置的一种采气工艺技术。井下节流与地面节流原理一致，不同的只是把节流降压的过程转移至井筒之中，气体经过井下气嘴节流后，压力、温度降低，而降温、降压后的天然气又充分利用地层热能进行加热，从而达到降低节流后天然气的压力和水合物生成温度，有效地防止了天然气开采过程中水合物的生成。井下节流与地面加热节流相比具有以下优点：

（1）大幅度降低地面集输管线的压力等级，简化优化了地面流程，降低了生产运行和集输管网成本。

（2）有效地防止了水合物形成，取消了地面加热保温装置，有利于节能环保。

（3）有利于防止地层激动和井间干扰。

（4）提高了气流携液能力。

井下节流技术在长庆气田已全面推广应用，有效地保证了气田经济有效开发。

一、技术原理

1. 工艺原理

井下节流工艺是依靠井下节流器实现井筒节流降压，利用地温加热，使得节流后井口气流温度基本恢复到节流前温度，从而有利于解决气井生产过程中井筒及地面存在的诸多技术难题。

天然气通过井下节流器的流动可近似为可压缩绝热流动，其流动状态可分为亚临界流与临界流，两类流态的存在范围如图3-66所示。判别条件为：

$\dfrac{p_2}{p_1} < \dfrac{p_{cr}}{p_1} = \left(\dfrac{2}{k+1}\right)^{\frac{k}{k-1}}$ 时，节流处于临界流状态；

$\dfrac{p_2}{p_1} \geqslant \dfrac{p_{cr}}{p_1} = \left(\dfrac{2}{k+1}\right)^{\frac{k}{k-1}}$ 时，节流处于亚临界流状态。

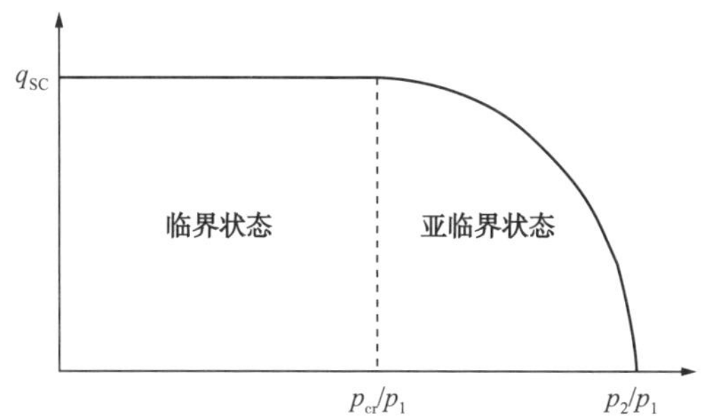

图 3-66　节流器流量随压力比的变化关系

对于天然气，k 一般取 1.3，故

$$\frac{p_{cr}}{p_1}=\left(\frac{2}{k+1}\right)^{\frac{k}{k-1}}=0.546 \tag{3-29}$$

式中　p_1、p_2——节流器气嘴入口、出口端气压，MPa；

p_{cr}——临界压力，MPa；

k——天然气绝热指数。

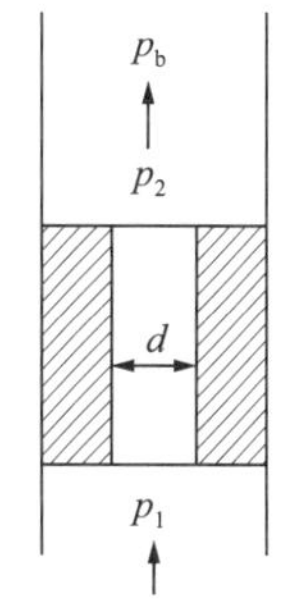

图 3-67　流体流经节流装置示意图

流体流经节流器气嘴的流动如图 3-67 所示。对于亚临界流动，在节流器内气流速度增大，压力减小，在出口截面处，流速达到最大，压力达到最小，且等于背压，即 $p_2=p_b$。背压继续降低，节流器出口处的气体流速继续增大，出口压力 p_2 亦随背压 p_b 降低而降低，但始终保持与背压相等。此时通过井下节流器流量 q_{SC} 与 p_1、p_2 和气嘴直径 d 可由式（3-30）来计算。

当背压 p_b 降低到临界值 p_{cr} 时，节流器出口气流速度达到当地声速，出口压力仍等于背压，即 $p_2=p_b=p_{cr}$，这时出口流量达到最大值。当背压减小到低于临界压力，即 $p_b < p_{cr}$ 时，节流器出口气流速度仍为当地声速。由于压力扰动向上游传播的速度等于声速，因此由压力差（$p_{cr}-p_b$）引起的扰动不能向上游传播，即节流器的出口气流速度、压力和流量不再随背压而变化，这种现象称为节流器的壅塞或闭锁现象。此时，气流将在节流器出口后的集气管内首先急剧膨胀，达到超声速，然后通过几道压缩波、膨胀波的作用，流速降低到亚声速，压力达到背压 p_b。通过气嘴流量 q_{mxa} 与 p_1 和气嘴直径 d 可由式（3-31）来计算。

亚临界状态产量与压力、气嘴直径的关系式：

$$q_{SC}=\frac{4.066\times10^3 p_1 d^2}{\sqrt{\gamma_g z_1 T_1}}\sqrt{\frac{k\left[(p_2/p_1)^{\frac{2}{k}}-(p_2/p_1)^{\frac{k+1}{k}}\right]}{k-1}} \tag{3-30}$$

临界状态产量与压力、气嘴直径的关系式：

$$q_{max}=\frac{4.066\times10^3 p_1 d^2}{\sqrt{\gamma_g z_1 T_1}}\sqrt{\frac{k}{k-1}\left[\left(\frac{2}{k+1}\right)^{\frac{2}{k-1}}-\left(\frac{2}{k+1}\right)^{\frac{k-1}{k+1}}\right]} \tag{3-31}$$

式中　q_{SC}，q_{max}——标准状态下（p_{SC}=0.101325MPa，T_{SC}=293K）通过节流器的体积流量，m^3/d；

d——节流器气嘴直径，mm；

γ_g——天然气的相对密度；

T_1——节流器气嘴入口端气流温度，K；

z_1——气嘴入口状态下的气体压缩系数。

2. 井下节流工艺参数设计

1）气嘴直径设计

根据节流器流量模型，在临界流状态下井下节流气嘴的直径计算公式为：

$$d=\left(\frac{1}{4.066\times10^3}\right)^{\frac{1}{2}}\left(\frac{q_{max}}{p_1}\right)^{\frac{1}{2}}\left(z_1T_1\gamma_g\right)^{\frac{1}{4}}\left(\frac{k}{k-1}\right)^{-\frac{1}{4}}\left[\left(\frac{2}{k+1}\right)^{\frac{2}{k-1}}-\left(\frac{2}{k+1}\right)^{\frac{k+1}{k-1}}\right]^{-\frac{1}{4}} \tag{3-32}$$

可以看出，在临界流状态下，下游压力 p_2 与节流气嘴直径 d 没关系，其大小取决于系统回压，设计上可以采用简化模型来计算。最大产气量与气嘴直径、压力的关系如图3-68所示。不同压力、不同产量嘴子直径选择见表3-36。

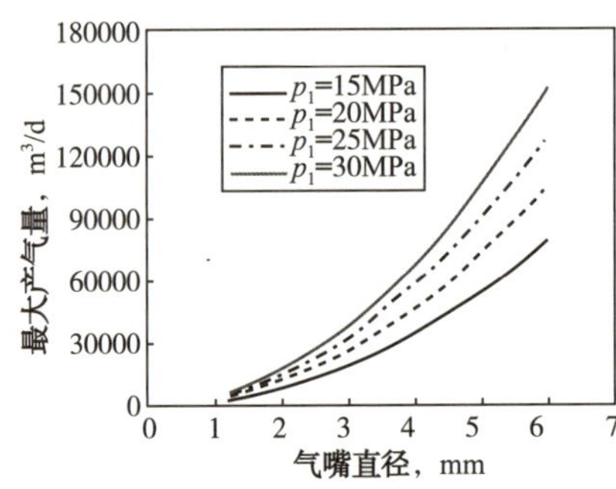

图3-68 最大产气量与气嘴直径、压力的关系

表3-36 不同压力、不同产量嘴子直径选择

节流器入口压力 MPa	气井产量，$10^4m^3/d$			
	气嘴直径 2mm	气嘴直径 3mm	气嘴直径 4mm	气嘴直径 5mm
25	1.30	3.1	5.6	8.7
20	1.10	2.5	4.5	7.0
18	1.00	2.3	4.1	6.4
15	0.84	1.9	3.4	5.3
10	0.56	1.3	2.2	3.5

注：根据气井产水情况进行校正。

从图3-68可以看出，在压力一定的情况下，最大产气量随着气嘴直径的增大而增大；在气嘴直径一定的情况下，最大产气量随着压力的升高而增大。

2）节流器下入深度

（1）最小下入深度。

井下节流技术通常用于防止天然气井筒水合物的形成。水合物是否形成主要与压力和温度有关，而温度又和节流器所在深度有关。因为井下节流工艺利用地热资源对节流后的气流加热，节流器所在深度将直接决定气流温度沿井筒的分布。

当气体流经节流器气嘴做等熵膨胀时，根据热力学公式有：

$$\frac{t_2 + 273}{t_1 + 273} = \left(\frac{p_2}{p_1}\right)_k^{z(k-1)/k} \tag{3-33}$$

用地温增率折算气嘴入口处的温度：

$$t_1 = t_0 + H/M_0 \tag{3-34}$$

式中　t_1——节流器气嘴入口处气流温度，℃；

t_2——节流后气流温度，℃；

t_0——井口平均气流温度，℃；

M_0——地温增率，m/℃。

将式（3-34）代入式（3-33），并设$\beta=\frac{p_2}{p_1}$得：

$$t_2 = (t_0 + H/M_0 + 273)\beta^{z(k-1)/k} - 273 \tag{3-35}$$

为了避免节流后温度过低导致冰堵，必须 $t_2 \geqslant t_h$，即

$$t_2 = (t_0 + H/M_0 + 273)\beta^{z(k-1)/k} - 273 \geqslant t_h \tag{3-36}$$

式中　t_h——水合物形成温度，℃。

节流器最小下入深度的估算公式为：

$$L \geqslant M_0[(t_h + 273)\beta^{-z(k-1)/k} - (273 + t_0)] \tag{3-37}$$

将$\beta=\frac{p_2}{p_1}$代入式（3-37），得到节流器最小下入深度 H：

$$H \geqslant M_0\left[(t_h + 273)\left(\frac{p_2}{p_1}\right)^{-z(k-1)/k} - (273 + t_0)\right] \tag{3-38}$$

式中　H——节流器最小下入深度，m。

（2）合理下入深度。

根据式（3-38），从防止水合物形成的角度出发，可得到井下节流器在井筒中的上限位置。实际应用中应根据不同的工艺需要，并考虑井下节流器的适用条件，选择合理的下入深度。通过模拟计算，节流器最小下入深度为 1500m 时，井筒内温度压力曲线与水合物生产曲线不相交，不存在水合物生成风险（图 3-69）。

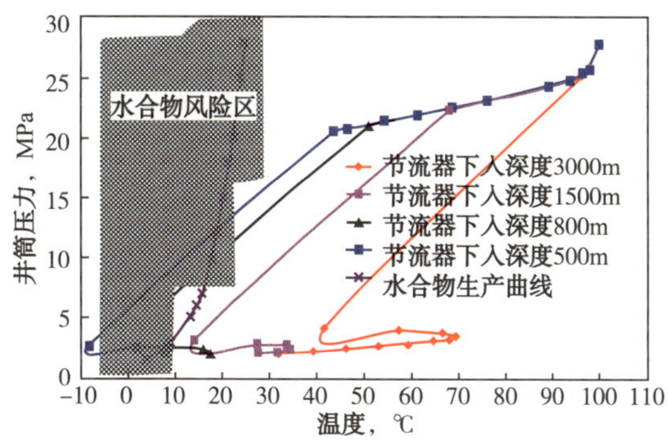

图 3-69　节流器不同下入深度时井筒压力与温度分布

从井下节流器工作寿命考虑，井下节流器投放位置越深，其工作环境温度越高，承受的压力也增大（图 3-70），对井下节流器工作寿命影响越大。因此，实际下入深度不宜过大。

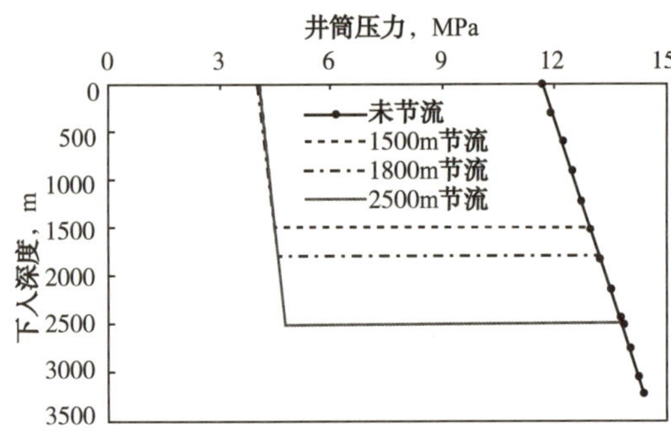

图 3-70　节流器不同下入深度与井筒压力的关系

例如：长庆苏里格气田地面采用中低压集气流程，节流器气嘴处为临界流状态，需要保证 $\frac{p_2}{p_1} < \left(\frac{2}{k+1}\right)^{\frac{k}{k-1}} \approx 0.55$，按井口压力 4.0MPa 折算出口压力 p_2 约为 4.5MPa，所需要的入口压力 p_1 约为 8.11MPa，即只要节流器下入深度处压力高于 8.11MPa 就能保证气嘴处仍然为临界流状态，就可防止井筒水合物生成，以及满足地面对中低压集气、气井井间串接的生产要求[13]。

二、井下节流器技术

井下节流器是井下节流技术的核心工具，该工具结构简单，投放、坐封和打捞通过试井钢丝作业操作完成，施工安全方便。长庆油田自主研发的常规井下节流器有卡瓦式和预置式两种系列，卡瓦式节流器通过钢丝作业可投放到油管任何设计位置[14]；而预置式节流器的工作筒在新井下完井生产管柱时安装在设计位置，节流芯子投放在工作筒内，变动节流芯子位置时需起出油管[15]。

1. 常规井下节流器

1）卡瓦式节流器

（1）主要结构。

卡瓦式节流器主要由打捞头、卡瓦、本体、密封胶筒及节流气嘴等组成，由卡瓦定位，密封胶筒密封，结构如图 3-71 所示。

（2）投放及打捞工艺。

卡瓦式节流器投放打捞由钢丝作业车操作完成，工艺简便，如图 3-72 所示。

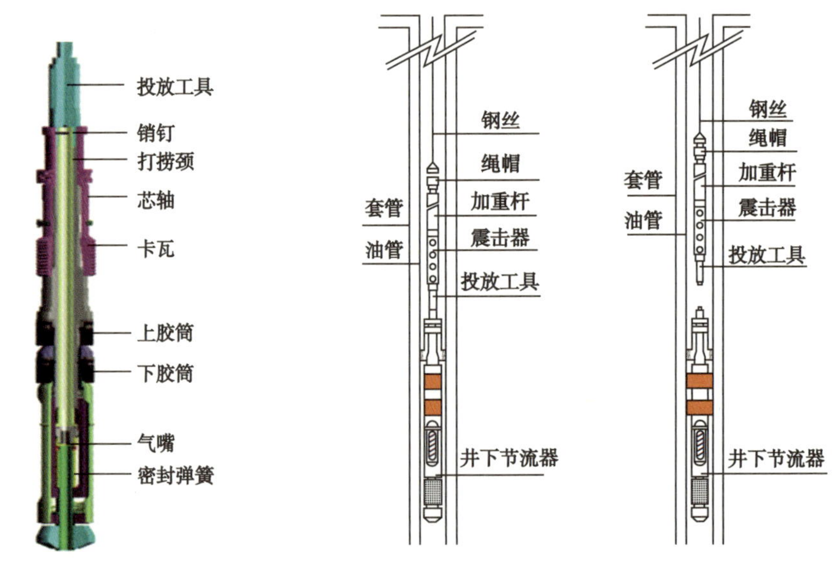

图 3-71　卡瓦式节流器结构

图 3-72　投放工艺原理

投放时，投放头与井下节流器通过钢销钉连接，下行时卡瓦松弛，密封胶筒处于自然收缩状态。至设计位置，上提卡瓦定位，向上震击剪断投放头与井下节流器连接销钉，内部弹簧撑开密封胶筒坐封。开井后节流气嘴上下形成压差，密封胶筒进一步撑开封牢。

打捞时下放工具串带专用打捞头，向下震击将打捞头与井下节流器对接，抓提卡瓦，震击时造成卡瓦松弛。同时打捞头挤压工具中心杆，弹簧收缩。密封胶筒回到自然收缩状态，上提打捞操作完毕。

（3）主要特点。

由于卡瓦式节流器直接卡定在油管上，坐封位置灵活。但当油管较脏时，坐封难度较大；同时密封胶筒永久变形影响打捞。

2）预置式节流器

（1）结构及工作原理。

预置式节流器由工作筒和节流芯子两大部分组成，结构如图 3–73 所示。

新井下完井生产管柱时，在设计位置安装工作筒。投产后，利用专用投放工具通过钢丝作业将节流芯子投入工作筒，依靠节流芯子上的锁块卡入工作筒槽内实现定位，上提钢丝，投放工具与节流芯子脱离，完成节流芯子投放。节流芯子上的密封组件与工作筒密封面形成良好的密封，气流从节流芯子中部通过气嘴节流后流出。预置式节流器安装如图 3–74 所示。需要更换气嘴时，利用钢丝作业下入配套打捞工具，抓住锁块轴上提，即可捞出芯子。但变动节流芯子位置时需起出油管。

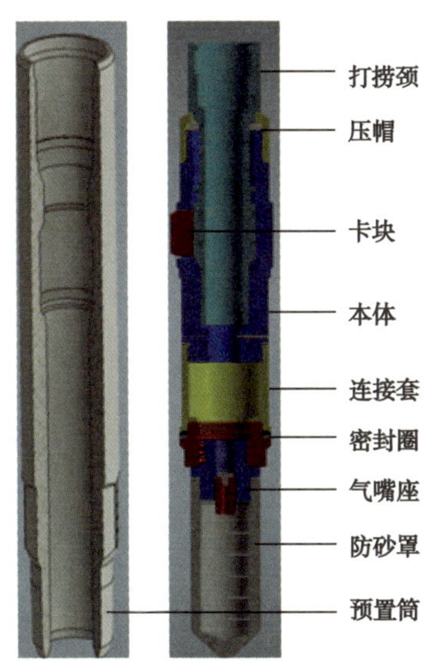

图 3–73 预置式节流器示意图

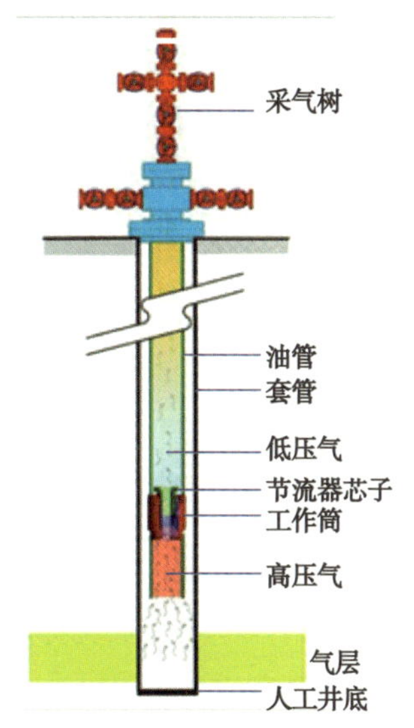

图 3–74 预置式节流器安装示意图

（2）性能特点。

预置式节流器依靠锁块定位、V 形胶圈密封，密封间隙只有 0.1mm，因此具有更好的密封性能及更大的下入深度。与卡瓦式节流器相比，其主要特点如下：因节流芯子尺寸小于油管内径，施工时不会卡阻，投放打捞容易；密封可靠性高；完井作业影响节流芯子投放、坐封及密封。

2. 新型防砂井下节流器

1）研发背景

长庆气田是典型的低渗透、低压、低丰度岩性气藏，主要目的层属冲积平原背景下辫状河沉积体系，叠置砂体具有明显的方向性，气藏规模小，砂体展布范围有限，有效砂体连通性差，储层非均质性强，采用常规井开发难以提高单井产量，开发经济效益较差。为改善开发效果，实现少井多产、降本增效、节能环保，提高单井采收率，长庆气田转换开发方式，钻井从最初的直井发展到目前的以丛式井、水平井为主。水平井技术作为提高单井产量的有效手段，已在长庆气田进行规模应用。相应配套的储层改造、采气工艺技术需要发展更新，才能适应气田的开发。

相对直井、定向井而言，水平井具有井口压力高、单井产量高、气井易出砂等特点，常规卡瓦式节流器在生产、投放、打捞等方面都存在不同程度的问题：

（1）气井出砂影响井下节流器正常生产。如苏平 ×× 井投放常规卡瓦式节流器正常生产 22d 后，气井产量突降为 0。打捞节流器后，发现节流器冲蚀严重，局部破损、断裂，内部被泥沙堵塞。为了保障气井正常生产，随后采用三相分离器生产时，由于井口需要加热节流以及人员的现场值守，日常管理费用高，安全风险大，且有悖于苏里格气田“绿色、环保、节能”的理念。

（2）井下节流器打捞难度大。水平井压力、产量普遍较高，打捞时井下节流器存在解封困难、上提阻力大等问题，影响了气井中后期排水采气工艺措施的有效实施。

为解决常规卡瓦式节流器在水平井应用过程中出现的问题，开展了新型防砂井下节流器的研发，以保障苏里格气田水平井经济有效开发。

2）结构设计

该井下节流器主要参考常规卡瓦式本体防砂、不防砂节流器的结构，并结合现场应用过程中存在的问题，设计了尾部防砂节流器，如图 3–75 所示。该结构避免了高速气流携砂对本体防砂井下节流器外筒的损坏，优化了内部气流流道，使其满足出砂严重水平井的生产需求（图 3–76）。

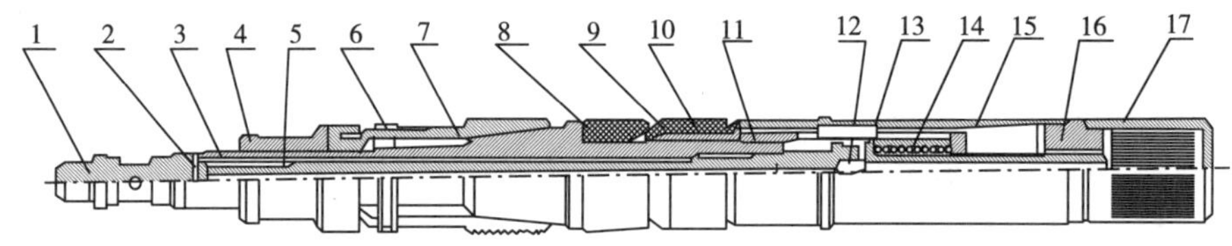

图 3–75　新型防砂井下节流器结构示意图

1—投放器；2—剪销；3—本体；4—打捞颈；5—上中心管；6—卡环；7—卡瓦；8—上胶筒；9—下胶筒；10—密封圈；11—活动套；12—气嘴；13—下中心管；14—弹簧；15—外筒；16—导向头；17—防砂罩

工作原理：当井下节流器投送到预定位置时，上提投放器卡瓦预固定在油管上，向上震击剪断销钉，坐封弹簧推动下中心管、导向头、外筒向上移动撑开下胶筒，实现节流器初密封，当气井开井后，在压力差作用下下胶筒上移撑开上胶筒达到工作状态，气流通过气嘴实现降压。

设计性能参数：

（1）工具最大外径 ϕ 58mm，实现 ϕ 62mm 管径有效密封。

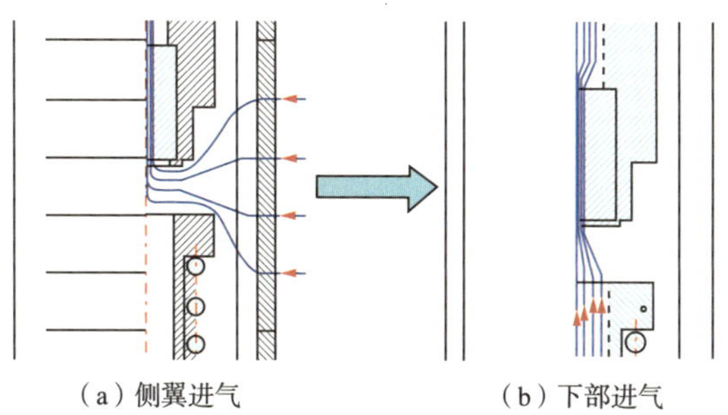

图 3-76　防砂机构流动优化示意图

（2）承压 35MPa，温度 120℃，卡瓦不上移，密封良好。

（3）具有防最小粒径 100 目的防砂功能。

3）室内性能评价实验

（1）投放打捞及密封性能。

井下节流器室内投放、密封、打捞性能评价工艺流程如图 3-77 所示。

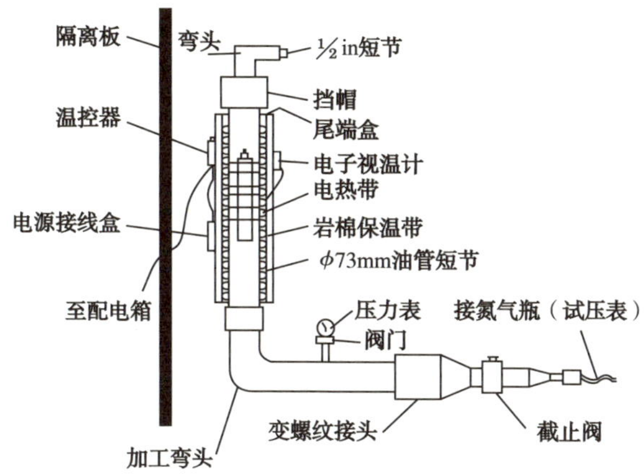

图 3-77　井下节流器室内性能评价实验工艺流程

装配好井下节流器，气嘴采用死嘴子。按正常下井要求调试合格，调试情况做好记录（调试前后胶筒外径等）。

组装好井下节流器实验装置，上端挡帽改用试压堵头。打压 35MPa，稳压 5min，在各部位无渗漏的情况下，关闭截止阀，卸掉试压管线，观察实验装置密封性能，30min 内压力不降为合格。

将装有井下节流器的实验装置移至实验场地并竖立固定，在 1.5m 油管短节外装夹电加热圈，装好温控器等，包好岩棉，连接电源线。

将实验装置固定在工作台上，装入连接震击器的井下节流器，上提使卡瓦初步卡定，然后向上震击脱手，使井下节流器坐封，装上实验装置挡帽，装挡帽前油管外螺纹上缠密封带，以防井下节流器失效后水溢出，浸湿电热带。测量井下节流器上端距挡帽上端距离，做好记录。

连接试压泵，依次打水压 10MPa、15MPa、25MPa、30MPa、35MPa，每个压力下稳压 30min，观察有无泄漏，测量井下节流器上端距挡帽上端距离，做好记录。

连接氮气瓶向实验装置充压，使实验压力达到 10~15MPa（由氮气瓶压力决定），关闭截止阀，观察 30min，如果压力不降，再连接试压泵，开始密封寿命实验。

电热带接通电源，调节好加热温度，开始进行不同压力及温度下的密封寿命实验。每组实验在不同的温度、压力下观察 2~3h。

（2）防砂性能评价。

首先按一定比例调配好砂样，把它放入在割缝筒与实验外筒之间，实验外筒的下端入口连接空气压缩机，上端出口与气砂分离室连接。实验一段时间后，在气砂分离室中收集砂粒称重，以此来评价新型防砂井下节流器的防砂效果。防砂评价装置如图 3–78 所示。

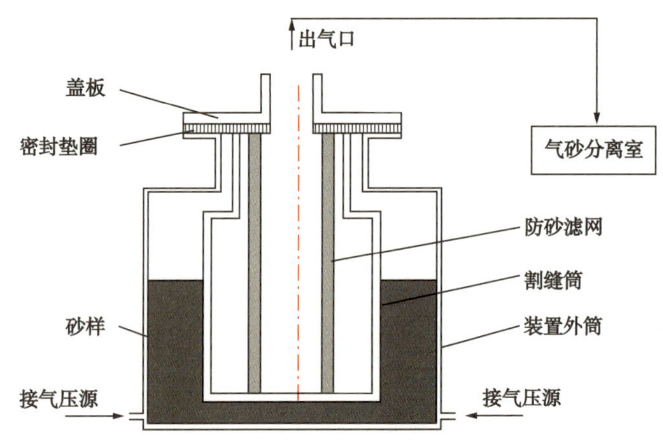

图 3–78　防砂评价装置示意图

（3）实验情况。

新型防砂井下节流器室内多次实验表明，在不同的实验压力、温度下，卡瓦未发生滑动，密封良好，无渗漏、无压降，且井下节流器打捞后钢体无变形，密封胶筒无突鼓外伤，锚定部件活动自如，无卡阻现象，性能达到了预期的设计要求，可以投入现场使用。井下节流器室内实验数据见表 3–37。

表 3–37　井下节流器室内实验数据

序号	压力 MPa	温度 ℃	稳压时间 min	试压次数	试压介质	加热方式	备注
1	30	常温	30	3	水		反复加压稳压 3 次无渗漏，正常
2	35	常温	60	2	水		反复加压稳压 4 次无渗漏，正常
3	30	120	30	2	水	电	反复加压升温 2 次无渗漏，正常
4	35	100	30	4	水	电	反复加压稳压 4 次无渗漏，正常
5	35	120	60	3	水	电	反复加压升温 4 次无渗漏，正常
6	40	120	40	4	水	电	反复加压升温 4 次无渗漏，正常

成功研发的新型防砂井下节流器解决了常规卡瓦式节流器易冲蚀、堵塞等问题，实现了在大产量、易出砂气井井下节流技术的突破。

3. 大通径、大压差井下节流器

随着苏里格气田的开发，低产气井逐步增多。为了进一步降低开发成本，近年来开展

了 $3^1/_2$in❶ 生产管柱相关试验，该类气井在采气工艺上，仍采用以井下节流技术为主体的中低压集气模式的思路。为保障 $3^1/_2$in 生产管柱气井在中低压集气模式下平稳正常运行，需配套相应的井下节流器。由于 $3^1/_2$in 生产管柱配套的井下节流器承受压差为 $2^7/_8$in 油管节流器的 1.5 倍，其钢丝投放、打捞作业难度增大，采用常规节流器结构无法满足生产需求，通过改变坐封方式、优化结构设计、优选材质，设计了 $3^1/_2$in 卡瓦式和预置式两种井下节流器。不同油管尺寸井下节流器承压对比见表 3–38。

表 3–38 不同油管尺寸井下节流器承压对比

油管规格，in	油管内径，mm	节流前压力，MPa	节流后压力，MPa	井下节流器承压，kN
$3^1/_2$	76	20	2	163.3
$2^7/_8$	62	20	2	108.7
$2^3/_8$	50	20	2	70.68

1）$3^1/_2$in 新型易打捞卡瓦式井下节流器

苏里格气田主要应用卡瓦式井下节流器，截至 2012 年底，累计应用 4000 余口井，现场应用表明，该节流器具有密封良好、使用寿命长、失效率低、坐封简单等优点。但该节流器打捞过程中，特别是没有失效的井下节流器，其密封胶筒与井壁摩擦力太大，造成打捞阻力大。因此，为解决常规卡瓦式节流器难打捞问题，结合 $3^1/_2$in 生产管柱井下节流器承压高、投捞难度大的特点，研发了新型易打捞结构的 $3^1/_2$in 卡瓦式井下节流器。

（1）设计原则。

针对 $3^1/_2$in 生产管柱节流压差大、打捞张力大的情况，在常规卡瓦式节流器结构的基础上，并结合气缸坐封原理进行设计，其设计理念是：

①井下节流器的投放及打捞依靠钢丝作业实施。

②节流器的卡定机构依靠卡瓦卡定。

③通过减少井下节流器胶筒与油管接触面积、降低打捞张力的思路，井下节流器密封机构采用单胶筒可回缩机构，既保证了井下节流器有效密封，又降低了打捞难度；密封机构采用二次密封，初次密封利用气缸坐封原理，即气缸内密封一定体积的常压空气，在井下节流器投放至井筒内高压环境后，气缸开始压缩，胶筒开始膨胀，完成初密封；气井开井后，依靠井下节流器前后压差完成二次密封。

④增加防砂机构。

⑤增加特殊设计卡爪的防下滑机构，防止井下节流器滑落井底，提高了井下节流器的适应性。

（2）性能要求。

①根据《机械设计手册》，油管内工具一般最大外径小于油管规外径 1~2mm，$3^1/_2$in 油管规外径为 73mm，则 $3^1/_2$in 新型易打捞卡瓦式井下节流器最大外径为 71mm。

②井下节流器要求承压 35MPa、温度 120℃，工具不上移，密封良好。

③具有防砂功能，减少气井出砂对井下节流器的影响。

④具有防下滑功能，防止井下节流器掉入井底，造成打捞困难。

❶ 1in=25.4mm。

⑤既要有密封性能好、承高压、耐高温的优点，同时又要有易于打捞的特点。

⑥具有泄液功能，在井下节流器上方有积液导致打捞困难时，能打掉气嘴机构形成泄液通道，保证井下节流器上方积液回落，提高工具打捞成功率。

（3）结构设计。

3 $^1/_2$in 新型易打捞卡瓦式井下节流器主要由投放机构、卡定打捞机构、密封节流机构和防砂防下滑机构组成，如图3-79所示。其工作原理为：采用钢丝作业投放，钢丝通过工具串与投放器连接，井下节流器下入设计深度后，上提工具串使卡瓦与油管卡定，继续上提震击剪断投放销钉，投放器相对本体向上移动带动投放工具锁定套的凸爪从主锁套槽内脱开，随工具串起出井筒，完成节流器投放。井筒气压推动气缸套内的坐封柱塞带动气缸套上移使胶筒膨胀与油管密封，通过坐封柱塞与中支撑套之间的马牙扣防止坐封柱塞回位使胶筒密封失效。同时带动防下滑卡爪从卡爪收缩挡头中脱离弹开与油管接触，防止下滑。打捞时通过工具串连接专用打捞工具入井抓住打捞头向上震击使卡瓦与油管脱离，向上的震击力使本体带动卡瓦支撑套和胶筒支撑套一起上行，剪断卡瓦支撑套与本体之间的打捞销钉后，卡瓦支撑套与中支撑套产生相对位移使胶筒回缩，避免了上提时胶筒与油管之间摩擦力，打捞更容易。另外，若井下节流器下移，弹开的防下滑卡爪遇到油管接箍其翼上的锥度阻止向下脱离接箍；但上行时翼上的锥度可以顺利脱离接箍。

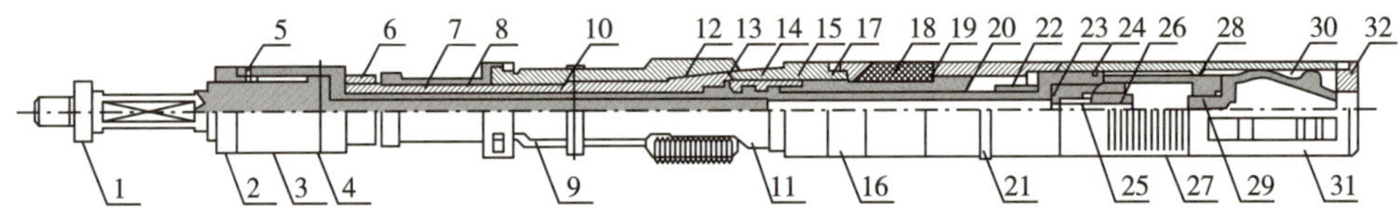

图3-79　3$^1/_2$in 新型易打捞卡瓦式井下节流器结构示意图

1—投放器；2—压盖；3—投放销钉；4—投放工具锁定套；5—打捞挡环；6—锁钉；7—本体；8—打捞头；9—卡瓦座套；10—锁紧螺钉；11—卡瓦；12—打捞销钉；13—卡瓦支撑套；14—定位挡环；15—连接筒；16—主锁套；17—胶筒支撑套；18—中支撑套；19—密封胶筒；20—气缸套；21—锁环；22—坐封柱塞；23—防砂筒锁钉；24—气嘴座；25—气嘴；26—气嘴压帽；27—防砂罩；28—连接套；29—卡爪连接螺栓；30—防下滑卡爪；31—外支撑套；32—卡爪收缩挡头

①投放机构主要由投放器、压盖、投放工具锁定套、投放销钉和锁钉组成。该机构主要作用是：与工具串连接完成节流器的投放，到达设计位置后容易丢手；连接节流器本体并固定坐封气缸的位置。因此，投放机构关键部件为投放销钉，具体尺寸根据实验确定。

②卡定打捞机构主要包括打捞挡环、本体、打捞头、卡瓦、卡瓦座套、卡瓦支撑套、打捞销钉和定位挡环。该机构主要作用是：节流器投放预定位置后卡瓦与油管的卡定；打捞时，可以解封并完成与打捞工具的连接。因此，卡定打捞机构关键部件为卡瓦角度、支撑套角度的设计及打捞销钉的确定。

③密封节流机构主要由主锁套、下挡环、胶筒支撑套、锁钉、密封胶筒、中支撑套、坐封柱塞、气缸套、气嘴座、气嘴锁钉、气嘴和气嘴压帽组成。该机构主要作用是：井下节流器投放至预定位置后胶筒挤压膨胀完成与油管的密封，气嘴完成节流。因此，密封节流机构的关键部件为密封胶筒的耐温耐压等物性，气缸坐封机构的追进及追进后锁定设计，气嘴承受气流冲蚀能力设计。

对常规卡瓦式和3 $^1/_2$in 新型易打捞卡瓦式两种井下节流器打捞时胶筒受力进行分析，如图3-80所示。原井下节流器打捞时弹簧仍压缩胶筒，且当锥体上拖胶筒时，产生一个水平向外撑力，使胶筒紧贴油管内壁；当上提力越大时，与油管摩擦力越大，打捞就越困难，若胶筒老化时打捞更困难。$3^1/_2$in 新型易打捞卡瓦式井下节流器单胶筒密封，打捞时胶筒处位置让开，胶筒完全回缩；两端平面，上提时水平面托着胶筒上移，没有向外撑油管的力，与油管壁产生的摩擦力小，故容易打捞。

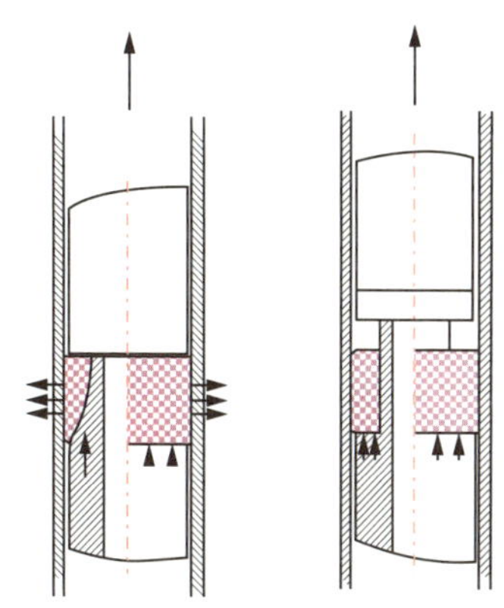

图 3-80 常规卡瓦式和 $3^1/_2$in 新型易打捞卡瓦式井下节流器打捞时胶筒受力示意图

④防砂防下滑机构包括防砂罩、连接套、卡爪连接螺栓、防下滑卡爪、外支撑套和卡爪收缩挡头，其结构基于新型防砂井下节流器的防砂机构。该机构主要作用是：防止气井内的压裂砂或产层出砂；防止井下节流器在井筒内下滑。因此，防砂罩的缝宽及数量、防下滑机构卡爪的角度是设计关键。

⑤打掉气嘴机构设计，气嘴机构脱离 $3^1/_2$in 新型易打捞卡瓦式井下节流器本体，形成泄液通道，保证工具上方积液回落井底，提高了积液气井井下节流器打捞成功率。

（4）材质优选。

卡瓦式井下节流器采用胶筒密封，其材料和结构对井下节流器的坐封、密封和打捞起重要作用。目前，常规卡瓦式井下节流器胶筒所采用的橡胶胶料无法满足 $3^1/_2$in 新型易打捞卡瓦式井下节流器密封承压要求，需对胶筒胶料进行优化完善。为了更进一步提高其压缩永久变形、耐高温、耐高压及耐磨性能，进行了不同于氢化丁腈橡胶的胶料研究。

通过大量资料调研选择了性能比较好的 5 种橡胶，对这 5 种橡胶进行了不同环境下的性能对比，见表 3-39。

表 3-39 5 种橡胶不同环境下的性能对比

项目	橡胶一	橡胶二	橡胶三	橡胶四	橡胶五
香烃醇	好	好	好	差	好
油	好	好	好	好	好
甲醇	差	好	好	好	好
硫化氢	差	差	好	好	好
蒸汽	差	好	好	好	好
胺类	差	差	好	好	好
低温（TG 小于 0）	好	好	好	差	差

注：“差”表示性能改变强烈，无论是在体积膨胀还是在扯断伸长率降低方面，定为不太有利的候选对象；“好”表示橡胶在体积膨胀和扯断伸长率方面表现良好，定为比较有利的候选对象；橡胶三在各个性能方面都表现良好，应用范围较广。

从表 3-39 的性能对比中可以看出，橡胶三在各种介质环境中体积膨胀和扯断伸长率都比较好，因而以橡胶三为基料进行了胶筒胶料的加工，并对新型橡胶胶料与氢化丁腈橡胶胶料进行了室内性能对比，其结果见表 3-40。

表3-40　氢化丁腈橡胶与新型橡胶性能对比

试验项目		试验结果		试验方法
		氢化丁腈橡胶	新型橡胶	
硬度，IRHD		78	78	GB/T 6031—1998
压缩永久变形（150℃ ×72h），%		19.5	9.8	GB/T 7759—1996
热空气老化（150℃ ×72h）	硬度变化，IRHD	−2	1	GB/T 3512—2001 GB/T 6031—1998
	体积变化率，%	4.7	3.4	
气井水样（100℃ ×72h）	硬度变化，IRHD	1	−1	GB/T 1690—2006 GB/T 7759—1996
	体积变化率，%	3.7	2.1	
	压缩永久变形，%	9.1	7.5	
50%气井水样+50%甲醇（100℃ ×72h）	硬度变化，IRHD	−2	−1	GB/T 1690—2006 GB/T 7759—1996
	体积变化率，%	3.6	2.7	
	压缩永久变形，%	10.4	7.3	

从表3-40可以看出，新型橡胶在50%气井水样+50%甲醇环境中各项性能都要比氢化丁腈橡胶的性能好，并且新型胶料的胶筒进行室内实验，其耐压达40MPa、耐温达200℃以上。

在对新型胶料研究的同时，对胶筒胶料的加工工艺也进行了改进完善。通过橡胶耐磨剂并经多次耐高温、耐高压试验，优选了一种特殊的添加剂及合理的添加比例，使得胶筒胶料的物理与机械等综合性能得到明显改善，其性能参数见表3-41。

表3-41　密封胶筒性能参数

序号	试验项目		试验结果	
			改进前	改进后
1	拉伸强度，MPa		22	20
2	扯断伸长率，%		410	345
3	压缩永久变形（B型试样）（100℃ ×72h，压缩率25%），%		59	19
4	热空气老化（100℃ ×72h）	硬度变化，IRHD	2	0
		体积变化率，%	13	9
5	气井水样（100℃ ×72h）	硬度变化，IRHD	1	−1
		体积变化率，%	13.5	9.3
6	50%气井水样+50%甲醇（100℃ ×72h）压缩永久变形（压缩率25%）		57	17
7	磨耗指数，%		87	109

为了检测胶筒胶料的耐磨性，采用国家标准GB/T 9867—2008《硫化橡胶或热塑性橡胶耐磨性能的测定》，对改进的胶筒胶料进行测定。根据测定结果，改进后的胶筒胶料磨耗指数为109%（磨耗指数：在规定的相同试验条件下，参照胶的体积磨耗量与试验胶的体积磨耗量之比，通常以百分数表示。其数字越小，表示耐磨性越差），而改进前只有87%，因此改进后的胶筒胶料耐磨性能大幅度提高。

同时，为了更进一步提高胶筒的性能，改进了胶筒的模压制作方式，将由以前的裹胶方式改为注胶方式，使胶筒内部组织更致密，黏合力更强，无分层及气泡现象，其性能比以前用裹胶方式制作的胶筒有了较大的提高。

根据耐高温、耐高压的要求，调整了制作过程中的温度、保温时间、成型压力等参数，使胶筒具有更高的耐温、耐压特性。试验表明，最高耐温 200℃以上，最大工作压差 40MPa。

（5）性能评价。

$3^1/_2$in 新型易打捞卡瓦式井下节流器室内投放、密封、打捞性能评价方法与新型防砂井下节流器一样，在此就不再一一重复说明了。

室内多次反复实验表明，$3^1/_2$in 新型易打捞卡瓦式井下节流器结构设计合理、尺寸合适、性能稳定，在 40MPa、120℃条件下，坐封可靠，密封良好，可以有效防止下滑，且打捞时胶筒回缩，与油管分离，打捞容易。与常规卡瓦式节流器性能参数进行对比，各参数指标都有利于 $3^1/_2$in 新型易打捞卡瓦式井下节流器的打捞。$3^1/_2$in 新型易打捞卡瓦式井下节流器的成功研发，解决了常规卡瓦式节流器承压高、投捞难等问题，实现了大管径气井井下节流技术的生产，实物照片如图 3–81 所示，与常规节流器胶筒性能参数对比见表 3–42。

图 3–81　$3^1/_2$in 新型易打捞卡瓦式井下节流器

表 3–42　常规卡瓦式节流器与 $3^1/_2$in 新型易打捞卡瓦式节流器胶筒性能参数对比

项目	常规卡瓦式节流器	$3^1/_2$in 新型易打捞卡瓦式节流器
初坐封力，kgf❶	270	240
最高承压，MPa	35	40
常规打捞钢丝拉力，kgf	300~350	250~270
正常打捞时间，min	120	30

2）$3^1/_2$in 预置式井下节流器

卡瓦式井下节流器因坐封位置灵活、技术成熟在长庆苏里格气田全面推广应用。在研发 $3^1/_2$in 新型易打捞卡瓦式井下节流器的同时，作为后备技术保障，研发了 $3^1/_2$in 预置式井下节流器。

长庆气田已形成了 $2^3/_8$in 和 $2^7/_8$in 生产管柱配套的预置式井下节流器，工艺参数见表 3–43。现场应用 5 口井，因节流芯子坐封困难，仅成功投放 3 口井。根据现场试验情况分析，2 口井节流芯子投放失败的主要原因有：密封胶圈膨胀无法进入工作筒密封面；砂子在工作筒定位台阶及卡槽处沉积；节流芯子锁块晃动影响进卡槽；投放工具锁块无法正常脱手。

❶ 1kgf=9.80665N。

表 3-43　预置工作筒式井下节流器工艺参数

型号	工作压差，MPa	工作温度，℃	最大外径，mm		工作筒最小外径，mm	密封管径，mm
			工作筒	节流芯子		
CQZ-57	≤ 35	≤ 120	93.3	78.0	56	62
CQZ-46	≤ 35	≤ 120	57.5	46.5	40	50.67

基于常规预置式节流器投放深度大时，坐封难度大的情况，借鉴节流芯子密封面与工作筒配合恰当才有利于坐封的经验，$3^1/_2$in 预置式井下节流器设计原理及工艺参数如下：

（1）设计原理。

工具结构原理与常规 $2^3/_8$in、$2^7/_8$in 预置式节流器基本相同。预先将工作筒预置于油管设计位置，压裂施工完成后，采用专用投放工具将节流芯子坐封于工作筒卡槽内。

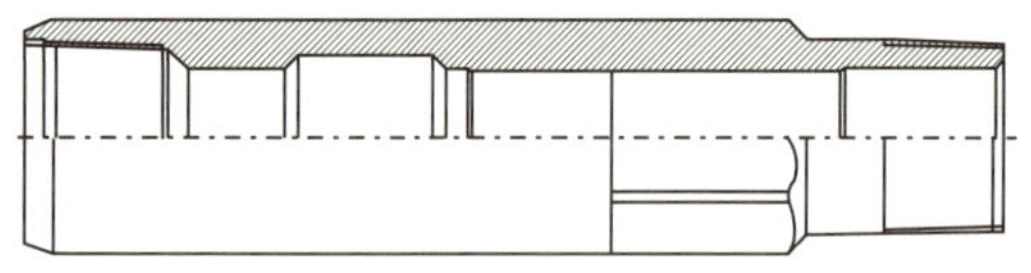

图 3-82　$3^1/_2$in 预置式井下节流器工作筒结构示意图

（2）工作筒结构设计。

参考 $3^1/_2$in 管柱封隔器设计原则，工作筒结构如图 3-82 所示。井下工具材质一般采用 35CrMo，可以满足苏里格气田现场生产需求，因此该工作筒材料采用 35CrMo，扣型与 $3^1/_2$in 生产管柱扣型一致。工作筒最小内径为 ϕ66mm，允许压裂过程中直径 ϕ63.75mm 的球通过，壁厚 13mm，抗拉强度和抗内压强度能够满足压裂施工工艺要求。

（3）节流芯子结构设计。

为了克服常规预置式节流器节流芯子难坐封、投放工具锁块无法正常脱手的情况，重新设计了 $3^1/_2$in 生产管柱预置式节流器节流芯子结构，如图 3-83 所示。采用弹簧将密封圈完全收缩、增加卡瓦扶正及回缩弹簧、增加可打掉气嘴机构、取消锁块直接利用销钉投放，节流芯子最大外径 68mm，气嘴打掉后通径 30mm，形成泄液通道，保证井下节流器上方积液回落，有利于积液气井井下节流器的打捞。

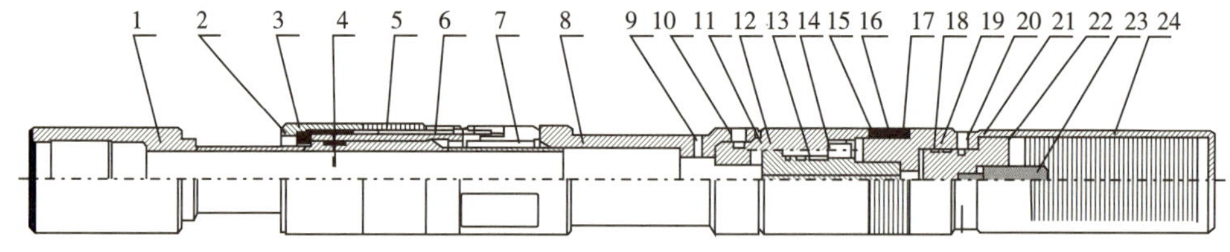

图 3-83　$3^1/_2$in 预置式井下节流器节流芯子结构示意图

1—锁块轴；2—锁帽；3—挡环；4—定位环；5—防护套；6—簧片；7—锁块；8—锁块体；9—黄铜剪销；10—安全剪钉；11—弹簧座；12—活动套；13—弹簧；14—堵板；15—密封座环；16—V 形密封圈；17—压环；18—O 形密封圈；19—密封段；20—筒剪钉；21—紫铜垫；22—气嘴；23—压帽；24—防砂罩

①卡定机构：采用锁块卡入工作筒槽内实现节流芯子卡定。其主体材质与工作筒材质相同，采用 35CrMo。锁块的主要作用是卡定节流芯子，生产过程需要承受 30MPa 的压差，要求锁块具有较大的咬合力。目前，通用井下工具的锁块采用 20Cr，能满足现场要求，因此锁块材料采用 20Cr，表面淬火。设计时为避免工作筒卡槽内砂堵影响卡定，设计锁块长度比预置工作筒卡槽短 20mm；同时为避免节流芯子投放过程中锁块张开提前卡

定，设计锁块加弹簧片机构，使锁块下井过程始终收缩，有利于节流芯子顺利投放。

②密封机构：为便于节流芯子投放，密封机构采用 V 形密封胶圈加弹簧设计，投放时密封胶圈直径小于工作筒密封面内径，丢手后，弹簧压缩密封胶圈使其与工作筒密封。

已入井的 3 口常规预置式节流器至今一直正常生产，应用表明密封件性能良好。因此 $3^1/_2$in 生产管柱预置式节流器节流芯子密封件材质仍采用丁腈橡胶，其工作压差 40MPa，工作温度 120℃，邵氏硬度 70IRHD，耐酸、抗天然气介质。

③气嘴可打掉机构：基于常规卡瓦式节流器上方积液导致打捞难度大的情况，在设计该节流器时增加了自泄液功能，通过专用打气嘴工具打掉气嘴座和防砂罩后形成内径为 30mm 的泄液通道，保证井下节流器上方积液回落，提高了积液气井节流器打捞成功率；同时也保障了在井下节流器打捞失败情况下，气井正常生产及后期的修井作业。

（4）投放工具结构设计。

针对常规预置式节流器投放工具锁块无法正常脱手的情况，采用取消锁块直接利用销钉投放的思路，重新设计了 $3\,^1/_2$in 生产管柱预置式井下节流器投放工具，其结构如图 3-84 所示。

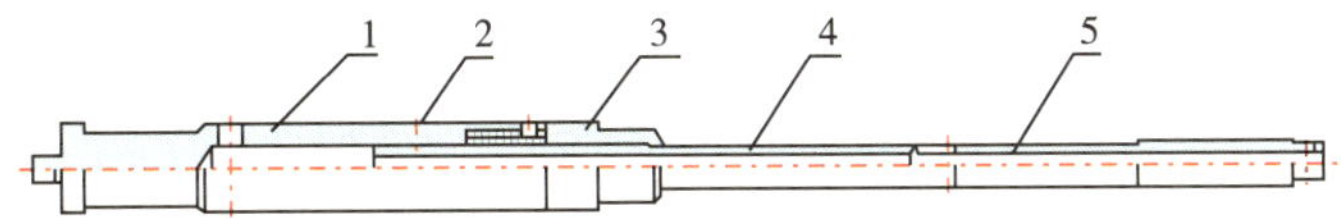

图 3-84　$3\,^1/_2$in 预置式井下节流器投放工具结构示意图

1—外筒；2—坐卡销钉；3—上击挡块；4—上投放连杆；5—下投放连杆

在节流芯子锁块完全进入工作筒卡槽后，向上震击，此时投放工具外筒与上击挡块一起向上移动，上击挡块震击上投放连杆并作用于下投放连杆与主体连接销钉上，由于主体与工作筒通过锁块已卡定，因此可以将销钉震断。震断后弹簧伸展，V 形密封胶圈受压与油管实现密封。此时可以起出投放工具，完成了节流芯子的投放作业。

（5）钢丝作业可行性分析。

$3\,^1/_2$in 生产管柱预置式节流器节流芯子预计质量不超过 10kg，与常用 ϕ3.0mm 剪销（材料 60Si2Mn）剪断力 2074kg、ϕ2.74mm 试井钢丝（材料：低碳钢）安全许用应力 900kgf 相比，质量很小，采用 ϕ3.0mm 剪销及 ϕ2.74mm 试井钢丝完全可以满足下井要求，不会发生中途丢手的情况。因此，$3\,^1/_2$in 生产管柱预置式节流器的投放、打捞作业仍采用钢丝作业来完成。

（6）性能评价。

$3\,^1/_2$in 生产管柱预置式节流器如图 3-85 所示。室内实验时，工作筒上接 $3\,^1/_2$in 油管，下接坐落短节及注液接头，如图 3-86 所示。节流器芯子投放坐封于工作筒后，分别开展不同温度、不同压力下密封性能实验，实验结果见表 3-44。

图 3-85　$3^1/_2$in 预置式井下节流器实物图

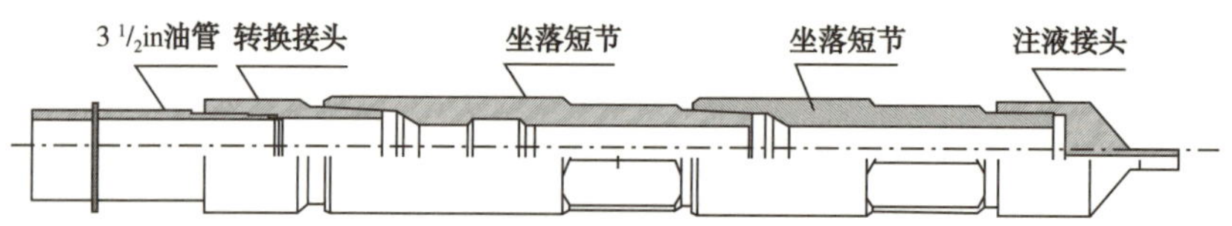

图 3-86　3 1/2in 预置式井下节流器室内实验工具连接示意图

表 3-44　3 1/2in 预置式井下节流器室内实验情况

压力，MPa	温度，℃	保压时间，h	销钉剪断力，kN	实验结果
40	常温	1	17	不渗不漏，压力不降
20	80	1.5	27	
30	90	1	27	
35	90	2	27	
35	120	1.5	26	
40	120	1	26	

室内实验表明，3 1/2in 生产管柱预置式节流器结构设计合理，承压 40MPa、耐温 120℃。高温条件下，反复多次模拟不同压力下节流芯子投放、密封、打捞等过程，节流芯子坐封可靠，反复开关井密封有效，投放、打捞一次性成功率 100%。3 1/2in 生产管柱预置式节流器的成功研发，实现了大管径气井井下节流技术的生产，保障了苏里格气田经济有效开发。

三、现场应用情况

井下节流技术是实现苏里格气田“井下节流，井口不加热、不注醇，采气管线不保温，中低压集气”集输模式的基础，是简化优化地面流程、实现气田经济规模有效开发的关键技术，也是有效确保水平井在中低压集气模式下平稳正常运行的关键技术。

（1）大幅度降低地面管线运行压力，为简化优化地面流程提供了技术保障。

苏里格气田节流后平均油压约 3.26MPa，为节流前平均油压 20.16MPa 的 16.17%（图 3-87），使地面管线运行压力大幅度降低，实现了中低压集气，节省了管材。

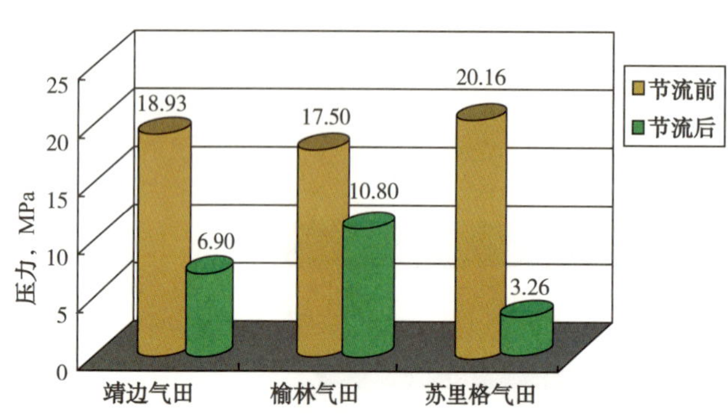

图 3-87　苏里格气田节流前后压力变化

（2）有效地防止了水合物形成，提高了开井时率。

从气流压力与水合物形成初始温度曲线（图 3-88）可以看出，随着压力的下降，水合物形成温度大大下降。如果上压缩机生产，井口油压节流在 1.3MPa 以下时，此时水合物形成温度为 1.5℃，而冻土层下的地温为 2~3℃，可基本消除水合物的形成。

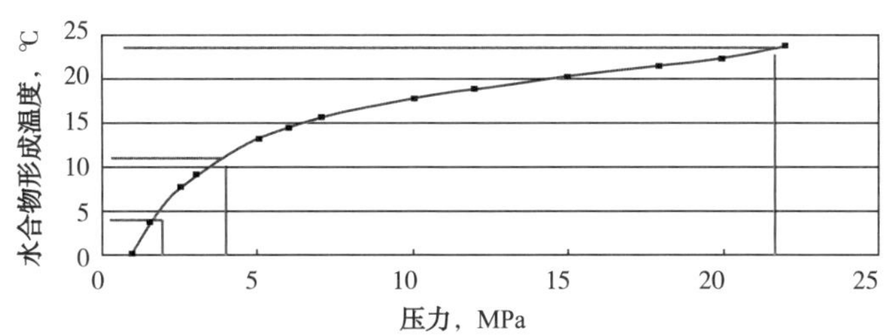

图 3-88 气流压力与水合物形成初始温度关系曲线

对苏里格气田各井区井下节流试验前后水合物形成温度进行统计，见表 3-45。

表 3-45 苏里格气田各井区井下节流试验前后情况

井区	试验前				试验后				冬季实测管线埋深 1.6m 地温，℃
	最大		平均		最大		平均		
	油压 MPa	水合物形成温度，℃	油压 MPa	水合物形成温度，℃	油压 MPa	水合物形成温度，℃	油压 MPa	水合物形成温度，℃	
苏 f 及苏 cf–aa	24.0	24.34	19.79	23.10	5.4	13.74	3.82	10.96	3~4
苏 be	23.0	24.07	20.94	23.47	4.1	11.54	3.29	9.74	
苏 a0	22.0	23.78	19.83	23.11	4.5	12.29	3.57	10.41	
苏 ad	23.0	24.07	21.69	23.69	2.0	4.23	1.32	2.11	
苏 b0	22.0	23.78	21.49	23.63	3.0	6.96	2.13	6.12	
平均	22.8	24.01	20.75	23.40	3.8	9.75	2.83	7.87	

井下节流前井口油压平均为 20.16MPa，此时水合物形成温度大于 23℃。苏里格气田气井井口气流温度为 0~18℃，井筒及地面管线易生成水合物堵塞而造成关井，影响气井开井时率。

井下节流后井口油压最大为 5.4MPa，对应的水合物形成温度为 13.74℃，大大降低了水合物形成条件，有效地防止了水合物的形成。如苏 ad 井区上压缩机生产，节流后井口油压最大 2.0MPa，平均 1.32MPa，此时水合物形成温度分别为 4.23℃、2.11℃，而冬季实测管线埋深 1.6m 地温为 3~4℃，因而可基本消除水合物的形成。该井区实际生产表明，采用井下节流技术有效地防止了水合物的形成，提高了气井开井时率，平均采气时率由 67% 提高到 99.99%。

（3）气井开井和生产无须井口加热炉，节能效果显著。

由于气井开井初期，井筒及地面管线易形成水合物而造成堵塞，在前期未采用井下节流技术时采用井口加热的方式防止地面管线堵塞。采用井下节流技术后，为保证进入地面管线的气体为中低压状态，启动节流器需用井口针阀控制到节流器正常工作，初步方案是采用井口加热炉加热、井口针阀节流降压开井，生产正常后移走加热炉。通过进一步试验，投放节流器后启动开井，由于启动时间短、温度上升快，不使用井口加热炉也能正常开井。

如苏f-i-c井投放节流器后未使用加热炉而顺利开井（图3-89）。开井前油压21.5MPa，套压22.3 MPa。采用井口针阀节流，启动开井瞬时气量在$5\times10^4m^3/d$左右，40min内成功启动井下节流器，针阀节流后气流温度在40min内恢复到节流前井口气流温度，投放节流器生产平稳后油压5.1MPa，套压22.1MPa，产气量$1.5\times10^4m^3/d$。

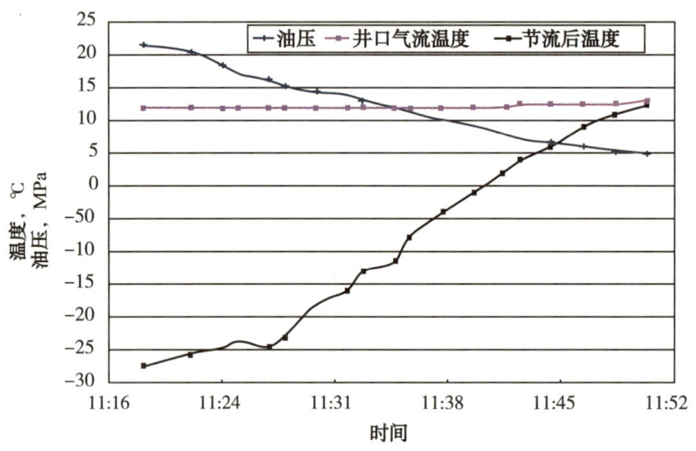

图3-89　苏f-i-c井投放节流器开井情况

（4）有利于防止地层激动和井间干扰。

根据气嘴流动理论，当上、下游压力之比达到某值时，穿越气嘴的流速等于声速，在这种状态下无论怎样降低下游压力，介质流速仍保持当地声速。下游压力的波动不会影响到地层本身压力，从而有效防止了地层压力激动。同时，采用井下节流技术后，气井稳定生产，开关井次数减少，也降低了对地层压力的影响。

苏里格气田采用井间串接的集气方式（图3-90），采用井下节流技术后，由于气嘴工作在临界流状态，某口井压力的变化不会影响其他井的正常生产。

应用井下节流技术后，在处于临界流动状态下，可在较大压力范围内实现地面压力系统自动调配而不影响气井产量（图3-91）。在冬季采用压缩机生产，尽量降低地面集输管线压力，从而防止水合物形成；在夏季停用压缩机生产，节约生产成本。

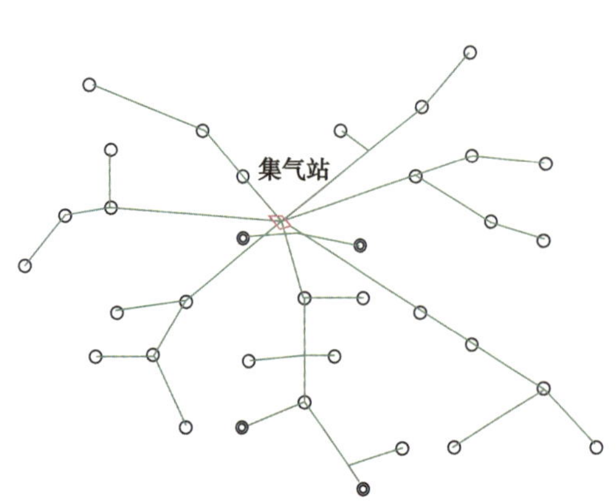

图3-90　苏里格气田气井串接集气方式

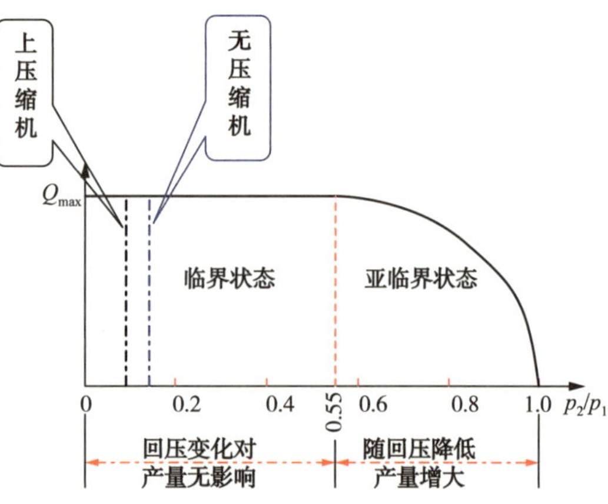

图3-91　实现地面压力自动调配原理

p_2/p_1—节流器令嘴出口与入口气体压力之比

（5）简化优化地面流程，节能环保，节约成本。

采用井下节流技术，可以大幅度降低井口油压，水合物形成温度大大降低，有效地防止了水合物的形成，提高了气井开井时率，平均采气时率由67%提高到99.99%，气井生产无须注醇，节省了注醇系统，取消了井口加热炉；降低了地面集输管线的压力等级，节约管材投资50%；实现了井间串接，节省单井管线长度36%。

井下节流器性能的突破，使得井下节流技术在苏里格气田应用的引领作用得到彰显，新型防砂、3 $^{1}/_{2}$in生产管柱卡瓦式和预置式节流器累计应用2587口井，年节气$32855\times10^4m^3$、甲醇5989t，折合标煤44×10^4t，带动了整个长庆气田节能工作的开展。

井下节流技术在苏里格气田全面推广应用，代替了传统井口及集气站节流模式，使得气田“井口不加热、不注醇，采气管线不保温”的中低压集输模式得以实现，其成功应用对其他同类气藏开发具有很强的借鉴作用。

参考文献

［1］方仁杰，朱维兵．抽油机历史现状与发展趋势分析［J］．钻采工艺，2011（2）：60-63.

［2］赵亚杰，黄华，王卫刚，等．抽油机游梁平衡自动调节机构设计［J］．石油矿场机械，2013，42（11）：38-41.

［3］曾亚勤，王林平，刘一山，等．QSY型抽油机智能平衡调整装置的设计［J］．石油天然气学报，2012，34（7）：153-156.

［4］王伟，檀朝乐，王辛涵，等．抽油机井平衡设计及调整技术综述［J］．中国石油和化工，2011（2）：59-61.

［5］梁毅，石海霞，樊松，等．抽油机井系统效率影响因素的灰色关联分析［J］．石油石化节能，2015，5（9）：1-3.

［6］苑慧莹，李川，王百战，等．ϕ28mm整筒抽油泵的研制与应用［J］．石油矿场机械，2011，40（8）：42-45.

［7］梁毅，石海霞，樊松，等．ϕ28mm实心柱塞抽油泵结构改进［J］．石油矿场机械，2014，43（2）：93-96.

［8］崔文昊，赵春，樊松，等．长庆低渗透油田定向井抽油机悬点载荷计算方法优化［J］．钻采工艺，2013，36（1）：67-69.

［9］黄伟，刘显，吉效科，等．CYJ7-2.5-26HY型抽油机设计及应用［J］．石油矿场机械，2010，39（5）：33-35.

［10］黄继汤．空化与空蚀的原理及应用［M］．北京：清华大学出版社，1991.

［11］刘爱华，杨会丽，张震云，等．水力空穴法清除油田管线硫酸钡锶垢［J］．油气田地面工程，2012，31（1）：9.

［12］崔谟慎，孙家骏．高压水射流技术［M］．北京：煤炭工业出版社，1993.

［13］张书平，付钢旦，张振文．鄂尔多斯盆地低渗透气藏采气工艺技术［M］．北京：石油工业出版社，2014.

［14］卫亚明，肖述琴，杨旭东，等．单胶筒防下滑井下节流装置的研制与应用［J］．石油机械，2013，41（7）：71-73.

［15］杨旭东，肖述琴，卫亚明．免绳索投放预置式井下节流器研制与应用［J］．石油矿场机械，2013，42（5）：76-78.

第四章　热采节能节水技术

针对稠油热采效率低、能耗高、污水达标回用等技术难题，开展热采节能技术关键技术攻关，重点开展过热蒸汽发生装备及工艺技术、烟气余热利用技术、SAGD 污水处理技术、不除硅污水回用锅炉技术、燃煤锅炉富氧燃烧、石油泥渣混煤燃烧技术以及注汽管线新型保温技术等研究及示范，初步形成了稠油热采油田节能节水技术体系，并进入现场规模应用，取得了显著的实施效果。

第一节　概　　述

稠油按照分类标准可分为普通稠油（黏度低限值取脱气油为 150mPa·s，或者油层条件下的黏度为 50mPa·s，高限值取脱气油为 10000mPa·s，相对密度在 0.9200 以上）、特稠油（黏度低限值取 10^4mPa·s，高限值取 5×10^4mPa·s，相对密度大于 0.9500）和超稠油（黏度在 5×10^4mPa·s 以上，相对密度大于 0.9800 以上）三种。

目前已发现的稠油油田或油藏有 30 多个，主要分布在辽河盆地西部凹陷西部斜坡带的欢喜岭油田、曙光油田，中部断阶带的牛心坨油田、高升油田、冷家堡油田、小洼油田，中央凸起南部倾没带的海外河油田、月东油田，新疆克拉玛依油区的六区、九区、四2 区、红浅 1 井区、克浅 10 井区、百重 7 井区和风城重 32 井区，胜利油区的单家寺、乐安、胜坨三区、孤岛等油田，河南油区的井楼、古城等油田，大港油区的枣园、羊三木（馆陶组）等油田。

2006—2015 年，中国石油辽河油田和新疆油田从热采系统设备及技术着手，开展节能节水技术攻关。着力从产汽、输汽及注入三个方面提高热采注汽系统热效率，促进热采系统节能降耗。通过常规注汽锅炉热效率测试、统计分析，开展过热锅炉注汽技术、烟气余热回收利用技术等研究试验，提高注汽锅炉系统热效率；通过进行常规管线热损失检测和室内比选实验，优选新型隔热保温材料，优化保温结构，降低注汽管网热能损耗；通过研发新型树脂，完善配套工艺，降低处理成本，利用污水回用锅炉，降低注汽锅炉用水成本，实现热采系统节水效果，满足环保要求。多项技术的综合效益可实现年节能 20 余万吨标煤，CO_2 减排 60 余万吨，年节约成本支出 1.5 亿元，为我国稠油油田经济、环保开采提供了技术支持。

第二节　过热蒸汽发生装备及工艺技术

辽河油田已建设成为全国最大的稠油生产基地，新疆油田也是中国石油主要的稠油产区，随着开发年限的增加，稠油热采设备及管网逐年老化，注气系统效率逐年降低，导致能耗浪费现象严重；同时制约了后期稠油开采对蒸汽干度及品质的要求。

针对上述问题，近年来开展过热蒸汽发生装备及工艺技术研究，利用原有湿蒸汽发生器进行升级改造，并在不同区块、多种油藏类型进行了现场试验。

一、稠油开发过热蒸汽发生装备

1. 过热蒸汽发生装备工作原理

过热蒸汽发生装备的研发设计基于成熟的油田专用注汽锅炉技术，在原有注汽锅炉基础上，增设汽水分离、过热及混配系统三大系统，将直流锅炉改造升级为过热锅炉，同时重新分配设计负荷，保证过热蒸汽发生器的安全、平稳运行。生水通过处理后，合格的软化水供到高压泵入口端，水经强制升压后进入水—水换热器，预热后的水进入对流段，在这里吸收热量后再进入水—水换热器作为热源加热给水，经冷却后进入辐射段的入口，水在辐射段经加热汽化后达到70%~80%的蒸汽干度，然后进入球形汽水分离器进行汽水分离，分离出的干蒸汽（干度99%以上）再进入过热段，加热后进入混配器，与分离出的饱和水充分混合后注入井下。工艺流程图如图4–1所示。

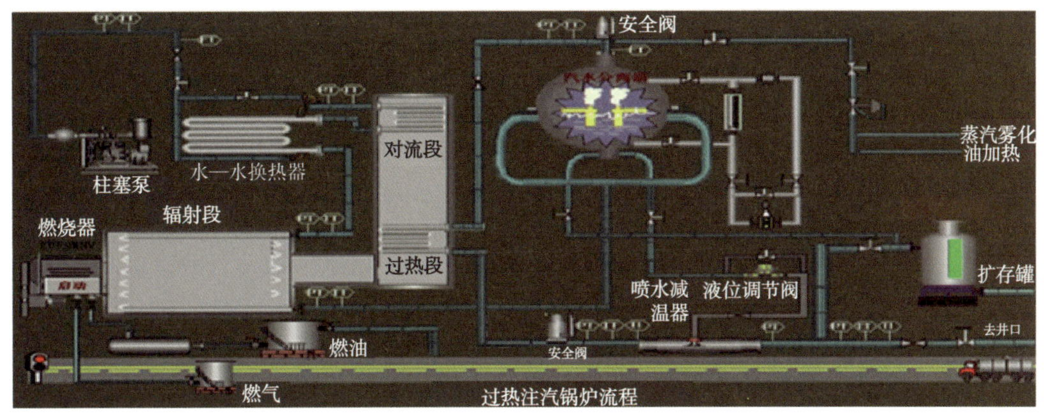

图4–1 直流式过热蒸汽发生器工艺流程

2. 过热蒸汽发生装备组成[1]

1）燃料系统

（1）燃气流程。

燃气流程如图4–2所示，天然气经过孔板流量计后分成两路：一路是燃气系统。天然气通过手动阀（3）和两个电动阀（4）进入自力式调压阀（6），自力式调压阀（6）把天然气压力降低并保持在1.5kPa，以后送入 ϕ250mm的膨胀管，经过蝶阀调节进入燃烧器。蝶阀和风门受气动执行器联动控制，膨胀管的作用是稳压缓冲。在停炉时，两个电动阀（4）速断关闭，电磁阀（5）打开排气。

另一路是引燃系统。天然气经调节阀（18）进入压力调节阀（15），把气压降到14kPa，再经过两个电磁阀（14）进入自力式调压力调节阀（13），把气压进一步降到1.5kPa后送入点火嘴。点火嘴用火花塞点燃，再引燃主火嘴。

在天然气进口处装有低压开关（16），整定在0.07MPa，当天然气压力低于此压力时，自动停止锅炉运行，并发出报警信号。

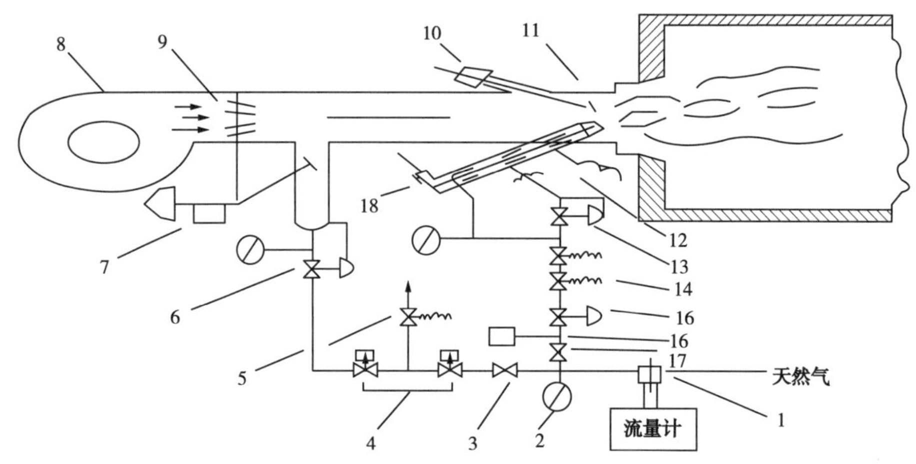

图 4-2　燃气系统流程

1—孔板；2—压力表；3，17—手动阀；4—电动阀；5，14—电磁阀；6—自力式调压阀；7—执行器；8—鼓风机；9—风门；10—火焰监测器；11—引燃火嘴；12—火花塞；13—自力式压力调节阀；15—压力调节阀；16—低压开关；18—调节阀

（2）燃油及雾化系统。

①主油流程。

从热油泵组来的原油，压力为 0.6~1.0MPa，温度达 90~130℃（根据原油的性质而定），经过滤器（7），减压阀（8），压力降为 0.5~0.7MPa 送到油控制阀（10），当压力超高时，安全阀（25）打开，将原油送回油管线，燃油经控制阀送到两个电动阀及油流量计进入油喷嘴。

油温低开关整定值由原油的性质决定，不同的燃料油有不同的温度要求值，油压低开关整定值为 0.175MPa，低于整定值出现油压低报警停炉。

②回油流程。

当油泵的排量大于锅炉的燃油需要量时，多余的油经压力调节器返回油罐，并加热油罐出口附近的燃油，以减少泵的吸入阻力。锅炉在停炉或准备点炉时，热油泵组可以把油全部送回油罐以维持油罐里的油温。油泵出口旁路安全阀的作用是保护油泵免受超压危害，其压力整定值为 0.1~0.9MPa。

③雾化流程。

燃油时，进行雾化的主要作用是使燃料充分燃烧，提高燃油热效率。

雾化系统按雾化气来说，又可分为空气雾化系统和蒸汽雾化系统。锅炉点火初期，先进行空气雾化，当蒸汽干度达到 40% 时，可进行蒸汽雾化。

空气雾化时，空气压缩机供气，由空气储气罐来的空气经减压阀（18）减压到 0.4MPa 左右，经雾化切换电磁阀（17）及单流阀（16，15）送到油嘴。

蒸汽雾化时，由蒸汽出口来的蒸汽经蒸汽减压阀（3）减压后进入雾化分离器（20），分离后的干蒸汽送到减压阀（21）进行减压，经雾化切换电磁阀（22）及单流阀（23，15）送到油喷嘴。

分离器上装有安全阀，整定压力为 1.4MPa，当分离器内压力超过 1.4MPa 时，安全阀打开放汽卸压。

雾化压力低限开关整定值为 0.175MPa，低于整定值时，将出现雾化压力低报警停炉。燃油及雾化流程如图 4-3 所示。

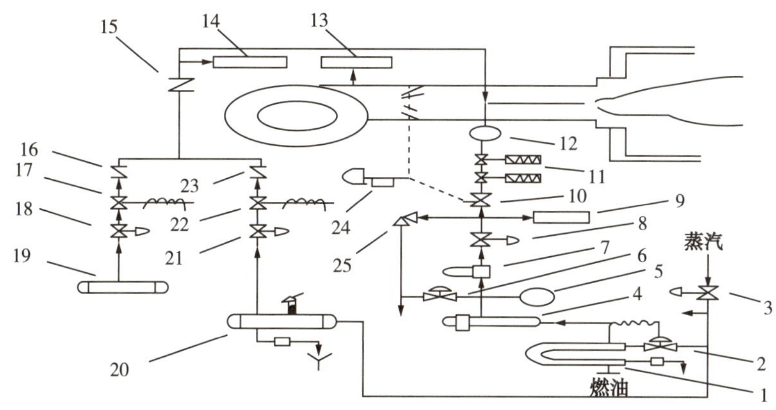

图 4-3　燃油及雾化流程

1—热交换器；2—自力式调节阀；3—蒸汽调节阀；4—电加热器；5—油温开关；6—回油压力调节阀；7—过滤器；8—压力调节阀；9—压力开关；10—燃油调节阀；11—电动阀；12—流量计；13—燃烧风压力开关；14—雾化压力开关；15，16，23—单流阀；17—空气雾化电磁阀；18—空气减压阀；19—储气罐；20—蒸汽雾化分离器；21—蒸汽减压阀；22—蒸汽雾化电磁阀；24—气动执行器（气马达）；25—安全阀

2）水汽系统

从水处理来的软化水压力在 0.1MPa 以上，经入口减振器缓冲、稳压进入柱塞泵，柱塞泵出口装有减振器和气动差压变送器，分别用来稳定工作压力及测量给水流量，经过加压和计量后的水进入预热交换器，使给水温度由常温提高到 121℃，以避免烟气中的水分冷凝腐蚀对流段的翅片管。预热后的水进入对流段的翅片管和光管，在这里吸收 40% 的热量，使水温升到 318℃再进入热交换器，失掉一部分热量，在水温降到 274℃左右再进入辐射段，水在辐射段流经炉管吸收 60% 的热量后，变成温度 353℃、压力 17.5MPa、干度为 80% 的饱和蒸汽，后经过球形汽水分离器进行汽水分离，分离出干蒸汽进入过热段，加热后进入喷水减温器，与分离出的饱和水充分混合后注入井下。

3. 过热蒸汽发生装备技术指标及参数设计

1）锅炉技术指标

锅炉改造前后的技术指标对比见表 4-1。

表 4-1　锅炉改造前后技术指标对比

项目	改造前	改造后
型号	YZG23 - 17.5 - D	YZGR23-17.5-D
蒸发量，t/h	23	23
工作压力，MPa	17.5	17.5
蒸汽干度，%	80	100
热效率，%	≥ 80	≥ 89

续表

项目	改造前	改造后
蒸汽温度，℃	354	367
烟温，℃	220	< 210
燃料	重油 / 天然气	重油 / 天然气
控制方式	PLC / DCS	PLC / DCS
过热度，℃		15

2）热力、水力学计算

热力及水力学计算见表 4–2。

表 4–2 热力及水力学计算

序号	参数	符号	单位	数值
1	炉膛出口 / 光管入口烟温	θ	℃	958.170
2	光管（过热段）出口烟温	θ	℃	643.316
	光管（对流段）出口烟温	θ	℃	612.884
3	排烟温度	θ	℃	123.461
4	外管（冷水）入口水温	t	℃	20.000
5	换热器冷水出口水温	t	℃	89.715
	翅片管出口水温	t	℃	234.819
7	光管（对流段）出口水温	t	℃	243.854
8	内管（热水）出口 / 辐射段入口水温	t	℃	180.199
9	辐射段出口 / 光管入口温度	t	℃	352.774
6	光管出口温度	t	℃	453.123
10	炉膛受热面积	H	m^2	90.969
11	光管受热面积	H	m^2	108.483
12	翅片管受热面积	H	m^2	714.837
13	水换热器面积	H	m^2	8.252
14	炉膛传热量	Q_1	kJ/kg	19298.498
15	光管（过热段）传热量	Q_2	kJ/kg	5620.322
	光管（对流段）传热量	Q_2	kJ/kg	527.096
16	翅片管传热量	Q_3	kJ/kg	7891.545
17	热力计算误差校核	ΔQ	kJ/kg	52.797
18	比值		%	0.148

3）改造内容

（1）炉本体：保持原辐射段，更换过渡段、对流段、增加过热段和汽水分离与喷水减温橇块，加长水—水换热器，对锅炉受热面吸热量重新进行分配，达到工艺技术参数要求。

（2）工艺流程：保持原燃烧流程、燃油流程、燃气流程、雾化流程，汽水流程自柱塞泵出口单流阀至辐射段蒸汽出口进行改造（利用现有受压元件与阀门），增加辐射段出口至蒸汽出口流程（部分利用现有受压元件与阀门）。

（3）附属设备：通过计算，现有燃烧器、柱塞泵、空压机均能满足工艺要求。

（4）仪器仪表：根据工艺要求，增加相应的控制点与程序模块，实现自动控制功能。

4. 过热蒸汽发生装备现场试验

现场试验工作自 2013 年 1 月开始，共进行了 5 轮次的过热运行。第一轮过热运行，主要进行分离器液位调节。第二轮次试运行，测试锅炉整体运行状态。第三轮次试运行，主要进行正常过热运行状态下锅炉运行规律的摸索。第四轮次试运行，主要针对喷水减温器两端压差有短时升高现象，加入了自动冲洗程序，测试自动冲洗程序是否能有效减小气阻现象对过热运行的影响。第五轮次试运行，排量为 16t/h，压力为 15MPa。各项指标满足技术参数要求。运行数据见表 4–3。

表 4–3　过热蒸汽发生装备运行数据

辐射段入口		辐射段出口			过热段入口			过热段出口				蒸汽出口		压差 MPa	分离器液位 mm	电动阀开度，%	燃气流量 m^3/h
压力 MPa	温度 ℃	压力 MPa	温度 ℃	干度 %	压力 MPa	温度 ℃	流量 m^3/h	压力 MPa	温度 ℃	干度 %	管壁温度 ℃	压力 MPa	温度 ℃				
14	198.9	13.4	338.3	63	13.4	337.5	8.8	12.8	497.9	100	500.5	12.7	330.1	0.1	329	13	1040
13.9	198.3	13.4	338.2	62	13.3	337.5	8.8	12.7	497.3	100	499.8	12.6	330.1	0.1	331	13	1040
13.9	197.7	13.4	337.9	62	13.3	338.4	8.7	12.7	498.5	100	501	12.6	330.1	0.1	329	14	1040
14.1	195.3	13.6	339.1	63	13.5	338.6	9.1	12.9	493.5	100	496	12.8	330.4	0.1	326	12	1040
13.9	193.1	13.4	337.8	62	13.3	337.5	8.7	12.7	493.4	100	495.8	12.6	330.2	0.1	332	15	1040
13.9	195.9	13.4	337.5	62	13.3	337	8.6	12.7	498.8	100	501	12.6	329.9	0.1	327	15	1050
14.3	194.9	13.8	339.9	64	13.7	339.7	9.4	13	492.9	100	495.6	12.9	332.4	0.1	327	11	1060
14.1	194.8	13.6	338.8	62	13.5	338.4	8.9	12.8	501.7	100	503.9	12.8	330.8	0	331	13	1070
14.3	195.3	13.8	340.3	63	13.7	339.8	9.2	13.1	492.1	100	494.7	12.9	332.2	0.2	328	13	1070
14.3	195.7	13.8	340.3	63	13.7	339.8	9.1	13.1	492.1	100	494.7	12.9	332.4	0.2	329	14	1070
14.3	195.7	13.8	339.9	63	13.7	339.6	9.1	13	494.2	100	496.7	12.9	332	0.1	332	13	1070
14.3	195.7	13.7	339.7	63	13.6	339.4	8.9	13	495.9	100	498.6	12.9	331.7	0.1	329	14	1070

注：阀门自动调节幅度为 9%~50%，设置每隔 40min 进行一次冲洗，循环进行；每次冲洗 15s，冲洗时开度设定最大 40%，冲洗时过热最大变化在 5℃左右。

5. 过热蒸汽发生装备应用情况

截至 2015 年 4 月，辽河油田共有过热蒸汽发生器 5 台，其中欢喜岭采油厂 1 台，冷家油田 3 台，高升采油厂 1 台。年累计注汽 30×10^4t 以上，主要应用于辽河深井及高黏度油井注汽。

二、稠油开发热注系统配套工艺技术

1. 烟气余热提高注汽锅炉热效率技术

目前，注汽锅炉所用的燃料主要是液体（油）燃料和气体燃料。注汽锅炉所用的液体燃料主要指原油、乳化油、混配油、特稠油、渣油等。锅炉用的气体燃料是天然气。天然气是碳氢化合物、硫化氢和某些惰性气体的混合物。天然气又分为气田天然气和油田天然气两类。由于所选用的燃料种类各异，因此燃烧后的排烟温度不同。如烧渣油的注汽锅炉排烟温度高达 300℃以上，而烧天然气的注汽锅炉排烟温度一般在 200℃以下。无论使用哪种燃料，对于常规烟气直排锅炉，要求排烟温度不低于 121℃，避免温度降低到露点以下，对流段翅片管表面酸腐蚀。但通过结构设计，只要改变排烟方式，避免冷凝水进入对流段内或在对流段内产生冷凝水，就可以大幅度降低排烟温度，从而提高热效率[2]。

1）工艺流程

移动式注汽锅炉使用 20℃以内的低温软化水作为锅炉给水，其温度远低于燃气烟气排放温度和露点温度，可通过烟气余热利用技术充分吸收排烟中的低品位废热，用于预热锅炉给水，提高注汽锅炉的热效率，减少燃气消耗，节约能源，其具体工艺流程如图 4-4 所示。把高效节能装置安装于移动式注汽锅炉尾部替代原有尾部烟囱，节能装置与原烟箱外形相似。节能装置工作时，烟气经过换热模块放出热量后经烟囱排出。原水罐中的水经处理后由循环水泵送至节能装置，吸收烟气中的热量，被加热后通过柱塞泵泵入注汽锅炉。节能装置工作过程中产生的冷凝液在节能装置下部富集回收后送至冷凝液处理器，经处理达标后输送至原水处理系统进行回收再利用。当设备检修或不需要节能装置工作时，切换烟气通道闸板，关闭换热通道，烟气由旁路通道直接排出，同时循环水泵关闭。若不需要回收利用冷凝液，可通过冷凝液排放口直接接管外排。节能装置内部烟气流通方向与原有流通方向一致，烟气首先水平流过换热器，换热后改变方向排出。节能装置换热面具有二维扰流强化传热的板纹结构特性，大幅度提高换热系数的同时具有较低流阻，烟气在壁面经扰动形成微小涡旋湍流，不利于灰尘附着，且烟气流通行程短、入口和出口扰动强烈，也不利于积灰的形成与发展，从结构角度也有利于积灰清理。烟气流经节能装置后部分冷凝液析出分离，通过尾部集液槽泄放至冷凝水处理装置，经处理达标后回用为锅炉给水。改造完毕后不增加移动式注汽锅炉高度和宽度，仅在长度方面略有增加，不影响移动式注汽锅炉的转运。节能装置内部设置烟气旁路通道，通过闸板切换节能装置工作状态，闸板由手自动一体的伺服电动执行机构驱动，通过表箱开关控制。注汽锅炉燃用重油等油料时，需定期检查积灰状况，装置设计采用模块化结构，可通过观察孔观察积灰情况，积灰严重时将换热模块拆下清理。当燃用重油时烟气含尘、含硫量较高，可将烟气通道切换至旁路通道，燃用燃气时再切换至工作状态。节能装置壳体内外均涂覆高效绝热、防腐材料，管路进行保温防护处理。

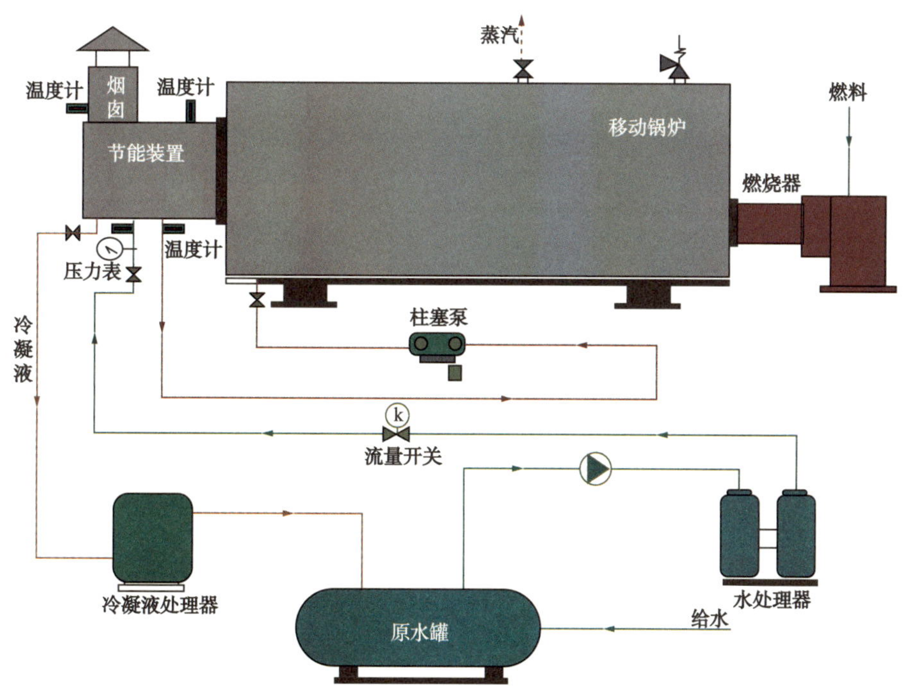

图 4–4　注汽锅炉节能改造工艺流程

2）应用效果

截至 2014 年 6 月，辽河油田在高升采油厂应用两台烟气节能装置。排烟温度由 170℃降低到 87.9℃，降低了 82.1℃，水温由 9℃提高到 60℃，热效率提高 7%，单耗降低 $6m^3/t$，年节气 $60 \times 10^4 m^3$，创效 120 万元。

2. 降低锅炉表面温度技术

根据 TSG G0002—2010《锅炉节能技术监督管理规程》要求，“当环境温度为 25℃时，距门（孔）300mm 以外的炉体外表温度不得超过 50℃，炉顶不得超过 70℃”。

油田注汽锅炉现有保温技术主要有平铺保温技术、高纯硅酸铝折叠块保温技术和喷涂保温技术。平铺保温技术长期运行炉体表面温度为 75℃，高纯硅酸铝折叠块保温技术长期运行炉体表面温度为 70℃，喷涂保温技术长期运行炉体表面为 65℃。因此，现有油田注汽锅炉保温技术不能满足要求，不符合国家“节能”政策要求，同时工人操作环境差。

1）新型锅炉内保温参数及结构设计

采用高纯硅酸铝折叠块 + 气凝胶结构形式，由于气凝胶良好的绝热性能，在满足气凝胶耐温要求的条件下，将气凝胶安装于高温区段，可有效减少保温厚度。这种保温方式通常在辐射段筒体向火面采用高纯硅酸铝纤维模块保温，近筒体侧采用普通硅酸铝纤维毯和高纯硅酸铝纤维毯，在高纯硅酸铝纤维毯上敷设气凝胶保温，在每个保温层之间用铝箔隔开，防止窜烟。

（1）气凝胶保温层位置的确定。

气凝胶是保温毯的结构形式，考虑锅炉燃烧时燃油污染、高温烟气冲刷、气凝胶材料昂贵、更换成本高等工况，气凝胶不适合安装于向火面。

由表 4–4 可知，将气凝胶保温层布置于筒体侧，炉体表面温度高于 50℃，气凝胶保温层从向火面向外移动，由于高温下导热系数大幅度增加，导致炉体表面温度超标，最适合安装位置是在向火面硅酸铝模块150mm厚处。

表4-4 采用同样保温层厚度下计算不同气凝胶位置的表面温度

名称		单位	方案一	方案二	方案三	方案四	方案五	方案六
高纯硅酸铝折叠块	厚度	mm	210	190	150	110	50	0
	导热系数	W/（m·℃）	0.141	0.148	0.150	0.168	0.217	
气凝胶	厚度	mm	10	10	10	10	10	10
	导热系数	W/（m·℃）	0.016	0.017	0.018	0.020	0.030	0.043
平铺纤维毯	厚度	mm	0	20	60	100	160	210
	导热系数	W/（m·℃）		0.040	0.047	0.080	0.093	0.107
炉体表面温度		℃	57.302	54.050	49.497	53.661	55.101	56.251

（2）气凝胶保温层厚度的确定。

气凝胶是新型保温结构的重要组成部分，其厚度直接影响炉体表面温度。常见的气凝胶主要有6mm和10mm两种规格。

由表4-5可知，采用6mm的气凝胶不能将炉体表面温度降低至50℃，采用16mm的气凝胶改造费用较高，因此采用10mm的气凝胶。

表4-5 不同厚度气凝胶复合保温结构计算结果

名称	单位	方案一	方案二	方案三
气凝胶厚度	mm	6	10	16
普通硅酸铝纤维毯厚度	mm	20	20	20
高纯硅酸铝纤维毯厚度	mm	44	40	34
折叠块厚度	mm	150	150	150
炉体表面温度	℃	53.3	49.5	43.9
改造费用	万元/台	31.23	33.78	37.61

2）应用效果

截至2015年4月，辽河油田在欢采、锦采改造锅炉内保温10台，单耗降低1.1m^3/t，年累计注汽50×10^4m^3，节气55×10^4m^3（按气2元/m^3计算），创效110万元。

3. 注汽管网及管线保温隔热技术

1）新型隔热保温材料优选及结构优化设计

（1）开展主体保温材料优选。

对油田常用及实验的9种保温材料，进行室内导热系数、抗压强度、吸水性等技术评价，优选出二氧化硅气凝胶高效隔热材料作为主体保温材料。保温材料外观如图4-5所示。

（2）开展保温结构优化研究。

以二氧化硅气凝胶材料为主，开展了6种不同保温结构的室内实验研究，优选出12mm气凝胶+50mm复合硅酸盐+彩钢板最佳保温组合和保温结构。保温结构图如图4-6所示。

图4-5　新型隔热保温材料外观

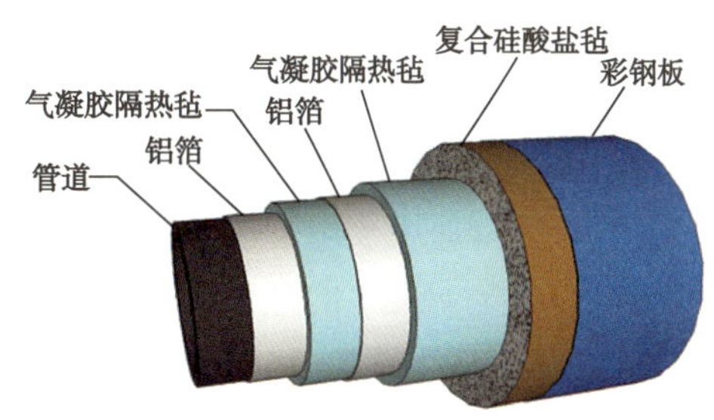

图4-6　新型隔热保温材料保温结构

2）应用效果

截至2015年4月，辽河油田在高升、锦采、曙光、金马油田应用注汽管道新型隔热技术，改造注汽管线保温113km。实现保温层厚度减少20.6mm，管线热流密度降低270W/m^2，降低千米管道热损失3.81%，井口蒸汽干度提高6.9%，满足提高入井蒸汽品质的开发要求。年累计减少蒸汽热损失2.9×10^{11}kJ，增加注汽12×10^4t，增油3×10^4t，累计创效6500万元（按油汽比0.25、油价2191元/t）。

4. SAGD换热技术

SAGD是蒸汽辅助重力泄油技术（Steam Assisted Gravity Drainage）的英文缩写。开发工艺技术原理：蒸汽经过直井被注入地层，并在油层中形成连续的蒸汽腔，蒸汽冷凝放出热量，地下原油经加热后，与冷凝水一同依靠重力作用流入水平井被大排量采出，采收率可达50%。该工艺目前处于工业化应用阶段。

在SAGD开发方式下，井口产液量在200~400t/d之间，含水率在65%~85%之间，井口温度为120~170℃，产出液携带大量可利用热能。为了满足油井产出液脱水工艺要求，降低SAGD开发操作成本，充分利用油井产出液热能，对于SAGD技术工业化应用具有重要作用。

1）油井产出液可利用热能计算

（1）油井产出液中油携带的可利用热能。

由于超稠油在特定温度下的热焓值不能确定，但其在特定温度下的比热容值确定且具有经验公式，为此依据其比热容经验公式进行可利用热能计算。超稠油的比热容计算公式为：

$$C_o=(1.6848+0.0039T)/\gamma_o^{0.5}$$

式中　T——温度，℃；

γ_o——油的相对密度；

C_o——油的比热容，kJ/（kg · K）。

超稠油的密度近似于 1.0g/cm^3，那么 γ_o 近似于 1，所以得出油的比热容计算简化公式：

$$C_o=1.6848+0.00391T$$

采用微积分方程对其释放出的热量进行计算：

$$\mathrm{d}\Delta M_o=Q_oC_o\mathrm{d}T=Q_o(1.6848+0.00391T)\mathrm{d}T$$

$$\Delta M_o=Q_o\left[1.6848(T_2-T_1)+0.001955(T_2^2-T_1^2)\right]$$

式中 ΔM_o——油温变化后的放热量，kJ/d；

Q_o——产油量，kg/d；

T_2——放热后的温度，℃；

T_1——放热前的温度，℃。

（2）油井产出液中水携带的可利用热能。

由于水在特定温度下的热焓值 376.9kJ/kg 是确定的，为此水的放出热量，即水携带的可利用热能依据水在温度变化前后的热焓进行计算：

$$\Delta M_w=Q_w\Delta H_w$$

式中 ΔM_w——水温变化后的放热量，kJ/d；

Q_w——产水量，kg/d；

ΔH_w——水温变化下的热焓值变化，kJ/kg。

（3）油井产出液携带的可利用热能。

根据公式 $\Delta M=\Delta M_o+\Delta M_w$，计算出油井产出液携带的可利用热能。

2）SAGD 换热工艺技术设计

为满足油井产出液的技术脱水工艺要求，降低 SAGD 开发的操作成本，设计油井产出液携带的可利用热能用于该区块注汽锅炉使用的软化水升温，其工艺流程为：产出液从井口进入计量接转站脱气，脱气后进入集中换热站换热，温度从 155℃降到 90℃后，进入联合站脱水；软化水从软化水站进入集中换热站，换热升温后为该区块注汽锅炉供水，流程如图 4-7 所示。以曙 1 区为例，该区域软化水供水排量为 10000t/d，温度为 20℃，与产出液换热后，吸收热量为 2298.5 × 10^{6}kJ/d，经过计算，温度从 20℃升高到 64℃，计算数据见表 4-6。

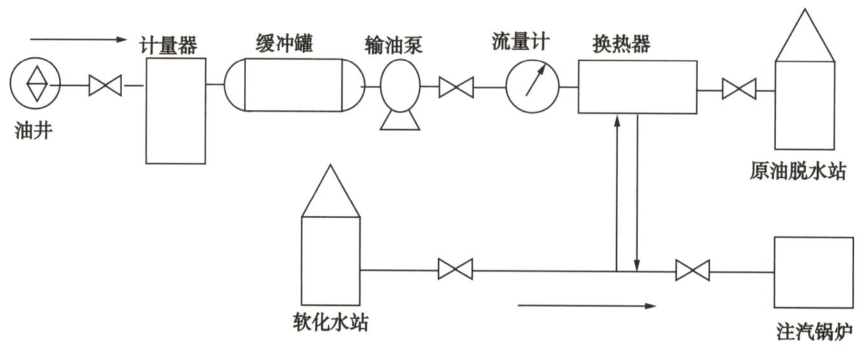

图 4-7 SAGD 油井产出液热能利用流程

表 4-6 换热后的软化水温度

油井产出液 t/d	换热前		换热后		产出液携带的可利用热能，kJ/d
	温度，℃	热焓，kJ/kg	温度，℃	热焓，kJ/kg	
10000	20	83.86	64	83.86	1837.7

由于注汽锅炉软化水供给管线长度距离较远，热损失按照 10% 计算，软化水进入注汽站温度为 57.6℃，完全可以满足注汽站用水要求（不高于 80℃）。

3）热能利用效益分析

SAGD 油井产出液可利用热能的回收利用，具有显著的经济效益和社会效益。

经济效益方面，主要为节约注汽锅炉燃料费。以曙一区为例，由于供水管线沿程损失，回收的可利用效率按照 90% 计算，每天回收热量 1653.5×10^6kJ。注汽锅炉燃料油热值为 40611.96kJ/kg，约为 9700kcal/kg，每天可以节省燃料油 40.6t，每年节省燃料油 14814t。同时，通过对 SAGD 油井产出液携带的可利用热能进行回收利用，使产出液温度满足联合站原油脱水工艺要求，进行 SAGD 开发方式工艺技术配套，保障 SAGD 工业化应用的顺利进行，使超稠油区块原油采收率从 21.6% 提高到 50%，具有显著的社会效益。

三、展望

随着稠油热采及相关技术不断深入及发展，稠油热采系列技术仍有待提高，以满足国家的政策要求和油田发展需求。例如，气—汽发生器的研制，降低地面输送及井筒输送损耗，进一步提高燃料利用效率，达到节能减排的目的，满足国家能源及环保要求。

第三节 产生过热蒸汽水处理技术

目前我国稠油开采所占的比例正在逐年提高，为了提高采出率，SAGD 等热采技术逐渐获得大面积推广。这些技术在注采过程中，往往需要向井下注入高品质蒸汽，通常是靠汽水分离器或汽水分离器 + 过热的方法来获得。

采用汽水分离器之后，就随之出现了高盐水排污的问题。污水中盐类如果跟随湿蒸汽进入管输和井下，容易引起结垢和堵塞，高盐水只能靠管输送至水处理厂进行深度处理，不但需要建设专门的排污管线，增加了管输费用，而且在水处理厂进行后续处理也很困难。

为了使高盐水就地处理，保证油田水资源的循环利用，降低油田的开采成本，同时满足油田专用汽包锅炉给水水质的要求，提出了利用闪蒸 + 多效蒸发的方法将汽水分离器高盐水就地处理，并尽量利用现场冷源，将其余热回收到锅炉的技术路线，截至 2015 年，开展气包炉 + 多效蒸发现场试验，效果良好，为实现稳定的过热蒸汽注汽提供了良好的技术支持。

一、机械蒸发压缩法（Mechanical Vapor Compression）水处理技术

1. 技术现状

MVC 工艺是基于热泵应用的原理[3]。在系统内的蒸发冷凝过程中连续循环和保持潜

热交换。MVC 属于热法废水处理工艺，与其他热法相比热力学完善度高，设备紧凑，不需要外部热源，也不需要弃热凝汽器和冷却水，规模相对灵活，经济性与装置规模相关度低，特别适用于小规模海水淡化，成本与反渗透法大致相当。在由 SAGD 工艺的采出废水转化成合格水的多个可选择工艺中，MVC 技术是最为节能的技术之一，在加拿大等 SAGD 开采应用较多的国家，MVC 技术是 SAGD 开采的重要配套技术之一，然而该技术在我国还没有应用先例。

2. 技术路线

通过对 SAGD 开发中产生的稠油废水水质进行分析研究，确定稠油废水中主要污染物种类及相应浓度。通过实验研究蒸发器布膜方式和稠油废水预处理防垢技术等因素对 MVC 技术效率的影响。通过装备研发和系统集成形成适合处理我国 SAGD 开发中伴生稠油废水的 MVC 技术，并完成不低于 $20m^3/h$ 稠油废水处理规模的 MVC 关键技术工程。

3. MVC 污水处理室内小试工程

1）RCC 公司室内实验简述

2007 年 6 月，辽河油田将 12t 水样运往美国 RCC 公司进行试验研究，6 月 18 日至 8 月 30 日辽河油田在 RCC 公司实验室进行了辽河油田 SAGD 产出水 MVC 中试试验。RCC 公司于 2007 年 6 月 25 日进行降膜立管蒸发器的浓缩试验，按照方案要求，经过 2~3d 运行，浓缩倍数将达到 30 倍，但试验进行了 1d 就发现降膜立管结垢，此时浓缩倍数仅为 8.5 倍，处理后蒸馏水水量为 16L/h，冷凝水量为 22L/h，循环水量为 1011L/h。

在第一组试验的基础上，RCC 公司于 2007 年 6 月 27—30 日对 SAGD 采出水水样进行了预处理，主要目的是降低水中的钙离子浓度，避免降膜立管结垢。根据烧杯试验结果，部分修改了已制订的中试方案，主要包括将进水 pH 值从 7.2 调至 11.5，NaOH 浓度为 1260mg/L，在进水中投加 100mg/L 的 Na_2CO_3，可将进水中 85% 左右的 Ca^{2+} 沉淀，Ca^{2+} 可从 118mg/L 降至 5~6mg/L（表 4-7），浓缩液在室温下 pH 值要控制在 12.5~13 之间，在集水池中投加阻垢剂，有利于防止降膜立管结垢。

表 4-7　第二组试验结果与标准对比

项目	汽包炉给水水质要求		处理后水质	是否达标
标准	标准 GB 12145—2008			
压力，MPa	12.7~15.6	15.7~18.3		
溶解氧，μg/L	≤ 7	≤ 7	未检测	
总铁，μg/L	≤ 20	≤ 20	< 5	达标
总铜，μg/L	≤ 5	≤ 5	< 5	达标
总硬度，μmol/L	≤ 1.0	≌ 0	≈ 0	达标
pH 值（25℃）	8.8~9.3	8.8~9.3	9.7	不达标
联氨，μg/L	10 月 15 日	10 月 15 日	未检测	
总碳酸盐（以 CO_2 计），mg/L	≤ 1	≤ 1	未检测	
油，mg/L	≤ 0.3	≤ 0.3	0.1~0.35	达标
电导率，μS/cm	≤ 0.3	≤ 0.3	51~57	不达标
SiO_2，μg/L	≤ 80	≤ 80	45~185	不达标

2007年6月30日下午重新启动了第二组中试试验，试验流程如图4–8所示，并对原水、预处理水、浓缩水和蒸馏水进行了全面的化学分析，得到了一系列试验数据，初步分析降膜蒸发管技术经济性。

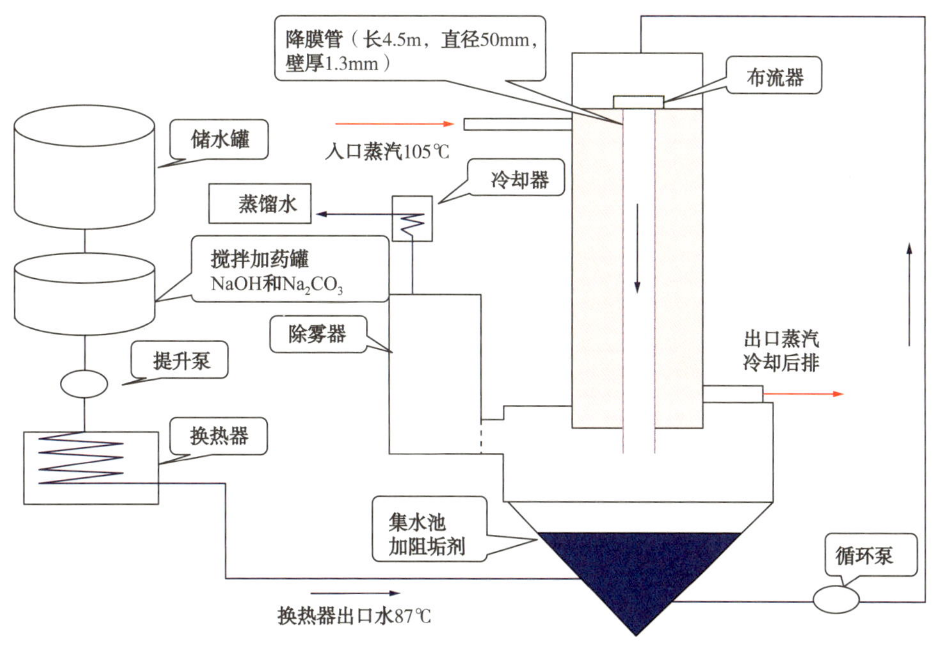

图4–8　第二组试验降膜管蒸发器试验工艺流程

2）同济大学室内实验简述

同济大学采用辽河油田提供的原水模拟实际运行工况，在管式降膜蒸发器中进行连续不间断蒸发。通过结垢情况分析、水质及垢层成分分析、预处理技术、传热性能测试等试验，研究管式降膜蒸发器在稠油热采废水蒸发中的应用，为工业化应用奠定基础。

试验工艺流程为：储存在塑料桶中的油田废水通过泵被间歇地送到料液储罐，料液储罐中的油田废水通过离心泵送至循环泵与循环的料液混合，然后一起进入管式蒸发器中，油田废水通过布液器均匀分布至加热管中。料液在管程，蒸汽在壳程，两者进行热交换后一起并流，料液进入分离室，凝结水通过计量仪器进入储存桶，然后再送至电锅炉。蒸发产生的蒸汽通过2层丝网型除沫器，再进入板式冷凝器凝结，通过流量计量仪器后予以外排（图4–9）。

试验最终浓缩倍数达到60倍以上，在此过程中持续取样，每次取样约500mL。当浓缩倍数提高后，每次取样约1L。平均蒸发量达到22.5L/h，计算换热系数平均值K=2545W/（m^2·K）。

4.MVC污水处理现场中试工程

1）MVC处理污水中试内容

为了验证MVC技术处理辽河油田SAGD采出水的适用性、可靠性和技术经济指标，开展现场中试试验，完成以下内容：

（1）研究MVC处理工艺、设备的适用性、可靠性和经济性。

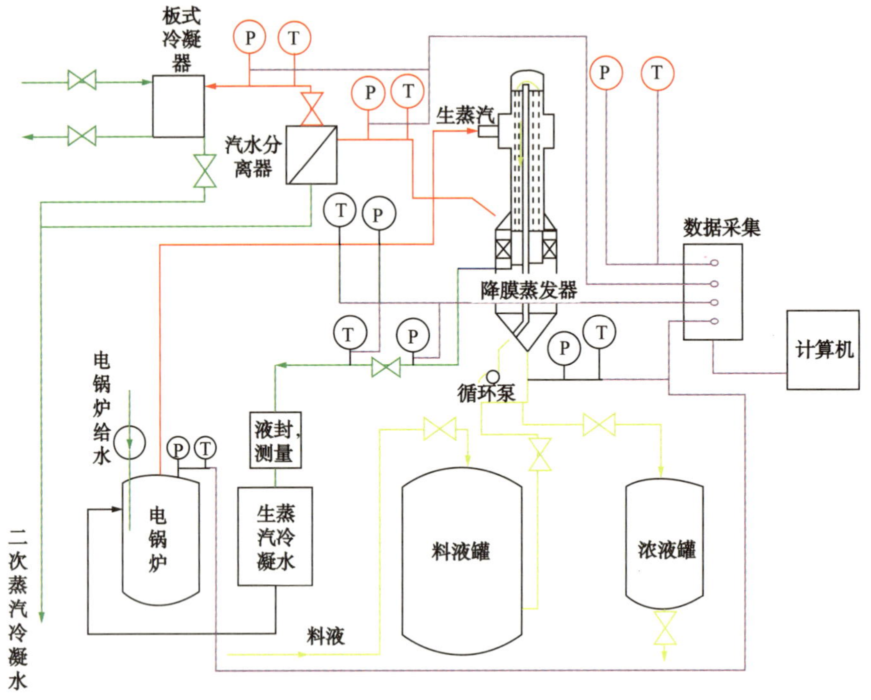

图 4-9　单效管式降膜蒸发器实验流程

（2）研究 MVC 进出水指标及其变化规律。

（3）研究开发 MVC 完整工艺技术包。

（4）研究开发降膜蒸发器设计软件包。

（5）研究降膜蒸发器布水器的适用性、可靠性。

（6）研究降膜蒸发器材料选择的合理性、先进性。

2）设计范围

1 套设计蒸发水量为 20m^3/h 的中试装置，主要包括 1 台额定蒸发量为 20m^3/h 的降膜蒸发器、1 台蒸汽压缩机、1 台预热器、1 台脱气器、1 台换热器、1 台循环水泵等以及配套公用工程。试验水源为曙一区污水深度处理站过滤器进水。

3）装置规模及组成

MVC 技术处理 SAGD 采出水回用汽包锅炉的中试试验，该工程位于曙一区污水深度处理站内，处理的废水量为 20.34m^3/h，每天的废水消耗量为 488.16m^3。冷凝水的产量为 20m^3/h，每天的产量为 480m^3；浓缩液产量为 0.34m^3/h，浓缩液质量比例为 1.67%，每天的产量为 8.16m^3；关键设备主要包括 1 台额定蒸发量为 20m^3/h 的降膜蒸发器、1 台蒸汽压缩机、1 台预热器、1 台脱气器、1 台换热器、1 台循环水泵等以及配套公用工程。

4）原料、产品、中间产品、副产品的规格

（1）药剂、化学品规格。

MVC 技术处理 SAGD 采出水的工艺中，设备壁面上容易出现污垢。为了减轻污垢对蒸发的影响，在废水进入降膜蒸发器之前，先用化学试剂进行预处理，具体的试剂种类、数量和添加方式见表 4-8。

表 4–8　MVC 技术处理 SAGD 采出水工艺的试剂种类、数量和添加方式

序号	名称	加药量，mg/L	配制浓度	投加方式	投加点
1	42% NaOH	1700	原液	连续投加	搅拌器、蒸发器
2	消泡剂	5	原液	间断投加	蒸发器
3	阻垢剂	15	原液	连续投加	搅拌器、蒸发器
4	分散剂	5	原液	间断投加	蒸发器
5	清洗剂（稀酸）	5	1%~3%	间断投加	蒸发器

（2）性能指标。

MVC 技术处理 SAGD 采出水工艺的产量为 20m^3/h，产率为 98.33%，产品质量及出水水质条件见表 4–9。

表 4–9　MVC 技术处理 SAGD 采出水水质条件

序号	名称	单位	数值
1	总铁	mg/L	≤ 10.0
2	总铜	mg /L	≤ 10.0
3	pH 值（20℃）		9.8
4	电导率	μS/cm	≤ 57.0
5	油类物质	mg/L	≤ 0.3
6	二氧化硅（ICP）	mg/L	≤ 0.2
7	总硬度	mmol/L	≤ 1.0
8	溶解氧	mg /L	≤ 7.0
9	非挥发 TOC	mg/L	≤ 9.0
10	氯化物	mg/L	≤ 0.3
11	氨氮（NH_4^+–N）	mg/L	≤ 12.3
12	总悬浮物（浊度）	NTU	≤ 0.1
13	总固体含量（180℃）	mg/L	≤ 0.6
14	水温	℃	85.0

药剂消耗参数：氢氧化钠 0.8kg/m^3，消泡剂 5g/m^3，阻垢剂 15g/m^3，分散剂 15g/m^3，清洗剂 1g/m^3。电能消耗参数：14.3kW · h/m^3。

5）污水处理结果

综合处理污水水质化验，MVC 处理原水质指标见表 4–10。

表 4-10　原水进水指标

序号	项目	单位	数值
1	含油	mg/L	≤ 10.0
2	悬浮物	mg/L	≤ 30.0
3	总硬度（以 $CaCO_3$ 计）	mg/L	70.0~100.0
4	SiO_2	mg/L	200.0~250.0
5	pH 值（25℃）		7.5~8.0
6	水温	℃	75.0

降膜蒸发器进出水指标、软化水及冷凝水指标详见表 4-11 至表 4-14。

表 4-11　降膜蒸发器进水指标

序号	项目	单位	数值
1	含油	mg/L	≤ 10.0
2	悬浮物	mg/L	≤ 30.0
3	总硬度（以 $CaCO_3$ 计）	mg/L	≤ 20.0
4	SiO_2	mg/L	120.0~220.0
5	pH 值（25℃）		11.5

表 4-12　降膜蒸发器出水指标

序号	项目	单位	数值
1	硬度	μmol/L（μg/L）	2.0（80.0）
2	总铜	μg/L	5.0
3	总铁	μg/L	30.0
4	pH 值（25℃）		8.8~10.0
5	油	mg/L	0.3
6	电导率（25℃）	μS/cm	60.0
7	SiO_2	mg/L	0.2
8	浊度	NTU	1.0

表 4-13　MVC 蒸发软化污水产品水测试数据

序号	取样点	硬度 μmol/L	总铜 μg/L	总铁 μg/L	pH 值（25℃）	油 mg/L	SiO_2 mg/L	电导率 μS/cm	浊度 NTU
1	蒸发器进水	6.25	—	—	11	—	—		
	产品水	6.25	—	—	7.5	—	—	460	2.39
2	产品水	12.5	—	—	8	—	—	125	2.07
3	蒸发器进水	未检出	—	未检出	12	9.82	161.82		
	产品水	未检出	—	未检出	10	6.55	49.04	169	1.42

表 4-14　冷凝水水质指标

序号	项目	单位	指标	是否达标
1	总铁	μg/L	3.0	是
2	总铜	μg/L	4.0	是
3	总硬度	μg/L	8.0	是
4	pH 值		9.7	是
5	非挥发 TOC	μg/L	4.0	无要求
6	油类物质	mg/L	0.1	是
7	电导率	μS/cm	16.0	是
8	SiO_2 全硅 / 溶解硅	μg/L	30.0	是
9	TSS	mg/L	0.4	无要求
10	溶解氧	μg/L	5.0	无要求
11	氯化物	μg/L	15.0	无要求
12	氨氮（NH_4^+-N）	μg/L	30.0	无要求
13	总悬浮物（浊度）	NTU	≤ 0.1	是
14	总固体含量（180℃）	μg/L	30.0	无要求
15	水温	℃	80.0	无要求

经过试验，软化污水、污水浓缩液及产品水如图 4-10 所示。采用 MVC 技术处理油田污水，虽然技术上可行，但吨水处理成本过高，下步考虑结合膜处理技术，进一步降低制水成本。

（a）软化污水

（b）污水浓缩液

（c）产品水

图 4-10　软化污水试验水样

二、多效蒸发法（Multiple Effect Distillation）污水处理技术

1. 技术背景

为了解决高盐水就地处理，保证油田水资源的循环利用，降低油田的开采成本，提出了利用闪蒸 + 多效蒸发的方法将汽水分离器高盐水就地处理，并尽量利用现场冷源，将其余热回收到锅炉的技术路线。

2. 系统组成及设计

主要技术参数如下：

（1）中试设备蒸发造水量不小于 6t/h。

（2）系统余热回收率大于 80%。

（3）高盐水浓缩倍数不小于 30 倍。

（4）所产生的蒸馏水电导率不大于 60μS/cm，可直接回输到锅炉给水系统使用。

多效蒸发（MED）配套水处理技术系统工艺流程如图 4-11 所示。

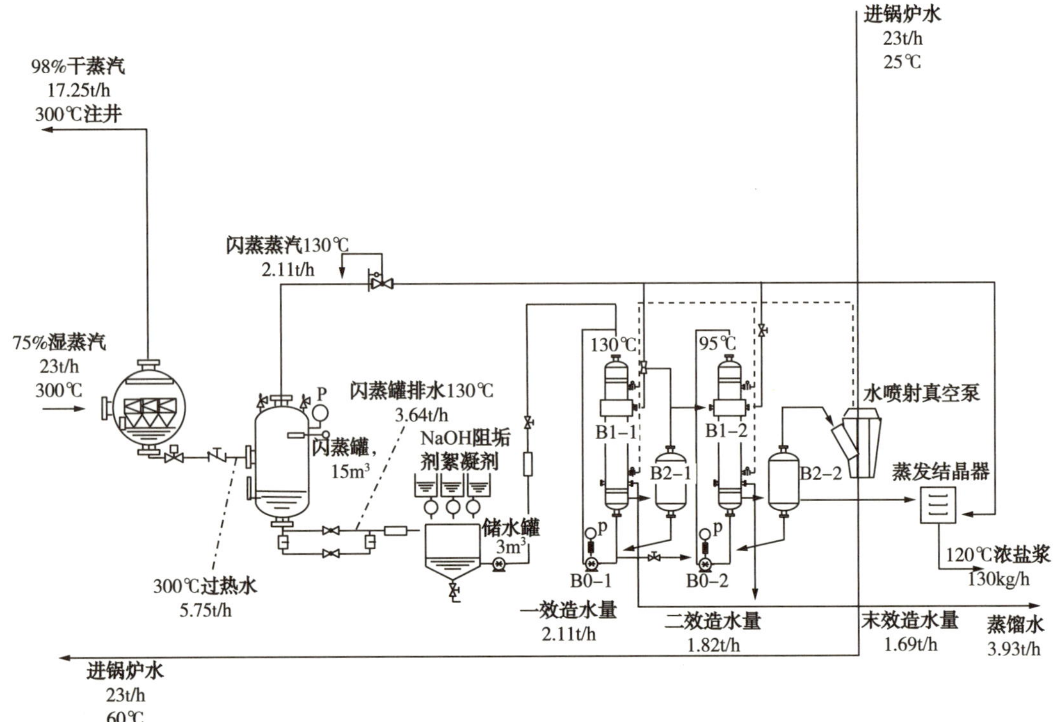

图 4-11　多效蒸发（MED）配套水处理技术系统流程

3. 工艺流程计算

1）基本工艺条件

配合 23t/h 锅炉湿蒸汽锅炉使用，辐射段出口压力为 17MPa，温度为 362℃，蒸汽干度为 75%。饱和湿蒸汽经汽水分离器分离，分离后蒸汽干度不低于 98%，温度与压力降低忽略不计。

2）物料平衡

经过闪蒸流程，在闪蒸罐中控压闪蒸出 2.11t/h 闪蒸蒸汽，温度在 130℃左右，作为后续多效蒸发单元的动力蒸汽。

后续的多效蒸发单元是一个双效降膜蒸发器。在第一效中将闪蒸后分离出的 3.64t/h 高盐水浓缩 15 倍，产生 1.82t/h 二次蒸汽进入下一效作为工作蒸汽，同时在该效回收从闪蒸罐产生的 1.82t/h 蒸汽，获得蒸馏水。第二效将剩余的 1.82t/h 高盐水继续浓缩到 40 倍，产生的蒸汽进入水射流真空泵或空冷器，同时回收一效蒸发器的 1.82t/h 蒸馏水。

如果现场有 40℃以下的冷水冷源，可以将其与二效蒸汽换热，水温将升高至 90℃左右，直接将高盐水的热量再次回收到锅炉。如现场来水温度高，不具备热量回收条件，可采用空冷器对最后一效蒸发器所产生的蒸汽进行冷凝，将蒸馏水回收到锅炉系统。

多效蒸发中试装置主要设备见表 4–15。

表 4–15　多效蒸发中试装置主要设备

设备名称	数量	设备名称	数量
闪蒸罐	1	二效分离室	1
缓冲罐	1	污水暂存罐	1
一效加热室	1	低压闪蒸罐	1
一效分离室	1	混水器	1
二效加热室	1	水箱	1

4. 来水水质分析

在进行设备具体设计之前，对来水水样进行了分析，所获得的数据见表 4–16。

表 4–16　来水水质分析（1~2 批次）

批次	项目	数据
第一批	K 含量，mg/L	43.06
	Na 含量，mg/L	170.2
	Cl 含量，mg/L	253.8
	Mg 含量，mg/L	4.17
	Ca 含量，mg/L	未检出
	SiO_2 含量，mg/L	197
	Fe 含量，mg/L	0.89
	TS，mg/L	1076
	TDS，mg/L	802
	pH 值	9.5
	电导率，μS/cm	2.41
第二批	K 含量，mg/L	63
	Na 含量，mg/L	184
	Cl 含量，mg/L	292.9
	Mg 含量，mg/L	4.9
	Ca 含量，mg/L	13.7
	SiO_2 含量，mg/L	163
	Fe 含量，mg/L	1.31
	TS（TDS）(105~110℃)，mg/L	1666
	灼烧残留（580℃），mg/L	612
	挥发固体，mg/L	1054
	pH 值	6.8
	电导率，μS/cm	2.25

图 4-12　闪蒸—多效蒸发中试装置部分设备

5. 中试装置设备制造

所有的压力容器都经过严格的材料检验、焊接、探伤、打压，并经过技术监督部门监督检查，具备了出厂条件，如图 4-12 所示。这些容器将分别运抵安装现场，安装在固定框架上，通过管线连接成所设计的闪蒸—多效蒸发中试装置。

6. 消泡剂优选

1）运行情况

通过冷调试和热调试，发现设备整体情况如下：

设备流程符合设计要求；设备运行正常，所有罐体、管路和泵类设备均运行正常；设备控制流程正确，各参数界面显示及操作正常。

运行过程中发现，加热器、分离罐内部充满了大量泡沫，在低压、负压下进入低压闪蒸罐中，其中携带一定量的污染物，使产品水质变差。水控制系统：经检测，产品水电导率为 270~1500μS/cm。分离罐视镜观察到泡沫情况如图 4-13 所示。

（a）起泡前　　（b）起泡后

图 4-13　分离罐视镜观察到泡沫情况

2）消泡剂的选择

对现场水样进行分析，配制了两种消泡剂进行实验。

（1）有机硅消泡剂：溶解性差，高温易分解。

（2）聚醚类消泡剂：抑泡时间长，热稳定性好。

聚醚类消泡剂室内实验情况如图 4-14 所示，可以看出消泡剂加入后大大地改善了发泡情况。根据实验结果，选择了相应的消泡剂，开始现场消泡实验。

图 4-14　聚醚类消泡剂消泡室内实验

为了使药剂加入后混合均匀，防止加药管过长，确定在一效循环泵入口加药，同时在二效相应位置设立一个预留口，以备今后加药。根据实验室确定的加药量，选择 4L/h 的隔膜计量泵加药，这样既满足加药需求，又有一定的余度。实验室加药量确定为 100mg/L，现场试验结果是 10mg/L，加药效果明显。加药量不大的主要原因是系统中药剂丢失主要由定排引起，由于浓缩倍数为 30 倍，因此加药量为原来的 1/30。

水质标准测定：消泡后，pH 试纸基本在 6.0 左右，测定产品水电导率在 20μS/cm 左右，满足了设计要求。

通过加药，很好地消除了加热器、分离器内部的泡沫，解决了由于泡沫而使水质变差的问题，加药后水质明显变好，经测定药剂消耗 0.04L/h。

7.MED 现场试验效果分析

1）现场试验综述

针对该锅炉的工况，采用了闪蒸 + 两效蒸发系统来完成污水的自身净化，两个蒸发器均采用降膜式蒸发器。首先，5.75t/h 的高温分离水被导入闪蒸罐，用定压元件保持闪蒸罐的压力为 0.27MPa，此时，根据能量衡算，所产生的闪蒸蒸汽量为 2.11t/h，温度为 130℃；作为后续二效的降膜蒸发器的热源。闪蒸后剩余的水量为 3.64t/h，温度也约为 130℃。为了防止蒸发器结垢和水质达标，首先将这部分污水导入一个暂存罐中，并加入阻垢剂和消泡剂等。然后，将闪蒸蒸汽导入一效蒸发器的壳程，作为蒸发热源；而将加药后的污水用泵送入该蒸发器的管程。通过真空度控制，使一效蒸发器管程的温度维持在 95℃，对污水进行蒸馏净化。由蒸发产生的二次蒸汽再被导入二效蒸发器的壳程，温度为 95℃，而未蒸净的污水则被导入二效蒸发器的管程，蒸发温度设定为 85℃。为了保证盐的排出并防止系统结垢，最终要从二效分离器中排出 130kg/h 的高浓污水，输送到水处理厂或放入储存池中自然干燥成泥沙，并掩埋处理。闪蒸蒸汽在一效壳程中被冷凝，一效蒸汽在二效蒸发器壳程中被冷凝，收集产生 3.93t/h 蒸馏水，可直接作为锅炉用水回用。多效蒸发（MED）如图 4-15 所示。

图 4-15　多效蒸发（MED）

2）现场试验效果分析

2014 年 4 月，完成了全部的系统设计和单体设备制造，开始了现场安装和调试。2014 年 9 月，完成了系统现场施工，开始设备调试，通过冷调试和热调试，使设备达到了最佳运行条件，设备流程符合设计要求，设备运行正常，所有罐体、管路和泵类设备均运行正常，设备控制流程正确，各参数界面显示及操作正常。

调试完成后，开展 SAGD 锅炉高盐水闪蒸—多效蒸发中试装置的试运行，运行 1 个月。结果表明，设备最大造水量、浓缩倍数和产品水电导率参数均达到了设计指标，并通过试验提出了适合的消泡剂药品和加药操作规范。截至 2015 年 6 月，已累计处理高盐水

4800t，中试期间设备运行平稳、正常，产品水化验数据见表 4-17。

采用 MED 技术处理油田污水，虽然技术上可行，但吨水处理成本过高，下步结合膜处理技术进一步降低制水成本。

表 4-17　MED 中试装置产品水化验指标

水样	硬度 μmol/L	总铜 μg/L	总铁 μg/L	pH 值 （25℃）	油 mg/L	SiO_2 mg/L	电导率 μS/cm	浊度 NTU
指标	2	5	30	8.8~10	0.3	0.2	60	1
原水	未检出	—	未检出	14	未检出	109.56	410	—
产品水	未检出	0.01	未检出	7.1	未检出	未检出	7.5	0.11
产品水	未检出	—	未检出	8.1	未检出	未检出	5.6	0.09

第四节　不除硅污水回用热采锅炉技术

辽河油田从 2007 年开始研究不除硅污水回用锅炉技术，采用深度软化方法将稠油污水中的二价、三价结垢型阳离子浓度控制在 μg/L 级，从而防止锅炉结垢，在保障锅炉安全运行的同时，大幅度降低污水处理运行成本和维护费用[4]。目前，该技术已经研发成功并在辽河油田推广应用。

一、稠油污水回用热采锅炉技术现状

目前，国内外对于稠油污水的处置方法一般有 3 种：（1）将其做深度处理，回用于热采锅炉；（2）将其外输至邻近稀油区，处理合格后有效回注；（3）达标排放或无效回注。

辽河油田是我国稠油的主要产区，开采稠油过程需要大量的淡水资源，由于油田的特殊地理位置，难以提供优质的地表淡水资源作为热采锅炉用水，这就需要大量开采地下水，造成地下水位严重下降。如果对稠油废水外排处理，不仅会污染环境，而且会造成用水量剧增，加剧用水负担。因此，对稠油废水进行适当处理回用热采锅炉是非常必要的，对其进行深度处理使之达到高压蒸汽锅炉给水标准，作为供给热采锅炉用水，此方法充分利用稠油废水水源和水温，具有巨大的经济效益，并且可有效防止对水体的污染。

稠油废水对于热采锅炉回用，主要污染物是油、悬浮物、硅酸盐和硬度问题。因此，稠油废水的主要处理流程为除油、除悬浮物、除硅和软化四部分[5]。油和悬浮物的处理为常规处理，处理工艺较成熟，工程一次投资和处理成本也较低。目前的各种除硅工艺，例如，混凝强化除硅、吸附剂除硅以及离子交换除硅等技术都不能很显著地降低硅的含量[6]，并且成本较高，影响因素很多，效果不是很显著。而辽河油田稠油污水在深度处理中虽经大孔弱酸处理，但残留金属离子仍会与硅结合，最终引起热采锅炉结垢的问题。

二、不除硅污水回用热采锅炉防垢机理研究

1. 不除硅污水回用热采锅炉防垢理论基础

结垢就是在一定条件下从流体中析出的固体物质，在管线、设备上或地层内的沉积[7]。

结垢的危害显而易见，它降低了设备的传热效果，严重时会引起堵塞，严重影响了设备的运行、生产，甚至被迫停产，造成巨大的经济损失，大大增加了油田的运行成本。

结垢可分为垢的析出、垢的长大和垢的沉积 3 个阶段。垢是晶体结构，锅炉设备表面是凹凸不平的微观的毛糙面，垢离子会吸附在壁面，以其为结晶中心不断长大，成为坚实致密的垢。

结垢诱导期是影响结垢的一个重要因素。盐类的结垢往往有诱导期。结垢诱导期不仅包含晶核的形成，而且还包括晶核在表面的完整覆盖，诱导期实质是溶液中的结垢物质向表面沉积这一过程的潜在孕育阶段，是结垢过程的诱发和起始。因为结垢的初始沉积层一旦形成，它将以较快的速率进行下去。

溶解态硅酸盐以多硅酸盐难溶盐 $M_1M_2(SiO_3)_2$ 和 $M_1SiO_3O_7$ 的方式存在。在沉淀过程中钙、镁为二氧化硅提供了可捕获的晶体基质，二氧化硅的溶解度范围取决于水中其他组分的存在。结垢诱导期对结垢过程具有特殊重要的意义，如能将结垢过程控制在诱导期内，实际上也就实现了抗垢目的。影响诱导期的主要因素是钙、镁等难溶金属离子的浓度，对钙、镁离子的浓度加以控制，可以实现诱导期的充分甚至无限延长，便可将结垢过程控制在萌芽状态，达到实际防垢目的。

2. 不除硅污水回用热采锅炉防垢机理实验研究

对辽河油田欢喜岭采油厂欢四联污水处理站原有的除硅加软化出水进锅炉的垢样进行元素分析，分析结果如下：

表 4–18 垢样元素分析

	垢样	质量分数，%			垢样	质量分数，%	
	元素	21#49 头	21#49 片前		元素	21#49 头	21#49 片前
迎火面	O	45.04	43.49	背火面	O	44.49	47.92
	Si	32.35	29.18		Si	31.04	37.73
	Na	9.67	15.93		Na	12.73	12.14
	Ca	5.1	5.14		Ca	5.01	0.7
	Fe	6.4	3.96		Fe	4.66	1.5
	Mg	1.45	2.31		Mg	2.08	0
	总量	100	100		总量	100	100

由表 4–18 可见，垢样中的阴离子除了 Si 离子还有 O 离子，而阳离子主要是钙离子、镁离子、铁离子以及钠离子。而油田原有工艺从阴阳离子两方面去除结垢离子，但除硅工艺仅仅去除了水中的 Si，而从表 4–18 中可见，O 也是重要的结垢因素，且除硅工艺仅能将水中的含硅量降低至 50~100mg/L。因此，本实验考察在低含硅量的水质条件下，其阳离子的浓度限值；考察在高含硅量的水质条件下，仅去除阳离子对于结垢量、结垢性状的影响。

1）低含硅量水质条件及垢质分析研究

本实验通过考察在含硅量为 50~100mg/L 的条件下，不同浓度阳离子的结垢状况，从而推导出低含硅量水质条件下的结垢机理。本实验取用欢四联二级滤池出水，其水质指标见表 4–19。

表 4-19 欢四联二级滤池出水的水质指标

水样	总硬度，mg/L	总铁，mg/L	pH值	含硅量，mg/L
二级滤池出水	60~120	0.10~0.50	8~9.5	50~100

采用树脂柱过水配制不同阳离子浓度的水样，水质指标见表 4-20。

表 4-20 低含硅量水质条件下不同水样的水质指标

序号	含硅量，mg/L	钙，mg/L	镁，mg/L	总铁，mg/L
A	50~100	0.07~0.10	0.010~0.012	0.2~0.4
B	50~100	0.77~1.00	0.030~0.066	0.2~0.4
C	50~100	37.6~40	4.00~4.86	0.2~0.4

由表 4-20 可见，3 种水质的含硅量均为 50~100mg/L，符合油田除硅后的硅含量范围；工矿 A 的钙镁离子浓度范围为 70~100μg/L，模拟油田二级软化出水浓度；工矿 B 的钙镁离子浓度范围为 700~1000μg/L，模拟油田一级软化出水浓度；工矿 C 的钙镁离子浓度范围为 38~45mg/L，模拟油田不软化的出水浓度。

在 6MPa 和 284℃条件下，经过高温高压模拟锅炉后直至出现结垢，并取垢样进行垢质分析。

表 4-21 不同工况下的水质状况及结垢量

序号	含硅量，mg/L	钙，mg/L	镁，mg/L	总铁，mg/L	盘管结垢情况	结垢速率，g/L
A	50~100	0.07~0.10	0.010~0.012	0.2~0.4	轻微	0.0031
B	50~100	0.77~1.00	0.030~0.066	0.2~0.4	轻微	0.0130
C	50~100	37.6~40	4.00~4.86	0.2~0.4	严重	0.1248

由表 4-21 可见，结垢速率随着钙镁离子浓度增大而增大。对比 3 个工矿的结垢速率和钙镁离子浓度，可得低含硅水质不同钙镁离子浓度的结垢速率，如图 4-16 所示。

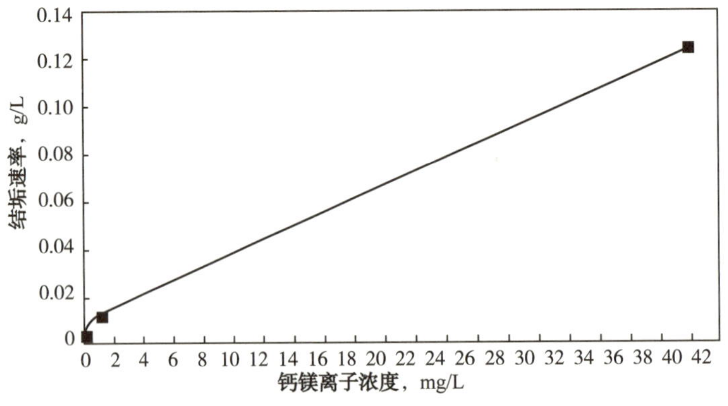

图 4-16 低含硅量水质不同钙镁离子浓度的结垢速率

在低含硅量条件下，工矿 A 的结垢速率与工矿 B 相比，降低了 76.2%，表明现场采用两级弱酸软化的必要性。对 3 个工矿的垢质进行电镜扫描和元素分析。

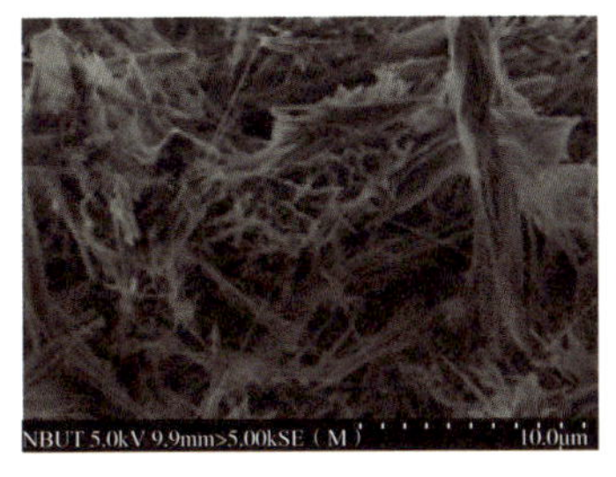

（a）除硅二级软化

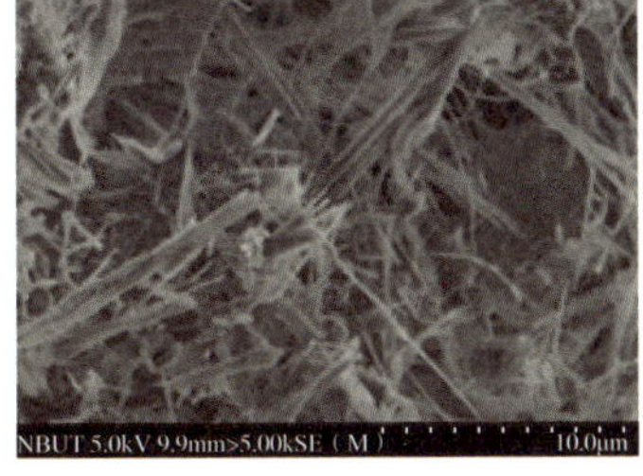

（b）除硅一级软化

（c）除硅不软化

图 4–17　工况 C 垢样的电镜扫描图

由图 4–17 可以看出，垢样呈针状结构，结构密实。

同时对垢样组成进行元素全分析以及应用能谱分析仪对垢样的化学成分进行定量分析，为了防止样品垢质不均，每个样品均测定 4 个点取平均值。

表 4–22　垢样元素全分析结果

水样	元素摩尔比，%								
	C	O	Na	Mg	Si	Cl	K	Ca	Fe
除硅二级软化	11.01	60.29	9.75	1.37	9.21	1.11	0.17	6.91	0.05
除硅一级软化	12.22	54.51	9.52	2.09	10.50	3.31	0.57	7.09	0.17
除硅不软化	11.59	56.01	6.23	2.44	12.91	1.03	0.25	9.21	0

由图 4–17 和表 4–22 可得：（1）垢质中的钙镁离子摩尔比随着进水钙镁离子浓度的增大而增大；（2）3 种水质的含硅量相当，但在垢质元素分析中除硅二级软化的硅氧量最大，这是因为进水中含硅量和碳酸根离子与钙镁离子浓度的差异较大，因而造成垢质中阴离子元素的比重越来越大；（3）垢质中铁元素所占的摩尔比很小，且 3 种水质进水铁离子与钙镁离子浓度差异很大，但是垢质中铁元素的摩尔比差异很小，表明铁离子不是主要的结垢离子。

2）高含硅水质的结垢条件及垢质分析研究

本实验考察在高含硅量的水质条件下，通过深度软化将水中的钙镁离子浓度降低至 μg/L 级，分析其结垢量和垢质，与前述实验结果进行对比。

本实验取用高含硅二级滤池出水，其水质指标见表 4–23。

表 4–23　高含硅二级滤池出水的水质指标

水样	总硬度，mg/L	总铁，mg/L	pH 值	含硅量，mg/L
二级滤池出水	60~120	0.10~0.50	8~9.5	250~300

采用树脂柱过水配制不同阳离子浓度的水样，具体水质指标见表 4–24。

表 4–24　高含硅量水质条件下不同水样的水质指标

序号	含硅量，mg/L	钙，mg/L	镁，mg/L	总铁，mg/L
D	250~300	10~25	6~10	170~290
E	250~300	28~67	7~10	200~300
F	250~300	60~100	10~13	200~310

在 6MPa 和 284℃条件下，经过高温高压模拟锅炉后记录结垢量，并取垢样进行垢质分析。结果见表 4-25。

表 4-25 高含硅深度软化后的水质状况及结垢量

序号	含硅量，mg/L	钙，mg/L	镁，mg/L	总铁，mg/L	盘管结垢情况	结垢速率，g/L
A	50~100	70~100	10~12	200~400	轻微	0.0031
D	250~300	10~25	6~10	170~290	轻微	0.0016
E	250~300	28~50	7~10	200~300	轻微	0.0026
F	250~300	60~100	10~13	200~310	轻微	0.0036

由表 4-25 可见：（1）对比工矿 A 和工矿 F，其结垢速率变化率为 13.9%，对比工矿 D 和工矿 F，其结垢速率变化率为 55.5%，表明相较于除硅，将钙镁离子浓度从 100μg/L 级降低至 20μg/L 级更易避免结垢；（2）含硅量高的情况下，钙镁离子浓度应降至 30~60μg/L，油田原有的两级软化出水钙镁离子浓度过高，应选用新的软化工艺达到所需的钙镁离子浓度。

3）除硅软化与不除硅深度软化水质垢质分析对比

对比除硅软化与不除硅深度软化水质的垢样外观如图 4-18 所示。

（a）除硅软化

（b）不除硅深度软化

图 4-18 除硅软化与不除硅深度软化水质的垢样外观

由图 4-19 可见：（1）除硅软化的垢样为黄棕色，而不除硅软化的垢样为黑灰色。（2）不除硅水质条件下垢样分为两种类型，一类是灰黑色的粉状垢样，与除硅软化条件下的垢样相似；另一类是深黑色的块状垢样。

除硅软化与不除硅深度软化水质的垢样电镜扫描图对比如图 4-19 所示。

由图 4-20 可见：（1）除硅软化水质垢样与不除硅深度软化粉状垢样的垢质类似，均为针状结构；（2）不除硅深度软化块状垢样的垢质很均匀，为片状结构。

对除硅软化和不除硅深度软化的两种垢样进行元素分析，见表 4-26 和表 4-27。

（a）除硅软化垢样

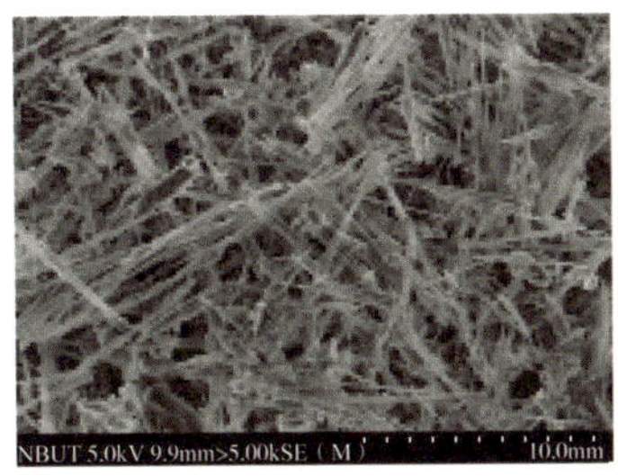

（b）不除硅深度软化粉状垢样

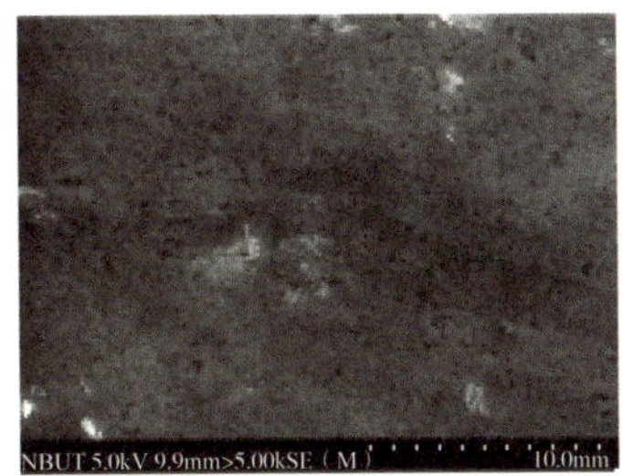

（c）不除硅深度软化块状垢样

图 4–19 除硅软化与不除硅深度软化水质的垢样电镜扫描图对比

表 4–26 除硅软化与不除硅深度软化水质的垢样元素分析对比

水样	元素摩尔比，%								
	C	O	Na	Mg	Si	Cl	K	Ca	Fe
除硅初步软化	11.01	60.29	9.75	1.37	9.21	1.11	0.17	6.91	0.05
不除硅深度软化（粉状）	16.34	58.69	9.28	0.33	8.37	1.16	0.14	3.04	0.28
不除硅深度软化（块状）	4.55	60.75	3.77	0.64	28.59	0.04	0.57	0.52	0.17

由表 4–26 可见：（1）两种垢样的元素相似，主要结垢元素均为 Na、Mg、Ca、C、O 和 Si 元素；（2）垢质中阴离子元素除硅氧外，还有碳元素，即除硅后仍然还有碳氧元素与阳离子结垢；（3）与除硅初步软化相比，不除硅深度软化粉状垢样金属元素和硅氧含量比重变小，碳含量变大。

表 4–27 除硅软化与不除硅深度软化水质指标对比

水质	结垢速率，g/L	水质指标		垢样元素摩尔比，%			
		含硅量，mg/L	Fe，μg/L	Ca+Mg	Fe	Si	O
除硅软化	0.0031	50~100	200~400	8.28	0.05	9.21	60.29
不除硅软化（粉状）	0.0016	250~300	170~290	3.37	0.28	8.37	58.69
不除硅软化（块状）		250~300	170~290	1.16	0.17	28.59	60.75

由表 4–27 可见：（1）不除硅软化水质的垢样钙镁离子摩尔比小于除硅软化垢样；（2）进水铁离子浓度均较高，但是垢质中铁元素比重很低，表明进水中带有的铁离子不是主要的结垢离子；（3）不除硅软化的硅摩尔比应大于除硅软化的硅摩尔比，但两者的氧含量相差不大，而不除硅软化的结垢速率仅为 48%，且块状结构的不除硅软化垢样很少，因而不除硅软化含硅量应小于除硅软化垢样。

4）小结

（1）与传统除硅二级软化工艺相比，深度去除结垢阳离子更有利于降低结垢速率。

（2）在高含硅量（250~300mg/L）水质条件下，锅炉防垢的钙镁离子浓度限值控制在 20μg/L 以内，可使结垢速率降低到传统工艺的 1/2 左右，明显延长锅炉运行时间。

（3）在高含硅量水质条件下，油田原有的两级软化出水钙镁离子浓度过高，应选用新的软化工艺达到所需的钙镁离子浓度。

三、针对油田稠油污水水质的特效深度吸附树脂的研究开发

1. 树脂开发路线

稠油污水中油类物质对树脂吸附性能有很大的影响，减小树脂的反应速率，影响了树脂的工作交换容量，而且再生不能完全洗脱黏附在树脂表面的油类物质，使树脂长期运行时衰减率过高，影响树脂使用时间。本实验旨在开发具有抗油污染性能好、吸附能力强的树脂。

本实验通过选择亲水性更好的合成材料来改善树脂的亲水疏油性，再通过改变合成参数来提高树脂的反应速率和工作交换容量，进一步使树脂在油类物质的影响下具有抗油污染性能。具体开发路线如图4-20所示。

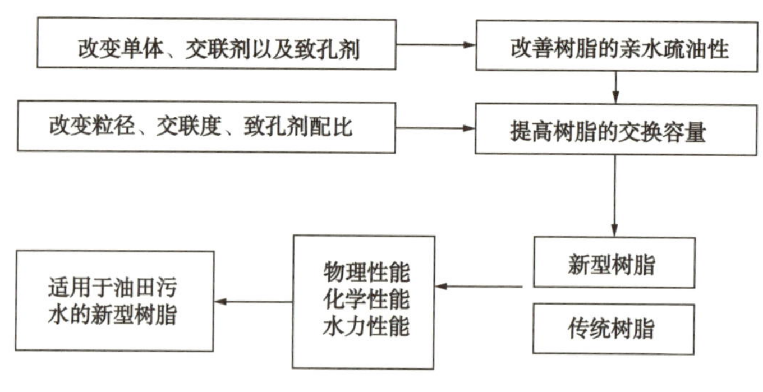

图4-20　树脂开发路线

2. 新型树脂实验开发成果

（1）考察传统离子交换树脂对钙镁离子的吸附机理得到：大孔弱酸树脂交换容量最大，作为一级软化树脂，承担大部分的钙镁离子软化；大孔亚氨基二乙酸树脂的反应速率最大，作为二级软化树脂，防止出水离子泄漏。

（2）树脂的H型状态对钙镁离子的去除率较高，但吸附了大量的有机物导致树脂的过水量仅为20倍树脂体积，因而选用Na型状态。

（3）根据大量实验结果，将大孔弱酸树脂与大孔螯合树脂组合工艺应用于现场中试试验研究：一级弱酸树脂出水波动大于二级螯合树脂，表明螯合树脂的反应速率和抗干扰性能均优于一级弱酸树脂；现场大孔弱酸＋螯合树脂出水钙镁离子浓度超过100μg/L，并未达到预期均值为20μg/L的要求[8]；稠油污水中的油类物质会在树脂表面黏附一层黄色的油膜，且运行120d后的树脂静态工作交换容量明显降低。

（4）根据现场试验结果发现油类物质影响了树脂的吸附性能，实验室设计实验对其进行了研究：吸附的油类物质主要包裹在树脂表面，影响树脂的反应速率[9]；再生的反冲洗和碱转型均能洗出油类物质，但再生后仍然有2%~3%的油类物质残留在树脂表层中；运行79d后，弱酸树脂的动态交换容量衰减率为1.5%，螯合树脂的动态交换容量衰减率为2.0%。根据树脂在工程上按3年衰减率为5%~10%计算，两级树脂的使用期仅为1~1.5年，远小于正常的使用年限。

（5）传统阳离子交换树脂均存在油类物质引起的吸附周期小和使用年限短的问题，无法通过改变树脂组合和运行参数来避免，因此应该针对油田污水的水质开发新型树脂。

（6）针对树脂的抗油污染性能，以丙烯腈为单体，甲基丙烯酸烯丙酯为交联剂，异丁醇为致孔剂来合成新型弱酸树脂，其交联度为12%，致孔剂配比为50%，粒径为0.500~1.000。

（7）针对树脂的抗油污染性能，以对乙酰氧基苯乙烯为单体，二乙烯苯为交联剂，异丁醇为致孔剂来合成新型螯合树脂，其交联度为16%，致孔剂配比为50%，粒径为0.500~1.000。

（8）新型弱酸树脂与传统弱酸树脂相比，其工作交换容量提高了4%，吸附周期提高了36%，且具有更好的物理、化学和水力性能。

（9）新型弱酸树脂与传统弱酸树脂相比，其反应速率提高了16%，吸附周期提高了27%，且具有更好的物理、化学和水力性能。

（10）新型弱酸树脂的技术指标见表4–28。

表4–28　新型弱酸树脂的技术指标

指标名称	新型弱酸树脂	指标名称	新型弱酸树脂
含水量，%	43.00~51.00	湿真密度，g/mL	1.140~1.200
体积全交换容量，mmol/mL	≥ 11（H^+）	粒度，mm	0.500~1.000
湿视密度，g/mL	0.72~0.80	渗磨圆球率，%	≥ 95.00

（11）新型螯合树脂的技术指标见表4–29。

表4–29　新型螯合树脂的技术指标

指标名称	新型螯合树脂	指标名称	新型螯合树脂
含水量，%	55.00~68.00	湿真密度，g/mL	1.100~1.210
体积全交换容量，mmol/mL	≥ 4.5（H^+）	粒度，mm	0.500~1.000
湿视密度，g/mL	0.72~0.78	渗磨圆球率，%	≥ 95.00

（12）在确立合成工艺路线及最佳技术参数后，本实验进行了多批合成试验，小试多批样品的主要性能，如含水量、工作交换容量、湿视密度、湿真密度、渗磨圆球率等数据均基本接近，达到了设定的技术指标。表明所选用和确定的技术路线、工艺参数及工艺条件是合理可行的，具有工艺重现性。

四、现场试验研究

1. 现场试验概述

现场试验依托辽河油田欢喜岭采油厂欢四联污水处理站，分别采用原有树脂和新研发树脂两套流程处理稠油污水（污水处理量为15m^3/h），回用两台注汽锅炉（锅炉规模为11.2m^3/h），在累计注汽53048m^3时对两台注汽锅炉炉管进行了割管，对炉管垢质进行了分析。

1）中试工艺流程

中试工艺流程如图4–21所示。

在传统工艺流程基础上取消除硅池，将一级和二级软化树脂更换成新型抗油大孔弱酸树脂和螯合树脂。

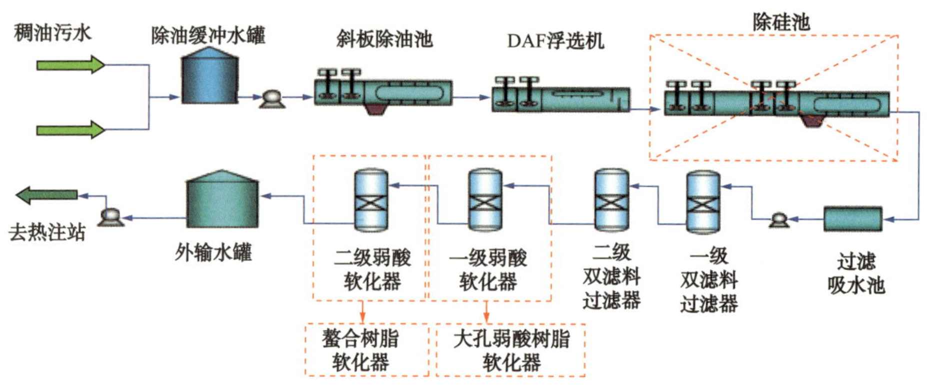

图 4-21　中试工艺流程

2）中试主要试验装置

中试试验主要在现场的中试基地进行，其主要的软化处理流程如图 4-22 所示。

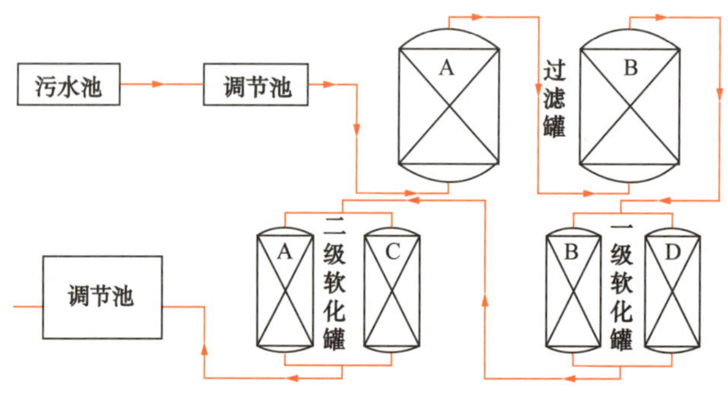

图 4-22　中试深度软化处理流程

中试试验采用的 2 级软化分为 4 个罐体，B、D 罐为一级软化罐，A、C 罐为二级软化罐，其中 2 个一级软化罐中分别填装了 0.77t 的新型大孔弱酸树脂，2 个二级软化罐分别填装了 0.72t 的新型螯合树脂；试验流速约为 7m^3/h。试验经软化后的出水进入 21# 注汽锅炉；生产上的传统树脂软化后的出水进入 42# 注汽锅炉。注汽锅炉的外形如图 4-23 所示。

图 4-23　注汽锅炉的外形

2. 中试试验分析

1）软化出水水质

新型大孔弱酸树脂和螯合树脂工艺出水中钙镁铁离子含量稳定在 20μg/L 以下，平均数据见表 4–30。

表 4–30 中试出水平均数据

项目	新型大孔弱酸树脂罐	新型螯合树脂罐
平均流速，m/h	4	
原水硬度均值，mg/L	11.3	
出水钙镁铁离子总和（以 Ca 计）均值，μg/L	30.6	13.3
运行总水量，m^3	58423	

2）炉管垢样分析

过水量达到 58423m^3，注汽量达到 53048m^3 后，中试试验即完成，停运树脂罐和锅炉，并进行炉管切割，从炉管内取垢样进行分析研究。对于垢样的分析，采用从宏观到微观的分析方法，将 2 台进水不同的锅炉炉管进行对比，并且将后期试验所得的垢样放在一起进行对比分析。在分析过程中，应用了 SEM、XRD、EDS 等大型高精密仪器。

（1）不除硅与除硅炉管前后剖面对比如图 4–24 和图 4–25 所示。

图 4–24 不除硅工艺出水所进锅炉炉管剖面图

图 4–25 除硅工艺出水所进锅炉炉管剖面图

从割管观察上来看，使用不除硅水的锅炉炉管与使用除硅水的锅炉炉管均轻微结垢，但不除硅炉管结垢略轻。

（2）垢样的微观形貌分析。

如图 4–26 和图 4–27 所示，从微观形貌可以得知不除硅工艺出水所进锅炉炉管的腐蚀产物多于水垢，存在微量或痕量水垢；而除硅工艺出水所进锅炉炉管的腐蚀产物、水垢都大量存在。其结垢量见表 4–31。

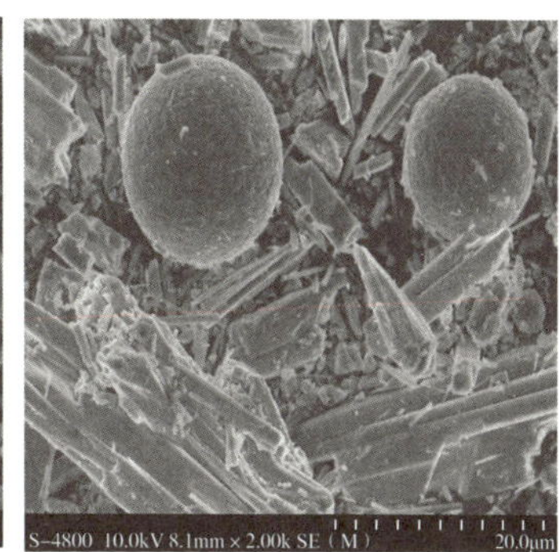

图 4–26 不除硅工艺出水垢样微观图

图 4-27　除硅工艺出水垢样微观图

表 4-31　垢样百分含量

项目			生产（传统树脂）		中试（新型树脂）	
			$1\times10^4m^3$	$5\times10^4m^3$	$1\times10^4m^3$	$5\times10^4m^3$
对流段，%		1	0.08	1.88	0.01	0.02
		2	0.11	2.21	0.03	0.05
辐射段 %	49 根管	1	77.09	77.96	2.50	13.82
		2	33.66	42.37	3.55	12.58
		3	49.84	63.56	4.95	3.79
	50 根管	1	25.15	69.82	5.31	15.18
		2	14.81	73.49	8.92	9.85
		3	18.44	61.62	8.01	11.46

3）炉管金相分析

不除硅工艺出水所进锅炉炉管和除硅工艺出水所进锅炉炉管的金相分析数据见表 4-32。

表 4-32　炉管金相分析数据

锅炉	金相组织	铁素体晶粒度	珠光体球化级别	球化程度
不除硅工艺出水所进锅炉炉管	铁素体 + 珠光体	8 级	2 级	轻度
除硅工艺出水所进锅炉炉管	铁素体 + 珠光体	7~9 级	2 级	轻度

从金相分析来看，使用不除硅工艺与除硅工艺出水的锅炉炉管的组织均出现轻度球化现象，但并未对炉管材料的性能造成影响，不会引起炉管强度的失效，可以保证锅炉安全平稳运行。

五、推广应用情况

自 2011 年 8 月起，不除硅污水回用热采锅炉技术首先在辽河油田欢喜岭采油厂欢四联推广应用，处理规模为 $1.6\times10^4m^3/d$。图 4-28 为欢四联热注系统投用不除硅深度污水前后压差对比图，与投用前同期对比，锅炉压差变化不大，锅炉实现安全平稳运行。

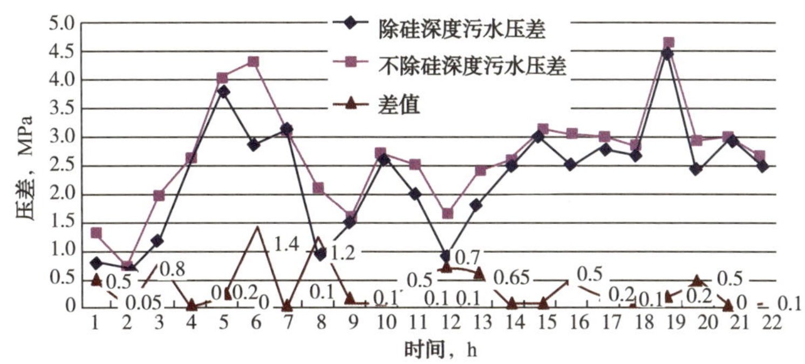

图 4-28　欢四联热注系统投用不除硅深度污水前后压差对比图

现场应用表明，不除硅污水回用热采锅炉技术实施后，与除硅相比结垢速率进一步减缓，不会对炉管材质性能造成影响，可实现锅炉安全、平稳运行，欢四联应用该技术后年节约污水处理成本 2779 万元。

截至 2015 年 6 月，该技术已在辽河油田各采油厂污水处理站推广应用，年节约污水处理成本近 7000 万元。

六、展望

不除硅污水回用热采锅炉技术推动了污水深度处理技术进步，处于国际领先水平。该技术可大幅度降低油田污水处理成本，促进水资源再利用，提高油田开发效益，具有较好的经济效益和环保效益，在油田污水处理上具有广阔的推广价值。

第五节　燃煤锅炉富氧燃烧、石油泥渣混煤燃烧技术

将燃煤注汽锅炉应用于油田开发稠油、超稠油，可以有效地利用当地的优质煤资源[10]，但是随着新《中华人民共和国环境保护法》的发布和国家对能源及环保政策要求越来越高，急需解决燃煤注汽锅炉污染物排放和石油泥渣低成本、高效的处理问题。针对这一问题新疆油田自 2011 年开始，充分利用循环流化床锅炉吃粗粮和循环流化的特性，开展了燃煤锅炉富氧混煤燃烧的技术攻关，并取得了试验成功，在掺烧 30% 以下的石油泥渣时，锅炉运行参数正常，同时资源化利用了低含油难处理的石油泥渣。

一、富氧燃烧技术的机理

1. 炉内传热

国际火焰研究基金会（International Flame Research Foundation，IFRF）关于煤粉炉富氧燃烧的研究表明，在再循环比为 0.58（氧浓度为 26%）的情况下，锅炉的对流传热和辐射传热与传统锅炉的传热相近。美国 Argonne 国家实验室的研究表明，当炉内传热效率与传统锅炉相近时，（CO_2+H_2O）与 O_2 的摩尔比达到最佳值，而在湿循环和干循环条件下，最佳摩尔比由 3.25 变为 2.6。而相近的结论在其他研究中也有被发现。

在富氧循环流化床中，氧浓度的增大同样会导致炉膛内烟气流量降低，由于需保证流化风速不变，炉膛体积需要相应减小，从而炉膛内对流换热面积大大降低。

2. 污染物排放

1）NO_x 排放

在循环流化床中，由于存在石灰石的脱硫反应，会对 NO_x 的排放造成较大影响。水蒸气的参与对 NO_x 的形成也起到了较大的影响。由于富氧流化床内反应温度较低且 N_2 含量很低，NO_x 的排放量较煤粉炉较低且基本为燃料型 NO_x。在传统循环流化床中，由于 CaO（包括 $CaCO_3$ 和 $CaSO_4$）的存在会对部分 NO_x 的生成反应起到催化作用，从而增加了 NO_x 的排放。NO_x 的催化生成反应如下：

$$NH_3+\frac{5}{4}O_2\xrightarrow{CaO}NO+\frac{3}{2}H_2O \tag{4-1}$$

$$NH_3+\frac{3}{4}O_2\xrightarrow{CaO}\frac{1}{2}N_2+\frac{3}{2}H_2O \tag{4-2}$$

近年来的研究表明，水蒸气的浓度会大大影响 NH_3 的氧化反应。Zijlma 的实验结果显示，当水蒸气浓度为 6% 时，NO 的生成量将会达到 80% 左右，他们认为这是由于 H_2O 抢占了 CaO 表面的活性位。Shimizu 对 NH_3 的催化氧化反应动力学研究也得到了相似的结果，随着水蒸气浓度的升高，NO_x 的生成量有 0~30% 的单调下降。由于 CO_2 和 H_2O 会促进 CaO 烧结，因此认为这种由水蒸气和 CO_2 造成的在富氧燃烧条件下 NO_x 排放量的降低，可以认为是由于催化剂的烧结和 H_2O 与 CO_2 抢占 CaO 上的活性位所导致的不可逆和可逆催化剂钝化引起的。

Shimizu 在空气条件下的固定床实验台上发现 Ca 的转化率升高会导致 NO_x 排放量的明显降低，Zijlma 等同样得到了相似的结论。Michal 等人认为在富氧条件下，水蒸气的加入使 Ca 转化率升高，$CaSO_4$ 的催化活性低于 CaO，因此导致 NO_x 排放降低。

Canmet 在 CO_2 浓度为 70%、温度为 875℃的中式循环流化床试验台上在无水蒸气和 15% 水蒸气条件下进行了富氧条件下的直接硫酸化实验。实验发现，与已有研究结果相反，注入水蒸气条件下的直接硫酸化 SO_2 的吸收率和 Ca 的转化率都有显著下降。他们认为可能解释为过高的 H_2O 浓度对 SO_2 造成的稀释作用并促进了烧结的发生。

对于富氧条件下 NO_x 的排放，Canmet 的中试试验发现，水蒸气的加入对 NO_x 的排放有较为明显的降低作用。

2）SO_x 排放

循环流化床的一大优势是在高硫煤燃烧过程中，可以在炉内投入石灰石进行脱硫。由于在富氧条件下，锅炉内的气相硫化物浓度增加，对含硫污染物的排放及其对灰特性和炉内腐蚀的研究近年来被逐渐重视起来。对于富氧燃烧下 SO_2 排放问题的研究结论仍有很多分歧。一些实验研究认为富氧燃烧可以降低 SO_2 的排放量；而另一部分研究结果表明，富氧燃烧和空气燃烧条件下 SO_2 的排放量基本相同。

Kiga 等在石川岛播磨重工业株式会社（IHI）的 1.2MW 的中试试验装置中的试验结果证明，在富氧燃烧条件下，煤中硫的转化率比空气燃烧下的明显降低，而通过质量守恒可以推出，在富氧条件下，部分 S 元素可能会因低温的冷凝作用在管道内生成 H_2SO_4 或保留在灰颗粒中。

Zheng 等利用模型计算 SO_2 和 SO_3 在空气和富氧条件下的形成，得到结论显示，不论在何种气氛下，煤中所含的 S 元素都被完全释放出来，生成 SO_2 和 SO_3，而在这一过程中，

CO_2 的浓度并不起重要作用。同时他们的计算结果表明，在富氧条件下，SO_3 的浓度随着氧气浓度的升高而增加。

主要影响因素：氧浓度、过量空气系数、再循环率、回流烟气的组分、煤中含硫量、SO_2 向 SO_3 的转化。

二、富氧燃烧的实验研究

如图 4-30 所示，随着氧气浓度的提高，煤的起始着火点明显降低[11]，而随着燃料的挥发分比例提高，煤的起始着火点也在明显降低。当起始挥发分浓度在 44% 左右时，即石油泥渣按掺混比为 30% 时，混合燃料的着火点由 450℃降低至 395℃左右，约降低了 55℃，使得着火稳定性显著提高。

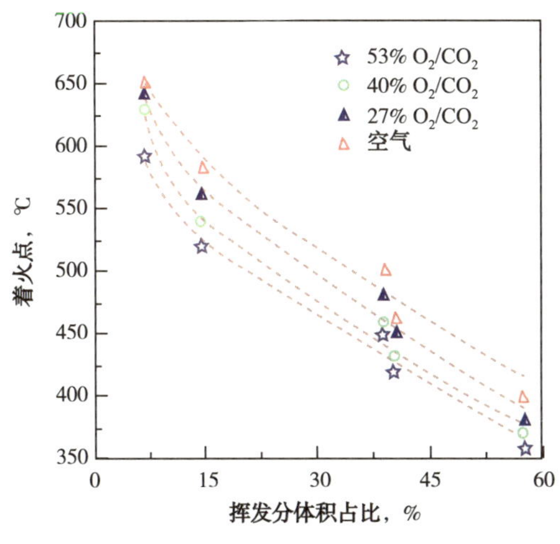

图 4-29　氧气浓度及挥发分含量对着火点的影响

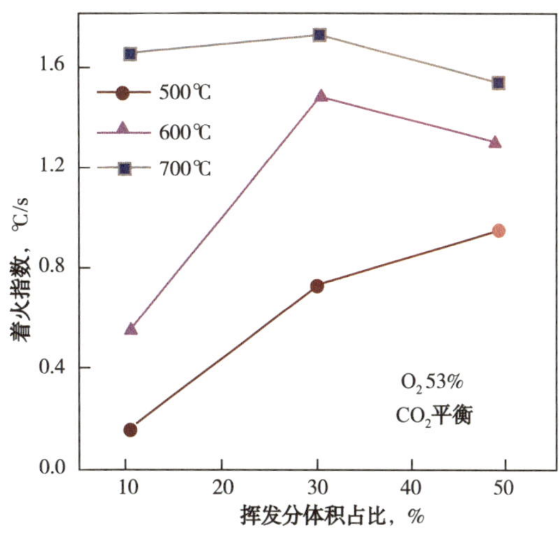

图 4-30　挥发分及初始床温对着火特性的影响

图 4-29 和图 4-30 显示了富氧条件下挥发分对着火作用的影响，总体来说，燃料中挥发分的含量对着火过程的影响是促进作用和抑制作用相结合的过程[12]。低温时为促进作用，高温段促进作用减缓甚至出现抑制作用。

图 4-31 显示了石油泥渣掺混比为 40% 时，着火指数随着氧气浓度变化而在不同初始床温条件下的变化趋势。实验结果和 SPSS 分析显示，氧气浓度的影响在高温下更加明显，这证明了富氧流化床燃烧同样是在动力控制和扩散控制的联合控制下进行的。同时，发现在氧气浓度为 27.8% 左右时煤颗粒的着火反应基本与空气条件下相同。

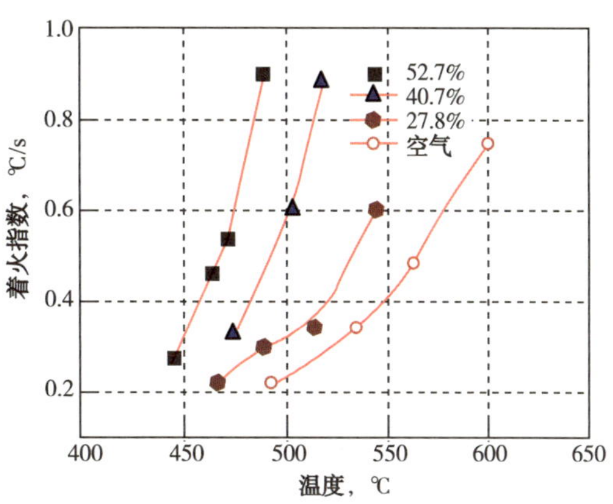

图 4-31　石油泥渣掺混比为 40% 时着火指数随氧气浓度及温度的变化

在一定的温度和氧气浓度条件下，石油泥渣掺混比为 40% 的混合燃料着火会产生分离燃烧现象，如图 4-32 中的曲线 2 至

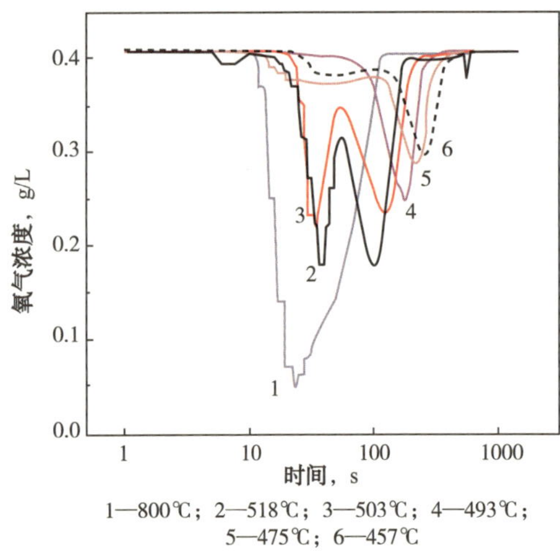

1—800℃；2—518℃；3—503℃；4—493℃；5—475℃；6—457℃

图 4-32　混合燃料在富氧条件下燃烧时床内氧气浓度的变化趋势

曲线 6 所示。在较低温度下，由于挥发分燃烧速率显著高于焦炭燃烧速率，挥发分燃烧会首先迅速消耗氧气，导致床内氧气浓度迅速降低，但此时焦炭还并未发生燃烧，一段时间后，焦炭的燃烧会导致氧气浓度进一步下降，这就形成了曲线 6 所示的阶梯分布状态。

但随着温度的升高，这种焦炭和挥发分燃烧出现分离的现象随之消失，这主要是由于焦炭的燃烧速率随着温度的升高也在迅速升高，以致挥发分燃烧和焦炭燃烧的时间段出现了重合，因此就出现了图 4-32 中曲线 1 所示的形状。

三、富氧燃烧锅炉的概念设计及热力计算

烟气组分计算软件界面如图 4-33 所示，该软件同时改变富氧环境的氧气浓度和石油泥渣的掺混比，而输出结果则为锅炉炉膛出口的烟气成分，其单位为体积分数（%）。由表 4-33 可见，在同样掺混比条件下，氧气浓度提高时，烟气中的 CO_2 浓度得到了明显提高，由 12.2% 升至 17.9%，其干烟气中的 CO_2 含量则为 20.7%，有利于烟气中 CO_2 的捕捉。与此同时，烟气中的 N_2 含量由 73.1% 降低到 64.6%。由于烟气流量减少，在同样的石油泥渣掺混比条件下，富氧烟气中的 SO_2 浓度要略高一些，这有利于循环流化床炉内脱硫效率的提高。由于 SO_2 的总生成量是不变的，因此这种 SO_2 浓度的富集有利于炉内脱硫和污染物的控制。

富氧空气输入参数			混合燃料掺混比例输入参数			
氧气体积比	烟气含氧量	排烟温度	设计煤种	样品一	样品二	样品三
30%	4%	120	70%	30%	0%	0%
理论空气量及烟气容积						
1	理论空气量	V^0	m³/kg		2.8600	
2	N_2理论容积	$V_{N_2}^0$	m³/kg		2.0184	
3	CO_2理论容积	$V_{RO_2}^0$	m³/kg		0.7197	
4	H_2O理论容积	$V_{H_2O}^0$	m³/kg		0.7520	
5	理论烟气量	V_y^0	m³/kg		3.4902	
6	漏入空气体积		m³/kg		0.8243	
7	实际烟气量		m³/kg		4.3278	输出烟气百分比
8	N_2实际容积		m³/kg		2.6697	61.69
9	CO_2实际容积		m³/kg		0.7189	16.61
10	H_2O实际容积		m³/kg		0.7653	17.68
11	SO_2实际容积		m³/kg		0.0008	0.018
12	O_2实际容积		m³/kg		0.1731	4.00

图 4-33　富氧条件下石油泥渣混烧时的烟气组分计算软件界面

表 4-33　氧气浓度为 30% 的富氧条件下不同泥渣掺混比时的烟气组分计算结果

泥渣掺混比 / 烟气组分	0	5%	10%	20%	30%
N_2 份额，%	64.58	64.16	63.71	62.76	61.69
CO_2 份额，%	17.94	17.75	17.55	17.10	16.61
H_2O 份额，%	13.47	14.09	14.73	11.13	17.68
SO_2 份额，%	0.006	0.008	0.009	0.014	0.018
O_2 份额，%	4.00	4.00	4.00	4.00	4.00
干烟气 CO_2 份额，%	20.73	20.66	20.58	20.39	20.18
排烟焓，kJ/kg	892.07	868.57	845.17	798.67	752.58

富氧燃烧锅炉概念设计热力计算软件界面如图 4-34 所示，采用该软件同样可计算纯氧循环流化床的热力学性质。对 30% 氧气的富氧锅炉进行热力计算[13]所得的结果见表 4-34。与空气循环流化床注汽锅炉相比，在富氧条件下，排烟焓由原先的 1542kJ/kg（燃料）降低为 1448.9kJ/kg（燃料），这主要是由于富氧条件下烟气量的减小所致。由于烟气流量减小，排烟热损失由原来的 7.03W/m^2 降为 6.61W/m^2，而锅炉热效率由原先的 91.57% 升高为 91.99%，提高了 0.42%，每小时可节约燃煤 0.76t。以上仅是锅炉热效率的提高，若考虑到风机节电和由于氧气浓度升高导致燃料燃尽率的提高，还可使锅炉效率进一步提高。

TUH-130/15.5CFB锅炉富氧燃烧概念设计

E1　设计任务

符号	符号	单位	数据来源	数据
锅炉额定蒸发量	D_1	th		130
额定蒸汽出口压力	p_{ss}	MPa		15.5
额定饱和蒸汽出口温度	t_{ss}	℃		355
给水温度	t_{fw}	℃		104
给水压力	p_{fw}	MPa		18
排污率	σ_{bd}	%	自设	1
排烟温度	θ_{ex}	℃		110
热空气温度	t_{ha}	℃	自设	320
冷空气温度	t_{ca}	℃	自设	20

E2　燃料特性

名称	符号	单位	数据来源	数据
煤的收到基碳质量分数	$[C]_{ar}$	%	见混合燃料性质计算表	70.8
煤的收到基氢质量分数	$[H]_{ar}$	%	见混合燃料性质计算表	4.5
煤的收到基氧质量分数	$[O]_{ar}$	%	见混合燃料性质计算表	7.13
煤的收到基氮质量分数	$[N]_{ar}$	%	见混合燃料性质计算表	0.72
煤的收到基硫质量分数	$[S]_{ar}$	%	见混合燃料性质计算表	0.66
煤的收到基灰质量分数	$[A]_{ar}$	%	见混合燃料性质计算表	13.3

130tCFB热力计算（修正）　130tCFB热力计算（富氧30%）　掺烧30%计算表　热力计算汇总表

图 4-34　富氧燃烧锅炉概念设计热力计算软件界面

表 4-34　氧气浓度为 30% 时锅炉的热力性质计算结果

项目	单位	原有锅炉	30% 富氧
燃料带入热量	kJ/kg	21710.00	21710.00
排烟温度	℃	110.00	110.00
排烟焓	kJ/kg	1542.19	1448.89
冷空气温度	℃	20.00	20.00
理论冷空气焓	kJ/kg	191.97	191.97
给水焓	kJ/kg	449.37	449.37
锅筒内饱和温度	℃	355.00	355.00
锅筒内饱和蒸汽焓	kJ/kg	2704.27	2704.27
锅筒内饱和水焓	kJ/kg	1628.71	1628.71
排污率	%	10.00	1.00
饱和蒸汽流量	t/h	130.00	130.00
锅炉有效利用热	kJ/s	85685.58	81852.72
实际燃料消耗量	kg/s	4.31	4.10
计算燃料消耗量	kg/s	4.27	4.06
固体未完全燃烧热损失	%	1.00	1.00
气体未完全燃烧热损失	%	0.00	0.00
排烟热损失	%	7.03	6.61
散热热损失	%	0.40	0.40
灰渣物理热损失	%	0.00	0.00
保热系数		1.00	1.00
锅炉总热损失	%	8.43	8.01
锅炉反平衡热效率	%	91.57	91.99

四、富氧燃烧的现场试验方案

1. 纯氧烟气再循环富氧技术和空气富氧技术

目前，国际上广泛采用纯氧烟气再循环的技术进行富氧现场试验研究，其主要技术背景是二氧化碳的捕集。其中，较成功的工业示范装置是 Alstom 公司的 15MW 煤粉炉富氧燃烧技术。纯氧和再循环烟气进行混合配比后，形成以氧气和二氧化碳为主的氧化剂流股进入锅炉，煤粉在富氧和二氧化碳环境下燃烧，生成二氧化碳和水等产物。高温烟气在经过除尘、脱硫脱硝等设备之后变为二氧化碳占干气组成 95% 左右的烟气，该烟气一部分再回流至空气预热器，形成再循环烟气。剩余烟气则适合直接进行二氧化碳的封存或低成本捕集。该技术的主要优势是适用于对已有的电站锅炉进行简单的改造，而不必拆除已有设备，从而节省了成本。另外，其二氧化碳的捕集成本也相对较低。

对于油田而言，采用该技术面临两个较大的挑战：其一，该技术需要引入造价昂贵的纯氧空分设备。以现有 130t/h 循环流化床注汽锅炉为基础，将其改造为纯氧燃烧锅炉，所需的纯氧产量为 $2.35 \times 10^4 m^3/h$。按目前的空分制备液氧的设备成本估算，其制造安装的总造价高达 1.2 亿元。其二，捕集到的二氧化碳无法做封存实验，在油田地区，二氧化碳可用于驱采稠油，提高稠油的产率，因此这方面的困难相对较小。考虑到油田进行富氧实验研究仅是初期探索，需要慎重考虑纯氧烟气再循环的技术路线。

采用空气富氧技术的缺点是烟气中的二氧化碳浓度富集程度不够，仍然无法进行低成本的烟气二氧化碳捕集，但该技术的优势是成本较低，易于基于已有的 130t/h 循环流化床注汽锅炉进行现场试验。假定 100% 负荷时富氧空气的浓度为 30%，则所需空分设备制备的氧气量计算结果见表 4–35，此时设备的造价可降至 2000 万元。

表 4–35　采用空气富氧技术进行 130t/h 锅炉实验所需的液氧量计算结果

项目	单位	符号	公式	计算值
130t/h 锅炉总空气量	m^3/h	At	估算	130000
130t/h 锅炉总烟气量	m^3/h	Yt	按过量系数 1.3 估算	170000
排烟温度	℃	Tp	给定	140
预计冷却温度	℃	Tl	设定	60
富氧烟气量	m^3/h	Yo	估算	125000
空分机空气量	m^3/h	Aa	Yt–Yo	45000
空分机液氮量	m^3/h	Na	Aa × 0.78	35100
液氮温度	℃	Tn	液氮温度	–196
液氮与富氧烟气混合后的终温	℃	T2	（Na × Tn+Yo × Tp）/（Na+Yo）	59.2
空分机产氧气量	m^3/h	Oa	Aa–Na	9900
氧气浓度	%	OC	［Oa+（At–Aa）× 0.21］/（At–Aa+Oa）	29.2

若现场试验在较低锅炉负荷下进行，则可进一步采用更小容量的空分设备，采用 $2200m^3/h$ 的制氧机时，锅炉负荷由 100% 变为 40% 时，供给富氧空气的浓度可由 23.2% 提升至 27.5%（表 4–36），而此时空分机的设备造价可降至 1000 万元左右。

表 4–36　小成本空气富氧燃烧实验所需氧量及负荷情况

负荷，%	100	80	60	40
理论空气量，m^3/h	82307	65846	49385	32923
理论烟气量，m^3/h	89231	71385	53538	35692
制氧机容量，m^3/h	2200	2200	2200	2200
氧气纯度，%	95	95	95	95
节省烟气量，m^3/h	7763	7763	7763	7763
氧浓度，100%	0.232	0.238	0.250	0.275

2. 空气富氧技术氧气供给方案

在前文已对不同富氧技术路线进行了比较和分析，初步确定了空气富氧的实验方案，但采用富氧燃烧仍需要消耗大量的高纯度氧气，初步预计实验时按锅炉负荷变动情况不同，纯氧用量为2200~10000m^3/h，按实验100h计，总液氧需求量为$100 \times 10^4 m^3$，按照折算大约需要1600t的液氧，用量非常大。目前可行的方案主要有如下3种。

1）液氧储罐 + 液氧方案

液氧储罐装置分为储罐、汽化器和减压装置三部分。综合成本、安装等因素，选择100m^3的液氧储罐，以保证每次试验时间在5h以上。储罐的技术参数为：气化装置要求10000m^3/h；减压装置要求为0.8MPa减压至0.1MPa。

2）小型空气分离设备

空气分离设备一般较大，由于空气分离设备价格昂贵，且价格与产量密切相关，从节约成本的角度出发，选择制氧能力为500m^3/h的设备。对该设备的生产厂家进行调研的结果有10家左右，分布在北京、东北、上海和江浙一带。其报价均为300多万元，出口氧气参数为：压力 =15~20kPa（表压），浓度 =93%。报价不含储存罐。

3）液氧槽车 + 蒸发器

考虑到成本问题，可以将锅炉负荷降低到40t/h，需要氧气2400m^3/h，氧气由液氧槽车通过蒸发器气化而来，需要时槽车可以随时开到试验现场。无须为试验订购设备和安装，费用最低。

不同的富氧燃烧技术路线对比，纯氧烟气再循环技术空气分离设备投资昂贵，不适于以130t/h循环流化床注汽锅炉为基础进行富氧实验，空气富氧技术资金投入相对较少，在较低锅炉负荷条件下，资金投入可降低至1000万元，采用液氧储罐的间歇式供养技术实验方案，可将实验造价降低至400万元以下。

五、石油泥渣混煤燃料特性分析

燃煤注汽锅炉与燃用天然气的注汽锅炉具有很大的差异，这一差异最主要来源于燃料的差异。对于燃煤注汽锅炉而言，需要对燃料及石油泥渣的物理特性和燃烧特性进行深入分析。

1. 燃料特性分析

新疆油田燃煤注汽锅炉根据条件采用当地的燃料。当地代表性煤种的性质见表4–37。

表4–37　新疆油田当地代表性煤种的性质

煤种名称	全水分，%	灰分，%	挥发分，%	全硫，%	发热量，kJ/kg
煤样1	15.00	13.80	36.93	0.66	21.71~25.18
煤样2	23.80	7.77	35.10	0.78	19.53~24.91
煤样3	17.00	3.93	47.47	0.21	23.58~24.84
煤样4	16.80	12.65	46.31	0.24	21.35~22.54
煤样5	19.00	11.00	40.00	0.53	20.48~21.32
煤样6	15.00	25.00	45.00	0.50	15.88~17.56

续表

煤种名称	全水分，%	灰分，%	挥发分，%	全硫，%	发热量，kJ/kg
煤样 7	18.00	28.00	41.00	0.48	15.47~16.72
煤样 8	15.00	10.00	41.00	0.80	20.48~21.32
煤样 9	10.00	38.00	46.00	0.90	10.87~12.54
煤样 10	9.00	40.00	48.00	0.80	10.87~12.54
煤样 11	6.40	13.82	48.85	0.29	26.35~28.19
煤样 12	23.40	9.29	36.42	0.54	19.72~24.33
煤样 13	7.90	9.76	50.79	0.10	25.33~26.35
煤样 14	8.80	17.05	49.35	0.76	24.16~25.92
煤样 15	20.20	6.84	38.95	0.65	21.69~21.18

由上述煤质资料可以清楚地看到，当地烟煤具有以下特性：

（1）油田附近煤源充足，且均为高挥发分（35%~50%）优质烟煤，利于实现较高的燃烧效率和锅炉效率。

（2）各矿之间燃料热值差异较大，一般在 5000kcal/kg 左右，低者在 3000kcal/kg 以下，高者在 6000kcal/kg 以上。总体来说，油田附近的煤属于优质高热量动力用煤，适合掺烧发热量较低的石油泥渣。

（3）煤的含硫量较小，均在 1% 以下，可以采用最廉价的炉内石灰石脱硫方式解决 SO_2 的排放问题。

2. 石油泥渣特性分析

在掺烧过程中，由于燃料性质变化，对锅炉运行带来的影响主要表现为三个方面：其一，燃料热值变化给锅炉的稳定运行带来影响，低热值燃料的引入可能导致着火困难；其二，石油泥渣、灰渣性质的变化，会改变循环流化床内循环灰的粒径分布，从而影响分离器的性能，也会给循环流化床的稳定运行带来影响；其三，石油泥渣中含有的硫分也会影响锅炉污染物的排放。

为了考察燃料性质变化对上述三方面的影响，首先要对石油泥渣的热力性质和燃烧特性进行分析，为此分别取油田的 3 种不同石油泥渣进行了热力学分析、元素分析及成灰特性分析，见表 4-38 至表 4-41。其中，样品 1 为稠油处理站污水处理分离的石油泥渣，样品 2 为风干的石油泥渣，样品 3 为石油泥渣处理池取得的干燥样品。

表 4-38 元素分析和工业分析结果 单位：%（质量分数）

项目	碳	氢	氮	硫	氧	灰分	水分	挥发分	固定碳
	C_{ad}	H_{ad}	N_{ad}	S_{ad}	O_{ad}	A_{ad}	M_{ad}	V_{ad}	FC_{ad}
样品 1	33.6	4.50	0.48	2.12	4.56	53.38	1.36	47.33	0
样品 2	33.08	4.48	0.49	2.00	5.15	53.26	1.54	47.62	0
样品 3	15.4	2.16	0.17	0.22	5.79	75.67	0.59	23.50	0.24

表 4-38 为 3 种样品的元素分析及工业分析数据，所得质量分数均是以空气干基为基

准。其中，空干基（ad）与收到基（ar）的换算关系为：

$$\Phi_{ad}=\Phi_{ar}/(1-M_{ar}) \tag{4-3}$$

氧元素的含量为：

$$O_{ad}=100-C_{ad}-H_{ad}-N_{ad}-S_{ad}-A_{ad}-M_{ad} \tag{4-4}$$

固定碳的含量为：

$$FC_{ad}=100-A_{ad}-M_{ad}-V_{ad} \tag{4-5}$$

根据工业分析数据可见，石油泥渣的固定碳含量为 0，基本没有固体燃料，因而燃料的主要成分、挥发分，均为泥渣中携带的原油。由于现场石油泥渣的含水量变化范围很大，为了避免对水分分析带来的误差，将样品进行了干燥处理，因而工业分析的水分很少。通过对 3 种样品进行比较，发现样品的灰分含量差异很大，这说明石油泥渣的含油量也存在巨大的差异。由 3 种样品的元素分析可见，干燥样品的含硫量最高为 2.12%，即全硫分数为 0.8% 左右（考虑到全水的相对密度），比煤的全硫分数稍高，但并不影响锅炉的污染物排放。

3 种样品的发热量及全水分分析见表 4–39。

表 4–39　发热量测量结果

项目	质量分数，%				$Q_{b,高位}$	$Q_{ad,高位}$	$Q_{ar,高位}$	$Q_{ar,低位}$
	M_{ar}	M_{ad}	H_{ad}	S_{ad}	kJ/kg	kJ/kg	kJ/kg	kJ/kg
样品 1	57.26	1.36	4.50	2.12	14392.1	14178.22	6059.77	4424.68
样品 2	56.92	1.54	4.48	2.00	14532.0	14329.27	6173.04	4556.65
样品 3	1.76	0.59	2.16	0.22	7318.2	7290.18	6724.18	6724.18

三者换算关系如下：

$$Q_{ad,高位}=Q_{b,高位}-94.1S_{ad}-\alpha Q_{b,高位} \tag{4-6}$$

式中　$Q_{ad,高位}$——空干基高位发热量；

$Q_{b,高位}$——氧弹所测发热量（$Q_{b,高位}\leqslant 16.7$MJ/kg）；

α——常数，取 0.001。

$$Q_{ar,低位}=(Q_{b,高位}-206H_{ad})\frac{100-M_{ar}}{100-M_{ad}}-23M_{ar} \tag{4-7}$$

式中　$Q_{ar,低位}$——收到基低位发热量。

由此可见，随着石油泥渣处理流程的不同，其水分含量的差异很大，当掺混比较高时，水分的巨大差异会对循环流化床的燃烧效率带来一定的负面影响。另外，3 种样品即使在考虑全水分的条件下（收到基），其低位发热量 Q_{ar} 仍可达到 4000kJ/kg 以上。这主要是原油本身的发热量很高，即使 20% 左右的原油，也能使石油泥渣具有较高的热值。根据循环流化床锅炉运行的经验，当燃料的低位发热量达到 6500~8500kJ/kg 时，即可保证循环流化床锅炉的稳定运行，而此时石油泥渣的质量掺混比可高达 70%，可见热值对石油泥渣掺混比例的限制非常有限，但为了保证锅炉的产气量，以及达到较高的燃烧效率，需要根据石油泥渣的物理特性和燃烧特性确定最佳掺混比。

石油泥渣的成灰特性会影响到循环流化床锅炉的稳定运行，为此对其自身物理特性和成灰特性进行了分析，见表 4–40 和表 4–41。

表 4–40 石油泥渣及其燃尽灰的粒径分布

粒径，μm	样品 1 石油泥渣粒径，μm	样品 1，%	样品 2，%
0~40	—	0.04	2.64
40~90	28.6	3.58	5.94
90~160	16.3	13.37	10.64
160~335	5.1	9.84	16.99
335~500	31.7	3.73	5.81
500~1250	10.2	26.50	26.27
>1250	8.1	42.92	31.71

表 4–41 石油泥渣及其灰样的元素分析 单位：%（质量分数）

特 1 连	C	O	Zn	Ca	Si	S	Fe	Cl	K
泥样	34.93	25.82	22.56	9.14	4.65	2.21	0.15	0.09	0.04
灰样	0.00	36.72	33.65	14.90	9.41	4.12	0.26	0.08	0.06

表 4–41 中，石油泥渣及其燃尽灰的粒径分布采用如下试验方法得到：

取 500g 石油泥渣样品，平铺于试验用托盘上，并放入烘箱中，在 200℃条件下干燥 0.5h 以去除水分，防止在随后的燃烧过程中发生飞溅。

将一部分干燥样品放入温度为 800℃的马弗炉中，燃烧 10min 后取出，在干燥环境中冷却至室温。

将剩余干燥样品及灰样分别进行筛分，获得最终的灰分粒径分布。

石油泥渣的主要成分是原油、水和泥土，由于石油泥渣具有一定的黏结性，即使将其彻底烘干后，泥渣仍呈团聚状态。在进行筛分时，被打散的泥土颗粒由于具有很细的粒度，大多集中在 0~90μm 的区间，质量份额达到 28.6%，没有被打散的颗粒则主要聚集在 335~500μm 的区间。但其燃尽灰的粒度则主要集中在较大颗粒粒径的区间，其物理形态呈烧结的小块状，说明石油泥渣在燃烧过程中发生了烧结现象。

石油泥渣掺混比例为 0%，30%，50% 和 100% 时的燃尽灰粒径分布如图 4–35 所示。无掺混的原煤在燃尽后，在振动筛分的过程中进一步发生磨耗与破碎，粒径超过 500μm 的灰分所占比例仅为 5% 左右，主要粒径分布集中在 160~335μm 区间段，与流化床的循环灰粒径基本相当。石油泥渣掺混比为 30% 时，燃尽灰粒径分布与原煤燃尽灰粒度分布基本类似；当石油泥渣掺混比达到 50% 时，燃尽灰的粒径主要仍分布在 160~335μm 区间，但大粒径颗粒的比例明显上升，粒径超过 500μm 的颗粒所占比例达到 20%，这说明石油泥渣的比例较高时，使得燃尽灰的粒径分布发生了一定的改变，

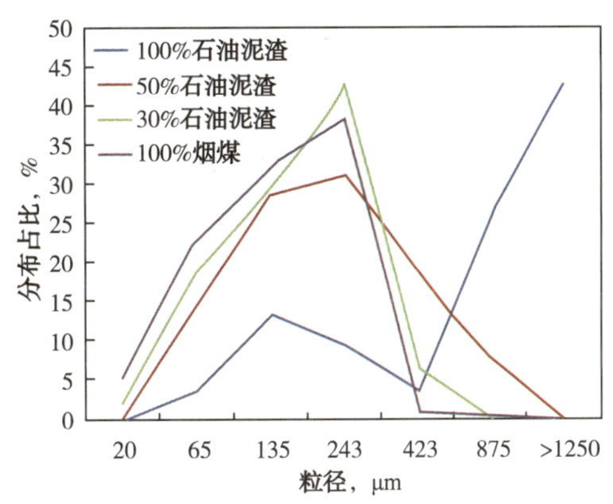

图 4–35 不同掺混比的石油泥渣燃尽灰的粒径分析

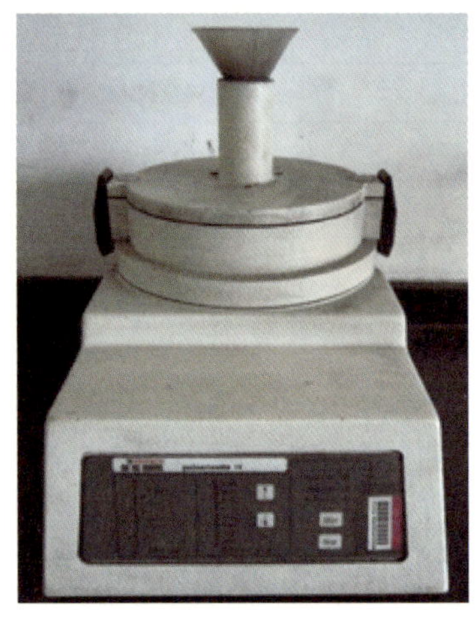

图 4-36　磨煤机

会对循环流化床的运行造成一定影响。但总体来说，石油泥渣掺混比达到 50% 时，其灰分的粒径分布仍可保证循环流化床的稳定运行。

3. 掺烧煤样及石油泥渣样品特性分析

掺烧试验共有 4 个样品，其中煤样 2 个、油样 1 个、油泥样 1 个，分别进行标号，依次记为 #1，#2，#3 和 #4（#1—煤样 1，#2—煤样 2，#3—油，#4—油泥）。

采用图 4-36 所示的磨煤机，将收到的煤样磨制成粒径小于 200 目（0.2mm）的煤粉，进行工业分析、元素分析等。将磨制好的煤粉和油制成油泥样品，均匀地铺在托盘中，放置到温度为 50℃烘箱中干燥大约 2h，制备空气干基样品。

1）工业分析

工业分析内容主要包括全水分、收到基水分、灰分和挥发分的测定，固定碳的含量则以 100% 减去水分、灰分和挥发分产率获得。水分和灰分的测定结果可用来大致了解样品中有机质的性质或可燃物的含量；挥发分的测量则可以帮助初步了解样品中有机质的性质，固定碳的含量又可以粗略表明样品中有机质的性质。

按照 GB/T 212《煤的工业分析方法》规定的方法对样品的水分、灰分和挥发分进行测量。实验中用到的仪器主要包括 Leco-250 高精度天平、DGF25012C 电热鼓风干燥箱和 GW-300C 马弗炉（图 4-37）。按照 GB/T 213《煤的发热量测定方法》规定的方法，采用图 4-38 所示的美国 Parr 公司生产的 Parr 1281 型热量计进行样品发热量的测量。

试验现场样品工业分析的结果见表 4-42，其中 #1 和 #2 煤样均属于高挥发分、中等热值的烟煤。#3 和 #4 分别为油和油泥，灰分含量高，#4 油泥灰分含量最高约为 36%。与 #1 和 #2 煤样不同，#3 和 #4 的固定碳含量低，可燃组分主要是挥发分。#4 样品的灰分比 #3 样品的灰分多，表明 #4 样品中不可燃矿物杂质含量比 #3 多。另外，由于 #3 和 #4 样品中的水分和灰分含量比 #1 和 #2 的高，因而 #3 和 #4 样品的发热量远比 #1 和 #2 样品的发热量低。

（a）高精度天平

（b）电热鼓风干燥箱

（c）马弗炉

图 4-37　工业分析所用的主要实验仪器

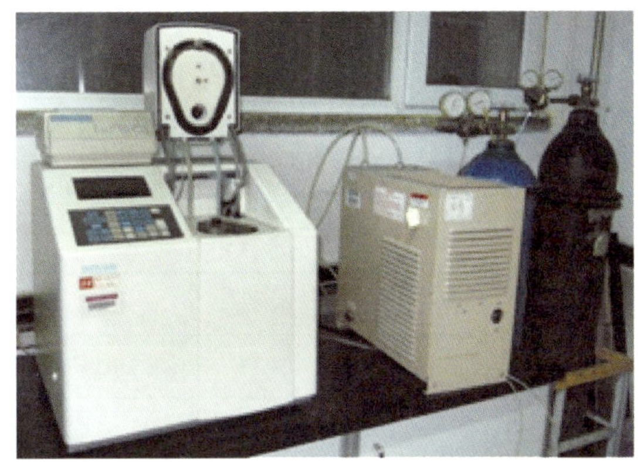

图 4–38　Parr 1281 型热量计

表 4–42　试验现场样品工业分析

项目	符号	单位	#1 煤	#2 煤	#3 油泥	#4 油泥
收到基水分（全水分）	M_{ar}	%	12.76	12.73	16.39	44.00
空气干基水分	M_{ad}	%	7.61	8.71	9.80	1.22
收到基灰分	A_{ar}	%	14.79	16.04	27.62	36.26
干燥无灰基挥发分	V_{daf}	%	46.03	45.11	92.92	92.80
收到基固定碳	FC_{ar}	%	39.55	39.48	4.10	2.55
收到基高位发热量	$Q_{ar,\ 高位}$	MJ/kg	23.01	22.69	17.12	13.31
收到基低位发热量	$Q_{ar,\ 低位}$	MJ/kg	21.80	21.52	15.44	11.53

2）元素分析

元素分析按照 GB/T 476《煤的元素分析方法》中规定的方法对样品中的碳（C）、氢（H）、氮（N）、硫（S）元素含量进行测量，氧元素含量通过计算得到。采用图 4–39 所示的元素分析仪测量样品中的碳、氢、氮、硫元素，其中图 4–39（a）为 CE–440 元素分析仪，主要用来分析样品中的碳、氢、氮元素，图 4–39（b）为 5E–8S Ⅱ元素分析仪，用来分析样品中的硫元素。

（a）CE–440元素分析仪

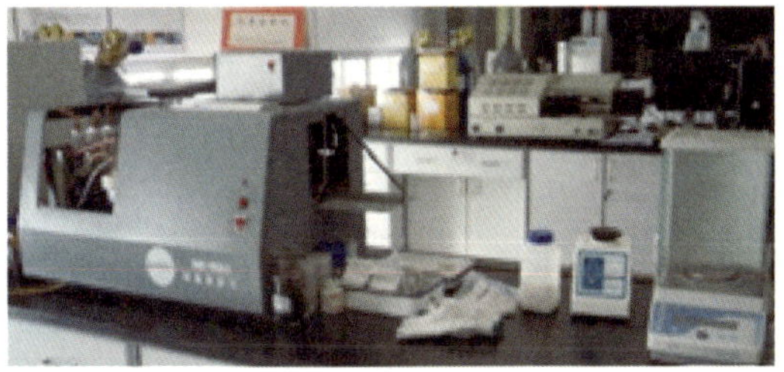

（b）5E–8S Ⅱ元素分析仪

图 4–39　元素分析仪

元素分析的结果见表 4–43，4 个样品中的硫元素含量均不高，#3 和 #4 样品的固定碳

含量比 #1 和 #2 样品的低，这表明 #3 和 #4 样品中的可燃有机质含量比 #1 和 #2 样品低，这与 #3 和 #4 样品的发热量相比 #1 和 #2 样品发热量低的测试结果吻合。#4 样品的碳、氢、氮、硫、氧元素含量均比其他 3 个样品低，可能原因是 #4 样品灰分含量高，杂质多，相应的可燃组分含量少，这与 #4 样品的发热量最低的测试结果一致。

表 4–43　元素分析

项目	符号	单位	#1 煤	#2 煤	#3 油泥	#4 油泥
收到基碳	C_{ar}	%	59.17	56.99	42.39	27.46
收到基氢	H_{ar}	%	4.45	4.27	6.30	3.72
收到基氮	N_{ar}	%	1.39	1.42	0.67	0.43
收到基硫（全硫）	S_{ar}	%	0.57	0.56	0.51	0.36
收到基氧	O_{ar}	%	7.69	8.68	8.13	3.46

3）灰分分析

采用工业分析中的 GW–300C 马弗炉，按照 GB/T 212《煤的工业分析方法》中的灰化方法，将样品缓慢灰化，制备灰样。

采用如图 4–40 所示的 XRF–1800 型 X 射线荧光光谱仪，对灰样进行 X 射线荧光光谱分析，分析其中的组成元素和各组成元素的相对含量。分析结果见表 4–44。

表 4–44　灰成分分析

项目	符号	单位	#1 煤灰	#2 煤灰	#3 油泥灰	#4 油泥灰
二氧化硅	SiO_2	%	49.75	50.71	25.67	25.18
三氧化二铝	Al_2O_3	%	28.87	28.54	2.75	2.80
氧化钙	CaO	%	4.57	4.61	21.58	21.49
三氧化二铁	Fe_2O_3	%	4.51	4.58	0.91	0.90
氧化钠	Na_2O	%	2.84	2.59		
氧化钾	K_2O	%	2.20	2.23	0.18	0.21
五氧化二磷	P_2O_5	%	1.90	1.60	0.04	0.04
氧化镁	MgO	%	1.63	1.56		
二氧化钛	TiO_2	%	1.39	1.39		
三氧化硫	SO_3	%	1.25	1.14	4.25	4.82
氧化锌	ZnO	%			43.74	42.43
氧化锰	MnO	%			0.35	0.34
氧化镁	MgO	%			0.00	0.88
氯	Cl	%			0.04	0.04

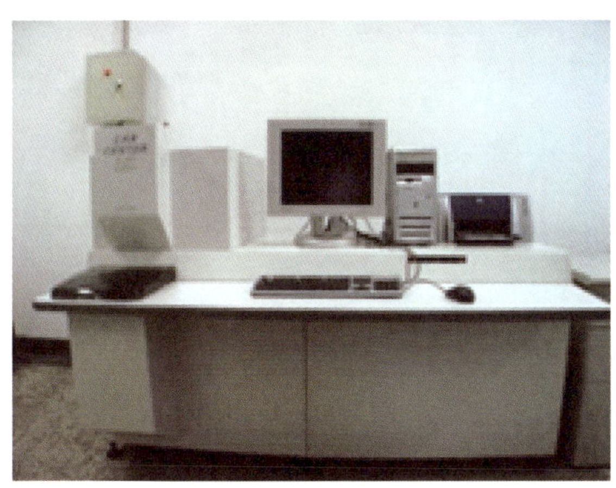

图 4-40　XRF-1800 型 X 射线荧光光谱仪

从分析数据上看，#1 和 #2 两组煤样的灰成分和含量相似，其中 SiO_2 含量最高，其次是 Al_2O_3。#3 和 #4 两组样品的灰成分和含量也相似，其中含量较高的 3 种物质按含量由高到低依次为 ZnO、SiO_2 和 CaO。#3 和 #4 样品中 ZnO 含量比煤灰中的高很多，且是主要成分，这与煤和油形成的地质因素等有关。

4）油和油泥灰样的粒度分布

在对 #3 和 #4 样品进行干燥的过程中，发现样品中有颗粒状物质，如图 4-41 所示，#3 样品主要是油，干燥后仍为黏性团状物质，#4 样品为油泥，其中掺有大量的杂质颗粒，干燥后分散成颗粒状物质，但仍具有一定的黏性。根据样品采集者反馈的信息，初步判断样品中可能掺有砂子，为此采用图 4-42 所示的 MasterSizer 2000 激光粒度分析仪对 #3 和 #4 样品的灰样进行了粒度分析。

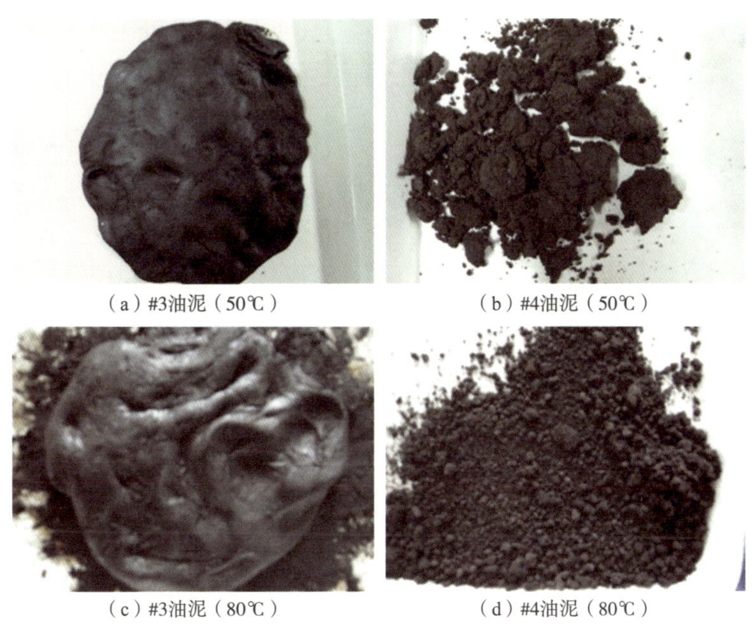

（a）#3油泥（50℃）　（b）#4油泥（50℃）

（c）#3油泥（80℃）　（d）#4油泥（80℃）

图 4-41　不同温度下烘干的样品

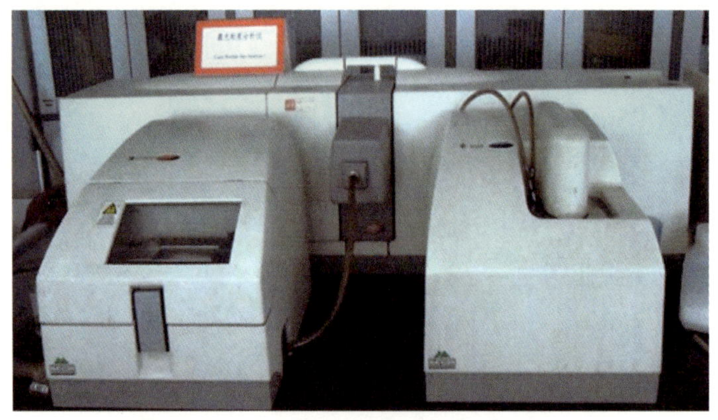

图 4-42　MasterSizer 2000 激光粒度分析仪

（1）#3 样品灰成分的粒度分布：

d_{10}=8.707μm，d_{50}=199.877μm，d_{90}=547.196μm

（2）#4 样品灰成分的粒度分布：

d_{10}=13.110μm，d_{50}=362.202μm，d_{90}=1593.15μm

粒度分布如图 4-43 所示，#3 和 #4 样品灰颗粒的粒径呈明显的双峰分布，#3 样品灰颗粒的粒径主要集中在 6~12μm 和 100~800μm 范围内，#4 样品灰颗粒的粒径主要集中在 5~12μm 和 1000~1500μm 范围内，且其中大粒径颗粒的含量远大于小粒径颗粒的含量。#4 样品灰颗粒的平均粒径比 #3 样品灰颗粒的平均粒径大，#4 样品灰颗粒的平均粒径 d_{50}=364.22μm，而 #3 样品灰颗粒的平均粒径仅为 d_{50}=199.877μm，即 #4 样品中 SiO_2 颗粒的粒径比 #3 中 SiO_2 颗粒大。

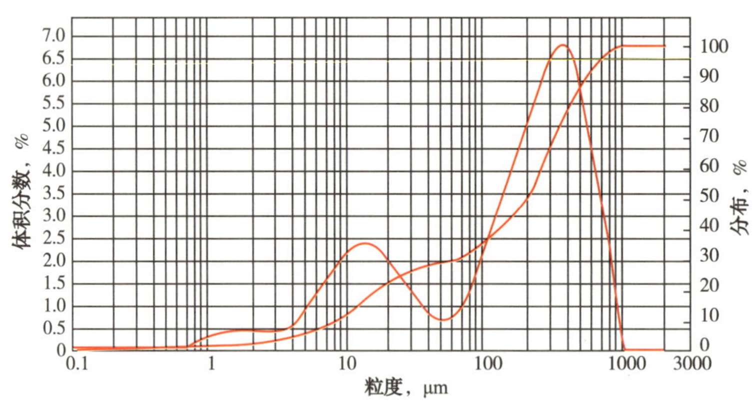

图 4-43　#3 和 #4 样品的粒度分布

六、石油泥渣混煤燃烧室内实验

1. 小型流化床室内实验

1）实验方法和步骤

小型流化床反应器如图 4-44 所示，实验系统气路控制及炉体控制单元如图 4-45 所示。

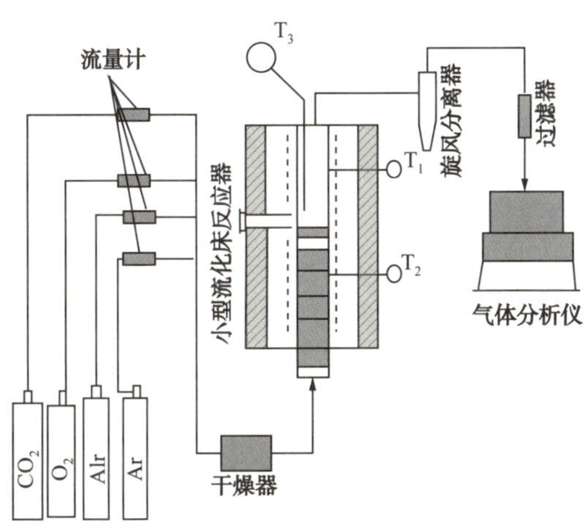

（a）结构简图

（b）实验台实体图

图 4–44　小型流化床

（a）气路控制

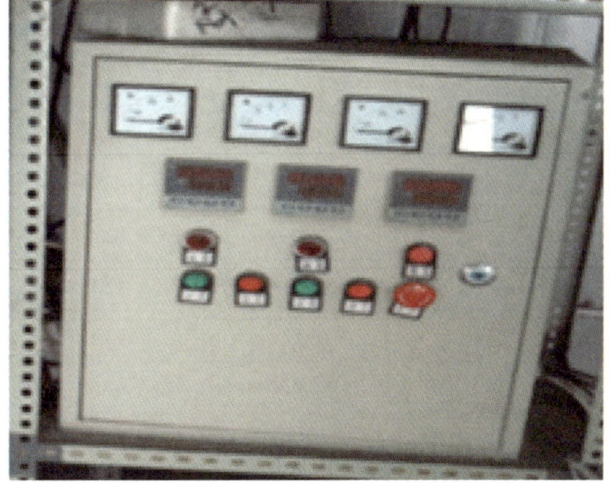

（b）炉体控制

图 4–45　实验系统气路控制及炉体控制单元

在小型流化床实验台中，流化床内在投料并发生燃烧后，炉内温度随时间变化的典型曲线如图 4–46 所示。但当床温较低时，燃料加热温度不够时，则不会发生强烈的燃烧，而是缓慢氧化和放热，此时炉内的温度则不会到达图 4–46 所示的 t_2 点，而呈较为平缓的曲线。为了评价样品着火的剧烈程度，引入着火指数 F_i 来进行评价，其计算方法如下：

$$F_i = \frac{\Delta T}{t_1 + t_2} \tag{4-8}$$

基于以上原理，本实验测定着火点以及燃烧时间的实验方法及步骤如下：

（1）将炉温升至 500℃并保持恒温，流化床运行稳定；

（2）投入 5g 燃料，同时检测流化床温度及出口气体氧气含量。

在一段时间内，若炉温在有限的降低后发生明显升高，同时氧气浓度明显降低，则说明在此温度下燃料可以着火，此时降低流化床的床温，重复步骤（1）和步骤（2），直至

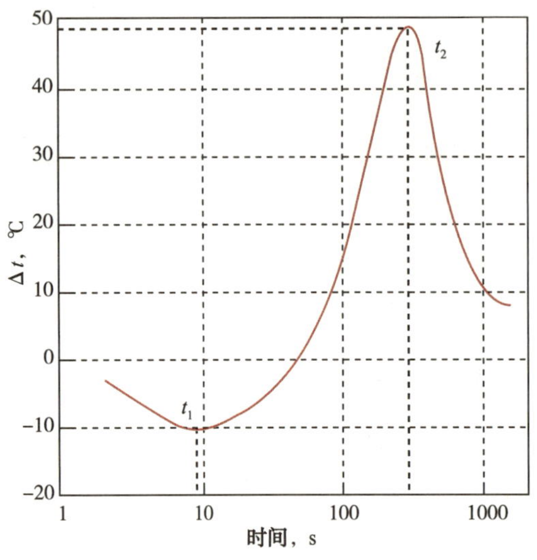

图 4–46　投料后床内温度随时间的变化曲线

炉温和氧气的浓度在投料后仅发生有限的变化，则认为在此之前的那个温度为着火点。

若在 500℃条件下，投入燃料后炉温及氧气浓度并无显著变化，则说明在此温度条件下燃料无法着火。此时升高流化床温度，重复步骤（1）和步骤（2），直至温度和氧气浓度发生明显变化，则此时的温度即为燃料着火点。

5 种典型煤种的工业分析和元素分析见表 4–45 和表 4–46。与新疆油田附近的典型煤种的工业分析和元素分析进行比较可以看出，新疆地区的煤种主要属于烟煤，其性质介于府谷烟煤、兖州烟煤和小龙潭褐煤之间，属于流化床中较为易燃的煤种。

表 4–45　5 种典型循环流化床用煤的工业分析

煤种	工业分析，%（质量分数）				$Q_{ar,低位}$ MJ/kg
	M_t	V_{ad}	FC_{ad}	A_{ad}	
龙岩	4.72	4.30	58.02	32.96	19.07
陆安	2.12	10.31	61.03	26.54	25.05
府谷	3.96	30.19	44.31	21.53	22.58
兖州	0.00	35.51	55.67	8.82	21.38
小龙潭	9.88	49.07	31.10	4.95	12.43

表 4–46　5 种典型循环流化床用煤的元素分析　　单位：%（质量分数）

煤种	C_{ad}	H_{ad}	O_{ad}	N_{ad}	S_{ad}
龙岩	52.30	1.04	0.83	0.71	1.12
陆安	62.13	2.67	7.33	1.18	0.15
府谷	56.58	3.61	14.28	1.12	0.42
兖州	55.38	2.04	6.42	1.12	0.50
小龙潭	36.72	1.87	12.59	1.01	1.66

2）石油泥渣的着火特性分析

在不同温度下投入特一连石油泥渣（样品 1）后，流化床内的氧气浓度及温度变化分别如图 4–47 和图 4–48 所示。设定流化床内温度为 520℃时，投入石油泥渣后炉内的氧气浓度变化比较平缓，温度降低了 17℃左右，随后床温又缓慢回升，但最高温度并没有超过设定床温，这说明石油泥渣在该温度下还没有发生强烈的燃烧反应。但当床温升值 530℃时，投入石油泥渣后炉内的氧气浓度迅速下降至 15% 左右，同时炉内温度在降低 12℃左右之后便回升，最高温度超过了炉内设定温度 2.7℃，这说明石油泥渣在 530℃的设定床温下发生了强烈的氧化反应，其放出热量能够支持燃料自身的吸热，并使床温升高。因此，可认为石油泥渣的起始着火点为 525℃。采用类似实验，可测得 5 种典型煤种的起始着火点分别为：小龙潭褐煤 375℃，兖矿和府谷烟煤为 422℃，陆安贫煤为 493℃，龙岩无烟煤为 547℃。由此可见，石油泥渣的起始着火点甚至要低于龙岩无烟煤，造成这一现象的主要原因是石油泥渣的主要可燃物为原油，相当于煤中的挥发分。由于煤的着火点很大程度上取决于煤中挥发分析出的速率和析出的数量，石油泥渣含有 20% 左右的原油，这部分原油在较低温度下即可挥发出来并迅速燃烧，因此石油泥渣的可燃性是非常好的。

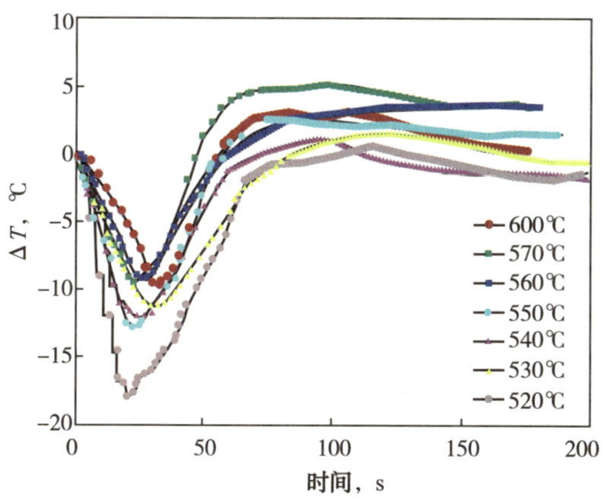

图 4-47　不同温度下投入石油泥渣后氧气浓度变化

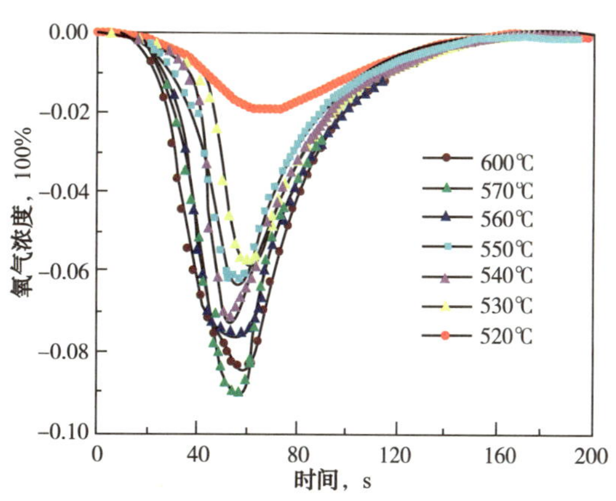

图 4-48　不同温度下投入石油泥渣后温度变化

在不同温度下分别对 5 种典型煤种及石油泥渣测定了着火指数，如图 4-49 所示。由图 4-49 可见，不同煤种的着火指数间主要的差别是其燃烧温度随着挥发分的减少而发生了滞后，但着火指数随着温度增加而增长的斜率都非常迅速，这是由于各煤种的发热量都比较高，当投入相同质量的煤种时，其放出的热量较多，使得炉内升温迅速，该实验中，投入煤样品后流化床中的温升范围为 40~60℃，使得着火指数值较高。

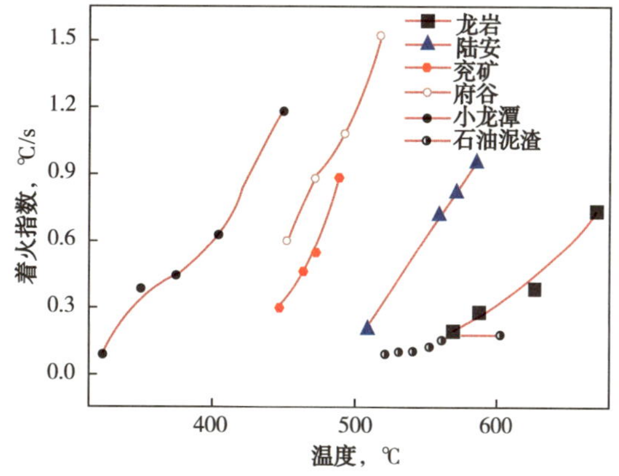

图 4-49　典型循环流化床煤种及石油泥渣在不同温度下的着火指数

当采用石油泥渣进行相同的实验时，着火指数随温度的变化与煤呈现了很大的差异，尽管在 530℃以上石油泥渣就发生了燃烧，但由于石油泥渣自身的热值较低，水分含量大，放出的热量有限，因此炉温仅升高 5℃左右，其着火指数值也相应减小，要比煤的着火指数值低一个数量级。煤与石油泥渣的着火指数值间的差异表明，燃料热值是影响着火的非常重要的因素，由于石油泥渣的热值较低，无法支持自身的燃烧，因此无法在循环流化床中采用纯烧石油泥渣的方法。

3）石油泥渣混烧的着火特性实验研究

为研究石油泥渣与煤混烧的着火特性，按照上节所述实验方法研究了样品 1（特一连，较湿样）与府谷烟煤在不同掺混比条件下的着火指数，以及流化床内温度的变化趋势。随着掺混比的持续升高，测得的着火指数也相应下降，当掺混比为 50% 时，着火指数降低了一半左右，主要表现在床温升高幅度明显降低，同时燃烧时间变长，但其着火点降低为 475℃左右，比石油泥渣的着火点降低了约 50℃，这主要是由于大量低燃点的府谷烟煤投入的结果。当掺混比为 30% 时，较低温度时着火指数升高明显，着火点进一步降低，实测的着火点已降低到 440℃左右，与府谷烟煤的着火点 422℃相差不大。总的来说，掺混比达到 50% 时，其着火指数及其温度区间均远高于纯石油泥渣的着火指数，说明随着煤的加入，燃料平均热值得到大幅度提高，使得燃料的燃点降低，保证了 CFB 循环流化床的安全稳定运行。图 4-50 直观地表现了随着掺混比降低，流化床内温度升高的情况。图 4-51 为 530℃条件下不同掺混比的府谷烟煤与石油泥渣样品 1 的床温变化曲线，当掺混比为 10%、30%、50% 和 100% 时，流化床内的最低降低温度分别为 -5.2℃、-6℃、-7.2℃和 -8.5℃，最高温度升高量分别为 47.3℃、38.5℃、23.4℃和 3.8℃。由此可见，掺入煤粉后保证了热量的输入以及循环流化床的安全稳定运行。

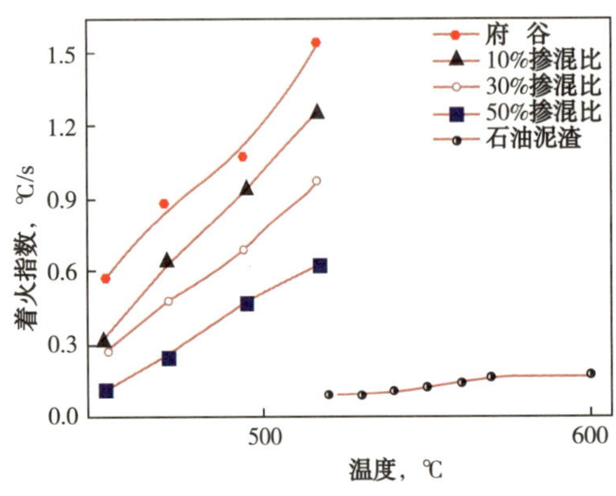

图 4-50 不同比例石油泥渣与烟煤掺混的着火指数变化

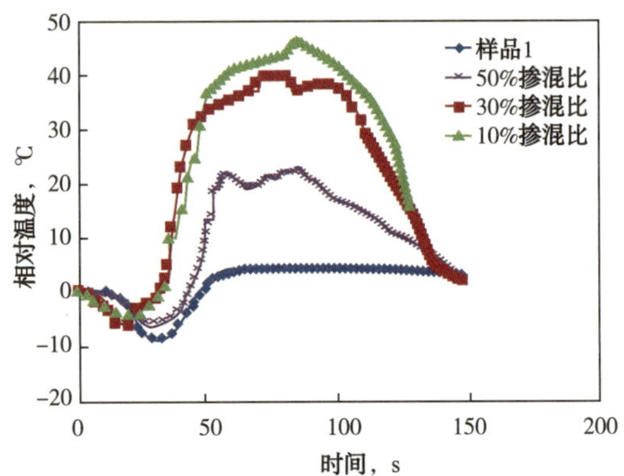

图 4-51 530℃条件下不同掺混比的府谷烟煤与石油泥渣样品 1 的床温变化曲线

投入样品后床内温度的变化曲线如图 4-52 至图 4-54 所示。测得样品 1（特一连）的燃尽时间约为 134s，样品 2（特一连较湿样）燃尽时间为 150s，样品 3（石油泥渣池干燥样）的燃尽时间为 114s，而府谷烟煤的燃尽时间约为 120s。由此可知，石油泥渣样品的燃尽时间与其含水量有较大关系，样品含水量越高，燃尽时间越长。但由于石油泥渣的可燃成分是燃烧特性很好的原油，其燃烧速率要高于典型烟煤的燃烧速率，因此较低热值的石油泥渣的燃尽时间与煤的燃尽时间相差不大。这一特性说明石油泥渣的加入不会改变循环流化床内物料的停留时间。

2. 掺烧烟气热力性质计算

通过对不同比例的石油泥渣进行掺烧实验，研究了掺混燃料的燃烧特性，发现当掺混比达到 50% 时，仍能保证循环流化床的稳定运行，并不影响循环流化床内的物料停留时间分布和燃烧份额分布。由于注汽锅炉的主要任务是保证稠油生产的连续稳定，同时希望锅炉的热效率达到最佳[14]。为此，本项目基于新疆 130t/h 注汽锅炉用煤的煤质分析以及典型石油泥渣的热物性数据，开发了稠油热采注汽锅炉的热力计算软件。该软件主要包括燃料输入模块、烟气组分及热力计算模块以及锅炉热力计算模块。其烟气组分计算模块如图 4-55 所示，锅炉热力计算模块如图 4-56 所示。除此之外，还开发了一个专门用于预测

在不同富氧浓度以及石油泥渣掺混比例条件下的烟气组分的软件。

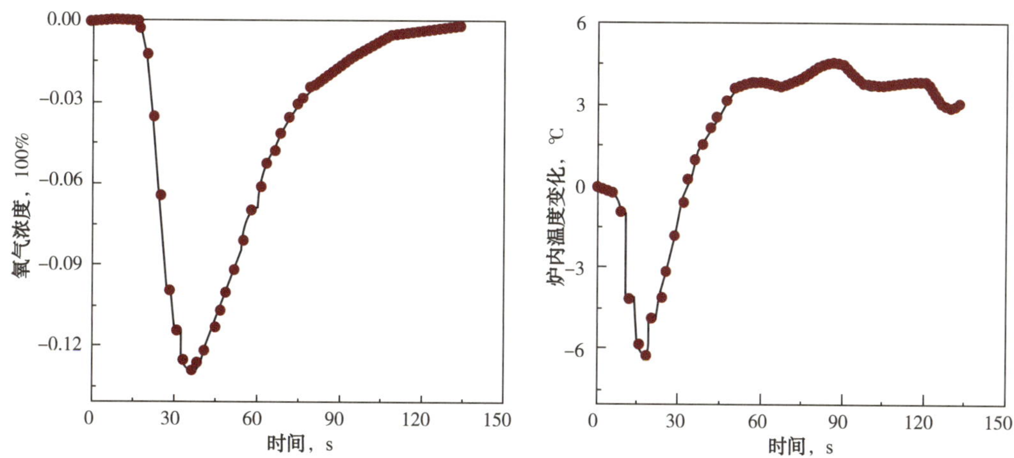

图 4-52　850℃条件下样品 1（特一连）石油泥渣着火时炉内温度及氧气浓度变化

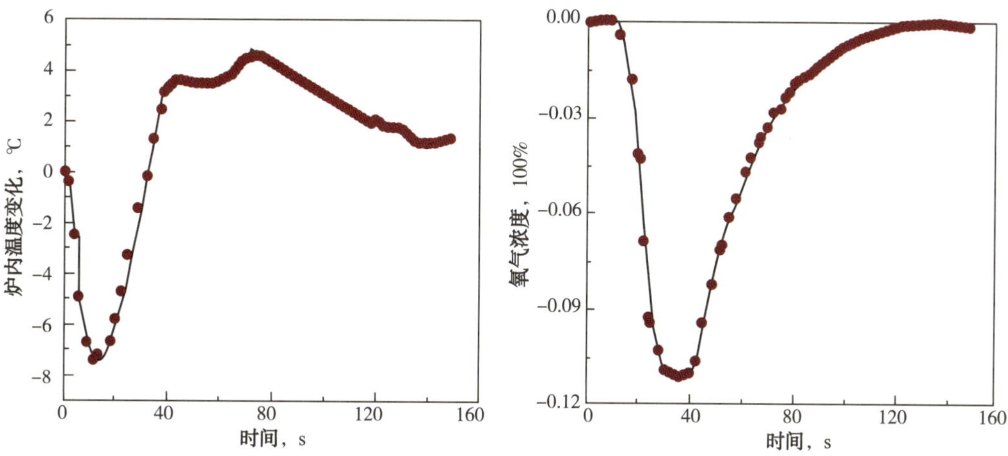

图 4-53　850℃条件下样品 2（特一连较湿样）石油泥渣着火时炉内温度及氧气浓度变化

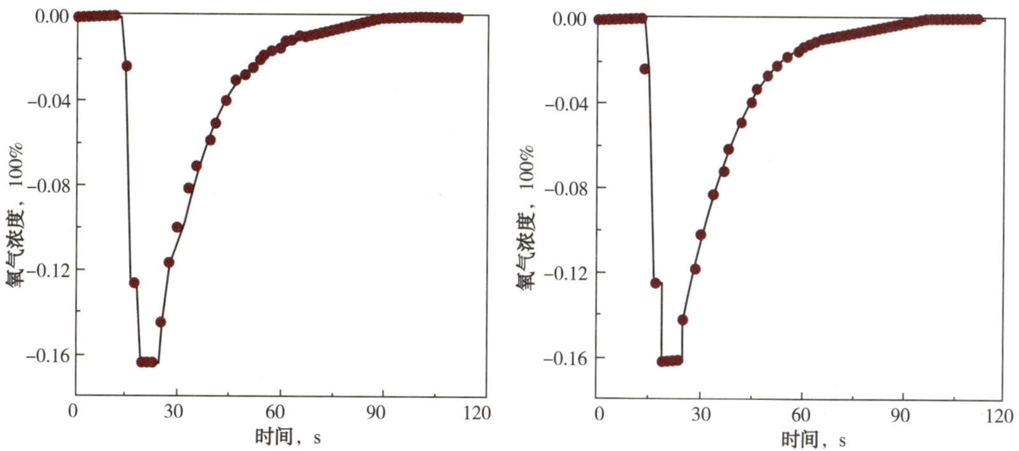

图 4-54　850℃条件下样品 3（石油泥渣池干燥样）石油泥渣着火时炉内温度及氧气浓度变化

2.燃烧产物焓温度

烟气温度 θ	V_{RO_2}	1.326	$V_{N_2}^0$	5.750	$V_{H_2O}^0$	0.803	
	m³/kg		m³/kg		m³/kg		
℃	C_{CO_2} θ	I_{RO_2}=	C_{N_2} θ	I_{N_2}=	C_{H_2O} θ	I_{H_2O} θ =	I_y0=
100	169.71	225.0	129.58	745.1	150.48	120.8	
200	356.97	473.3	259.58	1492.6	303.87	243.9	
300	558.03	739.8	391.25	2249.7	461.89	370.7	
400	770.79	1021.9	525.84	3023.6	625.33	501.9	
500	994.84	1318.9	662.95	3812.0	793.36	636.7	
600	1220.36	1618.2	802.56	4614.7	965.58	774.9	
700	1458.82	1934.0	944.68	5431.9	1145.32	919.2	
800	1701.26	2255.4	1090.98	6273.1	1333.42	1070.2	
900	1947.88	2582.4	1241.46	7138.4	1521.52	1221.1	
1000	2198.68	2914.9	1391.94	8003.7	1722.16	1382.1	
1100	2453.66	3252.9	1542.42	8868.9	1922.8	1543.2	
1200	2712.82	3996.5	1692.9	9734.2	2127.62	1707.6	
1300	2971.98	3940.1	1847.56	10623.5	2340.8	1878.6	
1400	3235.32	4289.2	2006.4	11536.8	2553.98	2049.7	
1500	3498.66	4638.3	2161.06	12426.1	2775.52	2227.5	
1600	3762	4987.5	2319.9	13339.4	2997.06	2405.3	
1700	4029.52	5342.1	2478.74	14252.8	3222.78	2586.5	
1800	4297.04	56596.8	2637.58	15166.1	3452.68	2771.0	

图 4–55　掺烧烟气焓温计算软件界面

利用烟气热力性质和组分计算软件在空气氛围下煤和石油泥渣按不同掺混比为初始条件，分别计算了锅炉烟气的主要气体份额，见表 4–47。由于样品 1 的含水量高达 55.7%，随着石油泥渣掺混比的增加（由 0 增至 30%），烟气中的水份额由 9.69% 增加至 12.74%，相应的氮气和二氧化碳份额则在相应降低。但除去水蒸气后，干烟气二氧化碳的份额则仅由 13.55% 降低至 13.19%。

由于石油泥渣的含硫量约为 0.92%，而煤中的含硫量为 0.14%，因此随着石油泥渣掺混比例的提高，烟气中的二氧化硫浓度由 0.004% 上升至 0.013%，其浓度仍然很低。加入石灰石进行炉内脱硫后，二氧化硫的排放浓度可降低 70%，可满足环保标准。

THU–130/15.5CFB锅炉热力计算

E1　设计任务

符号	名称	单位	数据来源
锅炉额定蒸发量	D_1	t/h	
额定蒸汽出口压力	p_{ss}	MPa	
额定饱和蒸汽出口温度	t_{ss}	℃	
给水温度	t_{fw}	℃	
给水压力	p_{fw}	MPa	
排污率	σ_{bd}	%	自设
排烟温度	θ_{ex}	℃	
热空气温度	t_{ha}	℃	自设
冷空气温度	t_{ca}	℃	自设

E2　燃料特性

名称	符号	单位	数据来源
煤的收到基碳质量分数	$[C]_{ar}$	%	见混合燃料性质计算表
煤的收到基氢质量分数	$[H]_{ar}$	%	见混合燃料性质计算表
煤的收到基氧质量分数	$[O]_{ar}$	%	见混合燃料性质计算表

130tCFB热力计算（修正）　130tCFB热力计算（富氧30%）　掺烧30%计算表　热力计算汇总表

图 4–56　石油泥渣掺烧锅炉热力计算软件界面

表 4–47　空气氛围及不同石油泥渣掺混比条件下锅炉烟气的计算值

烟气组分 \ 石油泥渣掺混比	0	5%	10%	20%	30%
N_2 份额，%	73.07	72.74	72.38	71.61	70.74
CO_2 份额，%	12.24	12.13	12.02	11.78	11.51
H_2O 份额，%	9.69	10.13	10.59	11.60	12.74
SO_2 份额，%	0.004	0.005	0.006	0.09	0.013
O_2 份额，%	5.00	5.00	5.00	5.00	5
干烟气 CO_2 份额，%	13.55	13.50	13.44	13.33	13.19
排烟焓，kJ/kg	1294.5	1257.2	1220.1	1146.3	1073.3

表 4–47 汇总了石油泥渣掺混比为 0~30% 时锅炉热力性质的异同，由于石油泥渣中含有大量水分，最终会吸收热量随热烟气排除，因此会增加一部分排烟热损失，使得锅炉热效率由原有的 91.57% 降低至 91.21%。但加入的石油泥渣节省了燃料煤，按 30% 的掺混比进行计算，石油泥渣带入的热量约为 8.03%，使得每小时节省用煤 1.05t。采用该计算软件对燃料掺混 5%、10%、20% 和 30% 的情况分别计算，得到的锅炉热效率分别为 91.52%、91.47%、91.35% 和 91.21%，锅炉节省的用煤分别为 0.16t/h、0.32t/h、0.71t/h 和 1.05t/h，相当于锅炉热量输入的 1.02%、2.21%、4.84% 和 8.03%。因此，掺混比按 5%、10%、20% 和 30% 计算时，锅炉热效率的净增量分别为 0.97%、2.11%、4.62% 和 7.67%。由此可见，石油泥渣掺混比例达到 10% 时，即可使得锅炉的热效率净增超过 2%。

燃料掺混比达到 40% 时，锅炉热力计算主要数据见表 4–48。如前所述，锅炉热效率可再增加 2% 左右。但由于石油泥渣中含有大量水分，同时石油泥渣自身热值较低，这样的掺混比使得计算燃料消耗量达到了 6.3kg/s，较 30% 掺混比时增加了 12% 左右，从而进一步增加了给煤系统的负荷。由于实际运行的 130t/h 锅炉上煤系统设计余量的限制，石油泥渣掺混比为 40% 时，锅炉无法在满负荷条件下运行。事实上，在已有 130t/h 锅炉上进行石油泥渣的混合燃烧时，需要充分考虑到锅炉上煤系统的负荷，尽可能在较低负荷下运行。石油泥渣掺混比为 40% 时锅炉的基础热力计算数据见表 4–49。

表 4–48　石油泥渣掺混比为 30% 时锅炉热力计算数据汇总

名称	单位	原有锅炉，不掺烧	30% 掺烧
燃料带入热量	kJ/kg	21710.00	16524.50
排烟温度	℃	110.00	110.00
排烟焓	kJ/kg	1542.19	1232.74
冷空气温度	℃	20.00	20.00
理论冷空气焓	kJ/kg	191.97	148.45
给水焓	kJ/kg	449.37	449.37
锅筒内饱和温度	℃	355.00	355.00

续表

名称	单位	原有锅炉，不掺烧	30% 掺烧
锅筒内饱和蒸汽焓	kJ/kg	2704.27	2704.27
锅筒内饱和水焓	kJ/kg	1628.71	1628.71
排污率	%	10.00	10.00
饱和蒸汽流量	t/h	130.00	130.00
锅炉有效利用热	kJ/s	85685.58	85685.58
实际燃料消耗量	kg/s	4.31	5.68
计算燃料消耗量	kg/s	4.27	5.63
固体未完全燃烧热损失	%	1.00	1.00
气体未完全燃烧热损失	%	0.00	0.00
排烟热损失	%	7.03	7.39
散热热损失	%	0.40	0.40
灰渣物理热损失	%	0.00	0.00
保热系数		1.00	1.00
锅炉总热损失	%	8.43	8.79
锅炉反平衡热效率	%	91.57	91.21

表 4-49　石油泥渣掺混比为 40% 时锅炉的基础热力计算数据

名称	符号	单位	数值
燃料带入热量	Q_{in}	kJ/kg	14796.00
排烟温度	θ_{ex}	℃	110.00
排烟焓	I_{ex}	kJ/kg	1129.59
冷空气温度	t_{ca}	℃	20.00
理论冷空气焓	I_{ca}	kJ/kg	133.94
固体未完全燃烧热损失	q_{uc}	%	1.00
气体未完全燃烧热损失	q_{ug}	%	0.00
排烟热损失	q_{ex}	%	7.56
散热热损失	q_{rad}	%	0.40
灰渣物理热损失	q_{ph}	%	0.00
保热系数	ϕ		1.00
锅炉总热损失	Σq	%	8.96
锅炉反平衡热效率	η_b	%	91.04
给水焓	i_{fw}	kJ/kg	449.37
锅筒内饱和温度	t_s	℃	355.00
锅筒内饱和蒸汽焓	i''_s	kJ/kg	2704.27

续表

名称	符号	单位	数值
锅筒内饱和水焓	I'_s	kJ/kg	1628.71
排污率	δ_{bd}	%	10
饱和蒸汽流量	D_{ss}	t/h	130.00
锅炉有效利用热	Q_b	kJ/s	85685.58
实际燃料消耗量	B	kg/s	6.36
计算燃料消耗量	B_{cal}	kg/s	6.30
收到基碳质量分数	$[C]_{ar}$	%	48.304
收到基氢质量分数	$[H]_{ar}$	%	3.48
收到基氧质量分数	$[O]_{ar}$	%	5.07
收到基氮质量分数	$[N]_{ar}$	%	0.516
收到基硫质量分数	$[S]_{ar}$	%	0.76
收到基灰质量分数	$[A]_{ar}$	%	17.532
收到基水质量分数	$[M]_{ar}$	%	31.904
干燥无灰基挥发分	$[V]_{daf}$	%	46.71386757
收到基低位发热量	$Q_{ar,\ net,\ p}$	kJ/kg	14796

七、石油泥渣混煤燃烧现场试验

1. 试验前准备工作

（1）详细研究了不同石油泥渣的物理化学特性，获得了完备的石油泥渣燃烧特性，包括其工业分析、元素分析、灰成分以及灰分粒径分布等特征。

（2）搭建了小型循环流化床试验装置，并对不同比例的石油泥渣混煤进行了掺烧试验，初步获得了石油泥渣混煤燃烧的试验特性。

（3）制订了详细的石油泥渣混煤燃烧方案，并与油田负责单位多次协商，保证责任落实到人，严格按照试验方案执行。

2. 试验过程

2013 年 12 月 18 日、19 日在油田 130t/h 燃煤循环流化床注汽锅炉开展了石油泥渣与煤掺混燃烧试验，掺混比分别为 40%（工况 1）和 26%（工况 2）。试验中的煤仓实际情况如图 4-57 和图 4-58 所示，其中 1#、2# 煤仓料位正常，3# 煤仓料位很低，用于投放混合燃料，试验过程中未发生堵煤情况，说明试验设计方案是合理的。试验过程中每隔 10min 记录一次数据，相关负责人员密切关注锅炉变化情况。在工况稳定时，现场的 DCS 系统监视画面如图 4-59 所示。

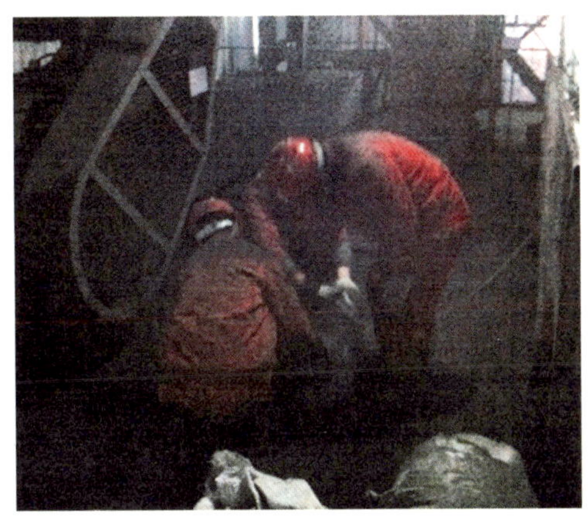

图 4-57　石油泥渣混煤燃料准备

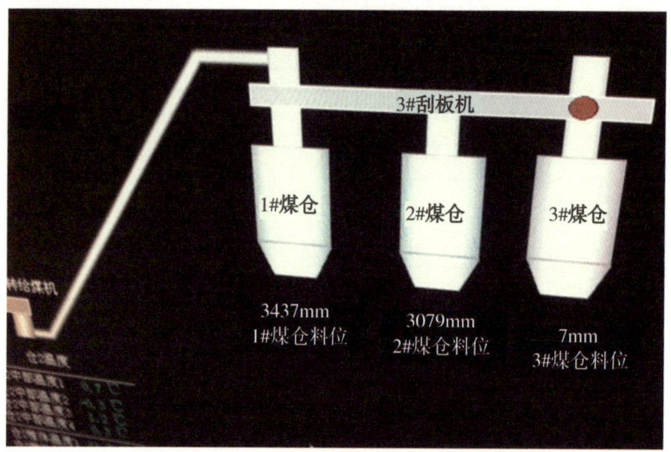

图 4-58　试验中锅炉 3 个煤仓的料位

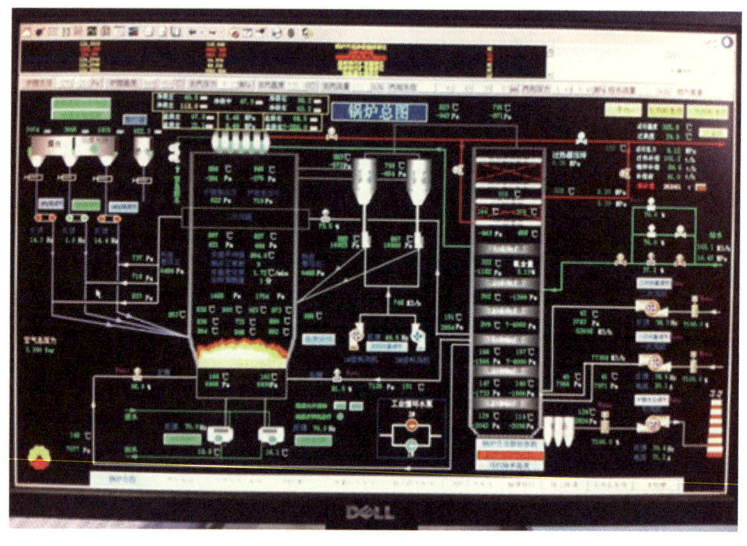

图 4-59　试验过程中现场监视 DCS 的情况

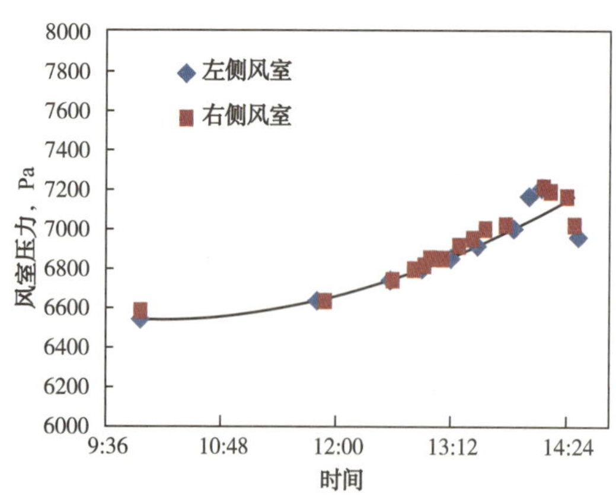

图 4-60　风室压力随时间的变化

3. 试验结果及结论

1）锅炉运行参数分析

工矿 1 主要运行参数的变化相对来说明显一些，为了说明问题，在这里以工况 2 为主详细分析锅炉运行时参数的变化情况。试验前后各参数随时间的变化情况如图 4-60 至图 4-63 所示，其中 12：53—14：12 为进行石油泥渣混煤燃烧试验的时间段，即各图中两条竖线之内的区间段。

风室压力随时间的变化情况如图 4-60 所示，在整个试验期间一直未进行排渣操作，随着锅炉底部灰渣量的缓慢聚集，风室压力也呈缓慢增加的趋势，其压力从 6600Pa 升至 7200Pa 左右，均在锅炉正常运行压力范围之内。由于压力值的变化趋势在试验期间并无显著跃升或降低，且与试验前的压力变化情况大致相同，说明石油泥渣的底部成灰特性与煤的底部成灰特性差异不显著，因此对锅炉运行无影响。试验结束后，随着排渣程序的进行，风室压力也显著降低。

锅炉炉膛及返料器的温度随时间的变化如图 4–61 所示，在试验初期，炉膛以及返料器的温度有一个很显著的变化，且变化时间非常短暂，大约在 10min 之内完成，说明尽管循环流化床锅炉的热惯性较大，系统内物料停留时间较长，但其对燃料物性变化的相应特性仍然是比较迅速的。石油泥渣通过一个给煤机送入炉膛，再送入石油泥渣的附近区域，锅炉温度会出现一定的降低，如图 4–61 中的黑线所示。由此可见，石油泥渣混煤是在靠近路让左侧的位置送入炉膛的，因此炉膛左侧和返料器左侧的温度均有一定程度的降低，约为 10℃（注：红线区间左侧的温度剧烈变化是由于调整锅炉工况引起的，与本试验的燃料特性影响无关）。随后在试验运行期间，炉膛以及返料器温度均保持了很好的稳定性，说明在石油泥渣混煤燃料燃烧期间，锅炉的运行工况良好，可进行稳定操作且保持锅炉的稳定运行状态，因而采用石油泥渣混煤燃烧的方案在实际工业运行中是没有问题的。

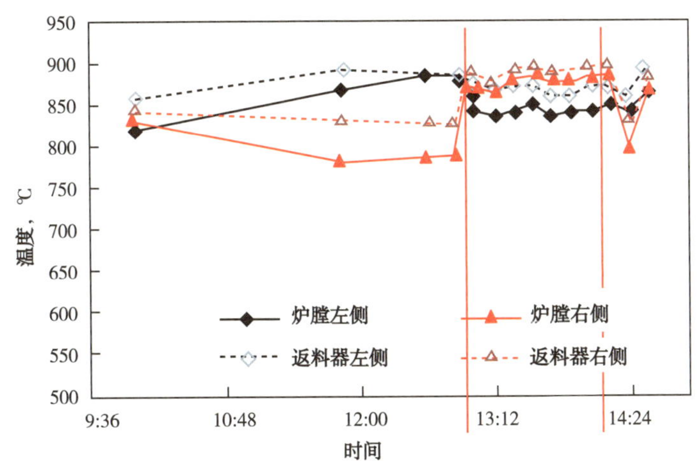

图 4–61 炉膛及返料器的温度随时间的变化

锅炉尾部烟道的排烟温度随时间的变化如图 4–62 所示，实验过程中尾部烟温随时间推移而缓慢下降，其主要原因是石油泥渣热值较低，水分含量较高，因而降低了燃烧温度；而由于烟气量较试验前有所增加，换热系数增加，因而吸热量变化不大，最终导致烟温降低。

与此同时，图 4–63 还表明在试验期间尾部烟气的含氧量比试验前后都要低，其主要原因是试验过程中总的给煤量变化不大，同时又增加了一部分额外的石油泥渣，这样就使得在试验过程中总的燃料氧量比上升，进而消耗了更多的氧气。总的来说，尾部烟气含氧量降低，说明单位热值燃料的排烟量是降低的，因而排烟热损失也会降低，从而使得锅炉热效率有所升高。根据前期开发的锅炉热力软件计算表明，当不考虑石油泥渣的热量输入为额外增益的情况下，尾部烟道氧含量降低 1%，锅炉热效率可以增加 0.6% 左右；而考虑石油泥渣的热量输入为额外增益时，锅炉热效率增加将超过 2%。随着锅炉热效率的提高，石油泥渣混煤燃烧的经济性将得到显著提高。

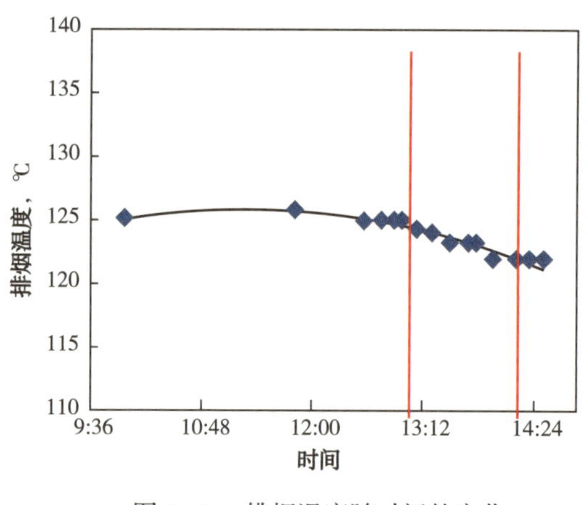

图 4-62　排烟温度随时间的变化

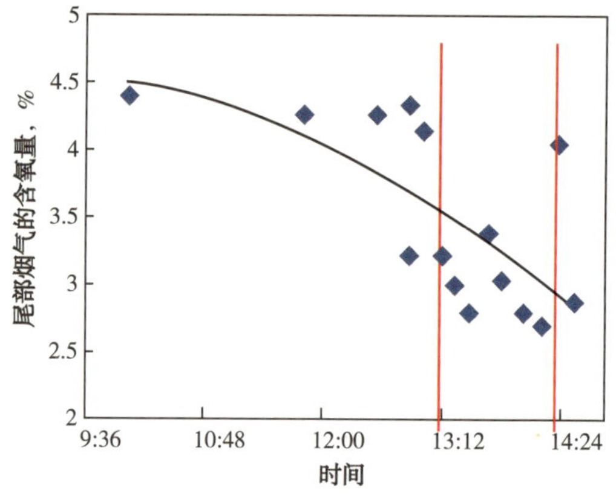

图 4-63　尾部烟气的含氧量随时间的变化

2）锅炉灰渣特性

掺烧试验过程中所排出的灰渣样品如图 4-64 所示。图 4-64（a）为灰渣整体照片，最终灰渣的颜色为砖红色，表明在掺烧过程中，燃料达到了很高的燃烧效率。与此同时，也可发现在大量的细灰中有少量未燃尽的燃料颗粒，这些未燃尽颗粒的近照如图 4-64（b）所示，可见大部分未燃尽颗粒为较大的煤颗粒，而非石油泥渣颗粒，其主要原因是石油泥渣在进入锅炉后会迅速地脱水干燥，由于石油泥渣本身的粒度是非常细的，约为 30μm，因而大块石油泥渣在干燥之后会迅速破碎成细小颗粒。当然，也有部分未来得及燃烧的石油泥渣颗粒，其主要原因是石油泥渣入炉后少量的石油泥渣块未及时破碎，导致其未来得及完全燃烧即沉入了锅炉底部，最终随锅炉底渣排出。但总体而言，未燃烧大颗粒在灰渣中所占的比例小于 0.05%，说明煤和石油泥渣的燃烧达到了很高的燃尽率。

（a）灰渣整体照片

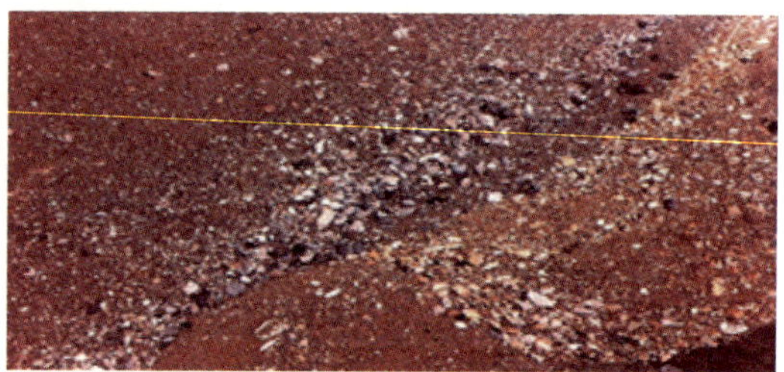

（b）部分未燃尽颗粒近照

图 4-64　锅炉掺烧试验后所排灰渣照片

3）锅炉污染物排放

锅炉尾部烟道烟尘浓度随时间的变化如图 4-65 所示，在试验期间烟尘浓度基本保持不变，甚至略有降低，这说明石油泥渣产生的飞灰量及其物理特性不足以影响除尘器的工作条件，因而在掺烧过程中除尘系统的性能是不受影响的。

SO_2 和 NO_x 浓度随时间的变化如图 4-66 所示，由于石油泥渣的 N 元素含量为 0.3%~0.5%，而设计煤种的 N 元素含量在 1.5% 左右，因此进行石油泥渣混煤燃烧试验时，燃料的平均 N 元素含量有所降低，进而 NO_x 的浓度变化并不显著，甚至还略有降低。

石油泥渣中的 S 元素含量在 0.5%~2.0% 区间变动（共计取了 4 种不同石油泥渣样

品，一种 0.5%，一种 0.8%~1%，两种 2.0%），而锅炉用煤的 S 元素含量则小于 0.5%（0.13%~0.5% 区间）。因而，进行石油泥渣混煤试验时，燃料的平均 S 元素含量上升，进而导致 SO_2 的浓度显著提高。由于在试验过程中未加入石灰石进行脱硫，导致 SO_2 浓度较高，但加入脱硫剂后，脱硫效率将达到 70% 以上，满足锅炉运行的环保要求。

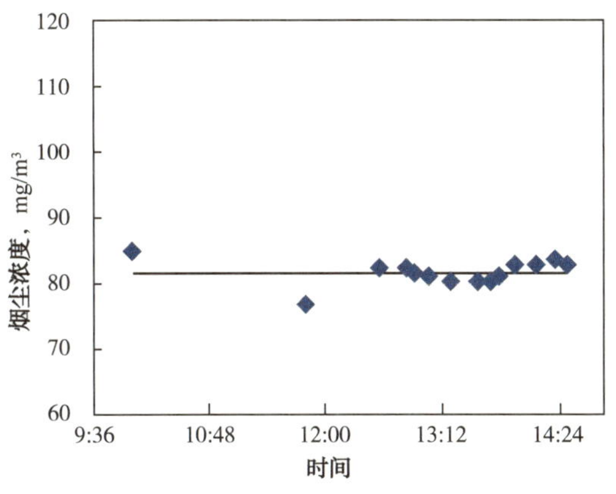

图 4–65　锅炉尾部烟道烟尘浓度随时间的变化

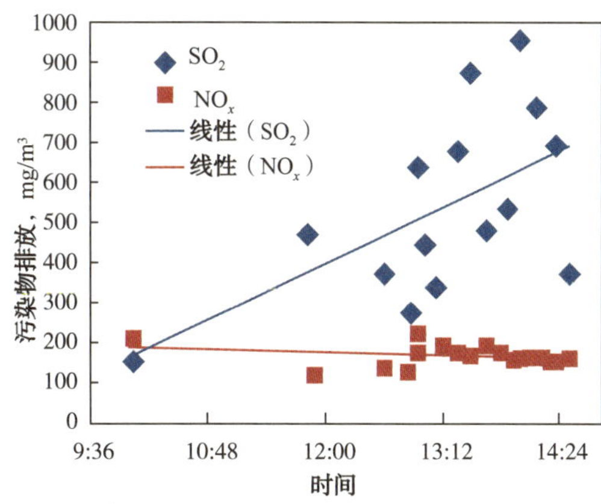

图 4–66　SO_2 及 NO_x 浓度随时间的变化

通过室内研究和现场试验，石油泥渣混煤燃烧试验过程中未出现堵煤状况，锅炉运行平稳，各项指标正常，说明石油泥渣掺混比达到 20% 时，循环流化床锅炉的各项燃烧特性与燃煤时的表现相同，由于石油泥渣热值较低进口侧的床温降低 10℃左右，但该变化对锅炉运行不构成任何影响，锅炉排渣中存在的未燃尽颗粒仍以煤的大颗粒为主，存在部分石油泥渣的未燃尽颗粒，但其比例较小，对锅炉的燃烧效率没有影响。NO_x 的排放浓度基本保持不变或略有降低，烟尘浓度基本保持不变；掺烧石油泥渣至 20% 时，SO_2 的浓度显著提高，其主要原因一是石油泥渣中的 S 元素含量较高，二是未加石灰石进行炉内脱硫。按投入石灰石后脱硫效率 70% 计，石油泥渣掺混比达到 20% 时可满足锅炉 SO_2 排放的环保标准。

八、应用及推广前景

该项技术在油田 1 台 130t/h 循环流化床燃煤注汽锅炉开展了试验并取得了成功，根据试验结果，130t/h 循环流化床燃煤注汽锅炉年可资源化利用石油泥渣 3.15×10^4t，节省原煤 1.15×10^4t，经济效益 1553 万元。

推广应用到油田 7 台燃煤锅炉和长期运行的 120 台注汽锅炉，年可节约燃料成本 11392 万元，同时减少二氧化碳排放 1.79×10^4t（表 4–50）。

表 4–50　节能效益测算

项目	运行数量 台	掺石油泥渣 10^4t	节煤 10^4t	节天然气 10^4m^3	二氧化碳减排量，10^4t	综合效益 万元
燃煤注汽锅炉	7	22.05	8.05	—	0.3	10869
燃气注汽锅炉	120	—	—	454.4	1.49	523
合计	127	22.05	8.05	454.4	1.79	11392

同时该技术还减少了固废的污染，实现低成本处理低含油石油泥渣，实现其资源化利用，节约了燃煤量，是经济有效的环保措施。在燃气注汽锅炉上应用富氧燃烧技术降低锅炉外排烟气量，减少二氧化碳气体排放量，同时提高锅炉效率，推动油田绿色节能发展。

参 考 文 献

［1］刘继和，孙素凤．注汽锅炉［M］．北京：石油工业出版社，2007.

［2］车德福，刘艳华，等．烟气热能梯级利用［M］．北京：化学工业出版社，2006.

［3］李清方，刘中良，庞会中，等．基于机械蒸汽压缩蒸发的油田污水脱盐系统及分析［J］．化工学报，2011，62（7）：1963-1969.

［4］韩冷冰．辽河油田稠油污水处理方法探讨［J］．环境保护与循环经济，2012（8）：48-50.

［5］龚秋红，李元春，卢宇，等．油田污水余热回收利用技术［J］．石油和化工设备，2011（5）：67-68.

［6］陈景军．稠油污水回用湿蒸汽锅炉处理技术研究［J］．复杂油气藏，2009（3）：62-64.

［7］顾锦彤，陈保东，申龙涉．油田注汽锅炉阻垢防垢技术及机理研究［J］．节能技术，2011（5）：408-409.

［8］熊洁，许云书，黄玮．偕胺肟基螯合吸附分离材料研究进展［J］．材料导报，2006，20（7）：102-104.

［9］王立君，张丽华，项建亮．聚羟乙基丙烯酰胺螯合树脂合成及其对铜离子吸附性研究［J］．化工生产与技术，2007，14（5）：21-24.

［10］梁义．燃煤锅炉系统的可靠性设计［J］．煤炭技术，2010（8）：215-216.

［11］娄可宾，沈恒根，杜柳柳．燃煤锅炉用高温滤料研究与应用［J］．工业安全与环保，2007（4）：130-131.

［12］动力煤优化技术与高效燃煤锅炉技术开发取得新成果［J］．河南化工，2009（5）：42-43.

［13］马金磊．发电厂燃煤锅炉热力计算系统的研究［D］．北京：华北电力大学，2014：100-102.

［14］夏璐．富氧燃煤锅炉热力计算与燃烧气组分优化研究［D］．上海：上海交通大学，2013：45-46.

第五章　炼油化工节能节水技术

中国石油一直将节能节水工作作为实现公司绿色可持续发展的重要抓手，不断提高资源利用效率和产出效益。“十二五”以来，中国石油不断完善节能节水工作机制和方法，逐步形成以技术降耗为重点、以管理降耗为基础的基本思路。

针对制约炼化企业节能减排的关键技术问题，重点突破加热炉优化提效、余热协同利用、电力系统节能安全优化、水系统平衡与优化、节水关键技术评价等技术瓶颈，研究内容涵盖了炼化节能节水的各个领域，研究成果达到了国内领先水平，积极指导炼化企业开展节能节水工作，降低能耗、减少排放，为炼化业务实现“十二五”节能节水目标提供了重要的技术支撑。下面就低温余热利用及多效浓水蒸发技术展开叙述。

第一节　低温余热利用

随着国家对节能减排方面的重视，作为用能大户的炼油化工领域，必须不断加大力度，迎接挑战和机遇。节能工作不仅是国家政策法规的要求，也是各个炼化企业实现增加效益的重要手段。以炼厂为例，根据国外权威机构统计，在炼厂生产总成本中，73% 为购买原油花费，这部分受政策市场影响，对炼厂而言通常作为不可控成本。在剩下的可控成本中，用能成本占总成本的 14.2%，占可控成本中的 52%，是最大的降低成本、提高利润的工作范畴（图 5-1）。经过调查全球多家炼厂在节能方面的工作成果发现，对于现有装置系统进行节能改造是实际可行的。

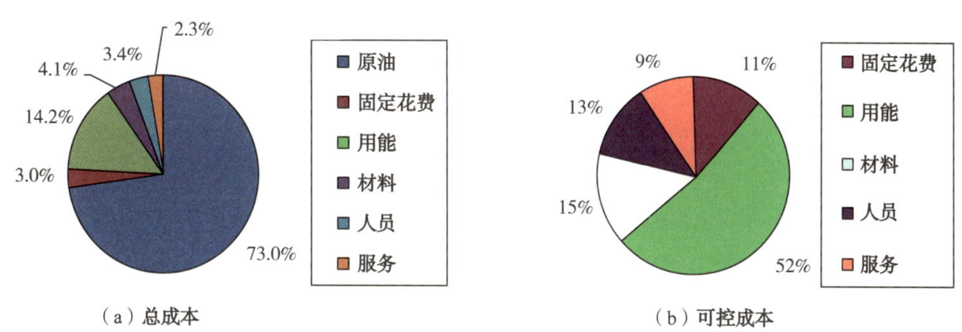

图 5-1　炼厂生产成本比例统计

炼油过程由装置工艺特性决定，经常存在大量温度较高（大于 100℃）的热值，因不能内部热交换，而只能使用公用工程冷却的物流。一方面较热物流热量无法利用；另一方面冷却中还需要使用空冷或水冷，造成能耗。因此，如何实现余热有效利用，降低能耗成本，是炼油企业节能增效的重要工作。

从能量角度讲，余热可以定义为在装置内部或装置间热交换后，余下需要使用冷公用工程冷却的热流能量。因此，不同装置余热的温度和热量都可能不同。即使同样的装置，由于换热网络和热联合设计不同，余热的温度和热量也可能不同。在国内有时为方便，定义某一温度（140℃/120℃/100℃等）下的热流为余热，但并非必需。在国外余热利用（Waste Heat Utilization）更集中指余热制冷、余热发电等设备制造和研究，而国内该项工作范围更加广泛，与能量优化工作有很大重叠，包括装置和系统的换热网络设计和系统优化，从源头减少余热。如需要和能量优化工作区别，余热利用一般可不涉及工艺模拟改造和设备优化等。

本节提出炼油企业的余热利用是以全厂整体生产过程为研究及优化对象，按照总体用能评估、装置内部能量优化、装置间热联合、低温热利用以及公用工程系统优化等主要环节层层展开和深入，最终使全厂总体和局部余热利用实现最优化。

下面将介绍余热利用的工作流程，包括设计基础确定、技术分析、方案生成和实施等工作重点，并特别阐述新建装置在设计阶段引入余热利用工作的意义和挑战。

一、炼油余热利用基本工作流程

炼油余热利用基本工作流程如图5–2所示。

第一阶段数据收集，目的是充分了解企业总体生产状况，获得各主要装置、系统和设备在工艺操作、产品分布、能源消耗等方面的第一手数据，为分析企业用能现状、寻找余热利用潜力点提供数据支持。

第二阶段数据校正，目的是对收集信息进行整理，计算物料能量平衡，形成装置和系统的基础工况。在这一阶段中，通常会发现对平衡计算造成影响的、有疑问的数据，可以通过现场调研、专家咨询讨论以及模拟优化等不同方法解决。

第三阶段设计基础确定，是在数据收集和数据校正的基础上，技术咨询方和企业就设计基础达成一致并确认，作为接下来技术分析和余热利用方案生成的基础。本阶段通常也作为项目里程碑。从项目开始到设计基础确定，视装置数量、复杂程度和数据质量等因素影响，通常需要数月的时间。

第四阶段技术分析主要分为两方面：一是针对装置换热网络使用夹点技术进行分析；二是针对蒸汽动力系统和热媒水系统进行建模优化。在换热网络目标分析中，可以得到在给定最小换热温差下的最大热回收目标值。通过和现有装置公用工程使用比较，就能定量确定当前换热网络的表现水平和节能潜力。在蒸汽动力系统建模优化中，通过对现有锅炉、燃气轮机、蒸汽轮机、系统结构的建模优化，可以得到操作成本最小化的运行方案以及各个等级蒸汽和电力的实际成本。同时，也可以更加深入理解系统瓶颈，为系统结构改造提供依据。

第五阶段余热利用方案生成，按内容和方案生成先后顺序可以分为装置内换热网络改造、装置间热联合、低温热利用和公用工程系统优化。通常方案在带来节能效益的同时，也会带来投资增加、操作困难或是安全隐患等负面因素。在难以定量分析的情况下，技术咨询方可以给出多个可选方案，需要和企业技术人员综合考虑，择优实施。当然其他方案也应保留，在条件成熟时可继续作为可行方案实施。

第六阶段方案讨论和技术支持，包括技术咨询方和企业的内部讨论，以及在方案工程设计阶段，技术咨询方、企业和设计单位三方的讨论。该讨论过程应由企业牵头，充分结合技术咨询方的技术优势、企业车间的操作经验和设计单位的设计经验，合力获得高质量的方案。并在方案实施过程中密切合作，确保余热利用方案在实际生产中获得预期的重大效益。

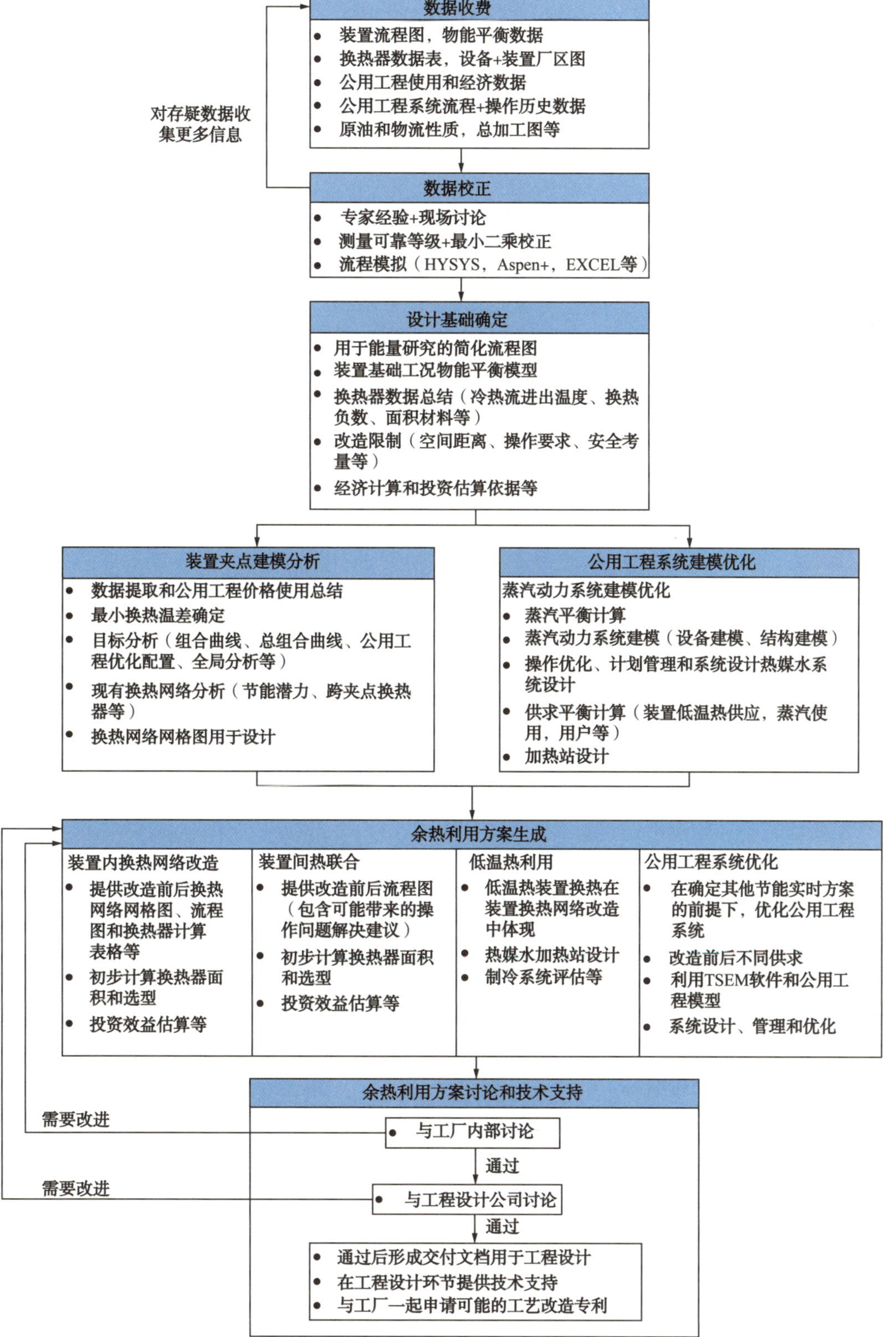

图 5-2　炼油余热利用基本工作流程

二、设计基础数据

设计基础的准确性、可靠性是技术分析和方案生成的基础。因此，收集全面完整的数据，解决数据彼此之间的不一致，得到双方认可的设计基础，是余热利用工作的基石。设计基础数据工作分为数据收集、数据校验和设计基础确认三部分说明。

1. 数据收集

针对余热利用工作重点是装置内换热网络设计、装置间热联合、低温热利用和蒸汽动力系统优化的特点，数据收集类型和内容总结见表 5–1。有些数据是重点收集，有些数据则起参考作用。

表 5–1　数据收集类型和内容

数据收集类型	重点收集	参考信息
装置工艺相关	总加工图 工艺流程图 设计数据（流量、物流性质、温度、压力等） 标定报告 能量报告 工厂总结的物能平衡数据等	P&ID DCS 截屏 操作规程 历史数据 能耗月报
装置设备相关	设备台账 换热器设计数据表 全厂厂区图和装置布置图	设备投资信息
蒸汽动力系统	冬夏季典型工况平衡数据 公用工程价格 蒸汽动力系统流程图 + 物流平衡 锅炉、透平等设备操作历史数据	水系统流程图 + 物流平衡（新鲜水、除盐水、除氧水、冷却水等）
热媒水系统	热媒水系统流程图 + 物流平衡 装置低温热加热情况（换热器进出口温度流量） 蒸汽补充加热情况（换热器蒸汽用量）	热媒水用户情况 极端天气情况

2. 数据校验和物能平衡模型

各物流的流量、温度、换热负荷等数据的检验和校正是通过物能平衡模型进行的。物能平衡模型包括物料平衡模型和换热能量平衡模型。在装置设计基础中，最重要的是建立准确可靠的物能平衡模型，特别是经过换热器的物流，要保证换热器冷流、热流的热负荷变化一致。物能平衡模型可以使用 EXCEL 电子表格来搭建。首先对装置各个物流搭建物流平衡模型，步骤如下：

（1）建立用于余热利用研究的简化流程图；

（2）标明各个物流编号；

（3）在 EXCEL 中输入物流质量流量；

（4）对分支混合以及经过反应器分馏塔的物流进行质量平衡计算，直到所有物流都计算出流量。

通常不是所有物流都有流量计进行测量，所以该物流平衡模型可以基于质量平衡原理，获得所有物流流量。更重要的是，当流量信息有冗余时，模型可以对比计算值和测量值，找到物流流量数据不一致的地方，从而对有问题数据进行纠错校正。在校正时，最直接的方法是列出问题，咨询车间人员让其判断不同数据的可信度，或根据专家经验调节流量数据，使得计算出来的数据更为合理。在调节时，原则是从装置上游物流开始，调节流量较大物流，使流量较小物流趋于合理。如果需要，还可以把物流分为不同组分，例如氢气、轻烃气、油和水等，从而更好地计算在物流通过反应器和分离器时的物流组分变化。

在EXCEL使用中，建议采用不同颜色代表不同数据，例如蓝色数据是人为输入，黑色数据是EXCEL计算出来的，红色数据是有问题数据等。而且在数据单元上填写注释，说明该数据来源具体是哪个文件，或是假设等。可以让工作具有可跟踪性，便于检查和更新。

在物流平衡模型基础上，可以进一步使用EXCEL搭建能量平衡模型。在该模型中，针对经过换热器换热的物流，复制物流平衡中的流量，填入该物流在换热器的进出口温度，并基于物流比热容 C_p，计算该物流的换热负荷。这一步骤的关键是获得准确的物流比热容。

通常对于原油和馏分油，若已知馏程和密度，可以通过经验公式或流程模拟软件（HYSYS，ASPEN PLUS，PRO/~Ⅱ等），获得其比热容与温度的函数关联式，并用在EXCEL计算中。

对于和氢气混合的馏分油，也可以采用流程模拟软件模拟比热容。但需要注意的是，该比热容对氢气含量较为敏感，如果氢油比或循环氢组分有变化，则混氢后物流的比热容可能会有较大变化。

对于有相变的物流，如果是水或气分装置中的轻烃，可以利用模拟软件计算潜热。但对于馏分油，一般来讲模拟精度较差，可以直接使用换热器另一侧物流负荷。

在计算各个物流的换热负荷后，可以针对两股工艺物流换热的换热器，检查冷热端热负荷是否一致。通常误差在2%以下就可以认定平衡，取平均值作为设计基础；否则，可以通过调节物流进出口温度来达到能量平衡。同样在调节时，原则是从装置上游物流开始，调节 MC_p（流量 × 比热容）较大物流，使 MC_p 较小物流趋于合理。如果热负荷误差较大，或调节变化较大，则需要向车间人员提出疑问，并沟通解决。

3. 设计基础确认

设计基础包括以下内容：

（1）用于能量研究的简化流程图。

该流程图的特点是在一页纸上体现整个装置工艺流程。为简化可以忽略泵，但包括反应器、闪蒸罐、分馏塔、压缩机和换热器等。在保证简化流程图简明清楚的基础上，在同一换热器上连接冷流、热流，否则在各自换热物流上显示换热器（如常减压装置等）。标注进出装置物流来源和去向及设备编号。标注各个物流编号，用于物流平衡模型。该简化流程图可以帮助双方讨论沟通，并在方案生成后，在其基础上绘制改造后流程图。

（2）装置基础工况物能平衡模型。

该物能平衡模型就是通过数据校正，在EXCEL中生成的平衡计算结果。为方便车间审查，可以把流量、温度、热负荷用不同颜色标注在简化流程图上。

（3）换热器总结（冷热流进出温度、换热负荷、面积材料等）。

换热器总结也基于EXCEL，包括换热器编号、冷热物流名称、进出口温度、错流校正系数、对数换热温差、换热负荷、换热器面积、总体换热系数 U、换热器型号和材料等。进出口温度和换热负荷要与物能平衡模型一致。面积、型号、材料等来自设备台账。总体换热系数由温度负荷面积等计算而得。它可以和原设计系数，或基于物流性质的典型总体换热系数相比较，查看其数值变化情况。在理想情况下，计算出的 U 值应该和典型值差异不大，但也经常发现 U 值远小于典型值的情况。可能原因是该换热器结垢严重，或有旁路物流，或管内流速过小等。这需要和车间人员沟通，找到可能的原因和解决方案。因为在换热网络设计中需要计算所需的换热面积，从而决定是否需要添加换热器或利旧换热器。如果 U 值不合理，则会对改造决定带来影响。另外，在这部分也可以总结换热器材料的选择依据，在方案生成时参考。

（4）改造限制（空间距离、操作要求、安全考量等）。

在设计基础阶段，与企业及设计单位明确改造限制，可以帮助提高改造方案生成的可行性。例如，添加换热器空间是否够用，支架是否足够支撑，换热物流的距离是否过远，自产蒸汽量和过热度要求，添加换热器带来的压降是否会造成影响，如需物流分支是否可控，开停工或紧急情况下如何操作，如果换热器发生泄漏问题是否可控等。需要说明的是，有些限制并不是绝对的，可以通过其他工程手段解决。因此，当余热利用改造涉及该限制后，可以向企业决策层说明改造效益和解决限制手段之间的关系，由决策层权衡选择。

（5）经济计算和投资估算依据。

在计算余热利用方案的节能效益时，需要各个公用工程的价格信息。通常企业提供的价格是以质量为基础，例如，蒸汽价格和燃煤价格单位是人民币每吨。但在方案计算中，基于能流的价格更为方便，因此需要先行将实物量价格转化为统一的相应热量价格。例如，低压蒸汽使用可以按其单位质量潜热计算，低压蒸汽生成可以按从锅炉水提供温度开始计算的产汽负荷计算。燃料可以用其热值计算，热油可以假设热油生成炉效率，从燃料热值计算。

除价格信息外，炼厂也习惯使用综合能耗来表示用能情况，例如千克标油每吨，并提供各个公用工程和千克标油之间的转换系数。但需要注意的是，综合能耗在有些公用工程上只是表示量，而不是质。例如，燃料油和热媒水都是直接按热量转化为千克标油，不能体现其温位和能量品质的不同。因此，在余热利用工作中，更合理的项目目标是基于价格成本的节能效益提高，而不是综合能耗的下降。当然在研究中，也可以计算综合能耗的变化情况作为参考，但无论是公用工程优化配置，还是蒸汽动力系统优化，其目标是以效益最大化来设定的。

在方案生成时，还需要根据改造情况估算投资，并结合效益计算投资回收期，从而评价改造项目的经济可行性。在投资预估时，需要有相关关联式来根据设备情况计算投资情况。例如，根据换热器面积、材料来计算其安装成本。需要注意的是，由于投资成本的复杂性，在余热利用工作中的投资预估只是初步估计，误差在 ±20%，供决策层决策使用。在方案实施时，设计单位会在基础设计中进行更具体准确的投资估算。

三、余热利用技术分析

在余热利用技术分析中，主要应用夹点技术对各个装置换热网络进行分析，找出当前换热网络瓶颈和节能潜力；并应用区域综合分析装置间热联合的可能性，然后是蒸汽动力系统优化技术。这部分工作成功的关键是以先进的夹点理论为基础，以功能丰富的软件为支撑，并需要项目人员对理论和软件的熟练应用以及对装置工艺的丰富节能经验。

1. 装置夹点技术分析

首先，基于设计基础进行数据提取工作，将流程变为冷流热流的形式。重要数据包括起止温度和热负荷，对于有相变或比热容变化的物流，可采用分段表示（表 5–2），并整理该设计基础下的公用工程使用情况以及在各自价格下的运行成本。

表 5–2　数据提取物流示例

物流编号	起始温度，℃	终止温度，℃	热负荷，kW	说明
热流 1	200	50	1000	
冷流 1	50	100	50	同一冷流但有相变，进行分段
	100	101	500	

接下来确定换热网络最小换热温差（ΔT_{min}）。对于现有装置，理论界有几种不同的方式选择，但都需要比较准确的改造投资预估模型。鉴于现有装置改造中影响投资的因素很多，除换热器面积外，还有管线、支架、泵、设备利旧等，许多因素到工程设计阶段才能明确。因此，对于夹点目标中的最小换热温差选取，可以按照如下步骤进行：

（1）利用范围目标（Range Targeting），获得最小换热温差—最小热公用工程用量曲线。

（2）找到和基础工况热公用工程用量一样的最小换热温差，作为当前换热网络表现的指标值。

（3）分析曲线特点，分为线性关系、节点关系和阈值问题。

（4）对于线性关系，是指曲线在温差范围内基本为一直线。这时可以选取一典型最小换热温差，然后在换热网络设计中再对各个换热器的面积进行优化。例如，炼油领域通常是 15~30℃，也可以根据现有工艺间换热器中的最小温差来决定。

（5）对于节点关系，是指曲线是折线，在某一温度处有拐点。理论上，这种情况表明在拐点前后，最优换热网络结构是不同的。这时可以根据拐点处的温差值，结合典型工艺最小换热温差，在某一边选择使用的最小温差。

（6）对于阈值问题，是指在一定温差范围内没有热公用工程需求。这时可以选择开始有热公用工程的最小温差，也可以选取典型工艺最小换热温差。

实践表明，上述步骤所得的结果可以有效保证目标分析的可靠性。

对于新建装置最小换热温差选择，如果有较为准确的公用工程价格和换热器投资预估模型，则可以使用超目标（Supertargeting）方法来选择。如果对装置较为熟悉，也可以直接选择一典型最小换热温差，然后在换热网络设计中再对各个换热器的面积进行优化。例如，炼油领域通常是 15~30℃。也可以根据工艺包换热网络设计中的最小温差来决定。需要注意的是，换热网络最小温差和每个具体换热器的最小温差可以不同。在换热网络设计中的换热器计算时，可以根据情况优化某换热器最小温差小于换热网络最小温差。但一个合理的换热网络最小温差，可以指导换热网络的初始设计，使其尽可能接近最优网络，减小初始点和优化点的距离。

在确定最小换热温差基础上进行目标分析，计算理论上装置物流间的最大热回收负荷以及相应的最小冷热公用工程消耗。除了有目标数据外，还可以生成组合曲线（Composite Curve）和总组合曲线（Grand Composite Curve），来表明该装置的换热特点。

例如，图 5–3 显示了两种不同装置的平移组合曲线。图 5.3（a）显示了组合冷流和热流在夹点处彼此接触后就分开较大，意味着换热网络设计时，除夹点处换热温差是最小换热温差外，其他处换热温差都可以大很多，这给换热匹配选择上带来更多灵活性。图 5.3（b）显示了组合冷流和热流在很大温度范围内都彼此接近，说明换热匹配要严格按照传热驱动力进行，也就是图形上的垂直换热，否则很容易出现小于最小换热温差的换热匹配。

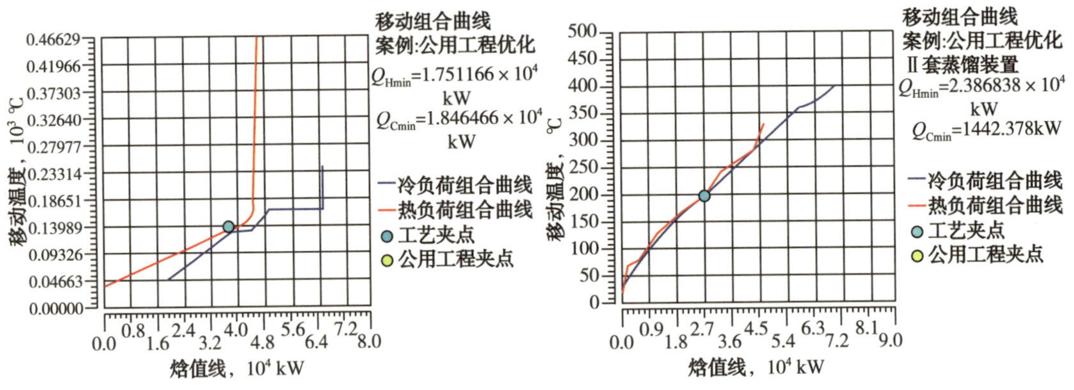

图 5-3　组合曲线表明装置换热特点

Q_{Hmin}—最小热负荷；Q_{Cmin}—最小冷负荷

同样，总组合曲线也会帮助分析装置换热特点，更多体现在公用工程优化配置上。例如，图 5-3 显示某装置总组合曲线（深色）和公用工程优化配置（浅色）情况。夹点上的两处横线代表装置需要外部公用工程加热的温位和负荷。根据温位，发现现有低压蒸汽和低低压蒸汽可以分别加热，满足最小传热温差要求。绿色部分称为“口袋”，表示可以通过多使用低等级蒸汽来实现自产高等级蒸汽。上面的绿色部分就可以使用低压蒸汽自产中压蒸汽。而下面绿色部分不够大，无法自产蒸汽。另外，如果夹点上下曲线比较接近，可能有引入热泵的机会。将夹点下热流通过热泵提升到夹点以上，使用能目标减小。

目标分析这部分可以通过软件完成，图 5-4 是由某公司 Pinch Analysis 软件计算生成的。

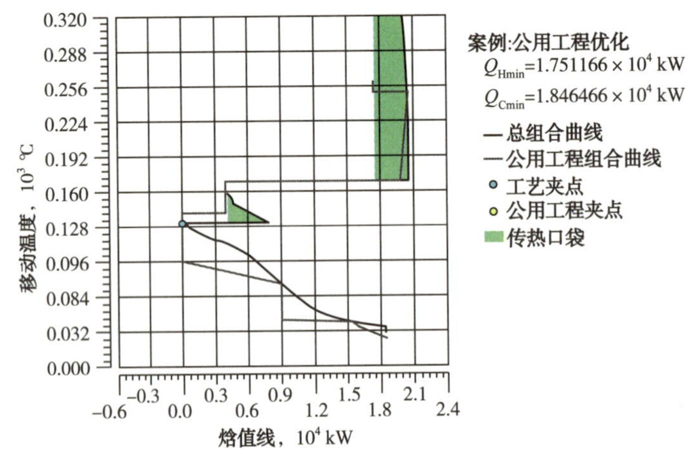

图 5-4　装置总组合曲线特点分析

经过公用工程优化配置后，基础工况（现有换热网络或缺省设计）和目标工况（理论上的目标值）比较见表 5-3。

表 5–3　基础工况和优化目标比较

公用工程	价格 元 /（kW · h）	基础工况 kW	目标工况（ΔT_{min}=15℃），kW	基础工况操作成本，万元 /a	目标工况操作成本，万元 /a
35bar[①]蒸汽使用	0.153	317	0	41	0
10bar 蒸汽使用	0.127	16743	17088	1783	1819
3bar 蒸汽使用	0.042	8099	4208	287	149
空冷	0.006	14136	6781	77	37
水冷	0.033	8493	2596	234	71
35bar 蒸汽自产	–0.144	2751	3964	–332	–478
10bar 蒸汽自产	–0.116	0	0	0	0
3bar 蒸汽自产	–0.039	732	0	–24	0
热媒水自产	–0.020	0	8906	0	–150

注：由企业提供换算。
① 1bar=10^5Pa。

由表 5–3 可知，在最小换热温差 15℃的情况下，装置公用工程成本从 2065 万元 /a 降低到 1449 万元 /a，节能 616 万元 /a，约占现在成本 30%。

2. 装置换热网络分析

在目标分析中获得了基础工况和目标工况的用能差异。该差异是由于现有换热网络设计中，有跨夹点换热造成的，即夹点上热物流加热夹点下冷物流，或夹点上使用冷公用工程，夹点下使用热公用工程。为找到含有该类换热的换热器，首先从设计基础中的换热器信息表格入手。在记录冷热物流进出口温度和热负荷的基础上输入夹点温度，使用 EXCEL 就可以计算出各个换热器的跨夹点换热量。例如，某蒸馏装置示例，在 25℃最小换热温差下，夹点温度为 207.5℃，热流夹点为 220℃，冷流夹点为 195℃。总跨夹点负荷就是基础工况热负荷和目标工况热负荷之差。跨夹点换热器见表 5–4，可以看到对于二段换热器（脱盐后原油换热），跨夹点情况较多，新设计可以从确认的跨夹点换热器着手。

表 5–4　跨夹点换热器

最小温差，℃	25							
夹点温度，℃	207.5		220	195				
换热器	热侧	冷侧	热侧进口温度 ℃	热侧出口温度 ℃	冷侧进口温度 ℃	冷侧出口温度 ℃	负荷 kW	跨夹点负荷 kW
H–6	V_cut_2	脱盐原油	237	174	160	168	940	254
H–7/3.4	V_cut_3	脱盐原油	251	173	168	178	1179	469
H–8/3.4	VRO	脱盐原油	269	199	178	210	3932	909
H–14/1.2	ADU cut 2	脱盐原油	221	130	125	137	653	7
H–9/1.2	V_PA_2	脱盐原油	249	246	137	140	160	160
H–17/1	V_cut_4	脱盐原油	251	187	162	179	980	475
H–18/1.2	V_PA_3	脱盐原油	254	240	179	190	695	695
H–16/3.4	ADU cut 3	闪蒸后原油	275	218	195	212	1593	–56
H–19/1	V_PA_2	蒸汽发生器	224	177.4003	155	156	1584	136
H–21	V_cut_5	蒸汽发生器	260	168	155	156	719	313
								3361

设计时，可以使用网格图（Grid Diagram）作为配置工具。首先建立空白和基础工况网格图，如图 5-5 和图 5-6 所示。

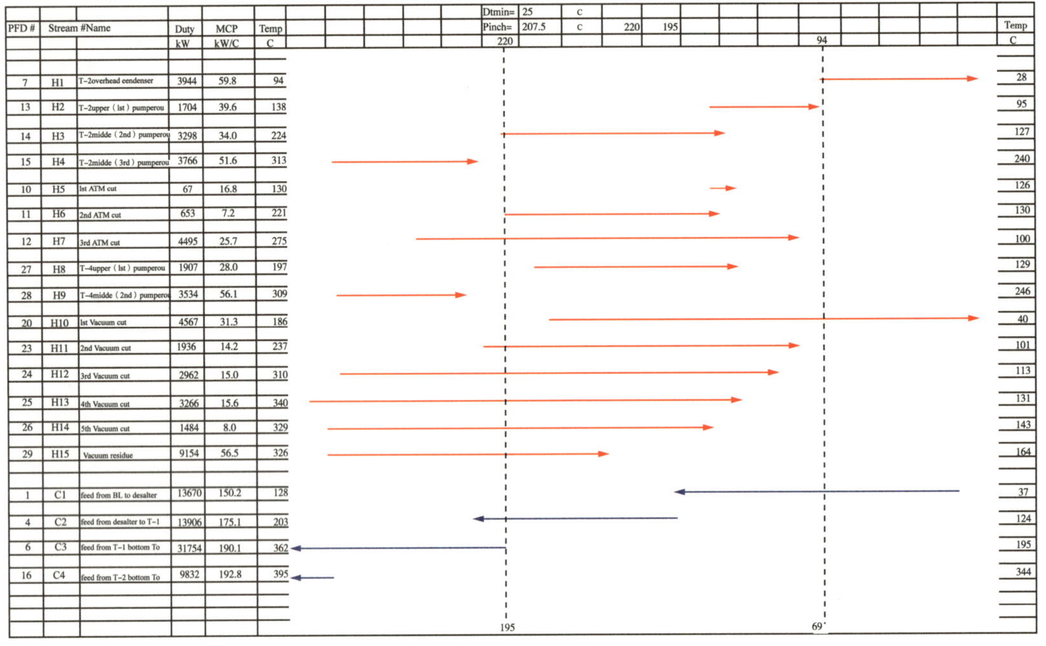

图 5-5　某装置空白网格

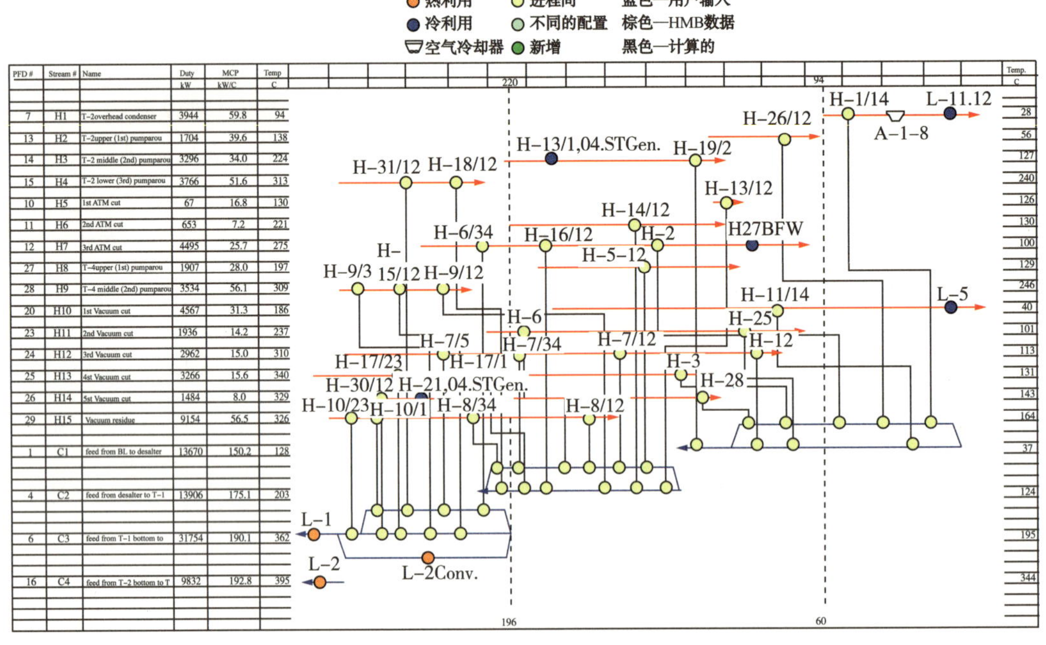

图 5-6　某装置当前换热网络网格

在网格图中，横坐标为温度，各个冷流、热流根据起止温度放置。温度坐标不一定严格按照数值比例设定，但建议所有物流起止点能反映出不同温度的位置不同，然后在网格图上填写过程夹点温度和公用工程夹点温度，帮助设计时避免跨夹点配置。最后还要显示各个物流的质量和比热容。根据夹点技术设计原则，用于冷热流换热配置，特别是夹点处配置。

总之，目标分析给出装置换热网络节能潜力，跨夹点换热器确定给出重新设计的着手点，而网格图则是网络设计的工具。

3. 装置间热联合分析

装置间热联合可以分为热进料、装置间直接热联合和装置间间接热联合 3 类。

（1）热进料：连接上下游工艺物流的传递温度。

（2）装置间直接热联合：不同装置的两股物流通过换热器直接换热。

（3）装置间间接热联合：通过局部蒸汽管网或其他中间热媒，实现不同装置冷热物流的间接换热。

装置间热联合需要工艺总加工图，装置厂区分布图和各个装置总组合曲线作为分析基础。

工艺总加工图：用于了解上下游装置进料和产品的关系，分析直接热进料的可能性。

装置厂区分布图：用于了解装置的距离位置，分析工艺物流之间换热的可能性。

各个装置总组合曲线：根据不同装置夹点位置的不同以及使用公用工程的温位和用量，分析工艺物流之间换热的可能性。

对于第一类在上下游工艺间热进热出的热联合，分析过程如下：

理论上，如果上下游工艺间各个物流都可以彼此换热，则不需要研究连接物流的传递温度，直接以物流起止温度来定义该物流。例如，蒸馏蜡油抽出温度 250℃，进入后续蜡油加氢反应器 350℃，则可以把该物流视为需从 250℃加热到 350℃的冷流。任何将蜡油在蒸馏装置内降温，然后在加氢装置内升温的设计，都只会浪费传热驱动力。

但实际中，上下游装置不可能完全彼此换热，这时连接物流的降温增温可能会带来节能效果。例如，蒸馏中原油需要蜡油加热，从而提高换热终温，减少加热炉负荷。而加氢装置反应出口热流可以用蜡油进料冷却，减少余热。总体来看，蜡油的降温增温使两个装置节省加热炉负荷和冷公用工程，实现节能效果。

当连接物流需要进行降温—传递—增温设计时，需要分析所谓“最优”传递温度。如果单从能量角度来分析，可以利用夹点分析软件，计算出在不同传递温度下，上下游装置分别的能量目标，然后加和。这样就能获得传递温度和两装置能耗目标成本之间的关系，从而找到“最优”传递温度。通常，这样找到的“最优”传递温度会是某装置的夹点温度（工艺夹点或公用工程夹点）。例如，蒸馏中蜡油侧线进入后续加氢装置的传递温度定在 160℃，约为自产 3bar 蒸汽造成的公用工程夹点温度。

由目标分析获得的传递温度通常还需要在具体换热网络设计中进行修正。因为目标分析是在换热网络能量回收最大化时的结果，与实际网络情况有区别。

除能量角度外，传递温度还需要从换热设备成本、传输成本、安全操作、保温储运等多方面综合考虑。

对于第二、第三类在不同装置间进行换热的热联合，分析过程如下：

根据厂区装置分布图，将各个装置的总组合曲线显示其上。根据不同装置夹点位置的不同以及使用公用工程的温位和用量，分析工艺物流之间换热的可能性。例如，在图 5-7 中显示了 6 个装置的总组合曲线和各自的蒸汽使用情况。发现装置 D 夹点温度较高，2011 年自产 80 单位的低低压蒸汽。但其温位完全可以加热装置 C 所需低压蒸汽的物流，以及装置 E 所需低压蒸汽的物流。只是装置 C 和装置 D 之间距离较远，设计中是装置 D 和装置 E 的热联合。该热联合既可以是物流之间直接通过换热器换热，也可以使用局部蒸汽管线作为中间媒介换热。前者的好处是硬件装置简单，换热温差大。后者的好处是避免换热器泄漏时造成的问题以及可能的操作问题。

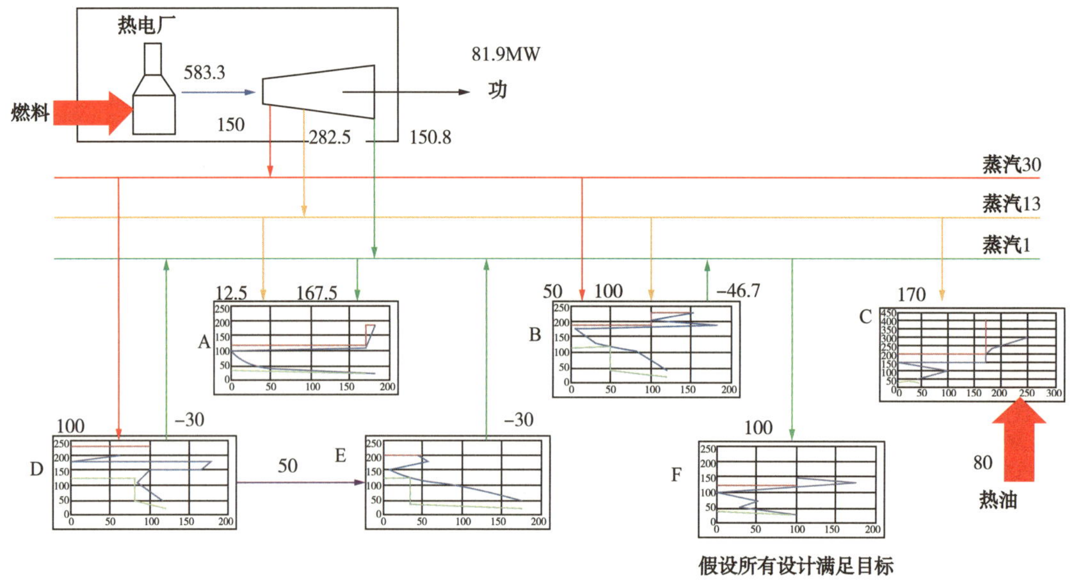

图 5-7　使用各个装置总组合曲线分析装置间热联合可能性

另外，还可以生成全厂热源—热阱曲线进行热联合目标分析。一共有 3 种热源—热阱曲线，表示不同的装置集成度。第一种是全厂总组合曲线（图 5-8 短点虚线），代表所有装置冷流、热流都可换热，是集成度最高的目标值。第二种是把装置总组合曲线去掉“口袋”后生成的曲线（图 5-8 长点虚线），代表各个装置内部已经是最大热回收换热网络，然后需要使用公用工程的物流可以在装置间换热。第三种是当前使用公用工程的物流生成的曲线（图 5-8 实线），代表各个装置换热网络按当前不变，只是使用公用工程的物流可以在装置间换热。曲线上红蓝线在纵轴上彼此重叠的地方即为可以热联合的物流，可以计算热联合负荷和局部蒸汽管网等级等。全厂热源—热阱曲线给出全厂热联合目标值，但具体方案还需在各个装置中分析。

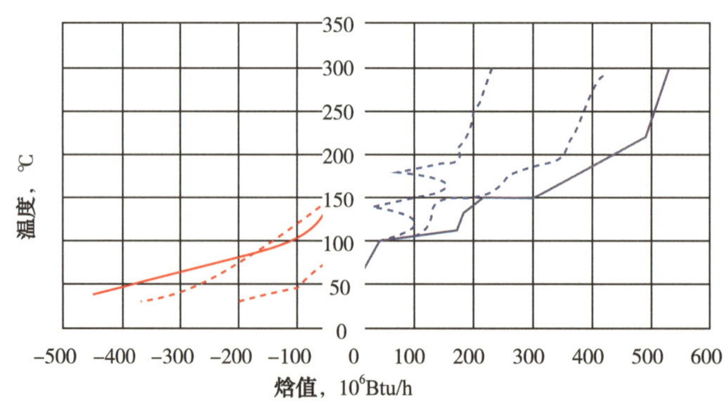

图 5-8　使用全厂热源—热阱曲线分析热联合目标值

通常直接热联合比间接热联合更能充分利用传热驱动力，但更受距离、泄漏隐患等因素制约。间接热联合因为有中间换热介质，会比较复杂，但如果能使用已有蒸汽管网，则更现实可行。

能否实施热联合，除了考虑热源—热阱匹配外，还要考虑投资（如管道、保温、控制措施等）、运行费用（如散热、压降等）和可操作性。在可操作性中，要充分考虑参与热联合装置的开、停工同步性；物流参数（如温度、流量和质量指标）波动时的相互影响和控制；事故应急状态下的处理手段等。为此，应考虑必要的辅助管线、设备（如充足的缓冲罐）、切换手段等。另外，热联合换热器到底设置在热源方还是热阱方，要看场地布置、安装检修的方便，还要考虑输送管线的材质、现有输送泵的裕量等。最好其中一股物流为装置进料或产品出料，方便在一定距离上传输。最后，热联合换热器的选型也十分关键，由于换热物流分属不同的生产单元，要充分考虑两侧物流的参数变化，让换热器有足够的弹性。

4. 低温热利用

在装置内部换热和装置间热联合设计完成后，装置中热物流剩下的热负荷需要使用外部公用工程（例如空冷、水冷）进行冷却。然而对于炼油装置，一般而言，有大量剩余热负荷在 80℃以上。如果可以进一步找到该类热负荷的利用所在，不仅可以使用热量，而且可以节省空冷水冷用量，效益显著。

低温热利用可以分为同级利用和升级利用两类途径。

同级利用：直接或间接向温位更低的热阱供热。由于已经对装置内部换热和装置间热联合进行了设计，这部分热阱更多侧重于系统应用。

（1）产品的储运单元：包括储罐和输送管线的加热、维温和伴热等。

（2）新鲜水预热：自水源温度（随季节而变，5~25℃）到除盐操作温度（35℃左右）。

（3）除盐水预热：自除盐温度（35℃左右）至除氧前温度（一般炼厂普通热力除氧在104℃，为防止高温下氧气腐蚀，根据水质设备情况可加热到 70~90℃）。

（4）除氧水预热：从除氧水提供温度一直到饱和温度。

（5）加热炉助燃用空气：常温 ~200℃。

（6）热媒水系统：50~90℃。

升级利用：包括用热泵技术向更高温位热阱供热；运用朗肯循环（以水蒸气作为工质的一种理想循环过程）或两相透平技术产生动力；利用低温余热制取冷冻水等。这部分利用要基于夹点分析，例如，从总组合曲线形状分析应用热泵技术的潜力。更重要的是从经济角度分析投资回收期，做好节能效益和投资的优化分析工作。

在炼厂中，较为普遍的是利用热媒水系统，利用装置低温热加热热媒水，然后将热媒水送至各个用户，使用后再返回加热循环使用。但热媒水用户有季节性。除工艺用热媒水（例如，用于气分、聚丙烯等装置）是全年使用外，大部分热媒水只在冬季用于保温加热（例如，用于室内供热、管线伴热、罐区保温等）。因此，热媒水的应用价值只能体现在冬季，其他时间装置低温热依然需要用空冷、水冷冷却。

为进一步提高低温热的全年应用率，特别是夏季的使用，目前比较成熟的技术是利用60℃以上的低温余热制取冷冻水，如溴化锂制冷。制取的冷冻水一方面可以代替循环水用于冷却过程，可改进工艺条件满足对冷却介质有较高要求的过程；另一方面可以用于夏季室内空调系统。

在热媒水系统设计中，计算供求平衡以及极端天气下的蒸汽补充量，是重要工作内容。主要内容包括：

（1）收集现有热媒水系统各个加热站设备数据和操作数据。

（2）整理各个加热站和用户之间的流程图。

（3）从装置设计基础中，计算热媒水从装置内部获取低温热的热负荷。

（4）从加热站冬季的蒸汽使用量上，计算蒸汽加热热媒水的热负荷。

（5）热媒水从装置低温热和蒸汽获得的热负荷即为热媒水热负荷供应总量。

（6）同时可以根据热水流量、供应温度、返回温度进行校验。但一般来讲，前者更为准确。

（7）对用户供热面积、管道长度等进行热媒水使用负荷估算。但一般来讲，这部分计算可靠性较低。如果和供应负荷误差较大，以供应负荷为准。

（8）当装置内换热设计和装置间热联合设计影响到装置低温再利用时，可以分为设计前和设计后两种情况，分别计算热媒水供求关系和蒸汽补充情况。

（9）当涉及改扩建装置时，热阱、热源均需在企业及邻近区域大系统范围内统筹考虑，全面规划。

5. 公用工程系统分析

这里所谈的公用工程系统主要指蒸汽动力系统，即基于装置蒸汽动力的需求情况，设计优化全厂蒸汽动力系统。在蒸汽系统中，包括各个装置使用和自产蒸汽的情况，设定不同的蒸汽等级。在动力系统中，使用发电透平自产电力，也可以在装置中使用背压或凝汽式透平，产生轴功，驱动压缩机或泵。蒸汽动力系统如图5-9所示。在炼厂热电厂中，通常使用锅炉消耗燃料产生高压蒸汽。然后使用抽汽凝汽式发电透平，输入高压蒸汽，抽出中压或低压蒸汽，同时自产电力。在各个炼厂装置中，有的使用蒸汽，有的自产蒸汽，都与相应蒸汽等级系统管网相连接。炼厂还可以从电网外购电力或卖出电力，有条件时还可以卖出蒸汽等。

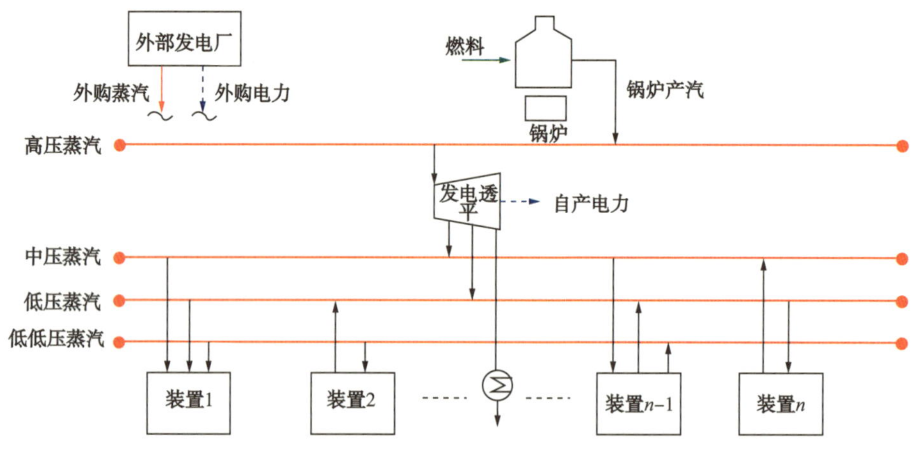

图5-9　炼油过程蒸汽动力系统示意图

对于新建炼厂，如果蒸汽等级可以自行设计，则可以使用夹点分析中的全局分析技术来设计，如图 5–10 所示。

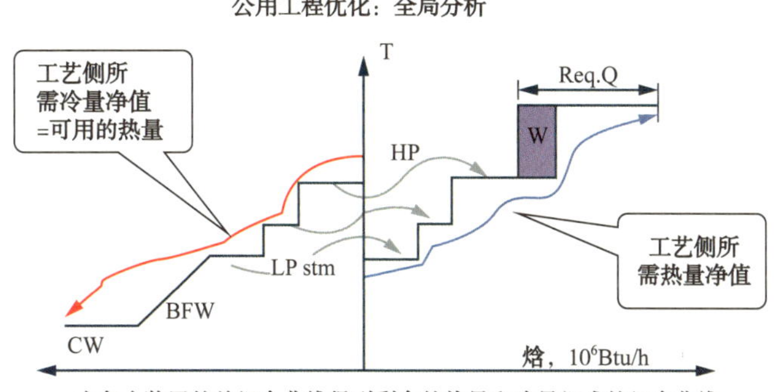

图 5–10　全局分析用于蒸汽动力系统设计

CW—冷却水；BFW—锅炉给水；LP stm—低压蒸汽；HP—高压蒸汽；Req.Q—热量需求

图 5–10 中两条曲线分别为剩余加热和冷却组合曲线，是各个装置的总组合曲线，在去掉“口袋”后，夹点以上的曲线作为需加热部分，组合起来成为全局热阱曲线（蓝色），夹点以下部分组合起来成为全局热源曲线（红色）。该图也称为热源—热阱曲线。

两条曲线在温度轴上重叠的部分可以视为装置间热联合的可能部分，或通过蒸汽间接传热的部分。不足部分需要使用冷热公用工程。通过曲线形状和温位，可以分析锅炉产汽压力、全厂蒸汽各个等级压力分布、装置使用后蒸汽降温降压量、背压或凝汽式做功量、废热锅炉蒸汽发生机会、锅炉进水预热机会及合理的热电联产系统类型和规模等。

全局分析可以帮助决定蒸汽动力系统结构，但不涉及操作优化。操作优化部分需要对蒸汽动力系统进行建模计算。该计算是基于对系统结构和单元操作建立模型，在给定蒸汽动力需求和系统操作限制下，优化设备操作点，实现系统成本最小化。

单元操作模型包括锅炉、蒸汽轮机、过程驱动、燃气轮机和热回收蒸汽发生器等。模型主要基于历史数据建立，或根据设备参数建立（如透平操作曲线）。

建模优化工作中，需要使用相关商业软件。例如，清水湾公司（CWBTech）自主开发的蒸汽动力系统优化软件 Total Site Energy Management（TSEM）。该软件主要应用在石油化工领域对工厂蒸汽动力系统的优化计算，提供蒸汽电能买卖决策支持，并指导蒸汽动力系统设计和改造工作，从而实现节能增效的目标。

6. 主要用能设备能效分析

炼化企业主要用能设备包括加热炉、锅炉、压缩机、泵等。通过现场调研、与车间技术人员交流，准确掌握主要用能设备的用能现状、用能瓶颈，并分析节能优化机会。这部分工作在余热利用工作中可以相对独立开展。

对于加热炉和锅炉，可观察调研以下内容：

（1）火焰燃烧情况，如颜色、火焰高度、明亮度等，火焰是否舔管或舔炉，燃料控制阀的开度等。

（2）密封情况，炉体外壁温度，炉膛抽力。

（3）是否装有吹灰器？是否投用？吹灰后排烟温度变化情况？

（4）对流室余热回收情况，如烟气温度、氧含量、加热管面积等，可建立组合曲线，用夹点分析判断其热回收瓶颈。

主要节能优化措施包括：

（1）优化空气过剩系数。

（2）添加空气预热器。

（3）设计改造对流段热回收，降低排烟温度。

（4）采用高效燃烧器。

（5）改善吹灰技术。

（6）优化雾化介质。

（7）减少加热炉散热损失。

（8）与换热网络设计一起系统节能等。

对于压缩机和泵，可以收集以下信息：

（1）驱动类型以及蒸汽轮机 / 电动机相关参数。

（2）压缩机和泵类型（离心 / 往复式）。

（3）介质流量范围，喘振点（离心式），出入口压力、温度。

（4）介质设计流量功率，实际流量功率，是否低负荷运行等。

通过对压缩机和泵的信息分析，可以采取以下措施：

（1）检查效率是否合理，如异常，需在检修时重点检查。

（2）当设计功率和实际功率差别较大时，可考虑变频调速（电动机驱动），切削叶轮降低扬程（离心式泵），气阀控制延迟关闭，或使用回路调节。

（3）在有一组压缩机或泵进行同一介质操作时，可引入设备负荷管理，利用负荷安排和启停压缩机 / 泵装置，在无成本投资下减少运行成本。

（4）在功率匹配中，可考虑一台驱动带多台压缩机或泵。

（5）针对全厂蒸汽动力平衡情况，可考虑蒸汽驱动与电驱动相互切换操作。

7. 装置工艺改造

装置工艺改造是指对反应条件、分离条件、进料产品性质规格等进行变动。可以想象，这部分改造不仅对余热利用产生影响，同时也会对装置工艺表现产生深刻影响。前面介绍的换热网络设计、装置热联合、低温热利用、蒸汽动力系统分析以及用能设备分析等，都不涉及装置工艺上的变化，可以保证装置工艺表现，更易于得到企业车间认可。

对于炼油装置，由于组分物性和反应机理复杂，使用虚拟组分模拟方法在模型准确度上有所限制，通常难以单纯使用流程模拟手段达到可以进行工艺改造的定量分析基础。但如果能得到工艺商、催化剂开发单位和生产企业的合作支持，完全可以在工艺改造上实现更多的节能效益。

例如，常减压装置可以通过塔模拟，并结合操作经验，在保证侧线产品质量情况下，调节各个塔回流的取热量。在新的可行操作条件下，重新设计换热网络，实现更高的余热利用目标。

对于含有化学反应的炼油装置，KBC Petro-SIM 和 HYSYS REFSYS 都提供了可调节参数的“机理”模型，来实现对催化裂化、重整、加氢、焦化等装置反应的模拟。模型需要输入反应进出料的详细分析数据，然后调节内部反应参数，来拟合实际情况。因此，模型的准确度和输入数据的准确度、数据涵盖的变化范围都有很大关系。需要得到工艺商、催化剂开发单位和生产企业的合作支持，才能得到所需要的建模数据。通过反应建模，可以对多种操作变量对能耗和工艺的影响进行定量分析，从而确定优化操作点，例如杂质含量、反应进料组成、产品质量、反应温度、反应压力、氢油比、催化剂类型、焦化循环比、制氢水碳比等。

除装置外，还可以对公用工程系统进行工艺改造。例如，提高凝结水回收管网压力，从而提高回收温度；提高除氧器压力，提高除盐水预热温度，增加低温热热阱负荷；优化除盐水质量指标，在锅炉排污率和除盐成本间进行优化；解决冷却水系统生物质污染问题，从而提高回水温度，降低流量和泵能耗等。

总之，工艺改造能够在换热网络设计和蒸汽动力系统优化基础上，提供更多的节能空间。但由于其涉及工艺表现，需要多方合作获得可靠的数据和模型，实现更多的节能效益。

四、余热利用方案生成

根据技术分析结果，将生成不同类型余热利用方案，主要包括装置内部换热网络改造设计、装置间热联合方案、低温热利用和加热站供求设计、蒸汽动力系统设计和优化方案、用能设备改造、工艺改造等。

1. 方案生成

在换热网络设计时，首先需要遵循最大热回收换热网络（MER HEN）设计原则，包括以下几点：

（1）不要有夹点上热物流和夹点下冷物流的跨夹点换热。

（2）夹点上没有冷公用工程（蒸汽自产除外）。

（3）夹点下没有热公用工程。

（4）夹点处匹配，流出物流数目大于等于流入物流数据。

（5）夹点处匹配，流出物流 MC_p 大于等于流入物流 MC_p。

然后根据投资考虑和设计操作限制，可适当放松最大热回收换热网络设计原则，在损失一定热回收的情况下，获得更加经济可行的改造方案：

（1）去除换热网络回路（Loop）和途径（Path），从而减少换热器数目。

（2）去除换热负荷较小的分支，从而减少换热器数目。

（3）对需要昂贵材料的换热匹配，适当增加换热温差，定量优化在接下来的换热器计算中进行。

（4）保证其他设计基础中确定的装置设计操作限制。

换热网络设计可以在网格图上手工设计，然后在 EXCEL 中对涉及的换热器进行详细计算，接下来总结设计方案的节能效益以及工程设计对接中的建议。

对于已有换热网络改造，可以在网格图上标出跨夹点换热器，从这几个换热器出发去除跨夹点换热，实现节能目标。该过程称为“剩余问题设计”，是较为实用的设计方法。此外，学术界将换热网络设计转变为数学优化问题，也有软件算法支持该优化求解，但通常计算出来的换热网络需要人为检查调整。

在网格图上设计完成后，具体换热负荷、进出口温度等可以由 EXCEL 换热器计算来完成。该表格包括现有换热器信息（面积、壳程、材料等）、换热物流信息（物流名称、流量、C_p、MC_p、进出口温度、换热负荷等）、换热器信息（温差、换热单元数、错流系数、对数温差、现有总换热系数、典型总换热系数、换热负荷等）、投资预估（换热器种类、新添面积、壳程数、材料、投资预估公式等）。

接下来总结设计方案的节能效益，各个公用工程的节能量由换热器计算表格提供，根据设计基础中的公用工程价格，计算该余热利用设计的节能效益。同时也结合投资预估，给出投资回收期。在换热器计算中，可以调节一些参数，例如进出口温度、物流分支比例等，然后根据投资回收期最小化目标优化参数。特别是有昂贵材料使用时，增加该换热器换热温差，减少换热面积，虽然其他一般换热器要增加面积，但总体投资回收期减少。另外，在总结节能效益时，可以把目标分析中的目标值一并列上，可以比较现有方案实现所有节能潜力的程度。

为能顺利将方案落实到工程设计中，咨询方可在方案中加入工程设计对接建议。以下内容需要咨询方、企业和设计方一起讨论完善：

（1）对于管壳式换热器，如果增加面积不大，可考虑在已有壳程内增加管束。例如，把管束排列形式由正方形变为三角形等。

（2）如果增加面积较大，可添加新壳程。如果和现有壳程串联，需要考虑压降增加问题，特别是泵或压缩机已经处于满负荷状态。如果并联，压降较小，但由于流速下降，换热系数会有所下降。

（3）如果不增加面积，可以考虑用增加管程数和减少挡板间距的方法，分别提高管程和壳程的换热系数。此外，还有采用带翅管束和管内插件的方式，改变流动形态，增加换热系数。

经过三方讨论，确定换热器利旧安排，新添换热器面积、位置以及相关设备操作等，并由设计单位进行换热器核算选型工作。

对于装置间热联合方案，咨询方主要提供夹点分析结果和热联合方案描述。但能否实施热联合，除考虑热源—热阱匹配外，还要考虑投资、运行费用和可操作性等多种因素，需要和企业、设计方一起讨论完善：

（1）换热器位置考虑，基于场地布置、安装检修的方便、管线排布、输送泵的裕量等。

（2）管道排布、尺寸、保温、压降。

（3）换热器选型、裕量。

（4）开、停工同步性。

（5）物流参数波动时的相互影响和控制。

（6）事故应急状态下的处理手段（缓冲罐、切换）等。

对于低温热方案，咨询方主要提供加热站热媒水供求平衡计算，以及冬季蒸汽补充量。并协助企业、设计方对加热站的设计实施：

（1）现有加热站热媒水供求情况分析。

（2）换热网络改造后热媒水变化情况。

（3）各个加热站用户分配。

（4）各个加热站设备选型（换热器、泵、管线等）。

在蒸汽动力系统优化中，利用软件建立蒸汽动力系统模型后，生成优化案例。软件会基于模型和蒸汽动力需求量，优化出操作成本最小的操作情况，达到最小的锅炉产汽、最小的减温减压汽量和最大的做功量等。可变参数包括发电透平进汽抽汽量以及锅炉产汽量等，如图 5-11 所示。

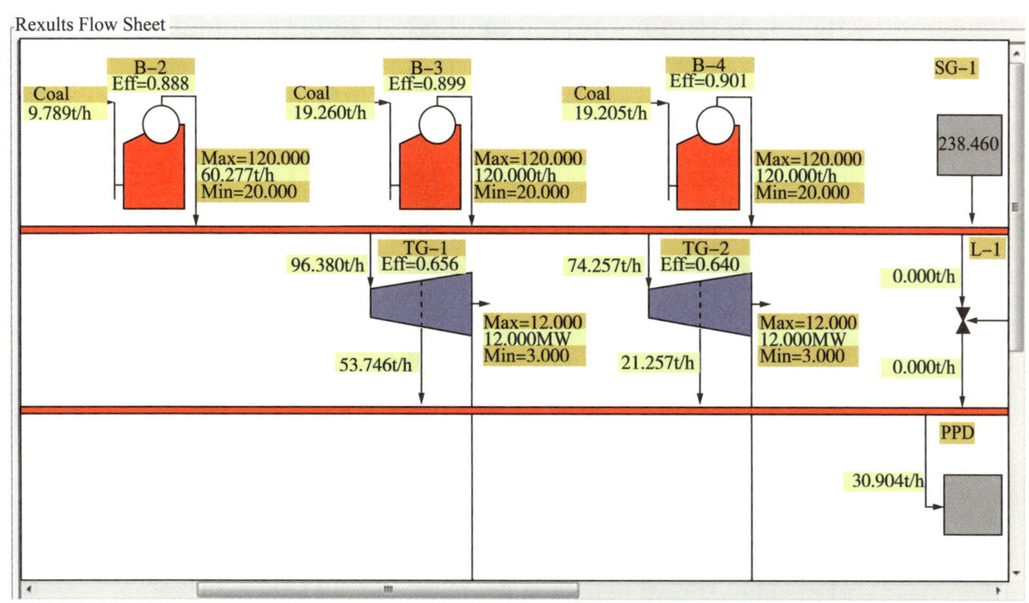

图 5-11 热电厂各个设备操作优化结果

为进一步细化显示优化结果，还可以建立 EXCEL 文件，显示各个装置不同类型蒸汽使用自产数据，如图 5-12 所示。

此外，如果有用能设备改造方案和工艺改造方案，也和其他余热利用方案一起提交给企业。在提交报告中，应该包括设计基础、分析过程、方案描述、节能效益总结。为方便方案论证，还应包括改造前后装置流程图，方便车间人员和技术人员熟悉方案内容。

2. 方案论证流程

在方案论证中，首先由咨询方向企业提交方案报告，最好提前一段时间，让企业车间技术人员先行了解方案。如果装置较多，也可以分批提交。然后在现场和车间人员、技术人员进行集中、详细讨论。企业人员操作经验和对现场的熟悉是咨询方不具备的，有些方案限制也并不是绝对的，可以通过其他工程手段解决。因此，当余热利用方案涉及该限制后，可以说明改造效益和解决限制手段之间的关系，由企业决策层权衡选择。与企业论证后，基于论证意见修改方案，并由双方确认。

接下来由企业牵头，将方案提交给设计单位。设计单位基于其设计经验和专业知识，校核方案内容，并提出意见。经过三方讨论，最终合力形成经济可行的余热利用方案，并进行工程设计和实施。

3. 方案实施和效果验证

余热利用方案实施验证需要成立方案实施和效果评价小组，人员包括企业管理层，参加过方案论证的车间技术人员，参加过余热利用培训的人员，以及余热利用咨询方和工程设计单位人员等。企业在实施余热利用方案时，应做好技术保障、资金保障和组织管理保障工作。

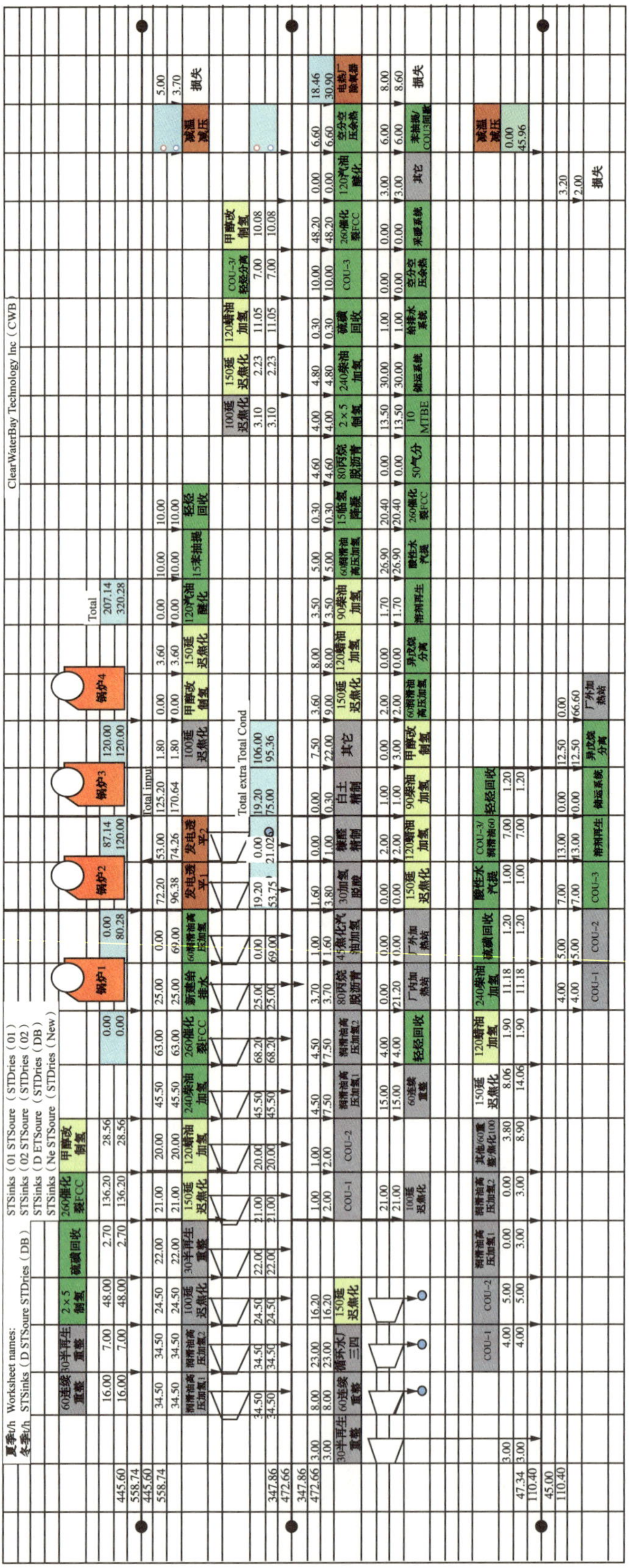

图 5-12 各个装置蒸汽动力优化结果

在实施阶段，企业应根据余热利用方案的难易程度进行实施时间的排序，并量力制订切实可行的实施计划。计划内容包括资金筹措、设备安装与调试、人员培训、原辅材料准备、场地清理准备、试运行和验收。计划的每项内容还应明确其计划实施时间进度及负责部门与人员。

方案实施效果评价包括技术评价、环境评价、经济评价和综合评价。

技术评价主要评估各项技术指标是否达到原设计要求，若没有达到要求，如何改进？

环境评价主要通过调研、实测和计算，分别对比各项环境指标，主要是能耗、水耗指标以及废水量、废气量、废固量等废物产生指标在实施前后的变化。

经济评价主要是分别对比产值、原材料费用、能源费用、公共设施费用、水费、污染控制费用、维修费、税金、净利润等经济指标在方案实施前后的变化以及实际值与设计值的差距。

综合评价是在前面技术评价、环境评价和经济评价的基础上，对已实施节能方案的成功与否做出综合评价。

五、新建装置余热利用设计

在新建炼厂或现有炼厂改扩建中，直接在设计阶段就进行余热利用设计工作，是很有意义和重要的工作。

1. 目的和意义

在新建炼厂或现有炼厂进行改扩建和流程改造时，需要新增大批设备和相应的用能设施。如果在工程设计时，只考虑工艺和物料的优化而不考虑能量的集成优化，投产以后能耗会大大增加。到那时反过来再进行余热利用，必然会浪费大量资金。对于一个千万吨/年级炼厂，每年浪费的资金数以亿元计。在进行余热利用改造（往往要数年以后）之前能耗增加每年所造成的经济损失也是数以亿元计的。

因此，直接在新建装置设计阶段就进行余热利用设计工作，把方案体现在基础设计中，既能降低新建装置和系统的能耗，又能节省建成投产后再行改造的改造费用，具有极大的经济效益和社会效益。

而且对于现有装置余热利用改造，往往受限于现有设备条件、空间位置、改造投资等因素，不能充分实现余热利用潜力。对新建装置和系统就没有这个问题。换热网络、设备选型、空间位置等都可以按照余热利用设计后的工况进行设计，一步到位，做到最大限度地实现余热利用潜力。

另外，有些人顾虑余热利用设计会增加换热面积，增加设备投资。但事实上余热利用方案中，通过换热网络设计，可以减少加热炉和锅炉负荷，并减少设备投资。因此，经常是新设计下设备投资和缺省设计比较，不升反降。即便投资有所增加，但由于不是在现有换热器旁添加新换热器，而是重新设计更大换热器，增加投资和节能效益比较，要经济得多。如果说现有装置改造投资回收期是3~4年，那新建装置重新设计投资回收期基本上小于0.5年。

2. 难点挑战和实施策略

在新建装置设计阶段就进行余热利用设计工作，通常最大的挑战是如何与工程设计进度相衔接。国内工程设计周期较短，时间紧、任务重，这时再加入余热利用设计工作，即便是请第三方咨询方设计，也会增加整体设计的反复工作量。同时需要针对余热利用方案进行沟通确定，也会延长整体进度。为此，提出以下实施策略，保证工作开展：

（1）企业充分认识到在新建装置设计阶段就进行余热利用设计工作的意义，建立强有力的领导小组，领导协调各方面合作沟通，顺利开展工作。

（2）余热利用工作由企业委托专业咨询公司进行设计，保证这部分工作的专业性。

（3）委托中明确咨询公司应协助企业和设计单位沟通，确保在工程设计中实现余热利用目标。

（4）企业在委托工程设计任务时，也应同时明确设计单位在配合余热利用工作方面的义务。

（5）为确保余热利用工作在时间紧、任务重的情况下保质保量，企业可在委托合同中明确具体咨询专家，让经验丰富的专家深入一线工作。

（6）对于改扩建项目，需要和现有装置系统一起进行工作，才能保证全厂上的优化设计。为此，可以先行开展现有装置余热利用工作。一方面不影响新建装置设计进度，另一方面咨询方通过现有装置工作，熟悉了解企业装置情况，提前做好新建装置设计的准备工作。

（7）对于新建装置，余热利用工作中需要的能量平衡数据只有在基础设计阶段才有。但可以在总体设计阶段就开始工作，让咨询方消化吸收总体设计中各个装置系统的情况。甚至通过经验和模拟，搭建初步的能量平衡模型，先行开展设计工作，走在基础设计工作前面，掌握主动。

总之，对于新装置余热利用工作，应由企业牵头，充分结合技术咨询方的技术优势、企业车间的操作经验和设计单位的设计经验，加强合作，在不影响改扩建项目进度的前提下，将余热利用方案直接体现在基础设计中。并在方案实施和装置建设过程中密切协调，确保新建装置和系统的余热利用预期和效果，达到其经济效益和社会效益。

六、低温余热利用总结

余热利用是炼油企业实现节能增效的重要工作。炼油企业的余热利用应当以全厂整体生产过程为研究及优化对象，按照总体用能评估、装置内部能量优化、装置间热联合、低温热利用以及公用工程系统优化等主要环节层层展开和深入，最终使全厂总体和局部余热利用实现最佳化。

余热利用的工作流程和主要内容如下：

（1）数据收集。充分了解企业总体生产状况，获得各主要装置、系统和设备在工艺操作、产品分布、能源消耗等方面的第一手数据，为分析企业用能现状、寻找余热利用潜力点提供数据支持。

（2）数据校正。目的是对收集上来的信息进行整理，计算物料能量平衡，形成装置和系统的基础工况。

（3）设计基础确定。在数据收集和数据校正的基础上，技术咨询方和企业就余热利用设计基础达成一致并确认。

（4）技术分析 。

①利用夹点技术，获得各个装置夹点温度和节能潜力；

②分析现有换热网络瓶颈并设计改造；

③利用区域综合技术分析装置间热联合可能；

④低温热同级或升级利用；

⑤公用工程系统分析，设计结构并优化操作；

⑥对主要用能设备（如加热炉、压缩机等）的能效分析；

⑦根据实际数据和软件模拟，寻找通过反应分离等工艺改造实现节能的突破口。

（5）方案生成。按内容和方案生成优先顺序分为装置内换热网络改造、装置间热联合、低温热利用和公用工程系统优化等。

（6）方案论证实施。针对方案在节能效益、操作安全、工程投资等不同方面的影响，在技术咨询方、企业和工程设计单位之间进行充分论证，结合技术咨询方的技术优势、企业车间的操作经验和设计单位的设计经验，合力获得经济可行的高质量方案。并在方案实施过程中，确保余热利用方案在实际生产中获得预期的重大效益。

根据经验，余热利用项目成功的关键有三点：

（1）深入扎实的数据收集、校正和确认是未来分析和制订方案的基础，是重要工作环节。

（2）分析工作以先进的夹点理论为基础，以功能丰富的软件为支撑，并需要项目人员对理论和软件的熟练应用和对装置工艺的丰富节能经验。

（3）工作过程中始终坚持咨询方与车间的结合，咨询方与企业和设计方的合作和协同，这是成功的必要条件。

此外，对于新建、改建装置，在设计阶段就引入余热利用工作，把余热利用方案直接体现在基础设计中，具有极大的经济效益和社会效益。一方面可以排除现有装置改造的种种限制，最大限度地实现余热利用潜力，降低新建装置和系统的能耗。另一方面，新装置和系统设计一步到位，节省建成投产后再行节能改造的改造费用。最后，针对该工作可能面临的设计进度和协同合作的挑战，提出了切实可行的实施策略。

第二节　多效浓水蒸发

积极响应国家生态文明建设号召，中国石油聚焦高质量发展，践行绿色发展理念，在炼化企业节能减排方面提出炼化企业余热与污水处理协同利用技术，开展浓水低温余热多效蒸发工艺研究，并研制低温多效蒸发专有设备，通过对低温余热利用与多效蒸发耦合工艺的优化，完成浓水低温多效蒸发先导性试验方案。立足于指导炼化企业开展低温余热利用节能节水工作，降低全厂能耗、减少水资源排放量，为炼化业务实现“十二五”节能节水目标提供技术支撑。

一、污水多效蒸发器传热表面污垢与腐蚀控制研究

1. 腐蚀实验

通过对水样在低温多效蒸发浓缩过程中的结垢趋势采用 Langlier 饱和指数法（L.S.I）、Ryzncor 稳定指数法（R.S.I）和 Puckorius 结垢指数法（P.S.I）对炼厂处理后外排废水的腐蚀、结垢倾向进行了初步判断，发现低温多效蒸发过程材料的腐蚀更容易发生在较高温度

的工艺段。试制设备设计需要调节多个关键工艺参数，在较宽的范围内进行，不同于实际稳定运行的工况，且操作频繁调整，不能准确地得到特定工况下材料的腐蚀性能。因此，对于定量的材料腐蚀速率的测定，采用模拟设备运行工艺条件下的污水环境，在低压反应釜中进行，同时在小型实验平台上同步进行挂片，对浸泡后数码拍照和金相分析，定性观察污水对304、316L、铝黄铜材料的腐蚀结垢特性和现象以及胀接点等关键部位的腐蚀特性，实验及分析方法如图5-13所示。实验过程中既包含了腐蚀减重，也包含了结垢增重，采用稀盐酸清洗将表面污垢清洗掉，到试件质量不变化时，说明已经将表面污垢洗净，减重质量即为腐蚀掉的质量。

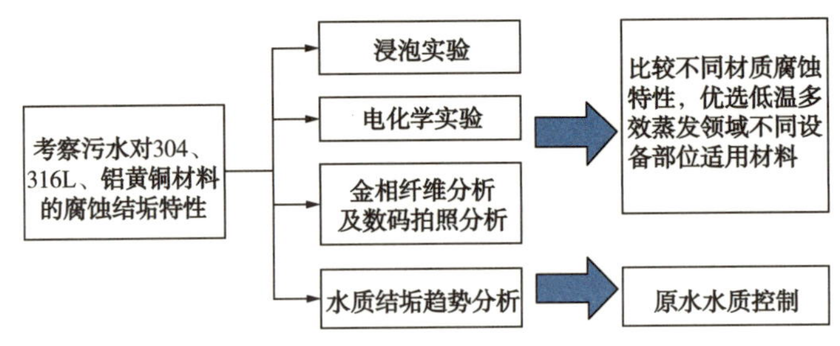

图5-13　腐蚀实验及分析方法

2. 实验结论

目前，参照国内外制盐工业的选材原则——平衡材料性能与价格。换热管使用材料主要有紫铜、碳钢、B30、不锈钢、钛及其他材料。用量排序也大致如此。各种材料各有优缺点，钛合金在某些方面也表现出如缝隙腐蚀、氢脆腐蚀等。较新的工艺一般采用B30、钛、316L及双相不锈钢。实际使用过程与材料质量有较大关系，其应力腐蚀、电偶腐蚀等也需要依照具体的工艺条件和设备结构设计来完善。从德国、英国、日本、意大利等国家在制盐工业选材上来看，蒙乃尔合金、B30、316L、铝黄铜、海军铜等为主要采用的耐蚀材料。

本实验中腐蚀类型为均匀腐蚀，试件表面没有点腐蚀和局部腐蚀现象。实验采用了在实际生产中常见的钢材及一级极耐蚀材料铝黄铜，作为实验所需的材料。选取了304、316L、钛材以及铝黄铜作为蒸发器换热材料进行实验，并且对买入的钢材进行材质测试，保证实验效果的准确。钛材耐腐蚀性能最佳，价格最贵；铝黄铜、316 L不锈钢耐腐蚀性能优异，性价比高。

通过实践表明，在海水淡化低温多效领域，包括pH值在3左右的海水脱气过程中使用316L材料，以及浓缩过程使用铝黄铜是合适的。而盐水对这些材料的腐蚀特性从较低的0.05%浓度开始，中间有个较大的腐蚀峰值；随后（在海水淡化浓度范围）腐蚀性随着盐度升高而升高，在7%~8%后趋于平缓，浓度进一步提高，腐蚀有所下降。因此，浓缩炼化污水含盐水，可以根据其腐蚀特性参照制盐工艺的选材原则。

二、低温多效蒸发试制设备设计研究及工艺优化

1. 污水低温多效蒸发系统的工艺流程

低温多效蒸发系统工艺流程如图5-14所示。

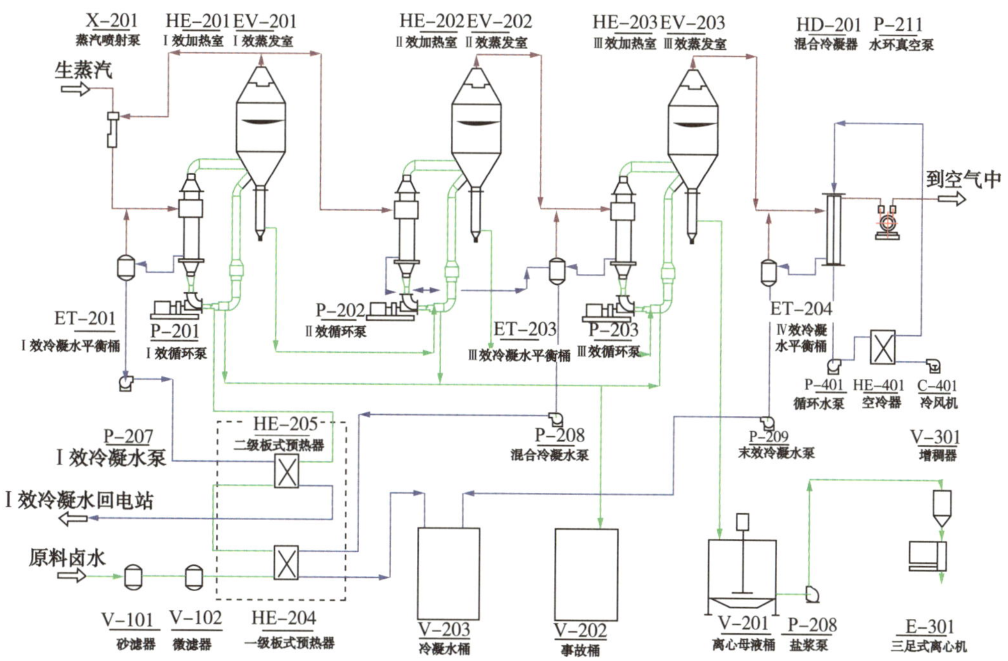

图 5-14　低温多效系统工艺流程

2. 工艺参数选择

综合考虑造水比、平均面积、设备材料费、蒸汽费等因素，可以发现，在总效数相同的情况下，一个模块的造水比很高，系统的热力性能很好，但是它需要换热面积较大，导致设备材料费用很高，选择 2~3 效蒸发器经济性最佳。

在物料进入各反应单元之前，为了避免水中杂质对后续工艺设备的影响，设置了预处理单元，该单元起过滤作用，为后续单元反应提供保障，原水采用自清洗过滤装置——微滤装置。自清洗过滤装置过滤精度为 20μm，滤料采用 316L 编织复合的不锈钢滤芯。根据布液器槽道宽度以及对颗粒堵塞规律的数值模拟研究，微滤装置过滤精度可以确定为不大于 1μm，选用陶瓷膜技术。

多效蒸发单元主要包括加热室、蒸发室和上下循环管等，主要设计参数见表 5-4，加热室的加热管从材质的传热效率、综合耐腐蚀能力、耐磨性能、表面粗糙度和实际使用情况来看，钛及钛合金的性能最好。为降低投资及运行成本，选用钛合金作加热管，可使洗罐周期大大延长，设备维修工作量及费用减少，延长设备使用寿命。结合工艺条件，综合使用性能和经济性比较，本装置由于温度较低，加热室加热管选用钛合金管，蒸发室及循环管选用 316L 不锈钢。不需要在线相对密度传感器。

表 5-5　多效蒸发单元详细参数

参数	多效蒸发器	参数	多效蒸发器
生蒸汽压力，MPa（绝）	≥ 0.12	结晶器料液温度，℃	55 ± 5
一效料液温度，℃	95 ± 5	一效蒸发器真空度，MPa	0.02
各效热损失，%	3	二效蒸发器真空度，MPa	0.055
二效料液温度，℃	75 ± 5	多效效数	2 效
蒸发器类型	强制循环	二效蒸发单元收水率，%	＞ 60

结晶单元及盐浆处理单元将浓盐水结晶并制成晶盐。

3. 布液器的工艺条件优化

在多效蒸发器设计中，液体分布器是竖直管降膜蒸发热质传递的关键，可促进液膜表面附近液体的混合，从而增强传热传质效果。利用CFD对其结构因素的影响规律进行了数值模拟，考虑槽道切向角、槽道长宽比、槽道截面积、颗粒体积分数、流体内颗粒直径、流体流动速度等因素对流动的影响，并对结构进行了优化设计。

设计并制造了具有螺旋槽道的管内布液器，使液体在管壁上布膜均匀、完整。耦合形状因素和流体性质，模拟布液器结构影响的流体流动，优化竖直管上的布液效果，实现传热传质的强化。

4. 捕沫器工艺条件优化

污水在蒸发器中会产生蒸汽，在一定蒸汽流速下会携带微小液滴。首先，污水液滴如进入淡水系统将降低产品水水质；其次，污水液滴进入淡水系统管路可能会引起管路及设备腐蚀。为了防止设备及管路的腐蚀并提高产品水的质量，模拟捕沫器结构对其除雾效率和进出口压降的影响，在保证工艺要求的除雾效率的同时获得最小的进出口压降。综合考虑气流速度、叶片长度、叶片宽度及叶片转角度数对除雾效率和进出口压降的影响，并对捕沫器的设计进行优化。

5. 喷射器工艺条件优化

喷射器的理论设计计算选用气体动力学函数法，给定工作流体压力、引射流体压力、混合流体压力和工作流体流量等参数，进行迭代计算。在设计喷射器的基础上，应用FLUENT6.3.26软件对喷射器进行了模拟。由于引射流体入口段气体流速与喷嘴出口工作气体的流速相比很小，因此可以将引射流体的侧向入口简化成轴向环形入口，从而将喷射器的三维结构简化成二维轴对称模型，并用Gambit软件建立的简化模型和网格划分，区域和控制方程的离散是采用有限体积法进行的。由于喷射器流体流动为湍流状态，还需遵守附加的湍流输运方程。研究考察不同工作流体压力对喷射系数的影响，得出以下结论：随着工作压力的增大，喷射系数先逐渐增大，但是当工作压力超过一个临界值后，由于径向压力差降低和激波损失加大，继续增加工作压力反而引起喷射系数下降。

6. 喷淋系统的设计

喷淋系统的功能是将液体均匀分布到每根换热管上，并在每根换热管的整个圆周方向及长度方向上保持连续均匀的液膜。

为提高分布效果且使液体均匀分布，以往工程师设计喷淋系统时，会增加喷淋点数，增加孔数会导致孔径减小，不同的液体水质及流量可能会使喷淋孔更易堵塞。因此，孔径的下限应视物料中含有固体颗粒情况而定。

通过实验模拟的布液器的工作情况，研究发现，固定加热管距离，3mm孔径布液器的最低喷淋密度为0.042kg/（m·s），液膜效果最佳。

7. PLC系统优化

HABS——热量自动平衡系统，当系统发生热量不足或有多余热量时，系统将启动HABS系统，确保系统热量平衡，达到稳定蒸发的目的。

ADS——自动排料系统，从传感器传回的信号通过与数据库比较，得出是否到排料浓度。不需要在线相对密度传感器，具有维护方便、准确度高等优点。

AES——专家系统，通过对数据库的分析，综合得出系统的各项运行指标，同时分析出系统存在的问题，得出解决方案。

SPS——系统自保护功能，能够根据系统传感器信号感知问题，提出解决问题方案。

FD——安全模式，当系统出现较小问题，且可在短时间内得到解决时，系统可在不停机的情况下进入安全模式，待系统解决问题后，系统即可进入正常蒸发状态。

8. 结论

（1）在海水淡化低温多效领域，包括 pH 值在 3 左右的海水脱气过程中使用 316L 材料，以及浓缩过程使用铝黄铜是合适的。本装置以炼化企业污水为处理对象，加热室加热管选用钛合金管，蒸发室及循环管选用 316L 不锈钢，并在设计加工上避免各类型的腐蚀发生。

（2）污水中的 COD、Ca^{2+}、Si^{4+}、Mg^{2+}、Cl^{-}、CO_3^{2-}、氧的浓度，是影响低温多效流程的主要成分。浊度、残余表面活性剂（可能形成发泡等）、大分子交联特性形成胶状物等将影响降膜设备的布液。其中，COD 成分可能在浓缩过程形成絮状附着物，造成传热性能降低，影响设备蒸发效率。一定条件下，Ca^{2+}、Si^{4+}、Mg^{2+} 等与 CO_3^{2-}、SO_4^{2-} 在表面形成污垢，影响传热。Cl^{-}、氧是设备腐蚀的主要因素（因试验周期关系，未发现设备有外结垢现象）。

（3）影响多效蒸发系统整体效率的因素包括效数选取、是否进行蒸汽回引、列管排布、使用的强化管形式、布液器设计、捕沫器设计等多个方面。另外，装置设计、设备结构设计、管路设计、设备布局等均会影响到建造成本和操作成本，以及总体设备的操作性能，也需要在设计中重点考虑。

（4）通过实验，提出了满足体系的低温多效蒸发结晶工艺流程：原料水经过原料泵进入预处理单元，过滤掉可能影响后续处理效果的杂质后进入多效蒸发单元，采用三效蒸发结晶单元的流程工艺，用冷凝水将料液通过多级预热器预热到罐内料温进一效蒸发罐，在一效蒸发罐内蒸发浓缩后，完成液转排到二效蒸发罐，料液在二效蒸发罐内蒸发浓缩，浓水转排到结晶单元，固体盐浆由结晶单元排出到盐浆处理单元，泵入离心机，脱水后转化为固体盐；生蒸汽用蒸汽喷射泵减温减压后进入一效加热器，一效蒸发罐产生的二次蒸汽去加热二效料液，二效产生的二次蒸汽去加热三效料液，三效产生的二次蒸汽用间壁式冷凝器冷凝成水，不凝气用真空泵抽出；一效冷凝水预热料液后可直接回锅炉给水箱，二效冷凝水到三效平衡桶闪发后混合三效冷凝水去预热料液水，再排去蒸发循环冷却水，混合后多余去净化补充循环冷却水。

三、低温多效蒸发试验

1. 中试试验

$1.5m^3/h$ 低温多效中试模拟试验装置如图 5-15 所示。炼化污水低温多效蒸发中试工程，预处理段采用化学絮凝、自清洗过滤、微滤预处理的方法，有效去除了炼化污水中的悬

图 5-15 $1.5m^3/h$ 低温多效中试模拟试验装置

浮物质，降低了 TDS 值，保证了预处理出水水质；蒸发浓缩及结晶段采用三效低温多效蒸发装置，实现了低温多效系统的稳定运行。

2. 试验结果

通过采集低温多效蒸发系统中各部分水样，对水样进行水质分析与标定。水质分析数据见表 5-6。

表 5-6 低温多效蒸发装置各部分水质标定情况

水样	温度，℃	电导率，μS/cm	pH 值	浊度，NTU
原炼化污水	17.7	44000	7.80	1.21
T1 出口污水	27.1	44300	2.61	0.83
E2 出口污水	24.5	46200	3.42	11.40
塔间污水进料	23.9	49400	8.14	20.20
P3 排放浓盐水	28.3	59500	8.72	1.84
二、三效淡水	24.2	9.53	6.24	1.51
塔间淡水	24.9	8.66	6.46	5.40
总产水	22.7	8.72	6.51	1.66

3. 工业前景

石油化工行业的生产过程需要大量的水。为了节约用水成本，大都开始进行废水回收利用可行性研究。对于炼厂外排含盐废水，盐度较低，加上炼化企业每年会产生大量的低温余热，可以选择采用热法含盐水淡化技术将其排放的低浓度含盐废水进行脱盐处理，达到废水回用的目的。

低温多效蒸发含盐水处理技术以其对含盐废水的预处理要求低、预处理过程简单、设备操作弹性大、热利用率高、安全可靠的特点而在世界范围内得到了广泛应用。低温多效蒸发有诸多优点：系统低温低压，动力设备腐蚀性小，产水水质高；采用管内降膜蒸发形式，不会发生浓水与淡水的混合，从而影响产水水质。此外，多效蒸发工艺所产水质纯度较高，可作为循环冷却水补水回用。该技术多用于沿海的火力发电厂、核电站。多效蒸发技术的缺点有能耗高、设备投资费用高、管路结垢与腐蚀等问题。与炼化企业低品余热耦合，可以降低工艺能耗及运行成本，管路腐蚀问题的解决可以从材料的选型及研发、设计的不断优化、有针对性的预处理几方面进行深入攻关。随着工艺成熟以及行业、地方外排指标的升级，该技术有望进行工业推广。

四、多效蒸发技术总结

该项目面向炼化工业园区节能节水与减排瓶颈，支撑循环经济发展的迫切需求，针对我国石化企业污水资源化率低、过程余热浪费严重等问题，开展了反渗透（RO）浓水特征及其低温多效蒸发的影响因素识别研究，RO 浓水低温多效蒸发工艺技术方案研究及 RO 浓水低温多效蒸发设备研制研究，为解决大型石化工业园区循环经济发展面临的节能减排和节水减排难题提供技术支撑与装备支持。

1. 技术先进性

随着技术进步，目前已发展了多种淡化方法相耦合的淡化技术。脱盐技术高速发展，可供选择的脱盐方法也越来越多，按地域来说，热法脱盐装置主要集中在中东地区，主要是因为中东地区能源储量大，化石燃料廉价易得，加热源容易获得且投入费用低。而对于欧美国家来说，环保要求较高，且化石能源大都需要进口，成本较高，所以膜法脱盐技术应用较多。膜法脱盐因没有相变而无须大量热源输入，只需电能驱动即可，膜法亦可进行大规模生产。

我国在脱盐淡化方面既有热法也有膜法，热法海水淡化大都与拥有大量热源的发电厂或炼化厂匹配，如大唐黄岛电厂 2004 年 6 月投产的 3000t/d 低温多效蒸发设备，天津国投津能北疆电厂 100000t/d 低温多效蒸发设备。单独市政淡化采用热法的比较少见。对于膜法来说，在天津新泉大港海水淡化厂 100000t/d 的反渗透海水淡化也已投产，该项目为国内膜法海水淡化日产水量最高。

低温多效最早是在 20 世纪 60 年代由以色列 IDE 公司开发的，现已大规模投入使用。现在新建或在建海水淡化装置大都采用热法低温多效技术或膜法反渗透技术，低温多效对预处理要求低，操作弹性大，适宜大规模投产。低温多效由于首效温度低，有很多优势，其能量消耗低，在采用低温废热作为加热源的情况下，功耗可降低至 2.5kW・h/m^3（淡水）。

对于炼厂来说，低温多效蒸发是一个很好的选择，炼厂拥有大量的低温余热可使用，这些低温余热主要分布于常减压蒸馏、催化裂化、延迟焦化和加氢装置，这四部分的低温余热约占全厂低温余热总量的 60%~80%[1]。低温多效首效温度低，可以有效避免设备内结垢和腐蚀，低温多效蒸发是当前热法海水淡化最受青睐的方法。其在建淡化装置所占的市场份额已超过多级闪蒸。炼化厂有一部分温度在 120 摄氏度以上的低压乏汽，为了充分利用该部分乏汽的能量，还可以选择带蒸汽喷射器的低温多效蒸发系统。喷射器能量转化方式类似于第一类热泵，结构简单，无须其他动力设备。

2. 技术查新

通过查新，国内有反渗透浓水水质及影响因素的研究，有利用余热处理污水、废水等的研究，有对反渗透浓水处理工艺、方法的研究，也有对污水、氯化钠水溶液处理的研究，但是未见有利用余热开展 RO 低温多效蒸发的影响因素识别的报道。此外，国内已有对反渗透浓水处理工艺的研究，也有对反渗透浓水处理装置的研究，但是未见利用余热形成 RO 浓水低温多效蒸发工艺技术方案及 RO 浓水低温多效蒸发设备研制的报道。

3. 技术发展趋势

低温余热多效蒸发技术在处理炼化浓盐水方面将更具优势。综合分析，该技术的发展趋势可归纳为：

（1）装置规模的大型化。容量越大其经济性就越强，因此提高装置容量是其一个发展方向。

（2）新材料、新工艺的采用使装置性能提高，显著降低脱盐装置的制造费用和提高装置性能。

（3）不断完善工程优化技术，降低运行成本。

参 考 文 献

[1] 刘国瑞，岳勇 . 炼化企业低温余热回收利用探讨 [J]. 中国石油和化工标准与质量，2012（2）：287.

第六章　长输管道节能技术

2007—2015 年，针对高含蜡原油和天然气冬季输送过程中能耗高、输送难的问题，在高含蜡原油降凝效果和天然气减阻效率方面开展了大量的节能关键技术研究，开发了纳米降凝剂和天然气减阻剂两项新产品，形成了纳米降凝剂降凝和天然气减阻剂减阻现场应用的相关标准，两项新产品在高含蜡原油管道输送、天然气满输管道输送过程中大量应用，降低了运行成本和安全风险，达到了较好的节能减排效果。

第一节　概　　述

长输油气管道肩负着为国家经济和社会发展输送油气资源的重要任务，为把原油与天然气运送到目的地，在管道输送过程中需提供热能及动力，需要消耗大量的燃料油和电能。至 2015 年底，中国陆上油气长输管道总里程已达到 13.2×10^4km，其中原油管道 2.8×10^4km，成品油管道 2.6×10^4km，天然气管道 7.8×10^4km。据国家能源局印发的《中长期油气管网规划》确定，到 2025 年，全国油气管网规模将达到 24×10^4km，网络覆盖面进一步扩大，结构更优化，油气储运能力大幅度提升。随着油气管道业务快速发展，输送能力不断增加，必然带来能耗的不断增加。油气管道系统作为能源运输工业的重要载体，在迎来快速发展机遇的同时，也将面临节能降耗新目标的挑战。

“十一五”期间，油气管道行业在节能降耗技术研发方面取得了一定的成果，尤其是在含蜡原油加剂改性输送技术、天然气减阻增输技术、储气库优化运行节能技术及耗能设备节能改造新技术等，取得了长足进展。为使这些技术实现推广应用，实现“十一五”期间国家制定的节能减排指标，中国石油设立重大科技专项，组织科研攻关，通过纳米降凝剂和天然气减阻剂新产品的研制、注入技术改进与完善、管道设备新技术的引进与应用，为油气管道节能降耗提供了技术支持，实现综合能耗降低 10%，并获得中国石油自主创新产品两项，取得多项发明专利。

第二节　高含蜡原油纳米降凝剂制备与应用技术

我国所产的大部分原油属于高黏、高凝的高含蜡原油。由于此类原油的低温流变特性较差，因此我国的原油管道大都采用加热输送工艺。加热输送工艺不仅要消耗大量的燃料油和动力，而且在管线停输后，其管线的再启动存在风险。同时我国部分原油管道长期处于低输量运行状态，管线加热设施能力不足，管道运行能耗上升并且安全性下降，部分管道不得不采取正反输运行方式。原油流动改进剂是加剂技术中效果好、现场限制条件少的一类药剂，它可以降低原油的凝点和低温表观黏度，改善原油低温流动性；而纳米颗粒添加到改性剂中，使得原油改善低温流动性效果更好，有效期更长，更为经济环保[1-3]。中国石油管道科技研究中心发明的纳米降凝剂已经在中国石油管道公司的含蜡原油管道进行全面应用，纳米降凝剂在2012年获得中国石油自主创新重要产品。

一、降凝剂的发展概况

高含蜡原油的输送基本采用物理方法和化学方法。物理方法主要是逐站加热的方法，既浪费能源，设备投资也多，又存在停输再启动难的问题。化学方法有乳化降凝法、悬浮输送法和降凝剂降凝法。乳化降凝和悬浮输送降凝法需要大量的水，在无水或缺水地区不能采用，且存在后续处理难的问题（如脱水等），有很大的使用局限性。降凝剂降凝法采用添加化学处理剂，改变原油中蜡晶形态（尺寸和形状），使蜡在常温下不易形成三维空间网络结构，以达到降凝、改善原油低温流动性的目的。降凝剂降凝法具有操作简单、设备投资少的优点，而且不需要后续处理，便于对输油过程进行自动化管理。因此，向原油中添加化学降凝剂，是实现原油常温乃至低温输送的最简便和最有效的方法。

1. 国内外降凝剂的发展

国际上降凝剂的研究最早始于1931年，其发展过程可以分成以下4个时期[4, 5]：

（1）20世纪30—50年代为探索时期，聚甲基丙烯酸酯和聚异丁烯等新型降凝剂主要适用于馏分油。

（2）20世纪50—60年代，用途从馏分油扩大到石油，一方面继续开发新型降凝剂，另一方面采用共混及共聚等手段，对已有的降凝剂进行改性，以使其适用于原油管输，如苯乙烯—马来酸酐共聚物等。

（3）20世纪60—80年代，为解决高含蜡原油的输送问题，相继研制出了适应于不同原油性质的降凝剂，美国、英国、荷兰、法国、苏联、澳大利亚、新西兰等国家在数十条长输管道上使用了降凝剂，效果显著。

（4）20世纪80年代后期，对原油降凝剂进行改性或复配，使之能适用于各种成品油及各种高含蜡原油。

降凝剂发展至今，已有几十种产品，主要用于原油的几种降黏剂如下：

（1）乙烯—醋酸乙烯酯共聚物：简称EVA。其中，醋酸乙烯酯的含量为35%~45%，分子量为20000~28000。

（2）乙烯—羧酸乙烯酯共聚物。

（3）乙烯—丙烯酸酯共聚物：其中丙烯酸酯含量为30%，这种降凝剂对高含蜡原油有效。

（4）乙烯—醋酸乙烯酯—马来酸酐共聚物。

（5）聚丙烯酸酯：聚丙烯酸酯类降凝剂的结晶大部分是由侧链引起的。

（6）丙烯酸酯和甲基丙烯酸共聚物：丙烯酸酯和甲基丙烯酸烷基酯比例（2~3）：1的共聚物符合降低原油流变参数的要求。

（7）聚甲基丙烯酸烷基酯。

（8）碳十八烷基乙烯基醚均聚物。

我国进行原油降凝剂的研究和生产相对落后于国外，国内从1984年才开始有文献报道降凝剂的研制，目前国内已成功研制出多种降凝剂并在多条管道上应用，但降凝剂的品种和数量远少于国外。我国主要的几种原油降凝剂见表6–1。

表 6-1　中国主要的原油降凝剂种类

降凝剂成分	型号	已用原油
苯乙烯—马来酸酐—十八醇酯共聚物	SMO	长庆原油
丙烯酸正十六醇 + 十八醇混合酯—马来酸酐共聚物	OEAM	胜利、中原原油
聚丙烯酸高级醇酯共聚物	PAHE	孤东、濮阳原油
烯烃—烯烃基脂肪酸酯—烯属不饱和酰胺共聚物	H89-2	青海原油
乙烯—醋酸乙烯酯—乙烯醇共聚物	WHP	吐哈、新疆原油
马来酸酐—苯乙烯—丙烯酸高级酯共聚物	MSA	胜利原油
乙烯—醋酸乙烯酯共聚物 + 顺丁烯二酐—醋酸乙烯酯—丙烯酸烷基酯共聚物	EMS	汉江、冀东原油
乙烯—醋酸乙烯酯共聚物 + 纳米颗粒	NPZ	大庆、长庆等原油

2. 原油降凝剂的合成方法

有关原油降凝剂的文献和专利很多，但应用于实际生产中的降凝剂的类型却并不多。原油降凝剂基本上是由适当长度的烷烃和具有一定极性的侧链构成的，其单体类型、支链结构及分子量等是影响原油降凝剂效果的主要因素。下面简单介绍两种常用原油降凝剂的类型及合成方法。

1）乙烯—醋酸乙烯酯共聚物

乙烯—醋酸乙烯酯共聚物这种原油降凝剂对高含蜡原油有较好的化学改性效果，并已在国内外许多高含蜡原油管线上进行了工业化应用，图 6-1 为其分子结构式。合成方法：将乙烯和醋酸乙烯酯按一定比例加入高压釜中，在引发剂作用下，在 10~18MPa、100~200℃条件下反应 2~6h，得到聚合物为乙烯—醋酸乙烯酯共聚物。

2）苯乙烯—马来酸酐—丙烯酸高碳醇酯类共聚物

图 6-2 为苯乙烯—马来酸酐—丙烯酸高碳醇酯类共聚物结构式，该类共聚物不仅对含蜡原油具有较好的化学改性效果，而且对胶质、沥青质含量高的中间基原油或稠油有一定的化学改性效果。合成方法：将一定比例的苯乙烯、马来酸酐及丙烯酸高碳醇酯加入三颈瓶中，以甲苯为溶液，在引发剂作用下，通入氮气搅拌升温至 60~100℃，反应 6~12h 后，除去甲苯，得到苯乙烯—马来酸酐—丙烯酸高碳醇酯共聚物。

图 6-1　乙烯—醋酸乙烯酯共聚物结构式

图 6-2　苯乙烯—马来酸酐—丙烯酸高碳醇酯类共聚物结构式

3. 降凝剂的结构特征及降凝机理

1）结构特征

降凝剂的分子结构由长链烷基基团和极性基团两部分组成，长链烷基结构可以在侧链上，也可以在主链上，或两者兼有。降凝剂的分子量为4000~10000时，降凝效果较好，过低（4000以下）或过高（20000以上），降凝效果都不明显。

2）降凝机理

关于降凝剂作用机理，目前尚无公认的比较满意的理论。在降凝机理研究过程中，常用的实验分析方法见表6–2。

表6–2　降凝机理研究中常用的实验仪器及方法

测试项目	测试方法
蜡碳数分布	色谱分析法（如液相吸收色谱法、凝胶渗透色谱法）
析蜡点	差式扫描量热法（DSC）、偏光显微镜法、旋转黏度计法、依据活化能的增量确定原油析蜡点
观察蜡晶生长及表面状态	低温显微技术、X射线衍射、激光散射法（LLS）和核磁共振法（NMR）
观察蜡的粒度分布	激光散射法（LLS）

关于降凝剂降凝机理，人们依据不同的实验，提出了4种降凝假说。

（1）成核理论。

成核理论又被称为结晶中心理论。该理论认为，降凝剂分子在作用过程中，由于降凝剂分子的熔点相对高于油品中蜡的结晶温度，或降凝剂分子量比蜡分子量大，故当油温降低时，降凝剂分子比蜡先析出而成为蜡晶的成核中心，使油品在降温过程中形成的小蜡晶比加剂前有所增加，从而不易产生大的蜡团，达到降低凝点的效果。

（2）吸附理论。

吸附理论认为，降凝剂在略低于析蜡点的温度下析出，它被吸附在析出的蜡晶核的活性中心上或蜡晶表面上，将蜡晶分隔开，从而改变蜡结晶的取向性，使其难以形成三维网状结构，从而减弱蜡晶间的黏附作用。一般降凝剂不是晶体石蜡的溶剂，它只是通过改变分散相微粒的大小、形状和结构来改变原油的流变参数。

（3）共晶理论。

共晶理论认为，降凝剂分子有与石蜡分子相同的和不同的结构部分，与石蜡分子相同的部分为烃链（非极性基团），在蜡结晶析出过程中进入蜡晶的晶格，取代晶格中的蜡分子（正烷基链分子）而发生了共晶。与石蜡分子不同的非极性基团则对蜡晶的进一步长大起阻碍作用，使蜡晶生长较快的 *XY* 方向生长变慢，而使生长较慢的 *Z* 方向加快，这样就使蜡以各向同性的方式向三维方向生长，使其表面积与体积之比变小，表面能降低，不易形成网络结构。

（4）改善石蜡溶解性理论。

改善蜡的溶解性理论认为，降凝剂如同表面活性剂，加降凝剂后，增加了蜡在油品中的溶解度，使析蜡量减少，同时又增加了蜡的分散度。此外，由于蜡分散后表面电荷的影响，蜡晶之间相互排斥，不容易聚结形成三维网状结构而降低凝点。结晶学也认为，如果添加剂改善了溶质的溶解性，会使溶液的过饱和度下降，从而降低表观成长速率，阻碍晶体的生长。这种理论主要用于解释具有表面活性特点、对蜡起分散作用的聚合物的降凝作用。

4. 降凝作用的影响因素

1）原油组成

通过研究石蜡、胶质含量对原油流变性及其对降凝剂应用效果的影响，结果表明：蜡、胶质含量以及蜡与胶质含量的相对大小是决定原油低温流变性的关键因素，也是影响降凝剂改性效果的主要因素。降凝剂与胶质在降低原油凝点和屈服值时存在明显的复合效应。

2）热处理温度

基于蜡与降凝剂的吸附、共晶降凝理论，原油加入降凝剂时的温度必须高于原油中全部蜡的溶化温度，使蜡以分子状态溶解于原油中，然后降凝剂在随原油降温冷却的过程中通过与蜡吸附、共晶而起到降凝作用。最佳加剂处理温度就是降凝效果最大的最低加剂处理温度。一般认为，所谓最佳处理温度是指绝大部分蜡溶化但高碳微晶蜡又不溶化的温度。当处理温度低于最佳处理温度时，部分石蜡没溶化，降凝剂与石蜡的吸附共晶不充分，降凝效果较差；若处理温度明显高于最佳处理温度，可能引起微晶蜡的溶解，又会使降凝效果降低[6, 7]。

3）降凝剂加入量

随着降凝剂加入量的增加，原油凝点或黏度不断降低，但两者与加剂量并非呈线性关系，它们的下降速度越来越慢，直到降凝剂加入量等于最佳加剂量时，凝点或黏度达到最低值，不再随加剂量的增加而降低。最佳加剂量就是原油加剂改性效果不明显改善时的最低加剂量。冀东原油加入不同剂量的降凝剂后原油在 15℃时黏度的变化情况如图 6-3 所示。

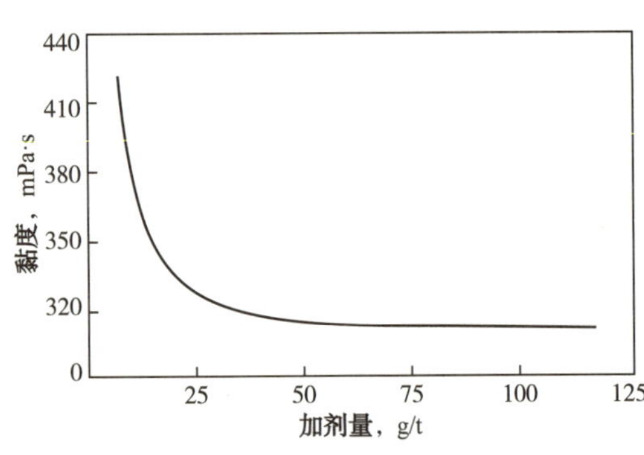

图 6-3　冀东原油黏度与加剂量的关系

4）剪切作用

加剂原油加热到最佳加剂处理温度后，其低温流变性得到明显改善，凝点和低温黏度会显著降低。但是原油改性效果会在原油管输过程中因各种因素的影响而逐渐恶化。主要影响因素之一就是管输过程中的剪切作用，即因相邻油层或相邻质点的速度不同而产生的剪切应力作用，轻则使蜡晶颗粒旋转，增加能耗，增大原油黏度；重则蜡晶颗粒被剪断、破碎和变形。剪切的直接结果是破碎蜡晶或蜡晶聚集体，剪切作用有两个特点，一个是积累效应，另一个是滞后效应。

5）油温回升

加剂输油管道可分为加热常温输送和分段加热输送两种运行模式。前者是在首站对原油进行升温加剂处理后，沿线降温至地温并在接近地温的条件下输送；后者是因为原油加剂后低温流动性较差，只能降低进站油温，减少热站或延长站间距，仍需要隔一定距离对原油加热升温。油温回升到最佳加剂处理温度，相当于对原油再次进行加剂处理。由于油温回升与首次加剂处理的条件相同，因此降温后形成的蜡晶结构也相近，原油改性效果也差不多。

6）降温速率

当油温低于析蜡点后，降温快慢会改变原油中石蜡的过饱和度，使蜡晶晶核的生成速度和蜡晶颗粒的成长速度发生变化，造成蜡晶大小、形态各异，导致蜡晶结构不同，宏观上表现为原油黏度和凝点的差别。一般认为，降温速率越大，原油中石蜡的过饱和度越大，单位时间内析出的蜡晶越多。

影响降凝剂作用效果的因素很多，原油的成分又是千变万化的，要根据降凝剂的结构、成分和配比随原油成分的变化而变化，这样才能使含蜡原油具有显著的改性效果。

二、纳米降凝剂的特性及制备工艺

1. 纳米粒子的改性研究

1）纳米粒子特性

纳米粒子具有独特的纳米尺度效应、表面界面效应、量子尺寸效应和宏观量子隧道效应。当超细微粒的尺寸与光波波长、德布罗意波长以及超导的相干长度或透射深度等物理特征尺寸相当或更小时，晶体周期性的边界条件将被破坏，非晶态纳米微粒的颗粒表面层附近原子密度减小，导致声、光、电、磁、热等宏观物理特性以及一些化学特性发生变化，呈现出新的小尺寸效应。

表面与界面效应是指随着纳米颗粒的尺寸减小，其表面原子与总原子数之比大幅度增加，表面能及表面张力亦随之增加，从而导致纳米材料的性能变化。微观粒子具有贯穿势垒的能力，称为隧道效应。近年来，人们又发现一些宏观量（如超微粒子的磁化强度和量子相干器件中的磁通量等）亦具有隧道效应，称为宏观量子隧道效应。这些纳米效应导致其在光学性能、磁学性能、超导性、催化性质、化学反应性、熔点、蒸气压、相变温度、烧结以及塑性形变等方面具有传统材料所不具备的纳米特性。

2）纳米粒子改性方法

纳米粒子的纳米效应与其高表面活性及庞大的比表面积有关，但也由此而易于产生自身团聚，使其拥有的性能难以充分发挥。因此，纳米粒子使用前应首先经过表面处理，改变表面的物理化学性能。

通常，纳米微粒表面的修饰，可以达到 4 个目的：改善或改变纳米粒子的分散性，提高微粒的表面活性，使微粒表面产生新的物理、化学、机械等功能，改善纳米粒子与其他物质的相容性[8]。

常用的纳米微粒表面修饰方法有表面覆盖法、机械化学改性、外膜层改性、局部活性改性和高能量表面改性。

（1）表面覆盖法：利用表面活性剂覆盖于粒子表面，赋予微粒表面新的性质。常用的表面改性剂有硅烷偶联剂、钛酸酯类偶联剂、硬脂酸、有机硅等。

（2）机械化学改性：利用粉碎、摩擦等方法增强粒子表面活性的改性方法。这种活性使分子晶格发生位移，内能增大，在外力的作用下，活性的粉末表面与其他物质发生反应、附着，达到表面改性的目的。

（3）外膜层改性：在粒子表面均匀地包覆一层其他物质的膜，使其表面性质发生变化。

（4）局部活性改性：利用化学反应在粒子表面接枝带有不同功能基团的聚合物，使之具有新的功能。

（5）高能量表面改性：利用高能电晕放电、紫外线、等离子射线等对粒子表面进行改性。

纳米粒子的表面改性根据表面改性剂与粒子表面之间有无化学反应可分为物理吸附包覆改性和表面化学改性两种。物理吸附包覆改性是指粒子和改性剂之间除范德华力、氢键相互作用外，不存在离子键或共价键作用的表面改性方法。表面化学改性是指表面改性剂与粒子表面一些基团发生化学反应来达到改性的目的。表面化学改性方法可分为以下3种：

（1）醇、酸、胺类改性。醇、酸、胺类化合物可与纳米二氧化硅表面含有的大量羟基及不饱和残键发生化学反应，使纳米粒子表面链接有机基团，从而提高纳米粒子与有机物的相容性，图6-4为其反应示意图。

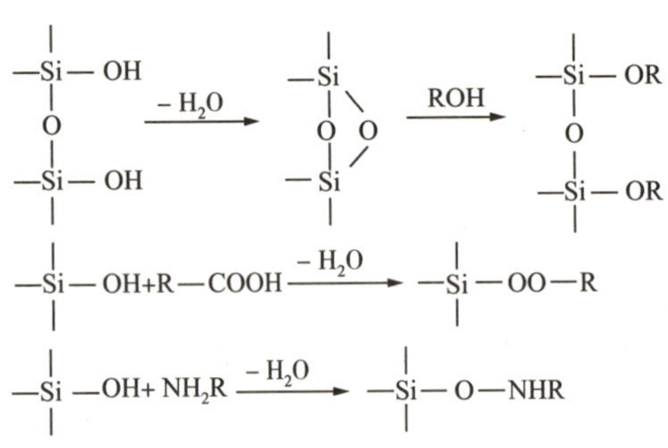

图6-4　醇、酸、胺类化合物可与纳米二氧化硅表面反应示意图

（2）表面接枝聚合物。表面接枝聚合物改性纳米二氧化硅是指通过各种途径在纳米二氧化硅表面引入具有引发能力的活性种子（自由基、阳离子或阴离子），引发单体在粒子表面聚合。纳米二氧化硅表面接枝聚合物既可防止纳米粒子的团聚，增加无机相在有机相中的分散性，又可有效提高纳米二氧化硅粒子表面的接枝率。

（3）偶联剂改性。利用偶联剂分子与纳米填料表面进行某种化学反应的特性，将偶联剂均匀地覆盖在纳米二氧化硅粒子表面，从而提高纳米二氧化硅与有机体的亲和性、相容性等。一般偶联剂分子必须具备两种基团：能与纳米二氧化硅粒子表面硅羟基进行反应的极性基团和与有机物有反应性或相容性的有机官能团。常用的偶联剂有硅烷偶联剂、钛酸酯类偶联剂和铝酸酯类偶联剂等。硅烷偶联剂是目前应用最多、用量最大的偶联剂，对于表面具有羟基的无机纳米粒子非常有效。

3）纳米降凝剂的技术特性

在石油行业中已应用纳米材料的领域有润滑油、道路沥青和石油加工过程中的催化剂以及塑料加工业，其目的分别是提高润滑油的减磨、耐磨性能和道路沥青高温稳定性；纳米材料作为原油加工的催化剂可以提供大量催化活性位置，催化温度比其他类型催化剂低。利用纳米材料四大效应，以期改善含蜡原油中石蜡的结晶结构、形态以及低温原油流变特性，使低温原油结构强度减弱，实现含蜡原油具有很好的低温流动性能及凝点降低的目的[9, 10]。

纳米降凝剂具有的技术特性：纳米降凝剂能够控制原油石蜡结晶生长的空间，改性原油具有静置保持低温流动的长时效性，很好的抗剪切性，二次加热温度可大幅度降低，很好的热稳定性，对多种原油有效。

2. 纳米降凝剂的中试放大生产

1）纳米降凝剂的中试生产工艺流程

根据实验室成功制备纳米降凝剂的方法，确定了纳米降凝剂的中试生产工艺流程，如

图 6–5 所示。

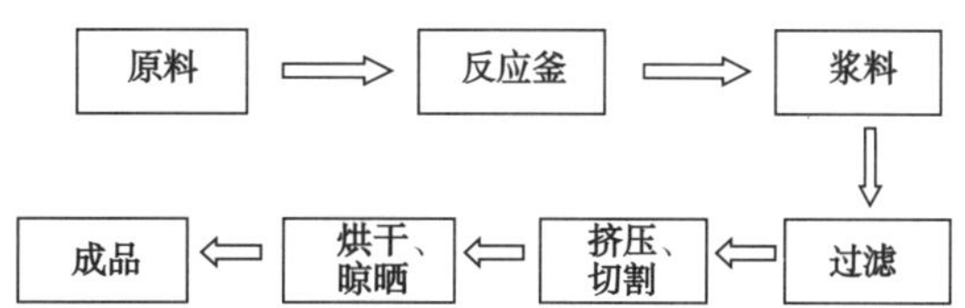

图 6–5　纳米降凝剂的中试生产工艺流程

该流程适合批量生产，具体步骤如下:（1）反应釜内注入定量溶剂;（2）按计量称取原料，投入反应釜中;（3）反应釜加热升温，达到预定的反应温度后保持一定时间，使原料充分润湿分散;（4）保持反应温度恒定，高速搅拌反应一定时间;（5）将产品浆料转移至储料罐，用溶剂冲洗反应釜;（6）停止搅拌，将产品浆料进行过滤;（7）将产品进行挤压、切割;（8）将切割的产品进行烘干、晾晒;（9）将产品按照 20~50kg 封装，形成成品。

2）纳米粒子的优化

纳米粒子粒径小，对原油中含蜡烃类的结晶具有成核作用，且成核效果好。因此，纳米粒子加入高含蜡原油中，会影响含蜡原油中蜡晶的结晶速度、结晶度、形状和尺寸等。但作为高含蜡原油的降黏、降凝剂，还必须改变蜡晶的聚集方式，使蜡晶不易形成三维网络空间结构，这样才能达到对原油降凝、降黏的目的。因此，必须对无机纳米粒子进行表面改性。当蜡晶带有电荷时，电荷可以阻止原油中蜡晶的聚集。因此，从增加纳米粒子表面电荷的目的出发，对配方进行优化，研究配方中改性剂对纳米粒子特性及其对表面亲油性的影响。

3. 纳米降凝剂产品检验及测试方法

纳米降凝剂产品的质量合格与否，主要由两个方面的因素控制：一方面是原材料的质量；另一方面是生产过程的控制，把好原材料入厂检验以及生产过程的严格控制是生产合格产品的关键。

产品的检验项目主要包括产品的热失重（TGA）、结晶性能（DSC）、广角 X 射线衍射测试、粉末粒度测试以及水分含量测试。

DSC：目的是表征产品的结晶特性。称取 3~5mg 样品放入 DSC 专用坩埚内，采用升温、降温再升温的方法测量，温度范围为 –20~80℃。首先以 10℃ /min 的升温速度从 –20℃升至 80℃，在 80℃恒温 5min 以消除热历史，然后以 5℃ /min 的降温速度从 80℃降温至 –20℃，得到产品的熔融及结晶曲线。

广角 X 射线衍射（WAXD）：主要目的是检测样品的结晶结构。测试条件：CuKα 辐射（λ=0.154nm），管电压 45kV，管电流 100mA，扫描速率 4°/min，2θ 角的扫描范围为 1.5°~40°。

热失重分析（TGA）：主要目的是检测样品的热稳定性。测试在 N_2 氛中进行，温度范围为 50~700℃，升温速度为 20℃ /min。

水分含量测试：采用微量水分测试仪，按照微量水分测试仪给定的测试方法测量纳米降凝剂中水分的含量，水分含量必须低于 5%。

4. 纳米降凝剂对含蜡原油的改性效果

纳米降凝剂通过影响原油中石蜡的晶体结构和结晶行为来实现其降凝、降黏效果，图 6–6 为含蜡原油添加纳米降凝剂前后石蜡晶体的 POM 照片。从图 6–6 中可以看出，原油中添加纳米剂后，蜡晶少且稀疏，蜡晶之间空隙较大，因此表观黏度较低；而未添加纳米剂的原油，蜡晶多而致密，蜡晶之间空隙很小，而且蜡晶聚集成很大的三维网络结构的晶体，因此表观黏度大幅度增加。

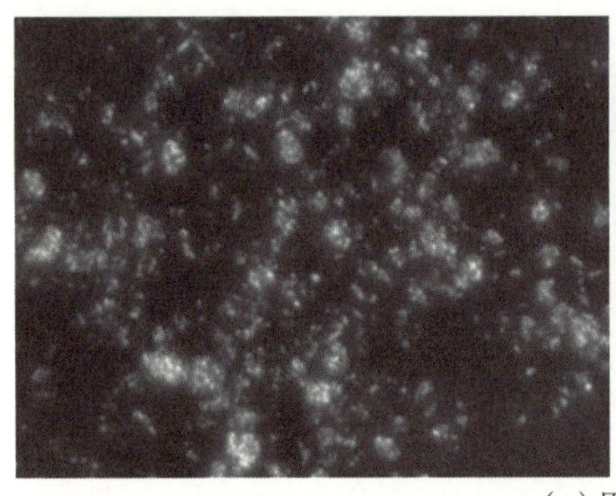
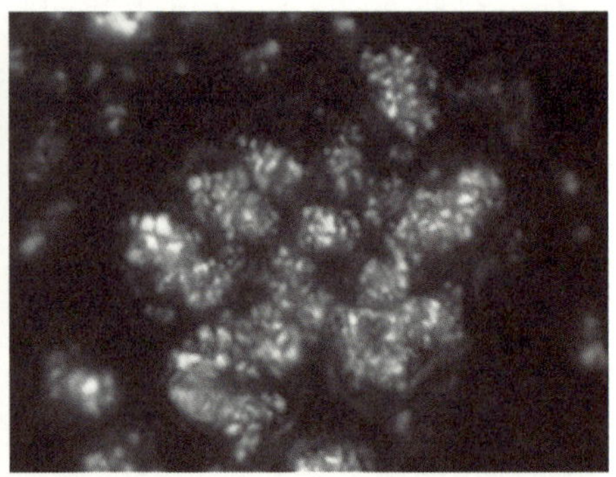

（a）原油样品

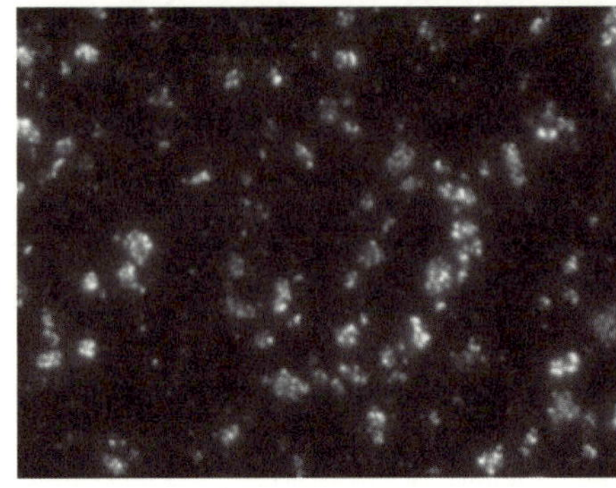
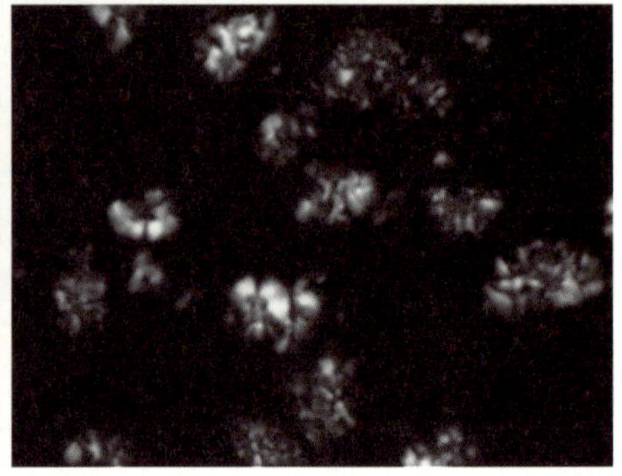

（b）原油+纳米剂样品

图 6-6 原油添加纳米降凝剂前后石蜡晶体的 POM 照片

5. 纳米降凝剂应用时的注入设备

纳米降凝剂在注入管道应用前，必须使用原油或溶剂（柴油）将纳米降凝剂以 5%~10% 的比例稀释，然后根据管道原油的输量和注入含纳米降凝剂的原油稀释液；其中注入系统（稀释装置和注入装置）如图 6-7 所示。

纳米降凝剂注入系统是一个独立的系统，分为降凝剂稀释单元、降凝剂注入单元和系统控制单位 3 个单元。降凝剂稀释单元主要包括稀释斧（配置电动搅拌器）、导热油循环系统、循环泵、过滤器、流量计、操作平台及相关配管、电气、仪表配套设施；该单元主要实现对满足加剂综合热处理工艺要求浓度的降凝药剂的稀释、配制功能，加热温度为 85℃ ±3℃，稀释、搅拌时间不低于 8h。降凝剂注入单元主要包括计量泵、过滤器和流量计等，主要实现对降凝剂的注入功能，完成稀释斧中的药剂注入主管道。系统控制单元主要包括 PLC 控制柜、电加热器控制柜、低压配电柜，实现对稀释斧、电加热器、循环泵和计量泵等进行启停和控制。

图 6-7 纳米降凝剂现场注入系统

三、纳米降凝剂的现场应用

纳米降凝剂从2012年起，在中国石油管道公司含蜡原油管道进行了大规模应用，如比较有代表性的石兰线（石空—兰州原油管道）和中朝线（丹东—朝鲜原油管道）。

1. 纳米降凝剂在石兰线的应用

1）石兰线概况

石兰线原油管道起自宁夏中卫市，途经宁夏的中宁县、中卫市，甘肃省的景泰县、永登县、皋兰县及兰州市的安宁区、西固区，管道终点位于兰州西固区兰州商业储备库。管道总长度为324km，管径为 ϕ457mm×7.1mm，采用L415螺旋缝埋弧焊钢管；管道设计规模 500×10^4t/a，最小启输量 330×10^4t/a，最大输送能力 555×10^4t/a，设计压力8MPa。石兰线输送的油品有曲子首站陇东来油、十八里原油、环江原油及靖惠原油，在研究过程为统一将石空首站输送的混油称为石兰原油，石兰原油的基本物性见表6–3，黏温曲线如图6–8所示。

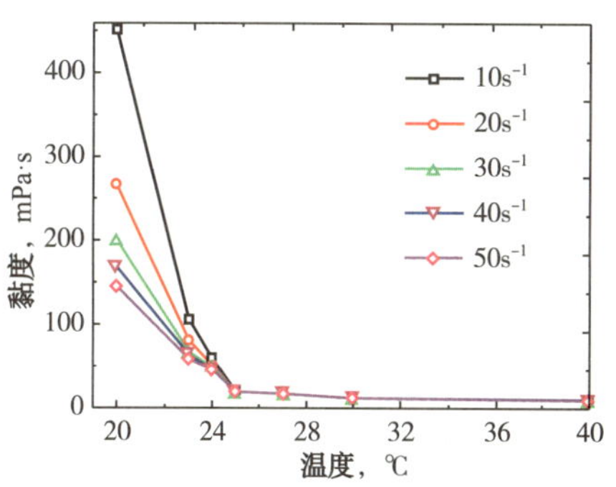

图6–8　石兰线原油的黏温曲线

表6–3　石兰原油物性参数

凝点 ℃	密度 kg/m³	含蜡量 %	胶质、沥青质含量 %	析蜡点 ℃	析蜡高峰点 ℃	反常点 ℃
19	844.3	15.6	6.9	30.8	17	24

2）石兰线加剂效果

石兰管道添加25g/t的纳米降凝剂运行，石空首站石兰原油添加纳米降凝剂后经80℃综合处理后，经过换热器急冷到60℃出站，景泰站进站油温在24℃左右，在景泰站对石兰原油二次回升温度为50℃，兰州末站进站油温约为22℃。在现场测试过程中，取石空站油样、景泰站油样和兰州末站油样分别测试，结果见表6–4。

表6–4　石兰线加剂现场测试结果

测试站场	测试温度，℃	$10s^{-1}$ 黏度，mPa·s	凝点，℃
石空站	10	12.8	−2~0
景泰站	10	27.9	1~4
兰州站	10	118	4~8

3）石兰线加剂效果分析

长庆管输原油经纳米降凝剂改性后的效果良好，现场管输原油的降温和剪切条件更有利于纳米降凝剂发挥作用，改性后原油蜡晶结构稳定，抗高剪切性能强。

2. 纳米降凝剂在中朝线的应用

1）中朝线概况

中朝线北起辽宁省丹东市振安区楼房镇，南至朝鲜平安北道新义州枇岘郡白马，管线于1975年12月20日正式投产。管道全长30.14km，管径为ϕ377mm×7mm。管线沿途共有丹东输油站（首站）、鸭绿江输油站（江边加热计量站）、白马加热站和白马末站4座输油站。管线投产至1996年的原油输量一直在100×10^4t/a左右，1996年下半年开始降量，至今原油输量保持在50×10^4t/a左右。中朝线输送的油品为大庆原油，其基本物性见表6-5，黏温曲线如图6-9所示。

表6-5　中朝线原油物性参数

密度 kg/m^3	含蜡量 %	胶质、沥青质含量 %	析蜡点 ℃	反常点 ℃	倾点 ℃	凝点 ℃
861.8	31.5	10.3	42	38	35	32

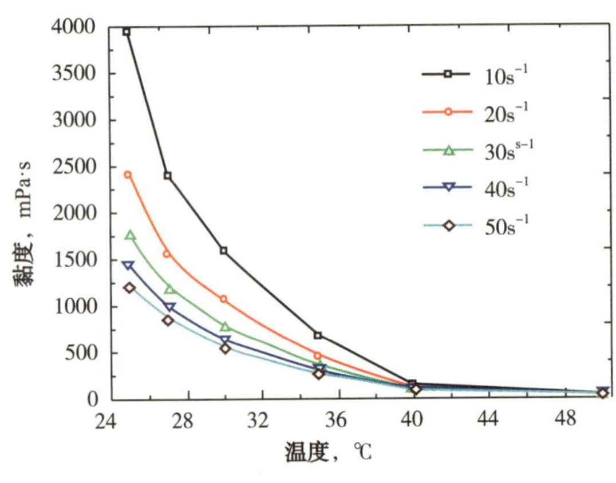

图6-9　中朝线原油的黏温曲线

2）中朝线加剂效果分析

中朝线大庆原油添加100g/t纳米剂，原油在25℃时为牛顿流体，黏度为23.8mPa·s，凝点为17℃，与未处理的大庆油相比，降黏率达91%，凝点降低15℃，与75℃单纯热处理效果相比，降黏率可达55%，凝点可降低5.5℃。

中朝线添加纳米降凝剂后，丹东首站的出站温度可以由75℃降至65℃，在25℃时10s^{-1}剪切速率下，其黏度为80~100mPa·s，凝点为17~18℃，说明降低出站温度对原油改性效果没有影响，站间压力没有明显变化，间歇输送停输4h、6h后管线可顺利启动，加剂改性后的丹东出站温度可降至65℃。

由于该管线长期在高温下运行，在降低65℃出站后，管道周边土壤温度场尚未稳定及在间歇非稳态运行工况下，经纳米降凝剂改性后的大庆原油，25℃下的黏度和凝点会发生波动，但是对30℃的黏度影响很小，对35℃的黏度几乎没有影响。因此，中朝线添加纳米降凝剂后，管线的安全停输时间增加，首站出站温度也可以降低10℃，燃料油节省显著。

3. 纳米降凝剂在原油储存中的应用

含蜡原油在储存过程中，为了防止其凝固，需要对其加热维温储存。即使在炼厂区因含蜡原油来不及及时炼化，一般会在储罐中储存7~15d，在添加纳米降凝剂之前，任京原油在夏季的储存温度一般为38℃，在添加纳米降凝剂后，任京原油实现了不加热常温储存，储存温度为32℃。

在任丘储罐原油添加纳米降凝剂常温储存期间，在加剂15d和30d时分别取出了原油储罐上中下3层的油样进行测试，结果见表6-6。从表6-6中可以看出，原油的流变性在原油储罐的上中下3个部位是不同的，说明原油在储罐储存的过程中由于原油的组分比较多会进行分层现象。原油储罐中轻质原油处于储罐的上层，含蜡量相对多的重组分则位于储罐的中下层。

表 6-6　任丘储罐大庆原油加剂储存现场测试结果

样品	加剂时间，d	28℃黏度，mPa·s					凝点℃
		$10s^{-1}$	$20s^{-1}$	$30s^{-1}$	$40s^{-1}$	$50s^{-1}$	
上部样	15	54	54	54	54	54	19
	30	45	45	45	45	45	18
中部样	15	80	80	80	80	80	20
	30	71	71	71	71	71	21
下部样	15	64	64	64	64	64	19
	30	97	88	83	80	80	22

因储罐在储存期间非完全静置，只能够在某种程度上反映纳米降凝剂在储存中的效果；同时也可说明在 28℃下添加纳米降凝剂的大庆原油和冀东原油混油的流变性较好，进行 32℃的静置储存是可行的。

四、结论

纳米降凝剂除具有传统 EVA 降凝剂的作用外，还具有抑制石蜡析出、降低原油析蜡点以及长时效保持原油低温流动性的作用，在含蜡原油管道输送工艺中具有以下优点：

1. 在新建长距离原油管道设计中采用原油改性技术降低建设投资及运行与维护费用

对于新建输送像大庆这样高凝点原油的管道，长度达数百千米乃至数千千米，若采用传统加热输送工艺设计，为使原油能在凝点温度以上顺利流动（规范要求原油进站温度必须高于凝点 3℃以上），除需要建设首末站外，还需要设置近十座乃至几十座中间加热站，尤其是在海洋、沙漠、边远地区社会依托差和靠近城市边缘用地紧张的地区，建设这样的含蜡原油管道，其配套建设投资费用和投运后的运行成本及日常维护费用是非常高的。

纳米降凝剂具有的技术特征，可使含蜡原油改性效果的时效稳定性提高，二次处理温度大幅度降低，且具有一定的广适性，达到并满足工业应用技术经济指标要求，更有利于新建长距离原油管道的设计使用。采用纳米降凝剂改性原油输送技术，可使长距离原油管道加热站间距离大大延长，中间加热站热负荷可大幅度降低，既节省了建设一次性投资，也降低了管线运行与维护费用。

2. 实现含蜡原油大型商业储备库的降温储存经济运行

随着我国能源消费日益增加及国际能源市场突变的态势，从战略角度考虑，近年来我国在沿海及部分管道外输站、炼化企业新建了包括广西、大连、镇海、林源、铁岭等多个百万吨级和近百万吨级的大型地上原油储备库以及正在规划和筹建的锦州等地下原油储备库。大型原油储备库的储存周期一般在 3 个月以上，在长期储存中存在以下问题：

在长期储存含蜡原油过程中，由于含蜡原油的特殊物理及流变特性，需保持原油具有较好的流动性能，一般的储存温度高于凝点 5~10℃，因此在长期储存过程中需要消耗大量的燃料提供热能来维持原油的储存温度，在储存期内燃料消耗较大；长期高于凝点 5~10℃储存原油，原油轻组分挥发较大，最终导致原油储存总量有大量损失，同时也使原油的流动性变差，在储存过程中，随着储存期的延长，其原油的储存温度越来越高，形成储存过程的恶性循环。

在大型原油储备库运行生产中，非常有必要降低原油储存温度，使之储存及炼化企业运营能在一个更加科学、安全、节能经济的环境下正常运行，也是运营管理者追求的目标。

3. 采用原油改性输送技术来提高在役管道运行安全经济性

1）在役原油管道低输量运行

我国现有原油管道绝大部分是按加热输送工艺设计的，“输量弹性”差。当在役原油管输量降低至最小安全输量以下时，由于热力不足，管道不能正常运行。在不需要对管道进行改造建设的前提下，采用原油改性输送技术可解决热输管道低输量的安全经济输送问题，可扩大含蜡原油热输管线的安全输量范围。

2）提高含蜡原油管道在高风险环境应急事件运行安全

含蜡原油管道计划停输改线、维修施工以及 2013 年 8 月中朝管道线，鸭绿江沿线降水较大，造成鸭绿江丹东段水位超过历史高位，使中朝线鸭绿江穿越段面临较高的漂管、断管风险等这类事件，采用加剂改性技术可提高管线运行的安全性，延长管道允许停输时间。

4. 纳米降凝剂在管道安全运行中取得的效益

中朝原油管线在加剂运行后燃油消耗与加剂前相比，可节省燃料油 71.99kg/h，年节省燃料油约 700t，在保证管线安全运行的前提下降低了能耗，同时又为管线运行高风险期增加了安全性。

铁秦线葫芦岛段改线工程及秦京线丰润段改线工程均采用纳米降凝剂实现长输管道大庆原油的冷投、排油一次成功，比采用传统投产方式（热水预热）节省了 4182 余万元，缩短了投产工期，降低了投产风险。

石兰线现场应用中，纳米降凝剂与 GY2 降凝剂在相同注剂量条件下，二次加热处理温度降低 10℃，年节省燃料油约 3000t。

纳米降凝剂在任京线应用后，原油最低输量从运行规程的 $300m^3/h$ 降低到 $220m^3/h$，实现单向输送（取消了反输），管线的安全停输时间由运行规程的 20h 延长至 26h；当输量达到 $220m^3/h$ 时，该线“实现一炉到底”；任丘储油罐实现夏季常温储存。任京线改管线加剂运行后燃料油消耗可降低 24.5%，节电 12%，年节省燃料油约 800t。任京线加剂运行，提高了管道运行安全等级，与此同时也具有较好的节能效果。

第三节　长输管线天然气减阻技术研究与应用

作为一种高效清洁的能源，天然气已成为世界各国改善环境和促进经济可持续发展的最佳选择，也是我国改善能源结构、寻找煤炭替代资源的主要途径。管道是天然气的主要运输方式，具有输量大、成本低、连续性好、安全性高等优点，同时管输天然气也存在输量应变能力差、沿程摩阻大、季节输量不均等一系列问题，减阻是解决这些问题的一种有效手段。天然气减阻剂减阻技术，是一种向天然气输送管道中注入某种大分子化合物或聚合物，直接作用于管道内壁表面，其极性端与金属表面牢固地结合在一起，形成一层光滑、柔性薄膜，来达到减小管道内壁表面粗糙度、降低摩擦阻力的目的，而非极性端存在于流体表面与管道壁之间形成气固界面，来缓和气体流动过程中的湍动，减少旋涡的产生，改善气体流态，从而实现减小管道输送阻力的技术。中国石油管道科技研究中心发明的天然气减阻剂已经在国内外的多条长输和集输管线进行示范应用，在 2012 年成为中国石油自主创新重要产品。

一、天然气减阻剂的发展概况

“减阻”是指在一定压力下使管道输量增加，或在保持输量不变的情况下，使管线压降减少，其目的就是降低管道的沿程摩阻。天然气管输减阻技术可大致归纳为：天然气管道内涂层减阻技术和天然气减阻剂减阻技术。天然气减阻剂由管道缓蚀剂发展而来，由于现代天然气管道输送前天然气需要经过站内净化处理，为处理后的“干气”输送，利用缓蚀剂进行管道防腐研究逐步转入管道减阻研究。

1. 国内外天然气减阻剂的发展

1956 年，API 曾报道过在气体管道中使用减阻剂的可能性，研究发现，在特定的雷诺数区，向输送气体的粗糙管内加入少量的液体可提高管道的流动能力。尽管报道得出结论：向气体管道中加注液体可操作性低，限制了液体减阻剂的发展，但这已为天然气减阻剂的发展提供了良好的思路。

20 世纪 90 年代初，Frank E. Lowther 在其发明专利中提出了一种在气体管道中应用减阻剂减阻的试验方法，结论表明：在相同压降条件下，气体输送管道中应用减阻剂可提高气体流量 12%~35%。该方法所用的减阻剂是指将其加入管道气流中，不明显改变气体化学成分的任何物质，例如，乙二醇、醇类、脂肪酸等。

中国石油管道科技研究中心从 2001 年开始天然气减阻剂的研制[14, 15]。采用密度泛函理论方法计算了不同官能团与铁的结合能，结果发现链长与结合能关系不十分明显。氨基、酰氨基、咪唑等极性基团与铁具有较高的结合能（表 6–7），含这些极性基团的化合物或聚合物，可成为天然气减阻剂分子与管壁作用机理的研究方向，并为天然气减阻剂减阻机理的研究提供条件，在此基础上开发了溶剂成模型和雾化成模型两个系列多种样品。“十一五”期间，在天然气减阻剂的室内合成、样品小试、在线注入等方面取得了突破性进展。

表 6–7　不同官能团与铁的结合能

官能团	距离，Å	结合能，eV
醇基	2.18757	0.330
硫醚基	3.14025	0.155
氨基	2.18860	0.530
酰氨基	2.09004	0.530

注：1Å=0.1nm。

中国石油集团工程技术研究院在 2006 年提出一种天然气输送管道用减阻剂及制造方法，在蓖麻油中加入预先用二甲苯溶剂充分溶解的油酸酰胺，充分混合，将其进行减压蒸馏除去二甲苯溶剂，再加入液体石蜡，充分混合而成。2007 年通过对减阻剂减阻机理及结构特征的探索，研制出一种有效的天然气输送减阻剂材料；并建立起一套减阻剂基本性能和减阻效果的检测评价方法，经过北京大学湍流与复杂系统国家重点实验室模拟检测，结果表明，当雷诺数为 2×10^5 时，管道水力摩阻系数降低约 13%，在等压降情况下输气量增加约7.3%。

山东大学根据天然气减阻剂对分子结构的要求，在2008年设计并合成了烷基咪唑啉、多酰氨基表面活性剂和长链烷基醇酰胺3种天然气减阻剂。用红外光谱图表征了所合成的目的产物，设计正交实验，得出了最佳合成条件。选用适当溶剂分别制备了3种化合物在钢片表面的吸附膜，并用SEM技术观察了3种化合物在钢片表面的成膜情况，结果表明，3种化合物皆具有良好的成膜性能，明显降低了原钢片表面的粗糙度，具有潜在的减阻性能。

2011年，中国石油大学借助自行研制的室内环道测试模拟装置，在保持管段内温度、质量流量、入口压力不变的情况下，用压差评价法分析对比了4种减阻剂在不同浓度、不同流量及不同配伍性情况下的减阻效果，不仅筛选出减阻效果最好的减阻剂PPEM，也得出了在室内条件下，减阻剂能较好地发挥减阻效果的浓度、流量及配伍情况。在大港油田的板中管段上开展了现场试验，在管段平均流量相同的情况下，用管段压差变化曲线验证了PPEM减阻剂具有较好的减阻效果。

2. 天然气减阻剂减阻机理

1）输气管道的水力摩阻

根据流体力学原理，管道中的流态可以分为层流和湍流两大类。管道中的气流，当雷诺数小于2000时为层流，当雷诺数大于3000时为湍流。湍流又可分为水力光滑区、混合摩擦区（部分湍流）和阻力平方区（完全湍流）。天然气输送管一般出现部分湍流和完全湍流两种流态。而天然气输气管道干线因管径大、压力高、流速快，基本上在完全湍流的阻力平方区运行。在该区域运行管道的水力摩阻系数 λ 符合舍夫林松公式（6-1）：

$$\lambda=0.111\left(\frac{K}{D}\right)^{0.25} \tag{6-1}$$

式中 K——粗糙度；

D——管径。

输气管道中沿程阻力（压降）Δp 的统一计算公式为：

$$\Delta p=\lambda\frac{u^2}{2}\frac{\rho l}{D} \tag{6-2}$$

式中 l——管长；

u——流速；

ρ——密度。

将式（6-1）代入式（6-2）可得式（6-3）：

$$\Delta p=m\cdot K^{0.25} \qquad m=0.0555D^{0.75}V^2\rho l \tag{6-3}$$

若天然气流量 V 不变，而同一条管道中 ρ、l 和 D 是常数，则 m 为常数，所以天然气输送过程中的沿程阻力（压降）Δp 与粗糙度 K 成正比。在对天然气管道进行工艺计算、进行经济效益评价时，通常要涉及一个非常重要的参数，就是管道的绝对当量粗糙度。天然气管道工艺设计时所选取的粗糙度，一般是指绝对当量粗糙度（也称为有效粗糙度），它包括管子的内表面粗糙度，焊缝、弯头以及内部沉积物引起的粗糙度，因而绝对当量粗糙度应该是管道运行时的平均粗糙度，绝对当量粗糙度指管内壁凸起高度统计的平均值，由于制管、焊接以及安装过程中的种种原因，管壁凹凸不平，其凸起的程度、形式及分布具有随机性。目前文献发表的粗糙度数值都是用水力方法测得的粗糙度的当量值，国外对各种管材、管径的管路摩阻数据进行了整理和研究，结果表明，对于新的、洁净的管壁，其绝对当量粗糙度仅取决于管材和制管方法。而使用后的管道则随流体的性质、腐蚀程度、运行年限、清管方法等的不同会有很大变化，需要进行实际测量。在水平输气管道中，天然气的流量 Q 按式（6–4）进行计算：

$$Q=\frac{F}{\rho}\sqrt{\frac{(p_1^2-p_2^2)D}{\lambda ZRTl}} \tag{6-4}$$

式中　F——管道流通截面积；

p_1，p_2——管道起点和终点的压力；

Z——真实气体与理想气体定律的偏差系数；

R——理想气体的气体常数；

T——气体的热力学温度。

若其他条件保持不变，仅改变管道内壁的粗糙度，则有式（6–5）：

$$\frac{Q_2}{Q_1}=\sqrt{\frac{\lambda_2}{\lambda_1}} \tag{6-5}$$

式中　Q_1，Q_2——管道内壁粗糙度变化前后的流量；

λ_1，λ_2——管道内壁粗糙度变化前后的水力摩阻系数。

将式（6–1）代入式（6–5），可得粗糙度 K 与流量 Q 的关系式（6–6）：

$$\frac{Q_2}{Q_1}=\left(\frac{K_1}{K_2}\right)^{0.125} \tag{6-6}$$

根据上述分析可知，影响天然气输送过程中输送压降和输气量的主要原因是天然气和管道内壁之间的摩擦阻力，它与管道内壁的粗糙度成正比，因此降低管道内壁粗糙度能够明显降低输气的压降和能耗，提高管道的输气量。

2）减少气体分子能量损失的微观分析

气体管道节能的主要形式是减小气体流动阻力，降低能量损失，可以从宏观和微观两个角度来考虑。宏观角度，为气体管道输送提供动力的是机械能（W），包括势能（EP）和动能（EK）。如果管道摩阻大，压差就会增加，气体膨胀对外做功就越多，势能降低越快；涡流和气体与管壁的碰撞将降低气体流动速度，动能转化为热能，动能降低。分子势能曲线如图 6–10 所示。

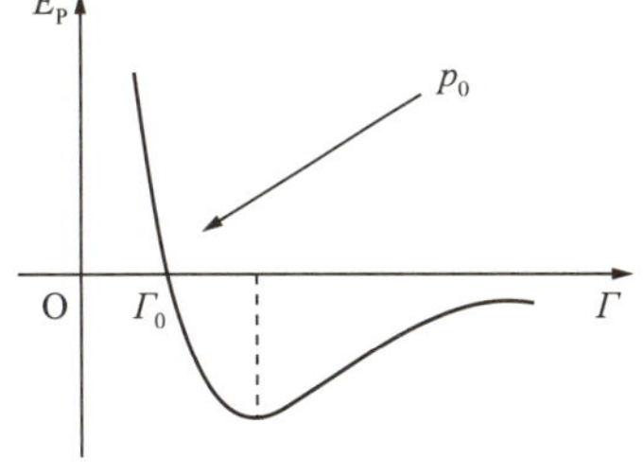

图 6–10　以无穷远为分子势能零点时的分子势能曲线

当气体压强 $p=p_0$ 时，分子间距 $r=r_0$。在实际气体管输过程中，$p>p_0$，$r<r_0$，在此范围内，当压强降低时，气体膨胀，分子间距变大，分子势能随之迅速降低。气体分子与管壁碰撞，如图 6–11 所示。

气体分子与管壁发生碰撞时，在粗糙度小的地方，气体分子轴向速度略有减小，径向速度有明显下降，气体分子的总动能转化为热能，分子动能降低。在粗糙度大的地方，还会产生明显的涡流，分子的动能急速下降。

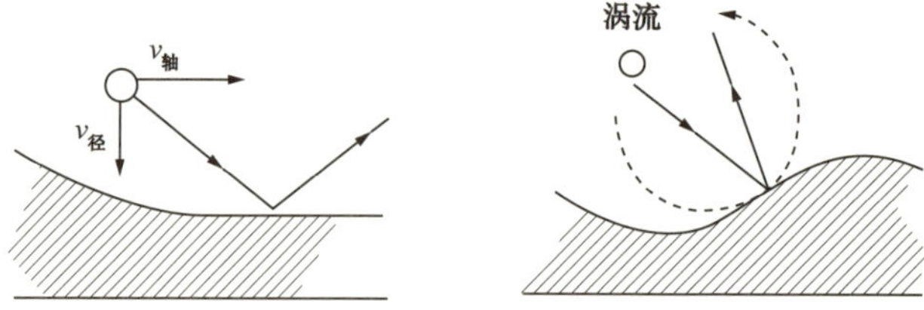

图 6-11　气体分子与管壁碰撞示意图（管壁粗糙度小）

在管壁粗糙度大的地方，容易产生涡流现象，如图 6-12 所示。解决的方法有两种：一种是内涂层；另一种是减阻剂，也就是人们常说的填坑原理。

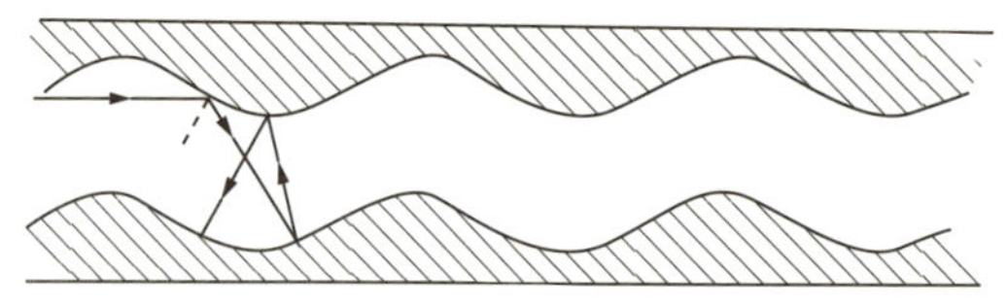

图 6-12　气体分子与管壁碰撞示意图（管壁粗糙度大）

假设已经解决管壁粗糙度的问题，粗糙度很小，接近于零，是否就没有能量损失。当管壁粗糙度接近于零时，理论上分子在碰撞之后应沿着虚线运动，如图 6-13 所示。但实际上是按照实线运动的。这是由于钢铁结构属于密堆积，如果气体分子直接撞击管壁，气体分子与管壁发生非弹性碰撞，轴向速度 $v_{轴}$不变，径向速度 $v_{径}$损失，气体能量碰撞时转化为热能通过管壁交换到环境中。

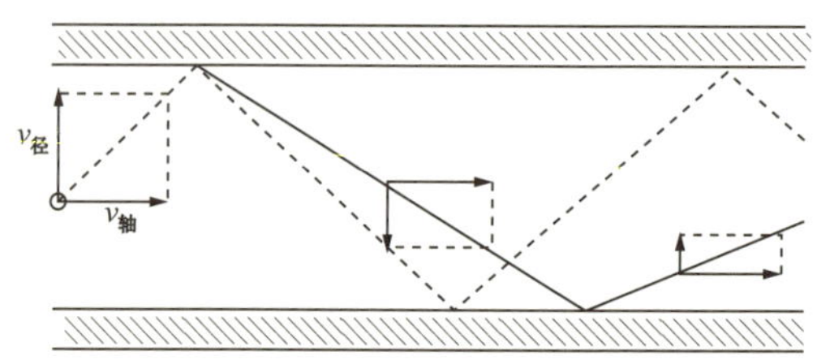

图 6-13　气体分子与管壁碰撞速度变化示意图

气体减阻剂可以在管壁附近形成一层弹性膜，由于气体减阻剂分子体积大、结构不对称，不能形成密堆积，因此当气体分子与附有弹性膜的管壁碰撞时，发生弹性碰撞之后应沿着虚线运动（图 6-14），有效地解决了内涂层无法解决的问题。

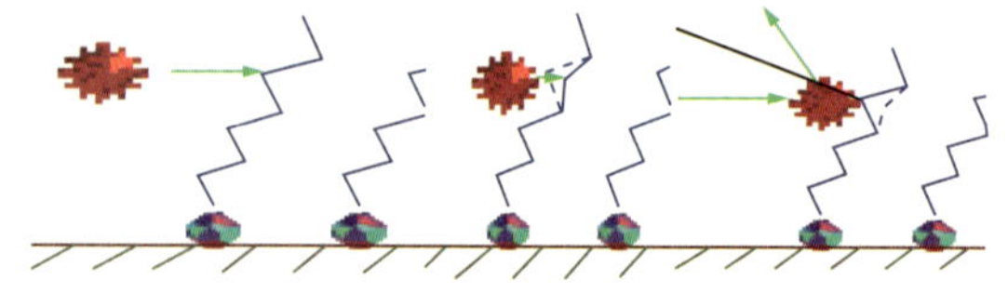

图 6-14　气体分子与减阻剂分子碰撞示意图

因此，天然气减阻剂的作用机理[16]可以从两方面考虑：一是光滑减阻，即降低管道的绝对粗糙度；二是在管壁上形成弹性膜，减弱由于管壁粗糙而产生的涡流的强度。在此双重作用下，天然气减阻剂通过双重作用，抑制了气体的脉动，光滑减阻的作用是消除产生脉动的条件，弹性膜的作用是降低已有脉动的强度。

二、天然气减阻剂的研制

1. 分子结构设计

天然气减阻剂室内研制的初期，根据天然气减阻剂的减阻机理，研究了咪唑啉酮类化合物、醇酰氨基类化合物、多酰氨基类表面活性剂、杂环化合物和高聚物5类减阻化合物[17]，具有在输气管道壁面吸附并形成弹性薄膜的特点，后为适应雾化注入方式，在上述减阻剂的合成工艺基础上做出了调整，研制出了硫酸酯类减阻剂、磷酸酯类减阻剂等雾化成膜型天然气减阻剂。2010—2015年所研制的缓释型天然气减阻剂，从与管壁化学键合和自组装增强管壁吸附两个角度设计添加剂分子结构，设计的化学添加剂在管壁表面能形成弹性分子膜起减阻作用，同时又具备超强的管壁结合功能和良好的缓蚀作用，实现减阻与缓蚀双重功能一体化。

2. 天然气减阻剂的中试放大生产

合成的数百种样品中有22种具有良好的减阻性能，减阻率均大于6%，有效期大于60d。22种样品中有5种样品减阻率大于12%，它们分别是RA8、TOC-P、G10、G18及G20，参照天然气管道运行的实际情况，在溶剂选择、黏度、雾化难易程度、缓蚀性能等几个方面进行对比，筛选出了中试放大产品。天然气减阻剂样品具备以下特点：(1)温度应用范围很宽，可以在-20~100℃之间使用；(2)电化学稳定性好，热稳定性高，不易燃烧和爆炸；(3)毒性小，环境友好；(4)具有强的极性基团，与金属铁结合能力强；(5)溶解性好，可溶于油、醇、丙酮、甲苯等常见有机溶剂，容易实现雾化，易于在天然气管道输送中应用。

1)中试合成装置

主体部分由500L主反应釜、300L收集釜、50L缓冲釜、磁力耦合搅拌系统、远红外加热系统、蒸馏冷凝系统、反应釜冷却系统、真空管路系统、柜式控制系统、支架等组成，如图6-15所示。

图6-15　减阻剂中试合成装置

2)中试生产

研究了反应物不同配比、反应温度、不同溶剂、反应时间、催化剂、蒸馏真空度、蒸馏温度等各项参数对中试合成的影响，得出了最佳的反应物配比、反应温度、溶剂、反应时间、催化剂、蒸馏真空度和蒸馏温度等工艺参数，形成了最佳的中试合成工艺。

3)溶剂的筛选

通过天然气减阻剂在常用溶剂中的溶解度及溶剂对气质和管道的影响，研究了天然气减阻剂的溶剂系统，选择丙酮和柴油为溶剂。天然气减阻剂溶剂系统的筛选见表6-8。

表 6-8 天然气减阻剂溶剂系统的筛选

溶剂	溶解度（溶质摩尔比）	溶剂对气质的影响	溶剂对管道的影响
乙醇	0.13	无	有
丙酮	易溶	无	无
柴油	易溶	无	无
水	易溶	无	有
正己烷	易溶	无	无
正己醇	0.26	无	无
苯	0.66	无	无

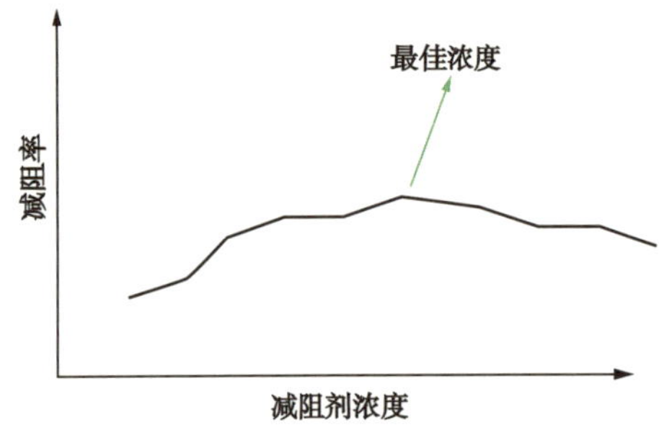

图 6-16 天然气减阻剂减阻率变化曲线

对不同浓度的天然气减阻剂进行研究，确定了减阻剂的最佳使用浓度，如图 6-16 所示。

3. 天然气减阻剂室内测试方法及装置

研制了室内测试方法及装置，编写了行业标准 SY/T 7032《输气管道添加减阻剂输送减阻效果测试方法》。在保证室内环道测试管段流量、入口压力相同且流态为紊流水力粗糙区的条件下，通过测定加入输气管道减阻剂前后测试管段摩阻压降的差异来计算减阻率，依此评价输气管道减阻剂的减阻效果。

测试装置由测试管段、空气压缩机、空气储气罐、管道、阀门等构成，以空气为介质，其设计和流程应满足特定的水力学要求；数据采集处理系统由压力传感器、流量传感器、温度传感器、数据采集模块、计算机及采集软件构成，测试装置流程如图 6-17 所示。

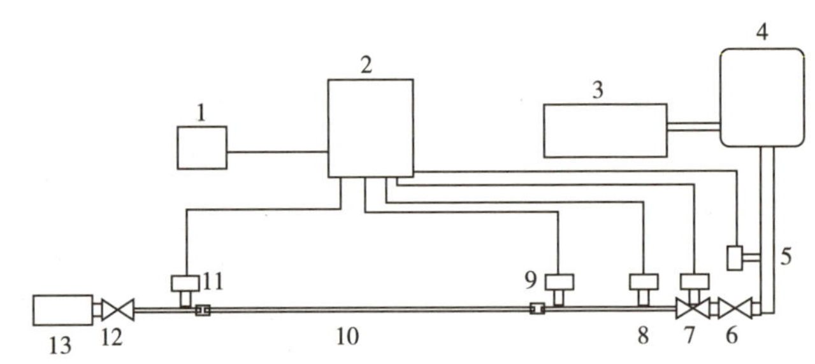

图 6-17 天然气减阻剂室内测试环道

1—计算机；2—数据采集仪表柜；3—空气压缩机；4—储气罐；5—温度传感器；6—12 球阀；7—调压阀；8—流量传感器；9，11—压力传感器；10—测试管段；13—消音器

4. 天然气减阻剂现场注入方式及注入设备

参考缓蚀剂注入天然气管道的方式，研究了雾化注入和清管器注入两种注入方式。

1）雾化注入

从包装桶里流出的减阻剂经过过滤器、齿轮泵、计量泵、脉冲阻尼器、压力控制器、安全阀、单向阀，最后通过雾化喷嘴喷射注入管道。通过压力控制器控制注入设备高压端的压力，一旦超过设定压力，自动关泵，流程如图 6-18 所示。该方式的优点是对站场的改动小，容易操作；缺点是液滴会从气流中滑脱，在管道中堆积，成膜距离短。

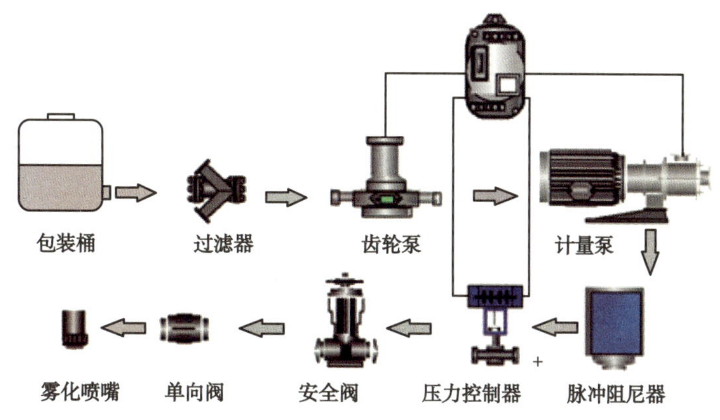

图 6-18　天然气减阻剂注入流程示意图

2）清管器注入

在两个清管器之间加入天然气减阻剂液体，天然气减阻剂随着清管器的运行刷涂到管壁上，吸附成膜。使用该技术的关键是控制前后清管器的漏流。虽然清管器在管道中过盈安装，但渗透漏流前后两个方向都有，漏流量受前后球速的制约。当球速增加时，向前方向的漏流量减小；当球速降低时，向后方向的漏流量增加。向前方向的漏流主要是由压差（Δp）所致，而向后方向的漏流是流体黏度的影响。对批量投入的天然气减阻剂，应保证最小的向前漏流并控制向后的漏流。流体的压差（Δp）随着行进速度增加而降低。

使用该方法可以有效地在一个站间距的管道进行天然气减阻剂涂覆，天然气减阻剂的有效用量由已知的天然气减阻剂膜的厚度、管线距离和流速计算，为在管壁上得到均匀的天然气减阻剂膜层，天然气减阻剂的实际用量要大得多，同时也需要根据这些参数和站场情况设计制造清管器收发装置。

5. 效果评价方法及软件

1）现场效果评价方式

天然气管道加减阻剂效果评价方法有 5 种，经过分析，确定输气效率系数评价法。输气效率系数评价法的评价指标是加剂前后输气效率系数变化计算的增输率值，见式（6-7）；所得值越大，减阻效果越好；反之则越差。该计算方法符合国家石油天然气工业行业标准，且考虑了实际工况中的各种地形，计算结果准确，可信度高，实用性强，见式（6-8）。

$$\Delta E=\frac{E_2-E_1}{E_1}\times 100\% \tag{6-7}$$

$$E=\begin{cases}\dfrac{Q}{11522d^{2.53}\left[\dfrac{p_Q^2-p_Z^2}{zTLG^{0.961}}\right]^{0.51}} & \text{(地势平坦区域管道)}\\[2ex] \dfrac{Q}{11522d^{2.53}\left\{\dfrac{p_Q^2-p_Z^2(1+a\Delta s)}{zTLG^{0.961}\left[1+\dfrac{a}{2L}\sum\limits_{i=1}^{N}(h_i+h_{i-1})L_1\right]}\right\}^{0.51}} & \text{(地势起伏区域管道)}\end{cases} \tag{6-8}$$

$$a=0.0683G/(zT)$$

式中 E——输气管的输气效率系数；

E_1——加剂前输气管的输气效率系数；

E_2——加剂后输气管的输气效率系数；

Q——实测气体流量，m^3/d（可测量）；

d——输气管内直径，cm（可测量）；

p_Q——管道计算段起点压力，MPa（可测量）；

p_Z——管道计算段终点压力，MPa（可测量）；

z——天然气压缩系数（查表计算）；

L——管道计算长度，km（可测量）；

L_i——各分管段长度，km（可测量）；

h_i——各分管段终点的标高，m（可测量）；

h_{i-1}——各分管段起点的标高，m（可测量）。

2）效果评价软件

该软件集成了图像处理、数值计算等核心算法，具有简单灵活的操作流程、最为强大的功能、可靠的稳定性等特点。该成果完善了我国减阻剂减阻效果评价技术，对促进天然气管输减阻剂的推广应用，实现减阻增输、节能降耗具有重要意义。

该软件是基于流量反演法求水力摩阻系数评价法的减阻剂减阻效果评价和基于输气效率系数评价法的减阻剂增输效果评价。软件可实现的功能有录入评价、导入评价、结果查询、效益估算、管道实时雷诺数及临界雷诺数、临界流量的计算等，架构如图 6-19 所示。

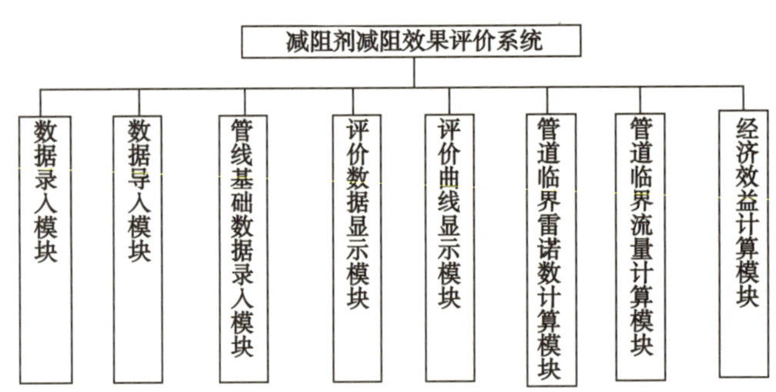

图 6-19 天然气减阻剂现场应用效果评价软件架构

其中，录入导入主要是人工录入或 EXCEL 格式批量导入天然气管输过程中的工况运行参数（温度、压力、流量等）；导入评价主要是批量自动计算天然气减阻剂减阻效果评价；数据保存及查询主要是把所有天然气输送管线模型信息、测试数据信息、效果评价计算结果保存到数据库中，以供随时调用，避免重复工作；经济效益估算功能主要计算减阻剂应用带来的经济效益；雷诺数计算主要计算管道雷诺数及临界流量。

在主界面中央设计有 7 个大图标，分别为“录入评价”“导入评价”“结果查询”“效益估算”“雷诺数计算”“帮助文档”和“退出”（图 6-20）。

6. 天然气减阻剂对管道安全运行的影响

研究表明，天然气减阻剂对天然气管道的运行安全基本没有不良影响[22]，利用腐蚀实验和失重测试方法研究了天然气减阻剂对天然气管道内壁的影响，同时考察了天然气减阻剂原料、中间体和溶剂对管道内壁的影响。通过电化学实验，得到了管壁样品在含有不同比例的天然气减阻剂介质中的动电位极化曲线，通过计算机拟合极化曲线，得到了含有不同比例的天然气减阻剂介质的自腐蚀电位、自腐蚀电流密度和极化阻力，总结了天然气减阻剂对管道内壁的电化学影响。通过燃烧测试实验，研究了天然气减阻剂对天然气气质的影响；通过搅拌实验，初步研究了天然气减阻剂对下游处理工艺中脱硫脱碳溶液系统和脱水系统的影响；通过分离模拟实验，分析了对压缩机等关键设备的影响。

图 6-20　天然气减阻剂现场应用效果评价软件主界面

三、天然气减阻剂示范应用

天然气减阻剂从 2011 年起，开始在国内外开展现场试验和示范应用，如沧州—淄博输气管线（沧淄线）。

1. 天然气减阻剂在沧淄线的应用

沧淄线，干线管道设计压力 4MPa，干线管径 508mm，干线长度 213.5km，最大输气量 $10.5\times10^8m^3/a$，全线有 9 座阀室、9 座分输站，无内涂层。试验管线实际输量（沧州站进气量）$220\times10^4m^3/d$，沧州站进站压力 2.236MPa。管线阀室和站场的高程、里程、间距、位置和分输情况见表 6-9。

表 6-9　沧淄干线阀室和站场情况

序号	阀室和站场名称	高程，m	里程，km	位置	分输量，m^3/d
1	沧州站	7.0	0	沧州市	220
2	#1 阀室	9.1	18.1	沧县	
3	#2 阀室	9.3	37.05	孟村县	
4	盐山分输站			盐山县	2
5	#3 阀室	8.8	57.01	盐山县	
6	#4 阀室	8.8	79.9	庆云县	
7	庆云分输站	8.8	79.9	庆云县	4
8	无棣分输阀室	8.9	84.15	庆云县	3

续表

序号	阀室和站场名称	高程，m	里程，km	位置	分输量，m^3/d
9	#5 阀室（阳信分输站）	8.8	97.8	阳信县	2
10	惠民清管分输站	16.5	115.85	惠民县	16
11	#6 阀室	8.8	131.76	惠民县	
12	#7 阀室（滨州分输站）	13.4	147.6	惠民县	20
13	#8 阀室	13.2	153.02	高青县	
14	高青分输阀室	12.1	159.85	高青县	30
15	#9 阀室（邹平分输站）	12.4	179.8	桓台县	30
16	淄博分输站	26.33	213.5	淄博市	110

2011年7月在沧淄线沧州站注入天然气减阻剂2t，沧州站—无棣阀室之间具有减阻效果，沧州站—2# 阀室管线减阻率超过10%（表6-10），有效期达到90d；试验期间未达到满输（$220\times10^4m^3/d$），流速7~10m/s。天然气减阻剂在沧州站注入后，对管线、站场设备和气质无不良影响。沧淄线沧州站—无棣阀室85km管线加天然气减阻剂运行后，经过计算，减阻率超过10%；效果持续超过90d，对于输量$10\times10^8m^3/a$满输管线，能增输5%。

表6-10　沧淄县加剂测试效果

监测段	里程 km	一个月 减阻率，%	二个月 减阻率，%	三个月 减阻率，%	平均 减阻率，%
沧州站—1# 阀室	18.10	17.5	15.9	13.4	15.6
1# 阀室—2# 阀室	18.95	12.1	10.3	7.6	10.0
2# 阀室—3# 阀室	19.96	7.3	5.9	2.1	5.1
3# 阀室—庆云站	22.89	7.0	5.8	2.2	5.0
庆云站—无棣阀室	4.25	6.0	4.1	2.2	4.1

2. 天然气减阻剂在气田集输管线的应用

由于我国已经进入输气管线建设的高峰期，四大战略通道和天然气管网已经形成，输气能力大幅度增长，绝大多数管线处于不满输的状态，暂时不需要通过减阻提高输量，油气田管道虽然输送距离短、管径较小，但管线更为错综复杂，局部管段甚至超负荷运行，在长庆油田和加拿大的两条管线现场试验表明，效果明显优于长输管线。

1）加拿大 Trident Exploration

管线为厂内的生产管线（Gathering Line），全长22km，分成4段，第一段长6km，管径为19cm；第二段长8km，管径24cm；第三段长4km，管径为32cm，第四段长4km，管径为40cm。试验期间气体中凝析油、水等液体含量很低，基本为干气。减阻剂注入采用的清管器，即先往管道中放入一个清管器，然后注入天然气减阻剂，然后再放入一个清管器，注入分三段完成，总注剂量为500L。

该管线是一条处于阻力平方区的超负荷管线，气速达到20m/s以上，管线操作压力限制井口气的产量。注入减阻剂后，管线操作压力降低10%，井口气产量提高了10%以上。随着井口凝析油的进入，减阻剂效果迅速消失，该公司将在集输管道与生产井汇入前安装分离器，将凝析油及水分分离后再进入管线，保障减阻剂的持续效果。

2）长庆油田

长庆油田采气一厂作业二区的南 19 站—南 1 站之间的管段，试验管段长度为 25.7km，管线规格为 ϕ325mm × 7mm，输送介质为经过物理分离（脱水、脱硫）的井口气。

加入减阻剂后非常有效地降低了摩阻系数。随着运行时间的延长、管线内杂质的增多，摩阻系数有逐渐增大的趋势。加入减阻剂后的一个月内，平均摩阻系数为 0.01109。与加剂前的摩阻系数 0.01378 相比降低了 19.5%。在保持其他参数不变的情况下，在一个月内能有效增输 11.36%。

四、结论

1. 功能和经济效益

天然气管道注入减阻剂后，能够降低输气管道的摩阻，改善和提高流动特性，提高管线输送能力，减低输送动力消耗，节省自耗气或电。如果在管道设计中采用该技术，在同等输量的条件下，可以减少压气站，降小管径，降低压缩机功率，节省投资。对于在役管线，能够快速提高输量，解决“气荒”问题。天然气减阻剂具有巨大的预期经济效益，按照中国石油科技管理部推广的算法，以进行现场试验的兰银线和沧淄线为例，应用天然气减阻剂提高输送能力 5%，每年可分别增加 1100 万元和 300 万元的直接经济效益。

2. 研究水平

在天然气减阻剂研制方面，中国石油居于国际领先水平。解决了天然气减阻剂性能评价技术，国内首次建立了天然气减阻剂性能评价系统，编制了性能测试方法标准；解决了天然气减阻剂分散催化技术、合成反应控制技术，自主研发了国内外首套天然气减阻剂中试生产装置；解决了天然气减阻剂在线注入技术，自主研发了国内外首套天然气减阻剂在线注入系统；解决了制约天然气减阻剂应用的关键技术，国内外首次在役长输管道天然气减阻剂现场试验，总试验里程达到 400km，减阻率达到 10% 以上，有效期超过 60d。

3. 发展趋势

由于天然气减阻剂通过改善气体输送的边界条件减阻，减阻效果本身不像油品减阻剂那样直观，功能更优异的减阻剂产品有待开发。另外，兼具缓释和其他功能是未来减阻剂产品的发展方向。目前中国石油攻克了双重功能一体化分子设计技术、室温反应催化技术、管道内壁分子自组装成膜技术，将分子自组装理念应用于缓蚀型减阻剂分子结构设计，合成出了不影响管道输送安全运行且同时具备良好防腐性能和减阻性能的缓蚀型减阻剂，室内减阻率 10%~15%，缓蚀效率 80%~95%，减阻率不低于 5% 的有效期大于 60d。通过利用表面分析测试手段，分析缓蚀型减阻剂在天然气管道钢块表面的作用方式及存在形态，形成了缓蚀型减阻剂有序结构减阻理论。

参考文献

[1] 霍连风，丁艳芬，张冬敏，等．NPZ 纳米降凝剂对石蜡晶粒电性能的影响［J］．油气储运，2014（12）：1317-1319.

[2] 张立新，张冬敏，李其抚，等．影响原油添加纳米降凝剂改性效果的几个关键温度［A］// 流变学进展——第十一届全国流变学学术会议论文集，2012：219-225.

[3] 张冬敏，阳明书，姜保良，等. 纳米技术在含蜡原油管道输送中的应用[J]. 油气储运，2010，29（7）：487-488.

[4] 刘林林，王宝辉，王丽，等. 原油降凝剂种类及应用[J]. 化工技术与开发，2006，35（2）：12-16.

[5] 唐强. 梳型聚合物的合成及降凝性能研究[D]. 天津：天津大学，2007.

[6] 李其抚，苗青，胡麻，等. 控应变流变仪测试含蜡原油的胶凝过程[J]. 油气储运，2010，29（12）：891-893.

[7] 解俊卿，李其抚，张冬敏，等. 用储能模量表征含蜡原油的屈服值[J]. 油气储运，2014（4）：401-403.

[8] 李其抚，熊辉，张冬敏，等. 胶凝含蜡原油屈服值与储能模量的关系[A]// 流变学进展——第十一届全国流变学学术会议论文集，2012：226-228.

[9] 金日光，华幼卿. 高分子物理[M]. 3版. 北京：化学工业出版社，2007.

[10] 关中原. 我国油气储运相关技术研究新进展[J]. 油气储运，2012，31（1）：1-7.

[11] 李国平，刘兵，鲍旭晨，等. 天然气管道的减阻与天然气减阻剂[J]. 油气储运，2008，27（3）：15-21.

[12] 赵巍，王晓霖，帅健. 天然气管道减阻剂国内外技术现状[J]. 当代化工，2013，42（9）：1280-1284.

[13] 张金岭，张秀杰，鲍旭晨，等. 天然气减阻剂及其减阻机理的研究进展[J]. 油气储运，2010，29（7）：480-486.

[14] 黄志强，胡文刚，李琴，等. 天然气管输减阻剂减阻技术的研究与应用[J]. 科技导报，2014，32（1）：34-39.

[15] 刘兵. 油气管道减阻增输与高聚物应用[J]. 油气储运，2007，26（10）：7-14.

[16] 李峰，邢文国，张金岭，等. 基于巯基三唑化合物的复配天然气减阻剂性能研究[J]. 集输工程，2010，30（11）：87-91.

[17] 郭海峰，王月琴，徐新河，等. 六元环烷基硅氧烷—磷酸酯类天然气管道缓蚀型减阻剂的研制[J]. 油气储运，2013，32（8）：868-871.

[18] 常维纯，王雯娟，鲍旭晨，等. 天然气减阻剂性能测试环道[J]. 油气储运，2010，29（2）：121-124.

[19] 鲍旭晨，张金岭，张秀杰，等. BIB天然气减阻剂研制与应用[J]. 油气储运，2010，29（2）：113-117.

[20] 黄志强，马亚超，李琴，等. 天然气管输减阻剂减阻效果现场评价方法研究[J]. 西南石油大学学报：自然科学版，2016，38（4）：157-165.

[21] 张秀杰，张金岭，张志恒，等. 天然气减阻剂对管道运行安全的影响[J]. 油气储运，2010，29（10）：749-751.

[22] 常维纯，秦华，张志恒，等. 天然气减阻剂分离模拟试验[J]. 油气储运，2011，30（11）：842-845.

第七章　钻井动力气代油技术

钻井动力气代油技术是一种钻井动力燃料用天然气代替柴油的一门新技术，是中国石油“十二五”期间发展起来的创新技术，是指用天然气发动机或双燃料发动机替代传统的柴油机作为钻井动力，以达到减少能源消耗、降低钻井燃料成本和降低废气排放的目的，实现中国石油绿色发展、清洁发展的战略目标。钻井动力气代油技术很好地解决了燃料燃烧速度对发动机的固有影响，突破了发动机对冲击负荷的响应速度较慢的技术瓶颈，满足了钻井特殊作业的需要，实现了用天然气发动机或双燃料发动机替代传统柴油机的目的。钻井动力气代油技术，填补了国内外钻井动力的空白，带来良好的经济效益和社会效益，具有广阔的市场推广前景。

第一节　概　　述

天然气作为一种清洁能源，在减少排放、降低成本上有着得天独厚的优势。天然气发动机与柴油发动机相比，相同功率下，可减少二氧化碳排放约 16.9%，从而改变大气质量，维护自然生态，改善人们的生活环境。此外，还可摆脱钻井动力依赖燃油的局面。

中国石油坚持突出油气核心业务，持续加大油气储量勘探力度，国内资源勘探不断取得新突破，油气生产实现较快增长[1]。截至 2011 年底，拥有约 1100 个石油钻井队，每个钻井队每年消耗柴油 120×10^4t 以上，年费用约为 100 亿元，占钻井成本的 30% 以上。况且每消耗 1t 柴油，将排放 3.11t 二氧化碳，每年消耗 120×10^4t 柴油，将排放 370×10^4t 二氧化碳，对大气污染、气候变暖存在重大负面影响。随着排放法规日益严格，对高排放的钻井装备提出了新的挑战。另外，随着钻探行业的激烈竞争，油气勘探开发成本压力剧增，为保证油气钻探公司的盈利水平，利用气田已有的天然气作为钻井动力燃料，降低燃料成本，实现“以气代油”的目标，变得非常迫切。因此，开展钻井动力的节能减排工作，既符合中国石油绿色发展、清洁发展战略的要求，也符合国家提出的节能、减排、低碳经济的发展方向和需求。

钻机的驱动方式有机械驱动和电动驱动两类，两者均依靠内燃机提供动力，其传统的做法是采用柴油机，用天然气发动机或双燃料发动机作为钻井动力是“十二五”期间发展起来的一门新技术，用天然气发动机作为钻井动力难度很大，必须解决几项关键技术，突破技术瓶颈。过去虽然天然气发动机产品在发电、压缩机市场得到了广泛应用，但国内外都没有应用钻井动力的报道、文献。

钻井动力气代油技术很好地解决了燃料燃烧速度对发动机的固有影响，突破了天然气发动机对冲击负荷响应速度较慢的技术瓶颈，满足了钻井特殊作业的需要，实现了用天然气发动机或双燃料发动机替代传统柴油机的目的。

通过产品的工业性试验和推广应用，天然气发动机和双燃料发动机都满足了钻井工况的要求。在采用天然气为燃料时，相同工况下，燃料成本仅为柴油的 70% 左右。如果中国石油所有钻井队全部以纯天然气发动机作动力，燃料费用节约 40 亿 ~ 50 亿元。如果全部采用双燃料发动机，每年可以减少燃料费用支出 28 亿 ~ 35 亿元。由此可见，通过天然气代替柴油，经济效益十分明显。天然气作为钻井动力燃料，也可以带动中国石油天然气销售，优化一次能源的利用结构。

钻井动力气代油技术，填补了国内外钻井动力的空白，对降低钻井成本、降低排气污染、节约石油资源，具有十分重要的意义。我国较为丰富的天然气资源也为该项目的推广应用提供了有力的能源保障，具有广阔的市场应用前景，可为用户节约一定的燃料成本，具有良好的经济效益和社会效益。

第二节　钻井动力气代油技术难点与关键技术

一、技术难点

根据中国石油目前钻井队的实际配置情况和工作习惯等因素，通过总结分析认为，应用天然气发动机或双燃料发动机作为钻井动力，必须开展以下几方面的研究工作，解决以下技术瓶颈问题。

1. 钻井动力总功率的满足

作为钻井动力的发动机首先要有足够大的功率储备，满足钻机工作机组最大总功率的需求。钻机工作机组最大总功率的确定方法见石油工业出版社 1994 年出版的《石油钻采机械》[3] 中的相关内容。另外，鉴于钻井工况负荷突变对发动机响应性的要求，考虑发动机在 80% 负荷以下调速性能较好，同时考虑传动配套设备的最高效率因素（如变矩器最高效率只达到 80%），发动机配钻机功率需留出 36% 以上的余量，特别是对天然气燃料的发动机尤其如此。

各个钻井队在钻井负荷变化时对发动机的操作方式也不同，某些钻井队把发动机设定在一个稳定转速上（如 1200r/min），在提钻时发动机转速会自动下降并恢复到稳定转速；有些钻井队在平常运转时用低转速（如 1000r/min），而在提钻时把油门踩到底，转速升高到需要的高转速（如 1200r/min 左右）保证有足够的功率输出。柴油机采用机械调速器，每次加载后会下降一定转速。而天然气发动机，全部采用电子调速器，电子调速器检测并控制发动机转速，始终把发动机控制在一个转速上，这也是气体发动机与柴油发动机的一个不同点。

根据以上几种情况和因素，为满足钻井动力工作机组最大总功率的需求，利用奥地利李斯特公司出品的 Boost 软件进行了天然气发动机性能的模拟计算，获取发动机的关键技术参数，为发动机设计提供初始依据，将天然气发动机的指标设计为：3000 型天然气发动机采用 1000kW/（1200r/min）；2000 型天然气发动机采用 770kW/（1450r/min）。3000 型天然气发动机模拟计算模型如图 7–1 所示；功率与转速的关系如图 7–2 所示；2000 型天然气发动机模拟计算模型如图 7–3 所示；功率与转速的关系如图 7–4 所示。

对 3000、2000 型天然气发动机性能模拟计算结果表明，均能达到作为钻井动力的设计要求。

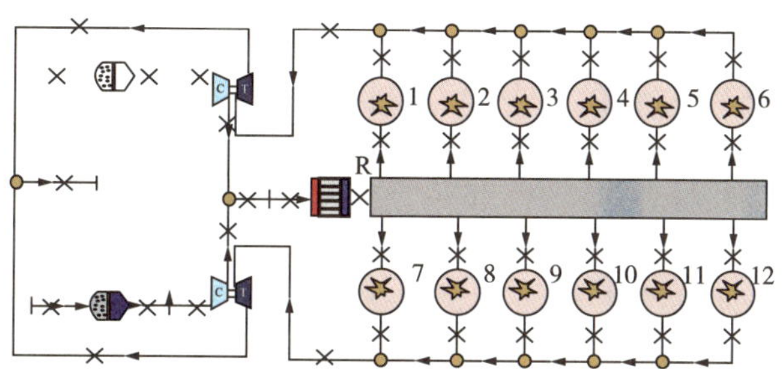

图 7-1　3000 型天然气发动机 Boost 模拟计算模型

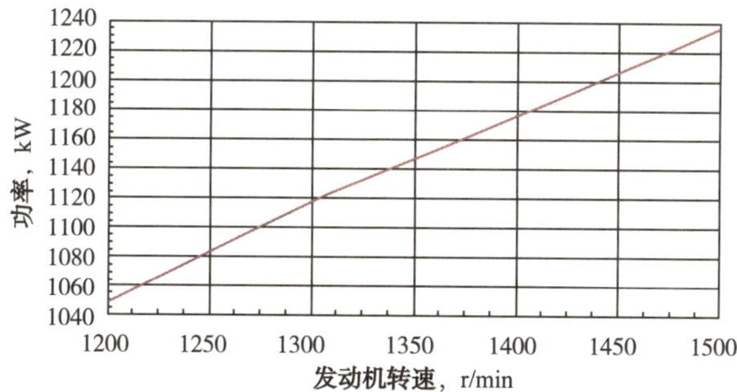

图 7-2　3000 型天然气发动机功率与转速关系

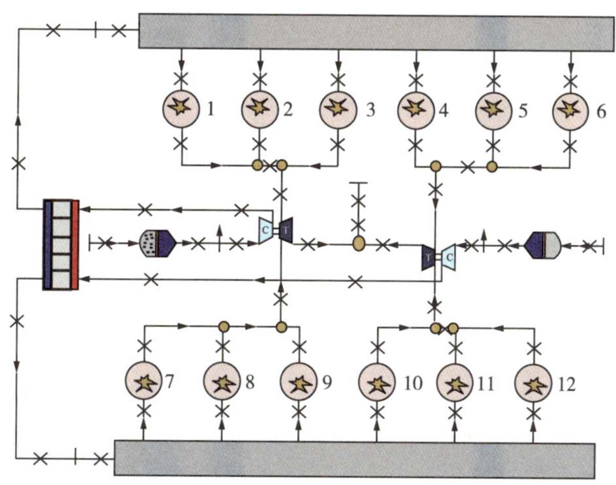

图 7-3　2000 型天然气发动机 Boost 模拟计算模型

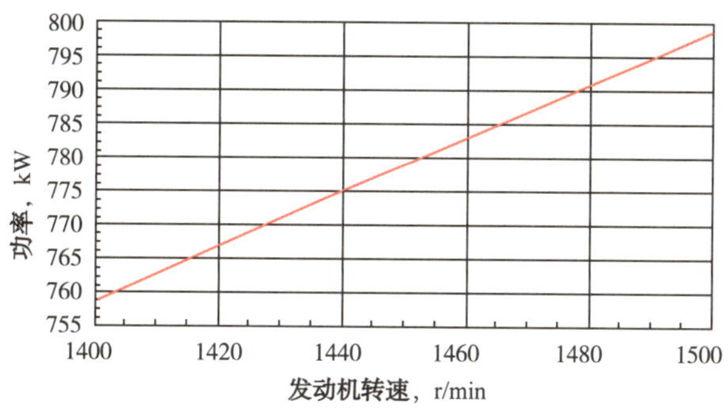

图 7-4　2000 型天然气发动机功率与转速关系

2. 抗冲击负载能力问题

在钻井过程中，钻井泵挂载，钻杆提升时，需求动力较大，对发动机形成冲击。

柴油机的负荷属于质调节，出现冲击负荷时，控制系统直接指挥燃油系统向缸内喷射大量的柴油，以获取足够的力矩输出，此时空气量并没有增加，发动机的燃烧状况并不是最佳，往往出现冒黑烟现象，但是能够输出足够力矩，满足负载抗冲击的要求。

天然气发动机采用量调节，是通过调节混合气（空气 / 燃气按照一定比例混合而成）的量来调节功率。在面对冲击负荷时，节气门会开到最大，进入气缸的混合气量取决于发动机进气系统的增压能力，并不能马上达到最大值。

与柴油机相比，天然气发动机的响应性要比柴油机差。即钻井工况突变时，需发动机突加或突减负荷时，天然气发动机的反应速度要比柴油机慢一些。在负荷调整方面，柴油机优于天然气发动机，但天然气发动机可通过增压匹配或加装变矩器的途径来改善发动机的负荷适应能力。

变矩器为恒功率输出，随着输出转速的降低，输出力矩增加，当输出转速接近零时，输出转矩最大。这种特点很适合钻机的起下钻工况，遇到负荷突增突减时，抗冲击负荷的能力大大加强。如果将变矩器串联在发动机与钻井机械中间，通过变矩器的作用，可以大大减少对天然气发动机的力矩冲击，天然气发动机与变矩器的匹配可以弥补天然气发动机响应慢的缺陷。发动机与变矩器联合运行曲线如图 7–5 所示。另一种液力传动装置——耦合器，具有传动柔和、传递效率高的优点，但是不能降低对发动机的负荷冲击，抗冲击负荷的工效低于变矩器。耦合器性能曲线如图 7–6 所示。

因此，决定采用“天然气发动机 + 变矩器”配套方式作为钻井动力替代的首选方案。

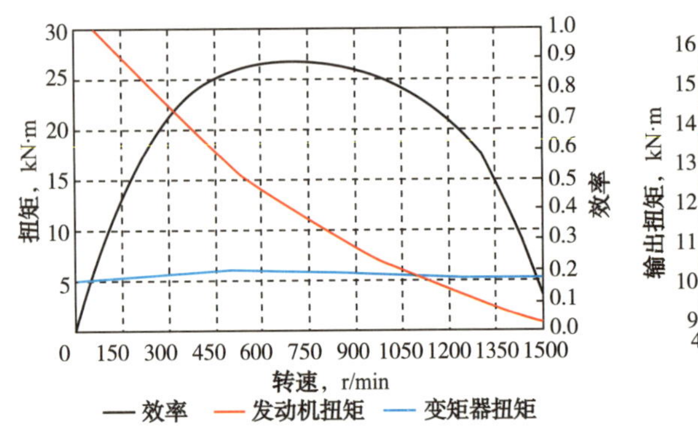

图 7–5　发动机与变矩器联合运行曲线

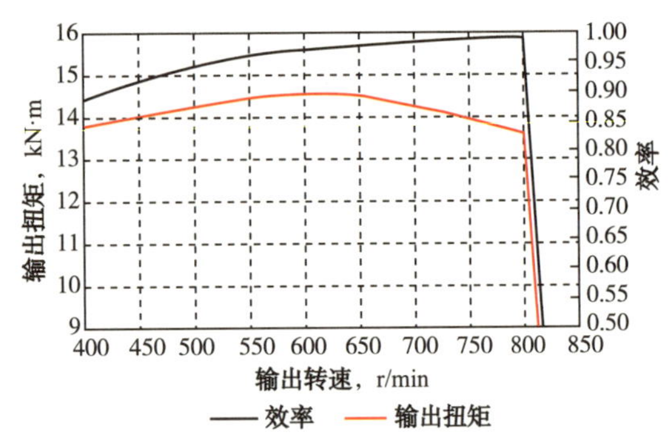

图 7–6　耦合器性能曲线

3. 并车与负荷分配问题

机械钻机的动力一般采用两台或三台发动机通过机械连接并车运行方式，连接设备间机械转速变比不同会导致发动机做功的不同。例如，皮带传动的机械钻机，由于皮带传动时存在滑差，正常工作时，位于传动箱上不同位置的输入轴的转速不同。如果发动机工作转速一样，工作在转速较慢输入轴上的发动机将承受较大的负荷。负荷分配不均，易出现某台发动机超负荷现象，对发动机造成损伤，因此必须解决好发动机的并车与负荷分配问题[2]，这点对天然气发动机来说尤为重要。天然气发动机因调速及空燃比控制方式的不同，会导致各发动机负荷波动大和负荷分配严重不均，甚至发生一台承担全部负荷，另一台逆功的严重后果。由于柴油机适应性较强，虽然也存在负荷分配不均的情况，但基本在柴油机能够适应的范围内。

二、关键技术

中国石油在钻井动力的节能减排研究和气代油技术研究应用过程中，不仅组织进行了气代油工程的实施，还解决了多项气代油工程的关键技术，形成了钻井用双燃料发动机、天然气发动机等多种产品。

1. 天然气发动机空燃比闭环控制系统

要完成天然气发动机的空燃比燃烧控制，需要监控发动机的各项指标，通过各种传感器测量发动机的速度、压力、温度、功率等参数；为了较准确地计算出燃气流量，在发动机出厂标定试验中还需要使用氧传感器来反馈燃气成分和燃烧情况，然后标定出各工况下的空燃比 λ 值和发动机充气效率；标定完的数据存储在控制器里。因此正常运行中，控制器会通过一种专利算法，把存储的标定数据和当前的参数综合起来，计算出需要的燃气流量，然后通过 CAN 通信口把燃气流量命令传送到燃气计量阀，由燃气计量阀控制燃气流量在一定的水平上，使其不受燃气压力和温度变化的影响。

天然气发动机可通过对空燃比的闭环控制，达到较高的空燃比，实现缸内的稀薄燃烧，保证发动机具有良好的动力性、经济性、排放性以及更好的速度响应性，从而实现对发动机的空燃比闭环控制、速度控制、负荷控制、参数监控、保护等功能。其原理如图 7–7 所示。这种发动机空燃比闭环控制系统技术，取得了实用新型专利授权，专利号为 ZL2012 2 0075616.1。

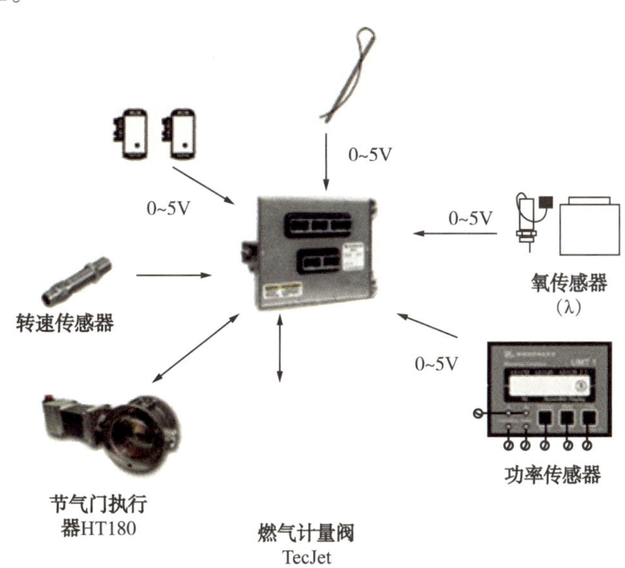

图 7–7　天然气发动机的控制系统原理

在控制系统引入改善瞬态特性的控制策略，在突加或突卸负载时，自动增加或减少燃气量，从而改善发动机工作状态，达到良好的排放指标。

2. 发动机进气导流技术

节能减排是内燃机行业的发展趋势，提高天然气发动机性能可以有效控制发动机的有害排放物及碳排放。大缸径天然气发动机的一个显著缺点是燃烧速度慢、排温高，易出现爆震，限制了发动机功率和热效率的提升及瞬态特性的加强。因此需要改善缸内气流运动，提高燃烧速度，但是大缸径发动机进气道的涡流比一般比较小，不利于气体的快速燃烧，因此需要利用带进气导流的气缸盖产生一定强度的涡流，利用涡流运动提高燃烧速度，实现快速燃烧，改善发动机的经济性和动力性。

发明一种发动机进气导流装置，包括进气管道和导流片。进气管道设置在发动机气缸盖上，导流片设置在进气管内部，进气管道具有两段不同直径的管状体，利用进气通道形成的发动机内涡流运动提高燃烧速度，从而提高热效率、降低排温。进气导流装置的计算模型如图 7–8 所示，计算结果如图 7–9 所示。

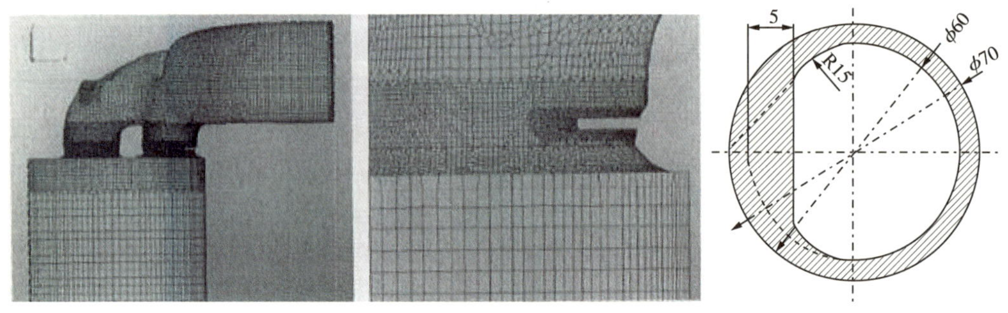

图 7–8　进气导流装置的计算模型和导流片尺寸

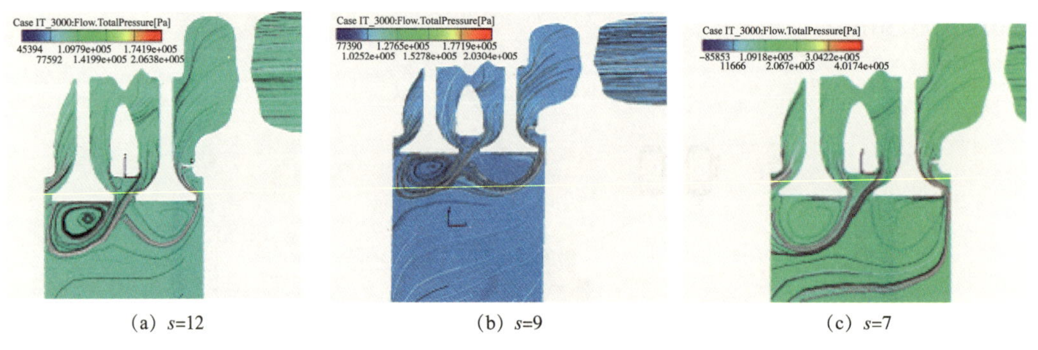

图 7–9　进气导流装置计算结果

对比图 7–9 中的各分图可以看出，增加的导流片 s 值越大，气体进入气缸后的旋转越剧烈。采用导流系统后的涡流比不采用导流系统项目增加了 50% 左右，导流系统增强了进气的涡流运动，有利于火焰的快速传播，这样点火后由于分子间有很高的输运能力和反应速度，能很快形成可供传播的火核，一旦火核形成，就能正常地传播火焰。在速燃期内，较强的湍流强度可加快火焰传播速度，最终提高发动机的效率。

这种发动机进气导流技术，取得了实用新型专利授权，专利号是 ZL 2012 2 0075625.0。

3. 钻井动力用气体发动机并车技术

机械钻机的动力通常是由两台或三台发动机通过机械连接并车后提供的，在钻井动力应用中，连接设备间机械转速变比不同会导致发动机做功的不同，由于柴油机适应性较强，虽然也存在负荷分配不均的情况，但基本在柴油机能够适应的范围内。而天然气发动机则不同，如果采取与柴油机相同的并车方式，由于气体发动机的调速及空燃比控制方式的不同，会导致各发动机负荷波动大以及负荷分配严重不均，甚至发生一台承担全部负荷，另一台逆功的严重后果。因此，必须寻求一种方式实现发动机的负荷平均分配。

现有天然气发动机主要应用领域为单机驱动泵机组或并车、并网发电。在发电应用中，可以通过监测发电机实际输出功率等相关电器参数，调节发动机转速，实现并车发动机的负荷平均分配。而在钻井应用中，没有相关设备可以测出发动机实际输出功率。

柴油机或双燃料发动机可通过油泵齿条或执行器位置反馈来实现发动机调差，而天然气发动机执行器位置与发动机负荷不呈线性对应关系，因此导致并车用天然气发动机无法实现调差，这也是钻井天然气发动机无法并车的原因之一。

钻井动力用气体发动机并车技术，取得了实用新型专利授权，专利号是 ZL 2010 20663808.5，其原理如图 7–10 所示。

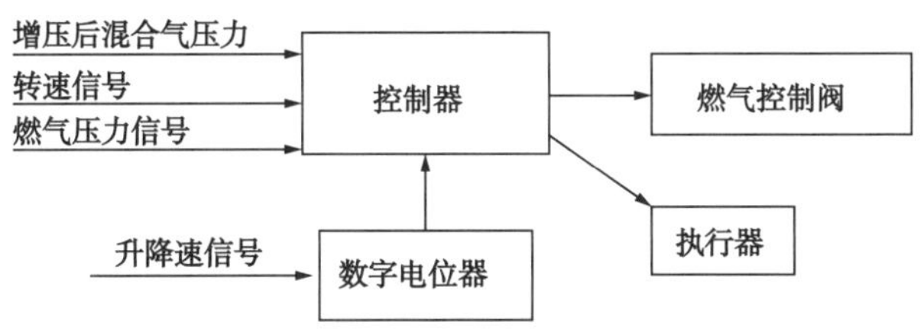

图 7–10　钻井动力用气体发动机并车技术的原理

其原理是：控制器通过接收发动机转速、燃气压力等信号，经过自动查表、计算后，发出信号，控制燃气控制阀及执行器的开度，调节燃气及混合气的流量，控制发动机的转速及空燃比。

控制器接收增压后混合气压力信号作为虚拟功率信号，并经过特定的采样、滤波等手段处理，以此来获得发动机调差设定所必需的功率信号，以此为基础设定发动机的调差 0~10%，达到并车所需的基本要求。同时，在并车运行过程中，通过监测每台并车发动机的运行功率，对发动机转速进行调节，使其达到负荷平均分配的目的。

4. 抗冲击负载能量补偿技术

低碳、环保的天然气作为燃料的发动机发电系统在节能减排方面要比传统的柴油发电机组指标好很多。在钻井平台中，由于需要大功率的动力系统并长周期运行，采用天然气电站的动力系统在钻井动力成本、环保等方面更是具有显著优势。但是，由于天然气发电机组构成的电站动力系统在钻井过程中对一些冲击负载工况适应能力差，满足不了钻井平台的动力需求，严重地影响和制约了天然气电站在钻井平台动力中的应用。为此，中国石油济柴动力总厂为解决天然气发电机组的这一问题，提出了“天然气电站动力冲击负载补偿与节能系统”项目，与哈尔滨工业大学电磁驱动与控制研究所合作进行此项目的理论研究与系统开发工作，形成了几项专有关键技术。

1）冲击性负载的快速识别与补偿技术

冲击负载动态补偿主要进行瞬态有功和无功电流给定量的运算，并完成瞬态功率输出控制。系统补偿功率控制策略原理如图 7–11 所示。对于冲击性负载，在判断出产生冲击性负载时，则执行有功电流变化率闭环控制策略，以保证燃气发电机的输出功率变化率小于其极限值，在燃气发电机的输出功率与负载功率相一致时，有功电流变化率等于零，此时功率调节器自动退出有功功率补偿，避免其长时间输出有功功率。在未产生冲击性负载时，应为超级电容充电，通过直流变换器和充放电控制器来实现。直流电压闭环调节器用于直流母线电压的恒定控制，此时功率调节器吸收功率。在负载有功功率小于零时，即需要吸收再生能量时，功率调节器的有功电流变为负值，则由超级电容吸收能量，进而减少燃料的消耗，达到节能效果。对于无功功率补偿算法，直接将负载无功电流作为功率调节器的给定，则其无功功率输出将自动实现与负载侧相平衡。

冲击负载动态补偿算法得出电流指令后，通过控制变换器动作实现对系统输出功率的控制，进而实现补偿装置输出电流自适应跟踪电流指令。这里使用电流的滞环控制，这种方法可实现对电流的直接控制，采用 PWM 控制技术对电流波形的实时值进行反馈跟踪控制。与间接控制相比，这种电流的直接控制具有较快的响应速度和较高的控制精度。在这种控制方法下，电能补偿单元实际上相当于一个受控电流源，通过对负荷电流的检测，可以得到需要补偿的功率电流，对系统功率进行调节。系统补偿功率控制策略原理如图 7-11 所示。

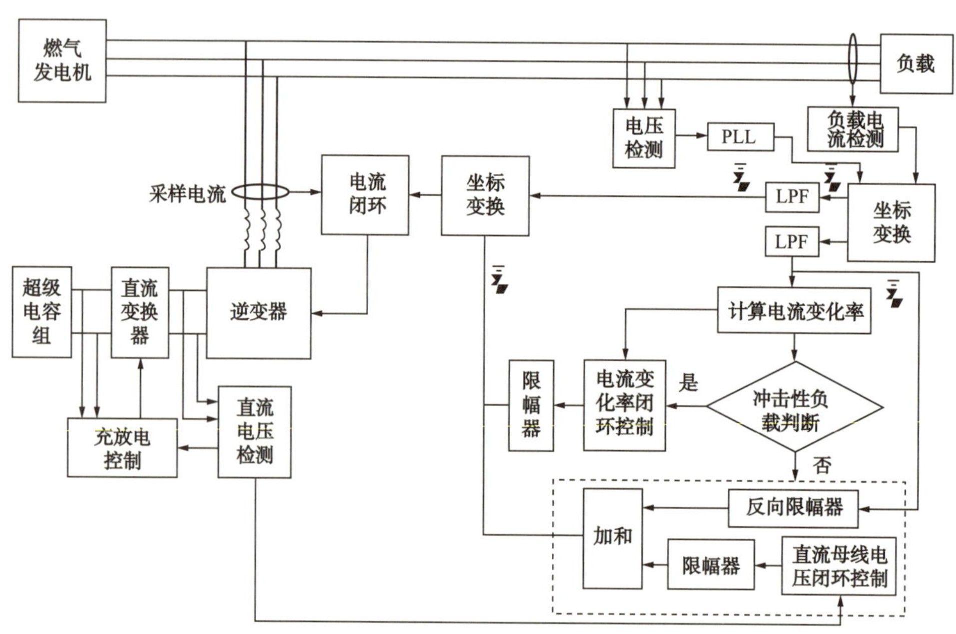

图 7-11　系统补偿功率控制策略原理

2）储能单元充放电控制技术

超级电容充放电系统采用如图 7-12 所示的多重化双向充放电控制。

半桥式双向变换器有升压和降压两种工作模式。降压模式用于实现超级电容的充电控制，采用先恒流后恒压的控制方式。升压模式用于对超级电容输出功率进行控制，通过采用直流电压恒定控制来实现。根据当前直流电压值和超级电容的电压来决定充放电控制电路的工作模式。在正常的工作过程中，半桥式双向变换器的两个功率器件中，每一时刻只有一个开关工作。当工作在降压变换器模式时，上桥臂工作，下桥臂截止；当工作在升压变换器模式时，下桥臂工作，上桥臂截止。为了防止上、下桥臂同时导通导致直流母线短路而损坏变换器，变换器必须在这两个工作状态之间安全切换，因此驱动信号要在一个开

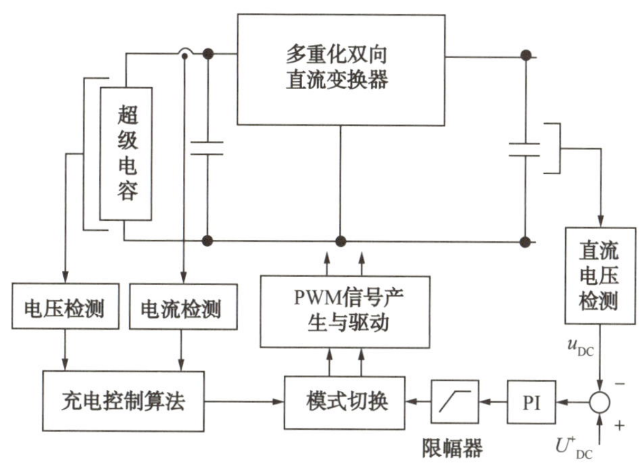

图 7-12 超级电容充放电系统控制原理

关截止后留有一定的空余时间，然后另一个开关导通。

3）燃气发电机组微网构件技术

燃气发电机组微网由燃气发电机组、负荷及功率补偿单元构成。由于燃气发电机组微网内负荷变化具有瞬变、随机等特征且燃气发电机组动态性能不佳，燃气发电机组在暂态调节过程中易触发欠频、过频、欠压、过压等保护设备，造成燃气发电机组微网解列。针对上述情况，为保证燃气发电机组微网在多工况条件下稳定运行，在全面建立燃气发电机组动态数学模型的基础上，进一步结合燃气发电机组微网各工况系统的工作特征，为功率补偿单元设计合理的全工况状态反馈强鲁棒性控制策略，实现调节功率补偿电源内控制器参数，提升燃气发电机组微网在加减载过程中运行的可靠性。

第三节 钻井动力气代油技术典型产品

“十二五”期间，中国石油济柴动力总厂应用钻井动力气代油技术进行了节能减排相关产品的开发，承担了“钻井用气体发动机研制及现场工业性试验”的研发项目，完成钻井用天然气发动机和配套产品的研制。

由于中国石油绝大多数钻井队采用了济柴 12V190B 型柴油发动机或 2000 系列柴油机作为钻井动力，因此开发一款接口尺寸与现在柴油机保持一致的天然气发动机更为方便。因此，不仅开发了 3000 型天然气发动机，而且又进行了 2000 型天然气发动机的研制。

图 7-13 2000 型天然气发动机

一、钻井用 2000 型天然气发动机和 2000 型柴油 / 天然气双燃料发动机

2000 型天然气发动机的实物外形和负荷特性如图 7-13 和图 7-14 所示，其配套

机组如图 7–15 所示；2000 型柴油 / 天然气双燃料发动机如图 7–16 所示；2000 型天然气发电机组如图 7–17 所示。

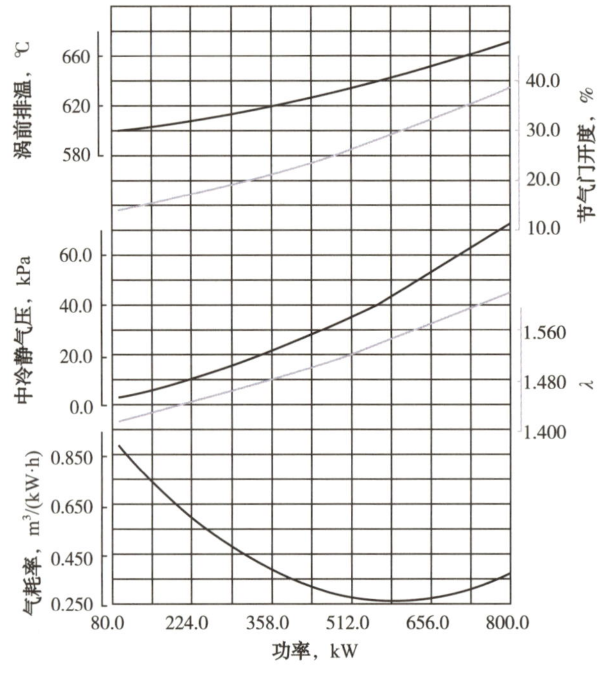

图 7–14　2000 型天然气发动机负荷特性

图 7–15　2000 型天然气发动机配套机组

图 7–16　2000 型柴油 / 天然气双燃料发动机

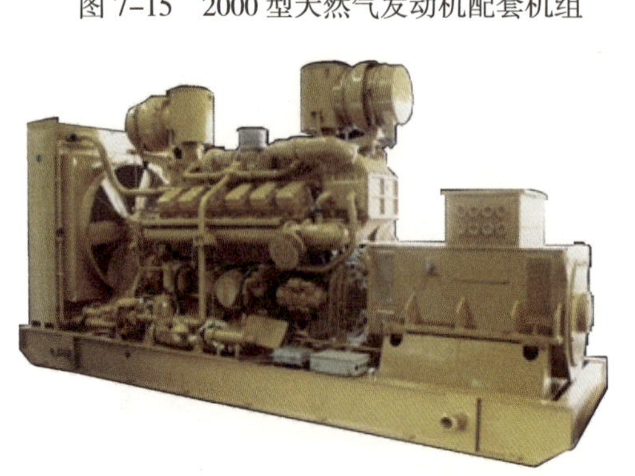

图 7–17　2000 型天然气发电机组

二、钻井用 3000 型天然气发动机和 3000 型天然气变矩器机组

3000 型天然气发动机如图 7–18 所示，3000 型天然气变矩器机组如图 7–19 所示。

三、动态储能装置

GPC 100 系统是一款用于改善油田电动钻机天然气电站电能质量的智能储能装置，

有效地解决了天然气电站不能带冲击负载的问题。

图 7-18　3000 型天然气发动机

图 7-19　3000 型天然气变矩器机组

系统工作原理是 GPC 100 系统、天然气发电机组和冲击非线性负载在交流母线上汇流，当冲击非线性负载工作时，系统对冲击负载的瞬时功率进行补偿，并具有对谐波的抑制功能，减缓或消除冲击性负载对天然气电站的影响，保障供电质量。GPC100 系统工作原理如图 7-20 所示。

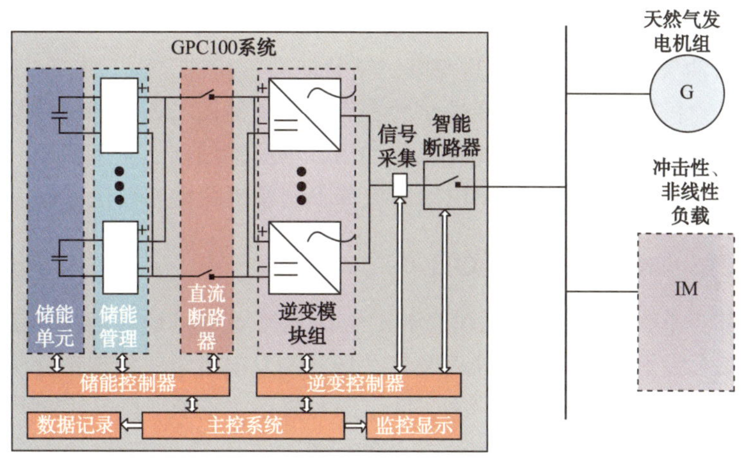

图 7-20　GPC100 系统工作原理

四、钻井动力气代油技术的设备替代方案

研制成功了适用于钻井工况的天然气发动机配套机组，针对各种不同钻机制订了相应的换装配套方案，利用天然气资源，进行“以气代油”，钻机动力气化，降低钻井成本，初步形成了产业化模式。

实践证明，目前实现以气代油、钻井动力气化可进行工业性推广的技术方法有如下 3 种：

（1）用纯天然气发动机替代柴油机，用天然气发电机组替代柴油发电机组，实现 100% 的柴油替代率。

（2）用柴油 / 天然气双燃料发动机替代钻井柴油机，实现 60%～80% 的柴油替代率。

（3）在原有柴油机的基础上进行结构改造，掺混少量天然气，实现 30%～50% 的柴油替代率。

气源选择：最好是 LNG、CNG，尽量少使用油田伴生气。如条件不允许，必须使用油田伴生气时一定注意燃气净化程度。

钻井动力气化具体技术方案：

（1）机械钻机动力气化的重点应放在钻探井深 4500m 以下作业的 30～50 型钻机上。所有机械钻机主动力只要钻机发动机安装尺寸允许，就可以用 3000 型天然气发动机及其变矩器或耦合器机组来进行动力气化。对安装尺寸相对较小的机械钻机，可以用 2000 型天然气发动机或双燃料气体机及其耦合器机组来进行动力气化。在钻探 3000m 左右的浅井情况下，可以用 2000 型天然气耦合器机组来实现钻机气化的目的。

（2）电动钻机动力气化的重点应放在交流变频钻机的气化改造上，可用济柴的 16 缸 1000kW 天然气发电机组或 1200kW 天然气发电机组配套上动态储能装置来替代在用的柴油发电机组，实现电动钻机主动力气化。

（3）井场辅助发电的气化：用 300kW、400kW、500kW、600kW 和 1000kW 等不同型号的天然气发电机组对应替代辅助发电用柴油发电机组，实现井场辅助发电的气化。

第四节　钻井动力气代油技术的应用

按照中国石油天然气集团公司的安排，钻井动力气代油“以 LNG 为气源的天然气发动机置换柴油发动机钻井项目”工业性试验在海南福山油田、长庆油田的苏里格地区分别展开，以后陆续推广到华北油田、克拉玛依油田、塔里木油田、冀东油田、中原油田等各大油田油区，分别建立起机械钻机、电动钻机等不同钻机的动力气化示范点。

一、机械钻机动力的以气代油

中国第一部完全气化的钻机于 2011 年 6 月 18 日在苏里格地区正式开钻：第一部全部用天然气发动机和发电机组代替柴油机及其井场柴油发电机组，实现钻井队钻井动力的完全气化。这是第一支完全气化的钻井队，在钻探业真正实现了“以气代油”的最终目的。

川庆钻探公司这部 50 机械钻机动力气化的配置方案是：2 台 3000 型天然气配套机组 +2 台 875 型耦合器 +1 台 600kW 天然气发电机组 +1 台 300kW 天然气发电机组 +1 套 LNG 气化橇 +1 套远程监控。机械钻机动力气化的具体配置方案如图 7-21 所示；钻井队现场设备布置如图 7-22 所示。

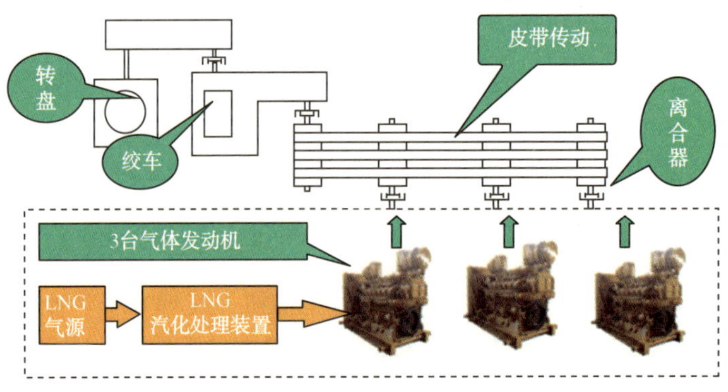

图 7-21　机械钻机动力气化的配置方案

图 7-22 钻井队现场设备布置实景

在相继实施钻机动力气化的钻井队完成 5 口井的钻井作业（50595 队吉 33 井、吉 33 井；50610 队吉 172_H 井、吉 32_H 井；50597 队 bD1035B 井）。累计消耗天然气 $625.14\times10^4m^3$，替代柴油 4918t，减少二氧化碳排放 1913t，节约燃料费用 974.41 万元。机械钻机动力以气代油现场如图 7-23 所示。

图 7-23 机械钻机动力以气代油现场

二、电动钻机动力的以气代油

电动钻机动力以气代油工业性试验分两个气化技术方案进行，第一个气化技术方案是用 1200kW 天然气发电机组直接替代 CAT3512B 柴油发电机组；第二个气化技术方案是用天然气发电机组 + 储能补偿装置配套来替代 CAT3512B 柴油发电机组。下面以用 1200kW 天然气发电机组直接替代 CAT3512B 柴油发电机组为例进行介绍。

第一部电动钻机气化改造项目在新疆塔里木油田轮南作业区实施，由西部钻探公司 70096 钻井队承担的井位（井号 LN2-S2-25），于 2011 年 8 月 8 号开钻，最终完井深度为 5115m，消耗天然气 $13.27\times10^4m^3$。

钻机动力气化的配置方案：4 台济柴 H16V190 系列 1200kW 天然气发电机组，为电动钻机配套动力，替代原有的 4 台 CAT3512B 柴油发电机组。机组采用天然气发电机组 + 发动机控制柜（IG 控制模块）+ 远程控制信号模式实现与 SCR 控制柜连接；发动机控制柜实现发动机本身控制和保护，并兼备并车并网、速度、频率、电压等调节保护功能。但是控制柜不带开关，利用SCR本身开关作为控制柜的开关。开关控制采取控制柜信号实现，井队现场电气改造如图7-24所示。

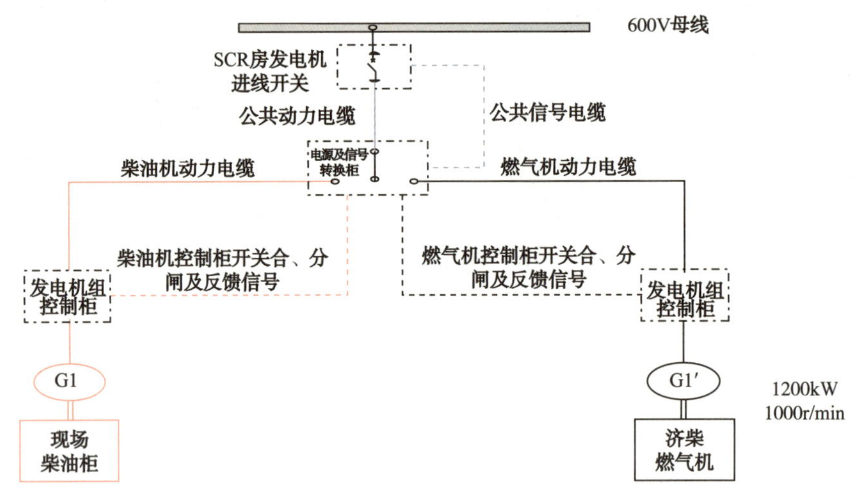

图7-24　井队现场电气改造示意图

试验项目进行了正常钻进、提空游车、开停钻井泵、开转盘、起下钻、3台车钻井作业[3]。

正常钻进：采用4台机组试验和3台机组两种方案进行。

井队正常钻进状态下4台天然气发电机组单机在250kW左右稳定运行，试验数据见表7-1。随着负荷的变化，机组转速的变化集中在钻井平台接单根起钻具时和钻具起来之后停钻井泵时。

表7-1　井队正常钻进状态下发电机组的运行数据

起钻时负荷点 kW	钻具提升至一定高度后负荷 kW	转速波动至 r/min	钻具在某一高度下降时负荷 kW	钻具下降后运行负荷 kW	转速波动至 r/min
250	320	950	340	270	1043
260	341	958	340	270	1038
260	361	954	313	237	1041
230	315	957	362	292	1039

其间进行了钻井的起下钻、开停钻井泵、开钻盘等，单台发电机组最大功率为440kW，最大总负荷1760kW。天然气发电机组在起下钻时转速波动最大，采用4台发电机组时发动机转速在928~1050r/min之间波动。4台机组可以满足钻井动力的要求。

采用3台机组试验情况：2011年10月11日开始试验3台机组进行作业，由于司钻对天然气发电机组性能比较了解，在操作上采取了和柴油机不同的措施[2]，在开钻井泵时提速较慢，关钻井泵时逐渐关停；起游车、起钻时采用低速挡，高速挡时缓慢加载油门（如果采用高速挡快油门，马上把3台车憋停）；绞车采用双电动机作业。由于采取了以上措施，3台发电机组试验得以顺利进行。

提空游车：使用 4 台天然气发电机组提空游车，单台发动机转速从 1000r/min 下降到 957r/min，负荷从 97kW 增加到 202kW；当游车达到一定速度时负荷下降，转速升高到 1040r/min。

使用试验 3 台天然气发电机组提空游车，单台发动机转速最低下降到 918r/min，负荷从 98kW 增加到 250kW 左右；试验记录数据如图 7–25 所示。

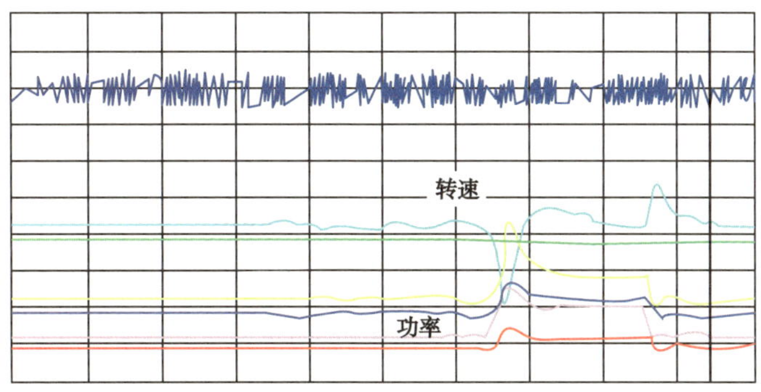

图 7–25　3 台天然气发电机组低速挡提空游车

开停钻井泵：3 台发电机组开一台钻井泵（泵压 16MPa，泵冲次 96min^{-1}），发动机转速从 1000r/min 下降到 963r/min，负荷从 78kW 增加到 158kW；整个过程中负荷逐步增加，发动机转速波动不大。在试验过程中将泵压提高到 20MPa，泵冲 110 时，3 台发电机组憋停。改成 4 台发电机组运行。后期由于司钻对气机特性熟悉以后，基本上可以采用 3 台车进行钻井。

开转盘：由于转盘转速较低、总体负荷较小，启动时速度和扭矩都不大；对天然气发电机组的冲击负荷也较小，3 台车基本就可以满足要求。

起下钻：下钻冲击负荷最大的就是提空游车。提空游车上行时单台机组功率由 100kW 突加至 250kW 左右，然后逐渐稳定运行在 160kW 左右继续上行，到达顶点后负荷由 160kW 突减至 100kW 左右，下钻杆转速在 915～1038r/min 之间波动。悬重 120t，低速挡下钻情况如图 7–26 所示。

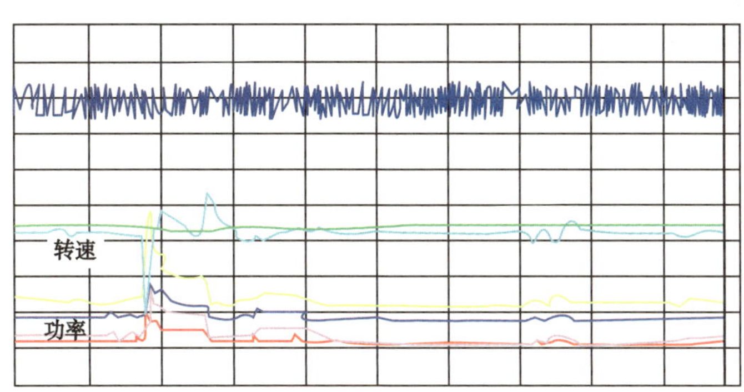

图 7–26　悬重 120t 低速挡下钻

起钻：采用低速起钻，单台发电机组在起钻的 4s 内转速从 1000 转降到 899 转，然后经过 7～8s 恢复到 1000 转，继续上升到 1020 转左右。发电机组功率从 98kW 上升到 250kW，然后功率逐步稳定在 230kW 左右。起钻运行状态如图 7–27 所示。

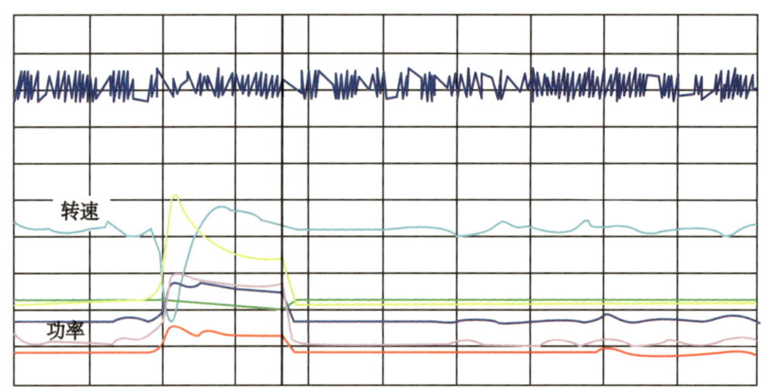

图 7-27 单台发电机组起钻运行状态

3 台车钻井作业：正常开泵、开转盘循环的单台机组功率在 350kW 左右，方钻杆上行过程中，功率由 350kW 突加至 450kW 左右，转速降至 938r/min，之后稳定运行在 480kW 左右继续上行；上升至顶点时功率由 480kW 突减至 370kW 左右，转速升至 1053r/min，之后稳定在 340kW 运行（司钻操作上比较平稳）。

试验结论：电动钻机动力以气代油电动钻机配套的天然气发电机组，能够满足钻井动力的要求。但目前试验表明，天然气发电机组在钻井工况下的响应速度还需要进一步的研究。

首个电动钻机动力以气代油的示范井场是西部钻探公司 70096 钻井队 LN2-S2-25 井试验现场，如图 7-28 所示。

图 7-28 电动钻机气化工业性试验现场

1. 用 4 台天然气发电机组 + 储能补偿装置联合配套气化电动钻机动力

针对天然气发电机组在钻井工况下响应速度慢这一问题，解决这个问题快速有效的措施是在井场增设一个储能补偿装置。增加储能补偿装置后，于 2013 年 11 月 19 日—12 月 30 日在塔里木油田哈 16-5 井又进行了工业性试验（钻机是 ZJ70D）。

电动钻机动力气化的配置方案：用 4 台济柴 H16V190 系列 1200kW 天然气发电机组与天然气电站动力补偿系统（储能装置）并联后向 SCR 房供电，为电动钻机配套动力，替代原有的 4 台 CAT3512B 柴油发电机组。SCR 房供电布置如图 7-29 所示，工业性试验现场布置如图 7-30 所示。

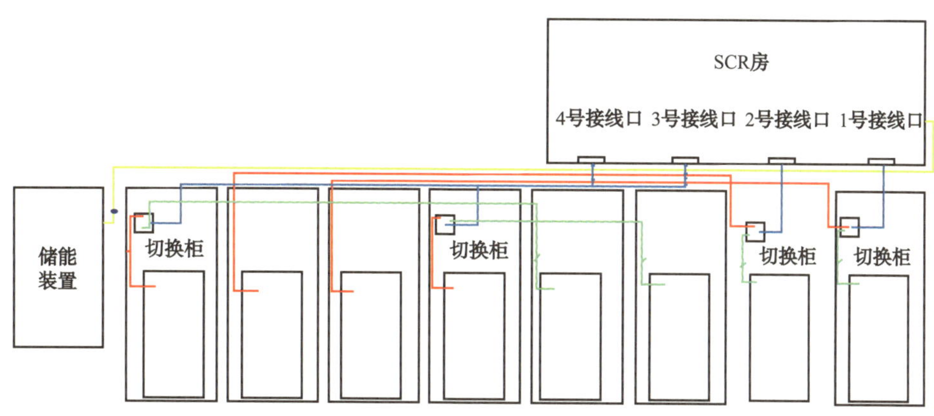

图 7-29 SCR 房供电布置

图 7-30 天然气发电机组 + 动态储能装置工业性试验现场

2. 电动钻机动力气化的工业性试验小结

1）技术性能及运行稳定性的验证

试验井场是哈 16-5 井，钻机 ZJ70D，该井设计深度为 6715m。当地海拔高度 775m，试验期间环境温度为 -20～6℃，试验时钻井深度 2615～5700m。试验期间，经历了钻进（单泵、双泵）、循环钻井液、倒划眼、接单根、起下钻及组织停工等工况。

试验机组为 4 台 1200kW 天然气发电机组，2013 年 11 月 23 日—12 月 30 日冲击补偿系统共进行了 6 次带载试验，总运行时间为 246h。

试验期间，发电机组分别进行了双机、三机和四机并联运行试验，承受了负载突加冲击和突卸工况：双机工作时，进行了三挡 170t 悬重加速上提钻具的专项冲击试验，负荷突加达到 1500kW；三机钻进工况时，承受了 10s 内冲击 900～1147kW 周期性的 95h 连续运行试验；四机并联钻进时，突卸 1560kW 负荷的实际工况。

2）经济指标

2013 年 12 月 17—30 日运行 171.5h，井段 5214～5700m，柴油、天然气费用差 5 万元。

3）动态储能系统（GPC 100）针对冲击负载问题

经工业性试验验证，该系统能够实现瞬态功率流的平衡，快速提供负载所需的冲击功率。通过超级电容储能单元的高功率动态响应弥补天然气发动机输出功率动态响应低的问题，使系统实时处于瞬时功率平衡状态，保证了系统的供电质量，增强天然气发电系统对冲击性负载的适应能力。

三、钻井动力以气代油技术工业性试验结论

（1）天然气发动机完全可以替代柴油机进行本类井型的钻井各种工况的作业。

（2）用天然气发动机钻井比用柴油机钻井经济效益显著，可以大幅度降低钻井燃料成本。

（3）与用柴油机钻井相比，用天然气发动机钻井可以充分利用天然气资源，改善一次性能源消费结构，起到降耗、减排的功效。

（4）天然气发动机比柴油机更环保：噪声比柴油机小，排气没有冒黑烟现象。不仅有利于保护钻井员工的身体健康，更有利于减少对环境的污染。

（5）天然气发动机自动化程度高，比柴油机操作性强，可以降低钻井员工的劳动强度。

（6）一辆50m^3的LNG运输车所装的天然气，可供钻井队在2000m以上深度时工作5~6d，用LNG作燃料，供应不存在问题。

四、钻井动力以气代油技术小批量推广情况

为进一步贯彻落实节能减排的工作要求，促进天然气发动机技术成果的转化和应用，大力推广以气代油技术在克拉玛依、吐哈、塔里木等油田钻井现场的应用。在西部钻探公司试验5个钻井队，分别是50595钻井队、30918钻井队、32836钻井队、70515钻井队和70096钻井队，共计用气量达746.78×10^4m^3，节约成本1901.21万元。各钻井公司完成情况如下：

（1）2012年6月—2013年10月，克拉玛依钻井公司开展了天然气动力系统（包括电动钻机）深井钻井动力机组现场综合使用试验。钻井队天然气动力系统现场使用完井28口，钻机75台月，累计用气382.25×10^4m^3，替代节约柴油2707.615t，减少碳排放2247.32t，减少NO_x排放28.97t，节约成本716.72万元。

（2）2012年，准东钻井公司在4支钻井队上推广使用了以气代油技术，其中北疆40659队推广使用两台混合双燃料发动机和一台燃气发电机组，50600队推广使用了一台燃气发电机组；南疆70502和70514队均推广使用了两台燃气发电机组，4支井队用气总量累计达129.84×10^4m^3，当年节约费用500万元。2013年，准东钻井公司以气代油技术共推广使用了4支钻井队，截至10月底，共消耗天然气114.09×10^4m^3，节约燃油530t以上，节约成本约440万元。

（3）2013年，吐哈钻井公司在以气代油技术推广方面做了以下工作：西部项目部7支钻井队完成双燃料发动机的改造工作，另有3支钻井队租用天然气发电机组。1—10月，2支钻井队使用了双燃料发动机，累计应用2.4台月，耗气6.35×10^4m^3，替代柴油50.81t，节约燃料费用12.88万元。4台天然气发电机组1—10月累计工作22.34台月，用气114.25×10^4m^3，替代柴油约914t，扣除天然气的费用后节约燃料费用的231.61万元。

钻机现场推广试验表明，以气代油技术产生的直接或间接的经济效益是非常可观的，可以进一步推广。2012年先后在20支钻井队推广应用，其中纯天然气机组17台，双燃料机组39台。累计消耗天然气625.14×10^4m^3，替代柴油4918t，减少二氧化碳排放1913t，节约燃料费用974.41万元。根据实际测算，气价执行4.52元/m^3，纯天然气动力

机组平均每台月节约燃料费 9 万 ~ 11 万元，耗气（4 ~ 6）$\times 10^4 m^3$；混合燃料发动机的替代率为 30% ~ 50%，平均替代率为 35% ~ 40%，平均每台双燃料机节约燃料费 1 万 ~ 1.5 万元，耗气（0.6 ~ 0.8）$\times 10^4 m^3$。

2013 年 1—2 月，纯天然气发电机组已启用 13 台，分别为 5 支钻井队各应用 1 台，其余 8 台配备于 3 支钻井队的集中公寓，为前线集中公寓提供电力。

经几年的小批量推广实践证明，天然气发动机代替柴油机进行钻井作业完全可行，动力性能完全能满足钻井工况要求，能够保障钻机正常作业，可以实现以气代油、节能减排、降低燃料成本的目标。

五、钻井动力以气代油技术应用前景

一般情况下，每个钻井队每年消耗柴油 1100t，费用约 924 万元。假设柴油价格以 8400 元 /t 计，天然气价格按照柴油价格 70% 来计，采用天然气机替代柴油机，每支钻井队每年可取得的经济效益约 203.5 万元，将减少二氧化碳排放 578t。

中国石油坚持突出油气核心业务，持续加大油气储量勘探力度，国内资源勘探不断取得新突破，油气生产实现较快增长。中国石油现有钻井队约 1100 个，每个钻井队每年消耗柴油 1200 ~ 1400t，年消耗柴油 $120 \times 10^4 t$ 以上，年消耗柴油费用约 100 亿元，占到钻井成本的 30% 以上，并将排放 $360 \times 10^4 t$ 二氧化碳，对大气污染、气候变暖存在重大负面影响。如果采用该课题的钻井动力以气代油、节能减排技术，将该课题的成果在钻井队中推广应用，将获得巨大的经济效益，同时还能减少二氧化碳、NO_x 及井场有害气体的排放，具有显著的节能减排效果。

天然气作为清洁能源，在减少排放、降低成本上，有得天独厚的优势。与柴油发动机相比，相同功率下，天然气发动机不仅能减少二氧化碳排放约 16.9%，改善人们的生活环境，而且可以摆脱钻井动力依赖燃油的局面。由于天然气的排放和经济优势，研发钻井动力以气代油技术不仅能够实现钻井作业的降耗减排、绿色环保，而且降低钻井成本、提高勘探开发的综合效益，达到节能减排的总目标。我国较为丰富的天然气资源也为该项目的推广应用提供了有力的能源保障，具有广阔的市场应用前景，可节约大量燃料成本，同时也为企业带来利润，具有良好的经济效益和社会效益。因此，开展钻井动力的节能减排工作，既符合中国石油绿色发展、清洁发展战略的要求，也符合国家提出的节能减排、低碳经济的发展方向和需求。

参考文献

[1] 石林，汪海阁，纪国栋. 中国石油钻井工程技术现状、挑战及发展趋势[J]. 天然气工业，2013（10）：1-10.

[2] 万德玉，李树生. 柴油机试验测试与分析实用手册[M]. 北京：学苑出版社，2011.

[3] 姚春冬. 石油钻采机械[M]. 北京：石油工业出版社，1994.

第八章　含油污泥资源化利用技术

在油田钻井、采油、集输及炼制过程中产生的含油污泥，由于其有机组分复杂、性质稳定、处理难度大，一直是困扰石油石化企业的含油固废处理难题，制约着石油石化企业环境质量的持续改进。针对稠油污泥、落地油泥和炼化“三泥”3种典型含油污泥的污染特性，开展含油污泥处理及资源化技术研究，形成了稠油污泥制备衍生燃料技术、落地油泥强化化学热洗技术和炼化“三泥”干化热解/碳化技术，解决了油田和炼化企业含油污泥处理问题，在辽河油田、华北油田、吉林石化等企业进行了应用和推广，取得了良好的处理效果。

第一节　概　　述

含油污泥是油田和炼化企业的主要固体废物，呈固态或半流动状态，属非均质多相分散体系，是石油石化行业的环保难题之一。主要由原油、水分、黏土矿物、生物有机质和化学添加剂等物质组成，一般含油率在10%左右，高的可达20%~30%以上[1, 2]，具有能源物质回收与黏土矿物再生利用价值。石油石化行业含油污泥年产量大致在100×10^4t左右，主要产生于油田（约占70%）和炼化生产（约占29%）过程。油田含油污泥主要来源于原油开发、集输处理过程产生的清罐污泥、污水处理污泥和落地原油等，炼油化工污泥主要来源为污水处理的沉降污泥、浮渣和剩余活性污泥，即炼化“三泥”。

一、含油污泥的来源与特点

由于来源不同，各种含油污泥的性质存在较大差异。通常将含油污泥划分为清罐油泥、生化污泥、落地油泥和炼化“三泥”。

1. 清罐油泥

清罐油泥是指原油沉降后，残留在罐底的沉淀物，包括油水分离药剂、石油产品中的泥沙等杂质以及乳化油等。

2. 生化污泥

含油率较低（1%~10%），由于其中微生物、菌胶团等有机物成分复杂，油呈复杂的乳化状态，因此分离较困难。

3. 落地油泥

因生产与作业原油溢出、泄漏或洒落，渗入地面土壤而形成的收集物即为落地油泥。含水率低，乳化轻，含油率为10%~30%，易于水洗回收；但黏土等固体物含量高，存在各种块状杂物，其筛分等预处理难。

4. 炼化“三泥”

炼化污水处理的沉降污泥和浮渣含油量较高，含有大量有机和无机混凝药剂，脱水及回收油困难；剩余活性污泥含油量低，但含有大量的生物有机质，易腐烂变质，产生恶臭。

在油田生产作业过程中，不同来源的污泥经常混合堆存，导致性质更加复杂。除上述来源不同外，根据不同油田油品不同，含油污泥又分为普通含油污泥和新疆、辽河油田产生的稠油污泥，其中稠油污泥具有重质油含量高（可达10%以上）、黏度大、污泥脱水及污油回收困难[3]等特点。

二、含油污泥处理技术

含油污泥产生地点分散，种类成分复杂，由于产生区域的油品成分、气候条件差异明显，因此需要针对不同含油污泥的特点开发适合的工艺和技术对其进行处理和资源化利用。同时，集成技术或组合工艺对其进行有效治理也十分必要。

发达国家早在20世纪70年代就开展了含油污泥治理技术的研究，尤其是美国、加拿大、丹麦、荷兰等欧美国家，工艺技术已经比较成熟。国外含油污泥处理的主要工艺有调质—机械分离（化学热洗）处理工艺、热裂解工艺、焚烧处理工艺和萃取（抽提）处理工艺。

我国从20世纪80年代末开始起步探索含油污泥处理技术。长期以来，各油田普遍采用直接掩埋法处理清罐油泥，占用大量的土地，同时会对土壤和地下水造成更大范围的污染。随着我国经济发展方式转变的推进，以及我国政府对环境污染问题的高度重视，含油污泥处理的研究工作得以普遍而快速地展开，相继开发了焚烧处理法、生物处理法、溶剂萃取法、热解吸法、焦化法、固化处理法、热解处理、焦化处理及调剖等多种方法。

国内的含油污泥处理技术及特点比较见表8–1。

表8–1　含油污泥处理技术特点

项目	化学热洗技术	热解处理技术	微生物处理技术	焚烧处理技术	固化处理技术
适用条件	落地油泥和油罐底泥	适用于杂质含量少、半固体状态的污泥	适用于低含油污染土壤的处理	可处理各类含油污泥和含油固废	剔除各类大块杂质的油泥
优点	处理量大，处理成本较低；自动化程度高，人工劳动强度小，处理现场整洁；无二次污染，能回收污泥中的原油	可回收原油；对来料要求不高，可处理各种类型油泥	投资少，运行费用低；处理效果好，能实现土壤的全面修复；不需要加入化学试剂，能耗低	可处理各类含油污泥和含油固废；处理彻底，技术成熟，国内炼油企业广泛使用	操作简单，处理成本低
缺点	适用于处理含油量较高、乳化较轻的落地油泥和清罐污泥，对油田和炼化企业污水处理过程中产生的乳化严重的浮渣和剩余活性污泥处理难度大；需针对油泥性质进行清洗药剂的筛选与复配，专业性强	投资偏大，运行成本高；设备密封要求高，安全性有待验证；尾气需进一步治理	更适于非溶解、非挥发性石油烃污染土壤的修复，烃含量一般不超过5%；处理周期长，一般需要一年以上	不能回收污泥中的原油；投资大，处理费用高；易产生二次污染	需要投加大量固化药剂，处理后废物总量大大增加；没有相关法律法规标准，不易得到环保部门认可；若处理不善，有二次污染隐患
技术成熟性	现场应用	现场应用	现场中试阶段	现场应用	较少应用
操作及维护	设备自动控制程度高，可长期稳定运行	可全自动运行	需定期翻耕、投加营养剂等，劳动强度大	可全自动运行，维护成本高	需机械配合固化剂添加和搅拌，劳动强度大

续表

项目	化学热洗技术	热解处理技术	微生物处理技术	焚烧处理技术	固化处理技术
治理效果	含油＜2%	含油＜2%	含油＜2%	含油＜2%	—
工艺复杂度	流程短，工艺简单	流程较长，工艺复杂	—	流程较长	—
占地面积	占地适中	占地大	占地大	占地大	—
处理成本	适中	高	低	高	适中
投资规模	中等	高	低	高	—

由表8-1可以看出，没有一种广谱性的油泥处理技术能够处理所有油泥，应根据油泥特性分质分类处理。针对不同油田、炼化企业含油污泥的特点，形成了稠油污泥制备衍生燃料、落地油泥强化化学热洗、炼化“三泥”干化热解/碳化工艺技术3项含油污泥处理技术。

第二节 稠油污泥制备衍生燃料技术

为了充分利用含油污泥中的热能，利用稠油污泥脱水—干化—燃料化工艺，对含油污泥进行资源化处理，制备衍生燃料，形成了稠油污泥制备衍生燃料技术。

一、稠油污泥衍生燃料技术研究

1. 稠油污泥组成分析

含油污泥主要来自油田污水处理厂，由隔油池底泥、浮渣、清罐油泥和活性污泥组成，是一种黑色黏稠状液体。参考GB 4914—2008《海洋石油勘探开发污染物排放浓度限值》附录A，实验采用溶剂抽提法来测定稠油污泥的基本组成，先用无水石油醚抽提样品中的水分，读取抽提出水的体积，再抽滤剩余混合物，收集滤渣，烘干称重，最后计算出样品中油、水和固相的质量分数。

实验考虑到所取样品的代表性，先后国内某油田取样，测定各个样品的油、水、固相含量，结果见表8-2。

表8-2 稠油污泥样品的组分含量

样品来源	含水率，%	含渣率，%	含油率，%
某油田欢四联污水处理厂油泥	68.0	13.0	19.0
某油田欢采华油污水处理厂浮渣（压滤后）	86.0	5.5	8.5
某油田特油一公司污水处理厂浮渣（压滤前）	87.0	11.0	2.0
某油田欢二联污水站罐底泥	76.0	10.9	13.1

由表8-2数据可知，所取样品的含油率为2%~20%，含水率为70%~90%，含渣率为4%~15%。由此可知，油泥的含水率虽然较高，但含油率也达到了2%~20%，若直接填埋，会造成环境污染。

2. 稠油污泥热值分析

含油污泥中蕴含大量热能，利用WGR-1型微电脑热量计对油田含油污泥及其浮渣的热值进行了测定，结果见表 8–3。

由表 8–3 可以看出，稠油污泥的热值较原油、焦炭低，接近普通燃煤。原油用作燃料时，由于热值高，在锅炉中不能完全燃烧，易产生冒黑烟现象。实际利用原油作燃料，需要加入一定比例的水，用乳化剂进行乳化。因此，原油实际燃烧过程中热值低于 10000kcal[❶]/kg。含油污泥热值接近燃煤，探讨利用含油污泥中的热能，并能实现无害化处理，是开拓含油污泥处理的新途径。

表 8–3　稠油污泥和典型燃料热值

样品名		热值，kcal/kg
稠油污泥	某油田欢四联污水处理厂油泥	8190.79
	某油田欢采华油污水处理厂浮渣	5875.89
	某油田特油一公司污水处理厂浮渣	5667.99
	某油田欢二联污水站清罐油泥	6554.76
典型燃料	原油	10000
	无烟煤	7500
	焦炭	7400
	烟煤	5000
	木材	4000

3. 稠油污泥衍生燃料处理剂

稠油污泥露天放置，长期保持湿润、体积无明显减少的主要原因是油泥中的油和水处于油包水状态，水分难以快速蒸发。因此，要充分利用稠油污泥中的热能并使其燃料化，首先应使稠油污泥迅速破乳，让游离状态的水分子变成水合状态，将油包水中的水游离出来易于干燥，降低油泥含水率，实现油泥减量。为了提高干化药剂的环境接受度，降低其环境影响风险，室内对十几种无毒、天然材料制成的破乳剂进行了初步筛选，初步实现了稠油污泥的破乳，但破乳后的稠油污泥还在 60% 以上，且成团不松散，不利于与燃煤混合燃烧。鉴于上述原因，在稠油污泥中再加入疏散剂、引燃剂和催化剂是必要的。其中，引燃剂可提高含油污泥的挥发分，使其易燃；催化剂能加快反应速度，使反应的热值提高；疏散剂可提高含油污泥的孔隙率，易于其干化、不结团。同时还加入适量催化剂以提高其反应速度。研究中，对数十种破乳剂、引燃剂、疏散剂、催化剂进行了实验效果对比，选出了效果最佳的试剂。在此基础上进行了处理剂复配实验，开发出了干化效果最好、热值较高的衍生燃料化剂配方。

室内处理剂复配实验见表 8–4。由表 8–4 可知，当油泥比为 80%、添加剂为 20% 时，干化效果最好。

4. 稠油污泥衍生燃料处理装置

稠油污泥燃料化处理装置是集“调质→回收油→脱水→干化→燃料化→燃料成型”于一体的多功能含油污泥处理设备。通过物理、化学作用，该装置可使含油污泥在短期（48h，20℃左右）干化成一种含水量低于 10% 有较高热值的可燃物，热值平均达

❶ 1kcal=4.1868kJ。

5000kcal/kg。可燃物能直接燃烧，也可与燃煤混烧，是燃煤锅炉和电厂锅炉很好的燃料。燃料燃烧产生的废气和灰渣满足我国GB 13271—2014《锅炉大气污染物排放标准》和GB 15618—2008《土壤环境质量标准》三级标准值等污染物排放标准。该装置流程简单，操作安全，处理成本低。

表8-4 含油污泥处理剂的复配实验

序号	油泥质量，g	添加剂A，%	添加剂B，g	添加剂C，g	添加剂D，g	效果
1	90	3	3	3	1	干化时间长，内有油迹
2	90	3	4	2	1	干化时间长，内有油迹
3	90	4	3	2	1	干化时间长，内有油迹
4	95	1	1	2	1	干化时间长，内有油迹
5	85	3.5	3.5	6	2	干化时间短，整体干燥
6	80	5	5	7	3	整体干燥，无油迹、灰粒

稠油污泥干化处理装置，主要由稠油污泥储池、潜水渣浆泵、加药罐、压滤机、螺旋输送机、物料反应罐、衍生燃料化剂配料罐、污水罐和多级排污泵组成，如图8-1所示。稠油污泥储存在油泥池内，通过潜水渣浆泵将油泥输送至压滤机，其间通过絮凝剂加药罐将絮凝剂溶液加入潜水渣浆泵输泥管线中。压滤后的油泥通过1#螺旋输送机输送至物料反应罐中，同时采用2#螺旋输送机将在衍生燃料化剂配料罐配制好的衍生燃料化剂也输送到物料反应罐中，让油泥和衍生燃料化剂在物料反应罐中充分混合和反应，最终产物通过3#螺旋输送机输送至污泥自然干化场，压滤机脱出的水进入污水罐中，然后由多级排污泵将污水送至污水处理厂进行处理。

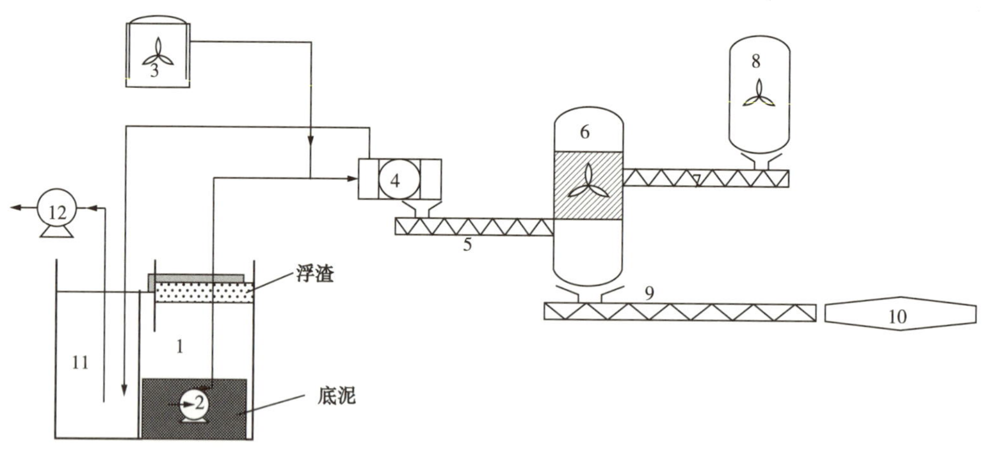

图8-1 稠油污泥干化处理装置的正面结构示意图

1—稠油污泥储池；2—潜水渣浆泵；3—加药罐；4—压滤机；5—1#螺旋输送机；6—物料反应罐；7—2#螺旋输送机；8—衍生燃料化剂配料罐；9—3#螺旋输送机；10—干化场；11—污水罐；12—多级排污泵

5. 稠油污泥燃料化处理工艺

整体工艺主要分为以下4步，处理工艺流程如图8-2所示。

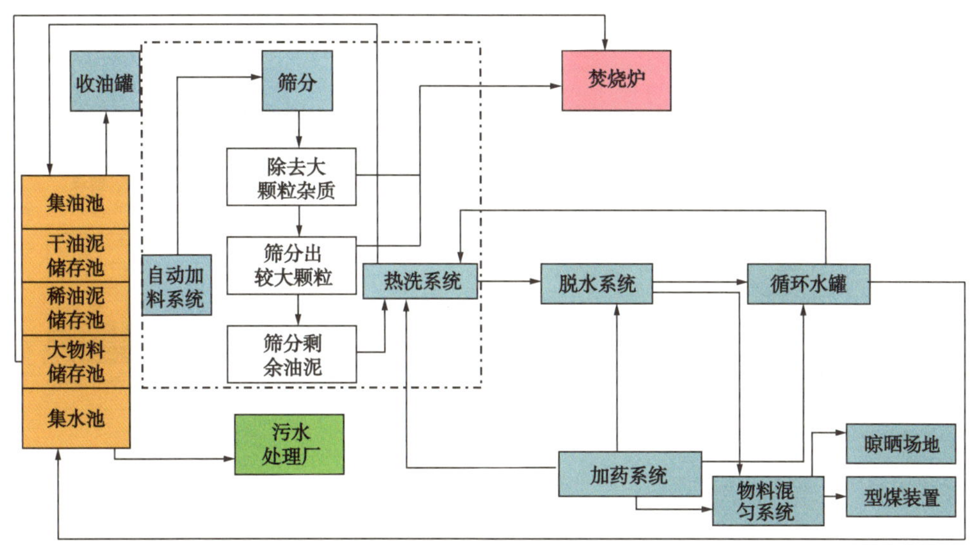

图 8-2　稠油污泥干化处理工艺

第一步：稠油污泥预处理。稠油污泥预处理由自动加料系统、筛分系统及热洗系统三部分组成。含油污泥进入主工艺之前，对含油污泥进行筛分处理，去除大块的固体杂质，减少后续机器的磨损并保证其处理效率。在该工序中，通过加入回掺热水（系统循环水），可将污泥升温至 45～60℃，对油泥进行热洗，以促使油泥中的油类部分从固体粒子表面分离与脱附，实现含油污泥中油的回收。热洗回收的油类输送至集油池，下层的水和底泥输送至脱水系统。

第二步：稠油污泥机械脱水。经热洗预处理（筛分去除了大块杂质并回收了部分油类物质）后的含油污泥（45～60℃）进入脱水系统，固液分离出的固体输送至物料混匀系统。分离出的水进循环水罐作为工艺用水循环利用，反复循环多次的剩余浓水输送至集水池后再用泵输送至污水处理厂处理。

第三步：脱水后含油污泥干化。脱水后的含油污泥经过螺旋输送机输送至物料混匀系统，经投加干化、引燃、疏散等一体式综合药剂后充分混合，实现含油污泥快速干化。

第四步：干化后含油污泥燃料化。经干化处理后的油泥，通过螺旋输送机输送至晾晒场或进入型煤装置，按需要做成不同形状燃料，供矿区采暖锅炉或电力集团公司燃煤炉使用，实现含油污泥的资源化再利用。

稠油污泥燃料化工艺处理效果如图 8-3 所示。

二、稠油污泥干化物与燃煤混烧的可行性分析

1. 处理后含油污泥热值

在采自辽河油田的含油污泥和浮渣中加入一定量的衍生燃料化剂和煤粉，干化形成粉状物或型煤后测其热值，见表 8-5。

由表 8-5 可知，无论是形成的粉状物还是型煤，均有较高热值，因此从热值上分析含油污泥干化物与燃煤混燃是可行的。实验中由于所加入的煤粉为家用蜂窝煤粉碎后的产物，因本身热值较低，故掺入油泥后使整体热值有所下降。

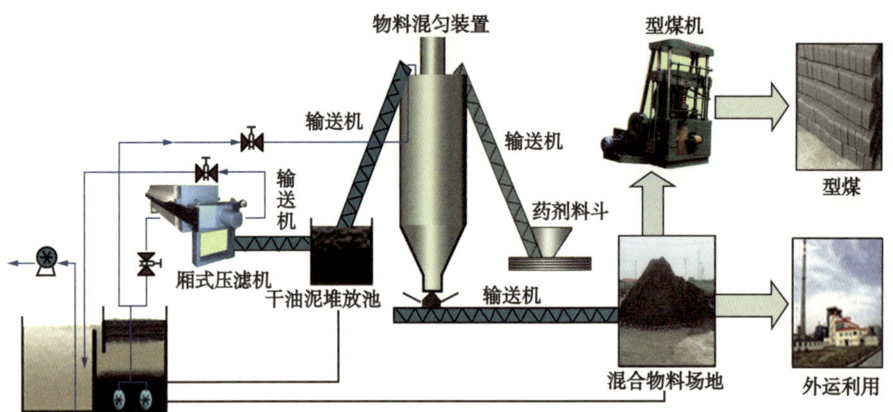

图 8-3 稠油污泥干化处理工艺效果

表 8-5 处理后粉状物及型煤热值

处理方式	成品样	热值，kcal/kg
欢四联污水处理厂油泥 + 衍生燃料化剂	粉状物	6224.10
特油浮渣（压滤前）+ 衍生燃料化剂	粉状物	4114.19
欢采浮渣（压滤后）+ 衍生燃料化剂	粉状物	4948.04
特油浮渣（压滤前）+ 欢四联油泥 + 衍生燃料化剂	粉状物	5445.77
欢四联污水处理厂油泥 + 衍生燃料化剂 + 煤	型煤	5578.66
特油浮渣（压滤前）+ 衍生燃料化剂 + 煤	型煤	3491.39
欢采浮渣（压滤后）+ 衍生燃料化剂 + 煤	型煤	3897.92
欢二联污水站清罐油泥 +20% 油泥处理剂	粉状物	4885.00
欢二联污水站清罐油泥 + 衍生燃料化剂 + 煤	型煤	4629.00

2. 稠油污泥干化物与燃煤混烧

实现稠油污泥干化物与燃煤的混烧，燃煤锅炉的运行状态是决定混燃的关键因素，目前辽河油田热采锅炉为 4t/h 立式旋风锅炉，采用旋风和悬浮混合燃烧、液态排渣的运行方式，热值平均为 5200kcal/kg。

1）含油污泥干化物的粉碎

干化后的含油污泥是黑色的颗粒，粒径为 0.5 ~ 3cm，而燃煤粉锅炉粒径约为 20μm，将干化物进行手工研磨，可以达到 20μm，因此干化物经粉碎后混入燃煤中可以满足相关要求。

2）燃煤锅炉的热影响

锅炉正常运行时，耗煤约 4t/h；热值平均为 4800kcal/kg；烟气热损失 294kcal/kg；锅炉取热 4486kcal/kg；炉渣和灰渣热损 252kcal/kg；其他热损 168kcal/kg。干化物与煤按 1∶6 比例混合，如果干化物的热值按 6000kcal/kg 计算，则混烧时的热值为 5000kcal/kg。即使干化物的热值为零，按上述比例混烧，热值仍达到 4100kcal/kg。这样既可达到燃烧效果，也能保证总体热值，在利用含油污泥热值的同时实现了含油污泥的无害化处理。

3）含油污泥干化物燃烧后污染物监测结果

含油污泥干化物燃烧后灰渣重金属含量委托国家地质实验测试中心进行测试，结果见表 8–6。

表 8–6　稠油污泥灰渣中重金属含量　　单位：mg/kg

元素	自然土壤环境质量一级标准	稠油污泥灰渣	农用污泥标准（pH ≥ 6.5）①	土壤环境质量标准（三级）②
Cu	35	97.9	500	400
Cd	0.20	0.97	20	1
Pb	35	63.3	1000	500
As	15	≤ 0.01	75	30
Cr	90	86	1000	300

① 源自 GB 4284—1984《农用污泥中污染物控制标准》，其中 Cr 的控制标准适用于一般含 Cr^{6+} 极少的具有农用价值的各种污泥。

② 源自 GB 15618—2008《土壤环境质量标准》。

由表 8–6 可以看出，自然土壤中含有一定量重金属，含油污泥灰渣全部监测数据低于我国的 GB 15618—2008《土壤环境质量标准》中的三级标准值和 GB 4284—1984《农用污泥中污染物控制标准》。

稠油污泥干化物与燃煤混烧时排放的工业烟气、烟尘经江都区环境监测站监测，结果见表 8–7。

表 8–7　工业废气、烟尘监测结果

测试参数	监测结果	GB 13271—2014
烟尘排放浓度，mg/m^3	47.1	≤ 80
氮氧化物浓度，mg/m^3	206	≤ 400
烟气黑度（林格曼黑度），级	< 1	≤ 1
SO_2 排放浓度，mg/m^3	144	≤ 400

本次监测结果表明，稠油污泥干化物与燃煤混烧，该厂所测锅炉烟尘排放浓度、二氧化硫排放浓度、烟气林格曼黑度均符合 GB 13271—2014《锅炉大气污染物排放标准》中排放浓度限值。

三、现场应用

2007 年 11 月—2012 年 12 月，采用稠油污泥燃料化处理装置和技术处理辽河油田产生的含油污泥共 100000t（含水率为 75%～80%，平均含油率为 10%），平均收油率为 70%，回收原油 7000t，得干化物 30000t，创造产值 6522 万元，节省排污费 10000 万元。

辽河油田公司欢喜岭采油厂稠油污泥经其处理后，其热值在 4000kcal/kg 以上，可直接作为燃料使用；烧后残渣的重金属及其浸出液的石油类、COD_{Cr}、色度、pH 值等环保指标，经检测达到了 GB 8978—1996《污水综合排放标准》一级标准要求，无污染物转移和二次污染的风险，技术绿色环保性能好。稠油污泥资源化技术的成功应用解决了困扰辽河油田多年的环保难题，也为辽河油田带来了较大的环保效益和经济效益，具有推广价值。处理后稠油污泥热值见表 8–8，现场油泥干化物及燃烧效果如图 8–4 和图 8–5 所示。

表 8–8　处理后辽河油田稠油污泥热值

物料名称	热值，kcal/kg
池内上层浮渣 + 药	4648
池内下层油泥 + 药	4397
压滤机压出油泥 + 药	6522

图 8–4　现场油泥干化物

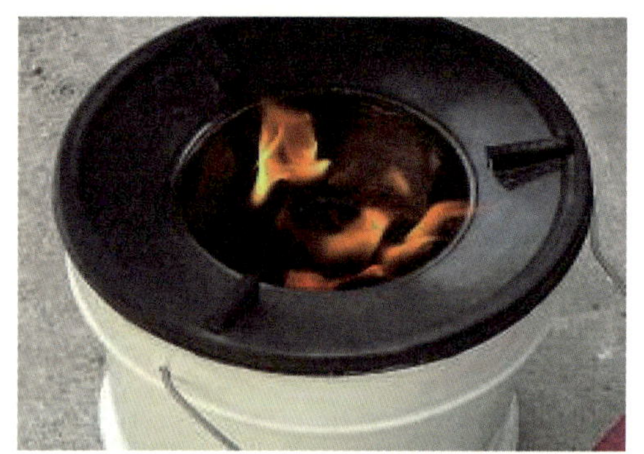

图 8–5　干化物燃烧效果

这些油泥燃点低，燃烧充分，既可以单独燃烧，也可与燃煤同时入炉，燃烧后灰渣呈灰白色。灰渣中重金属含量见表 8–9，检测数据表明，油泥燃烧灰渣的浸出液达到国家污水综合排放一级标准。

表 8–9　辽河油田稠油污泥灰渣中重金属含量　　单位：mg/kg

元素	Cu	Cd	Pb	As	Cr	Zn	Hg	Ni
稠油污泥烧后灰渣 1	201	0.61	148	3.88	107	569	0.043	65.6
稠油污泥烧后灰渣 2	82.5	0.54	88.6	3.52	88.4	105	0.077	54.6
农用污泥标准①	500	20	1000	75	1000	1000	15	200
农用粉煤灰标准②	500	10	500	75	500	—	—	300

① GB 4284—1984《农用污泥中污染物控制标准》。

② GB 8173—1987《农用粉煤灰中污染物控制标准》。

稠油污泥干化物与燃煤混烧时排放的工业烟气、烟尘经环境监测站监测结果见表 8–10。监测结果表明，稠油污泥干化物与燃煤混烧，所测锅炉烟尘排放浓度、二氧化硫排放浓度、烟气林格曼黑度均符合 GB 13271—2014《锅炉大气污染物排放标准》中排放浓度限值。

表 8–10　辽河油田的大气、烟尘监测结果

测试参数	监测结果	GB 13271—2014
颗粒物排放浓度，mg/m^3	63	≤ 80
氮氧化物排放浓度，mg/m^3	305	≤ 400
烟气黑度（林格曼黑度），级	< 1	≤ 1
SO_2 排放浓度，mg/m^3	112	≤ 400

四、小结

（1）开发出了一种新型稠油污泥处理剂（衍生燃料化剂），由破乳剂、引燃剂、疏散剂及催化剂组成，衍生燃料化剂能使含油污泥迅速破乳，脱去水后的泥渣彼此不粘连、不结块，干燥后的泥渣易于燃烧，还可与燃煤混烧。

（2）稠油污泥干化物燃后灰渣全部监测数据均低于我国的《土壤环境质量标准》和《农用污泥中污染物控制标准》限值要求，不会造成额外的环境影响燃煤混烧锅炉的烟尘排放浓度，二氧化硫排放浓度烟气林格曼黑度也均符合 GB 13271—2014《锅炉大气污染物排放标准》，满足排放要求。

（3）稠油污泥燃料化新技术，集成了“调质→热洗→脱水→干化→燃料化→燃料成型”等多功能于一体的稠油污泥燃料化处理装置，实现了稠油污泥从废物变燃料全过程的一步转换。

（4）该稠油污泥燃料化新技术可广泛应用于除稠油污泥外的多种类型石油石化含油污泥的无害化处理与资源化利用，大幅度提高了含油污泥的资源化利用率，实现了含油污泥处理的广谱化、成本最低化和资源利用最大化。

第三节　落地油泥强化化学热洗处理技术

为了解决落地油泥的污染问题，充分回收落地油泥中的石油资源，利用“预处理—强化化学热洗—离心脱水”工艺，对落地油泥进行除油处理和资源化回收利用，形成了落地油泥强化化学热洗技术。

一、强化化学处理落地油泥原理

含油污泥经预处理，筛分出大块物料并将油泥充分均质化，然后将含油污泥在加热并加入定量表面活性药剂的条件下，使油从固相表面脱附、聚集，并借助气浮和机械分离作用回收污油[4, 5]，泥沙进脱水装置脱水后实现残渣含油率在 2% 以下。化学处理效果如图 8-6 所示。

图 8-6　化学热洗处理效果

化学热洗技术处理量大，无二次污染，处理效果好，能回收污泥中的原油，适用于处理含油量较高、乳化较轻的落地油泥。化学热洗成功运行的三大关键因素如下：

（1）预处理流程。预处理的目的是将油泥中的杂质筛分出来，并使油泥充分均质化；否则，易造成后续处理设备堵塞，且油泥均质化不够充分，影响后续油泥的分离效果。

（2）化学清洗药剂。需针对落地油泥性质，通过对清洗药剂的筛选、复配，筛选出适合处理的清洗药剂，药剂应能循环利用，从而节省运行成本。已有研究和工程运行经验表明，清洗药剂的温度以 60～70℃为宜，对于油田联合站和炼化企业污水处理过程中产生的乳化严重的浮渣和剩余活性污泥，常用清洗药剂很难实现达标处理。

（3）油泥清洗流程。仅采用搅拌、重力沉降等机械分离无法达到落地油泥的处理要求，在油泥分离中引入气浮工艺，油泥浆在机械搅拌力和药物的共同作用下，包裹在沙粒或土质颗粒中的油分借助气泡气浮上升，为油和泥的充分分离创造了条件。

二、处理标准

对于含油污泥处理到何程度为达标，以及处理后的残渣剩余物的去向问题，国内无统一标准，在 HJ 607—2011《废矿物油回收利用污染控制技术规范》中，提到“油泥沙经油泥分离后含油率应小于 2%”，在黑龙江省地方标准 DB23/T 1434—2010《油田含油污泥综合利用污染控制标准》和陕西省地方标准 DB61/T 1025—2016《含油污泥处置利用控制限值》中，均将含油率小于 2% 作为含油污泥处理控制标准。因此，本书亦将含油率不大于 2% 作为落地油泥处理控制标准。

三、化学清洗药剂筛选

1. 落地油泥清洗药剂机理简介

1）落地油泥清洗药剂的主要机理

研究表明，落地油泥清洗药剂的主要机理包括卷起机理、乳化机理、溶解机理和破乳机理。

卷起机理：与清洗表面润湿有关，即表面活性剂与清洗表面相互作用决定的。当接触角大于 90° 时，通常污物就很容易脱落。

乳化机理：要求在油污和表面活性剂溶液之间的界面张力比较低。这个机理包括表面活性剂与油污的相互作用，并且与清洗表面的本质无关。

溶解机理：油污被溶解，在原位形成微乳液。类似于乳化机理，要求油与表面活性剂溶液之间的界面张力很低。

破乳机理：破乳效果与原油乳化液的油水界面张力密切相关，破乳剂降低界面张力能力越强，破乳效果越好。

2）清洗药剂筛选及复配原则

通过热洗可以改善落地油泥黏稠、流动性差的特点。通过化学药剂的强化作用可以对油泥进行絮凝破乳，达到较好地油水、油固、水泥分离的目的。因此，从处理药剂作用机理可以看出，热化学清洗方法是一种符合油田含油污泥特性、具有较强灵活性且技术可行的含油污泥处理工艺。

热化学清洗法处理石油污泥，宜用亲水性的表面活性剂，这样清洗后油在上层，水和固体在下层。常用的有效药剂可分为阴离子表面活性剂、阳离子表面活性剂、非离子表面活性剂、两性表面活性剂、碱性无机盐等几类。对多种药剂进行筛选及复配，可进一步提高清洗效果。

药剂的选择在具有普适性、无害性、经济性与安全性的原则前提下，还应遵循下列技术要求：

（1）有利于油泥分离。选用的药剂可有效地降低原油、油水、油泥的界面张力，以利于固体与矿物油的分离，并保证水的表面张力不会在加入药剂的情况下大幅度降低。

（2）有利于油水分离。油水分离是保证污泥处理的重要步骤之一。油水分离效率直接影响到整体工艺的流畅性。由于常规的表面活性剂具有很强的表面活性，因此在油泥清洗后液相中的矿物油呈乳化状态，难以进行油水的分离。因此，在药剂的选择中应同时考虑油固、油水两个分离过程。

（3）有利于泥水分离。泥水分离是油泥清洗技术的终端处理单元。过高的药剂表面活性不利于油水分离，也会在一定程度上降低固体的沉降性能。因此，在发挥药剂的分散作用以提高油泥清洗效率的同时，要考虑药剂的凝聚性能，为泥水的高效分离提供条件。

落地油泥样品于 2012 年 10 月取自油田。油泥总质量约 10kg，黏稠，黑褐色，有浓厚的石油气味，加热到 50℃以上呈半流动状态。经测试，密度为 1.62×10^3kg/m^3。采用标准 GB/T 8929—2006《原油水含量的测定　蒸馏法》，用蒸馏回流法测得华北油田落地油泥含水率为 5.1%。用马弗炉灼烧油泥，测得油泥中含固体（以泥沙、土壤为主）61.6%。利用差减法，得到华北油田落地油泥含油 33.3%。

2. 影响清洗效果的因素

搅拌强度、热洗时间、热洗温度、静置时间和固液比 5 种因素对热化学清洗实验后残渣剩余物的含油率有一定影响。改变搅拌强度、热洗时间、热洗温度、静置时间、固液比这 5 种因素其中一种因素数值，其他 4 种因素固定不变，进行热化学清洗实验，平行测定 3 次，以油泥处理后的残渣剩余物含油率 X_0 值为评价指标，来确定处理工艺最佳条件。通过实验，确定各因素较好的实验水平为热洗时间 30min，热洗温度 60℃，搅拌强度 60r/min，静置时间 30min，固液比 1∶4。

必须说明的是，以上结果为实验结果，作为工程应用的基础，工程应用时，结果会有所偏差，需根据现场情况做出调整。

四、化学热洗装置

1. 工艺流程简介

因落地油泥中常含有编织袋、沙石、生活垃圾等大块废弃物，需经预处理后筛分出大块物料并将油泥充分均质化，然后将含油污泥在加热并加入定量化学处理药剂的条件下，使油从固相表面脱附、聚集，并借助气浮和机械分离作用回收污油，泥沙进脱水装置脱水后实现残渣含油率在 2% 以下。因此，整体技术采用“预处理—强化化学热洗—离心脱水”工艺，工艺流程如图 8-7 所示。

各个地点的含油污泥通过罐车拉运至污泥处理站，卸至污泥堆放池，污泥堆放池两侧设置移动式抓斗器运行轨道，用抓斗器将污泥送至滚筒筛分选装置，滚筒筛分选装置去除编织袋、生活垃圾、大块固体废物，由污泥输送装置输送至垃圾杂物堆放场，滚筒筛分选装置喷淋清洗产生的泥水进入污泥均混池，设置渣浆泵进行提升。经过这个处理过程，就实现了大件垃圾杂质与污泥分离。在污泥均混池中设有浮油回收装置收集浮油。

污泥均混池中的污泥经液下螺杆泵提升至化学热洗装置中的制浆机中，同时给制浆机加热，在制浆机内进行充分的搅拌混合以形成混合油泥浆。配制好的油泥浆通过渣浆泵进

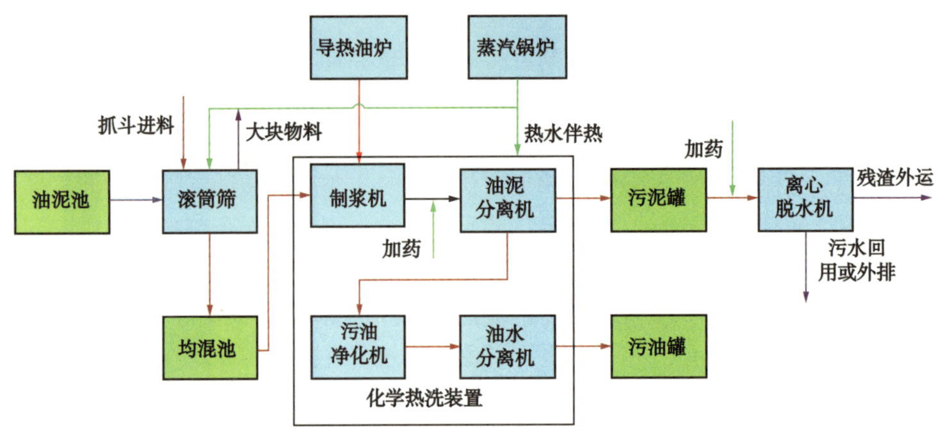

图 8-7　化学热洗工艺流程

入油泥分离器，在分离器内依据原料的情况加入定量的油泥洗脱剂，经过充分搅拌混合，并在导入的微气泡作用下，使得油和泥彻底分离。同时在底部向分离器内泵入清水以将油气泡的液面托高，油分以油气泡的形式浮到上层，通过油气泡刮除器把油气泡导入污油净化器内。污油经加药油水分离后实现原油回收利用。

油泥分离器底部的泥水经泵进入离心脱水装置进行脱水处理。分离出来的残渣含油率可达 2% 以下，离心分离出来的水可循环使用，剩余的污水打回站内污水处理系统处理。

2. 预处理系统

预处理系统设备筒内安装有一定角度的耐磨橡胶衬板不断带起抛落，自进料端到出料端移动过程中包括蒸汽锅炉、抓斗机、滚筒筛分选装置和浮油回收装置。

1）蒸汽锅炉

蒸汽锅炉橇装设计，外置换热器，可为预处理系统提供 120℃蒸汽和 80℃热水，触摸屏设计，全自动控制。换热器来水为离心机脱水的污水，实现污水的循环利用。

2）抓斗机

抓斗机 1 台，将污泥池中的含油污泥抓取至滚筒筛进料口。抓斗机可无线遥控设计，操作方便。

3）滚筒筛分选装置

现有的滚筒筛多用于矿山机械和垃圾处理工艺中粒度分级的筛分，它是利用做回转运动的筒形筛体将物料按粒度分级，其筛面一般为编织网，工作时筒形筛体倾斜安装。被筛分的物料随筛体的转动做螺旋状翻动，粒度小于筛孔的物料被筛下，而留在筛体上的物料从筛体底部排出。然而，由于油田污泥长期堆存形成板结且成分复杂已固化，利用现有的滚筒筛不能直接进行油泥筛分。新型滚筒筛分机包括筛网、用于驱动筛网旋转的电动机、与筛网连接的进料口和废料出口、两根布置于滚筒筛内部的清洗管线和一根布置于筛网外部的清洗管线，清洗管线上具有多个孔，通过多个孔向筛网内的油泥喷射蒸汽和热水，利用水流对向高压冲洗产生强效剪切作用，将污泥中的大块废弃物与油泥剥离，大块废弃物通过密闭的输送装置输送到废料口并排出滚筒筛。筛网网孔直径可根据物料性质设为 5~10mm，小于筛网网孔的油泥滤液经筛网进入下一级处理设备。设置在筛网外侧的密封罩，使得整个筛分过程在密闭环境中进行，从而降低噪声。另外，在密封罩上端设有引风出口，通过引风机将挥发的油气排出，从而减少了异味的排出。此外，考虑到编织物缠绕清洗管线的问题，筒体内还设置了气扫喷嘴，用于对清洗管线进行定期清洗。

抓斗将落地油泥从污泥池中抓至滚筒筛进口。滚筒筛电动机带动减速机，大小齿轮带动清洗筒体低速旋转。滚筒内安装有一定角度的耐磨橡胶衬板不断带起抛落，自进料端到出料端移动过程中多次循环，并被顺向或逆向的高压冲洗水和蒸汽冲刷洗涤，清洗干净的物料经过卸料端筒筛筛分脱水后排出，粒径小于 5mm 的含油泥水则通过筛孔流出，进入下一级设备。

整套系统自动化变频控制，能耗低，劳动强度小，处理效率高。并且整套工艺采用密闭流程，挥发油气集中处理，可接入尾气净化系统，或高空排放。符合清洁生产管理要求。橇装立体堆叠设计，减少占地面积，合理利用空间，防止处理过程中造成二次污染；设备衔接紧凑，可有效降低整体项目投资。

4）浮油回收装置

该装置根据重力分离原理设计，利用浮油和污水的密度差异，强制抽吸、外排。装置由浮筒式浮吸器、螺杆收油泵、不锈钢软管、阀门仪表等组成，全部材质为 SUS304，耐酸碱、耐腐蚀，浮吸器的收油口可根据现场油污厚度手动调整，操作简单、方便。

3. 强化热洗处理系统

油泥中的原油紧紧地包裹着黏土颗粒。在洗脱剂的作用下，油膜层被分散开来，油膜和黏土的连接键被充分打开。被分散的油膜此时借助冲入的微气泡重新形成油气包裹体，并借助浮力作用漂浮到上层形成分离器中的油气泡层。泥沙颗粒沉淀形成底泥。净化处理过程中需注意以下问题：

（1）所要分离的油泥、水不但有物理混合，还有油、泥、水分子的乳化作用，破解油、泥、水分子间的乳化是油泥、水分离的最关键的问题。常温下，油、泥、水分子间的乳化是较难完全分离的，加热是解决问题的最简单办法。加热温度过高必然造成能源浪费及油分子的过量蒸发，加热温度过低油泥处于半固体状态，而使油、泥、水分子的分离更加困难，经过多次计算、试验，最佳的加热温度为 60℃左右。

（2）油、泥、水相态间的分离，还有一个必备条件：油泥在水中的浓度不宜过高，因为原油中的泥土与油的密度相差较小，微粒直径小到 0.005mm 以下，只有在一定的浓度中才能破解渗透在泥土中的原油分子。经过多次试验，当油泥与水的体积比为 1∶0.75 以上时才可在化学力作用下将油与泥沙分离。

油泥净化设备由供热系统、制浆子系统、油泥分离子系统、油水分离子系统和加药子系统组成。

（1）供热系统。

油泥分离的各个环节都离不开加热，而且各个环节所需温度和热量又不尽相同。加热系统采用预处理系统产生的热水和导热油炉联合供热，既保证了不同温度热量的供给，又减少了热量的浪费。

（2）制浆子系统。

均混池中的污泥经过提升泵进入制浆机中，制浆机设有自动阀门，通过阀门控制注入污泥。制浆机配有搅拌机、热水伴热管路及导热油伴热管路，当需要工作时启动热水伴热对机器内部的污泥进行加热，制浆机设有热电偶可以实现温度的自动控制，使热水伴热及导热油伴热配合使用达到污泥的加热目的。加热后的污泥通过搅拌变成流体状态，为后续处理提供有利条件。制浆机底部设有油泥提升泵，并设有液位计与提升泵连锁，通过温度、时间等控制将加热搅拌均匀的油泥提升加压。加压后的油泥经过管道混合器，管道混合器设有加药口，启动油泥提升泵的同时启动加药装置，由于管道混合器的折返混合功能使药剂与介质的混合更彻底，避免了罐体直接加药混合不均匀的缺点。加药后的油泥进入油泥分离机中。

（3）油泥分离子系统。

加药后的油泥进入油泥分离机中，油泥分离机是根据油泥分离特性特制而成的，是集沉降、溶气、曝气、浮选刮油为一体的油泥分离设备。油泥进入机器中部，中部设有稳流筒及螺旋沉降机，稳流筒使液面平稳下降均匀，将进入设备中的液体控制在一定的区域范围内，在沉降机的作用下迫使油泥中的固体泥块等悬浮物沉降到设备底部，而污油则会上浮至设备上部，沉降机采用变频调节，能更好地适应物料的变化，改变沉降速度达到良好的沉降效果。为更好地使污油上浮设备中部设有曝气溶气设备，通过微孔曝气气泡上浮使污油加速上浮至液体表面，气泡分布均匀连续上浮达到对液体充分洗涤的作用，使液体中的污油全部向上移动，漂浮在液体表面。同时设备中部设有热水冲洗，利用热水的冲洗作用配合污油上浮。

设备上部设有旋转可调式刮板刮油机，这种刮油机的特有功能是能根据液面高低调节刮板位置，可对液体表面的污油进行高度的提升，达到油水分离的目的。通过刮油机的作用将液面上浮的污油向周边移动，刮板为切线方向离心式设计，通过旋转将液面上的浮油全部刮到周边的污油槽内，然后通过管道流入污油收集器内。油泥分离机底部设有污泥输送泵，将油泥分离机底部的污泥输送至污泥池中等待后续处理。

（4）油水分离子系统。

经过油泥分离机分离的油水进入污油收集器中，污油收集器设有搅拌机及加药孔，通过加药搅拌使药剂迅速发挥作用，在药剂的作用下使油水完全分离。污油收集器上设有热电偶，当温度过高或过低时控制加热系统的开关，在加热的作用下使油水分离更彻底。经过搅拌药剂分离的油水进入油水分离器中通过特有的溶气浮选原理使油上浮水沉降，分离后的水排出设备，浮选的油通过刮油装置进入储槽内，储槽内设有液位计与污油输送泵连锁，将储槽内分离出的油输送至污油储罐中。

（5）加药子系统。

加药设备拥有特有控制技术的定量加药系统，通过在线控制，可实现药剂配比浓度的设定，可实现根据物料量的变化控制加药量等先进功能，同时独特的罐体溢流设计使药剂溶解更均匀。药剂通过配药泵、进水阀及液位计的定量控制来配制一定浓度的药剂，通过搅拌使药剂配制更加均匀。加药泵采用定量供给模式，出口设有脉动阻尼器，使药剂供给更平稳，更加均匀。加药泵出口设有回流阀，当管道发生堵塞及故障时回流阀自动开启，防止高压损坏泵体及电动机。

4. 离心脱水系统

离心脱水系统包括卧螺离心脱水机 1 台、进泥泵 1 台、高分子絮凝剂配投装置 1 套、螺旋输送机 1 台、配套控制系统及流量计等。

其工作过程是：悬浮液经进料管和螺旋出料口进入转鼓，在高速旋转产生的离心力作用下，密度较大的固相颗粒沉积在转鼓内壁上，与转鼓做相对运动的螺旋叶片不断地将沉积在转鼓内壁上的固相颗粒刮下并推出排渣口，分离后的清液经液层调节板开口流出转鼓。螺旋与转鼓之间的相对运动，也就是差转速是通过差速器来实现的，其大小由副电动机来控制。差速器的外壳与转鼓相连接，输出轴与螺旋体相连接，输入轴与副电动机相连接。主电动机带动转鼓旋转的同时也带动了差速器外壳的旋转，副电动机通过联轴器的连接来控制差速器输入轴的转速。使差速器能按一定的速比将扭矩传递给螺旋，从而实现了离心机对物料的连续分离过程。离心机具有两种自动控制功能，即差转速控制和力矩控制，由于污泥进料含固率可能会有波动，采用差转速控制系统保证差转速稳定，使泥饼干度恒定，采用恒力矩控制使离心机负荷处于稳定状态，使得分离效果及絮凝剂使用处于最佳状态，很好地保证离心机可靠安全运行。离心机具备优良的密封性能，污泥脱水处于全密封状态下工作，使得环境清洁干净。

经离心脱水后，污泥含水率降至 80% 左右，含油率可控制在 2% 以下。

五、强化化学热洗处理技术应用情况

该技术在华北油田和吐哈油田实现应用。华北油田采油二厂油泥处理工程于 2013 年 5 月开工建设，于 2014 年 5 月 8 日投产运行。设计处理能力 2.5t/h，年处理能力 6000t。吐哈油田鄯善采油厂油泥处理工程于 2015 年 5 月设备到货，于 2015 年 10 月试运行，设计处理能力 5t/h，年处理能力 10000t。强化化学热洗技术在吐哈油田的应用情况如图 8–8 所示。

图 8–8　强化化学热洗技术在吐哈油田应用情况

工程实施后，可实现含油污泥的达标排放和综合利用，可以回收利用油泥中残留的油类，符合国家、中国石油清洁生产及循环经济政策要求，可以初步解决长期以来一直困扰油田的含油污泥的处理问题，含油污泥经处理后残渣剩余物均可达到 2% 以下，实现油泥的无害化处理和资源化利用。

六、小结

（1）研究表明，温度、清洗时间、搅拌速度、pH 值、固液比（固液比为质量体积比，即油泥的质量与清洗液体积之比）等单一因素对样品中石油清洗效率有显著的影响。

（2）自动分拣、筛选和污泥均质化的预处理设备可以筛分大块物料并将含油污泥均质化，满足污泥处理工艺的进料要求，为油泥气浮净化分离过程提供保障。

（3）高效的油泥净化工艺和装置，成功地将油泥当中的原油、水和泥土分离出来。经处理后残渣中含油率可控制在 2% 以下，可实现含油污泥的达标排放和综合利用。

第四节　炼化“三泥”干化热解／碳化工艺技术

为了解决炼化“三泥”产量大、成分复杂、脱水难、处理难的技术难题，对炼化“三泥”开展了先导试验研究，形成了炼化“三泥”干化热解 / 碳化工艺。

一、含油污泥资源化先导试验技术路线比选

针对炼化“三泥”的性质特点，开展技术调研、交流和前期试验。通过技术交流及前期试验，污泥资源化技术路线为电渗透 + 污泥热解碳化。

1. 污泥处理主体工艺技术比选

目前，含油污泥处理技术较为成熟的有焚烧技术、焦化处理技术和污泥热解碳化技术。3 种技术的主要经济技术指标见表 8–11。

表 8–11　污泥处理工艺比较

序号	项目	处理温度 ℃	产物	污染物	直接处理成本 元 /t	污泥减量率 %	技术特点
1	污泥焚烧	800～1000	焚烧灰	二噁英	＞600	＞95	处理彻底，适于处理市政污泥，能耗较高，需配套完善的尾气处理系统
2	焦化处理	450～500	油、热解气和焦化炭渣	几乎无二噁英	—	＞90	依托现有焦化装置进行改进，系统改造工程复杂，污泥性质与进料量会影响焦化产品，需对污泥进行预处理
3	热解碳化	300～600	油、热解气和碳化物	无二噁英	350～450	＞90	尾气中污染物含量低，处理难度相对较小，可回收燃料等资源，中、低温碳化，可充分保持污泥中碳含量与热值

相对于传统污泥处理方法，污泥热解碳化技术不仅占地面积小，而且工艺流程和反应条件简单，运行成本较低。热解产物以低分子状态燃烧，二噁英产生可能性降至最低，确保了烟气排放的清洁。污泥碳化后生产的固态物质称为污泥碳化物，可作为资源再次使用[6]。因此，本次先导试验选用碳化技术作为主体工艺技术。

2. 污泥预干化技术比选

污泥干化技术的目的是对污泥进行减量化处理，污泥预干化工艺可作为预处理单元与其他技术联合使用。调研结果表明，污泥电渗透干化技术较为先进。为进一步确定技术的适应性，组织了该技术的应用试验。采用韩国再生能源公司生产的电渗透污泥干化机对吉林石化公司污水处理厂污泥进行了脱水试验，污泥含水率从 80% 降至 65%。

污泥电渗透干化装置可将污泥含水率从 80% 降低至 65% 以下，脱水效果稳定，工艺流程简捷，配套设施少，工作温度较低，干化尾气组分简单，尾气处理方便。因此，污泥预干化工序拟采用污泥电渗透干化脱水技术。

通过技术比选，拟采用“污泥电渗透干化 + 污泥热解碳化技术”集成工艺，搭建污泥资源化处理试验平台，开展污泥治理及资源化的工程研究与示范。

二、先导试验工艺流程

1. 装置设计能力

该先导试验装置的污泥处理能力为 500kg/h。

2. 工艺流程

采用螺杆泵将污泥输送至电渗透污泥干化机进行干化处理，将含水率降至 60% 左右，再进入外热式污泥干燥机，通过炉壁与污泥间接传热，将污泥干燥至含水率 30% 以下，再进入外热式旋转碳化装置进行碳化。污泥干燥与碳化过程中产生的烟气通过排风机引入气相分离塔进行冷凝，不凝气进入无烟化装置燃烧处理，排出的高温尾气进入吸附塔进行湿式除尘处理，达标排放。各单元处理效果见表 8-12，工艺流程如图 8-9 所示。

表 8-12　先导试验装置各单元处理效果

处理单元		电渗透干化单元	污泥干燥单元	污泥碳化单元
污泥量 kg/h	入口	500	250	125
	出口	250	125	35.8
污泥含水率 %	入口	80	60	20
	出口	60	20	< 1
污泥含油率 %	入口	2	4	8
	出口	4	8	< 0.3

三、吉林石化污水处理厂混合污泥先导试验

1. 试验时间及污泥成分

2015 年 1—5 月，对污水处理厂混合污泥进行电渗透—碳化处理试验运行研究及效果评价。平均每天运行 5 ~ 6h，其中进行 2 次 48h 连续生产考核，设备运行稳定、无泄漏，满足运行要求。此期间对进料污泥样品检测。共对 16 组进料样品进行了分析检测，检测项目为：含水率、含油率、600℃挥发分、含固率及电导率。污泥样品的检测结果表明，污水处理厂混合污泥含水率为 81.00% ~ 86.10%，平均值为 82.50%；含固率为 13.9% ~ 19.00%，平均值为 17.04%；挥发分为 51.47% ~ 71.81%，平均值为 57.20%；含油率为 0.10% ~

1.26%，平均值为 0.71%；电导率为 13～15mS，平均值为 14mS。污水处理厂混合污泥有机质含量稍高于无机质，含油率较低。

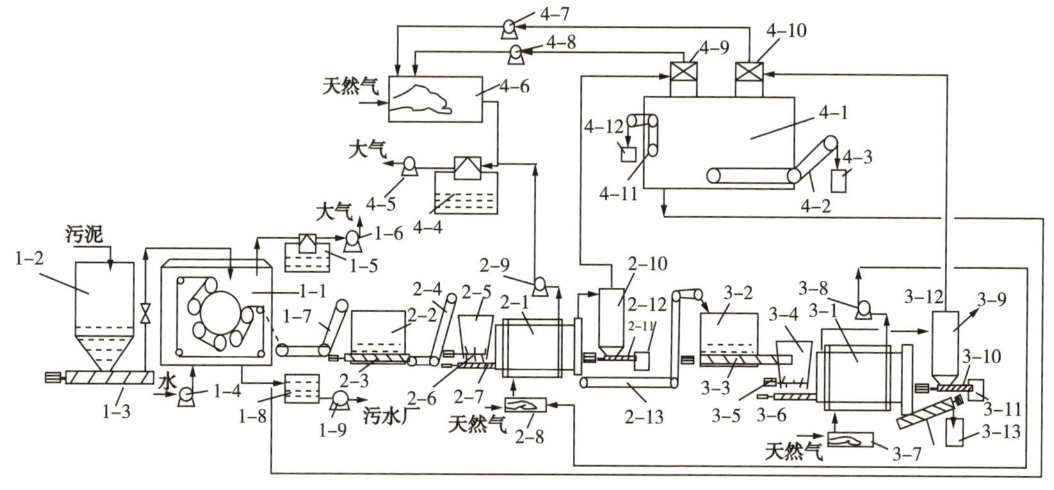

图 8-9　先导试验工艺流程示意图

1-1—电渗透干化装置；1-2—污泥原料仓；1-3—污泥输出螺杆泵；1-4—高压水泵；1-5—电渗透尾气碱洗塔；1-6—排气风机；1-7—泥饼输送机；1-8—污水池；1-9—排污泵；2-1—热干化装置；2-2—污泥中转料仓；2-3—输出螺旋机；2-4—泥饼输送机；2-5—定量进料仓；2-6—搅拌机；2-7 进料螺旋机；2-8—烟气加热炉；2-9—烟气排放风机；2-10，3-9—旋风分离器；2-11，3-10—旋风分离器底部输出螺旋机；2-12—水封集尘罐；2-13—污泥颗粒输送机；3-1—碳化装置；3-2—污泥中转料仓；3-3—输出螺旋机；3-4—定量进料仓；3-5—搅拌机；3-6—进料螺旋机；3-7—烟气加热炉；3-8—烟气排放风机；3-11—水封集尘罐；3-12—碳渣冷却输出螺旋机；3-13—碳渣收集桶；4-1—冷凝油水分离装置；4-2—刮渣机；4-3—收渣桶；4-4—尾气碱洗塔；4-5—尾气排风机；4-6—焚烧炉；4-7，4-8—不凝气排风机；4-9—冷凝器Ⅰ；4-10—冷凝器Ⅱ；4-11—刮油机；4-12—接油桶

2. 电渗透干化单元运行情况

1）电渗透干化运行概况

电渗透工艺流程如图 8-10 所示。

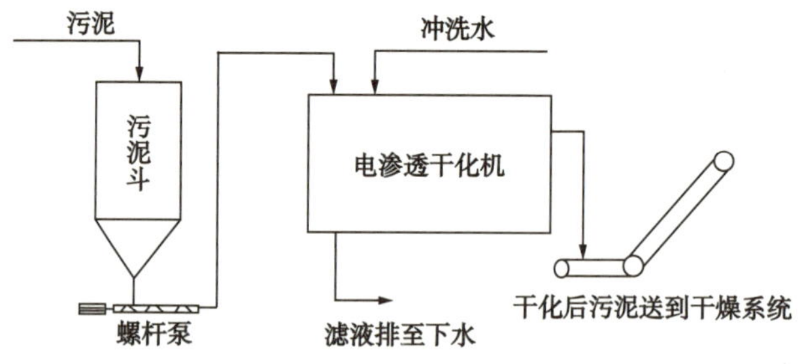

图 8-10　电渗透工艺流程简图

2）电渗透运行效果

电渗透出口污泥样品检测，经过电渗透装置处理后，污水处理厂混合污泥含水率为 53.36%～68.49%，平均值为 60.74%；含油率为 0.63%。

污泥经螺杆泵输送至电渗透装置进行干化脱水，设计目标将污泥含水率从 80% 降至 60%。电渗透装置运行至 5 月份。电渗透装置 1 月份完成现场安装调试工作。2 月上旬、3 月中下旬、4 月中下旬对污水处理厂混合污泥开展了探索试验。电渗透装置日运行时间

6h，其中在 3 月 12—14 日、3 月 20—22 日装置两次连续运行 48h，考察装置连续稳定运行效果。

电渗透装置正极（阳极）为中心转动滚筒，负极（阴极）为滚筒外同步转动的履带，装置阴极采用 A/B/C 3 段布置。滚筒与履带之间夹滤带，污泥分布在滚筒与滤带之间。

电渗透装置运行过程中主要控制条件为 A/B/C 3 段电压及滚筒电动机频率，其中 A/B/C 3 段电压为系统自动调节，根据每段电流情况，系统自动调整电压值，以达到节能效果。

运行中，随着进料负荷的提升，出泥含水率升高，耗电量降低。主要是负荷提高后，设备运行电流自动下降，处理效果也有所下降。

装置运行过程中发生几次阴阳极板放电电击现象，严重时致使阴阳极板、阳极板绝缘层、阴极板线路、滤带损坏。分析原因为原料泥中带有金属杂质，金属杂质运行中穿透滤带，致使阴阳极板在金属的连接下直接短路放电。

电渗透脱水效果直接影响因素为污泥电导率，技术商提供参考依据：污泥电导率为 3～17mS 时，可以采用电渗透进行脱水处理；电导率为 12～14mS 时，电渗透脱水效果最佳。

实测污水厂混合污泥电导率为 13～15mS。当进泥量为 400kg/h 时，电渗透出泥含水率达到 60% 以下，电量消耗 74.7kW·h/h；进泥量为 500kg/h 时，电渗透出泥含水率达到 65% 以下，电量消耗 69.5kW·h/h。经试验考察，该装置处理污水厂混合污泥效果稳定，能够为碳化装置干燥段的平稳运转提供充分保障。

3. 干燥单元运行情况

1）干燥单元工艺流程

干燥单元工艺流程如图 8-11 所示。

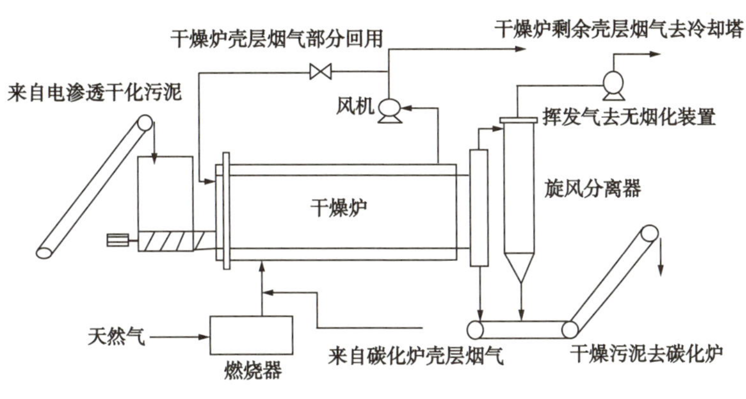

图 8-11　干燥单元工艺流程简图

2）干燥单元运行工艺控制条件

干燥单元运行控制条件范围见表 8-13。

表 8-13　干燥单元运行控制条件

项目	干燥热风炉温度 ℃	炉内压力 Pa	夹套压力 Pa	进料螺旋频率 Hz	炉体旋转频率 Hz
控制条件	≤ 550	-70～0	-50～5	25～32	20

3）干燥单元处理污水处理厂混合污泥运行效果

电渗透干化污泥料仓出泥进入外热式干燥机，设计上干燥热源由两方面提供：一方面为间接式夹套加热，该股热源设计由三部分构成，将碳化装置烟气尾气和二次燃烧烟气尾气通入干燥系统加热炉（实际使用情况，二次燃烧炉烟气未回用，直接降温后排放），由天然气燃烧烟气对上述两股烟气加热后进入干燥系统夹套层，产生的热量提供对污泥进行加热干燥。另一方面为直接加热，将干燥烟气尾气一部分引入干燥炉内，与污泥直接进行热交换，该热源称为干燥系统热风导入。通过直接热交换和间接热交换，将污泥含水率从60%降至20%。干燥单元处理污水处理厂混合污泥过程中，考察了干燥系统进料200kg/h（80%负荷）、250kg/h（100%负荷）情况下的处理效果，探索了干燥加热炉温度、干燥热风导入量和炉内压力3种变化因素对出泥含水率的影响。2月5日至5月2日，干燥单元运行负荷80%，经过干燥装置处理后，污水处理厂混合污泥含水率为17.00~34.60%，平均值为25.9%。

5月7—11日，干燥系统满负荷运行，经过干燥装置处理后，污水处理厂混合污泥含水率为25%~43.88%，平均值为34.50%。经运行温度的稳定调整，100%负荷时干燥单元出口含水率可降到30%左右。

4. 碳化单元碳化运行情况

1）碳化单元工艺流程

碳化单元工艺流程如图8-12所示。

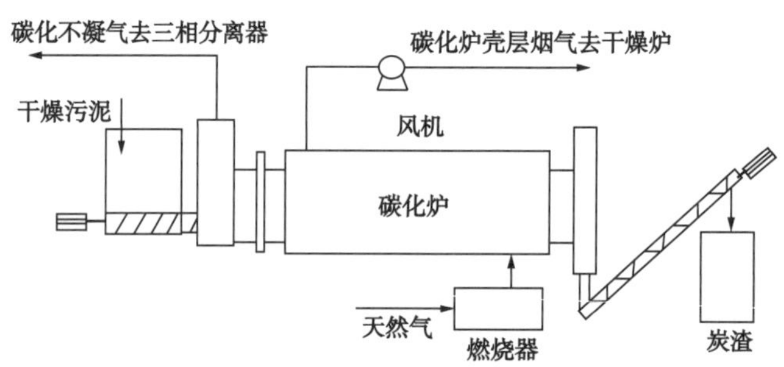

图8-12　碳化单元工艺流程简图

2）碳化单元运行工艺控制条件

碳化单元运行控制条件见表8-14。

表8-14　碳化单元运行控制条件

项目	碳化热风炉温度，℃	炉内压力，Pa	夹套压力，Pa	进料螺旋频率，Hz	炉体旋转频率，Hz
控制条件	600~900	-30~0	-50~5	25~35	25

3）碳化单元处理污水处理厂混合污泥运行效果

干燥后中转料仓出泥进入污泥碳化机完成碳化，入口设置星形卸料阀，出口设置双重物料排出阀，并配置安全泄压设备。碳化单元设有独立的加热炉，天然气燃烧后烟气进入碳化系统夹套，向炉内的污泥进行间接换热。

运行中，温度对碳化效果的影响较大，3月24日碳化温度夹套入口低于400℃，较其他运行时段温度低，结果炭渣含水率、含油率严重超标，逐步提高碳化温度至600℃以上。经过碳化装置处理后，污水处理厂混合污泥含水率为 0~2.58%，平均值为 0.26%；含油率为 0.04%~0.82%，平均值为 0.22%；含固率为 96.60%~99.96%，平均值为 99.49%。

对碳化单元产生的废气进行了定量分析，结果见表 8-15。

表 8-15　碳化单元的气体　　单位：mg/m^3

时间	总烃	一氧化碳
4 月 17 日	6.46	5770
4 月 20 日	6.09	3568
平均值	6.28	4669

由此可见，碳化过程有大量可燃气排放，混合气中一氧化碳与总烃的比例平均约为 743∶1。对碳化渣样品进行了热值检测，结果见表 8-16。

表 8-16　残渣样品热值检测情况

取样时间	热值，kcal/kg
4 月 23 日	1700

表 8-16 中数据表明，炭渣具有一定的热值，可作为辅助燃料使用。

委托谱尼公司对污泥热解残渣样品做了危险废物浸出毒性鉴别，执行 GB 5085.3—2007《危险废物浸出毒性鉴别标准》，数据见表 8-17。

表 8-17　混合污泥炭渣危险废物浸出毒性鉴别

样品名称	检测项目		检测结果	国家标准	达标情况
混合污泥炭渣	无机元素及化合物				
	腐蚀性 pH 值		7.56	12.5	达标
	铜（以总铜计），mg/L		0.024	100	达标
	锌（以总锌计），mg/L		0.014	100	达标
	镉（以总镉计），mg/L		< 0.0002	1	达标
	铅（以总铅计），mg/L		< 0.001	5	达标
	总铬，mg/L		< 0.01	15	达标
	铬（六价），mg/L		< 0.004	5	达标
	烷基汞，ng/L	甲基汞	< 10	< 10	达标
		乙基汞	< 20	< 20	
	汞（以总汞计），mg/L		0.0008	0.1	达标
	铍（以总铍计），mg/L		< 0.005	0.02	达标
	钡（以总钡计），mg/L		0.073	100	达标
	镍（以总镍计），mg/L		< 0.01	5	达标
	总银，mg/L		< 0.0002	5	达标
	砷（以总砷计），mg/L		0.054	5	达标
	硒（以总硒计），mg/L		< 0.0003	1	达标
	无机氟化物（不包括氟化钙），mg/L		0.61	100	达标
	氰化物（以 CN^- 计），mg/L		0.0563	5	达标

续表

样品名称	检测项目	检测结果	国家标准	达标情况
混合污泥炭渣	有机农药类			
	滴滴涕，mg/L	< 0.005	0.1	达标
	六六六，mg/L	< 0.005	0.5	达标
	乐果，mg/L	< 0.0025	8	达标
	对硫磷，mg/L	< 0.0025	0.3	达标
	甲基对硫磷，mg/L	< 0.0025	0.2	达标
	马拉硫磷，mg/L	< 0.0025	5	达标
	氯丹，mg/L	< 0.01	2	达标
	六氯苯，mg/L	< 0.01	5	达标
	毒杀芬，mg/L	< 0.01	3	达标
	灭蚁灵，mg/L	< 0.01	0.05	达标
混合污泥炭渣	非挥发性有机化合物			
	硝基苯，mg/L	< 0.005	20	达标
	二硝基苯，mg/L	< 0.005	20	达标
	对硝基氯苯，mg/L	< 0.05	5	达标
	2, 4- 二硝基氯苯，mg/L	< 0.05	5	达标
	五氯酚及五氯酚钠（以五氯酚计），mg/L	< 0.005	50	达标
	苯酚，mg/L	0.042	3	达标
	2, 4- 二氯苯酚，mg/L	< 0.005	6	达标
	2, 4, 6- 三氯苯酚，mg/L	< 0.005	6	达标
	邻苯二甲酸二丁酯，mg/L	< 0.005	2	达标
	邻苯二甲酸二辛酯，mg/L	< 0.005	3	达标
	多氯联苯，mg/L	< 0.0001	0.002	达标
混合污泥炭渣	挥发性有机化合物			
	苯，mg/L	0.0013	1	达标
	甲苯，mg/L	0.0015	1	达标
	乙苯，mg/L	< 0.005	4	达标
	二甲苯，mg/L	< 0.0001	4	达标
	氯苯，mg/L	< 0.0001	2	达标
	1, 2- 二氯苯，mg/L	< 0.0001	4	达标
	1, 4- 二氯苯，mg/L	< 0.0001	4	达标
	丙烯腈，mg/L	< 0.0001	20	达标
	三氯甲烷，mg/L	< 0.0001	3	达标
	四氯化碳，mg/L	0.0003	0.3	达标
	三氯乙烯，mg/L	< 0.0001	3	达标
	四氯乙烯，mg/L	< 0.0001	1	达标

经外委对炭渣进行浸出毒性鉴别，分析结果中，化工污泥炭渣中各项分析指标均低于GB 5085.3—2007《危险废物浸出毒性鉴别标准》中规定的危险废物指标标准。

对污泥炭渣样品做了重金属含量分析检测，数据见表8-18。

表8-18　残渣样品重金属含量检测　　单位：mg/kg

测试项目	汞	铬	镍	铜	锌	镉	铅	砷
残渣（强酸消解）	0.11	255.6	162.0	1394	1077	3.98	13.94	20.05
最高容许含量（CJ/T 309—2009《城镇污水处理厂污泥处置　农用泥质》）A	3	500	100	500	1500	3	300	30
最高容许含量（CJ/T 309—2009《城镇污水处理厂污泥处置　农用泥质》）B	15	1000	200	1500	3000	15	1000	75

通过残渣的重金属含量分析可知，污水处理厂混合污泥炭渣满足CJ/T 309—2009《城镇污水处理厂污泥处置　农用泥质》B类回用标准，可以施用油料作物、果树、饲料作物、纤维作物的土壤中。

5. 烟气处理单元运行情况

1）烟气处理单元工艺流程

烟气处理单元工艺流程如图8-13所示。

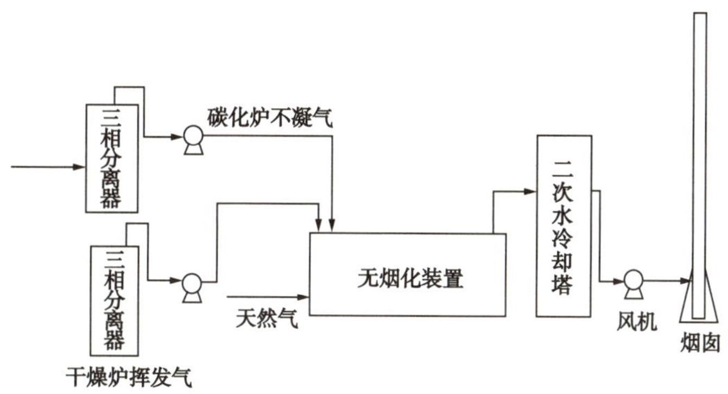

图8-13　烟气处理单元工艺流程简图

烟气处理单元主要包括三相分离器、无烟化装置、二次水冷却塔三部分。三相分离器将干燥单元、碳化单元的废气进行洗涤，不凝气进入无烟化装置内充分燃烧，实现废气的完全氧化，然后烟气进入二次水冷却塔降温后排放。

2）烟气处理单元运行工艺控制条件

烟气处理单元工艺运行工艺控制条件见表8-19。

表8-19　烟气处理单元工艺运行控制条件

项目	无烟化装置炉内温度，℃	炉内压力，Pa
控制条件	800～1000	-50～100

3）无烟化单元处理污水处理厂混合污泥运行效果及监测数据分析

对无烟化单元排气筒的废气进行了检测，结果见表8-20。

表 8-20　排放筒排放烟气污染指标分析　　单位：mg/m^3

分析指标	2月4日	3月14日	4月17日	4月20日	4月29日	排放标准	达标情况
烟气黑度	—	—	1级	1级	1级	1级	达标
烟尘	29.7	—	94.5	86	89	< 100	达标
SO_2	15	—	2	4	5	< 400	达标
氯化氢	—	—	28.5	20.3	21.2	< 100	达标
氮氧化物	76	—	154	145	139	< 500	达标
氟化氢	—	0.61	—	—	—	< 9.0	达标
汞及其化合物	—	0.035	—	—	—	< 0.1	达标
铅及其化合物	—	—	—	—	—	< 1.0	达标
镉及其化合物	—	4.0×10^{-5}	—	—	—	< 0.1	达标
锡及其化合物	—	9.6×10^{-3}	—	—	—	< 4.0	达标
砷及其化合物	—	1.8×10^{-3}	—	—	—	< 1.0	达标
镍及其化合物	—	0.025	—	—	—	< 1.0	达标
铜及其化合物	—	7.0×10^{-4}	—	—	—	< 4.0	达标
铬及其化合物	—	0.012	—	—	—	< 4.0	达标
锑及其化合物	—	—	—	—	—	< 4.0	达标
锰及其化合物	—	3.4×10^{-3}	—	—	—	< 4.0	达标
二噁英类	—	—	—	—	0.014	< 0.5ng（TEQ）/m^3	达标

注：由于环境二噁英主要以混合物的形式存在，在对二噁英类的毒性进行评价时，国际上常把同类物折算成相当于2, 3, 7, 8-TCDD的量表示，称为毒性当量（Toxic Equivalent Quantity，TEQ）。

上述尾气监测各项排放指标均满足GB 18484—2001《危险废物焚烧污染控制标准》，二噁英等重点监测因子均达标。

四、吉林石化炼厂油泥处理先导试验

1. 试验时间及污泥成分情况

2015年3月对炼厂油泥进行了一次试验研究，发现油泥对电渗透干化机适应较差，滤带冲洗困难，无法连续运行，对油泥试验暂停。后对冲洗系统进行了改进，在污水处理厂污泥试验取得全面数据后，6—11月再对炼厂油泥进行试验研究。并对进料样品进行了分析检测，检测项目为：含水率、含油率、600℃挥发度和含固率。污泥样品的检测结果表明，炼厂油泥含水率均值为65.3%；含油率均值为11.7%；挥发分均值为55.2%。炼厂油泥有机质含量高于无机质，也高于污水厂混合污泥。

2. 电渗透运行情况

电渗透处理炼厂油泥初期效果较差，经对滤带冲洗系统升级改造后，解决了滤带冲洗问题，电渗透经过72h连续性运转试验，运行稳定，处理效果较好，能够实现连续运行。电渗透装置连续运行2.5h后，阴极板粘有污泥，影响导电率，需要停车冲洗阴极板一次，每次冲洗20min。

炼厂油泥含水率均值为65.3%，由于含水率偏低，一定程度影响了电渗透脱水效率，试验研究发现，油泥含水率越高，电渗透处理效果越明显。经过电渗透处理后，油泥含水率均值为 54.7%；含水率降低了 10.6%。经过电渗透处理的油泥外观变化明显，泥饼呈松散状态。

3. 干燥单元运行情况

1）干燥单元运行工艺控制条件

干燥单元运行工艺控制条件见表 8-21。

表 8-21　干燥单元运行工艺控制条件

项目	干燥热风炉温度 ℃	干燥夹套出口温度 ℃	炉内压力 Pa	夹套压力 Pa	进料螺旋频率 Hz	炉体旋转频率 Hz
控制条件	≤ 630	300 ~ 400	−70 ~ 0	−50 ~ 5	25 ~ 32	15 ~ 20

2）干燥单元处理炼厂油泥运行效果

炼厂油泥经干燥装置处理后，含水率均值为 20.0%，含油率均值为 19.9%，挥发分均值为 49.8%。

试验结果表明，油泥中的油比水更难处理，随着碳化夹套入口温度的提高以及炉内负压的提升，炭渣中含油率可降到 0.3% 以下，达到设计指标。

干燥装置处理油泥过程中，运行平稳，经过 72h 连续运行，干燥系统能够满足出料含水率 20% 的要求，可以实现连续稳定运行。

4. 污泥碳化单元运行情况

1）碳化单元运行工艺控制条件

碳化单元运行工艺控制条件见表 8-22。

表 8-22　碳化单元运行控制条件

项目	碳化热风炉温度 ℃	碳化夹套入口温度 ℃	炉内压力 Pa	夹套压力 Pa	进料螺旋频率 Hz	炉体旋转频率 Hz
控制条件	600 ~ 900	300 ~ 650	−50 ~ −5	−50 ~ 5	25 ~ 35	15 ~ 25

2）碳化单元处理污水处理厂混合污泥运行效果

经干燥后的油泥进入碳化炉进行碳化处理，试验结果表明，油泥中的油比水更难处理，随着碳化夹套入口温度的提高以及炉内负压的提升，炭渣的含油率可降低到 0.3% 以下，含水率无检出，达到设计指标。同时污泥挥发分降低到 20% 以下，变化明显，说明这一过程存在有机物释放。通过试验结果对比分析，碳化最佳运行工艺条件为：碳化夹套入口温度 630℃，炉内负压 −30Pa，炉体转速 20Hz。

碳化单元经过连续 72h 运行，设备运行平稳，能够满足碳化正常运行要求。

油泥碳化渣检测了热值，数据见表 8-23。

表 8-23　残渣样品检测情况

取样时间	含油率，%	热值，kcal/kg
3 月 5 日	0.28	2319

表 8-23 中数据表明，残渣具有一定的热值，可作为辅助燃料使用。

委托谱尼公司对污泥热解残渣样品做了危险废物浸出毒性鉴别，执行 GB 5085.3—2007《危险废物浸出毒性鉴别标准》，数据见表 8–24。

表 8–24 危险废物浸出毒性鉴别分析数据

样品名称	检测项目		检测结果	国家标准	达标情况
油泥炭渣	无机元素及化合物				
	腐蚀性 pH 值		7.91	12.5	达标
	铜（以总铜计），mg/L		0.020	100	达标
	锌（以总锌计），mg/L		0.021	100	达标
	镉（以总镉计），mg/L		< 0.002	1	达标
	铅（以总铅计），mg/L		< 0.001	5	达标
	总铬，mg/L		< 0.01	15	达标
	铬（六价），mg/L		< 0.004	5	达标
	烷基汞，ng/L	甲基汞	< 10	< 10	达标
		乙基汞	< 20	< 20	
	汞（以总汞计），mg/L		0.0006	0.1	达标
	铍（以总铍计），mg/L		< 0.005	0.02	达标
	钡（以总钡计），mg/L		0.091	100	达标
	镍（以总镍计），mg/L		< 0.01	5	达标
	总银，mg/L		< 0.002	5	达标
	砷（以总砷计），mg/L		0.045	5	达标
	硒（以总硒计），mg/L		< 0.0002	1	达标
	无机氟化物（不包括氟化钙），mg/L		0.68	100	达标
	氰化物（以 CN^- 计），mg/L		0.053	5	达标
油泥炭渣	有机农药类				
	滴滴涕，mg/L		< 0.005	0.1	达标
	六六六，mg/L		< 0.005	0.5	达标
	乐果，mg/L		< 0.0025	8	达标
	对硫磷，mg/L		< 0.0025	0.3	达标
	甲基对硫磷，mg/L		< 0.0025	0.2	达标
	马拉硫磷，mg/L		< 0.0025	5	达标
	氯丹，mg/L		< 0.01	2	达标
	六氯苯，mg/L		< 0.01	5	达标
	毒杀芬，mg/L		< 0.01	3	达标
	灭蚁灵，mg/L		< 0.01	0.05	达标
油泥炭渣	非挥发性有机化合物				
	硝基苯，mg/L		< 0.005	20	达标
	二硝基苯，mg/L		< 0.005	20	达标
	对硝基氯苯，mg/L		< 0.05	5	达标

续表

样品名称	检测项目	检测结果	国家标准	达标情况
油泥炭渣	2, 4- 二硝基氯苯，mg/L	< 0.05	5	达标
	五氯酚及五氯酚钠（以五氯酚计），mg/L	< 0.005	50	达标
	苯酚，mg/L	0.058	3	达标
	2, 4- 二氯苯酚，mg/L	< 0.005	6	达标
	2, 4, 6- 三氯苯酚，mg/L	< 0.005	6	达标
	苯并［*a*］芘，mg/L	0.0002	0.0003	达标
	邻苯二甲酸二丁酯，mg/L	< 0.005	2	达标
	邻苯二甲酸二辛酯，mg/L	< 0.005	3	达标
	多氯联苯，mg/L	< 0.0001	0.002	达标
油泥炭渣	挥发性有机化合物			
	苯，mg/L	0.0014	1	达标
	甲苯，mg/L	0.0018	1	达标
	乙苯，mg/L	< 0.005	4	达标
	二甲苯，mg/L	< 0.0001	4	达标
	氯苯，mg/L	< 0.0001	2	达标
	1, 2- 二氯苯，mg/L	< 0.0001	4	达标
	1, 4- 二氯苯，mg/L	< 0.0001	4	达标
	丙烯腈，mg/L	0.00022	20	达标
	三氯甲烷，mg/L	< 0.0001	3	达标
	四氯化碳，mg/L	0.0003	0.3	达标
	三氯乙烯，mg/L	< 0.0001	3	达标
	四氯乙烯，mg/L	< 0.0001	1	达标

经外委对炭渣进行浸出毒性鉴别，炭渣各项分析指标均低于 GB 5085.3—2007《危险废物浸出毒性鉴别标准》中规定的危险废物指标标准。

对油泥热解残渣样品做了重金属含量检测，结果显示各项指标均低于对应的标准限值，数据见表 8-25。

表 8-25　残渣样品重金属含量检测　　单位：mg/kg

测试项目	汞	铬	镍	铜	锌	镉	铅	砷
残渣（强酸消解）	0.11	225.67	126.14	751.76	1542.15	2.96	4.94	39.65
最高容许含量（CJ/T 309—2009《城镇污水处理厂污泥处置　农用泥质》）A	3	500	100	500	1500	3	300	30
最高容许含量（CJ/T 309—2009《城镇污水处理厂污泥处置　农用泥质》）B	15	1000	200	1500	3000	15	1000	75

通过残渣的重金属含量分析可知，炼厂油泥炭渣满足 B 类回用标准。

热解油样品检测结果见表 8-26。

表 8-26 热解油馏程分析结果

馏程	馏点，℃
HK	109
10%	262
50%	337
90%	382
385℃分解	

炼厂油泥经电渗透碳化处理后产生的热解油经馏程分析判断是轻油组分，含水率达50%，需要脱水处理，按目前分析数据可以去炼厂污油罐进行脱水，再到常减压装置加工。

5. 烟气处理单元运行情况

1）烟气处理单元运行工艺控制条件

烟气处理单元工艺运行工艺控制条件见表 8-19。

2）无烟化单元处理污水处理厂混合污泥运行效果及监测数据分析

对无烟化单元排气筒的废气进行了检测，结果见表 8-27。

表 8-27 油泥处理烟气监测数据 单位：mg/m^3

分析指标	7月6日	8月5日	10月14日	10月15日	排放标准	达标情况
氟化氢	—	1.69	—	—	<9.0	达标
汞及其化合物	—	0.021	—	—	<0.1	达标
铅及其化合物	—	0.0028	—	—	<1.0	达标
镉及其化合物	—	6.2×10^{-5}	—	—	<0.1	达标
锡及其化合物	—	1.2×10^{-3}	—	—	<4.0	达标
砷及其化合物	—	6.7×10^{-4}	—	—	<1.0	达标
镍及其化合物	—	0.087	—	—	<1.0	达标
铜及其化合物	—	0.021	—	—	<4.0	达标
铬及其化合物	—	0.17	—	—	<4.0	达标
锑及其化合物	—	3.1×10^{-4}	—	—	<4.0	达标
锰及其化合物	—	0.26	—	—	<4.0	达标
二氧化硫	—	—	25	12	<400	达标
氮氧化物	—	—	212	188	<500	达标
烟尘	—	—	30	60.1	<100	达标
黑度	—	—	1级	1级	1级	达标
氯化氢	—	—	61.5	80.5	<100	达标
二噁英	0.032	—	—	—	<0.5ng/m^3	达标

上述尾气监测各项排放指标均满足 GB 18484—2001《危险废物焚烧污染控制标准》，二噁英等重点监测因子均达标。

五、直接运行成本

污泥资源化污水厂混合污泥及炼厂油泥处理成本分析见表 8-28 和表 8-29。

表 8-28　污泥资源化污水厂混合污泥处理成本分析

项目	500kg/h 污泥消耗量	吨污泥消耗量	单价	费用
天然气消耗量，m^3/h	82	164	2.62 元 /m^3	430 元
电消耗量，kW · h	85.6	171	0.66 元 /kW	113 元
水消耗量，t/h	7	14	3.4 元 /t	48 元
运行成本，元 /t	591			

表 8-29　污泥资源化炼厂油泥处理成本分析

项目	350kg/h 污泥消耗量	吨污泥消耗量	单价	费用
天然气消耗量，m^3/h	50	143	2.62 元 /m^3	375 元
电消耗量，kW · h	40.2	115	0.66 元 /kW	76 元
水消耗量，t/h	7	20	3.4 元 /t	68 元
运行成本，元 /t	519			

六、小结

（1）电渗透处理污水处理厂混合污泥，出泥含水率达到 65% 以下，电量消耗 69.5kW · h/h。该装置处理污水处理厂混合污泥效果稳定。

（2）污水处理厂混合污泥经过电渗透—干燥碳化处理后，含水率平均值为 0.26%（小于 1%），含油率均值为 0.24%（小于 0.3%）；炼厂油泥经过电渗透—干燥碳化处理后，含水率平均值为 0.05%（小于 1%），含油率均值为 0.275%（小于 0.3%），两种炼化“三泥”处理后炭渣含水率达到检出限以下。

（3）处理污水厂混合泥和炼厂油泥时产生的最终炭渣达到 CJ/T 309—2009《城镇污水处理厂污泥处置　农用泥质》标准中 B 类回用标准，可以施用油料作物、果树、饲料作物、纤维作物的土壤中。炭渣具有一定的热值，可作为辅助燃料使用。

（4）化工污泥和油泥处理后尾气排放中重金属污染物、二噁英污染物、常规排放污染物等监测因子都符合国家 GB 18484—2001《危险废物焚烧污染控制标准》。

（5）采用电渗透—碳化工艺处理化工污泥直接处理成本约为 591 元 /t（污泥）；处理炼厂油泥直接处理成本为 519 元 /t（污泥）。

参 考 文 献

[1] 王倩，屈撑囤，秦芳玲，等 . 稠油污泥资源化处理技术研究进展 [J] . 油气田环境保护，2013（4）：65-69，80.

[2] 王童，仝坤，王东，等. 稠油污泥处理技术研究进展[J]. 油气田环境保护，2016(2)：52-55，62.
[3] 冯少华. 辽河油田含油污泥综合处理技术[D]. 大庆：大庆石油学院，2008.
[4] 余兰兰，宋健，郑凯，等. 热洗法处理含油污泥工艺研究[J]. 化工科技，2014，22(1)：29-33.
[5] 王占生，李春晓，杨忠平，等. 炼化“三泥”无害化处理技术及应用[J]. 石油科技论坛，2011，30(4)：57-58.
[6] 王万福，杜卫东，何银花，等. 含油污泥热解处理与利用研究[J]. 石油规划设计，2008，19(6)：24-27.

第九章 炼化污水高效处理与回用技术

我国炼油化工企业污水处理过程中大都存在难降解有机物去除难度大、脱氮去除效率偏低、水质波动大、工艺抗冲击能力差等特点，针对这些特点，选择适合我国国情的炼化污水高效处理与回用技术显得尤为重要。特别是对炼化污水处理升级技术、难降解废水高级氧化处理技术、生物预警与快速恢复等关键技术攻关的开发、研究与应用，形成了中国石油炼化污水高效处理的成套技术，为炼化废水处理装置升级达标奠定了基础。

第一节 概 述

石油加工过程中不可避免地会产生各种污水、废气和废渣，如不加以治理，必将严重污染环境，危害人们的健康。为了保护环境，炼厂必须对所产生的各种污水、废气和废渣进行严格治理，达到国家规定的标准后进行排放或循环使用。

炼化生产过程中需要大量的新鲜水，其用途大致可分为工艺用水、锅炉给水、循环冷却水补充水、生活用水和消防用水 5 类。由于加工流程和技术先进程度的不同，这 5 类用水在炼厂总用水中所占的比例各不相同。炼化污水的来源主要有原油脱盐水、循环水排污、工艺冷凝水、产品洗涤水、机泵冷却水及油罐排水等。不同来源的污水污染程度不同，其中所含的污染物也有差异。

我国的原油加工吨油耗水量和排污量均高于国外，炼化污水回用率也远低于美国和日本等发达国家，因此如何减少炼油吨耗水且减少排污量，进一步减少外排水中污染物的含量，提高回用率等是摆在各企业面前急需解决的问题。据调查，我国炼化污水普遍具有排放量大、水质复杂、冲击性强等特点。针对这些特点，选择适合我国国情的炼化污水高效处理与回用技术显得尤为重要。

第二节 炼油污水升级处理关键技术开发与先导试验

一、炼油污水来源及特点

炼厂在生产中需要大量的新鲜水，其用途大致可分为工艺用水、锅炉给水、循环冷却水补充水、生活用水和消防用水 5 类。由于加工流程和技术先进程度不同，这 5 类用水在炼厂总用水中所占的比例各不相同。其中，工艺用水仅占 10% 左右，而锅炉给水和循环冷却水补充水则分别占 50% 和 30%，其他用水占约 10%。虽然大部分的水可以循环使用，但是仍会产生相当量的污水。

炼厂污水的来源主要有原油脱盐水、循环水排污、工艺冷凝水、产品洗涤水、机泵冷却水及油罐排水等。炼油污水的污染物种类较多，是一种集悬浮油、乳化油、溶解性有机物及盐于一体的多相体系[1]，主要污染物包括石油类、COD、BOD、硫化物、挥发酚、悬浮物以及氨氮（NH_4^+-N）等。不同来源的污水污染程度不同，其中所含的污染物也有差异。如油罐区排水中的污染物主要是石油烃类；催化裂化装置排水中的污染物除烃类物质外，还含有较多的含硫化合物、氨类化合物及酚类化合物等；悬浮物及盐出自电脱盐工艺，油及溶解于污水中的硫化物、酚、氰化物等与原油加工工艺有关[2]。

1. 污水排放量大

2015 年，我国原油加工量达 5.22×10^8t，按目前国内炼油企业的排污量估计，仅炼厂污水就可达（1.2 ~ 2.5）$\times 10^8$t。再加上石油化工企业产生的污水，预计国内三大石油公司所属的炼油与化工企业年污水排放量总计可达（5 ~ 8）$\times 10^8$t。

2. 污水水质复杂

石油炼化企业由于生产流程较长、装置较多，在生产过程中因切水、设备泄漏等排出的污水中含有较多的有机污染物。根据污水来源和特征污染物，污水可分为含油污水、含硫污水、含碱污水、含盐污水、含酚污水、生产污水和生活污水，污水的多样性给后续处理带来了一定的难度。因此，炼油化工污水是工业污水中比较难处理的水质之一。

3. 污水水质变化大，冲击性强

由于石油炼化企业污水具有水量大、水质波动大、组成复杂、生物毒性等特点，水量和水质的波动都可能给后续处理设施造成冲击，导致污水处理系统瘫痪，尤其是生化系统微生物大量死亡，一旦受到冲击，需要一定的时间来恢复。

针对炼油污水存在的特点和问题，以兰州石化公司炼油污水处理装置为研究对象，进行了先导性试验研究。装置采用典型的炼油污水处理工艺：格栅—沉砂—隔油—均质调节—浮选—生化处理—深度处理，存在抗冲击能力较差、总氮去除能力差、COD 降解能力低等代表性问题。

二、炼油污水特征污染物

以兰州石化公司炼油污水处理装置为例，分别取装置总入口、隔油池出口、气浮池出口、生化后总出口污水水样，利用二氯甲烷萃取，并进行 GC-MS 分析，获得挥发性和半挥发性的有机组成，其结果如图 9-1 至图 9-4 所示。

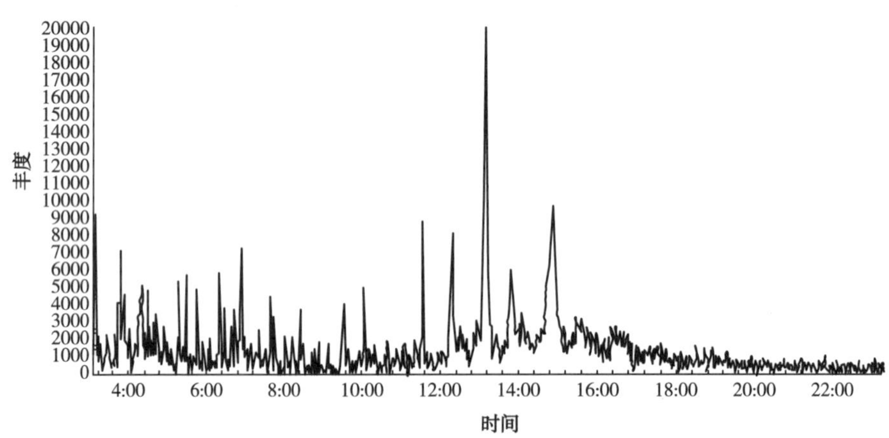

图 9-1　兰州炼油污水处理装置总入口污水水样的 GC-MS 分析谱图

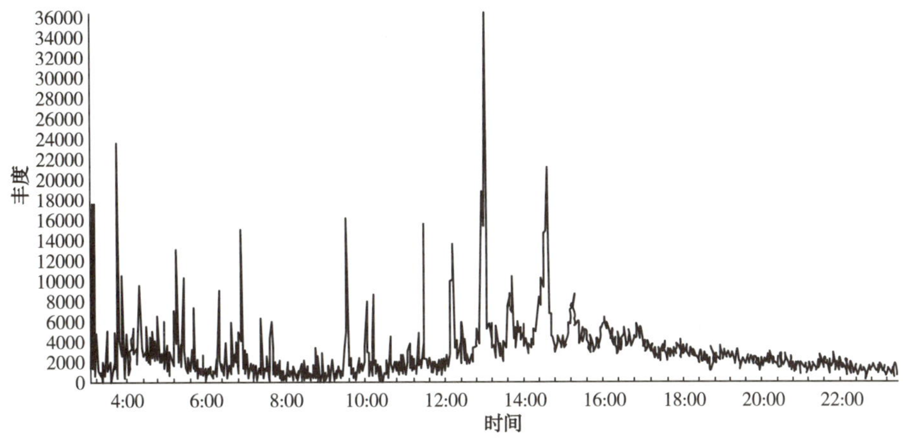

图 9-2　兰州炼油污水处理装置隔油池出口污水水样的 GC-MS 分析谱图

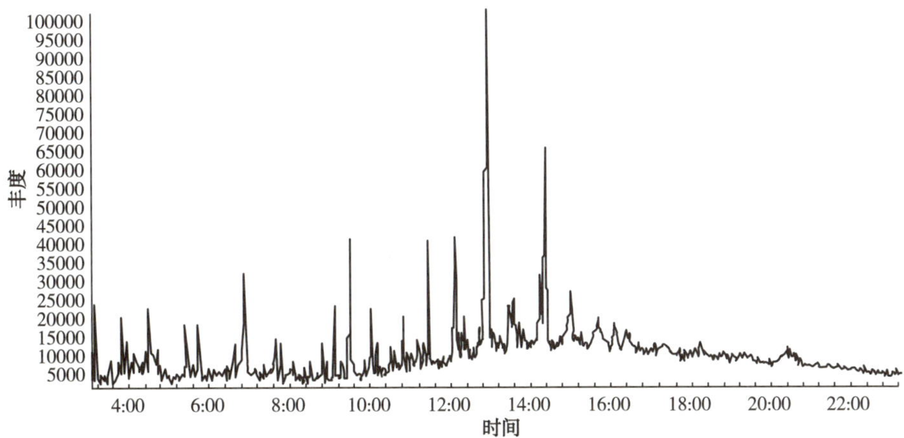

图 9-3　兰州炼油污水处理装置气浮池出口污水水样的 GC-MS 分析谱图

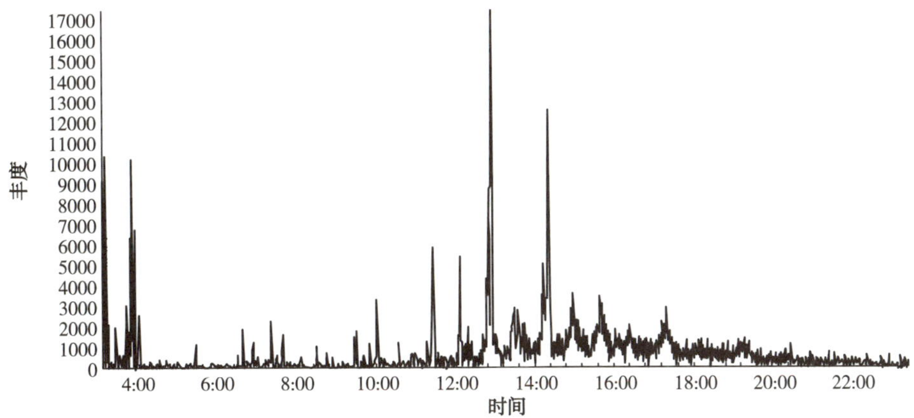

图 9-4　兰州炼油污水处理装置生化池出口污水水样的 GC-MS 分析谱图

根据图 9-1 至图 9-4 的结果，将各段相对含量较大的组分进行总结，见表 9-1 至表 9-4。相对含量较大组分代表了该单元的特征污染物。

表 9-1　炼油污水处理装置总入口水样的主要有机污染物

编号	相对含量，%	中文名称	分子式	碳数	分类
1	15.5832	2, 6, 11, 15- 四甲基十六烷	$C_{20}H_{42}$	20	烷烃
2	7.3136	3, 5, 24- 三甲基四十烷	$C_{43}H_{88}$	43	烷烃
3	5.8363	2, 5, 6- 三甲基癸烷	$C_{13}H_{28}$	13	烷烃
4	5.4214	2, 6, 11- 三甲基十二烷	$C_{15}H_{32}$	15	烷烃
5	4.5398	乙二酸 -1- 烯丙基十六烷基酯	$C_{21}H_{38}O_4$	21	酯
6	3.6744	*N*, *N*- 二丁基甲酰胺	$C_9H_{19}NO$	9	其他
7	3.5971	十七胺	$C_{17}H_{37}N$	17	其他
8	2.8592	乙二酸 -1- 环丁基十八烷基酯	$C_{24}H_{44}O_4$	24	酯

表 9-2　隔油池出口水样的主要有机污染物

编号	相对含量，%	中文名称	分子式	碳数	分类
1	10.7166	植烷	$C_{20}H_{42}$	20	烷烃
2	8.5292	正三十六烷	$C_{36}H_{74}$	36	烷烃
3	3.9477	2, 6, 10- 三甲基十二烷	$C_{15}H_{32}$	15	烷烃
4	3.8872	四十三烷	$C_{43}H_{88}$	43	烷
5	2.8238	2, 6- 二甲基苯酚	$C_8H_{10}O$	8	酚类
6	2.5936	四十三烷	$C_{43}H_{88}$	43	烷烃
7	2.5036	*N*, *N*- 二丁基甲酰胺	$C_9H_{19}NO$	9	其他
8	2.3589	氯代十烷	$C_{16}H_{33}Cl$	16	其他
9	2.3568	正二十八烷	$C_{28}H_{58}$	28	烷烃
10	2.2191	2, 6- 二叔丁基对甲基苯酚	$C_{15}H_{24}O$	15	酚类
11	2.0134	乙二酸—环丁基十三烷基酯	$C_{19}H_{34}O_4$	19	酯

表 9-3　气浮池出口水样的主要有机污染物

编号	相对含量，%	中文名称	分子式	碳数	分类
1	9.7663	2, 7, 10- 三甲基十二烷	$C_{15}H_{32}$	15	烷烃
2	9.13	植烷	$C_{20}H_{42}$	20	烷烃
3	5.6711	2, 6, 10- 三甲基十五烷	$C_{18}H_{38}$	18	烷烃
4	4.2468	十五烷	$C_{15}H_{32}$	15	烷烃
5	3.2669	氯代十八烷	$C_{18}H_{37}Cl$	18	其他
6	2.8528	十六烷	$C_{16}H_{34}$	16	烷烃
7	2.7968	*N*, *N*- 二丁基甲酰胺	$C_9H_{19}NO$	9	其他
8	2.6956	2, 6- 二叔丁基对甲基苯酚	$C_{15}H_{24}O$	15	酚类
9	1.9438	5- 氯戊酸 -5- 十三烷基酯	$C_{18}H_{35}ClO_2$	18	酯
10	1.9392	4- 氨基二氢 -（8CI，9CI）2（3H）- 呋喃	$C_4H_7NO_2$	4	其他

表 9–4　生化单元出口水样的主要有机污染物

编号	相对含量，%	中文名称	分子式	碳数	分类
1	15.3995	十六烷	$C_{16}H_{34}$	16	烷烃
2	14.9308	2, 6, 11, 15– 四甲基十六烷	$C_{20}H_{42}$	20	烷烃
3	6.2962	十六烷	$C_{16}H_{34}$	16	烷烃
4	5.8029	1–（己氧基）–4– 甲基正己烷	$C_{13}H_{28}O$	13	烷烃
5	5.3943	十八烷基乙烯基醚	$C_{20}H_{40}O$	20	醚类
6	5.131	2, 6, 10– 三甲基十四烷	$C_{17}H_{36}$	17	烷烃
7	3.9822	3, 5– 二甲基辛烷	$C_{10}H_{20}O$	10	烷烃
8	3.9425	十一烷	$C_{11}H_{24}$	11	烷烃
9	3.8601	环丁基草酸五癸酯	$C_{21}H_{38}O_4$	21	酯类
10	3.2426	硝酸癸酯	$C_{10}H_{21}NO_3$	10	酯类

由图 9–1 至图 9–4 及表 9–1 至表 9–4 可知，总入口水样中的主要污染物是烷烃类（以支链较多的烷烃为主）、酯类和含氮有机物，这些有机物的碳数分布在 9 ~ 43 之间，其中以 20 ~ 25 之间的有机物居多。

总入水经隔油池之后，污水中的有机物以烷烃、酚类、酯类、含氮有机物和卤代烷烃为主。出水中烷烃类仍然是含量最大的有机物，但分子量相对于总入水有所增加，酯类的含量和种类都有所降低，酚类有机物含量明显增加。

隔油池出水中有机物的碳数与总入水中的碳数大致相同，为 8 ~ 43，但表 9–4 中所列含量相对较高的有机物大多密度相对较重（烷烃类相对密度大于 0.75，2, 6– 二甲基苯酚相对密度为 1.13），或较易溶于水（如 *N*, *N*– 二丁基甲酰胺）。

隔油池出水经过气浮处理后，烷烃、卤代烷烃、含氮有机物、酚类和酯类物质仍然是含量较多的有机物。与隔油池相比，酯类、卤代烷烃和含氮有机物的含量未见明显变化，而大分子烷烃含量有明显下降趋势，碳数大于 30 的有机物种类明显减少。

根据 2011 年 9 月至 2012 年 3 月兰州石化环境监测站数据，隔油池出水石油类平均为 18.1mg/L，气浮池出水平均为 13.1mg/L，去除率约为 30%，分析应为絮凝剂将不易溶于水的大分子有机物网捕于气浮池表面，导致碳数大的有机物含量减少，而碳数小的有机物分子相对含量增加。

烷烃类、酯类为出水中含量最高的有机物，醚类物质的相对含量也有所提高；从碳数来看，生化单元出水的主要有机物碳数分布在 10 ~ 20 之间，与气浮出水的碳数分布基本相当，说明生化系统降解有机物碳数也主要集中在 10 ~ 20 之间，碳数更大的有机物相对含量较小。这表明，碳链较长的有机物（C_{10}—C_{20}）相对更难被降解。这主要是由于含有中短链烷烃降解酶系的微生物较多，因而中短链有机物容易被微生物降解，而长链有机物尤其是 C_{12} 以上的缺乏相应的专性降解菌，因此难以被降解。

甲酰胺等含氮有机物相对含量明显降低，而硝酸酯类相对含量大幅增加，应为污水中的有机氮转化为硝酸盐氮导致。

三、炼油污水升级技术

1. 优势微生物菌群构建

炼油污水处理装置升级的关键之一在于提高生化处理系统的生物降解效率。因此，针对生化处理系统出水的残留污染物，选育对这些残留污染物具有高效降解作用的菌株，并通过放大、培养后与原微生物处理系统的微生物复合，形成更高效降解污染物的微生物菌群。

从兰州石化厂区的污水、污泥、土壤等分离得到 325 株菌种，在此基础上选育出了 OD_{550} 值在 1.000 以上的菌 15 株，对其中的 SZ-1-25、JF-4、BS-3-12 和 B-4-9 四株按照传统的鉴定方法进行了种属鉴定，SZ-1-25 为节细菌属（*Arthrobacter*），B-4-9 和 BS-3-12 为芽孢杆菌属（*Bacillus*），JF-4 为氮单胞菌属（*Azomonas*）。

试验表明，SZ-1-25、B-4-9、JF-4 和 BS-3-12 四株菌耐盐性能优良，可适应 3% 含盐环境，其中 JF-4 耐盐性可达 6%；在含盐 30000mg/L 的环境下，四株菌对十八烷基乙烯基醚的去除率都达到 90% 以上。

2. 炼油污水 A/O 升级技术小试试验

小试期间，针对兰州石化炼油污水处理厂传统“老三套”工艺不具备脱氮功能的局限，探讨了 A/O 工艺处理该厂生产污水的可行性。通过考察 4 种悬浮生物填料的亲水性、流态化以及挂膜性能，比选出一种最优的悬浮填料作为 A/O 工艺中好氧区的投加填料。通过调节水力停留时间、冲击负荷、硝化液回流比 R 以及污泥回流比 r 等参数，确定本 A/O 工艺的最优工艺操作参数，并在最优试验条件下进行了稳定运行试验，结论如下：

（1）依据前期文献调研的结论，选取填料时需要考虑其密度、化学稳定性、刚性、孔隙率、费用以及实际运行中存在的问题，考虑到海绵填料在试验过程中需要固定且因其尺寸的制约易引起管路堵塞等实际问题，初选出北京碧水源 ϕ25mm × 10mm（1#）、无锡裕隆 ϕ25mm × 12mm（2#）和无锡裕隆 ϕ10mm × 10mm（3#）3 种填料作为后续试验用填料（表 9-5）。

表 9-5　3 种悬浮填料性能对比

序号	生产厂家	规格，mm × mm	材料	相对密度	堆积密度，kg/m³
1	碧水源	ϕ25 × 10	HPDE	0.96	
2	无锡裕隆	ϕ25 × 12	聚丙烯	0.94	100
3	无锡裕隆	ϕ10 × 10	聚丙烯	0.92	160

（2）对上述初选的 3 种填料做亲水性试验，以载体的含水率作为表征指标，得出结论：1# 填料亲水性最好，2# 填料亲水性最差，3# 填料亲水性介于两者之间。

（3）以不同曝气量下悬浮填料流化率随时间的变化作为表征指标，考察其流态化性能。结果表明，随着曝气量的增加，1#、2# 和 3# 填料的流化率逐渐增大。当曝气量为 $0.25m^3/h$、曝气时间 90min 时，3 种填料的流化率分别为 0.89、0.93 和 0.89，达到试验预期值。因此可以得出结论，曝气量设定为 $0.25m^3/h$ 时，填料流化性较好。

（4）填料挂膜采取静态培养和动态培养结合的方式，经过启动阶段、调试阶段和稳定阶段的试验，考察 3 种填料在进水条件相同的情况下对 COD 和氨氮的去除效果，结合生物镜检结果，得出结论：1# 填料的挂膜性能优于其他两种填料，建议后续的 A/O 工艺操作参数优化试验使用该填料。

（5）以 1# 填料为试验对象，考察水力停留时间和冲击负荷对 COD 去除的影响以及 A 段水力停留时间、混合液回流比以及污泥回流比等因素对氨氮和总氮去除的影响。结果表明，水力停留时间设定为 10h 为宜，且系统耐冲击负荷能力较强。A 段水力停留时间设定为 3.3h，混合液回流比设定为 1.5，污泥回流采取间歇回流的方式，每 4h 回流一次，回流比设定为 0.6 较为适宜。

（6）小试试验结果显示 A/O 工艺水力停留时间（HRT）为 20h，A 段、O 段停留时间均为 10h，当进水 40L/h、曝气量为 $0.25m^3/h$、回流比设定为 1.5 时工艺处理效果最优，A/O 工艺在上述参数下，COD 和氨氮去除率分别为 77.95% 和 91.96%。最后，在小试试验基础上对小试反应器进行放大设计计算，确定反应器基本加工参数。

（7）在最优试验条件下，对该工艺进行稳定运行试验，并与同期兰州石化炼油污水处理厂进行横向对比。结果表明，该工艺能够较好地去除 COD 和氨氮。与兰州石化炼油污水处理现有工艺对比发现，该工艺对 COD 和氨氮的去除率要高于前者，且该工艺具备脱总氮的功能，工艺明显优于兰州石化炼油污水处理厂现有工艺。

3. 炼油污水 A/O 升级技术中试试验研究

1）炼油污水 A/O 升级技术中试试验方案设计

（1）中试试验方案主要技术指标。

水量按 $2m^3/h$ 设计，污水进出水设计指标见表 9-6。

表 9-6　污水进出水设计指标

项目	COD，mg/L	氨氮，mg/L	石油类，mg/L	总氮，mg/L	pH 值
进水	≤ 360	≤ 20	≤ 30	≤ 35	7～8.5
出水	≤ 50	≤ 2	≤ 2	≤ 15	6～9

（2）中试试验工艺流程。

为实现兰州石化炼油污水处理主要技术指标升级达标，结合小试 2012 年 3—7 月 A/O 悬浮填料集成工艺试验结果，提出兰州石化炼油污水达标处理中试工艺方案 1。工艺方案 1 中试流程如图 9-5 所示。

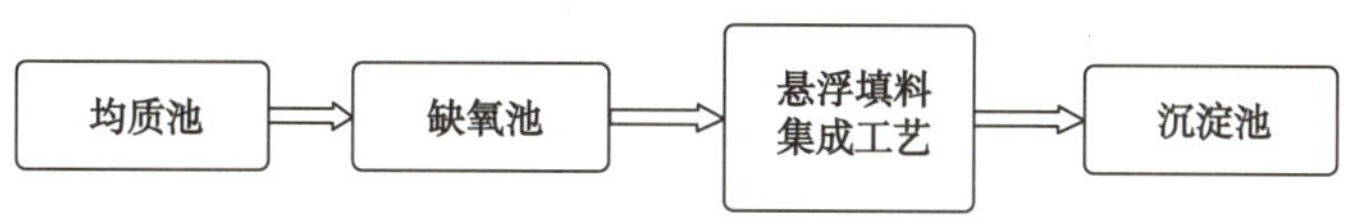

图 9-5　工艺方案 1 中试流程

在工艺方案 1 中，缺氧池 A 段通过离心泵将底部污泥打至反应器中上部，使污泥层处于悬浮状态，形成污泥与水的分层，并使清水层底部离出水口 10～30cm，沉淀池上清液以一定回流比回流至缺氧池，沉淀池底部活性污泥回流至曝气池。

为了对比工艺方案 1 与传统工艺之间的处理效果，通过文献调研提出兰州石化炼油污水达标处理工艺方案 2。工艺方案 2 中试流程如图 9-6 所示。

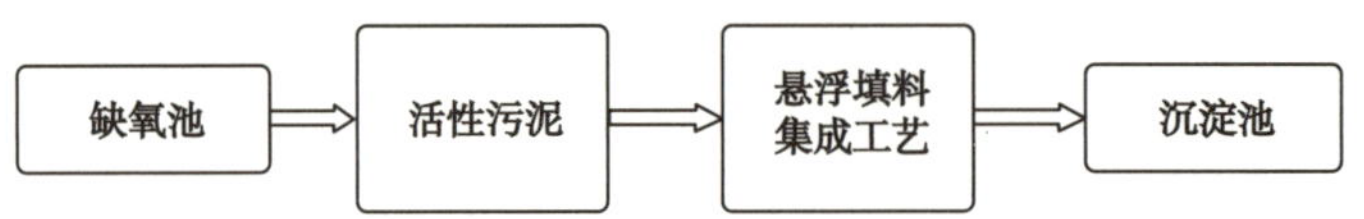

图 9-6　工艺方案 2 中试流程

与工艺方案 1 不同的是，传统 A/O 工艺 A 段采用搅拌器，使得污泥与污水充分混合，沉淀池活性污泥回流至缺氧池 A 池，活性污泥在好氧、缺氧中交替运行，达到去除氨氮和总氮的目的。

2）炼油污水 A/O 升级技术中试试验研究

（1）炼油污水 A/O 升级技术中试试验。

中试试验基本工艺流程及其装置图分别如图 9-7 和图 9-8 所示。

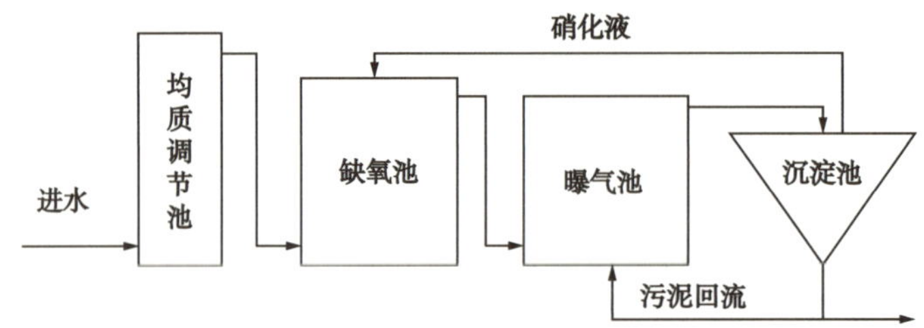

图 9-7　A/O 工艺流程

图 9-8　中试试验装置

图 9-8 中，反应器自左向右分别为均质调节池 ϕ2m×4.2m、A 池（缺氧池）ϕ3m×4m、O 池（曝气池）ϕ3m×3.8m、沉淀池 ϕ1.8m×3.6m。反应池体积依次为 13.18m^3、28.26m^3、26.84m^3 和 8.99m^3，进水主管路为 DN80mm 钢管，曝气管路为 ϕ25mm PVC 管材，A 池、O 池底部均配有穿孔管。

（2）炼油污水 A/O 升级技术中试试验结果分析。

① A/O 工艺运行结果分析。

试验进水来自污水厂浮选池，通过提升泵进入均质调节池后，通过重力自流进入 A 池，A 池内装备潜水泵一台，潜水泵出口与 ϕ50mm 钢丝软管连接，钢丝软管另一段与 ϕ50mm PVC 上水管连接，最终通过三通、弯头、变径与 6 根 ϕ25mm PVC 管连接，PVC 管深入至距反应器底部 30cm 处，通过内回流搅动泥层，使液面与泥层之间形成 30cm 的清液层，A 池出水进入 O 池，O 池为工艺核心传统活性污泥法，反应出水进入沉淀池，沉淀池污泥部分回流至 O 池，上清液部分回流至 A 池。

a. 试验运行参数介绍。

进水流量 2m^3/h，生化段 HRT 为 27h，其中 O 池 HRT 为 14h，A 池进水 pH 值为 7.4～8.0，试验期间暂不投加碱度，O 池混合液污泥浓度（MLSS）保持在 3000mg/L 左右，曝气量为 28m^3/h，沉淀池污泥回流比为 50%，上清液回流比为 100%。

b.COD 去除效果分析。

A/O 工艺运行期间试验进出水、生产出水（即炼油污水处理沉淀池出水）COD 处理效果如图 9-9 所示。

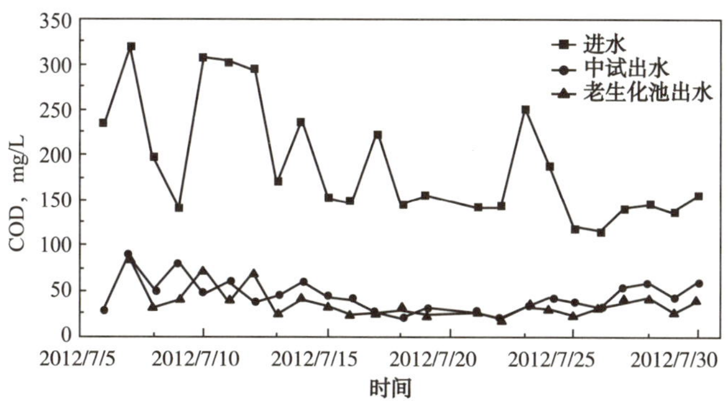

图 9-9 A/O 与老生化池出水 COD 去除效果对比

由图 9-9 可知，工艺运行期间进水 COD 浓度为 118～318mg/L，平均值为 191mg/L，中试 COD 出水为 22.4～86mg/L，COD 去除率为 55.4%～84.7%，平均去除率为 74.5%。老生化池 COD 去除率为 69.8%～87.1%，平均去除率为 79.6%。

由上述数据分析可知，中试试验 COD 出水波动较大，A/O 工艺虽然整体 HRT 高于污水厂活性污泥 HRT，但曝气池 HRT 小于污水厂曝气池 3～8h。由于 A 池对 COD 去除贡献小，A/O 工艺曝气池停留时间小于污水厂活性污泥法，一定程度上导致 COD 平均去除率低于老生化池。

c. 氨氮处理效果分析。

A/O 工艺运行期间试验进出水、老生化出水氨氮处理效果如图 9-10 所示。由图 9-10 可知，进水氨氮为 8.2～16.5mg/L，平均值为 11.67mg/L。中试试验出水氨氮为 1.04～13.75mg/L，试验前 4 天氨氮保持较高的去除率，之后处理效果持续变差，有 7 次出水氨氮浓度超过进水氨氮浓度，出水氨氮浓度大于进水浓度可能存在两方面的原因：一方面，进水浓度与处理出水浓度的时间延迟导致进水浓度有可能低于出水浓度；另一方面，可能是某个试验参数设置不合理抑制了硝化细菌活性导致氨氮去除效率低。此外，再加上可能出现的氨化作用，即有机氮转化为氨氮的过程导致出水氨氮大于出水氨氮。

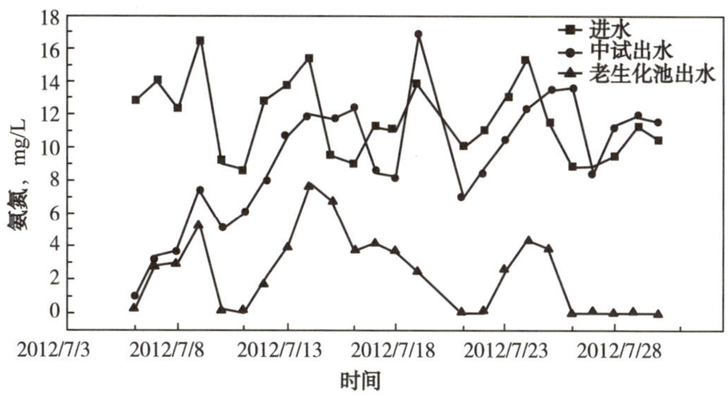

图 9-10 A/O 工艺与污水厂工艺氨氮去除效果对比

老生化出水氨氮出水浓度为 0~7.8mg/L，平均值为 2.39mg/L，其中 30% 的数据浓度未检测出来。可以看出，该污水厂现有工艺对于氨氮去除具有一定的优势，但与 COD 的去除有共同特征，即应对水质变化处理效果稳定性差。

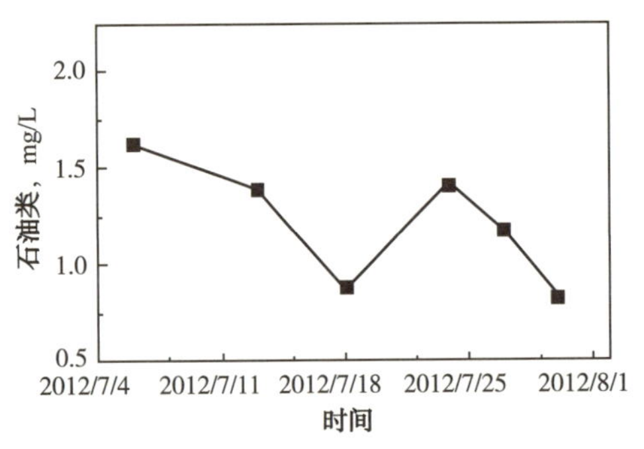

图 9-11　A/O 工艺出水石油类去除效果

d. 石油类处理效果分析。

A/O 工艺石油类出水效果如图 9-11 所示。由图 9-11 可知，老生化池出水石油类为 0.87~1.62mg/L，平均值为 1.3mg/L，处理效果较好。

② A/O 悬浮填料集成方案运行结果分析。

a. 试验过程及参数设置。

A/O 悬浮填料集成工艺即 A/O（MBBR）与上述工艺不同之处在于，向活性污泥池中投加密度接近于水的悬浮填料 K3，投配比为反应器体积的 30%，活性污泥重新从污水厂污泥回流井打入，试验开始即连续进水，进水流量为 $2m^3/h$，进水 pH 值为 7.4~8.0，A 池与 O 池的 HRT 分别为 14h 和 13h。A 池通过潜水泵和与其连接深入底部的 6 根 ϕ25mm PVC 管形成内回流，搅动泥层，并形成泥水分离界面清晰的 30mm 的清液层。O 池曝气量为 $15m^3/h$，污泥浓度为 3000mg/L。沉淀池上清液回流 100%，污泥回流 50%~70%。试验期间根据 COD : N : P=100 : 5 : 1 投加磷肥。

b. 悬浮填料挂膜状况分析。

经过 5d 后试验发现，填料颜色基本没有变化，肉眼观察不到微生物附着在填料内部，经过 10d 后发现，填料颜色仍然没有明显的变化，部分填料内壁颜色略微变深，在太阳光下看到有凸凹感，说明已经有少量微生物附着在填料内部。30d 后挂膜的情况如图 9-12 所示。

(a)挂膜10d

(b)挂膜30d

图 9-12　挂膜 10d 与挂膜 30d 情况对比

由图 9-12 可以看出，悬浮 K3 填料内部可以看到一层薄薄的褐色薄膜附着在填料内壁，这也印证了文献中悬浮填料相比较于组合填料、软性填料等挂膜困难的叙述。膜层较薄，这是因为兰州石化炼油污水负荷太低，正常情况下进水 COD 为 120~300mg/L，BOD 为 50~120mg/L。

c. 镜检结果分析。

本次试验采用活性污泥法与悬浮填料集成工艺即 A/O（MBBR），悬浮填料挂膜慢，挂膜薄，挂膜 1 个月后对微生物状况做镜检，此时挂膜基本已形成，但膜层较薄，用牙签从填料内壁取出少量污泥，放入少量清水中，搅拌均匀后由胶头滴管吸入，滴入一滴混合均匀的生物膜液体于载玻片上，进行镜检。镜检结果如图 9-13 所示。

由图 9-13 可知，镜检中观察到少量的累枝虫、钟虫等固着型纤毛虫、楯纤虫、游叶虫等。

d. 挂膜阶段 COD 处理效果分析。

A/O（MBBR）工艺运行期间试验进出水、生产出水 COD 处理效果如图 9-14 所示。

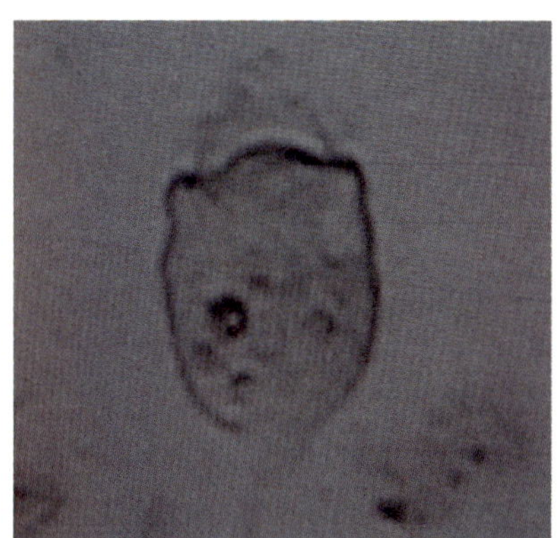
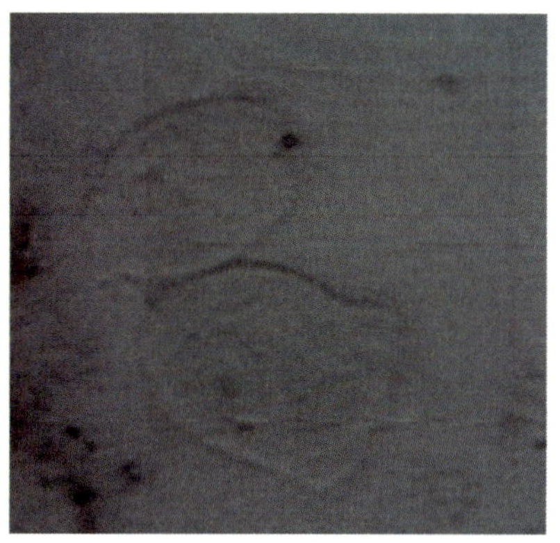

图 9-13　填料表面附着微生物

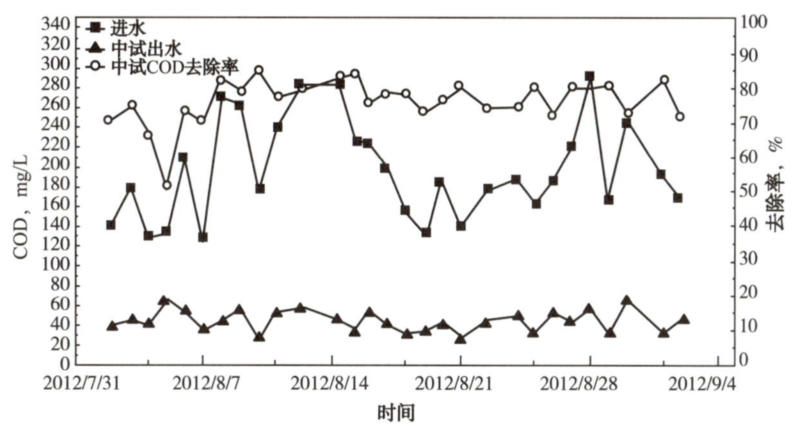

图 9-14　挂膜阶段 COD 去除效果

由图 9-14 可知，工艺运行期间进水 COD 为 128～290mg/L，COD 平均值为 182mg/L，中试沉淀出水 COD 为 26～68mg/L，COD 去除率为 51.4%～85.3%，平均去除率为 76.2%。

e. 挂膜阶段氨氮处理效果分析。

A/O（MBBR）工艺运行期间试验进出水、老生化池出水氨氮处理效果如图 9-15 所示。

由图 9-15 可知，进水氨氮为 6.7～16.2mg/L，中试出水在初始 5d 内氨氮处理效果稳定在 2～3mg/L。6～9d 后氨氮处理效果急剧恶化，在进水氨氮为 9.4mg/L 时，出水值增加到 7mg/L。接下 10d 氨氮处理效果持续恶化，出水氨氮高于进水氨氮的情况再次出现。

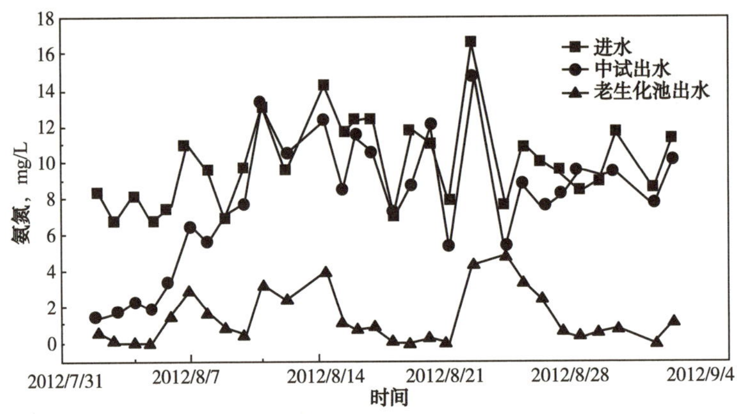

图 9-15　挂膜阶段氨氮去除效果

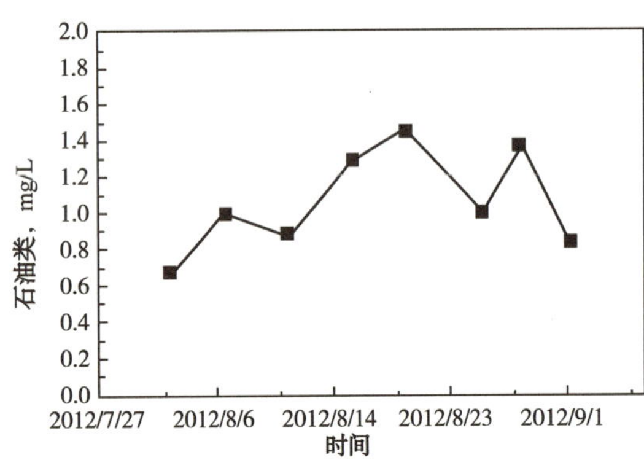

图 9-16　A/O 工艺出水石油类去除效果

生产出水氨氮浓度为 0～4.8mg/L，平均值为 1.3mg/L。出水氨氮浓度小于 1mg/L 占所测数据 58.7%。

f. 挂膜阶段石油类去除效果分析。

A/O（MBBR）工艺出水石油类处理效果如图 9-16 所示。由图 9-16 可知，老生化池出水石油类为 0.65～1.37mg/L，平均值为 1.06mg/L。处理效果较好，满足设计指标要求。

g. 挂膜结束后 COD 去除效果分析。

A/O（MBBR）工艺挂膜结束后试验进出水、老生化池出水 COD 处理效果如图 9-17 所示。

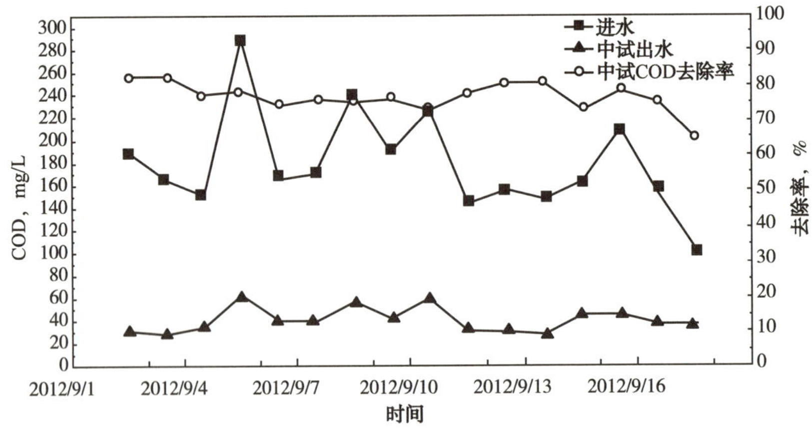

图 9-17　挂膜结束后 COD 去除效果

由图 9-17 可知，工艺运行期间进水 COD 为 102～274mg/L，平均值为 177.9mg/L，中试沉淀池出水 COD 为 28～60.4mg/L，去除率为 64.4%～82.9%，平均去除率为 76.7%。可以看出，挂膜后与挂膜期间的 COD 平均去除率 76.2% 并无明显差距。

h. 挂膜后氨氮去除效果。

A/O（MBBR）工艺挂膜结束后试验进水及生产出水 COD 处理效果如图 9-18 所示。

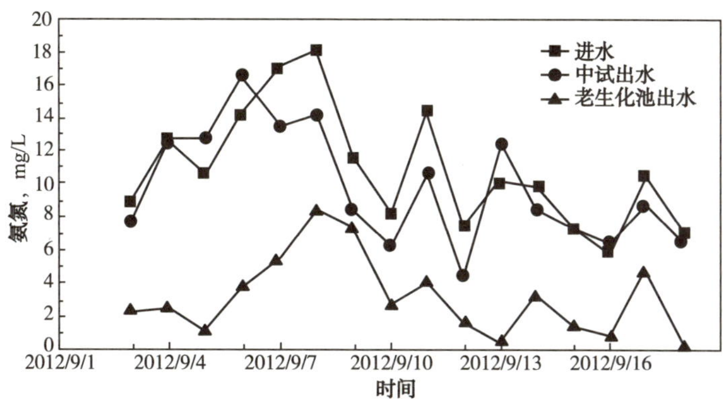

图 9-18　挂膜结束后氨氮去除效果

由图 9-18 可知，进水氨氮为 5.7～18mg/L，平均值为 10.85mg/L。中试试验出水氨氮 6.2～16.4mg/L。老生化池出水氨氮为 0.13～8.39mg/L。可见填料的投加，并没有对氨氮处理效果有明显的贡献。出现这种现象的原因如下：

（a）可能 A 段停留时间过长，达到了 9h 左右，比工程经验参数多出一倍。

（b）由于没有投加碱度，碱度不足将会影响硝化细菌去除氨氮的效果。

（c）可能由于罐体体积过大，通过泵的自回流不能完全使 A 段污泥流化循环起来，导致局部污泥死区，这可能会产生某种物质打乱微生物系统平衡，抑制硝化细菌的活性，导致曝气池氨氮效果差。

（d）可能由于 COD 浓度对于硝化细菌的抑制作用，即硝化细菌属于化能自养菌，COD 如果浓度过高会引起异养细菌的大量繁殖，抑制硝化细菌的反应活性。

假设氨氮处理效果较差是由于硝化细菌碱度缺乏引起，在接下来的一周对 O 池 3h 投加 Na_2CO_3 一次，保持 O 段 pH 值为 8.0~8.5。COD 和氨氮处理效果如图 9-19 和图 9-20 所示。

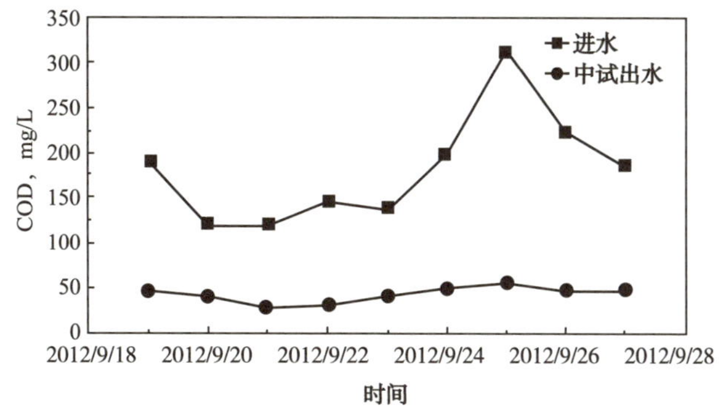

图 9-19　投加碱度后 COD 去除效果

从 COD 处理效果来看，中试沉淀出水 COD 为 26.6～55mg/L，去除率较之前没有投加碱度的效果并无明显不同。

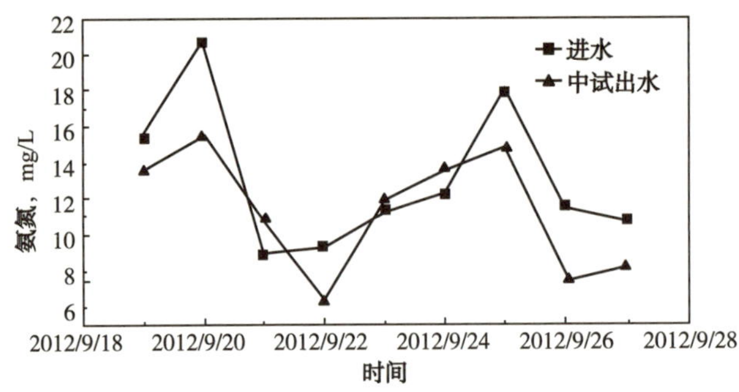

图 9-20　投加碱度后氨氮去除效果

由图 9-20 可知，尽管在 O 池投加了充足的碱度来满足硝化细菌去除氨氮的外部条件，但结果显示，出水氨氮多次大于进水氨氮。可见氨氮处理效果差并非由于碱度的原因，可能是由于污泥恶化导致微生物系统平衡失常抑制了硝化细菌的活性。

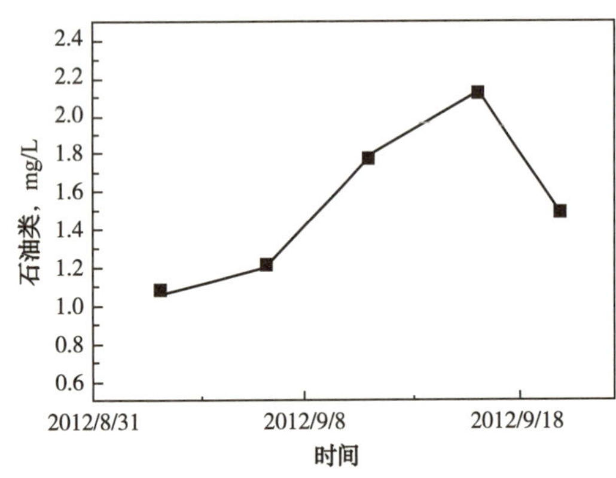

图 9-21　A/O 工艺出水石油类去除效果

i. 挂膜后石油类去除效果。

A/O（MBBR）工艺出水石油类处理效果如图 9-21 所示。由图 9-21 可知，老生化池出水石油类为 1.08～2.12mg/L，平均值为 1.54mg/L。其中有一次数据超过 2mg/L，处理效果整体较好。

③ A/O^2 悬浮填料集成方案处理结果分析。

经过一个多月的中试试验运行，COD 平均去除率为 75%，低于污水厂工艺平均去处率 79.6%。这可能是由于 O 池停留时间较短，O 池 HRT 为 13h，小于污水厂 3～6h。氨氮处理效果差，多次出现出水氨氮大于进水氨氮的情况。针对这种现象，在原有构筑物的情况下，决定启动第 2 套设计方案——A/O^2 悬浮填料集成工艺，即 A/O^2（MBBR），原均质调节池改为 A 池，原 A 池改为曝气池 O_1，原曝气池改为曝气池 O_2，原沉淀池不变，此时 A 池 HRT 为 6h，O_1 池的 HRT 为 14h，O_2 池的 HRT 为 13h。污泥排出并重新从污水厂污泥井用离心泵打入。A 池仍采用内循环方式进行污泥的搅动使泥水混合均匀，O_1 池和 O_2 池污泥浓度均为 3000mg/L；A 池和 O 池 pH 值为 7.4～8.0；A 池、O_1 池和 O_2 池溶解氧分别为 0.1～0.5mg/L、1.7～2.2mg/L 和 3.5～4.5mg/L。污泥回流比为 50%，回流至 A 池，硝化液回流比为 100%，回流至 A 池。A/O^2 工艺流程图如图 9-22 所示。

a.HRT 对试验结果的影响。

生化处理效果与停留时间紧密相关，微生物对于有机污染物的降解就是微生物进行代谢的过程。停留时间越长，微生物与污水接触吸附降解的时间也就越长，对于难降解的污染物降解在一定时间内就越彻底。HRT 过高的缺点是：有机负荷低，水量处理小。因此，通过试验找到合适的停留时间，既能保证较高的去除率，又能尽量保证最小的停留时间是十分必要的。

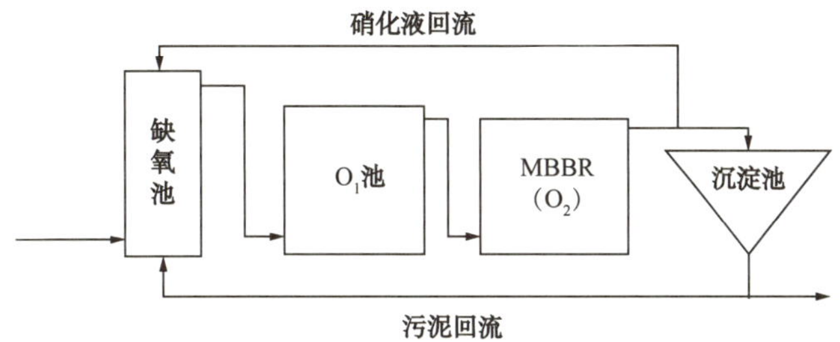

图 9-22　A/O^2（MBBR）工艺流程

（a）进水 2m^3/h COD 的去除效果。

A/O^2（MBBR）工艺 O_1 池、O_2 池气水比分别为 14∶1 和 6∶1，硝化液回流 100%，污泥回流 50%。A 池、O_1 池和 O_2 池的 HRT 分别为 6h、14h 和 13h。A/O^2（MBBR）工艺运行期间试验进出水及老生化池出水 COD 处理效果如图 9-23 所示。

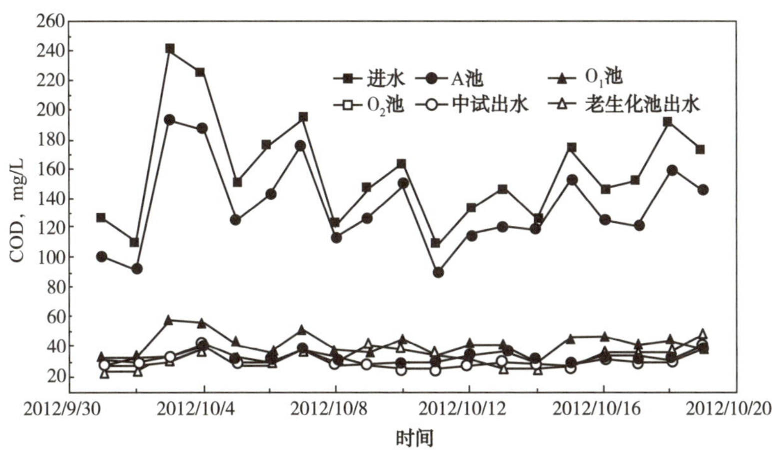

图 9-23　进水 2m^3/h COD 去除效果

由图 9-23 可知，工艺运行期间进水 COD 为 108～240mg/L，平均值为 158mg/L。中试出水 COD 为 24.2～37.4mg/L，COD 去除率为 76%～87.8%，平均去除率为 81%。老生化池出水 COD 为 22～47.6mg/L，COD 去除率为 67.5%～84.3%，平均去除率为 78.6%。A 池出水 COD 有 10%～20% 的去除率，这是因为来自 O_2 池回流液的稀释以及部分硝酸根、亚硝酸根的去除导致碳源降低。O_1 池 COD 平均去除率为 63.6%，O_2 池 COD 平均去除率为 25%，O_1 池对于 COD 去除的效果贡献大于 O_2 池，易于被微生物降解的有机物在 O_1 池首先被去除，难降解的有机污染物进入 O_2 池被进一步深化处理。

中试沉淀池 COD 去除率高于改造前 A/O（MBBR）工艺 5%，但是在 A/O^2（MBBR）曝气池停留时间高于 A/O 工艺曝气池停留时间 14h 的条件下，虽然曝气参数有待于调节，但可发现，生物法对 COD 去除有一定的局限性，延长停留时间带来的效果有一定局限性。

（b）进水 3m^3/h COD 处理效果分析。

A/O^2（MBBR）工艺 O_1 池和 O_2 池气水比分别为 8∶1 和 4∶1，硝化液回流 100%，污泥回流 50%，A 池、O_1 池和 O_2 池的 HRT 分别为 4h、9.3h 和 8.7h。试验进出水、老生化池出水 COD 处理效果如图 9-24 所示。

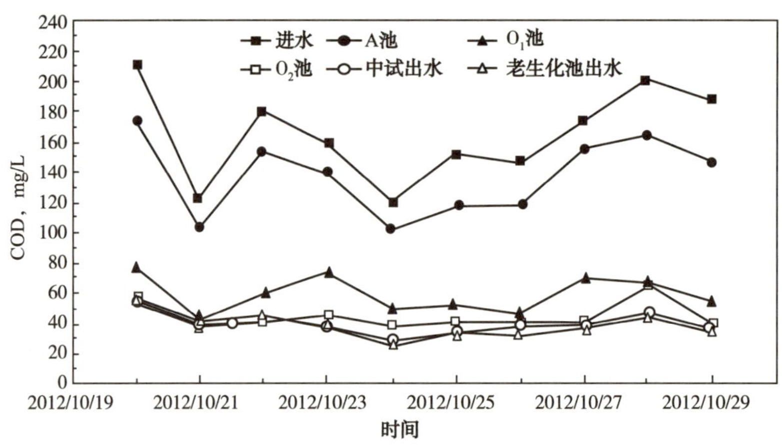

图 9-24　进水 $3m^3/h$ COD 去除效果

由图 9-24 可知，进水 COD 为 122～212mg/L，平均值为 165.5mg/L，中试出水 COD 为 27.4～54.6mg/L，去除率为 65.5%～81.1%，平均去除率为 75.5%。老生化池出水 COD 为 24～56mg/L，COD 去除率为 68.8%～80.4%，平均去除率为 76.3%。

（c）进水 $2m^3/h$ 氨氮去除效果。

A/O^2（MBBR）工艺运行期间试验进出水及老生化池出水氨氮处理效果如图 9-25 所示。由图 9-25 可知，进水氨氮为 7.05～14.45mg/L，平均值为 10.7mg/L，A 池出水平均值为 7.6mg/L，O_1 出水氨氮平均值为 1.4mg/L，其中有 3 次浓度未检测出。A 池溶解氧浓度不大于 0.5mg/L，该单元无氨氮去除能力，氨氮浓度降低是由于 O_2 池硝化液回流稀释所致。O_2 池出水未检测出的数据达到 70%，中试沉淀池出水氨氮浓度为 0～0.24mg/L，氨氮去除率接近 100%。老生化池出水氨氮为 0.46～8.43mg/L，平均值为 3.14mg/L，浮动依然较大。由此可见，经过工艺改造后，氨氮的处理相对于污水厂工艺表现出了明显的优势。

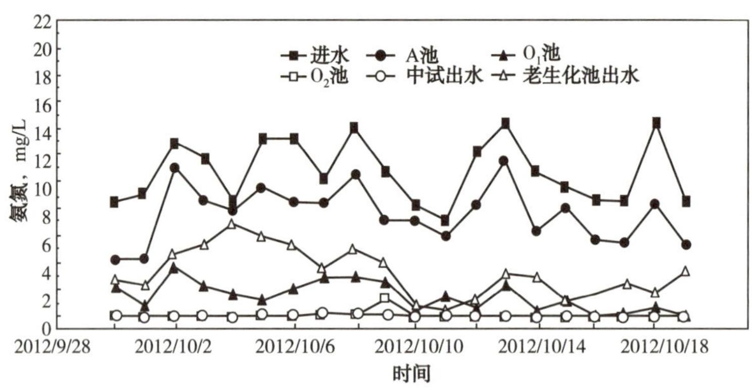

图 9-25　进水 $2m^3/h$ 氨氮去除效果

（d）进水 $3m^3/h$ 氨氮的处理效果。

A/O^2（MBBR）工艺试验进出水及老生化出水氨氮处理效果如图 9-26 所示。

由图 9-26 可知，进水氨氮为 5.08～8.44mg/L，平均值为 6.46mg/L。进水氨氮负荷较前段时间有了明显降低。O_1 池出水氨氮平均浓度 0.64mg/L，O_2 池和沉淀池氨氮浓度全部未检测出，去除率达到 100%。老生化池出水氨氮浓度为 2.3～5.2mg/L，平均浓度为 3.62mg/L。虽然在此期间氨氮负荷有所降低，但老生化池出水氨氮依然没有达到稳定较好的处理效果。

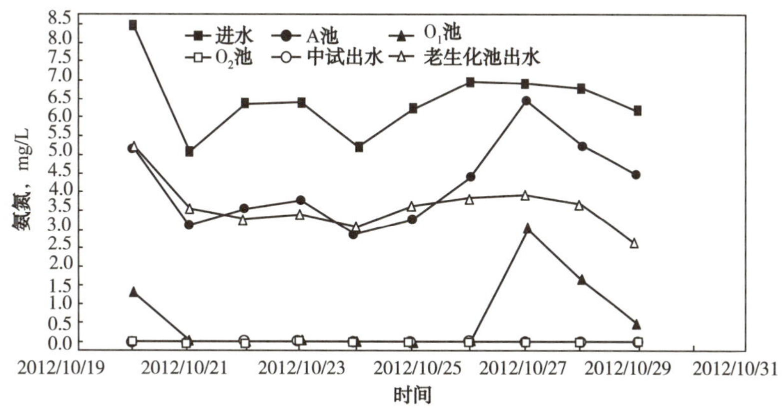

图 9–26　进水 $3m^3/h$ 氨氮去除效果

（e）流量为 $2m^3/h$ 时石油类去除效果分析。

A/O^2（MBBR）工艺当进水流量为 $2m^3/h$，O_1 池和 O_2 池气水比分别为 14 ：1 与 6 ：1 时出水石油类处理效果如图 9–27 所示。

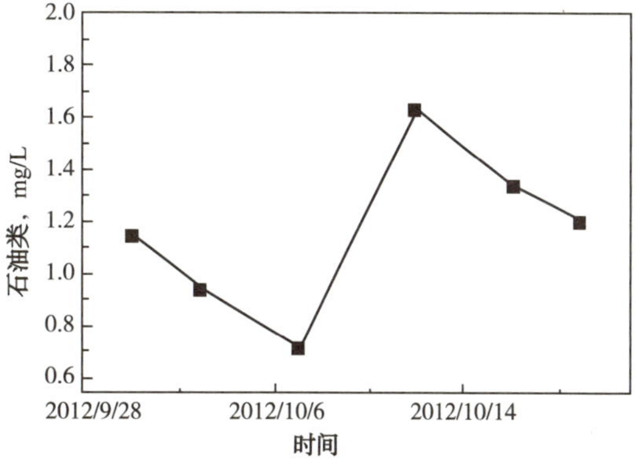

图 9–27　A/O 工艺出水石油类去除效果

由图 9–27 可知，老生化池出水石油类为 0.72～1.63mg/L，平均值为 1.17mg/L。处理效果整体较好，石油类稳定在 2mg/L 以下。

b. 气水比对处理效果的影响。

由上述试验可知，当进水为 $2m^3/h$ 时，COD 去除率优于进水 $3m^3/h$，HRT 却高于后者 6～12h，去除率仅高出 5%。对于工程应用，若采用进水 $2m^3/h$ 的方案，则需要更大的构筑物体积，大大提高了基建成本。因此，试验进水设定为 $3m^3/h$，A 池、O_2 池和 O_2 池 HRT 分别为 4h、9.3h 和 8.7h。O_1 池的充氧能力较差，气水比为（8～10）：1，溶解氧浓度为 1.7～2.4mg/L，而 O_2 池气水比为 4 ：1 时溶解氧浓度为即可达到 3.2～3.5mg/L，因此从经济上考虑，在保证 O_1 池气水比为 8 ：1，其余参数条件不变的情况下，单独考察 O_2 池气水比对最终出水指标的影响。

（a）气水比为 5∶1 时 COD 处理效果。

A/O^2（MBBR）工艺进水流量 $3m^3/h$，试验进出水、老生化池出水 COD 如图 9–28 所示。由图 9–28 可知，进水 COD 为 132～376mg/L，平均值为 215.3mg/L，该时间段 COD 有机负荷相比正常进水有大幅度上升。中试出水 COD 为 32.2～65mg/L，COD 去除率为 75.4%～82.7%，平均去除率为 78.1%。老生化池出水 COD 为 39～85.2mg/L，COD 去除率为 64.9%～79.2%，平均去除率为 72.9%。

由上述数据可知，A/O^2 工艺污水厂生化段 COD 去除率为 72.9%，小于 2012 年 7 月 6—30 日平均去除率 79.6%，小于 2012 年 10 月 20—29 日的平均去除率 76.3%。由此可

见，活性污泥法的不足之处是处理效果受来水水质情况影响，处理效果不稳定。

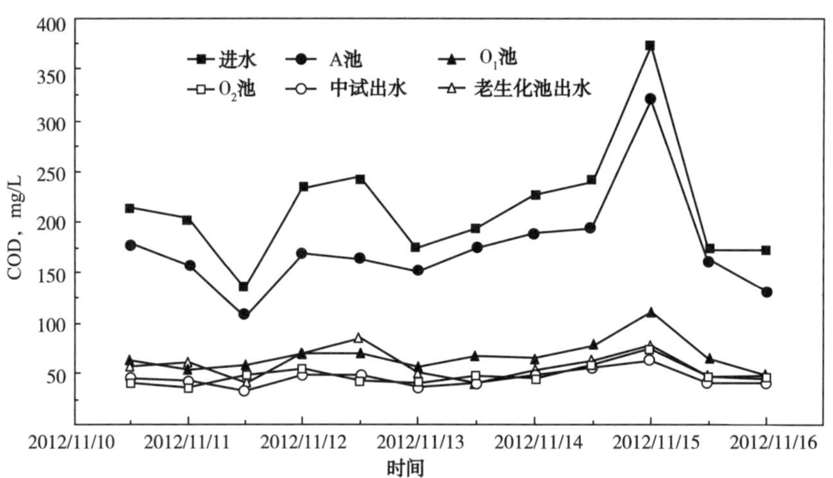

图 9-28 气水比为 5∶1 时 COD 去除效果

对比于曝气 12m³/h，15m³/h 运行条件表现出了更高的处理效果。这是因为在后者曝气条件下，填料流化状态良好，前者曝气条件下填料上升速度缓慢，顶部有少量填料堆积现象，根据小试试验推测，反应器底部约有 60cm 无填料流化，因此减少了填料与污水的有效接触面积，从而最终导致去除率低于后者。

（b）气水比为 6∶1 时 COD 处理效果。

A/O^2（MBBR）工艺进水流量 3m³/h，试验进出水、老生化池出水 COD 处理效果如图 9-29 所示。由图 9-29 可知，工艺运行期间进水 COD 为 136～208mg/L，平均值为 171mg/L。中试出水 COD 为 26～44.4mg/L，COD 去除率为 76.1%～83.4%，平均去除率为 80.7%。老生化池出水 COD 为 28～47.8mg/L，COD 去除率为 72.3%～84.1%，平均去除率为 78.7%。

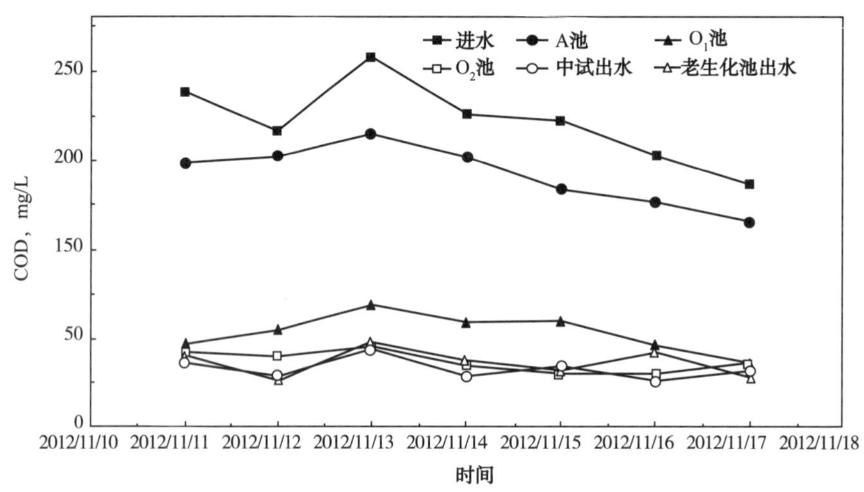

图 9-29 气水比为 6∶1 时 COD 去除效果

（c）气水比 5∶1 时氨氮处理效果。

A/O^2（MBBR）工艺进水流量 3m³/h，试验进出水、老生化池出水氨氮如图 9-30 所示。

由图 9-30 可知，进水氨氮为 5.56～13.51mg/L，平均值为 9.76mg/L，O_2 池出水氨氮与中试沉淀池出水相近，去除率接近 100%，在此期间老生化池出水氨氮平均浓度为 4.13mg/L。

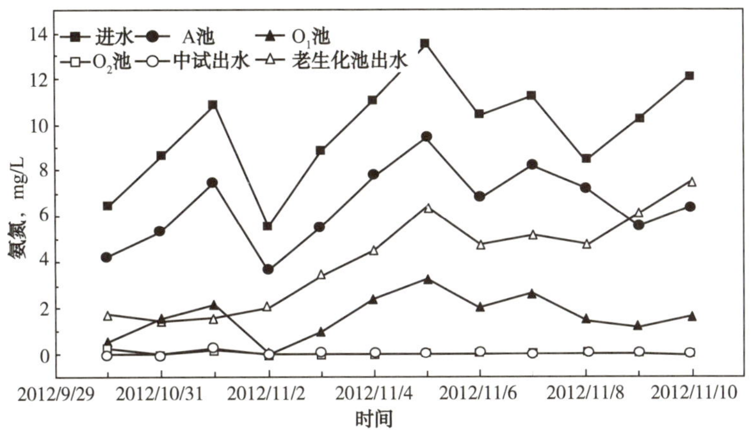

图 9-30 气水比为 5∶1 时氨氮去除效果

（d）气水比 6∶1 氨氮处理效果。

A/O^2（MBBR）工艺进水流量 $3m^3/h$，试验进出水、老生化池出水氨氮如图 9-31 所示。

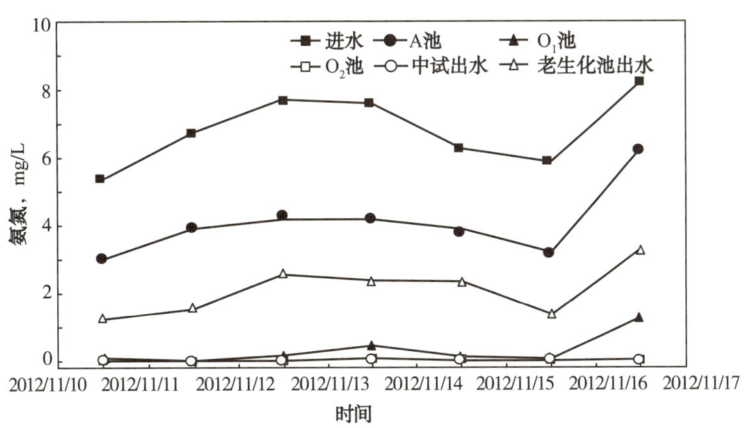

图 9-31 气水比为 6∶1 时氨氮去除效果

由图 9-31 可知，进水氨氮为 5.36～8.22mg/L，平均值为 6.83mg/L，进水负荷较低。O_2 池、中试出水氨氮浓度依然未检测出，去除率接近 100%。老生化池出水氨氮平均浓度较 10d 前下降 50%，平均浓度为 2.07mg/L。

（e）气水比为 5∶1 时石油类处理效果。

A/O^2（MBBR）工艺当进水流量为 $3m^3/h$ 时，中试出水石油类处理效果如图 9-32 所示。

由图 9-32 可知，老生化池出水石油类为 0.84～1.85mg/L，平均值为 1.35mg/L。处理效果整体较好，石油类稳定在 2mg/L 以下。

（f）气水比为 6∶1 时石油类处理效果。

A/O^2（MBBR）工艺当进水流量为 $3m^3/h$ 时，中试出水石油类处理效果如图 9-33 所示。

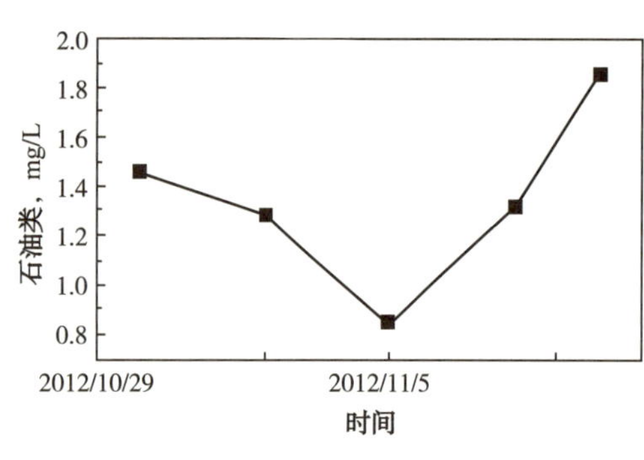

图 9-32　A/O 工艺出水石油类去除效果

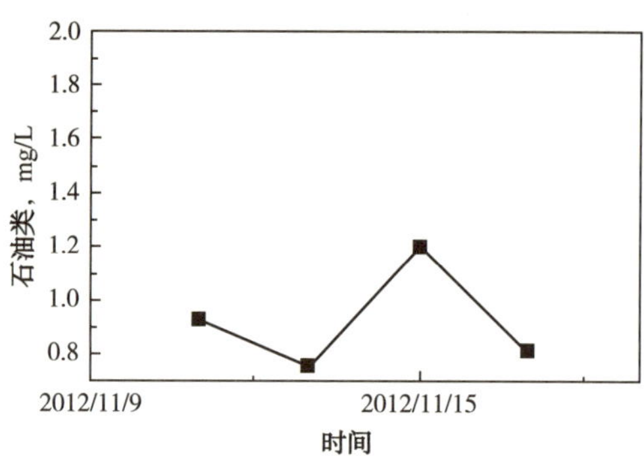

图 9-33　A/O 工艺出水石油类去除效果

由图 9-33 可知，老生化池出水石油类为 0.72～1.63mg/L，平均值为 1.17mg/L。处理效果整体较好，石油类稳定在 2mg/L 以下。

c. 碱度对氨氮的处理效果影响。

碱度是否充足对于微生物的硝化反应是否完全，是否会对反应起到抑制作用具有非常重要的作用。硝化过程中 1g 氨氮氧化为硝酸盐氮需要消耗 7.14g 碱度，pH 值下降，反硝化过程中还原 1g 硝酸盐氮产生 3.47g 碱度。试验中进水碱度为 200～400mg/L，根据本次试验结果来看，进水碱度能够满足微生物硝化反应需要，不需要额外投加碱度，氨氮即可得到较好的去除效果。

d. 温度对试验的影响。

微生物生长与生化反应取决于酶的活性，酶的活性受温度影响。有学者研究表示，硝化细菌对于氨的氧化作用适宜的反应温度为 20～30℃。反硝化细菌适宜的环境生长温度为 20～40℃。当环境温度小于 15℃时，两类细菌的生长活性均受到严重影响。邹平等采用悬浮填料活性污泥复合工艺在北方某矿区污水厂处理生活、医院、食堂污水等，在平均温度 12.7℃下，COD 和氨氮处理效率分别为 86.92% 和 80.52%。霍保全等在 11.5～16.5℃、17.4～25.2℃和 25.5～28.3℃采用悬浮载体流化床工艺考查温度对 COD、氨氮和总氮的去除效果影响。试验结果显示，该温度区间对于 COD 去除效果影响不大，对氨氮和总氮的去除效果则有一定影响。

从中试试验 7 月份以来，曝气池温度从最初的 30～33℃降到 12 月份的 18～20℃，温度下降 10～15℃。但从试验结果来看，中试 COD 和氨氮处理效果均未受到明显影响，尤其是出水氨氮浓度一直稳定在 0.1mg/L 以下。对比污水厂活性污泥工艺，虽然其水体温度稳定在 33℃，但其处理出水氨氮浓度为 1～6mg/L，效果差，波动大。由此可以得出结论，A/O^2（MBBR）负荷工艺在低温下对于氨氮处理效果同样能保持高效的处理效果。

④总氮去除的影响因素分析。

近年来，由于工业污水、生活污水过量排放氮磷等营养物质在全国范围内造成了严重的水体富营养化问题，不少污水厂工艺无总氮去除功能，即使氨氮可以有效去除，但其转化生成的硝酸根，亦对人体有致癌作用。最新的地方污水排放标准中对于总氮去除指标有了明确细致规定，总氮排放标准限制在 15mg/L。由此可见，对于污水处理不再是单一以 COD 等去除为监测目标，脱氮已经新增为重要的一项监测指标。

a. pH 值对于反硝化的影响。

反硝化过程产生碱度，通常情况下[3]反硝化细菌最适宜 pH 值为 6.5～7.5。但也有学者试验认为，偏碱性更有利于反硝化的进行。

b. BOD/N 对总氮去除的影响。

一般认为废水 BOD/N < 3～5 时，若要得到满意的反硝化效果，需要额外投加碳源，甲醇、乙酸等小分子被认为是理想的碳源，易于被微生物快速利用。

c. 碳源对于总氮去除的影响。

通过试验研究不同碳源对脱氮的影响，受污染饮用水硝酸盐质量浓度为 240～1300mg/L，以甲醇、乙醇为碳源时，总氮去除率分别为 95%～97% 和 88%～92%。

对于地下水，硝酸盐去除分别采用甲醇、乙醇和蔗糖 3 种不同碳源。试验结果显示，蔗糖对于甲醇、乙醇而言，出现了较为严重的亚硝酸盐氮积累。

在不同碳源对总氮去除效果发现，以甲醇、乙酸和丙酸为碳源，最佳碳氮比（4.0～4.8）在 30min 内总氮去除率达 96% 以上，且亚硝酸盐无明显积累，丁酸 40min 内可以使总氮基本去除，但亚硝酸盐积累较前 3 种碳源有明显积累，当碳源为葡萄糖时，总氮去除速度变慢，完全去除需 75min。

d. 回流比对总氮去除的影响。

总氮的去除效率跟回流比的大小密切相关，霍保全等采用悬浮载体流化床工艺考察不同回流比对总氮的去除效果。结果显示：回流比为 200% 时，总氮去除率为 46.77%～51.03%；回流比为 300% 时，总氮平均去除率为 61.27%；回流比为 400% 时，总氮有所降低，平均去除率为 58.05%。试验结果显示，不同的回流比对 COD 和氨氮的处理效果并无多少影响。

兰州石化炼油污水气浮池出水 pH 值为 7.0～8.0，BOD 为 50～120mg/L，总氮 20～25mg/L，BOD/N 2.5～4.8，A 池停留时间 4h，可以产生一定的水解酸化作用，将大分子有机物分解成易被微生物吸收利用的小分子有机酸，BOD/N 会在原有基础上有所增加，因此在不外加碳源的情况下，理论上能满足总氮去除达到《污水排放综合指标》一级标准，达到较为满意的去除效果。通过 A/O² 工艺，单就回流比的改变考察对试验总氮去除率的影响。

（a）回流比为 100% 时总氮的去除效果。

回流比为 100% 时，总氮去除效果如图 9-34 所示。

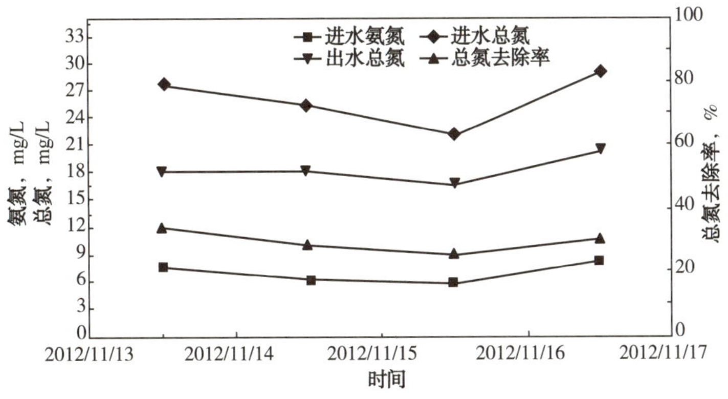

图 9-34　回流比为 100% 时总氮去除效果

由图 9-34 可知，进水氨氮 5.87～8.22mg/L，负荷较低，总氮 22～29mg/L。从数值来看是前者的 3～4 倍，A 段 pH 值 7～8，深解氮浓度小于 0.5mg/L。可以看出，在上述试验条件下，出水总氮浓度为 16.4～20.2mg/L，平均去除率仅有 29.6%。

（b）回流比为 200% 时总氮的去除效果。

回流比为 200% 时，总氮去除效果如图 9-35 所示。

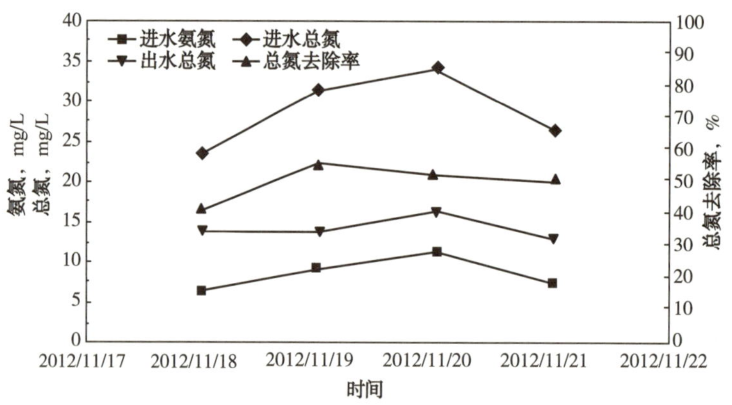

图 9-35　回流比为 200% 时总氮去除效果

由图 9-35 可知，进水氨氮为 7.4～11.1mg/L，总氮 23.5～31.4mg/L，在硝化液回流比为 200% 时，出水总氮 13～16.2mg/L，总氮平均去除率为 49.8%。

（c）回流比为 300% 时总氮的去除效果。

回流比为 300% 时，总氮去除效果如图 9-36 所示。由图 9-36 可知，进水氨氮为 5.08～8.5mg/L，总氮 20～28.8mg/L，在硝化液回流比为 300% 时，出水总氮 6.6～12.4mg/L，平均去除率为 62.2%。

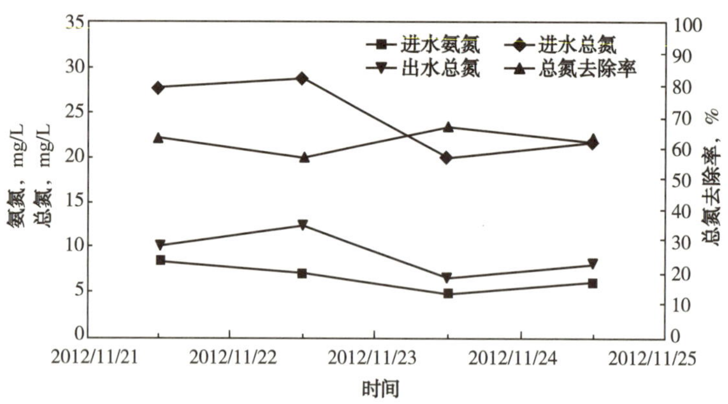

图 9-36　回流比为 300% 时总氮去除效果

从上述结果可知，随着硝化液回流比的增大，总氮去除效果有明显提高，回流比为 100% 时，总氮平均去除率为 29.6%，回流比增大为 200% 时，总氮平均去除率为 49.8%，去除率增加 20 个百分点。当回流比增大为 300% 时，去除率增加了 12 个百分点。根据前期文献调研发现，反硝化速率快，60min 内在碳源充足情况下，去除率即可达到 96% 以上（SBR 工艺）。中试试验 A 池 HRT 为 4h，时间充足，在回流比为 300% 时，平均去除率为

62.2%，理论上增大回流比并在碳源充足的情况下，可以使总氮去除率接近100%，但过大的回流比会使缺氧池溶解氧浓度增大，抑制反硝化速率。文献多有试验表明，在回流比为400%或500%时，总氮的去除率开始出现负增长。本次试验未能考察在400%条件下的总氮去除效果。

⑤抗冲击负荷试验。

a.A/O（活性污泥）与污水厂生化单元。

A/O与污水厂生化单元工艺一致，HRT稍有不同，前者HRT为14h，后者为16~22h。从COD去除率上来看，A/O与污水厂工艺表现出一定相似性，去除效率波动大。以污水厂为例，最高去除率达到了87%，最低去除率为64%。从平均去除率来看，污水厂工艺在本次试验期间的表现优于前者，平均去除率为79.6%。A/O工艺平均去除率为74.3%。

从氨氮处理效果来看，A/O工艺对氨氮基本无有效地去除，数次出水氨氮大于进水氨氮。老生化池出水氨氮平均值为2.39mg/L，远低于A/O工艺。

b.A/O（活性污泥）与A/O（MBBR）。

在相同的停留时间下，A/O（MBBR）曝气量为15m^3/h，远小于活性污泥28m^3/h，前者COD平均去除率为76.7%，大于A/O（活性污泥）COD平均去除率74.4%，表现出较为满意的结果。

从氨氮处理效果来看，A/O（MBBR）也一直没有表现出文献中所描述的良好的氨氮处理效果，出水氨氮数次超过进水氨氮，在溶解氧、HRT满足生化单元处理需要的参数下，这一现象也并没有因为投加碱度而变化。因此，可以推测这是由于工艺方案设计不合理而致。

c.A/O^2（MBBR）与A/O（活性污泥）、A/O（MBBR）。

A/O^2与A/O（活性污泥）、A/O（MBBR）COD去除率对比显示，不同的HRT，不同曝气量的去除率前者与后两者略有不同。在15m^3/h和18m^3/h的曝气量下，A/O^2（MBBR）表现出稳定高效的处理效果。从氨氮处理效果来看，前者在设定试验参数中选择不同的HRT，不同曝气条件下，中试出水氨氮稳定在0.1mg/L以下，效果均优于后两者。

d.A/O^2（MBBR）不同参数COD去除率对比。

A/O_2（MBBR）不同参数COD去除率见表9-7。

表9-7 A/O^2（MBBR）不同参数COD去除率对比

运行参数		12m^3/h曝气量	15m^3/h曝气量	18m^3/h曝气量
COD去除率%	HRT=28h	81		
	HRT=18h	75.58	78.07	80.70

由表9-7可知，HRT为28h，曝气量为12m^3/h，COD去除率最高，但这是以HRT多出10h为前提的。该厂炼油污水属于可生化性强的水质，过长的HRT大大增加了占地及土建费用，不适合工程应用。HRT为18h时，通过调整曝气量可发现曝气量为18m^3/h时，COD去除率即可达到HRT=28h的效果，这是因为在曝气量为12m^3/h时，填料流化速度缓慢，底部有部分空间无填料流化，当曝气量为18m^3/h时，填料流化状态充分完全，可以充分地与水中有机污染物有效接触，传质效果增强。

e.不同工艺参数O_1、O_2池COD去除率对比。

不同工艺参数 O_1、O_2 池 COD 去除率见表 9-8。

表 9-8　不同工艺参数 O_1 池、O_2 池 COD 去除率对比

运行参数		HRT=27h，$12m^3/h$ 曝气量	HRT=18h，$12m^3/h$ 曝气量	HRT=18h，$15m^3/h$ 曝气量	HRT=18h，$18m^3/h$ 曝气量
COD 去除率 %	O_1	69.1	59.5	60.6	61.7
	O_2	19.8	20.0	26.1	28.8

由表 9-8 可知，由于各工艺 O_1 池曝气量不变，在 HRT 为 18h 时 3 种曝气参数下，O_1 池 COD 去除率相近，O_2 池在曝气量为 $18m^3/h$ 时，COD 去除率最高。HRT 为 27h 时，O_1 池 COD 去除率高于 HRT 为 18h 时的 O_1 池 COD 去除率，这是因为 O_1 池 HRT 时间较前者多 4h，有着更充裕的 HRT。

⑥抗冲击负荷试验。

a. 试验后期进行短期的氨氮冲击试验，试验期间氨氮的去除效果如图 9-37 所示。

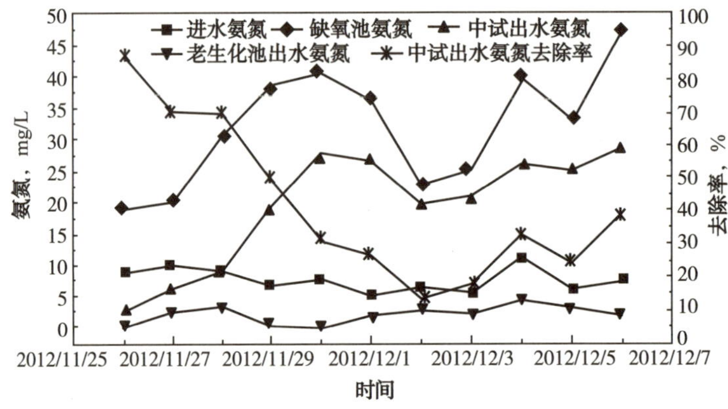

图 9-37　冲击试验氨氮去除效果

由图 9-37 可知，A 池出水氨氮最高为 47.2mg/L，最低 18.9mg /L，平均为 32mg/L；中试出水氨氮平均为 19.25mg/L，平均去除率为 42%。氨氮去除率在开始前 4d 可以达到 86.9%。第 4 天之后去除率逐步变低，最低去除率只有 17.5%。

可以看出，A 池进水浓度为 20～30mg/L 时，氨氮去除率可以保证为 70%。之后继续增加负荷至 40mg/L 左右，去除率大幅下降。在提高负荷第 4 天，去除率达到最低 13%。之后 3 天内，去除率有了恢复，最高去除率达到了 39%。可以看出，该复合生化系统应对冲击负荷有一定的适应与不错的恢复能力。氨氮去除效果整体不佳的原因可能是：（a）硝化细菌世代时间长，日常进水负荷低，一般不超过 20mg/L，正常情况下为 7～15mg/L，短时间氨氮负荷提高幅度过大，以致硝化细菌生物量不能应对高负荷氨氮浓度。（b）反应器水温低，只有 18～23℃，低于正常生产温度 10～15℃，硝化速率受到一定影响，影响了最终处理效果。

b. 冲击试验 COD 去除效果如图 9-38 所示。

由图 9-38 可知，中试出水 COD 最高为 58mg/L，最低为 24mg/L，平均值为 43mg/L，去除率为 78%；炼水部沉淀池出水 COD 最高为 46mg/L，最低为 24mg/L，平均值为 35.9mg/L，去除率为 81.5%。中试处理效果略有下降，可能是由于温度以及短时间

内浓度提高的结果，但仍然保持着较高的去除率，污水厂生化装置处理效果较上周有明显提升。

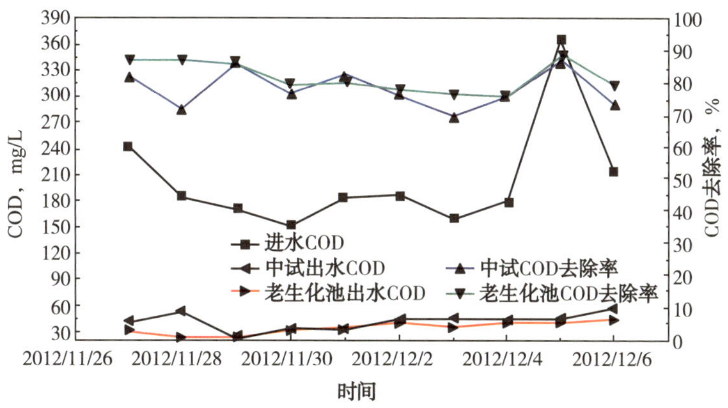

图 9-38　冲击试验 COD 去除效果

3）小结

活性污泥法在炼油污水的应用上存在一定不足与局限性，活性污泥集成悬浮填料工艺在污水处理中体现出了较大优势。通过小试和中试试验中集成工艺同活性污泥对比，得到如下结论：

（1）通过对 3 种不同工艺 A/O（活性污泥）、A/O（MBBR）和 A/O^2（MBBR）的试验研究发现，A/O^2（MBBR）对炼油污水表现出了较强的去除能力，当曝气池 1 曝气量为 $24m^3/h$ 时，曝气池 2 曝气量分别为 $12m^3/h$、$15m^3/h$ 和 $18m^3/h$，氨氮去除率均能接近 100%。当曝气池 2 曝气量为 $18m^3/h$ 时，COD 和氨氮去除效果为最优状态，在此期间进水 COD 为 136～208mg/L，中试出水 COD 为 28.8～44.2mg/L，平均值为 32.8mg/L，平均去除率达 80.7%。

（2）氨氮在 A/O 和 A/O 悬浮填料工艺中并未由于投加填料而提高去除效率，氨氮去除效果很大程度上受工艺设计的影响。在 A/O^2 悬浮填料集成工艺中，氨氮去除较前两种工艺有了显著的优势，即使水温同比低于污水厂曝气池 10℃，去除效果仍然稳定在 0.1mg/L 以下，此外该工艺的气水比只有（4～6）:1，远小于活性污泥法的（8～12）:1，工艺运行费用将大大降低。

（3）A/O^2 工艺中，BOD 有机负荷低，活性污泥法中 BOD 负荷过低易导致污泥膨胀，而 A/O^2 工艺经过两个多月运行，污泥指数一直保持在 100～130 之间，并未发生污泥膨胀，原因是丝状菌被吸附在悬浮填料内壁，一方面抑制了污泥膨胀的产生，另一方面又发挥了丝状菌高效降解有机污染物的作用。

（4）A/O^2 工艺中溶解氧浓度维持在 4mg/L 左右，微生物部分可以自身氧化分解，产泥量少，且污泥龄长，对于硝化细菌的富集起到了积极的作用。

（5）在氨氮负荷冲击试验阶段，进水氨氮为 20～30mg/L 时，A/O^2 工艺去除率保持在 70%，改变试验条件为 40mg/L 进水，去除效果有明显下降，一方面可能温度低影响了硝化速率，另一方面可能由于该污水厂长时间低负荷运行，硝化细菌生物量有限，且世代时间长，短时间内无法形成充足的生物量应对高负荷氨氮冲击。由于试验期间未能采取保温措施，温度对于冲击阶段氨氮去除的影响本次试验无法得知。

（6）在相同的工艺条件下，中试试验与小试试验并没有取得同样的去除效果，氨氮处理差异更为明显，在保证足量的碱度条件下，氨氮去除效果仍未有明显变化，可能是由于中试反应器体积过大，内回流不能形成有效的污泥床层，局部地方出现死区，氨氧化菌与亚硝酸盐氧化菌微生物活性受到抑制，导致该工艺基本无氨氮去除效果。

4. 炼油污水原位升级处理先导试验研究

1）炼油污水原位升级处理先导试验方案

（1）进出水指标。

设计处理水量：100m³/h。

进水主要指标：COD 150～270mg/L；石油类 20～30mg/L；氨氮 5～20mg/L；总氮小于 35mg/L。

出水设计指标：COD 小到 50mg/L；石油类小于 5mg/L；氨氮小于 5mg/L；总氮小于 15mg/L。

（2）廊道试验装置工艺设计。

廊道试验利用现有采用活性污泥法工艺的 1 座旧生化池进行改造。该旧生化池规格为 28.0m × 4.7m × 5m，共 3 座，并有 4 个二沉池，处理水量为 500m³/h，每座 5 个廊道串联运行，处理水量约 170m³/h。

采用 A/O 泥膜混合工艺对现有活性污泥工艺实施原位升级，利用现有 1 座旧生化池的 5 个廊道（28.0m × 4.7m × 3.3m）进行工艺改造，将生化系统升级为生物膜 A/O 复合工艺。

根据炼油污水升级处理中试试验的研究成果，为实现高效脱碳脱氮，采用泥膜共生的 A/O 工艺，其总停留时间约需要 20h，其中缺氧段 4～6h，好氧段 14～16h。为此，可将该 1 座旧生化池改造为处理规模为 100m³/h（5 个廊道有效容积约 2000m³，停留时间约 20h）的 A/O 工艺系统，具体是将 5 个曝气池改为 2 个缺氧池、3 个好氧池，池内投放生物填料和生物高效菌种，将其中 1 个二沉池（共 4 个）改为 A/O 工艺系统单独使用。

改造后工艺流程如图 9-39 所示。

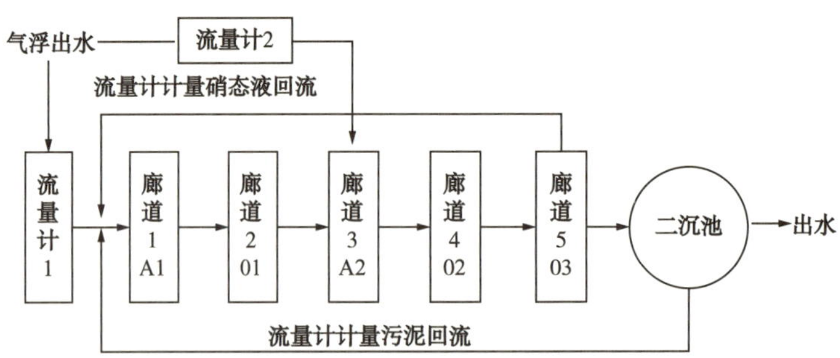

图 9-39　廊道试验工艺流程

2）炼油污水原位升级处理先导试验研究

兰州石化炼油污水处理厂于 2014 年 11 月完成廊道试验装置改造建设，该廊道试验装置利用原有炼油污水处理装置 3# 老曝气池的 5 个廊道进行原位改建而成。

廊道试验装置于 2014 年 12 月底进水调试，并于 2015 年 1 月 5 日开始记录试验结果数据。炼油污水处理装置经改造后，由原来的气浮—曝气工艺改为气浮——A/O 工艺，其中 A 段为新建池，本课题的廊道试验利用原有的 3# 曝气池进行改造。

2015 年 1—3 月廊道试验装置出水主要水质指标，石油类、氨氮、总氮、COD 月平均值逐渐降低，1 月（调试运行初期）平均出水水质指标，石油类 1.28mg/L，氨氮 10.99mg/L，总氮 11.14mg/L，COD 56.69.21mg/L；至 2015 年 3 月，其平均出水水质指标为：石油类 1.04mg/L，氨氮 6.2mg/L，总氮 6.6mg/L，COD 39.21mg/L；在 3 月 11 日后的 20 余天里，出水水质指标石油类 1.0mg/L，氨氮 2.24mg/L，总氮 2.73mg/L，COD 35.57mg/L，基本达到稳定，且随着微生物生长成熟，特别是硝化菌和反硝化菌的生长，出水氨氮和总氮得到明显降低，取得的试验结果完全达到计划任务书的指标要求。

3）小结

廊道试验装置稳定运行 6 个月（包括调试期），平均出水水质指标为：石油类 1.04mg/L，氨氮 6.2mg/L，总氮 6.6mg/L，COD 39.21mg/L，出水水质达到设计指标要求。

四、总结

（1）对兰州石化炼油污水进行了水质分析，以二氯甲烷为萃取剂，确定了炼油污水中挥发性和半挥发性有机物组成，并通过对炼油污水生物处理工艺进出口污水有机组成的分析，明确该工艺主要残留的挥发性与半挥发性有机物组分。

（2）基于炼油污水生化处理工艺残留的难降解有机物组分，从兰州石化厂区污水、污泥、土壤中，优选出 4 株高效优势菌，构建了高效降解微生物菌群，并评价了其对特征污染物的降解性能。该优势菌在 3% 含盐环境下，对典型特征污染物的降解率可达 85%。

（3）通过现场试验装置，比选了 3 种悬浮生物填料，并优选出 K3 生物填料，其适宜投加量为曝气池有效容积的 20%~25%。

（4）建立了 3~5m^3/h 侧线中试试验装置，利用该装置比选了泥膜共生的 A/O 和 A/O^2 工艺对污水的处理效果，确定了炼油污水原位升级 A/O^2 处理工艺。试验结果：进水 COD 为 112~224mg /L，出水 COD 平均为 34mg/L；进水氨氮平均值为 13.2mg/L，最高达 18.8mg/L，出水氨氮平均值为 0.03mg/；进水总氮 20~40mg/L，出水总氮小于 16mg/L，具有良好的脱碳与脱氮及抗冲击能力。

（5）开展了炼油污水 A/O^2 生物流化填料工艺廊道试验验证，结果表明该工艺可行，形成了炼油污水升级处理工艺技术。

第三节 化工污水升级达标关键技术菌群构建

化工污水中污染物浓度高，种类繁多，可生化性差（BOD5/COD 值为 0.1~0.2），成分十分复杂。以兰州石化化工污水为例，该系统的污染物近 40 种，废水中含有硫化物、胺、酚、氰化物等抑制作用极强的毒性物质及其衍生物，难生物降解或不可生物降解的污染物有 20 余种，属于典型的难降解化工废水。本书从化工污水特征污染物分析入手，重点开展了原位生物强化及高级氧化技术研究。

一、化工污水特征污染物分析

在分析污水处理装置各段常规水质的基础上，为掌握装置各工艺单元的有机污染物去除状况，特别是生化处理后污水中残留的有机物状况，分别取兰州石化化工污水装置水解酸化段、初步好氧段、深度好氧段和生化后总出口污水水样，利用二氯甲烷萃取，进行了 GC–MS 分析。

采用标样保留时间结合 GC–MS NIST 谱库检索法对有机物进行定性分析。

从图 9–40 和表 9–9 可知，化工污水进水水样中的主要污染物是为烃类、烷烃、醇类、酯类和含氮有机物，这些有机物的碳数分布于 3~18 之间，其中以 3~12 之间的有机物居多。

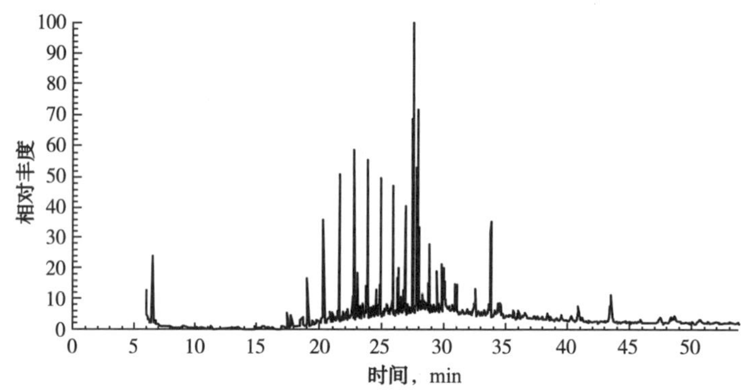

图 9–40　兰州石化化工污水生化处理装置总入口污水水样的 GC–MS 离子流图

表 9–9　兰州石化化工污水生化处理装置总入口污水水样 GC–MS 分析结果

编号	保留时间 min	相对含量，%	匹配度 %	物质名称	中文名称	分子式	分类
1	20.37	18.78	66.9	Benzene，2–propenyl	丙烯基苯	C_9H_{10}	芳烃
2	17.17	6.55	68.67	Benzenemethanol–α– dimethyl	苯甲醇	$C_9H_{12}O$	醇类
3	16.89	4.18	91.87	Naphthalene	萘	$C_{10}H_8$	芳香烃
4	19.26	3.24	95.25	Propofol	异丙酚	$C_{12}H_{18}O$	酚类
5	21.47	3.23	34.32	Phenol，3–methyl	3– 甲基苯酚	C_7H_8O	酚类
6	13.6	1.89	36.84	Triethylamine	三乙基胺	$C_6H_{15}N$	胺类
7	16.38	1.18	56.9	Heptadecane	十七烷	$C_{17}H_{36}$	烷烃
8	21.73	0.7	49.67	Oleyl alcohol	油醇	$C_{18}H_{36}O$	醇

由图 9–41 和表 9–10 可知，总入水经厌氧水解酸化处理之后，污水中的有机物以芳烃、烷烃、酚类、酯类、含氮有机物为主。出水芳烃类仍然是含量最大的有机物，分子量相对于总入水没有太大变化，但总含量降低，酯类的含量和种类都有所增加，酚类有机物含量降低。厌氧出水中有机物的碳数与上一阶段水中的碳数大致相同，为 3 ~ 17，表 9–10 中所列含量相对较高的有机物出现醌类有机物。

由图 9–42 和表 9–11 可以看出，厌氧出水经过好氧处理后，烷烃、醇类、酯类、含氮有机物、酚类物质是含量较多的有机物。与厌氧出水相比，芳烃类有机物明显减少，酯类有机物的含量增加，而 C_9 烃类含量有明显下降趋势，剩下的有机物均为碳数大于 14 的有机物。

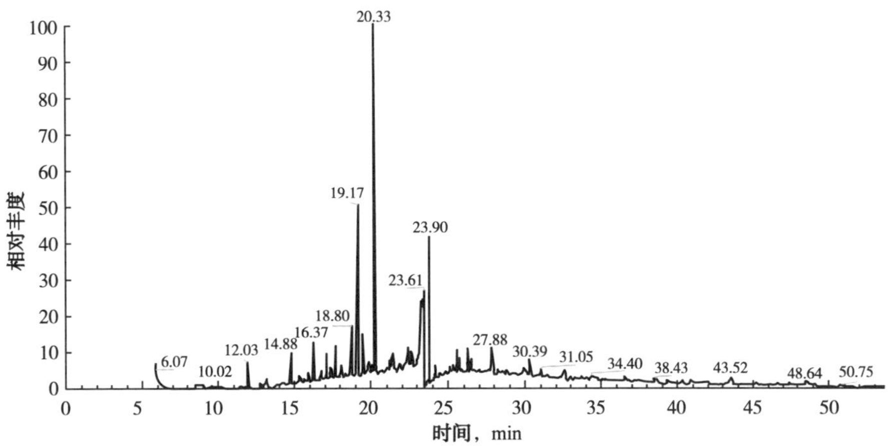

图 9-41 兰州石化化工污水处理装置水解池出口污水水样的 GC-MS 离子流图

表 9-10 兰州石化化工污水处理装置水解池出口污水水样 GC-MS 分析结果

编号	保留时间 min	相对含量，%	匹配度 %	物质名称	中文名称	分子式	分类
1	20.33	7.65	53.71	Benzene，2-propenyl	丙烯基苯	C_9H_{10}	芳香烃
2	19.17	5.22	91.34	2，5-Cyclohexadiene-1，4-dione，2，6-bis（1，1-dimethylethyl）	苯醌	$C_{14}H_{20}O_2$	苯醌
3	23.9	3.3	93.9	1，4-Benzenedicarboxylic acid dimethyl ester	对苯二甲酸二甲酯	$C_{10}H_{10}O_4$	酯
4	23.61	2.25	17.94	2-Propenal	丙烯醛	C_3H_4O	醛类
5	18.8	1.3	35.66	Benzene，2-propenyl	丙烯基苯	C_9H_{10}	芳香烃
6	27.88	1.3	41.56	Dibutyl phthalate	邻苯二甲酸二丁酯	$C_{16}H_{22}O_4$	酯类
7	16.37	1.21	52.26	Heptadecane	十七烷	$C_{17}H_{36}$	烷烃
8	14.88	1.02	53.87	Hexadecane	十六烷	$C_{16}H_{34}$	烷烃
9	12.03	0.77	96.45	Triethylamine	三乙基胺	$C_6H_{15}N$	胺类

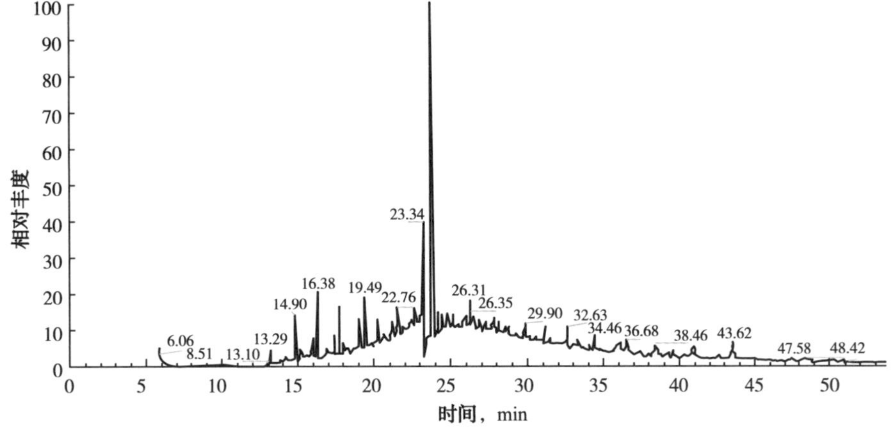

图 9-42 兰州石化化工污水处理装置 A/O 池出口水样的 GC-MS 离子流图

表 9-11　兰州石化化工污水处理装置 A/O 池出口水样 GC-MS 分析结果

编号	保留时间 min	相对含量 %	匹配度 %	物质名称	中文名称	分子式	分类
1	23.37	14.07	12.04	1-Tetradecanol	十四醇	$C_{14}H_{30}O$	醇类
2	23.88	8.52	90.43	1，4-Benzenedicarboxylic acid dimethyl ester	对苯二甲酸二甲酯	$C_{10}H_{10}O_4$	酯
3	16.38	1.69	47.25	Heptadecane	十七烷	$C_{17}H_{36}$	烷烃
4	19.49	1.41	31.4	Benzenamine，3-trifluoromethyl	苯胺	$C_{17}H_6F_3N$	胺类
5	26.31	1.41	60.29	9-Octadecenoic acid methyl ester	十八（碳）烯酸甲酯	$C_{19}H_{36}O_2$	酯
6	14.9	1.29	44.37	Hexadecane	十六烷	$C_{16}H_{34}$	烷烃
7	26.62	0.94	74.68	9-Octadecenoic acid methyl ester	十八（碳）烯酸甲酯	$C_{19}H_{36}O_2$	酯
8	22.76	0.88	63.38	9-Octadecenoic acid methyl ester	十八（碳）烯酸甲酯	$C_{19}H_{36}O_2$	酯
9	28.26	0.48	0.13	2，5-Cyclohexadiene-1，4-dione，2，6-bis（1，1-dimethylethyl）	苯醌	$C_{14}H_{20}O_2$	苯醌

由图 9-43 和表 9-12 可知，烷烃类、酯类为出水中含量最高的有机物，醇类物质的相对含量也比上一阶段大为降低；从碳数来看，生化单元出水的主要有机物碳数分布在 10～20 之间，说明生化系统降解有机物也主要集中在 C_{10}—C_{20} 之间，碳数更大的有机物其相对含量较小。这表明，碳链较长的有机物（C_{10}—C_{20}）相对更难被降解。这主要是由于含有中短链烷烃降解酶系的微生物较多，因而中短链有机物容易被微生物降解，而长链有机物尤其是 C_{12} 以上的缺乏相应的专性降解菌，因此难以被降解。

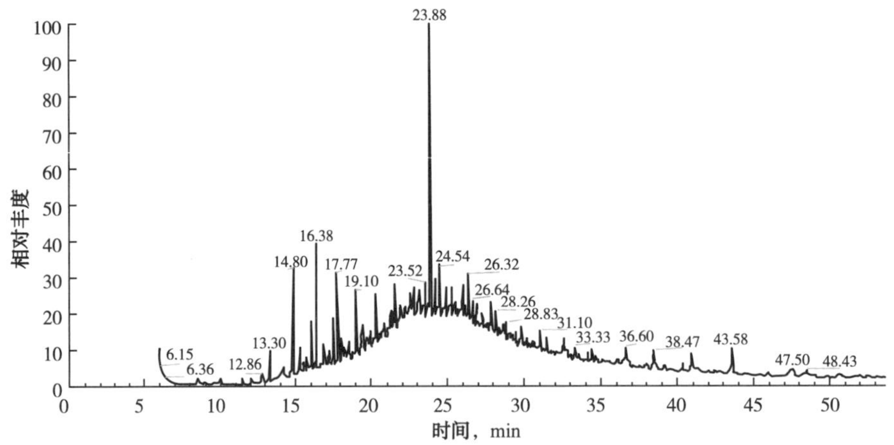

图 9-43　兰州石化化工污水处理装置总出口水样的 GC-MS 离子流图

表 9-12　污水处理装置总出口水样 GC-MS 分析结果

编号	保留时间 min	相对含量 %	匹配度 %	物质名称	中文名称	分子式	分类
1	23.88	4.89	94.79	1，4-Benzenedicarboxylic Acid Dimethyl Ester	对苯二甲酸二甲酯	$C_{10}H_{10}O_4$	酯
2	17.77	3.38	40.77	Heptadecane	十七烷	$C_{17}H_{36}$	烷烃
3	23.52	2.45	14.15	9-Octadecenoic acid methyl ester	十八（碳）烯酸甲酯	$C_{19}H_{36}O_2$	酯

续表

编号	保留时间 min	相对含量 %	匹配度 %	物质名称	中文名称	分子式	分类
4	16.38	2.39	63.12	Heptadecane	十七烷	$C_{17}H_{36}$	烷烃
5	26.32	2.19	3.19	Oleyl alcohol	油醇	$C_{18}H_{36}O$	醇
6	19.1	2.08	50.83	Heptadecane	十七烷	$C_{17}H_{36}$	烷烃
7	14.9	1.93	34.98	Hexadecane	十六烷	$C_{16}H_{34}$	烷烃
8	24.54	1.31	16.53	2，5-Cyclohexadiene-1，4-dione，2，6-bis（1，1-dimethylethyl）	苯醌	$C_{14}H_{20}O_2$	苯醌
9	29.81	1.2	24.24	Hexylresoricinol	己基间苯二酚	$C_{12}H_{18}O_2$	酚类
10	26.64	0.56	16.08	Oleyl alcohol	油醇	$C_{18}H_{36}O$	醇

鉴于此，为提高化工污水生化系统的处理效果，有必要加入絮凝气浮单元将不易溶于水的大分子有机物网捕于气浮池表面，会使碳数大的有机物含量减少。

二、原位生物强化技术研究

1. 高效降解菌的筛选与菌群构建

对高浓度有机石化废水进行水质分析，结果表明，特征污染物主要是邻苯二甲酸二正丁酯。本试验以邻苯二甲酸二正丁酯为唯一碳源，对被污染的土壤和活性污泥进行筛选驯化，得到可降解邻苯二甲酸二正丁酯的优势菌株。

1）菌种筛选

（1）活性污泥驯化。

首先，将活性污泥进行漂洗、过滤、除杂，然后使用间歇式、定时、定量逐步提高浓度的方法对处理过的污泥进行驯化。条件是30℃、连续曝气，以邻苯二甲酸二正丁酯为唯一碳源，邻苯二甲酸二正丁酯浓度从50mg/L逐步提高到1000mg/L，共驯化10周。

（2）高效降解菌的分离。

将上述平板琼脂培养基常规高压灭菌，制成无菌平板。于平板上涂布一定的灭菌邻苯二甲酸二正丁酯，浸润30min。将稀释到一定浓度的驯化活性污泥，用涂布法接种于该平板，30℃恒温培养，得到不同菌落。再反复平板划线获得纯种邻苯二甲酸二正丁酯优势降解菌5株，分别命名为B-4-9、BS-3-12、JF-6、JF-2和JF-3。

（3）5株菌降解性能比较。

试样的BOD分两批测定。第一批选择无机盐培养基，第二批选择已灭菌的纯净水为培养基。所配的模拟废水中只含有邻苯二甲酸二正丁酯一种有机物，初始浓度为1000mg/L。选择样品体积为43.5mL，每瓶加邻苯二甲酸二正丁酯41.6μL。接种量为5%（表9-13）。

在无机盐培养基中，5株菌的BOD_5相近，B-4-9和JF-2的BOD_5稍大，为400mg/L；BS-3-12、JF-6和JF-3的BOD_5稍小，为350mg/L（图9-44）。在纯净水培养基中，5株菌的BOD_5差异很大，B-4-9的BOD_5最大，为1400mg/L；BS-3-12的BOD_5次之，为750mg/L；JF-3和JF-6的BOD_5相近，分别为400mg/L和450mg/L；JF-2不能生长（图9-45）。由此说明，5株菌都能以邻苯二甲酸二正丁酯为唯一碳源和能源生长，B-4-9生长得最好，

JF-2 生长得最差，从而说明 5 株菌中，B-4-9 降解邻苯二甲酸二正丁酯效果最好，JF-2 降解邻苯二甲酸二正丁酯效果最差。

表 9-13 5 株菌的接种量

接种批次	菌种编号	活化菌液 OD_{600nm}	接种体积，mL
第一批	B-4-9	1.734	2.253
	BS-3-12	1.794	2.177
	JF-2	1.796	2.175
	JF-3	1.810	2.158
	JF-6	1.815	2.152
第二批	B-4-9	1.898	2.058
	BS-3-12	1.916	2.039
	JF-2	1.155	3.382
	JF-3	1.647	2.372
	JF-6	1.777	2.198

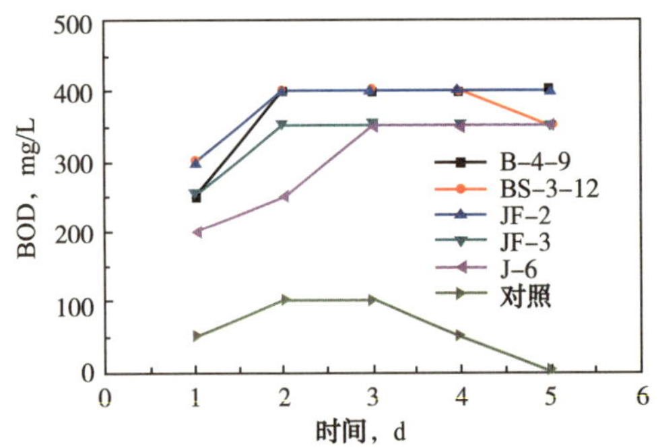

图 9-44 5 株邻苯二甲酸二正丁酯降解菌在无机盐培养基中的 BOD

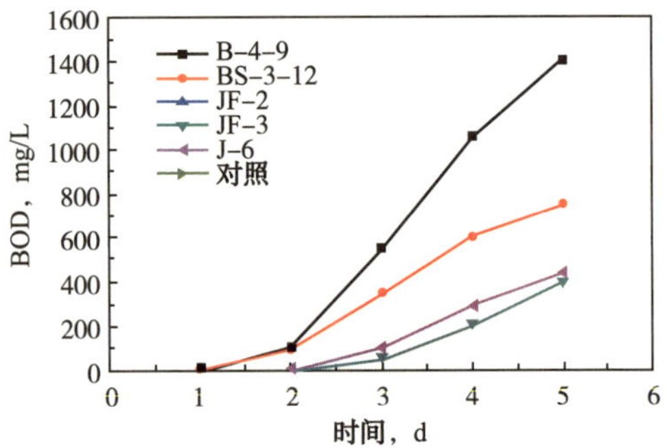

图 9-45 5 株邻苯二甲酸二正丁酯降解菌在纯净水培养基中的 BOD

2）构建菌群

试验使用 OxiTop®IS 6 BOD 测试仪，考察不同菌种组合对邻苯二甲酸二正丁酯的降解效果。所配的模拟废水中只含有邻苯二甲酸二正丁酯一种有机物，初始浓度为 1000mg/L。选择样品体积为 43.5mL（菌群的投加量为 5%），每瓶加邻苯二甲酸二正丁酯 41.6μL。BOD_5 测定结果如图 9-46 所示。

从图 9-46 可以看出，在 10 个菌种组合中，BOD_5 差异较大。其中 3# 最大，为 1450mg/L；6#、9# 次之；为 1400mg/L，1#、7# 和 10# 最小，为 1100mg/L。由此说明，10 个菌种组合均能以邻苯二甲酸二正丁酯为唯一碳源和能源生长，3# 生长得最好；1#、7# 和 10# 生长得最差，从而说明 3# 菌种组合降解邻苯二甲酸二正丁酯效果最好，6#、9# 次之；1#、7# 和 10# 菌种组合降解邻苯二甲酸二正丁酯效果最差。

3）小结

以邻苯二甲酸二正丁酯为唯一碳源及能源，以兰州石化厂区的污水、污泥、土壤等中的本源微生物为菌种来源进行驯化筛选，得到可降解邻苯二甲酸二正丁酯的优势降解菌，进一步构建菌群，得到3个降解邻苯二甲酸二正丁酯的优势降解菌群。

（1）使用邻苯二甲酸二正丁酯逐量分批驯化方法，筛选分离得到5株邻苯二甲酸二正丁酯高效降解菌，分别命名为B-4-9、BS-3-12、JF-2、JF-3和JF-6。

（2）使用BOD仪测得的生物需氧量评价5株菌降解效果。结果表明，B-4-9降解邻苯二甲酸二正丁酯效果最好，JF-2降解邻苯二甲酸二正丁酯效果最差。进一步构建菌群，得到3个降解邻苯二甲酸二正丁酯的优势降解菌群3#、6#和9#。初步选定单株菌B-4-9、菌群（B-4-9+BS-3-12+JF-3）3#为试验菌种来源。B-4-9的菌落呈乳白色，圆形、光滑、湿润，表面隆起，不透明、革兰氏阳性杆菌（图9-47），无运动性；好氧菌，过氧化氢酶阳性，氧化酶阴性，葡萄糖氧化发酵试验为发酵型，甲基红试验阳性。BS-3-12的菌落呈乳白色，圆形、光滑，易挑起，表面隆起，不透明，革兰氏阳性杆菌（图9-48），无运动性；好氧菌，过氧化氢酶阳性，氧化酶阴性，葡萄糖氧化发酵试验为发酵型，甲基红试验阳性。JF-3的菌落呈乳白色，圆形、光滑，较湿润，表面微隆起，不透明，革兰氏阳性杆菌（图9-49），无运动性；兼性厌氧菌，过氧化氢酶阳性，氧化酶阴性，葡萄糖氧化发酵试验为发酵型，甲基红试验阳性。

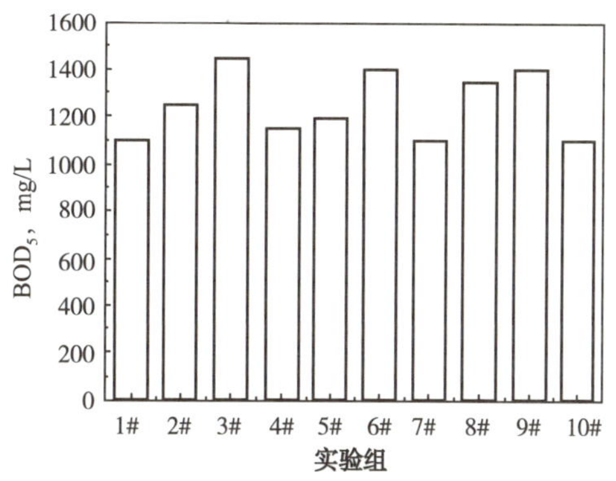

图9-46 不同菌群降解邻苯二甲酸二正丁酯的效果比较

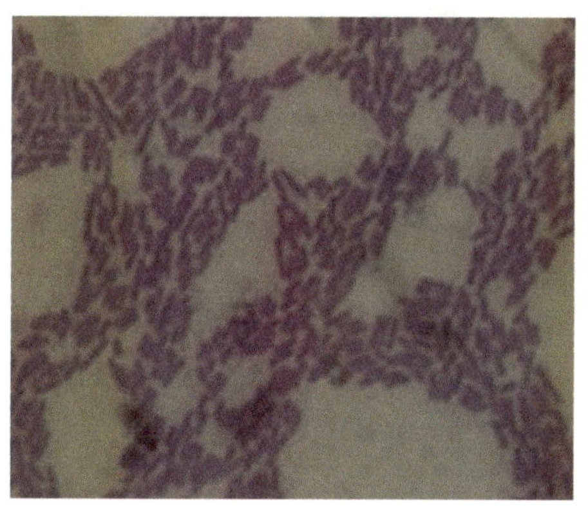
图9-47 B-4-9革兰氏染色（1000×，光学）

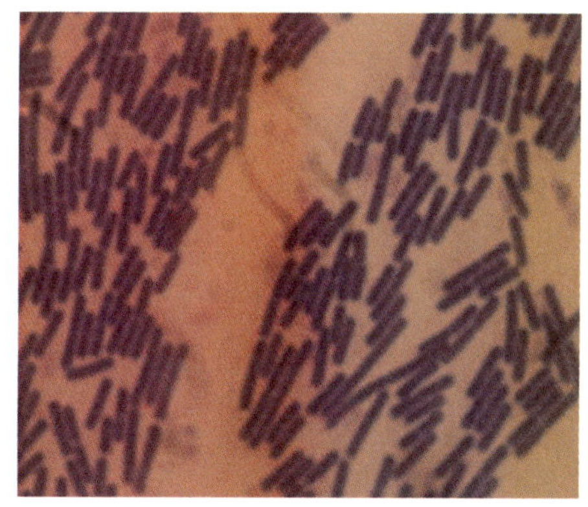
图9-48 BS-3-12革兰氏染色（1000×，光学）

（3）从微生物的生长曲线可以看出，在葡萄糖培养基中，BS-3-12在培养的第24小时即达到最大菌体浓度，JF-3在培养的第28小时达到最大菌体浓度，而JZ-1达到最大菌体浓度的时间在第32小时。从相应的OD_{600nm}值可以看出，在3株菌中，B-4-9生长速度最快，延滞期最长，且能达到的最大生长量也最大。BS-3-12生长速度最慢，延滞期最短，且能达到的最大生长量也最小。

（4）通过16SrDNA序列分析，确定菌株B-4-9为苏云金芽孢杆菌，BS-3-12为蜡状芽孢杆菌，JF-3为食酸菌属。

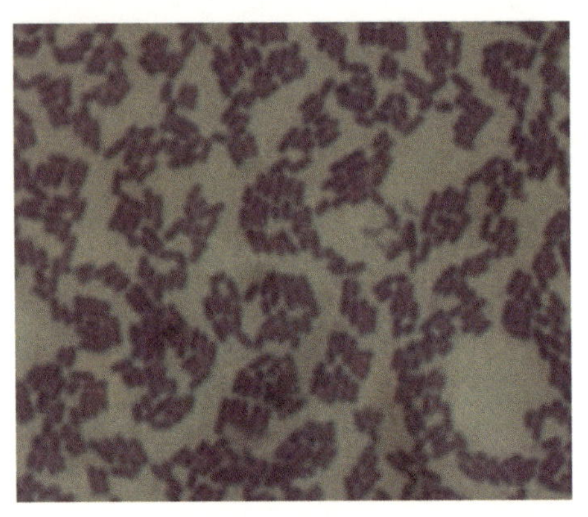

图 9-49　JF-3 革兰氏染色（1000×，光学）

（5）该 5 株菌均能以邻苯二甲酸二正丁酯为唯一碳源及能源生长，具有较高的降解能力，其中 B-4-9、BS-3-12 和 JF-6 为最佳组合菌群。

2. 气升式内循环生物反应器技术研究

在构建菌群的基础上，本试验以化工污水处理装置 A/O 池出水为研究对象，采用气升式内循环导流生物反应器，对 B-4-9、BS-3-12 和 JF-6 组合菌群进行扩大培养。通过提高污泥浓度（生物量）、添加有机营养、逐步降低 HRT 等试验方法，探索原位生物强化技术。

1）气升式内循环生物反应器的工作原理与试验装置

污水由计量泵打入气升式内循环导流反应器底部，空气压缩机往导流筒内部的底部曝气，底部的污泥随气流上升，至顶端后由重力作用沿导流筒外部下沉至底部，如此循环（图 9-50）。温度由连有加热棒的控温仪控制。气升式内循环生物反应器的典型运行模式如图 9-51 所示。

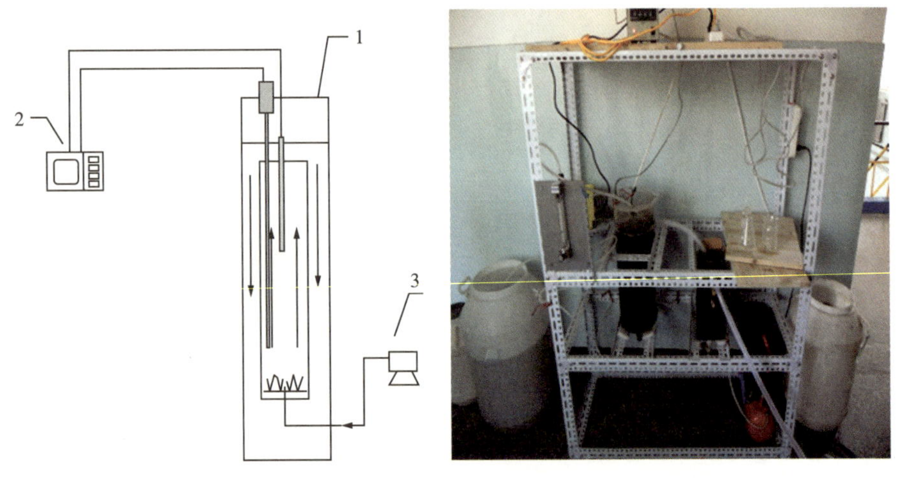

图 9-50　气升式内循环生物反应器工作原理与试验装置

1—气升式内循环导流反应器；2—空气压缩机；3—控温仪

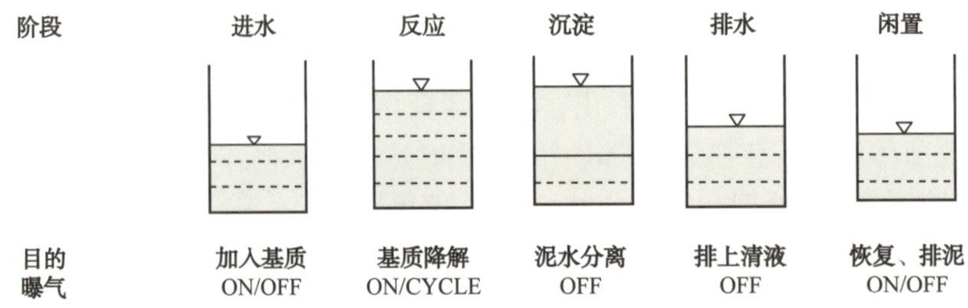

图 9-51　气升式内循环生物反应器的典型运行模式

2）气升式内循环生物反应器试验条件与工艺参数

间歇加水，维持反应器内温度为 32~36℃，溶解氧 3~4mg/L（曝气量 30~60L/h）。

阶段一：MLSS 3000mg/L，HRT 32h，升流区体积：降流区体积 =1∶1。

阶段二：MLSS 3000mg/L，HRT 32h，升流区体积：降流区体积 =1∶2。

阶段三：MLSS 3000mg/L，HRT 24h。

阶段四：MLSS 4000mg/L，HRT 24h。

阶段五：MLSS 4000mg/L，HRT 24h，有机营养制剂 30mg/L。

阶段六：MLSS 4000mg/L，HRT 24h，有机营养制剂 60mg/L。

阶段七：MLSS 3000mg/L，HRT 10h。

阶段八：MLSS 3000mg/L，HRT 10h，有机营养制剂 30mg/L。

3）气升式内循环生物反应器试验结果分析

随机取几组经过 SBR 生物反应器处理的出水水样，用快速测定法和国标滴定法测 COD，测定结果见表 9–14。结果表明，快速测定法结果较国标滴定法平均高 8.9mg/L。

表 9–14　SBR 生物反应器出水水样不同方法测定的 COD　　单位：mg/L

快速测定法 COD	国标滴定法 COD	ΔCOD
95.1	86.9	8.2
82.8	74.9	7.9
88.8	75.7	13.1
75.5	64.4	11.1
75.4	67.2	8.2
80.5	75.4	5.1
78.2	69.5	8.7
	平均	8.9

（1）阶段一：MLSS 3000mg/L，HRT 32h，升流区体积：降流区体积 =1∶1。

保持反应器内泥水总体积为 10L，自早晨开始连续曝气 6h 后，停止曝气，待污泥沉降后从反应器内取出 2.5L 上清液，并换入 2.5L 新取的 A/O 池出水（沉降后不含泥）。9∶00—15∶00 为第一周期（HRT 6h），15∶00—21∶00 为第二周期（HRT 6h），21∶00 至次日 9∶00 为第三周期（HRT 12h），每天共进水 7.5L，即 HRT 32h（如果晚上加班，本装置实际的处理能力可达 10L/d，HRT 可缩短至 24h）。反应装置直径 179mm，内循环筒直径 126mm，即内筒与外环面积比为 1∶1，升流区体积：降流区体积 =1∶1，COD 随时间的变化关系如图 9–52 所示。

将 COD 划分为 4 个区间，快速测定法和国标滴定法测出水 COD 在各个区间所占比例如图 9–53 所示。

5 月 9—17 日，进水 COD 最高 155.5mg/L，最低 87.7mg/L，平均 106.5mg/L，出水 COD 在 70mg/L 以下的占到 92%，平均 70.5mg/L。平均 COD 去除率为 33.8%。5 月 14 日进水 COD 骤然升高至 155.5mg/L，反应器受到一定程度的冲击，出水 COD 接近 100mg/L，去除率也很低，经过一晚的生物降解后，次日出水 COD 便恢复正常，去除率明显回升，说明此气升式 SBR 反应器具有一定的抗冲击能力。

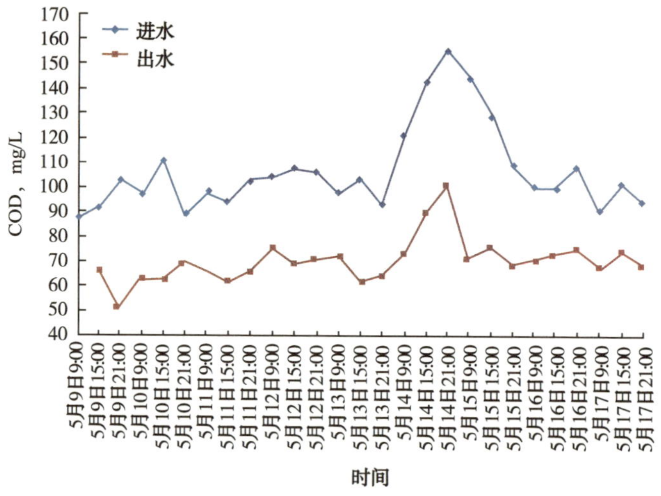

图 9-52 阶段一装置出水 COD 随时间变化情况

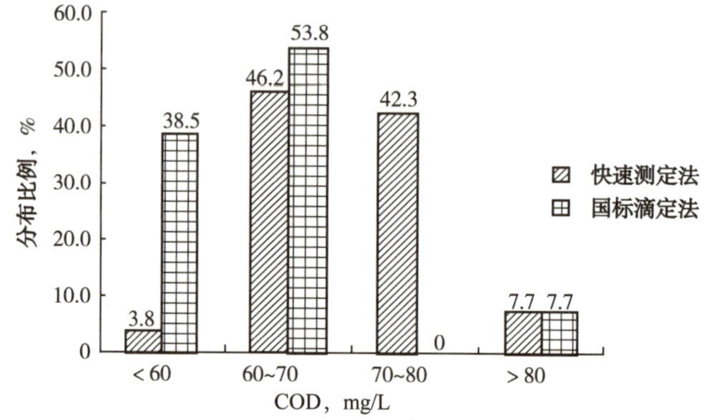

图 9-53 快速测定法、国标滴定法所测 COD 在各区间的分布比例

（2）阶段二：MLSS 3000mg/L，HRT 32h，升流区体积：降流区体积 =1 : 2。

方法同上，只是改变了导流筒直径，导流筒直径为 104mm，即内筒与外环面积比为 1 : 2，即升流区体积：降流区体积 =1 : 2。COD 随时间的变化关系如图 9-54 所示。

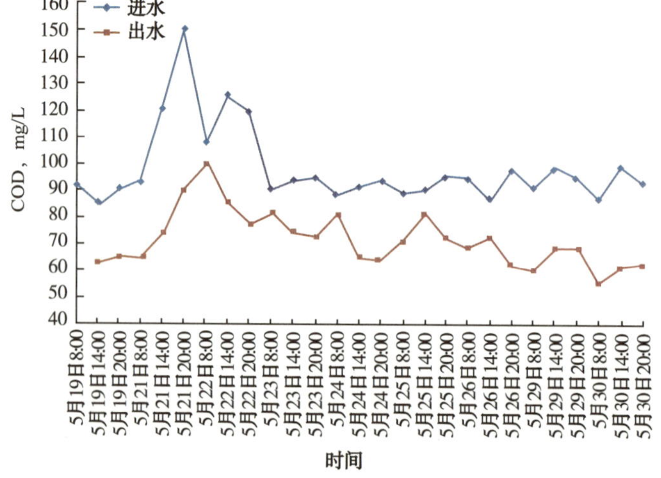

图 9-54 阶段二装置出水 COD 随时间变化情况

将 COD 划分为 4 个区间，快速测定法和国标滴定法所测出水 COD 在各个区间所占比例如图 9-55 所示。

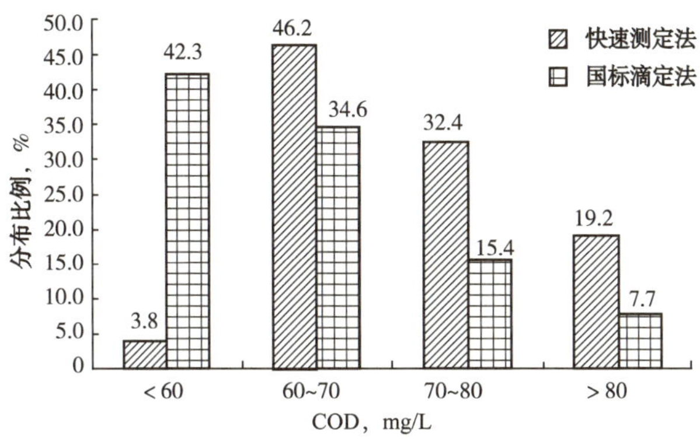

图 9-55　快速测定法、国标滴定法所测 COD 在各区间的分布比例

5 月 19—30 日，其余条件不变，将内导流筒的升流区体积：降流区体积 =1∶1 改为升流区体积：降流区体积 =1∶2，进水 COD 最高 148.9mg/L，最低 84.3mg/L，平均 97.8mg/L，出水 COD 70mg/L 以下的占到 76.9%，出水 COD 平均值为 71.3mg/L。平均去除率为 27.1%，较第一阶段下降 6 个百分点，说明升流区体积：降流区体积 =1∶1 时处理效果更好，原因可能是这样使污泥能更充分地接触，强化了传质效果。水力停留时间（HRT）有进一步缩短的空间。

（3）阶段三：MLSS 3000mg/L，HRT 24h。

每次进出水由 2.5L 增至 3.35L，即每天进出水 10L，HRT 24h。以下阶段全采用升流区体积：降流区体积 =1∶1 的反应器，COD 随时间的变化关系如图 9-56 所示。

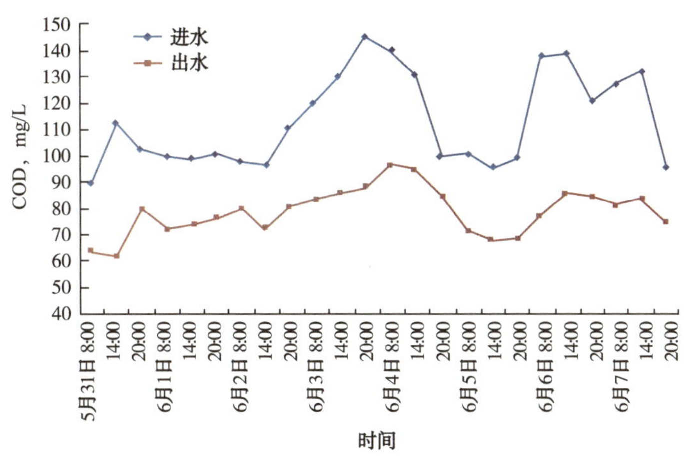

图 9-56　阶段三装置出水 COD 随时间变化情况

将 COD 划分为 4 个区间，快速测定法和国标滴定法所测出水 COD 在各个区间所占比例如图 9-57 所示。

5 月 31 日—6 月 7 日，水力停留时间由 32h 缩短至 24h，进水 COD 最高 145.2mg/L，最低 89.5mg/L，平均 113mg/L；出水 COD 最高 96.3mg/L，最低 61.7mg/L，平均 78.5mg/L。

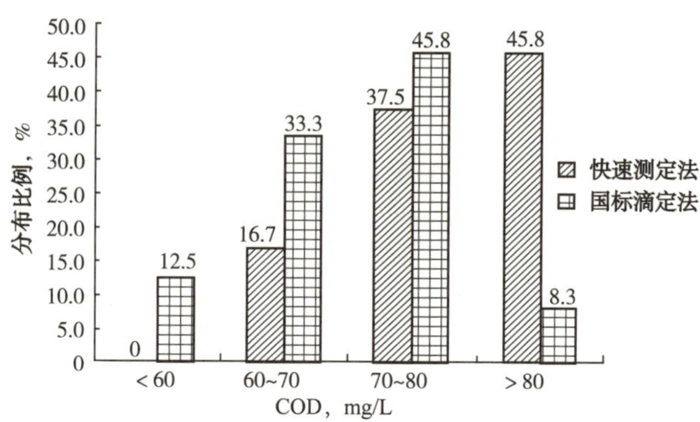

图 9-57　快速滴定法、国标滴定法所测 COD 在各区间的分布比例

平均去除率为 30.5%。这段时间生活污水大幅度减少，每小时流量由 600 ~ 800t 减少至约 100t，进水 COD 由 90 ~ 100mg/L 升高至 120 ~ 150mg/L，出水 COD 平均值由 71.3mg/L 升高至 78.5mg/L，说明此装置具有一定的抗冲击能力，且平均去除率上升了 3 个百分点。

（4）阶段四：MLSS 4000mg/L，HRT 24h。

试验方法同阶段三，将 MLSS 由 3000mg/L 提高至 4000mg/L。COD 随时间的变化关系如图 9-58 所示。

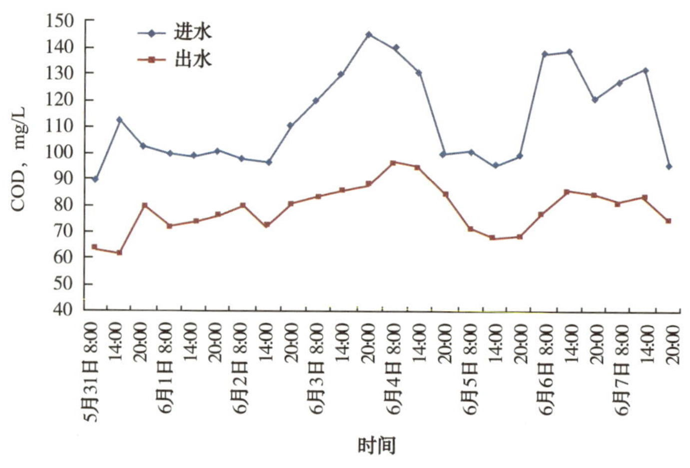

图 9-58　阶段四装置出水 COD 随时间变化情况

将 COD 划分为 4 个区间，快速测定法和国标滴定法所测出水 COD 在各个区间所占比例如图 9-59 所示。

6 月 11—19 日，受来水影响，进水 COD 依然居高不下，污泥浓度自 3000mg/L 提高至 4000mg/L，进水 COD 最高 150.4mg/L，最低 120.1mg/L，平均 134.4mg/L；出水 COD 最高 93.3mg/L，最低 69.2mg/L，平均 81.7mg/L。平均去除率为 39.2%。与阶段三相比较，进水 COD 平均值升高 20mg/L（由 113mg/L 上升至 134.4mg/L），但平均去除率却升高 8.7 个百分点（由 30.5% 上升至 39.2%），说明在受到冲击时提高污泥浓度能起到较好的去除效果。

（5）阶段五：MLSS 4000mg/L，HRT 24h，有机营养制剂 30mg/L。

在阶段四的基础上，连续滴加有机营养制剂，投加量为 30mg/L。COD 随时间的变化关系如图 9-60 所示。

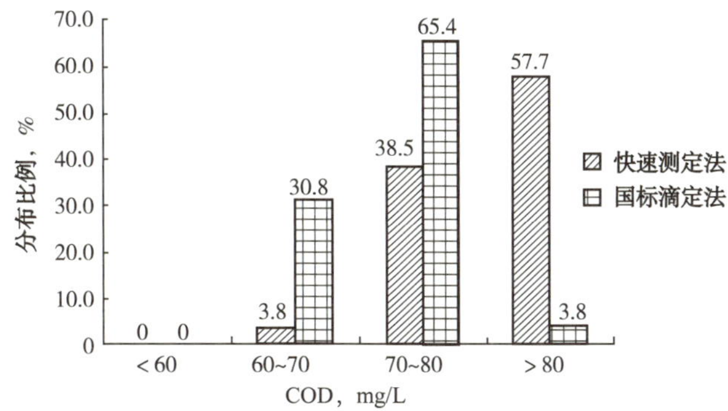

图 9-59　快速测定法、国标滴定法所测 COD 在各区间的分布比例

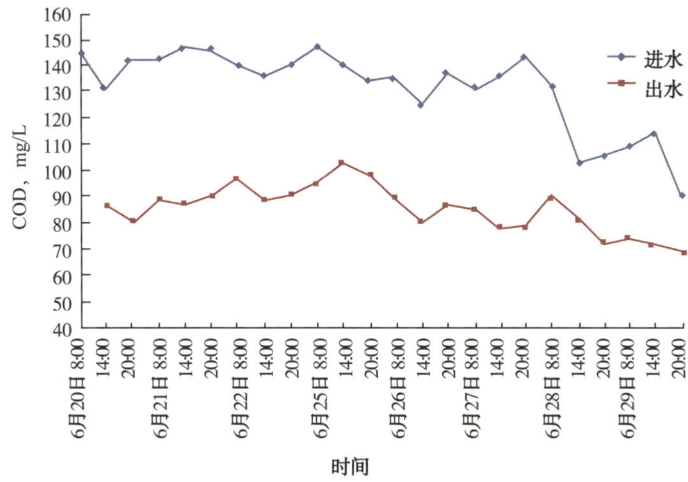

图 9-60　阶段五装置出水 COD 随时间变化情况

将 COD 划分为 4 个区间，快速测定法和国标滴定法所测出水 COD 在各个区间所占比例如图 9-61 所示。

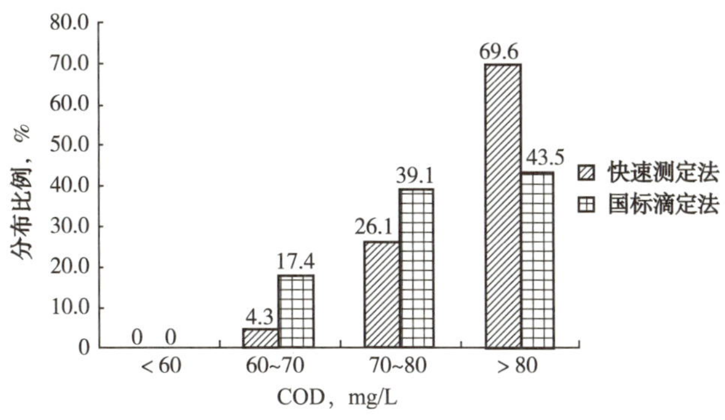

图 9-61　快速测定法、国标滴定法所测 COD 在各区间的分布比例

6 月 20—29 日，生活污水每小时的流量减少至 30～50t，沉降后，进水 COD 最高 147.2mg/L，最低 90.3mg/L，平均 131.6mg/L；出水 COD 最高 103.2mg/L，最低 69.2mg/L，平均 85.4mg/L。加入有机营养制剂后，出水 COD 没有很快达到理想的效果，可能微生物

对此制剂有一定的适应过程。

（6）阶段六：MLSS 4000mg/L，HRT 24h，有机营养制剂 60mg/L。

增加有机营养蛋白胨的投加量至 60mg/L。COD 随时间的变化关系如图 9-62 所示。

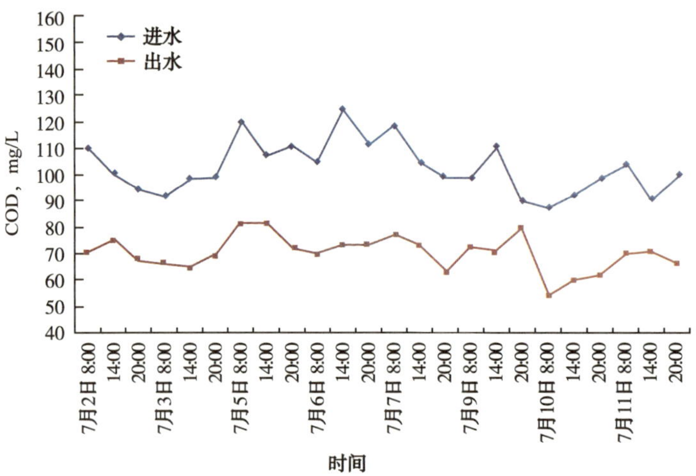

图 9-62 阶段六装置出水 COD 随时间变化情况

将 COD 划分为 4 个区间，快速测定法和国标滴定法所测出水 COD 在各个区间所占比例如图 9-63 所示。

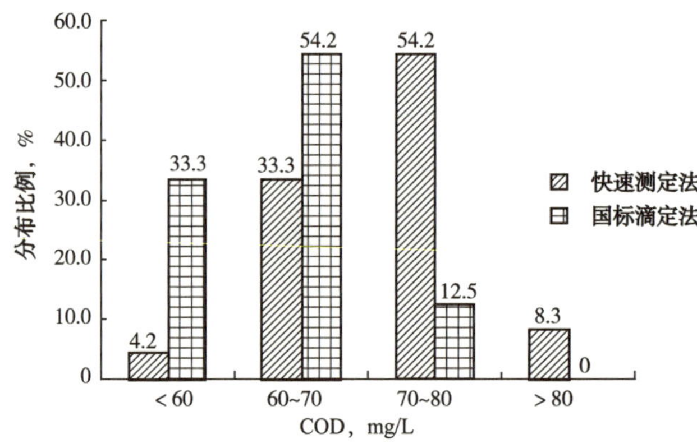

图 9-63 快速测定法、国标滴定法所测 COD 在各区间的分布比例

7 月 2—11 日，进水 COD 最高 104.3mg/L，最低 87.3mg/L，平均 102.5mg/L；出水 COD 最高 81.2mg/L，最低 54.1mg/L，平均 70.5mg/L。平均去除率为 31.2%。出水 COD 70mg/L 以下的占 87%。进入 7 月份后，上游停车检修，进水 COD 有下降趋势，出水 COD 也随之降低，出水 COD 70mg/L 以下的占 87%。

（7）阶段七：MLSS 3000mg/L，HRT 10h。

每 3h 换进出一次水 3.35L，平均每天可进出水 23.45L（按照白天的试验结果，可推知晚上结果应该相差无几），HRT 10h。COD 随时间的变化关系如图 9-64 所示。

将 COD 划分为 4 个区间，快速测定法和国标滴定法所测出水 COD 在各个区间所占比例如图 9-65 所示。

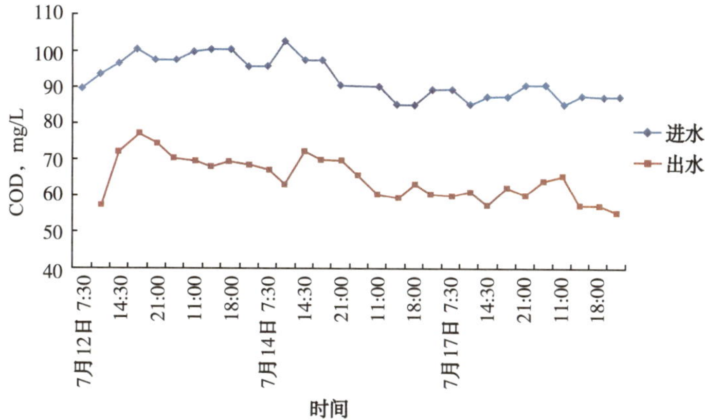

图 9-64 阶段七装置出水 COD 随时间变化情况

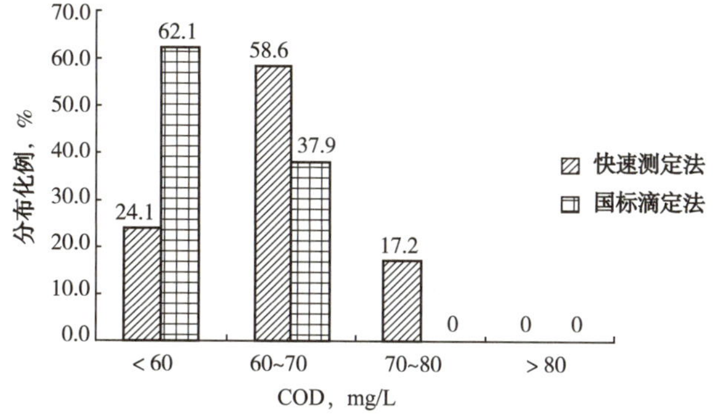

图 9-65 快速测定法、国标滴定法所测 COD 在各区间的分布比例

7 月 12—18 日，进水 COD 最高 102.4mg/L，最低 85.1mg/L，平均 92.2mg/L，出水 COD 最高 76.6mg/L，最低 55.2mg/L，平均 64.7mg/L。平均去除率为 29.8%。出水 COD 70mg/L 以下的占 100%。

（8）阶段八：MLSS 3000mg/L，HRT 10h，有机营养制剂 30mg/L。

在阶段七的基础上，连续稳定滴加有机营养蛋白胨 30mg/L。COD 随时间的变化关系如图 9-66 所示。

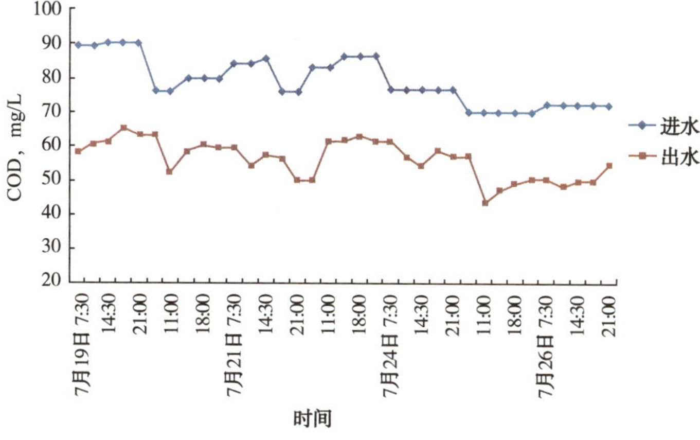

图 9-66 阶段八装置出水 COD 随时间变化情况

将 COD 划分为 4 个区间，快速测定法和国标滴定法所测出水 COD 在各个区间所占比例如图 9-67 所示。

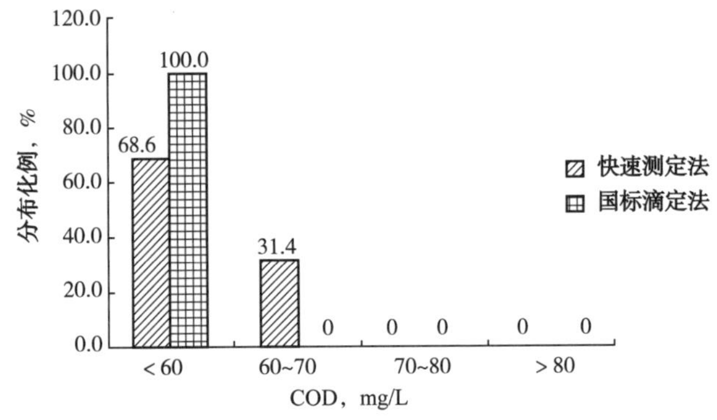

图 9-67　快速测定法、国标滴定法所测 COD 在各区间的分布比例

7 月 19—26 日，进水 COD 最高 90.2mg/L，最低 70.0mg/L，平均 70.0mg/L，出水 COD 最高 65.2mg/L，最低 43.4mg/L，平均 56.1mg/L。平均去除率为 29.0%。随着上游企业的停车大检修，进水 COD 较 6 月份明显降低，进水 COD 6 月份平均值为 131.6mg/L，7 月下旬为 79mg/L，降低 HRT 至 10h，出水保持较好的效果，特别是投加有机营养制剂后，出水 COD 在 60mg/L 以下。

4）现场和试验装置出水 COD 比较

7 月 12—26 日现场和试验装置出水 COD 对比见表 9-15 和图 9-68，7 月 12 日起，试验 HRT 降至 10h。现场取得 10：00 出水 COD 分析数据，试验取得 11：00 出水 COD 数据。现场 HRT 约 32h（不考虑内外回流），在出水效果相差不大的情况下，试验装置比现场 HRT 缩短了 68%。

表 9-15　现场和试验装置出水 COD 对比　　单位：mg/L

时间	现场出水 COD	试验出水 COD
7 月 12 日	54.8	49.2
7 月 13 日	59	61.6
7 月 14 日	55.1	55.2
7 月 16 日	50.6	52.2
7 月 17 日	63.6	53.2
7 月 18 日	43.6	57.2
7 月 19 日	50.6	52.3
7 月 20 日	63.6	44.2
7 月 21 日	43.6	46.2
7 月 23 日	59.5	53.3
7 月 24 日	43.3	48.7
7 月 25 日	39.5	35.4
7 月 26 日	63.2	41.4

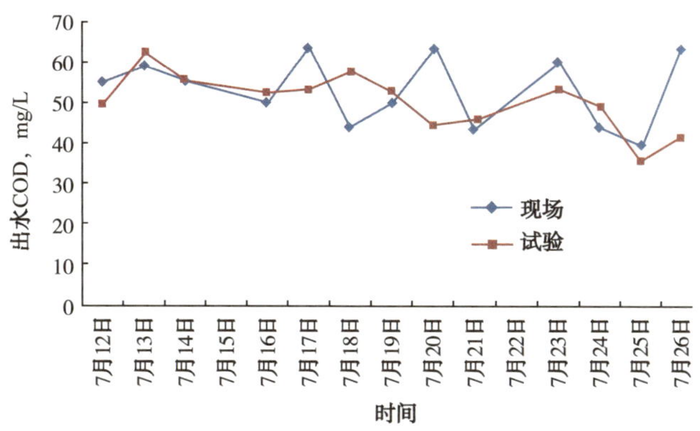

图 9-68　现场和试验装置出水 COD 对比

5）小结

（1）水质波动较大。从 5 月初至 7 月末运行气升式生物反应器，发现 A/O 出水水质波动较大，COD 最高 155.5mg/L，最低 70.0mg/L，平均值为 107.13mg/L。小试装置处理能力 10L/d，出水 COD72.33mg/L，COD 去除率为 32.48%，HRT 由现场 32h 缩短至 24h，相同节能曝气量的电耗约 25%（表 9-16、表 9-17）。

表 9-16　现场气升式内循环生物反应器运行进水条件

序号	时间	MLSS mg/L	HRT h	有机营养 mg/L	升流区体积： 降流区体积	进水 COD，mg/L		
						最大	平均	最小
1	5 月 9—17 日	3000	32	—	1∶1	155.5	106.5	87.7
2	5 月 19—30 日	3000	32	—	1∶2	148.9	97.8	84.3
3	5 月 31 日—6 月 7 日	3000	24	—	1∶1	145.2	113.0	89.5
4	6 月 11—19 日	4000	24	—	1∶1	150.4	134.4	120.1
5	6 月 20—29 日	4000	24	30	1∶1	147.2	131.6	90.3
6	7 月 2—11 日	4000	24	60	1∶1	124.3	102.5	87.3
7	7 月 12—18 日	3000	10	—	1∶1	102.4	92.2	85.1
8	7 月 19—26 日	3000	10	30	1∶1	90.2	79.0	70.0

表 9-17　现场气升式内循环生物反应器运行结果

序号	时间	MLSS mg/L	HRT h	有机营养 mg/L	出水 COD，mg/L			出水 COD 分布比例，%				COD 去除率 %
					最大	平均	最小	＜60mg/L	60～70mg/L	70～80mg/L	＞80mg/L	
1	5 月 9—17 日	3000	32	—	100.6	70.5	50.7	38.5	53.5	0	7.7	33.8
2	5 月 19—30 日	3000	28	—	99.8	71.3	55.7	42.3	34.6	15.4	7.7	27.1
3	5 月 31 日—6 月 7 日	3000	24	—	96.3	78.5	61.7	12.5	33.3	45.8	8.3	30.5
4	6 月 11—19 日	4000	24	—	93.3	81.7	69.2	0	30.8	65.4	3.8	39.2
5	6 月 20—29 日	4000	24	30	103.2	85.4	69.2	0	17.4	39.1	43.5	35.1
6	7 月 2—11 日	4000	24	60	81.2	70.5	54.1	33.3	54.2	12.5	12.5	31.2
7	7 月 12—18 日	3000	10	—	76.6	64.7	55.2	62.1	37.9	0	0	29.8
8	7 月 19—26 日	3000	10	30	65.2	56.1	43.4	100	0	0	0	29.0

（2）处理生物难度增加。6 月 20—29 日，生活污水的流量减少 30 ~ 50m^3/h，A/O 出水即小型试验装置进水的 COD 提高了约 15%，有了一定程度的升高，切除生活污水会增加生物处理的难度，由于进水 COD 提高，出水 COD 也有所提高。

（3）气升式生物反应器效果显著。5 月 19—30 日，其他条件不变，将内导流筒的升流区体积：降流区体积由 1∶1 改为 1∶2，进水 COD 最高 148.9mg/L，最低 84.3mg/L，平均 97.8mg/L；出水 COD 70mg/L 以下的占到 76.9%，出水 COD 平均值 71.3mg/L。平均去除率为 27.1%，较第一阶段下降 6 个百分点，说明升流区体积：降流区体积 =1∶1 时处理效果更好，原因可能为这样使污泥能更充分地接触，强化了传质效果。

（4）HRT 缩短实现节能减排。随着上游企业的停车大检修，进水 COD 较 6 月份明显降低，6 月份进水 COD 平均值为 131.6mg/L，7 月下旬为 79mg/L，降低 HRT 至 10h，出水保持较好的效果，特别是投加有机营养制剂后，出水 COD 小于 60mg/L，同时试验装置运行 HRT 降低至 10h，与现场试验相比，出水效果相差不大，但比现场 HRT 缩短了 68%，由于减少曝气量而实现的节能效果显著。

3. 带弹性填料的气升式生物反应器运行结果考察

1）带弹性填料的气升式生物反应器的结构与原理

应用内循环式好氧生物膜反应器处理废水是好氧生物法处理废水的新型工艺。内循环式好氧生物膜反应器为有机玻璃管制圆筒形容器，总容积为 19.0L。

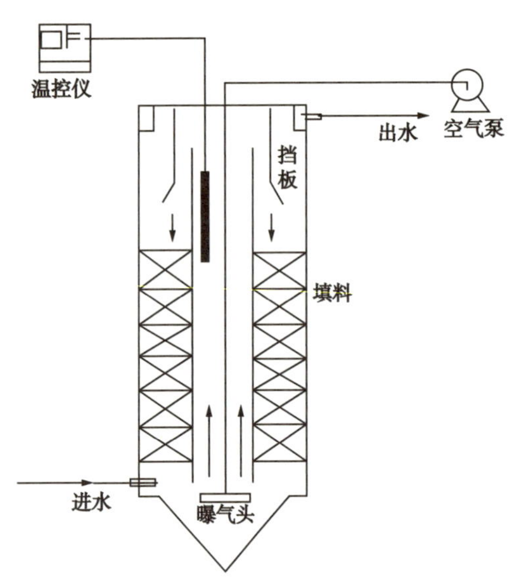

图 9-69　气升式内循环生物反应器

内循环式好氧生物膜反应器，主要由可以容纳水的装置壳体、生物载体填料层与充氧混合器（导流筒的底部装有空气释放器）构成（图 9-69）。水流在充氧混合器中一边向上流动，一边溶解吸收压缩空气中的氧，当水流流出充氧混合器后便在填料层中开始向下流动，并将氧和有机物传递给附着在生物载体填料层表面的生物膜，使有机物被生物膜中的微生物分解。其特点为:（1）曝气均匀，充氧效率高，需要的曝气量少，节能效果显著;（2）自上而下形成 O/A 具有生物滤床作用去除 SS，具有硝化、脱氨的作用;（3）即使是弹性填料，挂膜也容易，老化膜靠水力湍流冲刷，曝气搅动自动脱落，不易结垢、不易堵塞，克服了软型填料易结垢的缺点;（4）COD 去除率显著提高;（5）剩余污泥量小，由于生物相的巨大变化，也不存在污泥膨胀，运行管理方便;（6）附着在填料表面的微生物量大、种类多，并形成了从细菌—原生动物—后生动物的食物链，使出水水质良好。

本试验采用接触氧化好氧生物膜工艺。在生物接触氧化法的基础上增加了内循环，是对原有生物接触氧化法工艺流程的一种改进。如图 9-69 所示，由于增加了内循环管，避免了气流对生物膜的直接冲击，因此可以有效地缩短挂膜时间。污水由计量泵打入气升式内循环导流反应器底部，用泵往导流筒的底部曝气，部分气体可以在反应器内产生完整的循环，增加了气液接触的时间，提高了氧的传质效率。

2）A/O 池出水不同 HRT 与 COD 去除率间的关系

（1）A/O 池出水 HRT=32h 与出水 COD 间的关系。

运行时间：10 月 1—5 日。工艺条件：进水温度 30℃，进气量 0.09～0.11L/h，进水量 20.16～22.23L/d，初步挂膜，考察不同 HRT 条件下 COD 的去除效果。

当 A/O 池出水作为反应器进水、停留时间 32h，COD 容积负荷为 30~43g（COD）/（m^3·d）时出水 COD 为 54～69mg/L，去除率达到 42%～56%。当处理能力较低时，出水 COD 能达到预期效果。

现场 A/O 池出水（沉降后，不含泥）作为反应器进水，维持反应器内温度为 30℃，曝气量为 100L/h，进水量控制在 15L/d，即控制 HRT 为 32h。

当维持气升式生物反应器水力停留时间 32h 运行，进水 COD 为 104～120mg/L 时，提高 COD 容积负荷到 61～72g（COD）/（m^3·d）时，出水 COD 保持在 64～69mg/L 之间，去除率达到 40% 左右，稳定运行 10d，也能达到预期的处理目标（图 9–70）。

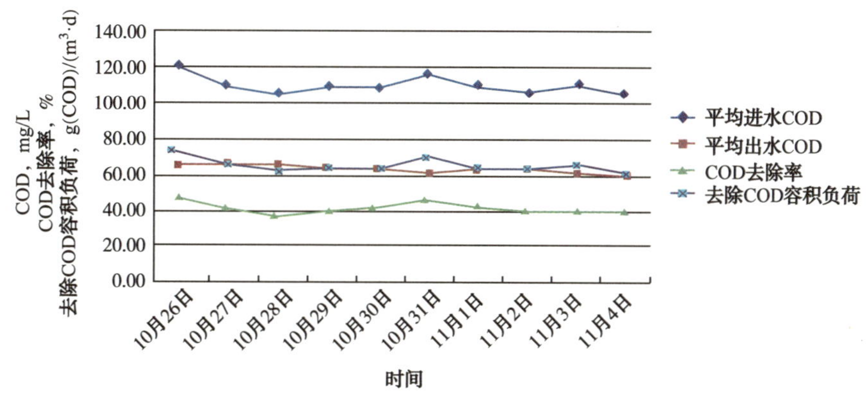

图 9–70　A/O 池出水带弹性填料的气升式生物反应器 HRT 为 32h 运行结果

（2）A/O 池出水 HRT=24h 与出水 COD 间的关系。

10 月 1—5 日，初步挂膜完成后，取现场 A/O 池出水（沉降后，不含泥）作为反应器进水，维持反应器内温度为 30℃，曝气量为 100L/h，进水量控制在 20L/d，即控制 HRT 为 24h。

初步挂膜完成后，当 A/O 池出水作为反应器进水、停留时间 24h、COD 容积负荷为 44～58g（COD）/（m^3·d）时，出水 COD 为 50～62mg/L，去除率达到 40%～52%。在 HRT 降低到 24h 时，出水 COD 也能达到预期效果。

运行时间：10 月 16—25 日，现场 A/O 池出水（沉降后，不含泥）作为反应器进水，维持反应器内温度为 30℃，曝气量为 100L/h，进水量控制在 20L/d，即控制 HRT 为 24h。

当维持气升式生物反应器停留时间 24h 运行、进水 COD 为 107～120mg/L、COD 容积负荷为 40～56g（COD）/（m^3·d）时，出水 COD 保持在 64～69mg/L 之间，去除率达到 35%～44%，稳定运行 10d，也能达到预期的处理目标（图 9–71）。

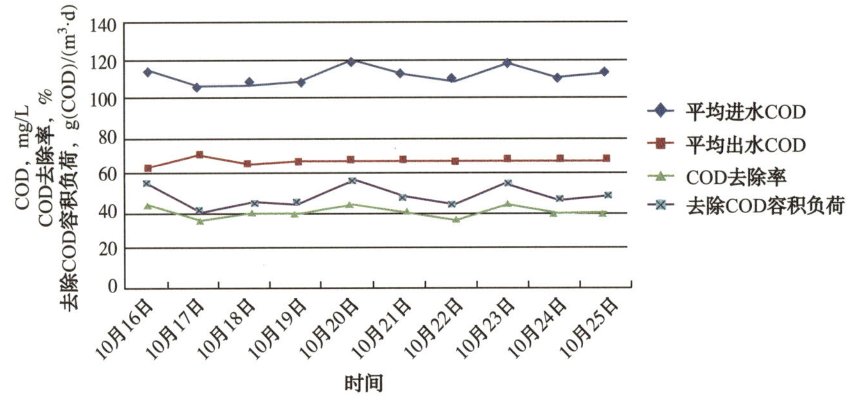

图 9-71　A/O 池出水带弹性填料的气升式生物反应器 HRT 为 24h 运行结果

（3）A/O 池出水 HRT=20h 与出水 COD 间的关系。

10 月 1—5 日，初步挂膜完成后，取现场 A/O 池出水（沉降后，不含泥）作为反应器进水，维持反应器内温度为 30℃，曝气量为 100L/h，进水量控制在 24L/d，即控制 HRT 为 20h。

由于进水 COD 不稳定、波动大，与活性污泥法相比，抗冲击能力较好，进水 COD 从 105mg/L 提高至 134mg/L，HRT 缩短至 20h，去除 COD 容积负荷提高至 106～131g（COD）/（m^3·d），出水 COD 始终能维持在 54～61mg/L。与前面试验结果相比较，在试验范围内（HRT=20～32h），HRT 对出水 COD 影响不大，基本都能达到 54～61mg/L。

3）A 池出水不同 HRT 与 COD 去除率间的关系

（1）A 池出水 HRT=20h 与出水 COD 间的关系。

运行时间：2012 年 12 月 5—8 日。反应器工艺参数设定：温度 30℃，进水量控制在 24L/d，HRT 20h，曝气量 70L/h，现场 A 池出水作为反应器进水。运行结果如图 9-72 所示。2012 年 12 月 23—29 日，反应器工艺参数：温度 30℃，进水量控制在 24L/d，HRT 20h，曝气量 60L/h，现场 A 池出水作为反应器进水，反应器进水槽内设曝气装置使反应器进水 COD 保持稳定。

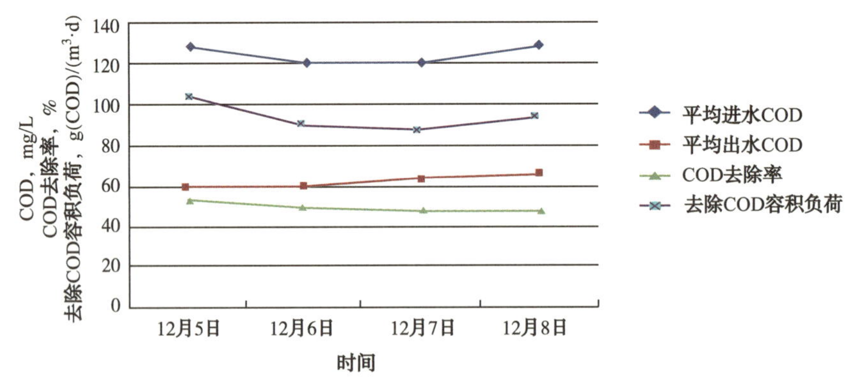

图 9-72　A 池出水带弹性填料的气升式生物反应器 HRT 为 20h 运行结果（一）

由于带弹性填料的气升式生物反应器抗负荷冲击能力较强，为进一步考察在较高容积负荷时的处理效果，取 A 池出水作为反应器进水，考察其处理效果。由图 9-73 可以看出，当改为较高浓度的 A 池出水作为反应器进水时，进水 COD 为 118～128mg/L，水为停留时间仍维持在 20h，稳定运行 5d，COD 去除容积负荷提高至 87～103g（COD）/（m^3·d），出水 COD 为 59～66mg/L，去除率达到 47%～53%。由此可见，在反应器处理能力进一步提高时，出水 COD 也能达到预期效果。

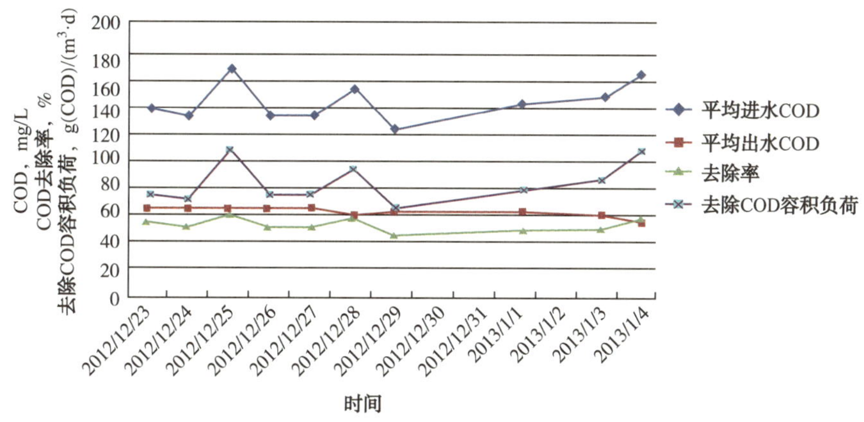

图 9-73 A 池出水带弹性填料的气升式生物反应器 HRT 为 20h 运行结果（二）

进一步提高进水 COD 浓度，考察高浓度的 A 池出水作为反应器进水时的处理效果。当进水 COD 提高至 126～173mg/L 时，水力停留时间仍维持在 20h，稳定运行 10d，COD 去除容积负荷维持在 63～115g（COD）/（m^3·d），出水 COD 为 64～67mg/L，去除率达到 47%～63%。

（2）A 池出水 HRT=24h 与出水 COD 间的关系。

运行时间：2012 年 12 月 10—22 日。反应器工艺参数设定：温度 30℃，进水量控制在 20L/d，HRT 24h，现场 A 池出水作为反应器进水，反应器进水槽内设曝气装置使反应器进水保持稳定，曝气量为 60L/h。

初步提高进水 COD 浓度，考察高浓度的 A 池出水作为反应器进水时的处理效果。当进水 COD 提高至 127～158mg/L 时，停留时间维持在 24h，稳定运行 12d，出水 COD 为 64～69mg/L，COD 去除容积负荷维持在 64～98g（COD）/（m^3·d），去除率达到 48%～58%。由图 9-74 可见，在反应器进水 COD 进一步提高时，出水 COD 也略有提高，COD 去除容积负荷略有提高。

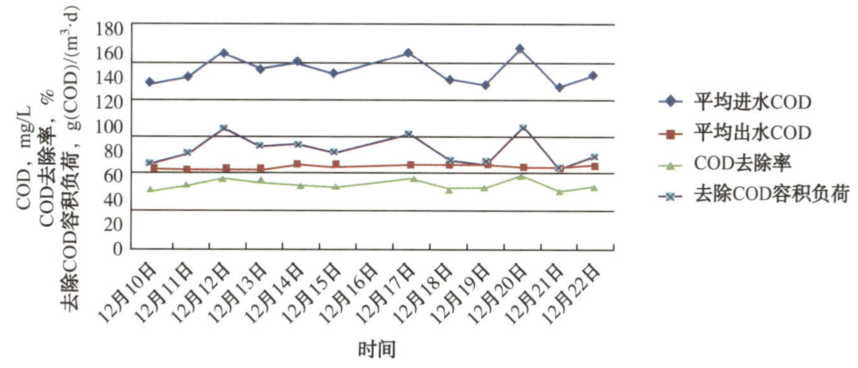

图 9-74 A 池出水带弹性填料的气升式生物反应器 HRT 为 24h 运行结果

三、总结

（1）带弹性填料的气升式内循环生物反应器处理了现场 3 种污水：

A/O 池出水，HRT=24h 运行，进水 COD 为 107~120mg/L 时，出水 COD 为 64~69mg/L，COD 容积负荷为 40~56g（COD）/（m^3·d）。

A 池出水，HRT=20h 运行，进水 COD 为 126~173mg/L，出水 COD 为 64~67mg/L，COD 去除容积负荷为 63~115g（COD）/（m^3·d）。

二沉池出水，HRT=24h 运行，进水 COD 为 65~78mg/L，出水 COD 为 43~55mg/L，去除 COD 容积负荷为 15~30g（COD）/（m^3·d）。出水 COD 能达到预期目标。

（2）微纳米气浮试验进一步处理气升式生物反应器出水，可进一步降低排放 COD。当单独以 $FeCl_3$ 为絮凝剂时，微纳米气浮试验 COD 可降至 51mg/L。当以 $FeCl_3$ 和阳离子聚丙烯酰胺为絮凝剂时，微纳米气浮试验 COD 可降至 44mg/L。

（3）GC/MC 分析表明，化工污水处理厂总出水 COD 含有 C_{10}—C_{20} 的有机物，这部分有机物生物较难处理，可考虑加絮凝剂气浮去除。

综上所述，本研究在气升式生物反应器运行稳定的基础上，为了进一步提升 COD 的处理效果，开展生物膜反应器处理后进行了絮凝气浮深度处理试验，生物膜反应器—微纳米气浮深度处理组合工艺，大大降低了出水 COD 浓度，使出水的 COD 浓度低于 50mg/L，可以达到 GB 31570《石油炼制工业污染物排放标准》中规定的石化企业的污水排放标准。

参考文献

[1] 张建国，王世和，蒋达华，等.改性纤维球处理炼油废水的应用研究[J].安全与环境工程，2007，14（3）：47-49.

[2] 陶红，顾志英，郝思秋，等.13X 分子筛基悬浮填料的制备及性能初探[J].中国给水排水，2006，22（11）：97-101.

[3] Saien J. Enhanced photocatalytic degradation of pollutants in petroleum refinery wastewater under mild conditions[J]. Journal of Hazardous Materials，2007，148（3）：491-495.

第十章　温室气体捕集与利用关键技术

油田伴生气作为勘探生产板块温室气体重点排放源，此环节排放占甲烷总排放比重高，对其控制具有举足轻重的作用。碳捕获、利用与封存（CCUS）技术是完成碳减排指标、增加发展空间的重要途径，据相关研究，到2050年CO_2减排量的一半将依靠CCUS实现。炼厂制氢驰放气综合资源化利用具有较好经济性，符合我国国情；地质封存是未来超大规模减排的重要途径。预计“十三五”末，油田伴生气高效回收、炼化制氢驰放气有效利用、碳封存等技术问题得到根本解决，可为石油行业绿色、国际化、可持续发展提供强有力的支撑。

第一节　概　　述

我国“十二五”规划把控制温室气体排放、应对气候变化作为国家经济社会发展的重大战略。加强对节能、提高能效、洁净煤、可再生能源、先进核能、碳捕集利用与封存等低碳和零碳技术的研发和产业化投入，提高我国应对气候变化的能力。

石油行业作为重要的能源供应行业以及能源消耗行业，虽然还没有展开全球的行业减排行动，但是各大国际石油公司已经通过提高装置能效、投资清洁能源等行动来降低他们的能源消耗以及温室气体排放，如BP、雪佛龙、埃克森美孚、壳牌以及道达尔等。

CCUS技术是完成碳减排指标、增加发展空间的重要途径，据相关研究，到2050年CO_2减排量的一半将依靠CCUS技术实现。

碳捕集技术主要分为燃烧前捕集、燃烧后捕集和富氧燃烧3种。以燃烧后捕集技术最为成熟，也是我国近期碳捕集技术发展的主要方向。富氧燃烧气体中二氧化碳浓度高，易于捕集，但能耗较高，其发展暂时停留在示范阶段。

中国石油各油田均较为重视油田伴生气的回收利用，各油田均已做了大量工作，但低渗透油田、小断块油田、边远零散井等的伴生气由于非常分散、回收难度大，未得到有效回收利用。

CO_2地质埋存技术是一项新兴的、具有大规模应用潜力的CO_2处置技术，有望实现化石能源使用的CO_2“近零排放”。现阶段确定的3类主要CO_2地质封存储层有咸水层、废弃油气藏或正在开发的油气藏和煤层。

第二节　低渗透油田伴生气回收利用技术

伴生气亦称石油气或油田伴生气，是与石油沉积一起存在的天然气，通常以气顶的形式存在于含油层之上或溶解在原油中。主要成分为CH_4和C_2H_6，含有少量易挥发的液态烃及CO_2、N_2和H_2S。

油田伴生气作为勘探生产板块温室气体重点排放源，占中国石油甲烷排放量的39%，对中国石油节能减排具有举足轻重的作用。

在我国油气田勘探开发领域，近年来我国油气产量中低渗透油气产能所占比例持续增大。在 2006—2015 年新增探明油气储量中，低渗透储量达到 70%，低渗透油气产能建设规模占到总量的 70% 以上，已经成为油气开发建设的主战场。因此，低渗透油田的伴生气回收与利用的潜力巨大。

伴生气作为油田重要的资源，实现密闭集输是最经济有效的回收利用方式，根据油气田开发有关技术要求，整装油田油气集输密闭率为 100%，原油稳定率在 90% 以上，集输系统原油损耗率在 0.5% 以下，伴生气处理率在 90% 以上。目前，中国石油各油田均比较重视伴生气回收利用工作，但在部分特低渗透油田和小断块油田，由于伴生气资源分散且量小，并限于复杂的自然环境、油井的低产工况、远离市场、无法接入管输系统和开发建设投入不足等因素的制约，实现有效的集输和利用难度较大，放空燃烧的现象较为普遍。另外，边远零散井和煤层气新开井排采气尚未有效利用。

一、井场套管气回收利用技术

我国油田具有丰富的伴生气资源，多数油田在大多数情况下，在井上利用定压放气阀将套管气注入油管通过油气混输进行密闭收集。但是受地域因素限制，一些边远地区分布零散的小气量套管气，特别是在低渗透小断块油田集输的特殊性和复杂性，仍有大量油井的套管气存在放空或点火炬现象[1-3]，对资源造成浪费，又污染了大气，成为上游最主要的温室气体排放源之一。

油田套管气占油田伴生气总量的 50% 以上。据世界银行资助的全球火炬削减计划（GGFR）估算，全球每年因燃烧套管气新增温室气体排放 4×10^8t CO_2 当量。据国内报道，即使在近些年，国内油气田每年放空天然气量也高达 $10 \times 10^8 m^3$ 以上[4]。另有文献显示，2000 年中国石油伴生气产量达 $62 \times 10^8 m^3$。

井上套管气回收利用的方式是多种多样的，如果将主体技术按最终利用的地点，可分为场内利用、收集外输和分离重烃（井场内将干气和重烃分离，产品处置位置可有多种组合）3 类；如果按产品，又可分为电力、燃料气、液态混烃、压缩天然气（CNG）、液化天然气（LNG）等；应用的技术或过程又有发电、压缩、制冷、吸附、膜分离[5, 6]等，或是上述多种工艺的组合[7]。

1. 场内利用方式

场内利用可行的方式大体又有回注地层、伴生气发电、伴生气发动机等。发电、发动机已有较为成熟的技术和设备，但在场站条件限制下，存在对套管气利用不完全的问题。

回注地层需要大幅度增压，有时需达到 50～60MPa，至少需三级压缩，还要冷却。一般先从多个井站集气到增压站或联合站，气量规模达到一定水平后再回注，可提高经济性。因此，此方式对日产几百立方米至 $1000m^3$ 的小气量套管气并不现实。

2. 收集外输方式

如果敷设金属管线集气条件不允许或经济性差，可考虑使用低成本且可靠的 PVC 管浅埋敷设。除此之外，可通过压缩天然气（CNG）、液化天然气（LNG），甚或天然气水合物等，大幅度减少气体体积后，再利用车辆运出。

1）CNG

CNG 技术即将天然气经脱水等预处理后，加压至约 25MPa（体积减小至原 1/200），再由专业槽车充装外运。CNG 作车用燃料的附加值比用作工业燃料的附加值高得多。

国内应用该技术在回收套管气上，最为成功的是塔里木油田。塔里木油田利用该方式对边远井、低压井、试采井、检修井的大气量井场套管气（主要是日产 5000～50000m^3井）实现了有效回收。

其根据油田伴生气的特点和井场条件，在道路交通状况较好的情况下，采用 CNG 技术回收放空的天然气。放空的天然气在井口经过处理后，用压缩机增压到 25 MPa，再用 CNG 罐车拉运到卸气站，通过卸气工艺将压缩的天然气卸入已建集气管线，从而实现回收利用。井口处理工艺设备全部橇装化，便于按不同的需求进行搬运和组合。

该工艺的局限性在于：不适用于套管气量低于日产万立方米的井场（自耗也要千立方米气）、运输直径远于 100km 则不划算（油耗过大）等。

另外，国内利用 CNG 技术在井上页岩气和煤层气的运输方面，也有较为广泛的应用。最近两年我国页岩气开发得到大力发展，但因管网建设不足，许多区块便采用 CNG 技术来输送开采出的气体——经降压脱水后进入缓冲储气罐，再经充装设备向槽车充装外运。

页岩气的理化特性较套管气要优秀得多：（1）不含硫化氢，甲烷含量高（98% 以上），热值高（35MJ 以上），可以省去脱硫、脱重烃过程；（2）自身带有高压，北美稳定页岩气井压力多数在 0.5～3MPa 之间，有的甚至可直接向 CNG 槽车充气（例如，上罗镇井口压力高达 105MPa，永川页岩气井高达 65.8MPa），可简化或省去增压设备；（3）页岩气单井日均产气量一般在万立方米以上，少数单井或同一个井场的数口井，气量更可达十几万立方米至几十万立方米，具有更优的规模效应。

基于这些原因，应用于页岩气井口的 CNG 工艺装置，工艺要求、设备复杂性及投资费用均无法与套管气相比拟，参考意义不大。

2）LNG

LNG 的生产工艺是将天然气冷却到极低的温度（–160～–144℃），在此温度下天然气在常压下变为液体。天然气液化有不同的制冷工艺过程，目前天然气主要的液化工艺有级联式液化、膨胀制冷液化和混合冷剂制冷液化，3 种工艺方法的比较见表 10–1。

表 10–1 液化工艺方法比较

液化工艺	描述	优点	缺点
级联式	原料气分别经丙烷、乙烯、甲烷 3 种制冷剂的 3 个制冷循环逐级降温、液化，主要应用于基本负荷型天然气液化装置	热效率高、能耗低，制冷剂为纯物质，无配比问题，技术成熟	机械设备多，流程和控制系统复杂，初投资大，操作维护不便
膨胀制冷	通过直接（原料气膨胀）或间接（外部 N_2、CH_4 膨胀）等熵膨胀对外作功降温	开停车方便，适用于调峰	液化率低，尤其是间接膨胀制冷，能耗比混合制冷剂高，原料气需深度干燥；原料气压力高时较为适用
混合冷剂制冷	由阶式简化而来，用一种以 C_1—C_5 的碳氢化合物及 N_2 等几种多组分混合制冷剂为工质，利用其重组分先冷凝、轻组分后冷凝特征，依次节流、气化来冷凝天然气	工艺复杂程度、投资、设备数量介于级联式与膨胀制冷工艺之间	能耗比级联式高；混合冷剂配比和液化模拟技术含量高，常涉及专利技术

LNG 可在常压下 –160℃或 4MPa 压力下 –100℃条件下实现（C_3 液态：10 ~ 15℃ @1MPa，40℃ @1.6MPa）。工业上生产流程通常为：脱碳→脱水（脱汞、苯）→利用膨胀制冷，或混合冷剂制冷或级联式制冷等方式，降温至约 –100℃ @4 ~ 5MPa →再节流降压至 0.4 ~ 0.5MPa，温度下降至 –130 ~ –120℃。工业上具有经济性的处理规模在（2 ~ 3）× $10^4m^3/d$ 以上，装置投资达几千万元。

3. 分离重烃方式

套管气中含有丰富的轻烃，因此轻烃回收是合理有效利用套管气资源的最主要途径之一，它为展开其他综合利用途径提供原料，同时可为企业创造更高的经济效益，为社会创造更多的物质财富。

轻烃回收主要是从经济效益以及更合理地利用伴生气资源角度出发的。套管气中轻烃的经济价值远比甲烷高，无论从质量或以发热值为基准，价值都远高于甲烷。一般来讲，液态烃的销售价比气态天然气高十多倍。

另外，轻烃回收可以降低烃露点，有利于改善气体质量，防止在管输中有液态烃凝结，有利于气体的管道运输。烃露点与伴生气的压力和组成有关，微量重烃组分的影响比常量轻烃组分的影响更突出，为防止伴生气在输配管线中有液态烃凝结并在管道低洼处积液，影响正常输气甚至堵塞。目前，许多国家对商品天然气规定了脱油除尘的要求，规定了在一定压力条件下天然气的最高允许烃露点。

工业中最常用的轻烃回收工艺方法有变压吸附法、油吸收法、冷凝分离法及其他新型方法（如膜分离法）。下面重点评述其中 3 种，分别是变压吸附法、冷凝分离法和膜分离法。

（1）变压吸附技术。

变压吸附技术是近几十年来在工业上新崛起的气体分离技术，其原理是基于压力和循环条件对多组分气体通过吸附柱的吸附平衡及对速率行为影响效果的差异进行快速的吸附—脱附循环，从而达到气体分离和吸附剂循环使用的目的。自 20 世纪 70 年代以来，变压吸附法技术已在化工分离技术发展中占有重要地位，其主要特点是：循环时间短，常温操作，能耗低，易于自动控制，可获得高纯度产品。由于新型高效吸附剂的研制、工艺的开发，变压吸附的应用领域还在不断拓宽，处理规模也在日益扩大，已成为一种成熟的多组分气体分离技术。

变压吸附技术（Pressure Swing Adsorption，PSA）是一种先进的气体分离技术，以吸附剂（多孔固体物质）内部表面对气体分子的物理吸附为基础，利用吸附剂在相同压力下易吸收高沸点气体、不易吸收低沸点气体，以及高压下被吸收气体的吸附量增加、低压下被吸收气体的吸附量减少的特性来实现气体的分离。这种在压力下吸附杂质、减压下解吸杂质使吸附剂再生的过程，就是变压吸附循环。变压吸附分离过程由吸附、降压、解吸、升压等基本步骤组成，为改善分离过程的分离效果和回收率等，还需要很多的辅助步骤。

变压吸附技术在石油、化工、冶金、电子、国防、医疗、环境保护等方面得到了广泛的应用，与其他气体分离技术相比，变压吸附技术具有以下优点：

① 低能耗。变压吸附工艺适应的压力范围较广，一些有压气源可以省去再次加压的能耗。变压吸附在常温下操作，可以省去加热或冷却的能耗。

② 产品纯度高且可灵活调节。如变压吸附制氢，产品纯度可达 99.999%，并可根据工

艺条件的变化，在较大范围内随意调节产品氢的纯度。

③ 工艺流程简单，可实现多种气体的分离，对水、硫化物、氨、烃类等杂质有较强的承受能力，无须复杂的预处理工序。

④ 装置由计算机控制，自动化程度高，操作方便，每班只需稍加巡视即可，装置可以实现全自动操作。开停车简单迅速，通常开车半小时左右就可得到合格产品，数分钟就可完成停车。

⑤ 装置调节能力强，操作弹性大。变压吸附装置稍加调节就可以改变生产负荷，而且在不同负荷下生产时产品质量可以保持不变，仅回收率稍有变化。变压吸附装置对原料气中杂质含量和压力等条件改变也有很强的适应能力，调节范围很宽。

⑥ 投资小，操作费用低，维护简单，检修时间少，开工率高。

⑦ 吸附剂使用周期长。一般可以使用 10 年以上。

⑧ 装置可靠性高。变压吸附装置通常只有程序控制阀是运动部件，其使用寿命长，故障率极低，而且由于计算机专家诊断系统的开发应用，具有故障自动诊断、吸附塔自动切换等功能，使装置的可靠性进一步提高。

⑨ 环境效益好。除因原料气的特性外，变压吸附装置的运行不会造成新的环境污染，几乎无“三废”产生。

目前，变压吸附技术已推广应用到以下领域：

① 氢气的分离与提纯。

② 二氧化碳的分离与提纯。

③ 一氧化碳的分离与提纯。

④ 空气分离制氧。

⑤ 空气分离制氮。

⑥ 变换气脱碳。

⑦ 废气综合利用。

⑧ CH_4/N_2 气体混合物的分离。

⑨ 从煤矿瓦斯气浓缩甲烷。

⑩ 从富含乙烯的混合气中浓缩乙烯等。

不同产品的分离技术采用不同的吸附剂和工艺，其中氢气的分离提纯是变压吸附技术中最早实现工业化的领域。

（2）冷凝分离技术。

冷凝分离技术的原理是根据气体中各烃类成分冷凝温度的差异，原料气在逐步冷却至一定温度的过程中，将沸点较高的烃类组分逐步冷凝分离出来，并最终获得合格产品的方法。冷凝分离法包括冷剂制冷、膨胀机制冷、热分离机制冷及复合制冷法等，需要额外提供较低温位的冷量促使气体温度降低是冷凝分离技术最根本的特点。此外，本技术具有工艺流程简单、运行成本费用低廉、轻烃回收率较高等优点，目前在轻烃回收工艺中处于主流地位。上述冷凝回收技术的原理流程如图 10-1 所示。

（3）膜分离技术。

除上述两种常见分离技术外，膜分离技术是 19 世纪末发展起来的一种新型高效分离技术。其分离原理是根据混合气体各组分透过膜时渗透速率的不同，以气体各组分在膜两侧的压力差为分离推动力，从而实现气体分离的。气体进入膜分离系统后，渗透率较大的气体（如大部分有机蒸汽）富集在渗透侧，渗透率较小的气体（如 N_2、H_2、CH_4 等）则停留在截留侧。渗透通量 J 和分离系数 α 是考察膜性能的主要技术指标，其工业应用的实际值通常低于文献报道值（因文献多用纯气体）。

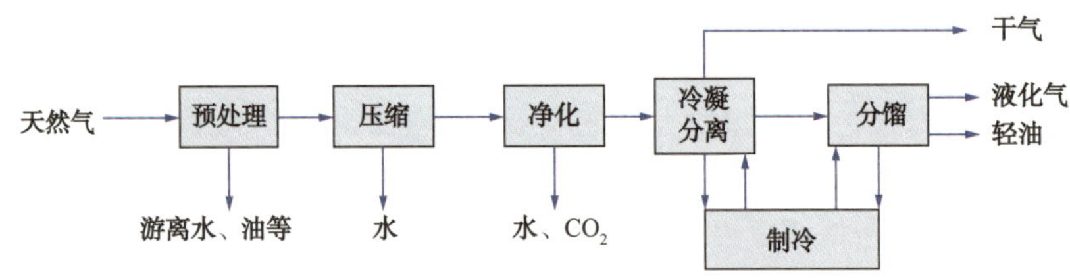

图 10-1　冷凝分离回收法原理流程

膜分离技术同传统分离技术相比，具有如下优点：能耗低，设备简单，使用方便且易于操作；安全清洁生产，不污染环境，基本实现“零排放”等。由于膜分离技术属于非低温分离法，在能耗与材料消耗上优于其他分离方法，因此常采用膜分离技术与吸收、冷凝、精馏等技术集成，发挥各自优势，以获取最优分离效果、最佳经济效益。

膜分离法对于分离某些组分且其浓度较高的气体，回收率高，具有竞争力，如对丙烯、氯乙烯、乙烯高达 95%，因此多用于炼厂烯烃回收、站库油气回收，或 CO_2 去除（2008 年只占 5% 的市场份额）。但在天然气处理中，对邻近低碳分子分割不清晰，且水、CO_2、C_{4+}、芳烃等可使膜劣化和增塑，限制了膜分离法的应用。

以上各节展示了多种工艺和过程的最主要环节，不言自明的是，实际应用都是多种技术和过程的组合。简单讲，基本可分为主体工艺和预处理部分。表 10-2 对应列出了各主体工艺的预处理要求及处理方式。

表 10-2　各主要工艺相应预处理要求及方式

序号	主体工艺	预处理要求	预处理方式
1	发电	含硫量小于 0.1%，杂质含量不大于 0.03g/m^3，杂质粒径不大于 5μm，不含液态成分	干法脱硫、过滤
2	CNG	脱硫、脱重烃	干法脱硫、丙烷制冷
3	LNG	脱硫、脱水、脱 C_{4+} 重烃、脱氧	干法脱硫、吸附法脱水脱氧
4	冷凝分离法	脱硫、脱水	干法脱硫、吸附法脱水
5	变压吸附法	脱硫、除杂质、脱水	干法脱硫、过滤、吸附法脱水
6	膜分离法	脱硫、脱碳、脱水	干法脱硫脱碳、吸附法脱水

综上，主要套管气回收利用方式的技术工艺见表 10-3。

表 10-3　可选套管气回收利用技术工艺对比

序号	类别	技术 / 工艺	适用性	经济性	运行维护	优势	局限	应用情况
1	场内利用	发电	适用于套管气气质较好的井场	优，两年内可收回投资	操作简单，需专人维护	技术成熟，投资低	多不能充分利用套管气资源；需对气体进行脱硫等预处理	长庆、华北等多油田有应用

续表

序号	类别	技术 / 工艺	适用性	经济性	运行维护	优势	局限	应用情况
2	收集外输	CNG	适用于大气量套管气井（日产 5000~50000m^3）	良，投资回收期 3~5 年	操作与运行较复杂	技术成熟，已实现橇装化	投资高、运输直径远于 100km 不划算，需有管道等依托来处置干气	塔里木油田伴生气、我国多个页岩气井场等
3		LNG	主要用于实现大规模天然气输送	优，具有经济性的处理规模在（2~3）×$10^4m^3/d$ 以上，受 LNG 市场价格影响	操作运行需大量专业人员	技术成熟	投资高（装置投资几千万元），操作复杂，需操控超低温条件	对大气量成熟；应用广。
4		天然气水合物	大幅度削减体积，具有广阔的应用前景	良（尚需应用案例验证）	操作运行难度中等	投资不高，产品储运条件温和	存在研发风险，装置成熟稳定性不确定	日本有工业应用，国内仍处于开发
5	分离重烃	冷凝分离法	主要用于油田轻烃厂	日处理万立方米以上具有经济性	操作运行复杂，需多名专业人员	技术成熟，轻烃回收率高	气量低于万立方米经济性差，需小型压缩机	对大气量成熟，应用广泛
6		变压吸附法（PSA）	用于吸附性能差异较大的气体分离	对小气量经济性差	需要带压、动力设备，运行维护要求高	易于实现自动控制，不需高压、低温等条件	投资高，设备组件多	广泛应用于多行业中，对脱氢、脱 CO_2 效果突出
7		膜分离法	利用气体对膜渗透率的不同来分离	对小气量经济性差	运行较简单，易于实现模块化组装	技术成熟，能耗低	对邻近低链轻烃分离效率不高，长期稳定运行需考验	天然气工业主要用于脱水及重烃、炼厂回收烯烃等

二、低渗透油田伴生气综合回收利用集成技术

1. 概述

长庆油田地面集输工艺目前以油气混输二级布站工艺为主，可划分为丛式井组、增压点 / 增压橇和接转站 3 个层级（图 10–2）。经过研究，形成了以套管气增压装置前端回收井口套管气，油气混输多相计量装置提高中端油气混输增压点油气混输效率，并完善油气多相计量功能，后端采用小型凝液回收技术——混烃回收工艺 + 燃气发电技术，实现低渗透油田伴生气的低成本回收利用集成技术，大幅度提高低渗透油田伴生气利用效率，降低回收利用成本，实现油田生产低碳、绿色、可持续发展。

存在难题：

（1）地质及地形条件。长庆油田油区范围广、富集度低、分布不均衡、地形条件复杂、滚动开发建设等原因，导致伴生气回收难度大，投资高。

（2）管线埋深。井组定压阀工艺投资最省，易操作，维护方便，在陇东油区应用效果较好，但由于陕北黄土高原地形条件复杂、单井管线埋深不足等因素，导致定压阀使用效果欠佳，井组伴生气回收利用困难。

（3）油气混输工艺。增压点油气混输工艺由于泵入口压力低，导致泵入口含气率较

大，外输能力及泵效降低。在个别高油气比区块甚至存在泵前气体放空的现象，导致混输泵完全失去混输功能。

（4）伴生气利用。2010 年，已建的 17 座轻烃厂大部分处于低位运行，干气量不足，且未建设干气发电及余热利用，干气利用率低。

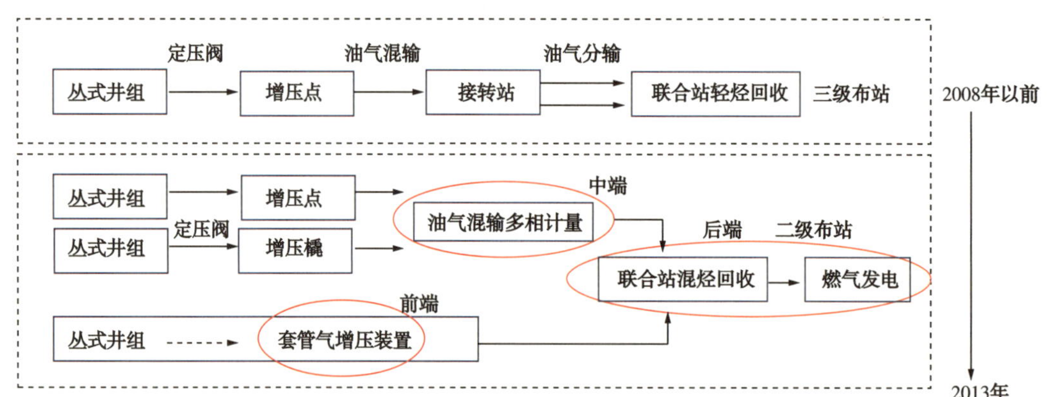

图 10–2　长庆油田伴生气综合回收利用工艺流程

2. 低渗透油田伴生气低成本综合回收利用集成技术体系

1）前端井组集气工艺

丛式井组套管气回收主要有定压阀回收油气混输、套管气井口增压装置（打气泵）等方式，其中定压阀回收由于工艺简单、运行平稳、投资最省、易操作、维护方便，成为长庆油田伴生气回收利用的基本技术。

（1）新型定压阀（图 10–3）油气混输工艺。

① 技术原理：在油井套管上安装气体压力单向泄放装置，可根据油井回压大小设定最小开启压力，当套管气压力超过设定值时单向泄放到集油管线。

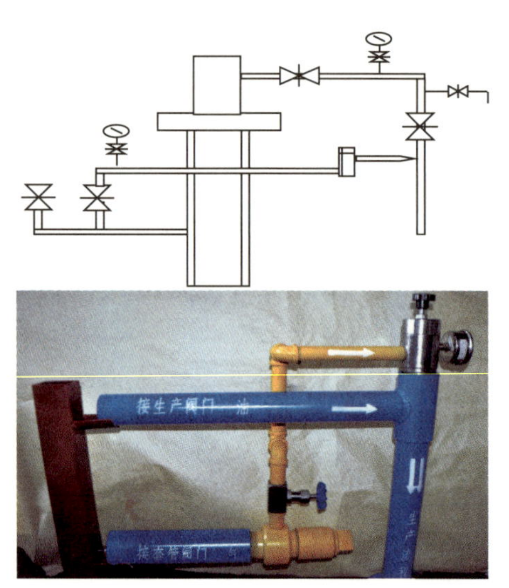

图 10–3　新型定压阀

② 适用范围：根据油井合理套压及回压特性匹配特性研究，不同气油比的油井控制不同定压放气阀的开启压力。

例如，气油比不小于 100m^3/t 时，套压控制在 2.0～2.4MPa 之间；气油比为 100～50m^3/t 时，套压控制在 1.4～1.8MPa 之间；气油比小于 50m^3/t 时，套压控制在 0.4～1.0MPa 之间。

③ 存在问题及分析：定压阀回收工艺在陇东油区应用效果较好，但在部分陕北油区，存在阀门冻堵、套管憋压、应用效果欠佳的现象。

a. 井站高差大：陇东油区地势较为平缓，站场位于地势较低处，井组地势较高，井口回压低。陕北油区地形高差起伏大，站场位于梁峁中部或顶部，井—站高差大，井口回压高，导致泄放压力高，套管憋压。

b. 管线埋深不足：由于陕北油区黄土高原地形破碎复杂，管线施工难度大，导致局部地区单井管线埋深不足，冬季运行时井口回压高，影响使用效果。

c. 定压阀积液：井口回压升高后，将导致定压阀开启频率下降；冬季低温时伴生气积液快，从而使定压阀遭遇极端天气时容易冻堵。

④ 技术优势：工艺简单、运行平稳、投资最省、易操作、维护方便，并可通过定压放气对管线进行不停井吹扫，容易实现数字化井场无人值守。

采用新型直读防冻定压阀，并通过优化工艺流程，在长庆超低渗透油藏开发过程中将定压阀由每井口 1 套改进为在丛式井组套管气汇管上集中设置 2 套，更好地保证了套管气连续排放，避免了因间歇排放造成的冻堵现象。同时减少了配置数量，降低了投资。

⑤ 价格优势：1600～2000 元 / 套，成本最低的井组伴生气回收工艺。

⑥ 应用前景：继续坚持定压阀集气工艺在陇东油区的全面推广，同时可选择部分条件较好的陕北油区推广应用。

（2）套管气增压装置（打气泵）。

① 国内外现状：加拿大的艾恩豪斯公司、铁马公司等装置使用寿命为 10～15 年。南京庆佳公司、胜利油田采油工艺研究院国产设备寿命仅为 6～8 个月。

② 研究历程：从加拿大引进“套管气增压泵”，现场工艺研究确认了使用效果及可靠性；解剖及活塞、钢套、密封材料的耐磨及耐腐蚀性试验研究；套管气增压泵的结构尺寸优化；套管气增压泵效果现场测试。

③ 技术原理及工艺流程：装置安装在抽油机的游梁上，借助抽油机的运动，对套管气进行抽吸、压缩，并将压缩后的套管气注入集油管线，实现油田伴生气回收利用。

④ 技术特点：具有免维护、长寿命、节省空间等优点；充分利用抽油机剩余动力，不增加额外能耗；提高井底泵的效率；降低回压；减少井底泵气锁现象发生；橇装化设计，现场施工方便快捷；自动运行，管理难度小。

⑤ 存在问题：增压幅度较小，设计压差仅为 0.7MPa，最大外输压力为 1.6MPa，仅能满足站场周边或地形条件较好区域井组套管气回收；设备出口与油井井口连接处未安装单流阀导致部分原油回流，极端天气易造成管线冻堵。

⑥ 应用情况：2009 年在采油一厂侯南作业区进行了进口装置现场试验。2011 年在池 46 井区油二联直进站井组试验 3 台自产装置，试验情况良好。

⑦ 应用前景：不适于复杂地形条件下高回压井组套管气回收。但其工艺流程简单、管理难度小，适用于陕北油区定压阀集气使用不理想的低回压井组，可与其他技术配套使用。

2）集输站场集气工艺

根据目前长庆油田地面工程建设特点及产气量，集输站场集气环节主要包括增压点、接转站两个层级，经经济技术对比，增压点宜采用油气混输工艺，接转站以上站场宜采用油气分输工艺。

（1）混输泵油气混输工艺。

①技术原理及工艺流程：目前长庆油田增压点主要采用单螺杆油气混输泵，将井组来气、液经总机关、收球筒、油气混输装置后进入混输泵增压，再经外输加热后外输至下一站（图 10–4）。

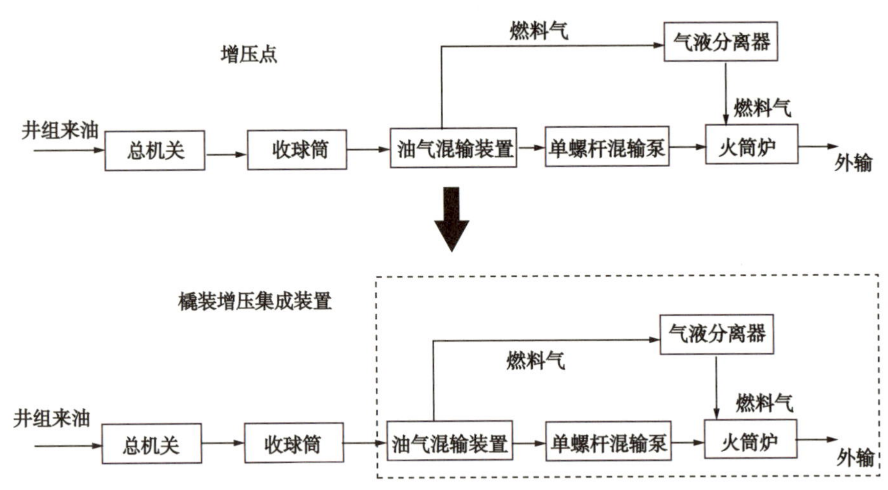

图 10-4　增压点混输泵油气混输工艺流程

② 技术特点：原油损耗低，减少了对大气的污染；减少了加热炉和锅炉的热负荷，提高了系统热效率；有利于提高自动化程度，提高了管理水平；工艺流程简单、紧凑，实现油气连续输送，管理方便；减少了集气管线长度，降低了工程投资；适应能力强、范围广，避免滚动开发后期伴生气量下降时集气管线能力过大造成的风险和浪费；避免地形起伏造成的管线积液，减少清管作业量和凝析油排放点。

③ 价格优势：油气混输增压点总投资 223 万元 / 座，较油气分输增压点投资 287 万元 / 座节省 64 万元 / 座。

④ 应用情况：截至 2011 年底，已建成油气混输增压点 248 座，数字化橇装增压装置 122 台，累计使用各类油气混输泵 525 台，应用范围较广。

⑤ 存在问题：

a. 携气量不足。单螺杆泵由于泵体结构原因，携气量不足，磨损大。

b. 泵进口压力低。由于提高泵入口压力会导致井口回压相应升高，运行中认为其可能导致油井产量降低。在个别高油气比区块生产运行过程中存在从油气混输装置将气体全部放空现象，导致混输泵完全失去混输功能。

c. 油气计量。由于目前市场上多相计量成本高、可靠性低，不符合长庆油田低成本开发战略，导致目前油气混输工艺无法计量，管理难度大。

d. 投资。20 ~ 40m^3/h 单螺杆泵价格 20 万 ~ 30 万元，若再增大排量，则价格翻倍，不利于投资控制。

⑥工艺革新。在原分离缓冲罐的基础上，将旋流分离器、背压阀调压控制、精确计量、气液混合器等功能进行集成，形成一体化分离缓冲多相计量集成装置（图 10-5）。一体化分离缓冲多相计量集成装置由旋流分离器、分离缓冲罐、气体体积计量、液体质量计量、气液混合器、工艺管线、阀门构成（图 10-6）。实现井组油气混合物的段塞消除、三相分离、三相计量、混输系统压力平衡等功能，并给加热炉提供燃料气。

优化后，工艺流程具有三级分离、气液缓冲和消除段塞的特点。

三级分离：经过旋流、折流、重力三级分离后，气相携液率和液相携气率低，为精确计量提供保证。

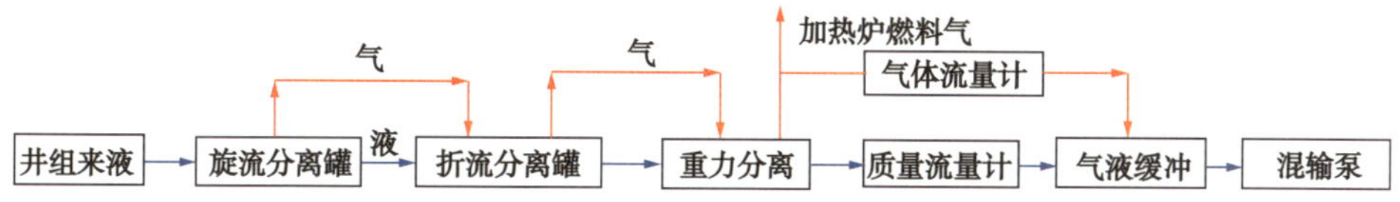

图 10–5　一体化分离缓冲多相计量集成装置工艺流程

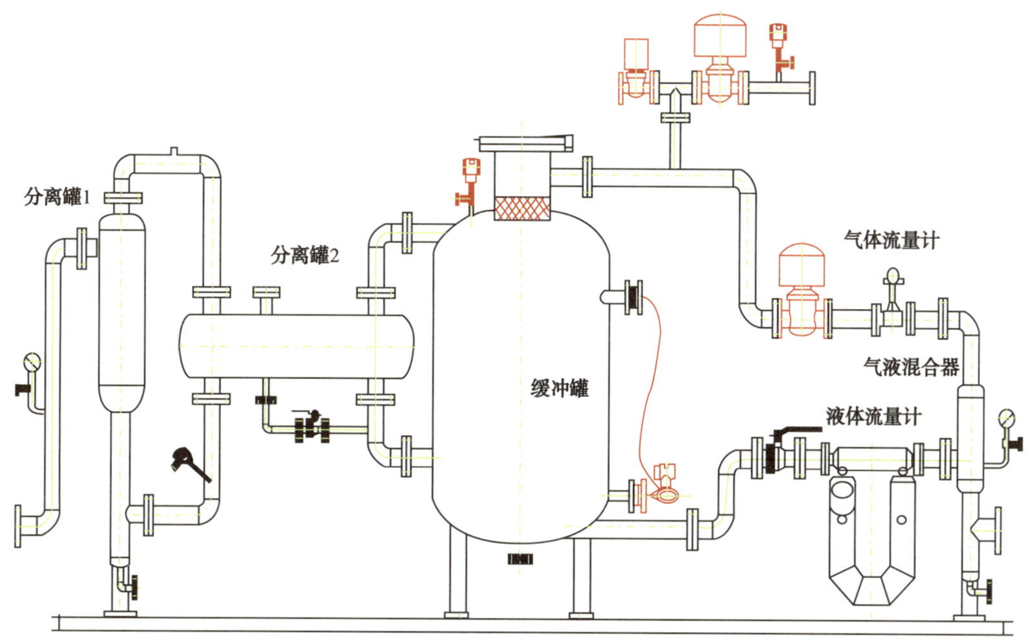

图 10–6　油气缓冲计量一体化集成装置结构示意图

气液缓冲：分离计量后的气液两相，由气液缓冲器控制两相比例，实现均匀混合后进入混输泵。

消除段塞：三级分离的应用，有效消除了段塞流，对提高混输泵效率、使用寿命起到积极作用。

为满足介质混输进泵要求（含气率不大于 95%），提高油气混输泵效率，气体出口设置压力检测通过电动调节阀控制气体压力，装置设置差压变送器检测连续液位，联锁混输泵变频控制，调节混输泵排量。该装置适用于增压站做缓冲计量及供气和外输控制，具备气液分离、气液缓冲、气液分相计量、气液混输控制、向加热锅炉供气 5 项功能。

⑦应用前景：经自主研发橇装装置，成本控制在 30 万元以内，符合长庆低渗透油田伴生气低成本回收利用工艺，适用于实际油气比 50m^3/t 的油区，建议继续全面推广。

（2）自压油气分输工艺。

①技术原理：敷设输气管线利用密闭分离装置余压外输至下一站，经技术经济对比，适用于接转站或油气比大于 50m^3/t 的增压点，具有较好的经济效益。

②工艺流程：自压油气分输工艺流程如图 10–7 所示。

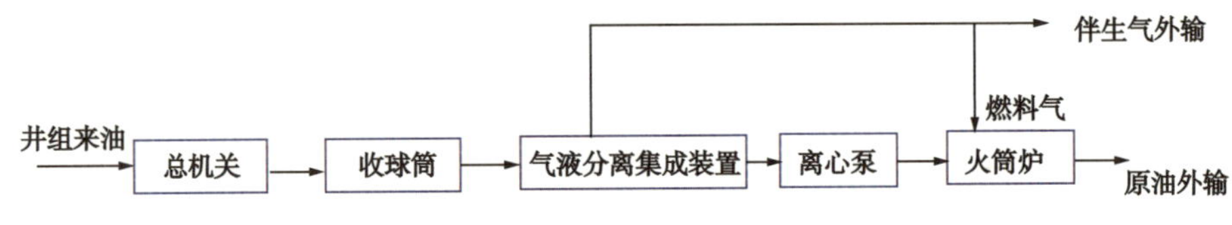

图 10-7　自压油气分输工艺流程

③技术创新：该工艺适合于地势起伏小、较为平坦的地区。对于复杂地形，利用气液分离集成装置对伴生气先冷却，确保输送过程不产生积液。

④适用范围：适用于地势起伏小、较为平坦的地区，接转站以上站场或油气比大于 $50m^3/t$ 的增压点。

⑤存在问题：工程量大，投资较高；冬季极端天气易积液、管线冻堵；一次性投入，不能适应油田伴生气后期产量变化调整。

⑥应用情况：该工艺目前在长庆油田全面推广，具有较好的经济效益和环保效益。

⑦配套技术：气液分离集成装置（图 10-8）具有油气分离、油气缓冲、气体冷却、气液分离等功能，装置操作简单、安全环保，可预防输气管线冻堵。

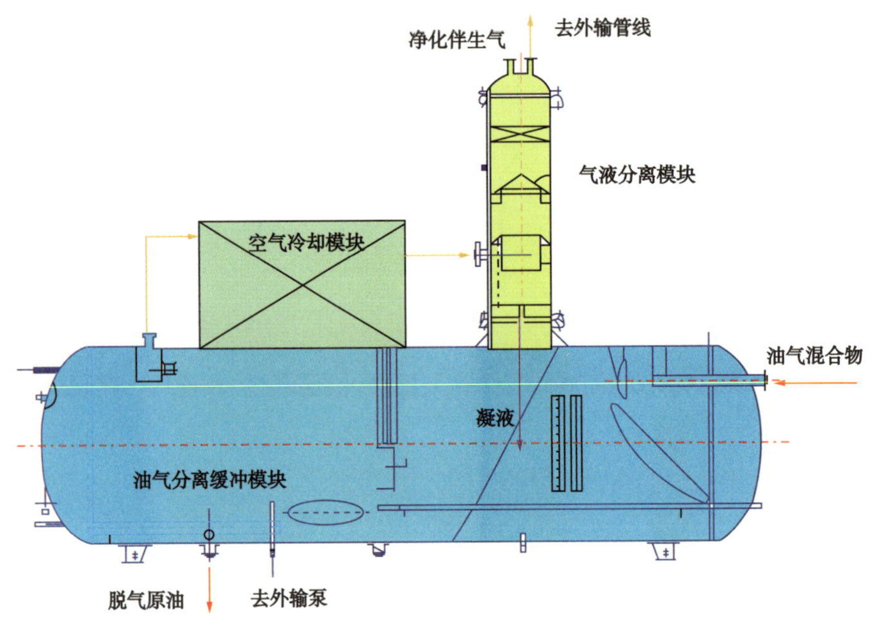

图 10-8　气液分离集成装置示意图

（3）增压油气分输工艺。

①技术原理：接转站压缩机增压油气分输工艺由压缩机对伴生气增压，增压后的伴生气进入输气管线外输至下一站。

②工艺流程：针对输气管线遭遇极端天气易积液的现象，低压增压输送工艺采用气液分离集成装置降温输送方式，中压输送管线需降温、脱水后进入压缩机增压外输（图 10-9）。

3）联合站油罐抽气技术

油罐抽气技术利用抽气压缩机站内油罐中的挥发油罐气抽出增压后进入轻烃装置或燃料气管网加以回收利用。该技术在回收油罐挥发气创效的同时，更解决了站场油罐气对站场造成的污染及安全隐患。原油稳定技术是通过加热闪蒸或负压抽气较为彻底地回收原油中易挥发的轻烃组分，同时使原油的饱和蒸气压降低。

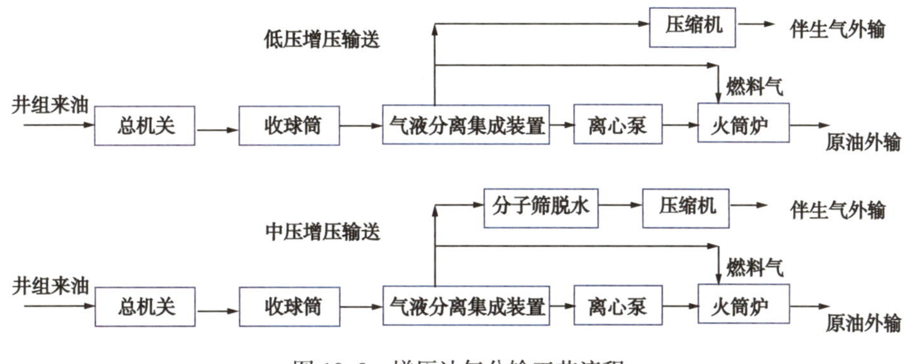

图 10-9　增压油气分输工艺流程

（1）技术原理及特点：其特征是采用螺杆压缩机或活塞压缩机将油罐中的挥发气抽出并增压到适宜压力输送到下游加工装置进行回收处理。无论油罐中的挥发气量如何变化，压缩机都始终能够将挥发气有效抽出并且储油罐的工作压力始终保持在常压状态，而不至于储罐抽瘪。因此，压缩机入口都设有可靠的常压稳压设备，如机械式调压箱、皮囊稳压罐或自控补气常压稳压罐等稳压分液设施。

（2）工艺流程。

① 正常抽气工作流程。工艺原则流程如图 10-10 所示，沉降脱水罐（或其他挥发可燃气的油罐）的挥发烃蒸气经过大罐气管线进入常压稳压罐，分离掉游离的水分和液态烃后被抽气压缩机抽吸到进口，增压到 0.15~0.3MPa 后进入抽气后冷器，空冷（或水冷）后进入气液分离器，分离掉液态烃后的气体自压到轻烃回收装置（或其他加工系统）。常压稳压罐和气液分离器中的游离水定期排放到污水系统中，液态烃经液态烃泵打至下游加工装置。

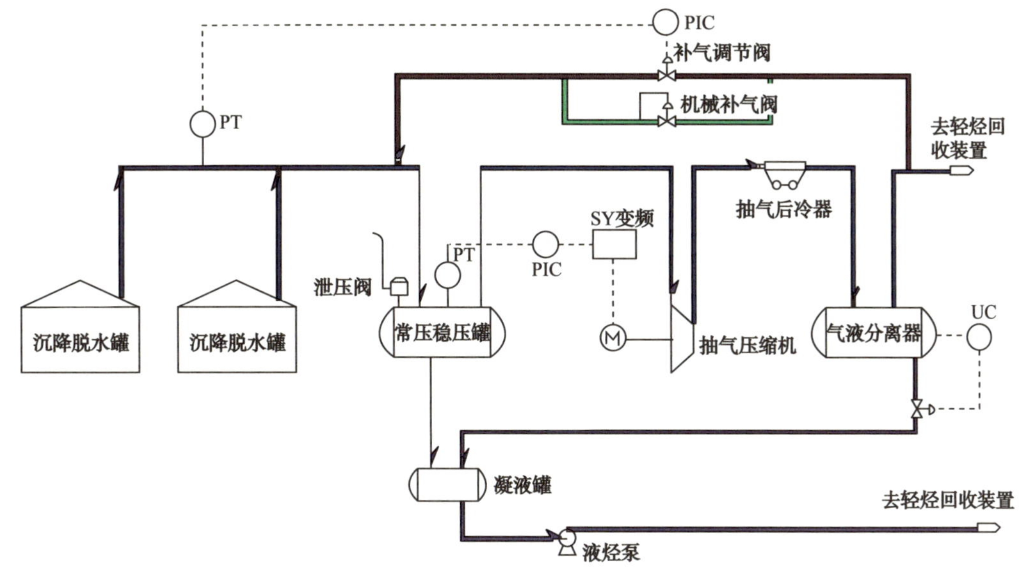

图 10-10　油罐烃蒸气回收工艺原则流程

② 补气流程。当常压稳压罐的工作压力低于设定压力值时常压稳压罐上的 PT 压力信号实时上传到 DCS 系统，气液分离器的气体会通过自控补气阀或自力式补气阀自动回至稳压罐中补气，使得稳压罐的压力稳定在 -30～10mmH_2O 之间。自控补气阀控制压力在 -20mmH_2O，当其阀芯全打开或出现故障不足以提高罐内的压力时，压力会很快减至 -30mmH_2O，此时自力式补气阀回路开始工作，向罐内补气。

③ 排气泄压流程。通常将常压稳压罐的泄放压力上限定为 +100mmH_2O，当罐内压力超过设定值时，安装在稳压罐顶部的自动泄压安全阀（单呼阀）阀芯自动开启，将超压部分气体泄放到大气中。一般情况下泄放流程很少工作，因压缩机的吸气量总是大于油罐挥发气量，所以补气流程总是在频繁工作中。

（3）应用效果：采用了联合站“三相分离器密闭脱水、负压闪蒸原油稳定、油罐抽气”成套工艺技术，实现了联合站全工况密闭处理，原油损耗低于 0.15%，达到国内先进水平。

联合站三相分离器 55℃连续油气水三相分离，净化油直接进入原油稳定系统，稳定后的原油采用变频连续输油工艺，实现联合站正常工况下全过程密闭（图 10-11）。

当外输管线事故停输稳定原油进事故罐时，利用油罐抽气技术，实现联合站事故工况全密闭。

实现联合站全工况密闭处理工艺，密闭率达 100%，原油损耗率低于 0.15%，达到国内领先水平。

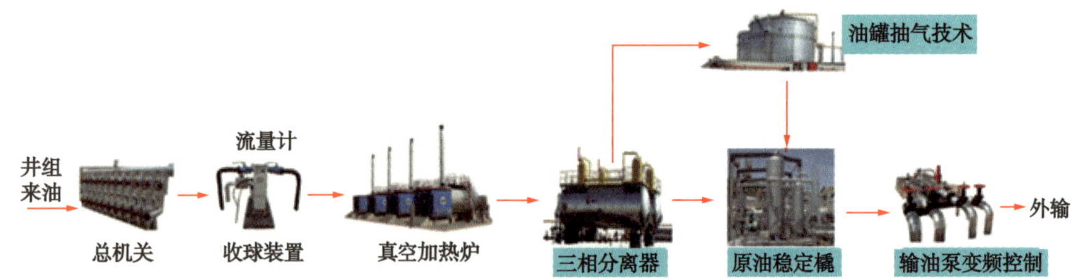

图 10-11　联合站密闭集输处理工艺流程

4）伴生气加工及利用

联合站对原油和油田伴生气进行处理，实现“三脱三回收，出四种合格产品”，即油中脱气、油中脱水、气中脱轻油，综合回收利用污油、污水和轻烃，产出原油、天然气、轻烃和可利用的水等合格产品。油气处理包括原油脱水、原油稳定、天然气净化以及天然气凝液回收等处理工艺过程。伴生气凝液回收指将天然气中相对甲烷或乙烷更重的组分以液态形式回收下来的过程。其目的是控制天然气的烃露点以满足天然气输送要求。回收下来的液态烃产品可以作为优质燃料或化工原料，具有可观的经济效益。国内轻烃回收的工艺方法有吸附法、油吸收法、冷凝分离法和膜过滤法等。目前，普遍采用冷凝分离法或以冷凝法为主的多种方法集成，工艺过程主要由原料气预处理、压缩、脱水、制冷和凝液回收等部分组成。目前，小型装置采用中压浅冷冷凝分馏工艺，规模较大的装置采用节流膨胀深冷工艺。

经净化处理后的天然气主要用于燃料、发电、化工或生产 CNG 等用途。干气作为燃料是最普遍的方式，一般供本站作燃料气，或就近敷设干气管线回供距离较近的燃油或燃天然气站场以及生活点作燃料气，置换原油或天然气；也可进入可以依托的天然气管网外输，对于无依托的天然气管网系统可建设 CNG 母站，供经济运输半径内燃油站场作燃料气、钻机用气（置换钻机燃料柴油）或作为商品气外销。

（1）原油稳定。

①稳定原则。

在满足原油稳定深度要求的基础上，尽可能减少原油组分的拔出率。

原油稳定深度用稳定原油饱和蒸气压衡量。稳定原油在储存温度下的饱和蒸气压的设计值不宜超过当地大气压的 70%。

②原油稳定工艺。

原油稳定方法基本上可以分为闪蒸法（正压加热闪蒸、常压加热闪蒸、负压不加热闪蒸）和分馏法两类，其中分馏稳定适应于轻质原油（如凝析油等），流程和工艺控制复杂，投资和热耗较大，一般不推荐采用。

现对闪蒸法的 3 种类型进行对比，见表 10-4。

表 10-4　3 种闪蒸方案理论计算参数对比

操作参数		加热闪蒸	常压闪蒸	负压闪蒸
操作条件	闪蒸温度，℃	113.7	60	55
	闪蒸压力，MPa（绝压）	0.350	0.090	0.073
	未稳定原油，t/h	33.858	33.858	33.858
供热负荷	原油加热器，kW	1449.7	279	0
产品量	稳定气量，m^3/h	232.10	126.30	115.90
	稳定原油，t/d	33.399	33.574	33.595
	稳定原油 45℃饱和蒸气压，kPa	60	60	60
	原油拔出率，%	1.36	0.84	0.78

从表 10-4 可以看出，在同样稳定效果的前提下，加热闪蒸热负荷较高，且原油拔出率相对较高，因此不推荐本方案。与常压加热闪蒸相比，负压闪蒸具有原油拔出率低、能耗低的优点，因此采用负压闪蒸技术。

（2）伴生气综合利用。

① 伴生气加工回收利用原则。

一般情况下，集气量不大于 $2.0 \times 10^4 m^3/d$ 的建设混烃回收装置，集气量大于 $2.0 \times 10^4 m^3/d$ 的建设轻烃回收装置。

② 轻烃回收工艺。

国内外轻烃回收方法基本上可分为吸附法、油吸收法和冷凝分离法 3 种（表 10-5）。

表 10-5　轻烃回收 3 种方法对比

项目	吸附法	油吸收法	冷凝分离法
工艺原理	利用固体吸附剂（例如活性炭）对各种烃类的吸附容量不同，从而使天然气中一些组分得以分离的方法	利用不同烃类在吸收油中溶解度不同，从而将天然气中各个组分得以分离	利用在一定压力下天然气中各组分的沸点不同，将天然气冷却至露点以下某一值，使其冷凝与气液分离，从而得到富含较重烃类的天然气凝液

续表

项目	吸附法	油吸收法	冷凝分离法
优点	装置比较简单，不需要特殊材料和设备，投资较少	可在原料气压力下运行，收率较高，压降较小，而且允许使用碳钢，对原料气压力要求不高，且单套装置处理量较大	工艺先进可靠、经济合理
缺点	需要几个吸附塔切换操作，产品局限性大，能耗与成本高	能耗及投资较高	—
应用状况	很少应用	在 20 世纪 70 年代逐渐被冷凝分离法替代	应用且在不断发展

在冷凝分离法基础上，结合油吸收法原理，研发了新型冷油吸收工艺（图 10–12）。新型冷油吸收工艺采用装置自产稳定轻油作为吸收剂，与传统油吸收法比较，具有流程更简单、操作更方便、投资更省的优点，同时和冷凝分离法结合，C_3 收率提高到 90% 以上。

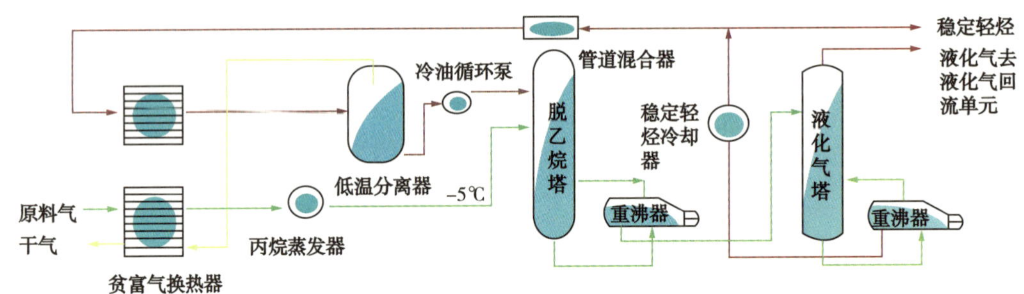

图 10–12　新型冷油吸收工艺流程

（3）混烃回收工艺。

国内外常用凝液回收技术是利用丙烷或氨作为制冷剂回收伴生气中混烃。利用伴生气产生凝液与丙烷性质相似的原理，采用装置自产凝液做制冷剂以达到回收伴生气中凝液的目的（图 10–13）。

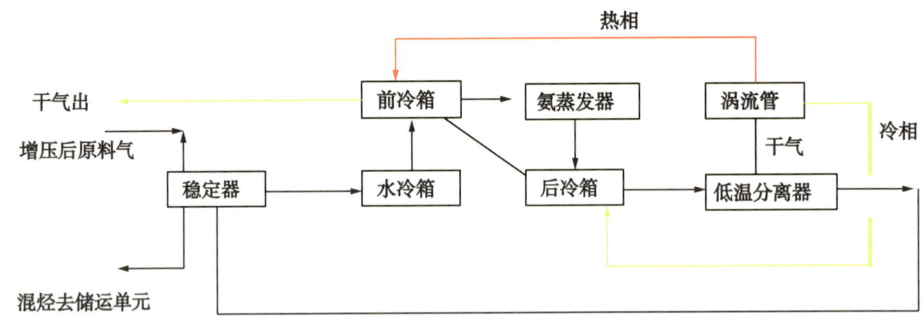

图 10–13　常规低温冷凝回收混烃工艺简图

该混烃装置工艺技术替代了常规丙烷或氨制冷的凝液回收工艺技术，具有投资低、运行能耗低等优点，C_{3+} 收率可以达到 90% 以上。

在低渗透油田中，长庆油田建设了多套小规模［$(1\sim6)\times10^4m^3/d$］的伴生气凝液回收装置（图 10–14），取得了较好的经济效益。例如，采油二厂西峰油田西一联合站实现了油田全密闭生产和气体的综合利用，干气除作为油田生产站场燃料外，剩余干气全部进行发电上网，燃气余热回收满足联合站全站用热需要。在伴生气资源丰富且无法集中回收的区块，通常采用燃气发电机组作为抽油机组和站场的电源。小型燃气发电技术较为成熟，目前在长庆油田白豹、樊学、姬塬等许多油区推广较为普及。

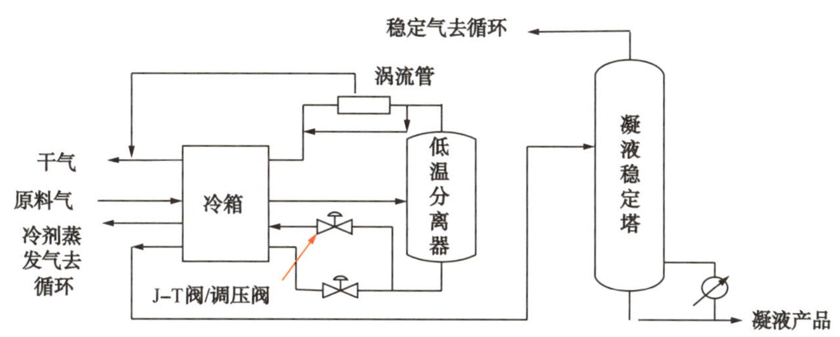

图 10–14 低成本、小型凝液回收工艺简图

第三节 温室气体 CO_2 捕集封存和利用

碳捕获、利用与封存（CCUS）技术是完成碳减排指标、增加发展空间的重要途径，据相关研究，到 2050 年 CO_2 减排量的一半将依靠 CCUS 技术实现，中国石油 CCUS 技术体系亟待建立。其中，碳测算与潜力分析是碳减排的基础；资源化利用具有较好的经济性，符合我国国情；地质封存是未来超大规模减排的唯一途径。项目开展制氢驰放气综合利用技术集成；开展制氢驰放气综合利用先导试验装置设计、加工、调试；开展先导试验进行制氢驰放气综合利用技术经济评价研究；开展集成氢驰放气碳分离技术、CO 脱除技术研究；开展制氢驰放气综合利用技术进行系统优化研究；编制制氢驰放气综合利用工业化应用的技术方案。在 CO_2 地质体封存潜力评价技术研究及应用方面，建立了咸水层和油藏 CO_2 封存潜力评价方法研究及评价模型，以 CO_2 在地质体中的封存机理为基础，考虑封存的有效性和长期安全性，建立适合我国地质特点的地质体 CO_2 封存潜力评价模型与计算方法，为我国的 CCUS 技术开发研究及发展提供了强有力的技术支撑。

一、国内外 CO_2 捕集技术现状

1. 全球温室效应与碳捕集封存

据统计，在人类活动导致的 CO_2 排放中，75% 以上来源于由化石燃料的燃烧，其余则主要是由森林砍伐等土地利用变化造成的。尽管已经有越来越多的清洁资源在被开发和利用，化石能源仍然是未来几十年内人类利用的主要能量来源。随着经济的增长和人口膨胀，预计到 2020 年为止，世界能源的消耗量将增长 70% 以上，这将使 CO_2 的排放量增长 50% 以上。为应对 CO_2 排放危机，人类提出了碳捕集和封存计划（Carbon Capture and Sequestration，CCS）。CO_2 的捕获主要应用于大规模的排放源，如大型化石燃料或生物能源设备、主要的 CO_2 排放型工业、天然气生产、合成燃料工厂以及基于化石燃料的制氢工厂等；捕获到的 CO_2 将被压缩、输送并封存在地质构造、海洋、碳酸盐岩矿石中，或用于

工业流程。

在众多的 CO_2 排放源中，化石燃料仍将继续占据主导地位，而制氢的 CO_2 排放量占全球总排放量的37.5%。因此，制氢烟道气是 CO_2 长期稳定集中的排放源，从制氢烟道气中捕集回收 CO_2 将成为减缓温室效应的最直接有效的手段之一。相对于合成氨、制氢、天然气净化等工业过程的 CO_2 脱除工序，由制氢烟道气中捕集 CO_2 与这些过程有着明显的不同，具体特点为：（1）气体流量非常大；（2）CO_2 的分压较低；（3）出口温度较高；（4）含有大量惰性气体 N_2；（5）主要杂质气体为 O_2、SO_2 和 NO_x。表10-6给出了500MW粉煤制氢脱硫后的常规烟道气的基本情况。

表10-6 500MW粉煤制氢脱硫后的常规烟道气的基本情况

流量 kmol/h	温度 ℃	压力 kPa	组成，%（摩尔分数）					
			N_2	CO_2	O_2	Ar	NO_x	SO_2
65000	50	101.3	79.85	14.10	5.04	0.95	0.03	0.02

目前，碳捕集封存示范工程的 CO_2 捕集量一般比较低，然而对大部分化石燃料制氢而言，其产生烟道气量为数千吨/小时（数百万立方米/小时），即所需捕集 CO_2 量为数百吨每小时。烟道气流量极大、CO_2 浓度很低以及体系复杂等原因导致分离设备体积庞大，能耗高，这对 CO_2 捕集工艺提出了严峻挑战[8, 9]。现今世界上已商业化示范的燃烧后捕集 CO_2 系统的最大捕集能力也仅为30t/h，世界上仍未出现对烟道气中的 CO_2 进行全捕集的化石燃料制氢。然而，在新建的制氢装置中，伴有碳捕集系统的制氢装置已逐渐成为一种趋势，碳捕集封存项目也逐步从示范性向应用性转变。

2. CO_2 捕集分离技术

CO_2 捕集与封存（CCS）技术被认为是应对全球气候变暖和减少 CO_2 排放的有效途径，因而受到许多国家的重视。目前，中国、美国、欧盟、加拿大、澳大利亚、日本、韩国等国已经提出了针对本国国情的CCS技术发展路线图。然而，碳捕集封存面临的主要问题是成本过高，在目前的碳捕集和封存总成本中，CO_2 捕集成本约占80%，在40美元/t左右。只有大幅度地降低捕集分离成本，才有可能真正实现碳捕集和封存项目的推广和应用。因此，迫切需要从吸收溶剂、分离设备和工艺流程等多方面开展深入研究，开发出新型、高效、绿色的 CO_2 分离工艺，从而大幅度降低分离成本。针对不同的捕集系统，主要的捕集方法有吸收法、吸附法[10]、膜分离法、低温蒸馏法、离子液体法、生物法以及这些方法的组合应用。目前，在化工领域已成功应用的 CO_2 脱除工艺主要有吸收法、膜分离法和吸附法等。

1）吸收法

吸收法有较悠久的历史，大量用于炼油、合成氨、制氢、天然气净化等工业过程，目前难以推广应用的主要原因是费用过高。为此急需进行下列研究和开发：通过分子设计和实验研究，发展新溶剂；创制适用于特大型分离设备的新型塔内件；通过能量集成和优化，争取大幅度地降低系统的能耗。通过这些方面的研究，目前已有可能将燃烧后的 CO_2 捕集成本降到30美元/t以下。进一步的深入研究可望将 CO_2 的捕集成本降到15美元/t以下。

2）膜分离法

膜分离法作为新兴的 CO_2 分离方法，具有环境友好和能耗较低等优点。膜分离的核心在于膜材料。目前，膜分离法分离 CO_2 的主要研究方向在于：新型“溶解选择”性膜材料；耐温、耐化学膜材料；非对称膜 / 复合膜的制备；复合膜过程，即将膜分离与其他分离过程结合起来，如膜吸收等。

3）吸附法

多孔介质吸附分离是气体分离的重要手段之一，特别是变压吸附是一种低能耗的气体分离方法，在化工等工业中有广泛的应用。多孔介质吸附分离法捕集分离 CO_2 的关键在于筛选吸附容量大、选择性好、脱附能耗小的吸附剂。近年来，介孔材料作为吸附分离介质的研究受到重视，由于其孔道比较大，CO_2 在孔道中的传递和吸附速度比普通分子筛要快得多。介孔材料应用于 CO_2 捕集分离的最大困难在于其水热稳定性比较差、价格比较高、吸附量比较小，采用表面修饰的方法可以提高 CO_2 的吸附量和吸附选择性。近年来，另一种受到学术界重视的吸附材料是有机金属骨架材料，如何降低其价格仍是实际应用的瓶颈问题。

二、制氢驰放气碳捕集与利用

制氢过程是炼油生产过程中脱碳强度最大的脱碳过程。比之行业内公认的脱碳率最高的焦化装置，其脱碳率也不过 30%（质量分数）左右，而对天然气制氢装置的脱碳率却大于 70%（质量分数）。由于对氢气品质的要求，氢气变压吸附提纯装置（PSA）弛放氢中硫、氮等杂质的含量是所有炼厂排放气中最低的，更易于再利用。因此，制氢驰放气综合利用具有非常重要的意义，迫切需要炼化尾气碳分离与综合利用技术。

中国石油现有的 19 套 PSA 装置，其原料有变换气、干气及化工装置副产的氢气，解吸气总量达到 807221t，具有巨大的捕集潜力。

工业上主要将 PSA 解吸气作为燃料，这是最为简单的回收利用方法，同时也是目前最为广泛采用的利用方法。克拉玛依石化也不例外，主要将制氢装置 PSA 解吸气作为燃料。具体的工艺及流程是：PSA 解吸气从吸附塔排出，经解吸气罐稳压后，采用鼓风机通过管道输送与燃料气混合，进入转化炉低压混合火嘴，作为转化炉燃料。PSA 解吸气作为燃料进行利用，具有流程短、投资少的特点，同时可节约燃料费用。由于解吸气中含有大量的 CO_2 气体，它本身不能燃烧，也不助燃，其在燃烧排放过程中，则会比纯燃料的热量损失更大量。通过计算，就克拉玛依石化年燃烧利用 $1.46\times10^8m^3$ PSA 解吸气而言，其总热量为 12.9×10^8MJ，相当于 44113t 标煤。但因含有大量 CO_2，其热量损失则达 1.357×10^8MJ，相当于 4637t 标煤。如若将其中 CO_2 分离去除 80%，其热量将多利用 1.083×10^8MJ，相当于 3701t 标煤。因此，将 PSA 解吸气中 CO_2 脱除后再进行燃烧利用，其具有更好的节能效果和经济效益。

如上所述，常见的 CO_2 捕集方法有吸收法、吸附法、膜分离法和深冷精馏法，每种方法都有其特点和优缺点。

吸收法适用于大规模的捕集系统，具有占地面积小、捕集率高、纯度高、操作方便、能耗较小和成本较低的特点，但也有每年需要补充少量溶剂、设备略有腐蚀等缺点。

吸附法适用于小规模、中高压、较高浓度 CO_2 的捕集吸收，具有操作方便、能耗低、成本较低、吸附剂多年不用更换、对设备没有腐蚀等优点，但也有占地面积较大、多级流程复杂、捕集率低、纯度低等缺点。

膜分离法适用于小规模、原料气比较干净、适当压力的捕集系统，具有占地面积小、能耗低的优点，但也有捕集率低、纯度低、多级流程复杂、膜的维护和更换频率高、成本高的缺点。

深冷精馏法适用于小规模、CO_2浓度较高的捕集系统，具有占地面积小、操作方便、维护少、没有腐蚀的优点，但也有流程较复杂、制冷电耗高、处理规模较小的缺点。

综上所述，针对常压体系的制氢驰放气，CO_2浓度为20%～50%，采用吸收法和吸附法是较好的选择，可以一次性捕集CO_2，捕集率高，CO_2产品纯度高。而吸收法溶剂的补充量较少，成本可控。设备腐蚀等问题也已在实际生产中得到解决。因此，吸收法是中低浓度CO_2烟气中进行碳捕集的较佳方法。而对于中高浓度的制氢驰放气，建议使用吸附法，如CO_2浓度达到50%～90%。此时吸附法吸附剂用量小，气体压缩成本也低。

三、技术方案选择与对比

1. 气源条件

克拉玛依石化制氢驰放气主要来源于氢提纯单元中的PSA系统，PSA氢气提纯工艺在得到纯度很高氢气的同时，也伴随着大量的解吸气产生，这部分解吸气中含有高浓度的甲烷、氢气、一氧化碳等可燃性气体，如果直接排入大气，不仅造成能源浪费，还会造成大气污染。克拉玛依石化PSA解吸气（或称制氢驰放气）年产生量为$1.46\times10^8m^3$（$16664.75m^3/h$），排放温度大约40℃，压力不低于0.035MPa（表压）。克拉玛依石化制氢驰放气组成见表10-7。

表10-7　克拉玛依石化制氢驰放气组成

物料名称	单位	组分						
		H_2	N_2	CO	CO_2	CH_4	H_2O	合计
解吸气	%（摩尔分数）	20.75	1.03	7.87	51.53	17.82	0.99	100.00
	m^3/h	3458.08	171.99	1312.28	8586.68	2970.39	165.33	16664.75

由表10-7数据可知，克拉玛依石化制氢驰放气CO_2摩尔分数为51.53%，按全年总气量$1.46\times10^8m^3$计算，其CO_2年排放总量为14.4×10^4t，该气源CO_2含量较高，总规模达10×10^4t以上，且气源洁净，是一种较为理想的CO_2减排与捕集碳源。同时，驰放气中还含较高浓度的氢气和甲烷，经脱出CO_2后其也具有非常好的回收与再利用价值。

2. 溶剂吸收法分离方案

1）方法和原理

溶剂吸收法主要通过化学溶剂对原料气中CO_2的选择性吸收与解吸来实现分离。目前，工业使用以醇胺溶剂为主，本方案采用新型AEEA+TMS+H_2O三元胺吸收剂，通过一段吸收和加热汽提解吸再生实现二氧化碳的高效分离。其吸收与解吸的化学反应历程为：

$$\mathrm{AEEA + CO_2(l) + H_2O \rightleftharpoons AEEACOO_P^- + H_3O^+}$$

$$\mathrm{AEEA + CO_2(l) + H_2O \rightleftharpoons AEEACOO_S^- + H_3O^+}$$

$$\mathrm{AEEACOO_S^- + AEEACOO_P^- + 2CO_2(l) + 2H_2O \rightleftharpoons 2(^-OOCAEEACOO^-) + 2H_3O^+}$$

主要工艺过程是：要处理的制氢驰放气由鼓风机引入醇胺溶剂吸收塔，吸收CO_2后的气体经冷凝气液分离后净化气部分出装置区。吸收了 CO_2 的富液进入热交换器预热后进入再生塔，在再生塔中除去 CO_2 的贫液经过过滤、冷却后再回到吸收塔。再生塔顶冷凝的水返回塔内，回收的 CO_2 气体通过冷却分离从塔顶收集。

2）分离工艺流程及其描述

分离工艺流程如图 10-15 所示。从制氢 PSA 装置来的驰放气 G1，由鼓风机引入吸收塔 T1 和塔顶进来的贫液 L1 进行逆流吸收，尾气 G2 从塔顶经过气液分离器 F1 后，输到流程以外。F1 中补充脱盐水 W1，水回流到 T1 的顶部。吸收塔中设置吸收塔冷却换热器 E1。吸收塔底出来的富液 L2，经过富液泵进行加压后 L3，分流为 L4 和 L5。L5 直接进入解吸塔的顶部，而 L4 和解吸塔底出来的贫液 L7 在贫富液换热器 E3 中进行换热，加热后的富液 L6 进入解吸塔的中上部。

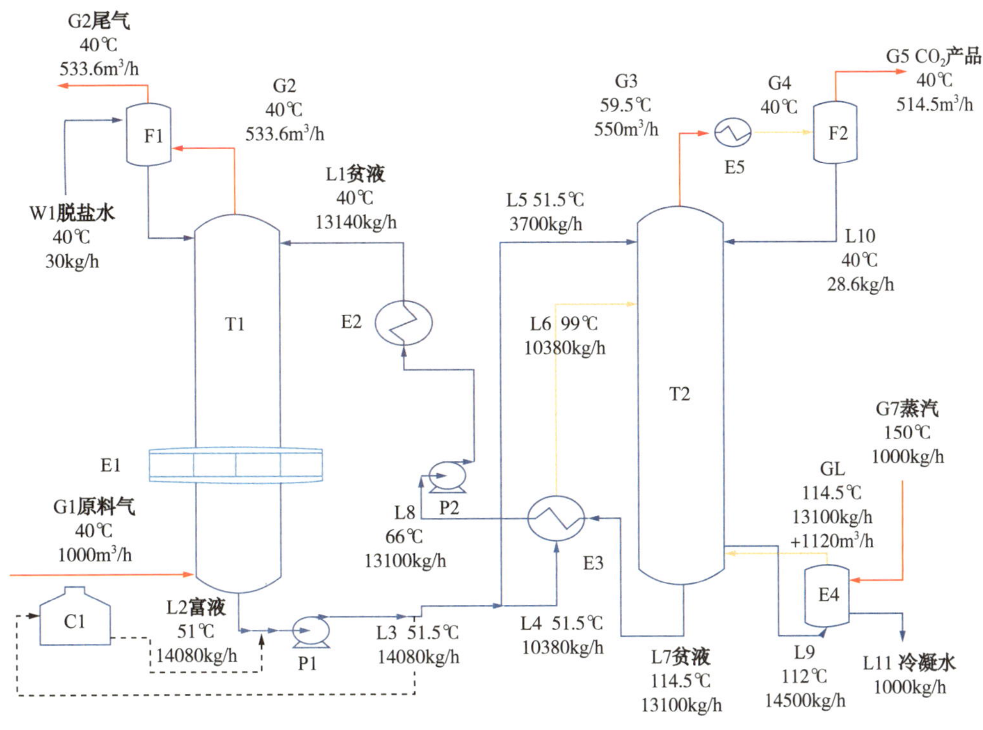

图 10-15　制氢驰放气溶解法 CO_2 捕集工艺流程

解吸塔顶部出来的气体 G3，经过再生气冷却器 E5 冷却后，形成气液混合的 G4，经过闪蒸罐 F2 后，气体 G5 作为 CO_2 产品输出，液体 L10 回流到解吸塔顶部。解吸塔填料层底部出来的液体 L9 进入解吸塔底部的再沸器 E4，加热后的 GL 进入解吸塔底部。解吸塔底部出来的贫液 L7 进入贫富液换热器 E3，冷却后作为 L8 进入贫液冷却器 E2，再度冷却后作为贫液 L1 循环使用。

本工艺的碳捕集过程，与常规 CO_2 吸收流程相比，增加了吸收塔中间的冷却装置，用于降低吸收塔中吸收液的温度，提高对 CO_2 的吸收能力。体系中 CO_2 的分压只有 0.070MPa，降低温度提高溶解度后，可降低溶液的循环量。富液分流后，没有换热的部分液体直接进入解吸塔顶部，而换热的那部分液体进入解吸塔中上部，这样可以充分利用解吸塔顶的热量。

3）工艺部分主要设备及投资估算

主要设备费用见表10-8。

表10-8 溶剂吸收法分离工艺主要设备费用

序号	设备名称	设备参数	费用万元
1	T1吸收塔	直径600mm，填料高度12m，填料分两段，两段中间装冷却器，塔顶装除沫网。塔底压力0.035MPa（表压），塔顶压力0.025MPa（表压），材质为304不锈钢	135
2	T2解吸塔	直径600mm，填料高度12m，填料分两段，塔顶装除沫网。塔顶压力0.055MPa（表压），塔底压力0.065MPa（表压），材质为316不锈钢	195
3	C1储液罐	体积$3m^3$，材质为304不锈钢	8
4	F1气液分离器	直径1000mm，（加高度）填料高1m，材质为304不锈钢	12
5	F2气液分离器	直径1000mm，材质为304不锈钢	12
6	E1吸收塔冷却器	管式换热器，换热面积$20m^2$，材质为304不锈钢	20
7	E2贫液冷却器	板框换热器，换热面积$20m^2$，材质为304不锈钢	20
8	E3贫富液换热器	板框换热器，换热面积$25m^2$，材质为316不锈钢	25
9	E4解吸塔再沸器	立式壳管换热器，换热面积$40m^2$，材质为316不锈钢	40
10	E5解吸气冷却器	壳管式换热器，换热面$15m^2$，材质为304不锈钢	18
11	P1富液泵	液体温度50℃，循环量约14100kg/h，扬程25m	14
12	P2贫液泵	液体温度65℃，循环量约13100kg/h，扬程20m	14
13	吸收剂	AEEA+TMS+H_2O三元混合胺吸收溶剂20t	80
14	填料	不锈钢规整型填料$10m^3$	25
15	控制系统	整套程序控制设备	40
16	仪表	整套，含变送器、流量计、安全栅、仪表柜等	45
17	在线分析仪	CO_2在线分析仪	25
18	设备安装	含材料、人工及辅材和检验费用	70
合计			798

4）运行能耗估算

（1）主要耗能设备见表10-9。

表10-9 溶剂吸收法分离工艺主要耗能设备

序号	设备名称	耗能类型	单位	数量	规格型号
1	解吸塔再沸器	蒸汽	具	1	热负荷2.2GJ/h
2	贫液泵	电	台	1	循环量14.1t/h，功率6kW
3	富液泵	电	台	1	循环量13.1t/h，功率6kW
4	冷却水循环泵	电	台	1	循环量23t/h，功率8kW
5	气源鼓风机	电	台	1	循环量$1000m^3/h$，功率4kW
6	净化气鼓风机	电	台	1	循环量$500m^3/h$，功率3kW

（2）运行能耗见表 10-10。

表 10-10　溶剂吸收法分离工艺运行能耗

序号	项目		消耗量		能量换算指标		能耗
			单位	数量	单位	换算值	GJ/t（CO_2）
1	蒸汽		t/t（CO_2）	1.1			2.2
2	电	贫液泵	kW·h/t（CO_2）	6.24	MJ/（kW·h）	12.6	0.0786
		富液泵	kW·h/t（CO_2）	6.24	MJ/（kW·h）	12.6	0.0786
		冷却水循环泵	kW·h/t（CO_2）	8.32	MJ/（kW·h）	12.6	0.1048
		气源鼓风机	kW·h/t（CO_2）	4.16	MJ/（kW·h）	12.6	0.0524
		净化气鼓风机	kW·h/t（CO_2）	3.12	MJ/（kW·h）	12.6	0.0393
单位综合能耗，GJ/t（CO_2）			2.5537				

5）物料衡算及消耗估算

（1）物料衡算见表 10-11。

表 10-11　溶剂吸收法分离工艺物料衡算

序号	项目		H_2	N_2	CO	CO_2	CH_4	H_2O	合计
1	原料气	%（体积分数）	20.75	1.03	7.87	51.54	17.82	0.99	100
		m^3/h	207.5	10.3	78.7	515.4	178.2	9.9	1000
2	净化气	%（体积分数）	38.84	1.9284	14.73	4.829	33.14	4.6534	100
		m^3/h	207.25	10.29	78.61	25.77	176.9	24.831	533.6
3	解吸气	%（体积分数）	0.0286	0.0631	0.0181	95.2	0.262	4.5	100
		m^3/h	0.2457	0.0122	0.0932	489.63	1.348	23.171	514.5

（2）原料量衡算见表 10-12。

表 10-12　溶剂吸收法分离工艺原料量衡算

名称	循环水，t/h	水蒸气，t/h	除盐水，kg/h	溶剂，t/h
数量	23	1	30	13

（3）损耗量衡算见表 10-13。

表 10-13　溶剂吸收法分离工艺损耗量衡算

名称	数量
溶剂损耗	年补充 0.5t 纯溶剂、6000t CO_2，损耗量 0.083kg/t（CO_2）

6）运行费用估算

运行费用估算见表 10-14。

表 10-14　溶剂吸收法分离工艺运行费用估算

序号	项目	费用
1	蒸汽	1.1t 蒸汽，按单价 75 元 /t（蒸汽）计算，为 82.5 元
2	电耗	仪表用电 6kW·h，泵电耗 22kW·h，照明用电 2~3kW·h，共 12.834 元
3	溶剂损失	每年补充 0.5t 纯溶剂，4 万元 /t，6000t CO_2，则费用为 3 元
4	单位总计	98.334 元

注：电费按 0.5 元 /（kW·h）计算。

3. 变压吸附法分离方案

1）方法和原理

变压吸附是利用某种给定的吸附剂，在一定温度和压力下对不同的气体组分存在着显著不同的吸附能力（选择性），而随着压力变化其吸附量又有明显变化的特性，加压吸附、减压再生而（可逆性）进行气体分离的一种方法。吸附与解吸过程是完全可逆的，过程不需要外部供热，也无吸附剂消耗。

2）处理工艺流程及其描述

本方案采用连续的工序，在吸附阶段，原料气体在 1.15MPa（表压）压力条件下，从下至上通过一台装满多种吸附剂的容器（吸附塔）从底部流至顶部。这样可吸附的 CO_2 就被吸附在吸附床内，而脱出 CO_2 后的气体（净化气）从上端离开吸附器。吸附器的再生在系统中处于最低压力条件下进行，再生时脱附气体（解吸气）主要为 CO_2。

（1）吸附塔的数量选择。

在 PSA 工艺设计中，吸附塔的数量没有固定值，影响吸附塔数量的因素主要有以下几点：

① PSA 装置种类。

PSA 装置的用途不同，吸附塔数量会有非常大的差异，在通常情况下，主要品种的 PSA 装置的吸附塔数量范围见表 10–15。

表 10–15　主要品种的 PSA 装置的吸附塔数量范围

PSA 装置品种	PSA 制氮	PSA 制氧	PSA 提氢	PSA 脱碳	PSA 提 CO	PSA 天然气纯化
吸附塔数量	2	2	4～16	6～35	6～20	6～16

随着 PSA 技术的不断精细化，PSA 装置吸附塔数量有不断增多的趋势，比如 PSA 制氢装置，之前多以 4～8 塔装置居多，但目前已较多采用 10～16 塔的装置。PSA 脱碳装置的吸附塔数量通常要多一些。

② PSA 装置的工艺指标要求。

对于 PSA 装置而言，如果装置的任务是仅仅提纯一种组分（比如 PSA 制氢装置，只要求提供纯氢气），这需要的吸附塔数量较少；而克拉玛依石化脱碳装置既需要获得脱碳净化气，又需要获得纯 CO_2 气（两种产品），相应地吸附塔数量会有所增加。

③ PSA 装置处理规模。

通常，PSA 装置处理规模越大，吸附塔数量相应地会有所增加（但不成比例）。

④操作压力。

通常，PSA 装置操作压力越高，吸附塔数量相应地会有所增加（但也不成比例）。

考虑以上因素后，克拉玛依石化脱碳 PSA 装置最少需要 6 个吸附塔，但 6 塔装置只能实现单塔抽真空解吸和 2 次均压，其缺点是吸附剂解吸稍差，且产品纯 CO_2 气流的连续性不好，不便于下游液化，CO_2 回收率下降约 20%。选用 8 塔流程虽然投资会稍微高一些，但上述缺点均能克服，装置指标更加先进、稳定性更好，也更便于纯 CO_2 的进一步利用。

本先导实验工程的研究目的是进行制氢驰放气 CO_2 捕集的工艺参数优化，提出适用于工业化的氢驰放气 CO_2 捕集工艺技术。关于吸附塔的数量如何选择更优、对 CO_2 产品质量控制更合适需要通过具体的实验进行评价而确定，因此本设计吸附塔在总数上选择 8 塔流程，在操作上可通过不同吸附塔数量（6~8 塔）的控制组合进行实验。

（2）吸附器真空泵的选择。

PSA 装置使用的真空泵，目前主要有活塞式、罗茨式和水环式等几种形式的真空泵使用较为普遍。

活塞式真空泵的缺点是故障率较高，抽气量较小，目前主要用于抽出腐蚀性气体且被抽介质不能见水的工况；罗茨式真空泵通常需要喷水，抽空能力较好，其主要缺点是故障率较高、噪声大、震动大，所以较少采用。

目前，PSA 脱碳较多采用的是水环式真空泵，其优点是故障率低、抽气量大、质量可靠、噪声低，由于工艺系统有止回阀和停车联锁设计，紧急停车也不会将空气导入系统。表 10-16 列出的是几个较大装置的实例（小的更多）。

表 10-16　水环式真空泵使用情况

序号	厂名	PSA 装置规模 m^3/d	真空泵抽出介质	真空泵规格、形式	真空泵数量 台
1	吉林油田	80000	CO_2	抽气量 5500m^3/h； 电动机 110kW	3
2	石家庄正元集团	1200000	CO_2	抽气 11500m^3/h； 电动机 315kW	4
3	新疆美克化工股份有限公司	5040000	CO_2	抽气量 5500m^3/h； 电动机 132kW	3

通过前期对其他工程真空泵的使用情况进行跟踪调研，基本上水环式真空泵可以满足使用条件，综合对比真空泵的特点及实用性，克拉玛依石化项目优选水环式真空泵最为适合。

（3）程控阀的选择。

本装置所有程控阀均为气动程控阀，气动程控阀门技术参数见表 10-17。

表 10-17　气动程控阀门技术参数

序号	名称	参数
1	压力等级	2.5MPa
2	防爆等级	d Ⅱ BT4
3	密封方式	扭矩密封
4	密封等级	ANSI Ⅵ级 （软密封，高标准，零泄漏）
5	密封面寿命	大于 100 万次（大于 5 年）
6	密封圈材质	复合四氟材料
7	连接方式	法兰连接（法兰标准 ANSI B16.5）
8	制造标准	ANSI 标准
9	操作方式	程序控制
10	驱动方式	气压驱动
11	驱动电压	DC24V
12	全行程时间	最快小于 1s
13	程控阀门寿命	20 年
14	程控阀门主密封件寿命	3~5 年

（4）分离工艺流程。

分离工艺流程如图10-16所示，其主要由制氢驰放气加压和PSA脱碳两部分组成。

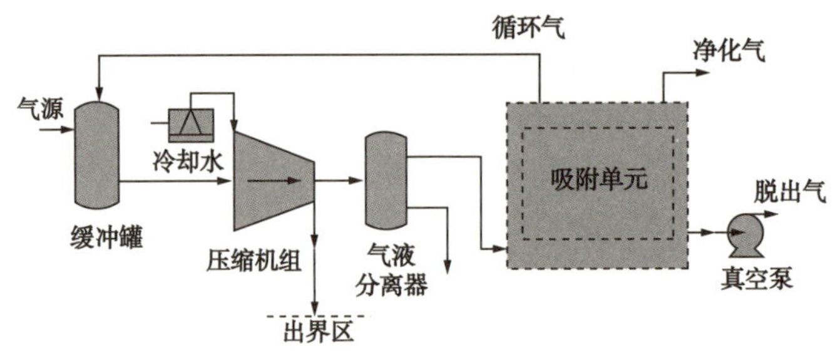

图10-16　PSA制氢驰放气 CO_2 捕集装置工艺流程

界区外的制氢驰放气（简称原料气），以压力约0.035MPa（表压）、温度约40℃进入界区，首先进入压缩单元的原料气缓冲罐分离缓冲，然后通过三级压缩，将原料气压力提升到0.7~0.75MPa（表压）后送入PSA脱碳单元。

压缩机级间设置冷却器，降温并分离掉压缩产生的液体。

本装置变压吸附（PSA）脱碳工序采用8-1-4VPSA工艺，即装置由8台吸附塔组成，其中一个吸附塔始终处于进料吸附状态，其工艺过程由吸附、4次均压降压、逆放、抽空、4次均压升压和产品最终升压等步骤组成。

（5）工艺流程描述。

具体工艺过程：原料气经分液罐除去液滴后自塔底进入吸附塔中正处于吸附工况的吸附塔，在吸附剂选择吸附的条件下一次性除去 CO_2，脱碳后获得的脱碳气（净化气）从塔顶排出经调压后送出先导装置界区。当被吸附杂质的传质区前沿（称为吸附前沿）到达床层出口预留段某一位置时，停止吸附，转入再生过程。

吸附剂的再生过程依次如下：

①均压降压过程。这是在吸附过程结束后，顺着吸附方向将塔内较高压力的气体放入其他已完成再生的较低压力吸附塔的过程，这一过程不仅是降压过程，更是回收床层死空间氢气的过程，本流程共包括了4次连续的均压降压过程，以保证氢气和烃类的充分回收。

②逆放过程。在均压结束、吸附前沿已达到床层出口，逆着吸附方向将吸附塔压力降至接近常压，此时被吸附的 CO_2 开始从吸附剂中解吸出来，但纯度低于95%，把这部分气体回收到原料气压缩机进口，实现闭路循环。

③真空过程。逆放结束后，为使吸附剂得到彻底再生，用真空泵逆着吸附方向抽真空，进一步降低杂质组分的分压，并将纯 CO_2 抽出来。真空气即为纯度不低于95%的高纯 CO_2 气（解吸气）。

④均压升压过程。在真空再生过程完成后，用来自其他吸附塔的较高压力气体依次对该吸附塔进行升压，这一过程与均压降压过程相对应，不仅是升压过程，而且也是回收其他塔床层死空间氢气和烃类的过程，本流程共包括连续4次均压升压过程。

⑤净化气升压过程。在4次均压升压过程完成后，为了使吸附塔可以平稳地切换至下一次吸附并保证吸附压力在这一过程中不发生波动，需要通过升压调节阀缓慢而平稳地用

净化气将吸附塔压力升至吸附压力。

经这一过程后吸附塔便完成了一个完整的“吸附—再生”循环，又为下一次吸附做好了准备。8 个吸附塔交替进行以上的吸附、再生操作（始终有一个吸附塔处于吸附状态）即可实现气体的连续分离。

3）工艺部分主要设备及投资估算

主要设备费用见表 10–18。

表 10–18 变压吸附法分离工艺主要设备费用

序号	设备名称	设备参数	费用，万元
1	分离器	规格 DN700mm，主要材料 304，数量 1 台	9
2	吸附器	净化气：规格 DN800mm，材料 Q345R，数量 8 台。 真空泵：规格 2033–0，30kW，主要材料铸造，过流件 304，数量 3 台，两开 1 备	136
3	缓冲罐	规格 DN800mm，主要材料 Q345R，数量 3 台	18
4	原料气压缩机	规格 19/7，75kW，主要材料铸件，数量 2 台，1 开 1 备	91
5	吸附材料	型号 DKT–100，规格直径 2～3mm，堆密度 0.75t/m^3	95
6		型号 DKT–511，规格直径 2～3mm，堆密度 0.76t/m^3	
7	控制系统	整套程序控制设备	25
8	仪表	整套，含变送器、流量计、安全栅、仪表柜等	76
9	在线分析仪	CO_2 在线分析仪	25
10	程序控制阀	DN50～150mm	66
11	橇装制作	含材料、人工及辅材和检验费用	90
12	合计		631

4）运行能耗估算

（1）主要耗能设备见表 10–19。

表 10–19 变压吸附法分离工艺主要耗能设备

序号	设备名称	耗能类型	单位	数量	规格型号
1	压缩机	电	台	1	19/7，功率 75kW
2	真空泵	电	台	2	203–0，功率 30kW

（2）运行能耗见表 10–20。

表 10–20 变压吸附法分离工艺运行能耗

序号	项目		消耗量		能量换算指标		能耗
			单位	数量	单位	换算值	GJ/t（CO_2）
1	仪表空气		m^3/t（CO_2）	17.95	m^3		
2	电	冷却水循环泵	kW·h/t（CO_2）	2.4	MJ/（kW·h）	12.6	0.0302
		真空泵	kW·h/t（CO_2）	73.35	MJ/（kW·h）	12.6	0.924
		压缩机	kW·h/t（CO_2）	91.68	MJ/（kW·h）	12.6	1.155
单位综合能耗，GJ/t（CO_2）			2.1092				

5）物料衡算及消耗估算

因为变压吸附涉及的工艺过程简单、物料清晰，所以下面针对原料气、净化气和解吸气的组成进行物料衡算。

（1）物料衡算（干基）见表 10-21。

表 10-21　变压吸附法分离工艺物料衡算

序号	项目		H_2	N_2	CO	CO_2	CH_4	H_2O	合计
1	原料气	%（体积分数）	20.75	1.03	7.87	51.54	17.82	0.99	100.00
		m^3/h	207.50	10.30	78.70	515.40	178.20	9.90	1000.00
2	净化气	%（体积分数）	40.91	1.99	14.89	10.26	31.94	0.00	100.00
		m^3/h	205.43	9.99	74.77	51.54	160.38	0.02	502.12
3	脱出气	%（体积分数）	0.14	0.03	0.36	95.19	2.03	2.25	100.00
		m^3/h	0.62	0.12	1.57	417.47	8.91	9.88	438.59
4	放空气	%（体积分数）	2.45	0.31	3.98	78.23	15.03	0.00	100.00
		m^3/h	1.45	0.19	2.36	46.39	8.91	0.00	59.29

（2）原料量衡算见表 10-22。

表 10-22　变压吸附法分离工艺原料量衡算

名称	循环水，t/h	仪表空气，m^3/h
数量	5.5	17

（3）损耗量衡算见表 10-23。

表 10-23　变压吸附法分离工艺损耗量衡算

名称	数量
吸附剂损耗	吸附剂按 15 年折算，费用为 7.12 元 /t

6）运行费用估算

运行费用估算见表 10-24。

表 10-24　变压吸附法分离工艺运行费用估算

序号	项目	费用
1	电耗	156.77kW · h/t，单价 0.414 元 /（kW · h），费用为 64.90 元
2	单位总计	64.90 元 /t

四、现场调试方案与调试结果

1. 吸附操作压力对装置运行性能的影响

根据设计的内容，现场试验结果见表 10-25。

从表 10-25 给出的实验结果数据可以看出，随着吸附操作压力的增加，两段变压吸附工艺表现出相同的分离效果。对于 PSA- Ⅰ脱 CO_2 工艺段，吸附操作压力逐渐升高时，解吸气 CO_2 含量逐渐升高，中间气 CO_2 含量逐渐降低，PSA- Ⅰ脱 CO_2 工艺段装置的处理能力负荷相应提高，CO_2 收率也相应提高（图 10–17）；而对于 PSA– Ⅱ脱 CO 工艺段，吸附操作压力逐渐升高，解吸气 CO 含量逐渐升高，净化气 CO 含量逐渐降低，但收率却逐渐降低（图 10–18）。这是由于 PSA– Ⅰ脱 CO_2 工艺段 CO_2 吸附能力较强，当吸附操作压力逐渐升高时，PSA– Ⅰ段解吸气流量逐渐升高，中间气流量下降，导致 PSA– Ⅱ段解吸气的流量下降，因此 PSA– Ⅱ脱 CO 工艺段的 CO 收率呈现下降趋势。

表 10–25　吸附操作压力对装置运行性能的影响

工艺段	参数	数值		
原料气	实际流量，m^3/h	1076	973	994
PSA– Ⅰ CO_2	吸附时间，s	805	805	720
	吸附操作压力，MPa	0.281	0.387	0.505
	中间气 CO_2 浓度，%（体积分数）	9.31	7.64	7.38
	解吸气 CO_2 浓度，%（体积分数）	84.30	86.53	91.68
	CO_2 收率，%（体积分数）	90.38	92.40	93.05
PSA– Ⅱ CO	解吸气 CO 浓度，%（体积分数）	30.40	34.53	34.31
	净化气 CO 浓度，%（体积分数）	4.40	4.08	4.05
	CO 收率，%（体积分数）	54.37	54.17	44.85

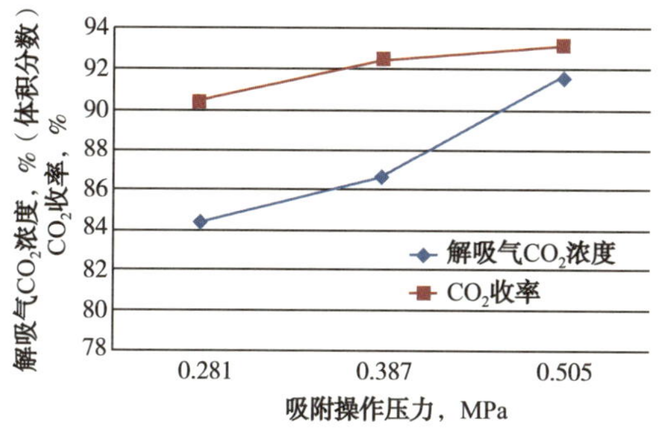

图 10–17　吸附操作压力对 CO_2 浓度和收率的影响

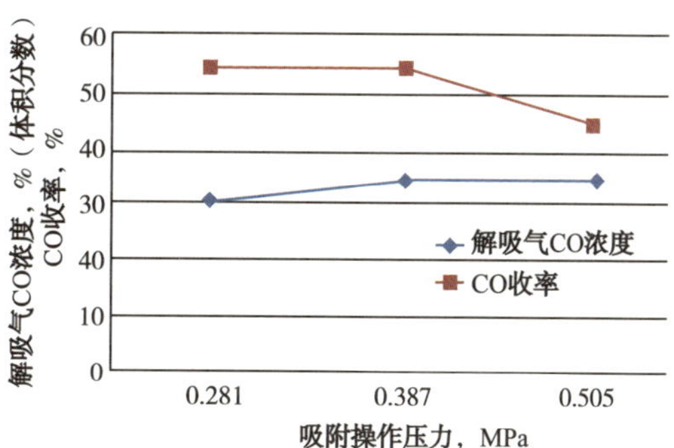

图 10–18　吸附操作压力对 CO 浓度和收率的影响

综合上述实验结果，对于本实验装置而言，在原料气流量为 $1000m^3/h$ 和吸附操作压力为 0.5MPa 左右的情况下，装置运行效果较好，此时 PSA– Ⅰ脱 CO_2 工艺段的解吸气量为 $558m^3/h$，CO_2 浓度为 91.68%（体积分数），CO_2 收率为 93.05%；PSA– Ⅱ脱 CO 工艺段的解吸气量为 $36m^3/h$，CO 浓度为 34.31%（体积分数），CO 收率为 44.85%。

2. 原料气流量对装置运行性能的影响

在相同吸附时间条件下，实验结果见表 10–26。

观察 PSA– Ⅰ脱 CO_2 工艺段的试验结果，对比流量为 $863m^3/h$ 与 $1079m^3/h$ 两组数据可知，在相同的吸附时间条件下，增加原料气流量，解吸气 CO_2 浓度降低，而中间气 CO_2 的浓度有明显提升（图 10–19）。这是由于当原料气流量增大，当吸附时间为 1035s 时，吸附剂已达到饱和状态。增加原料气流量，大量的 CO_2 没有被吸附剂吸附，穿透吸附剂后直接进入中间气管道，导致 CO_2 的收率也显著降低。因此，在吸附剂达到饱和时增加原料气的流量将使解吸气 CO_2 浓度下降，CO_2 收率降低。若继续提高原料气流量，缩短吸附时间，可以推断每个吸附塔的吸附循环时间缩短，自动控制阀门开关频率加快导致使用寿命缩短和故障率增大。另外，为保证解吸气浓度指标必须增加置换冲洗气量，而为保证产品气收率冲洗气将返回至原料气入口，原料气的单位处理成本将增加 10% 以上。对比流量为 863m³/h 与 994m³/h 两组数据可知，增大原料气流量至 1000m³/h 左右，同时适当地缩短吸附时间，将提高解吸气 CO_2 的浓度，同时提升 CO_2 的收率。

表 10-26　原料气流量对装置运行性能的影响

工艺段	参数	数值		
原料气	流量，m³/h	863	994	1079
PSA- Ⅰ CO_2	吸附时间，s	1035	720	1035
	吸附操作压力，MPa	0.505	0.502	0.505
	中间气 CO_2 浓度，%（体积分数）	10.84	7.38	25.28
	解吸气 CO_2 浓度，%（体积分数）	89.21	91.68	86.67
	CO_2 收率，%（体积分数）	89.83	93.05	81.14
PSA- Ⅱ CO	解吸气 CO 浓度，%（体积分数）	26.87	34.31	30.34
	净化气 CO 浓度，%（体积分数）	5.69	4.05	3.43
	CO 收率，%	41.24	44.85	51.22

观察 PSA- Ⅱ脱 CO 工艺段的试验结果，对比流量为 863m³/h 与 1079m³/h 两组数据可知，在增加原料气流量而吸附时间不变的情况下，PSA- Ⅱ脱 CO 工艺段 CO 的解吸气浓度变化不明显，解吸气 CO 浓度增加幅度不明显，CO 的收率增加（图 10-20）。这是由于当原料气流量增加、吸附时间不变时，PSA- Ⅱ脱 CO 工艺段的吸附剂已经达到饱和状态，增加原料气流量没有使吸附剂吸附更多的 CO，因此解吸气 CO 浓度没有显著变化。虽然解吸气浓度 CO 增加的幅度较小，但由于有较大的流量，因此 CO 的收率有了明显的提升。对比流量为 994m³/h 与 1079m³/h 两组数据可知，增加原料气流量，PSA- Ⅱ脱 CO 工艺段与 PSA- Ⅰ脱 CO_2 工艺段表现出不同的结果。这是由于 944m³/h 是早期的试验，当流量为 1079m³/h 时，原料气条件产生了波动，因此导致这两组数据在对比时没有体现良好的趋势性。

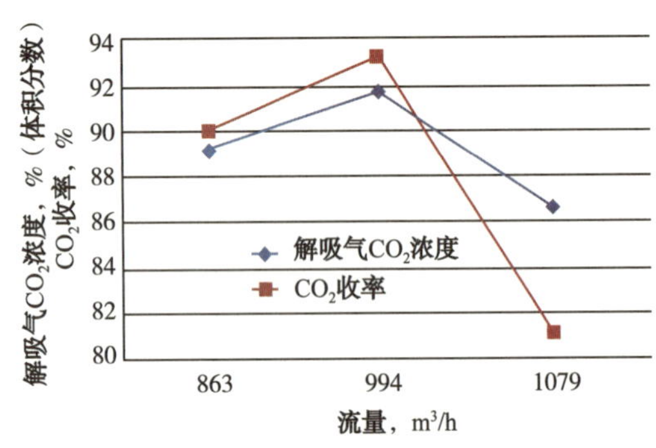

图 10-19　压力对 CO_2 浓度和收率的影响

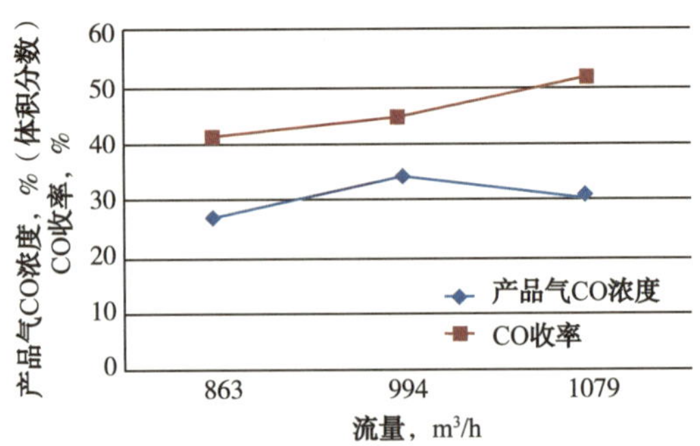

图 10-20　原料气流量对 CO 浓度和收率的影响

因此，综合以上实验结果来看，本装置选择处理能力负荷为 1000m³/h 左右是比较合理的。一般地，原料气流量应在装置处理能力负荷的 80%～100% 情况下，整个装置的运行达到最佳状态。当原料气流量为 944m^3/h 时，此时 PSA－Ⅰ脱 CO_2 工艺段的解吸气量为 558m^3/h，CO_2 浓度为 91.68%（体积分数），CO_2 收率为 93.05%；PSA－Ⅱ脱 CO 工艺段的解吸气量为 36m^3/h，CO 浓度为 34.31%（体积分数），CO 收率为 44.85%。

五、咸水层 CO_2 封存评价技术

1. 盆地规模咸水层 CO_2 封存的选址指标体系和选址条件

文献调研表明，国外盆地规模的选址指标体系筛选标准包括盆地规模筛选标准和构造规模筛选标准。

调研瑞士 Molasse 盆地区域参数级别分布图，盆地规模筛选标包括咸水层埋深、地温梯度、水文条件、勘探程度、地震活动程度、断裂系统、圈闭类型、应力系统等（图 10–21）。

（1）咸水层埋深。其中埋深若小于 800m，则不适合开展 CO_2 封存，若埋深介于 800～2500m 之间，则是最理想的埋深，若埋深大于 2500m，咸水层致密，温度压力升高，不仅降低了埋存效果，也增加了碳封存施工的难度。

（2）地温梯度。地温梯度低于 30℃ /km 为最理想的盆地，介于 30～35℃ /km 的居中，而地温梯度大于 35℃ /km 则封存效果不理想。

（3）水文条件。水文地质条件若为渗滤区，则封存效果理想，而泄流区和复杂区埋存效果较差。

（4）勘探程度。勘探程度高的盆地资料较丰富，地质研究精度较高，利于开展咸水层碳封存的选址工作。次为勘探程度中等的地区，而未勘探地区则不利于开展碳封存的选址工作。

（5）地震活动程度。从封存安全性考虑，地震活动程度低的盆地利于开展咸水层的碳封存工作，而地震活动程度较高的地区不利于碳封存的选址。

（6）断裂系统。从盖层封闭性考虑，断层较少的区域封存效果比较理想，而断层多且断穿盖层甚至断至地表的区域，则不利于碳封存选址。

（7）圈闭类型。由于 CO_2 倾向于聚集在构造高部位，因此从圈闭类型角度考虑，完整的背斜圈闭有利于咸水层的碳封存，而单斜和开放倾斜圈闭则不利于碳封存的选址。

（8）应力系统。从应力系统的角度考虑，走向滑动正断层发育的地区较有利于碳封存，而走向滑动冲断层则不利于碳封存。

从表 10–27 可以看出，盆地规模的筛选标准包括构造特征、水动力条件、地热特征及盆地的勘探程度，综合来看，前陆盆地、内克拉通盆地构造稳定，地震活动少。冷盆比热盆的温度低，且盆地勘探程度较高，更有利于 CO_2 以高密度埋存而增加埋存量。

表 10–27 盆地规模筛选标准

指标	满足条件
构造特征	为防 CO_2 泄漏，盆地需构造稳定，地震活动少，如前陆盆地、内克拉通盆地等
水动力条件	为减少 CO_2 泄漏风险，同时增加 CO_2 埋存量，盆地水动力系统应具有埋藏深、区域规模的特点，同时受控于地形、地貌起伏特征
地热特征	冷盆比热盆更利于 CO_2 以高密度埋存，增加埋存量
盆地的勘探程度	盆地勘探程度高，有井网密度等详细资料，可为 CO_2 泄漏监测提供可靠资料

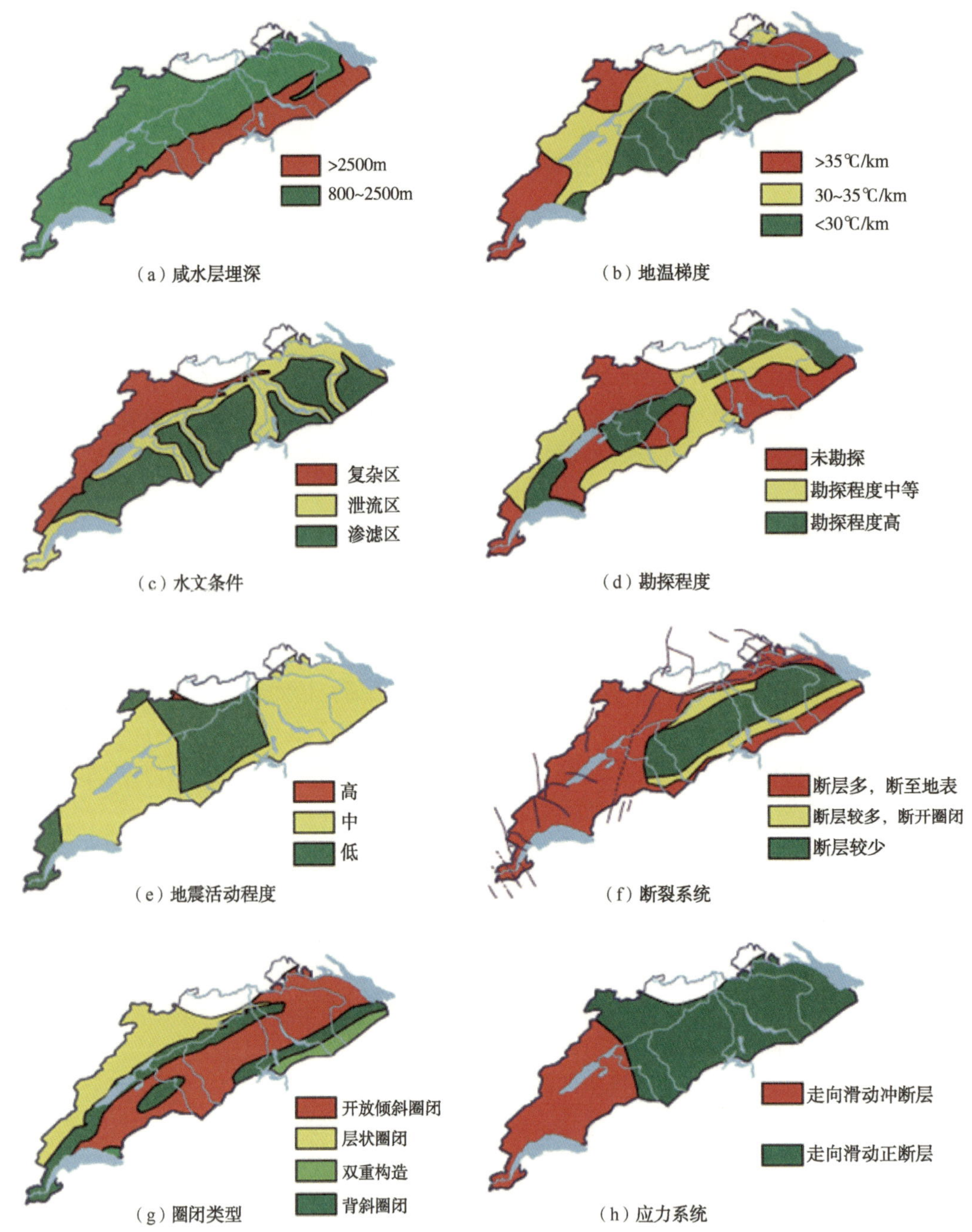

图10-21　瑞士Molasse盆地区域参数级别分布

从储盖组合的角度考虑，纵向上可有多套储盖组合，如瑞士Molasse盆地咸水层特征，按照不同级别在盆地尺度内分8对储盖组合（图10-22）。

2. 构造规模筛选标准

依据盆地规模的筛选标准和选址条件，在适合CO_2埋存的沉积盆地内再建立构造规模的选址指标体系进行构造规模的筛选。

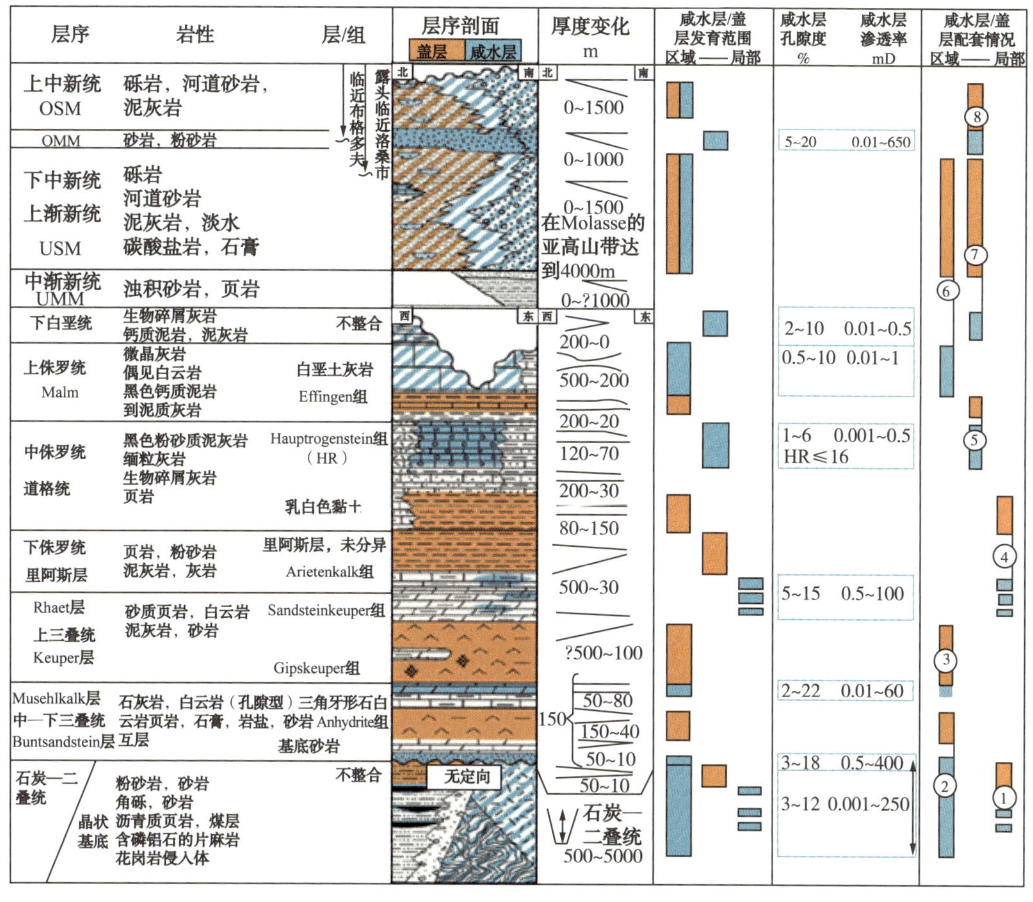

图 10-22 瑞士 Molasse 盆地 8 套生储盖组合剖面图

在构造规模的筛选标准中，分 4 个层次进行了选址指标体系和选址条件的研究，从地质评价指标、工程评价指标、安全性评价指标、经济评价指标和地面选址指标 5 个方面进行了评价，其中一级指标 5 个，二级指标 9 个，三级指标 20 个，四级指标 56 个。并制定了 3 个级别的筛选标准（图 10-23、表 10-28）。

3. 吉林油田适合 CO_2 埋存的 Ⅰ 类构造

吉林油田适合 CO_2 埋存的 Ⅰ 类构造共有 5 个（表 10-29），包括大老爷府油田、四方坨子油田、一棵树油田、乾安油田和红岗油田。红岗油田萨尔图油层依据沉积旋回岩性特征和油气水分布特征，将萨尔图油层共划分为两个砂岩组，即萨 Ⅰ 组和萨 Ⅱ 组，共计 22 个含油小层。萨 Ⅰ 组具有气顶，萨 Ⅱ 组是主力油层。单层最大厚度为 6.8m，一般 0.8 ~ 2.2m，全油田碾平总有效厚度为 5.1m，含油井段在 120m 以内，主力油层分布稳定，层内分多泥质夹层或条带。萨 Ⅰ 组气顶面积为 15.7km^2，天然气地质储量为 6.8×10^8m^3。萨尔图油层储层是一套较稳定的半深湖相灰绿色粉砂岩，局部有细粉砂岩的夹层，储层物性较差，孔隙度一般在 24% 左右，空气渗透率为 163mD，含油饱和度为 65%。

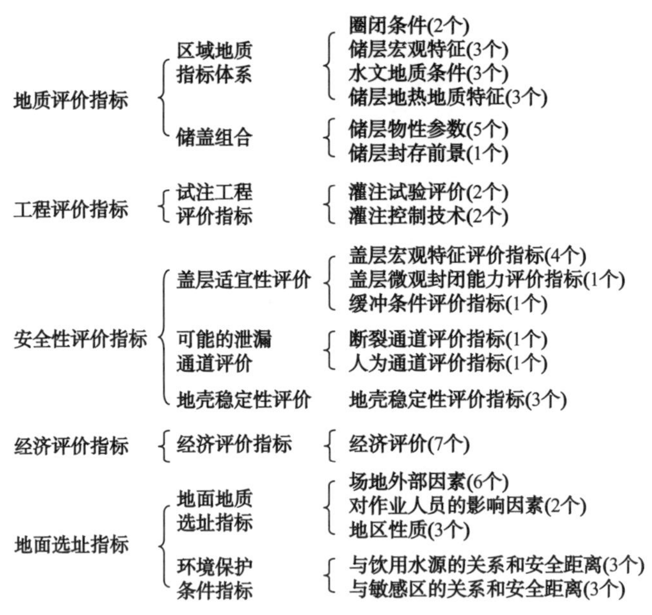

图 10-23　构造规模 CO_2 封存选址指标体系

表 10-28　构造规模选址指标体系和选址条件

一级指标	二级指标	三级指标	四级指标		筛选标准		
					好	一般	差
地质评价指标	区域地质指标体系	圈闭条件	1. 圈闭面积，km^2		>100	40~100	<40
			2. 闭合度		>100	50~100	<50
		储层宏观特征	3. 咸水层埋深，m		800~2500	2500~3000	<800 或 >3000
			4. 岩性组合		砂岩夹泥岩、层状分布	砂泥岩互层或泥岩夹砂岩	泥岩夹砂岩
			5. 砂厚比		>60%	20%~60%	<20%
		水文地质条件	6. 水动力作用		水力封闭作用	水力封堵作用	水力运移逸散作用
			7. 水头状态，m		低于场地地面	大体与场地地面一致	大于场地地面
			8. 矿化度，g/L		10.0~50.0	3.0~10.0	<3.0，>50.0
		储层地热地质特征	9. 地表温度，℃		<-2	-2~10	>10
			10. 地温梯度，℃/h		<2	2~4	>4
			11. 大地热流值，HFU		<54.5	54.5~75	>75
	储盖组合	储层物性参数	12. 孔隙度 %	砂岩	>15	15~10	<10
				碳酸盐岩	>12	12~4	<4
			13. 渗透率 mD	砂岩	>50	50~10	<10
				碳酸盐岩	>10	10~5	<5
			14. 渗透率变异系数		<0.5	0.5~0.6	>0.6
			15. 渗透率突进系数		<2	2~3	>3
			16. 渗透率级差		较小	中等	较大
		储层封存前景	17. 有效封存量，10^4t		>900	900~300	<300

续表

一级指标	二级指标	三级指标	四级指标	筛选标准		
				好	一般	差
工程评价指标	试注工程评价指标	灌注试验评价	18．注入指数，m^3	$>10^{-14}$	$10^{-14}\sim10^{-15}$	$<10^{-15}$
			19. 有效封存系数，%	>8	2~8	<2
		灌注控制技术	20. 注入井作业压力，Pa	小于盖层突破压力和注入井材质的破坏压力	等于盖层突破压力和注入井材质的破坏压力	大于盖层突破压力或注入井材质的破坏压力
			21. 注入井注入量，m^3/h	少于封存容量	等于封存容量	超过封存容量
安全性评价指标	盖层适宜性评价	盖层宏观特征评价指标	22. 盖层岩性	蒸发岩类	泥质岩类	碳酸盐岩
			23. 盖层单层厚度，m	>20	10~20	<10
			24. 盖层累计厚度，m	>300	150~300	<150
			25. 盖层分布连续性	分布连续性，具区域性	分布基本连续	分布不连续，局限
		盖层微观封闭能力评价指标	26. 盖层封气指数，m	>200	100~200	<100
		缓冲条件评价指标	27. 主力盖层之上的次要盖层数量和质量	多套，质量好	一套，质量一般	无
	可能的泄漏通道评价	断裂通道评价指标	28. 断裂和裂缝发育情况	有限的裂缝，有限的断层	裂缝发育中等，发育断层中等	大裂缝，大断层
		人为通道评价指标	29. 场地 $100km^2$ 范围内是否	无	有，但均做了封固处理	多，且未封固
	地壳稳定性评价	地壳稳定性评价指标	30. 地震动峰值加速度，g	$<0.10g$	$0.10g\sim0.15g$	$>0.30g$
			31. 场地地震安全性	安全	中等	危险
			32. 场地 25km 半径范围内	无	—	有
经济评价指标	经济评价指标	经济评价	33. 碳源规模，$10^4t/a$	>25	25~10	<10
			34. 碳源距离，km	<100	100~200	>200
			35. 运输方式	管道	公路铁路	轮船
			36. 社会环境	公众认可度高	公众认可度一般	公众排斥
			37. 基础设施	完善	中等	不完善
			38. 蕴矿状况	不压覆矿产		压覆矿产
			39. 成本	低	中	高
地面选址指标	地面地质选址指标	场地外部因素	40. 地质灾害易发性	不易发	低—中易发	高易发
			41. 是否在采矿塌陷区	否		是
			42. 是否在地面沉降区	否		是
			43. 是否在沙漠活动状况	否		是
			44. 是否在火山活动状况	否		是
			45. 是否低于江河湖泊	否		是
		对作业人员的影响因素	46.CO_2 灌注场地地形地貌	高凸开阔地形	开阔—较浅洼地	低洼、复杂地形
			47.CO_2 灌注场地有无主导风向	有主导风向	多风向	无主导风向

续表

一级指标	二级指标	三级指标	四级指标	筛选标准		
				好	一般	差
地面选址指标	环境保护条件指标	地区性质	48. 是否符合城市和区域	符合		不符合
			49. 是否在农业保护区	不在		在
			50. 植被情况（有无重点）	无、低	少、一般	多、高
		与饮用水源的关系和安全距离	51.CO_2储层上部是否有可供工农业利用地下水含水层	无	有，但下伏有良好的隔水层	有，下伏无良好的隔水层
			52. 是否在饮用地下水	不在		在
			53. 距离河流、水库等地	> 150	150+	< 150
		与敏感区的关系和安全距离	54. 与固定居民点的距离	> 800	800+	< 800
			55. 与固定居民点的主导	下风向	侧风向	上风向
			56. 与其他需要特别保护	> 3000	3000+	< 3000

表10–29　吉林油田适合CO_2埋存的Ⅰ类构造

油田	构造类型	油层埋深 m	储层物性	CO_2埋存筛选条件	筛选结果
大老爷府油田	穹隆构造	1280～1330	孔隙度10%～22%； 渗透率0.1～20mD	穹隆构造，深度＞1280m	Ⅰ类
四方坨子油田	低幅度背斜构造	1474～1766	孔隙度17.7%～26.4%，平均23.8%； 渗透率36.2～924mD，平均414mD	短轴背斜，深度＞1400m，物性好	Ⅰ类
一棵树油田	低幅度穹隆构造	1370～1630	平均孔隙度24.7%； 平均渗透率683mD	穹隆构造，深度＞1300m，物性好	Ⅰ类
乾安油田	背斜穹隆构造	1500～2075	孔隙度11.5%； 渗透率2.81mD	背斜构造，深度＞1500m	Ⅰ类
红岗油田	长轴背斜构造	1250～1620	孔隙度17.9%； 渗透率45.7mD	长轴背斜，深度＞1200m，物性好	Ⅰ类

高台子油层按其沉积旋回性在纵向上大体划分为3套：Ⅶ—Ⅹ砂组（GⅢ油组），为扇三角洲沉积环境；Ⅴ—Ⅵ砂组（GⅡ油组），为三角洲外前缘—前三角洲相沉积环境；Ⅰ—Ⅳ砂组（GⅠ油组），主要处于扇三角洲前缘相沉积环境。高台子油层储层岩性为灰色、灰白色粉砂岩—细砂岩，胶结物为钙质和泥质，胶结类型为孔隙式及接触式。储层孔隙度为17.5%；渗透率为45.7mD；属中孔隙度、中渗透率储层。随着埋藏深度的增加，物性有变差的趋势。另外，随着孔隙度的增加，渗透率有变大的趋势。

4. 吉林油田适合CO_2埋存的Ⅱ类构造

吉林油田适合CO_2埋存的Ⅱ类构造共有7个（表10–30），包括大情字井、大安油田、英台油田、海坨子油田、四五家子油田、双坨子油田和布海气田。这7个油田中有5个油田的埋深为1000～2000m，埋深相对较浅，适合CO_2埋存。大情字井油田的埋深为2200～2500m，物性中等。

表 10-30　吉林油田适合 CO_2 埋存的Ⅱ类构造

油田	构造类型	油层埋深 m	储层物性	CO_2 埋存筛选条件	筛选结果
大情字井	被断层复杂化的向斜构造断鼻圈闭发育	2200～2450	孔隙度 9.6%～12%	断裂发育，深度＞2000m，物性较低	Ⅱ类
大安油田	断鼻构造	1700～2400	孔隙度 11.8%；渗透率 1.39mD	断鼻构造，深度＞1700m，物性较差	Ⅱ类
英台油田	被断层复杂化的穹隆背斜		孔隙度 11.6%～23%；渗透率 6.3～227mD，平均 55mD	断裂较发育，物性较好	Ⅱ类
海坨子油田	西部东倾单斜构造，中部向斜构造、东部鼻状构造	1470～1580	孔隙度 10%～20.5%，平均 15.7%；平均渗透率 4.31mD	中部向斜构造，深度＞1400m	Ⅱ类
四五家子油田	短轴背斜，翼部断层较发育	＞1450	平均孔隙度 24.4%；平均渗透率 280mD	物性好，深度＞1450m	Ⅱ类
双坨子油田	浅部油藏为断鼻构造，泉头组为短轴背斜	1160～1550	孔隙度 10.2%～16%，平均 12.9%；渗透率 0.56～223mD，平均 13.9mD；地温梯度 4.6～5.0℃ /100m	短轴背斜，深度＞1100	Ⅱ类
布海气田	断鼻构造	泉一段：1159～1456	孔隙度 1.7%～14.7%，平均 9.6%；渗透率 0.02～220mD，平均 6.83mD	断鼻构造，深度＞1100m	Ⅱ类

5. 吉林油田适合 CO_2 埋存的Ⅲ类构造

吉林油田适合 CO_2 埋存的Ⅲ类构造共有 14 个（表 10-31），包括扶余油田、新民油田、长春油田、新立油田、木头油田、两井油田、新庙油田、八面台油田、套堡油田、长岭气田、新北油田、大安北油田、莫里青油田和南山湾油田（表 10-31）。

扶余油田、新北油田的埋深分别为 280～500m 和 550～710m，埋深小于 800m，不能使 CO_2 达到超临界状态。长岭气田埋深为 3550～3880m，且物性相对较差，渗透率只有 2mD。南山湾油田、套堡油田、新民油田、长春油田、新庙油田和八面台油田 6 个油田均为单斜构造，不利于 CO_2 埋存；其余 5 个油田均为被断层复杂化的断鼻或穹隆构造，也不利于 CO_2 的安全埋存。

新立油田地处吉林省前郭县新庙公社境内，油田区域位置在松辽盆地中央坳陷区扶—新隆起最西端新立背斜构造上。1959 年地震勘探发现新立构造，1974 年在新 103 井杨大城子油层经压裂试油获得 35.99m^3/d 的工业油流，从而确定了以扶余、杨大城子油层为开采目的层的勘探工作。1975 年 150 井经过压裂获得 24.7t/d 油流，从而发现葡萄花油藏。

新立油田是一穹隆背斜，轴向近于东西，且向北突出，长轴 13.9km，短轴 7.2km，以海拔 -1000m 等高线圈闭，闭合高度 136m，闭合面积 55km^2，地层平缓，倾角 2.0°～2.5°。构造内钻井发现断层共 32 条，其中主要发育着北北西向和北北东向两组正断层，断层横切构造，形成节节东掉的 7 个断块。断层多属同生断层，断层的延伸长度一般为 2～5m，断距一般为 10～50m，基本上是封闭的。

新立油田储层岩性以细砂岩为主，其沉积环境属于曲流河泛滥平原—三角洲分流平原—三角洲前缘相沉积。以曲流河泛滥平原沉积为主。储层属于下白垩统泉头组四段及三段上部，即扶余油层、杨大城子油层，分为 9 个砂岩组、26 个小层，油砂体面积小，分布不稳定，其中 8 号、14 号、16 号小层为主力油层，油藏深度 1200～1500m，含油井段 150～170m，平均有效厚度 9.2m。油气水分布主要受岩性控制，无统一的油水界面，油藏无气顶，边水也不活跃。油层平均渗透率为 6.5mD，平均孔隙度为 14.4%。胶结类型为接触—孔隙式和孔隙—接触式胶结。平均原始含油饱和度为 55%，Ⅰ类油层 58%，Ⅱ类油层 53%。层内渗透率非均质系数一般为 1.5～3.0。层间非均质系数为 1.1～1.5。油层中直立裂缝发育，平均线密度为 0.23 条 /m。综上所述，该油田是个低渗透、低黏度、裂缝发育的构造岩性油藏。

地层水以 $NaHCO_3$ 型为主。总矿化度为 7000～8000mg/L，氯离子含量为 2500～4200mg/L。

新立油田为典型的低渗透构造岩性油藏，油气水分布主要受岩性控制，无统一的油水界面，油藏无气顶，边水不活跃，天然能量低，靠注水补充能量开发。

表 10-31　吉林油田适合 CO_2 埋存的Ⅲ类构造

油田	构造类型	油层埋深 m	储层物性	CO_2 埋存筛选条件	筛选结果
扶余油田	被断层复杂化的穹隆状背斜	280～500	孔隙度 22%～26%；渗透率 100～500mD，平均 180mD	断裂发育，深度 < 800m	Ⅲ类
新民油田	被断层复杂化的单斜构造	中部深度 1250	孔隙度 15%；渗透率 7.5mD	断裂较发育，深度 > 1200m，物性较差	Ⅲ类
长春油田	单斜构造	1800～2200	孔隙度 7.2%～19.9%，平均 15.62%；渗透率 0.77～5718mD，平均 208.71mD	单斜构造，深度 > 1800m	Ⅲ类
新立油田	被断层复杂化的穹隆背斜	1200～1500	孔隙度 16%；渗透率 20mD	断裂较发育，深度 > 1200m	Ⅲ类
木头油田	被断层复杂化的鼻状构造	500～1200	孔隙度 15%～25%，平均 18%；渗透率 0.1～200mD，平均 12mD	断裂较发育	Ⅲ类
两井油田	被断层复杂化的鼻状构造	1600～1900	孔隙度 8%～14%，平均 11.7%；渗透率 0.1～25.1mD，平均 0.7mD	断裂较发育，深度 > 1600m，物性较差	Ⅲ类
新庙油田	被断层复杂化的单斜构造	1500	孔隙度 9%～16%，平均 12.6%；渗透率 0.1～8mD，平均 1.65mD	断裂较发育，深度 > 1500m，物性较差	Ⅲ类
八面台油田	被断层复杂化的东倾单斜	1100～2100	平均孔隙度 14.1%；平均渗透率 5mD	深度 > 1100m	Ⅲ类
套堡油田	东倾单斜构造	270～360	平均孔隙度 35%；渗透率 500～5000mD，平均 3600mD	单斜构造，深度 < 800m	Ⅲ类
长岭气田	被断层复杂化的穹隆背斜	3550～3880	孔隙度 5%～18%，平均 9.4%；渗透率 0.1～15mD，平均 2mD	埋深较深，物性较低	Ⅲ类
新北油田	向北倾没的鼻状构造	550～710	孔隙度 26%～31%，平均 29%；渗透率 226～881mD，平均 507mD	鼻状构造，物性好，深度 < 800m	Ⅲ类
大安北油田	被断层复杂化的长轴背斜	2105～2155	孔隙度 6.7%～20.9%，平均 14.7%；渗透率 0.12～86.8mD，平均 3.7mD	断裂较发育，深度 > 2100m	Ⅲ类
莫里青油田	断隆构造	1800～3300	孔隙度 12%～19%，平均 12.7%；渗透率 0.3～100mD，平均 10.6mD	断隆构造，深度 > 1800m	Ⅲ类
南山湾油田	单斜构造	1500～1680	孔隙度 9%～26%，平均 17%；渗透率 0.37～243mD，平均 47mD	单斜构造，深度 > 1500m	Ⅲ类

六、油藏中 CO_2 埋存潜力评价技术

1.CO_2 地质埋存与提高采收率的评价指标及分级

对影响 CO_2 地质埋存与提高采收率的影响因素进行了分析。可以看出，要建立沉积盆地是否适合埋藏 CO_2 以及利用 CO_2 提高采收率的评价体系，就必须对这些因素进行分类、综合，抽提出具有决定作用的因素，对因素的合理范围进行描述，并尽可能量化，最后得出适合 CO_2 地质埋存与提高采收率目标层的各因素合理取值范围。以此为依据，可对一个具体的目标地进行是否适合 CO_2 埋存判定。

在对影响 CO_2 地质埋存与提高采收率影响因素分析的基础上，分别针对盆地尺度、油田尺度和油藏尺度抽提出如图 10–24 所示的 18 个具体指标。这 18 个指标基本上概括了 CO_2 地质埋存与提高采收率的一般影响因素，为此，对这个指标集各指标的合理范围进行确定，若能量化，则以直观的数字表示；若不能量化，则以性质描述。

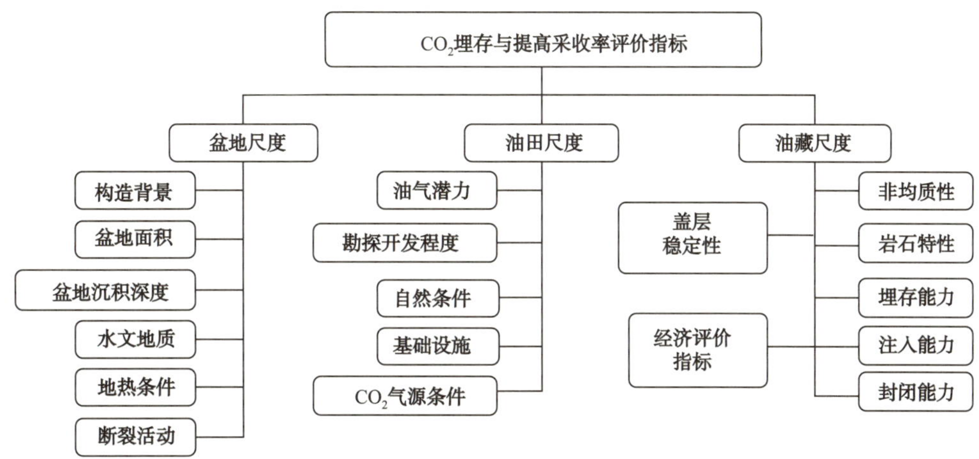

图 10–24　CO_2 埋存与提高采收率评价指标集

2. CO_2 地质埋存的评价指标及分级

1）盆地特征指标范围的分级

（1）构造背景和构造样式。

盆地的构造背景和构造样式对 CO_2 的分布和埋存起着控制作用。对盆地构造背景和构造样式的分析和研究有助于从盆地的动力学成因、构造组合以及圈闭类型等方面对盆地 CO_2 埋存的封闭性和稳定性做出评估。由于相同或相似的构造环境具有相似的构造样式，因此在考虑盆地的构造背景和构造样式对 CO_2 埋存的控制作用时，可在构造背景划分的基础上，综合考虑构造样式的作用，得到评价标准。当然由于构造样式是一个组合的概念，各种构造的占优程度不同，导致不同的构造类型，因此在实际分析时，需要对各具体构造样式进行分析。根据前面分析，可得到构造背景和构造样式对 CO_2 埋存能力的影响指标评价表（表 10–32）。

（2）盆地面积。

盆地面积的大小直接影响整个盆地储集 CO_2 能力的大小，同时也与地层流体流动规模有关。根据中国沉积盆地面积值统计，进行等值划分，得到面积指标的评价表（表 10–33）。

表 10–32　构造背景和构造方式指标评价表

评价	差	较差	一般	较好	好
类型	大洋凹陷 扭动活跃海沟	聚合山间	扩散被动盆地	内陆裂谷	克拉通前陆

表 10–33　面积指标评价表

评价	好	较好	一般	较差	差
标准	小型	中型	大型	巨型	超巨型
盆地面积，10^4km^2	<1	1～10	10～50	50～100	>100

（3）盆地沉积深度。

根据中国沉积盆地沉积深度值统计，进行等值划分，得到沉积深度评价表（表 10–34）。

表 10–34　沉积深度评价表

评价	差	较差	一般	较好	好
深度，m	<1000	1000～2500	2500～5000	4000～5500	>5000

（4）水文地质。

地层流体流动形态多样，原因也错综复杂，有多种驱动力作用，流动范围有长有短。根据水文地质特征对 CO_2 地质埋存的影响分析，可得到水文地质指标评价表（表 10–35）。

表 10–35　水文地质指标评价表

评价	差	较差	一般	较好	好
水文地质	压实作用， 短距离流动规模， 流动深度浅	挤压驱动， 短距离流动规模， 流动深度浅	混合作用， 中等流动规模， 流动深度中等	侵蚀回流， 长范围流动规模， 流动深度深	重力驱动， 长范围流动规模， 流动深度深

（5）地热条件。

地热条件用地表温度、地热流值和地温梯度来定量描述，对于理想状态来说，这些系数的值越小越有利于 CO_2 储存。根据地热条件对 CO_2 地质埋存的影响分析，可得到地热条件指标评价表（表 10–36）。

表 10–36　地热条件指标评价表

评价		差	较差	一般	较好	好
地热条件	地表温度，℃	>25	10～25	3～4	–2～3	<–2
	地热流值，mW/m^2	>85	75～85	65～75	54.5～65	<54.5
	地温梯度，℃ /100m	热盆地 >5	次热盆地 4.0～5.0	中等 3.0～4.0	次冷盆地 2.0～3.0	冷盆地 <2.0

（6）断裂活动。

断裂活动可以从两方面来定量描述，一是断层和裂缝的地质特征，二是断层的封闭性。从 CO_2 储存的安全性考虑，可得到断裂活动指标评价表（表 10–37）。

表 10–37 断裂活动指标评价表

评价		差	较差	一般	较好	好
断裂活动	地质特征	大断层 大裂缝	大断层 大裂缝	中等断层 中等裂缝	有限断层 有限裂缝	有限断层和裂缝 大的泥岩
	封闭性	差	中等	中等	好	好

2）盆地资源指标范围的分级

（1）油气潜力。

采用烃源岩总和定量评价指数 SRI 对烃源岩进行评价分类。SRI 是烃源岩排出的烃量（Q_c）占最优烃源岩排出烃量（Q_{em}）的百分数：

$$\mathrm{SRI}=\frac{Q_e}{Q_{em}}\times 100\% \tag{10–1}$$

SRI 数值小于零、等于零、大于零时分别与非排烃源岩、临界排烃源岩、排烃源岩相对应。SRI 数值越大，表示烃源岩品质越好。

煤层相对油气藏来说，埋藏 CO_2 作用相对较小，但可以作为油气藏埋藏的辅助。适合储藏 CO_2 煤层的特点是：结构均匀，纵向上与围岩分开，具有水平方向连通的微小断层或褶皱，渗透率适中（1～5mD），埋深为 300～800m，气饱和，灰分低，未开采的煤层。深部煤层不能开采，可以埋藏；较浅的煤层既可以埋藏，又具有额外经济回报，即煤层气。

综合油气潜力 SRI 指标和煤层储藏深度，可以得到资源潜力指标评价表（表 10–38）。

表 10–38 资源潜力指标评价表

评价		好	较好	一般	较差	差
资源潜力	烃源岩类型 （SRI）	好烃源岩 （> 50）	较好烃源岩 （50～25）	一般烃源岩 （25～0）	临界烃源岩 （0）	非排烃源岩 （< 0）
	煤层和 煤层气	深度为 300～700m	深度为 700～800m	深度为 800～900m	深度大于 900m	无

（2）勘探程度。

勘探程度指数 IED（Index of Exploration Degree）是为了描述油气勘探程度高低而提出的。勘探工作量分布密度与油气资源探明程度均能反映勘探程度的差异。两者的共同作用可以准确地表达勘探程度的大小。假定在同一圆周半径上的数据点具有相同的勘探程度，就可以得出勘探程度指数的计算方法，在此基础上进行一定修正，可得到一个在 0～1 之间变化的确定数值 IED：

$$\mathrm{IED}=\frac{\sqrt{\mathrm{Rp}^2+(\mathrm{Few}+0.3\mathrm{Fes})^2}}{\sqrt{2}} \tag{10–2}$$

式中 Rp——探明程度；

Few——探井密度，口 /km^2；

Fes——地震密度，km^2/ km^2。

地震工作中，三维地震密度是三维地震覆盖面积与探区面积的比值，是一个在 0～1 之间变化的数值，二维地震可以通过转换折算成三维地震面积进行计算。

参考常见的级别划分方法，把探区划分为差、低、中、高、极高勘探程度 5 个评价级别。得到IED值后，分别相对应勘探程度指数为0～0.1、0.1～0.25、0.25～0.5、0.5～0.75和0.75～1.0，见表10-39。

表10-39　勘探程度指标评价表

评价	好	较好	一般	较差	差
勘探程度	1.0～0.75	0.75～0.5	0.5～0.25	0.25～0.1	0.1～0

3. 储层特征指标范围的分级

1）非均质性

储层非均质性是直接影响CO_2地质埋存效果的主要因素之一。渗透率变异系数$V(K)$反映样品偏离整体平均值的程度，是评价储层宏观非均质性的最重要参数，定量描述单元渗透率的非均质性常用渗透率变异系数来表示。结合我国砂岩储层非均质性评价标准，可做出CO_2地质埋存储层非均质性指标的评价表（表10-40）。

表10-40　渗透率变异系数评价表

评价	好	较好	中等	较差	差
$V(K)$	<0.5	0.5～0.55	0.55～0.6	0.6～0.65	>0.65

2）岩石特性

CO_2地下储存的原理之一是CO_2与盐岩发生化学反应，形成稳定的化合物或矿物（主要是钙、铁、镁的碳酸盐）。化学捕获主要通过碳酸盐矿化和碳酸盐岩溶解实现。注入的CO_2与储层岩石发生缓慢的化学反应，形成碳酸盐矿物（碎屑岩储层）或HCO_3^-（碳酸盐岩储层），从而把CO_2封存下来。碎屑岩储层一般要比碳酸盐岩储层优越。盐岩的有无及分布情况对反应是否充分以及反应速度有很大影响。最理想的情况是盐岩为层状分布，相反则是没有盐岩。对CO_2储存的长期性具有很大影响。根据前面分析，得到岩石特性指标评价表（表10-41）。

表10-41　岩石特性指标评价表

评价	好	较好	中等	较差	差
岩石特性	碎屑岩、层状分布	混合、层状分布	碳酸盐、层状分布	非层状分布	没有盐岩

3）埋存能力

在CO_2埋存影响分析时曾指出，可用储存系数来表征地层的埋存能力，并列出了各种埋存方式的储存系数计算公式。参照Kovseck（2002年）提出的建议，以$10kg/m^3$为界，得到储层埋存能力指标评价表（表10-42）。

表10-42　埋存能力指标评价表

评价	好	较好	中等	较差	差
埋存能力，kg/m^3	>15	15～10	10～5	5～1	<1

4）注入能力

在CO_2埋存影响分析时曾指出，可用注入指数来表征地层的注入能力。现从储层特征角度出发，用地层系数Kh来表征储层本身所具有的注入能力，并参照Kovseck（2002年）

提出的建议，以 $10^{-14}m^3$ 为界，得到储层注入能力指标评价表（表 10–43）。

表 10–43　注入能力指标评价表

评价	好	较好	中等	较差	差
Kh，m^3	$>10^{-13}$	$10^{-13}\sim10^{-14}$	$10^{-14}\sim10^{-15}$	$10^{-15}\sim10^{-16}$	$<10^{-16}$

5）封闭能力

CRI 指标既考虑了油气的微观渗滤机理，又概括了盖层可塑性、岩性、欠压实程度等参数对盖层宏观封闭能力的影响，因此能够用于确定盖层的封油气最大临界高度。由前面的分析可知，对于任意未知盖层，在确知其和封气指数 CRI_g 的情况下，可以通过关系式（10–3）和式（10–4）计算它能封盖油气的最大临界高度及可能的变化范围。

$$H_{gm}=13.17(CRI_g-13.23)^{0.926}\text{（下限）} \quad (10\text{–}3)$$

$$H_{om}=62.63(CRI_g-2.205)^{0.509}\text{（上限）} \quad (10\text{–}4)$$

利用能够封闭的气柱最大高度范围，可对盖层进行等级划分和品质评价，见表 10–44。

表 10–44　盖层封气指数的评价标准

评价	好	较好	中等	较差	差
盖层封气指数，m	>400	200～400	100～200	0～100	≤0

4. 经济和社会因素指标范围的分级

1）成本和收益因素

CO_2 埋存的投资成本和运营成本有捕获成本、压缩成本、运输成本和储存成本 4 个组成部分。成本主要取决于使用的捕获方法、需要的压缩量、CO_2 源与储存地的距离以及 CO_2 注入地区的性质。在 CO_2 埋存目标盆地筛选时，必须考虑每一步进程的高成本，将成本和可能的收益进行对比，以决定埋存项目的经济可行性。CO_2 埋存项目可能的收益包括《京都议定书》等协议建立的碳信贷机制、提高石油采收率收益及其他附加收益。可用净现值概念（收益与成本之差）来表示 CO_2 埋存工程的经济吸引力。净现值大于零表明项目产生了净经济效益，具有较大的经济吸引力。

用净现值来表示 CO_2 埋存工程的经济吸引力当然是一种比较准确的方法，但是每一项成本和收益的计算需要很多参数，这些参数在项目的预测评估阶段是很难取得或取准的。在对 CO_2 埋存目标盆地进行经济成本预测评估时，可将成本分解成基础设施、气源情况及盆地自然条件等内容来表示，得到相应的成本指标评价表，见表 10–45。以成本作为基础，收益指标评价见表 10–46。

表 10–45　成本指标评价表

评价	好	较好	一般	较差	差
基础设施	完善	较完善	中等	不完善	无
气源距离，km	<50	50～100	100～200	200～300	>300
气源规模，$10^6t/a$	>55	25～55	10～25	5～10	<5
盆地自然条件	深海、温带	深海、热带	浅海、沙漠	陆地、亚极地	陆地、极地

表 10-46　收益指标评价表

评价	好	较好	一般	较差	差
收益	远大于成本	大于成本	与成本持平	小于成本	远小于成本

2）社会环境因素

社会环境因素包括公众认可度和相应的法律法规等方面。当 CO_2 埋存工程项目施行时，附近的公众会选择接受或拒绝项目。公众认可度受公众教育水平、环境意识等因素影响。公众认可度影响着项目实施的决策及规模等，需加以考虑。

国家在 CO_2 减排方面相应的法律法规是 CO_2 减排与利用实施的宏观环境。当政府强行限制 CO_2 的排放时，如果工业部门由此而产生了额外的成本，政府应通过经济机制如税收、交易许可或贷款等形式来鼓励 CO_2 的捕获和储存。在项目实施过程中，国家通过法规，可以合理地处理埋存 CO_2 的健康、安全或环境（HSE）风险。全球 HSE 风险的减少需要国际规章制度的建立，以确保连贯的监测措施、准确的减排报告，避免由每个 CO_2 储存项目所带来的 CO_2 排放。在世界上的一些国家中，注入水到地下是一个符合规则的处理废水的方法。然而，那些规则对于 CO_2 并不合适，照此应该做一些修改。在加拿大，通过深井排放废水是合法的，但是几乎完全限制上游油气生产废物的排放；在美国，《安全饮用水法》批准所有向地下排放的行为必须确保被排放的物质不会移动到饮用水的源头。这个过程需要证明密封区域对长期储存 CO_2 有效。然而，不像储存 CO_2 要求，法案没有要求长期地进行广泛监测；南澳大利亚采用法律来管理回注气体，如回注 CO_2 提高采收率。所有可能影响表层水和地下水的注入措施都必须经过严格的环境影响评价。CO_2 埋存项目的社会环境因素指标评价表见表 10-47。

表 10-47　社会环境因素指标评价表

评价	好	较好	一般	较差	差
社会环境因素	公众认可度高，法规完善	公众认可度较高，法规较完善	公众认可度一般，法规需修改	公众认可度差，法规需制定	公众排斥

七、CO_2 提高采收率的评价指标及分级

1. 指标量化的方法

在建立的指标集中，一部分指标的量化可从实例数据库中通过概率统计的数学方法得到。对国外已执行成功的注 CO_2 项目中评价参数进行统计分析，对原来无法掌握的最适合注气的评价参数区间用科学的数学理论加以描述和利用，形成的认识具有相当高的客观性，可以指导如何更好地筛选和评价注气提高采收率候选油藏的类型。

指标量化的方法可以根据目前世界上已进行的注气项目的统计（以加拿大和美国所进行的注气项目为主）求出 CO_2 驱在实施可行性注气项目中各评价参数的密度分布值，并绘制出各个评价参数的密度分布图形。

在确定评价参数分布密度函数时，首先从国内外注气实例中统计出评价参数的区间，其长记为 Δk_i，各区间对应的评价参数中值记为 k_i；计算各 k_i 值对应的分布密度函数值 $f(k_i)$ 由式（10-5）确定：

$$f(k_i)=\frac{n_i}{\Delta k_i \sum n_i} \tag{10-5}$$

式中　n_i——评价指标区间的注气项目个数，用密度函数值 $f(k_i)$ 和对应的参数值可得到评价参数的标准。

2. CO_2 提高采收率的评价指标分级

1）原油黏度

原油黏度对油田注气开发具有重大的影响。黏度高的原油，不仅增加了驱动能量的消耗，而且在注气驱替过程中，由于注入溶剂的黏度小而使注入剂超越原油向生产井中流动，形成平面上溶剂的突进，造成溶剂过早突破。油与溶剂的黏度比越大，注气效果越差。因此，原油黏度直接影响注气开发难易程度、微观上的气驱均匀程度及原油的采收率。CO_2 在实施注气项目中的黏度分布及分布密度见表 10–48 和图 10–29。

表 10–48　CO_2 驱原油黏度分布

序号	黏度区间，mPa・s	黏度中值，mPa・s	执行项目数	分布密度
1	<1	0.5	24	0.400
2	1~2	1.5	24	0.400
3	2~3	2.5	10	0.166
4	3~4	3.5	1	0.017
5	>4	5	1	0.003

往油层注入黏度较低的介质（干气或湿气）时，由于注入井吸入量较高，从而可以缩短开发期，但在驱替过程中，不利的流度比会产生黏性指进，降低注入气驱油效率，要求油藏原油的黏度要低。从表 10–48 和图 10–25 中可以得出，在成功注 CO_2 的项目中，原油黏度都在远远小于 4mPa・s 的范围内。Bachu 及 Kovscek 等人在综合分析黏度和密度、温度等因素的关系以及流度控制方法后，扩展了原油黏度的适应范围，指出了 CO_2 混相驱适应的黏度上限范围为 10~12mPa・s，综合这些认识，可得到注 CO_2 候选油藏原油黏度的评价分级表（表 10–49）。

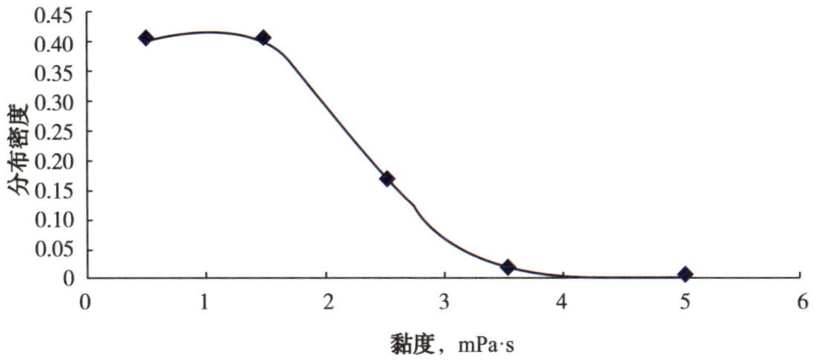

图 10–25　原油黏度分布区间

表 10–49　原油黏度指标评价分级表

评价	好	较好	中等	较差	差
黏度，mPa・s	<2	2~4	4~8	8~10	>10

2）有效孔隙度

岩石有效孔隙度（ϕ）是油藏岩石储集油、气、水等流体能力的量度，它定义为油藏岩石的有效孔隙体积（连通孔隙 V_P）与油藏岩石的外表体积 V_f（或视体积）之比。

岩石的有效孔隙度是描述油藏岩石储集流体能力的岩石孔隙方面的宏观物理量，它是油藏岩石孔隙结构的总体反映。油藏岩石的有效孔隙度从油藏流体流动所需要的空间角度反映了油藏岩石允许油藏流体渗流连通孔隙的多少。因此，油藏岩石的有效孔隙度不仅反映了储层岩石的性能，而且还反映了储层岩石的可渗透性。在其他影响因素相同的条件下，随着油藏岩石有效孔隙度（ϕ）的增加，油藏岩石的渗透性能也随之增加。由此可推断，虽然岩石的有效孔隙度对注气开发效果的影响不如岩石渗透率对注气开发效果的影响大，但油藏岩石有效孔隙度的大小还是直接影响着注气开发的效果。若岩石的有效孔隙度太大，对于注气开发而言，就越不能提供充分的混相条件，油藏更适合于注水开发，但有效孔隙度过低，会大大降低油藏流体的流动性能。CO_2 注入气在实施的注气项目中的孔隙度分布及分布密度见表 10-50 和图 10-26。

表 10-50　CO_2 驱孔隙度分布

序号	孔隙度区间，%	孔隙度中值，%	执行项目数	分布密度
1	<5	2.5	1	0.00385
2	5～12	8.5	31	0.08517
3	12～20	16	14	0.03125
4	20～28	24	5	0.01202
5	28～38	33	2	0.00321

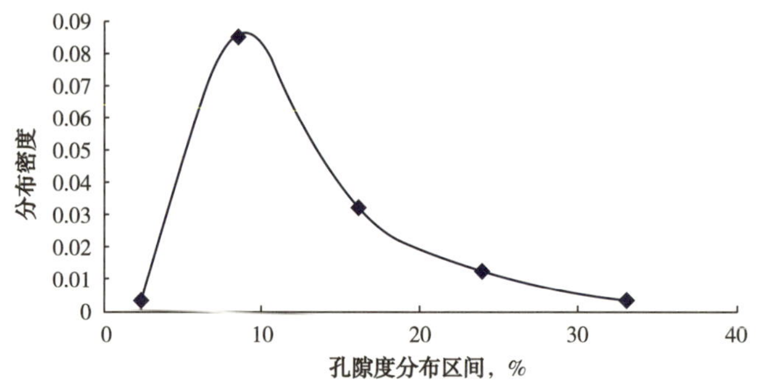

图 10-26　孔隙度分布区间

从图 10-26 中可以得出，在成功注 CO_2 的项目中，选择孔隙度在 5%～30% 范围内的油藏最多，随着孔隙度的增加，成功执行注气项目的个数减少，因为孔隙度太大，驱替剂容易发生超覆流动和指进现象，不利于注气开采。在其他影响因素相同的条件下，随着油藏岩石有效孔隙度（ϕ）的减小，油藏岩石的渗透性能也随之减小。目前，注气对低渗透油田开采的潜力很大，是开采低渗透油田效果很好的开采方式。但如果孔隙度太低，注入流体难以注入地层，也不能保证 CO_2 在油层中大量储存，因此，孔隙度不宜过高，也不宜过低。注 CO_2 候选油藏有效孔隙度指标评价见表 10-51。

表 10–51 有效孔隙度指标评价表

评价	好	较好	中等	较差	差
孔隙度，%	10～15	15～20	20～25	25～30	>30
		8～10	6～8	4～6	<4

3）油藏深度

不同的注入气适应不同深度的油藏，凝析式混相驱最小混相压力（MMP）较低，适应浅层油藏；CO_2 蒸发式混相驱 MMP 较高，适应更深的油藏。CO_2 注入气在实施的注气项目中的油藏深度分布及分布密度见表 10–52 及图 10–27。

表 10–52 CO_2 驱油藏深度分布

序号	深度区间，100m	深度中值，100m	执行项目数	分布密度
1	<10	7.5	4	0.0129
2	10～15	12.5	10	0.0322
3	15～20	17.5	28	0.0903
4	20～25	22.5	12	0.0387
5	25～30	27.5	5	0.0161
6	30～45	37.5	3	0.0032

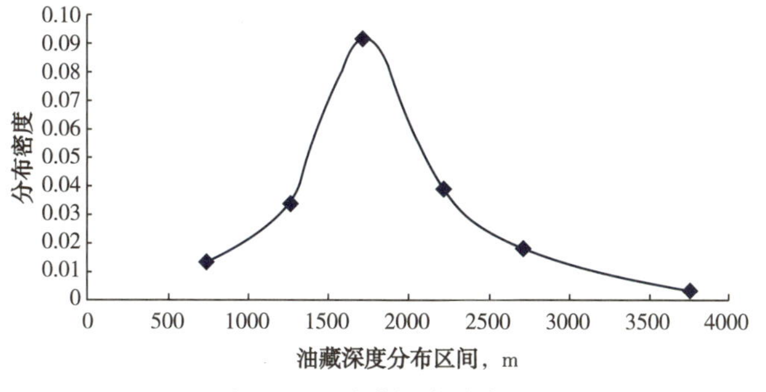

图 10–27 油藏深度分布区间

从图 10–27 中可以得出，在成功注气的项目中，选择油藏深度在 1500～3000m 范围内的油藏最多。在不同条件下 CO_2 能以气态、液态和固态 3 种状态存在，在常温常压下，CO_2 为无色无臭的气体，相对密度约为空气的 1.53 倍，在标准状态下 CO_2 的密度为 1.98kg/m^3，导热系数为 0.01745cal/（m·s·℃），黏度为 0.0138mPa·s。化学性质不活泼，不可燃，也不助燃，无毒，具有腐蚀性。CO_2 的临界温度为 31℃，低于临界温度时，CO_2 可以气态或液态两种状态存在，但超过临界温度时，无论压力有多高，CO_2 都以气态存在。CO_2 的临界压力为 7.495MPa，超过临界温度和临界压力，CO_2 不可能被液化，但是在超临界压力的高压条件下，随着压力的增加，气态的 CO_2 即会成为一种像液体的黏稠状物质。从理论上分析，考虑到油藏的破裂压力，为了达到 CO_2 混相驱所要求的混相压力及 CO_2 地下储存处于超临界状态的要求，油藏的最小油藏深度最好为 760m。随着油藏深度的增加，施工强度增大，成本增加，会影响注气整体效果，因此提出油藏深度的评价指标（表 10–53）。

表 10–53　油藏深度评价指标表

评价	好	较好	中等	较差	差
油藏深度 m	1500～2000	2000～2500	2500～3000	3000～3500	> 3500
		1200～1500	1000～1200	800～1000	< 800

4）油藏温度

温度过高或过低都不适宜注气开采。不同注入气在实施注气项目中油藏温度分布及其分布密度见表 10–54 和图 10–28。

表 10–54　驱油藏温度分布

序号	温度区间，℃	温度中值，℃	执行项目数	分布密度
1	35～55	42.5	1	0.0019
2	55～70	62.5	4	0.0131
3	70～85	77.5	15	0.0292
4	85～100	92.5	22	0.0152
5	100～120	110	6	0.0057
6	120～140	130	4	0.0008

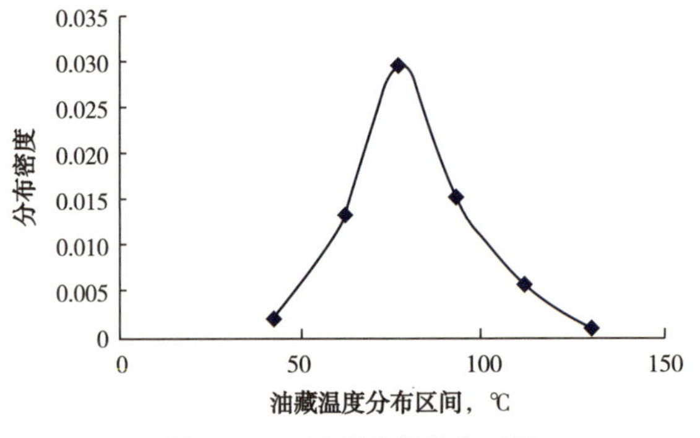

图 10–28　油藏温度分布区间

从图 10–28 中可以得出，在成功注 CO_2 的项目中，选择温度分布在 70～120℃之间的油藏最多。在 CO_2 混相驱中，MMP 随油藏的温度升高而增加，温度过高不利于 CO_2 混相。温度低于 120℃时，对 CO_2 混相驱有利，但原油黏度随温度的减小而增大，因此油藏温度也不宜过低。结合油藏温度分布区间（图 10–28），注 CO_2 候选油藏温度的评价指标见表 10–55。如油藏深度评价标准分析那样，该油藏温度评价标准能满足 CO_2 地下储存的要求。

表 10–55　油藏温度评价指标表

评价	好	较好	中等	较差	差
油藏温度，℃	80～90	90～100	100～110	110～120	> 120
		70～80	60～70	50～60	< 50

5）原油密度

不同密度的原油气驱时具有不同的驱油效率，在实施的 CO_2 注气项目中原油密度分布及其分布密度见表 10–56 和图 10–29。

表 10-56 原油密度分布

序号	密度区间，g/cm³	密度中值，g/cm³	执行项目数	分布密度
1	<0.85	0.82	39	15.7258
2	0.85~0.87	0.86	15	12.0967
3	0.87~0.89	0.88	5	4.03225
4	>0.89	0.9	3	2.41935

原油密度高，黏度也较大，注气容易形成黏性指进，导致驱油效率低。注 CO_2 适应的原油密度在 0.7950~0.9600g/cm³ 范围内。综合 Bachu 及 Kovscek 等人的研究结果，结合图 10-29 可做出原油密度的评价指标，见表 10-57。

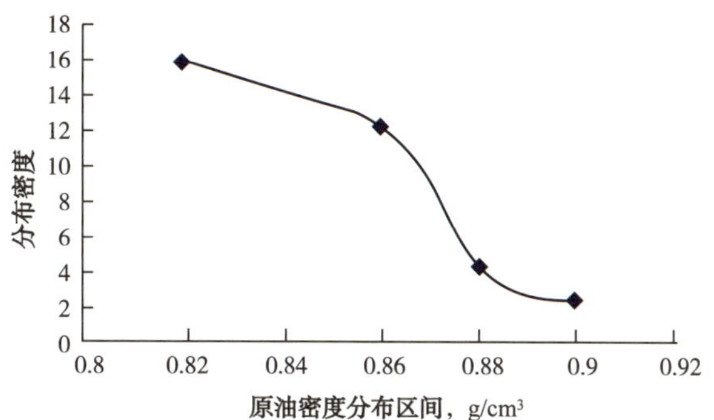

图 10-29 原油密度分布区间

表 10-57 原油密度评价指标表

评价	好	较好	中等	较差	差
原油密度，g/cm³	<0.82	0.82~0.86	0.86~0.88	0.88~0.90	>0.90

6）油藏倾角

倾斜油藏中重力可作为有利因素加以利用。在某些倾斜油藏中，可以利用重力来改善驱扫效率和原油的采收率。把溶剂注入构造的上端部位，并保持低速生产，使重力足以保持密度较小的溶剂与原油分离，以便当指进欲形成时抑制溶剂指进，从理论上讲，油藏倾角越大，减小溶剂指进和重力分离的效果就越好。

注入气体会提前在生产井中突破，特别是在非混相情况下，重力超覆极为严重，而在混相条件下，由于流体的混合作用减弱了密度差，从而能形成一个较稳定的驱替前缘，可以提高波及效率。因此，倾斜油层中注气或注气水混合物的效果比平缓油层要好得多。对于这样的重力稳定驱替，要求有足够高的垂向渗透率，以便使油气在垂向上能有效地分异和移动。另外，要保持适当的注气速度，保持气驱界面的稳定性。重力稳定驱替的最大注入速度可由式（10-6）估算：

$$v_c = \frac{g\Delta\rho_{og}\sin a}{\mu_o / K_o - \mu_g / K_g} \tag{10-6}$$

式中 v_c——最大注入速度，m/s；

ρ_{og}——油气密度差，kg/m³；

μ_o——油的黏度，mPa·s；

μ_g——气的黏度，mPa·s；

K_o——油的渗透率，mD；

K_g——气的渗透率，mD；

α——油藏倾角，(°)。

当注入速度大于 v_c 时，重力稳定驱替将遭到破坏。在低渗透率和低倾角的油藏中，临界流速往往过低，已不具备实际意义。高倾角地层可采取从构造下倾部位注气，通过重力分离使注入气进入构造的高部位，形成次生气顶，将残留在顶部的剩余油区向位于下部的井而采出。利用重力稳定驱替开发的油层，倾角至少为 15°，应采用集中注气方式开采。若油层倾角小于 15°，且存在分散的页岩薄层，应减少油气的重力分离，从而提高水平驱替的扫油效率，此类油藏可采用面积注气开采方式。通过对重力稳定驱的驱替特点及其最大速度的分析可知，油藏倾角越大，重力稳定驱的驱油效果越好，因此，可做出油藏倾角的评价指标，见表 10-58。

表 10-58　油藏倾角的评价指标表

评价	好	较好	中等	较差	差
油藏倾角，(°)	>70	50~70	30~50	10~30	<10

7）储层厚度

对于水平油藏，正韵律油层和反韵律油层或复合韵律油层在进行注气驱过程中，由于注入剂和原油的密度和黏度差，将造成溶剂超覆原油和水流动；水气交替注入过程中，在注入水与溶剂前沿后面，烃相之间则会发生重力对流分离。这种情况下，油藏厚度增加对驱替产生不利影响。油藏厚度不宜过大，储层厚度过大，层间矛盾越突出，且相对较薄的油藏不容易发生气窜。水平驱动适宜于垂向渗透率受限制的油藏，油藏厚度小于 3.05m 时，效果更好。储层厚度的评价指标见表 10-59。

表 10-59　储层厚度的评价标准

评价	好	较好	中等	较差	差
储层厚度，m	<10	10~20	20~30	30~40	>40

8）油层压力

油藏注气开发效果也取决于注入溶剂前缘的驱替压力。它的大小，主要由地层原油与注入气的成分决定。注干气时，其驱油效率随着地层原油的中间组分 C_2—C_6 的浓度增加而提高，随着含 C_7 以上组分的增加而下降，达到混相所需驱替压力的变化规律则正好与此相反。若原油的中间组分含量低，为了消除相界面，也就是为了取得高的驱油效率，要求驱替前缘压力非常高，往往超过原始油层压力。在油藏中，非混相驱替压力超过饱和压力的值越多，原油采收率就越高。注富气时，可在较低的压力下实现混相驱油。

在某深度的油藏温度超过溶剂临界温度时，油藏压力需足够高，以确保溶剂与油产生混相。当油层压力增高到一定程度及大于最小混相压力时，才能够达到混相。较高的油层压力容易达到混相，但过高的油层压力使工程强度和风险程度加大，从而从整体上影响注气效果。根据 CO_2 的最小混相压力范围和油藏压力对注气工程的适宜性，可做出油藏压力的评价指标，见表 10–60。

表 10–60　油藏压力的评价指标表

评价	好	较好	中等	较差	差
油藏压力，MPa	15～20	20～25	25～30	30～35	＞35
		12～15	10～12	8～10	＜8

9）润湿性

润湿性是两种非混相流体同时呈现于固相介质表面时，某一流体优先润湿固体表面的能力。油藏岩石的润湿性是储层岩石的一个重要物理性质，它反映了油藏岩石孔隙内及其表面的油水微观分布状态。在矿场上，通常采用润湿指数法中的油湿指数来确定油藏岩石的润湿性。其计算公式如下：

$$油湿指数=\frac{自吸油排水量}{自吸油排水量+油驱水排水量} \tag{10-7}$$

表 10–61 是油湿指数与油藏润湿性对照表。利用该表，结合实际油田油藏岩石采用润湿指数法测定的油水湿指数，就可以确定注气候选油藏所适宜的岩石润湿性。

表 10–61　油湿指数与油藏润湿性对照表

润湿指数	润湿性				
	亲油	弱亲油	中性	弱亲水	亲水
油湿指数	1～0.8	0.8～0.6	0.6～0.4	0.4～0.2	0.2～0

油藏岩石的润湿性直接影响到注气开发油田过程中气驱油的驱替效率。理论研究和岩心驱替实验均表明：在水湿介质中，由于水的存在减少了油与溶剂的接触面积，而且水锁现象更加严重，不利于注气驱的驱油效率。如果在不注水的情况下注气，那么这种效应可以忽略不计，如果已经实施了注水开发，那么水湿油藏中水锁现象更加严重。由于在亲水介质中存在水的遮挡作用，亲水介质中的原油采收率比亲油介质的原油采收率低。因此，油湿指数越高的油藏注气驱油效果越好，由此可做出润湿性的评价指标（表 10–62）。

表 10–62　润湿性评价指标表

评价	好	较好	中等	较差	差
油湿指数	0.8～1	0.6～0.8	0.4～0.6	0.4～0.4	0～0.2

10）油藏非均质性

储层岩石的非均质性常用渗透率变异系数 $V(K)$ 来描述，储层渗透率的变异系数是储层非均质性大小的表征，它反映了混相驱过程由于渗透性变化引起的溶剂突进程度。从理论上讲，储层岩石渗透率变异系数值介于 0～1 之间。从实际的油田统计资料来看，渗透率变异系数值的大小介于 0.5～1 之间。渗透率变异系数从宏观上体现储层的非均质性，理论研究和实际油田开发规律均表明，渗透率变异系数的大小直接影响着注气开发效果。对于渗透率层间差异严重的油藏，注入的流体优先进入渗透率较高的层。结果，在渗透率较低的储层的油还没有完全被波及之前渗透率较高的储层已经发生了气窜。在很不利的流度比条件下，注入的流体更容易在高渗透层窜流，这种层间差异对于提高采收率有着很大的影响。

另一种渗透率层间差异的影响是较大的段塞进入渗透率较高的层，较小的段塞进入渗透率较低的层。小段塞可能由于横向和径向弥散而稀释破坏混相形成的程度，从而对这些层起不到混相驱替的作用。若层间是连通的，由于流动势能差，可引起各层之间溶剂与原油的交渗流动，加上重力分离作用，当高渗透层位于油藏的底部或中部时，混相驱的效果要好于高渗透层位于顶部的情况，有时甚至优于均质油藏。纵向非均质性可抑制混相溶剂因重力超覆带来的危害，有助于水平驱替，但对于垂向驱替，它将阻碍溶剂向下运动，并且由于低渗透率屏障的截流作用，会造成溶剂大量损失。油层非均质性是直接影响气驱效果的主要因素之一，也是确定注入气量时必须考虑的因素。结合我国砂岩储层非均质性评价指标（表 10–63），可做出注气候选油藏储层非均质性的评价指标（表 10–64）。

表 10–63　我国砂岩储层非均质性评价指标

渗透率突进系数	渗透率变异系数	非均质评价
< 2	< 0.5	均质
2 ~ 3	0.5 ~ 0.7	非均质
> 3	> 0.7	严重非均质

表 10–64　油藏储层非均质性评价指标

评价	好	较好	中等	较差	差
V（K）	< 0.5	0.5 ~ 0.55	0.55 ~ 0.6	0.6 ~ 0.65	> 0.65

11）原油饱和度

被选定注气的油藏，其原油饱和度是预测经济可行性最关键的参数。饱和度的界限取决于注入流体的成本、油价、油藏流体特性及油藏特性。理论上，混相驱可以从波及的地区驱替出所有的剩余油，但是由于流度比及油藏非均质性的影响，在最好的情况下，体积波及系数也只能达到 55% ~ 60%。通常混相驱开采，原油饱和度最低限为 25%。对于非混相驱替。原油饱和度最低限为 50%。Thomas 和 Monger 等通过岩心实验和数值模拟指出，CO_2 吞吐前具有较高的当前含油饱和度，是取得驱替效益的先决条件。若原油饱和度太低会导致混相驱过程中难以形成连续油带，通常要求原油饱和度大于 20%，否则得不到预期的注气效果。根据混相驱开采的原油饱和度最低限和原油饱和度越大注气驱取得的经济效益越好的原则，可以做出原油饱和度的评价指标（表 10–65）。

表 10–65　原油饱和度评价指标

评价	好	较好	中等	较差	差
原油饱和度	> 70%	55 ~ 70%	40 ~ 55%	25 ~ 40%	< 25%

八、CO_2 地质埋存与提高采收率的筛选标准

1. CO_2 地质埋存的筛选标准

前面分析了盆地地质特征、成熟度、储层地质特征以及成本和社会环境等因素对 CO_2 地质埋存工程的影响，通过对这些因素进行分类、综合，抽提出具有决定作用的指标因素

集，对因素的合理范围进行描述，并尽可能量化，得出适合 CO_2 地质埋存的目标层的各因素合理取值范围。总结这些指标的范围，便得到了 CO_2 地质埋存的一般筛选标准（表 10-66）。以此为基础，可对目标储层进行评价，以决定其地质埋存的可行性。

表 10-66 CO_2 地质埋存一般筛选标准

评价	好	较好	一般	较差	差
构造背景	克拉通前陆	内陆裂谷	扩散被动盆地	聚合山间	大洋凹陷 扭动活跃海沟
盆地面积，10^4km^2	超巨型 （>1000）	巨型 （50~100）	大型 （10~50）	中型 （1~10）	小型 （<1）
深度，m	>5000	4000~5500	2500~5000	1000~2500	<1000
水文地质	重力驱动， 长范围流动规模， 流动深度深	侵蚀回流， 长范围流动规模， 流动深度深	混合作用， 中等流动规模， 流动深度中等	挤压驱动， 短距离流动规模， 流动深度浅	压实作用， 短距离流动规模， 流动深度浅
地表温度，℃	<-2	-2~3	3~4	10~25	>25
地热流值，mW/m^2	<54.5	54.5~65	65~75	75~85	>85
地温梯度，℃/100m	冷盆地 （<2.0）	次冷盆地 （2.0~3.0）	中等 （3.0~4.0）	次热盆地 （4.0~5.0）	热盆地 （>5）
断裂特征	有限的断层和裂缝，大的泥岩	有限的断层 有限的裂缝	中等断层 中等裂缝	大断层 大裂缝	大断层 大裂缝
断裂封闭性	好	较好	中等	较差	差
油气潜力 （SRI）	好烃源岩 （>50）	较好烃源岩 （50~25）	一般烃源岩 （25~0）	临界烃源岩 （0）	非排烃源岩 （<0）
煤、煤层气	深度 300~700m	深度 700~800m	深度 800~900m	深度大于 900m	无
勘探程度	1.0~0.75	0.75~0.5	0.5~0.25	0.25~0.1	0.1~0
基础设施	完善	较完善	中等	不完善	无
气源距离，km	<50	50~100	100~200	200~300	>300
气源规模，mt/a	>55	25~55	10~25	5~10	<5
盆地自然条件	深海、温带	深海、热带	浅海、沙漠	陆地、亚极地	陆地、极地
收益	远大于成本	大于成本	与成本持平	小于成本	远小于成本
社会环境	公众认可度高，法规完善	公众认可度较高， 法规较完善	认可度一般，法规需修改	公众认可度差，法规需制定	公众认排斥
渗透率变异系数	<0.5	0.5~0.55	0.55~0.6	0.6~0.65	>0.65
岩石特性	碎屑岩 层状分布	混合 层状分布	碳酸盐岩 层状分布	非层状分布	没有盐岩
埋存能力，kg/m^3	>15	15~10	10~5	5~1	<1
注入能力 Kh，m^3	$>10^{-13}$	$10^{-13}\sim10^{-14}$	$10^{-14}\sim10^{-15}$	$10^{-15}\sim10^{-16}$	$<10^{-16}$
封闭能力，m	>400	200~400	100~200	0~100	≤0

2. CO_2提高采收率的筛选标准

前面对CO_2驱提高石油采收率的影响因素进行分析，建立了影响因素指标集以及取值范围。在指标集量化过程中，考虑到了中国油藏的一些特点。现以指标量化分析为基础，将各参数的评价标准综合列成表（表10–67）。该表可作为CO_2驱提高石油采收率油藏筛选的一般准则。但是，并非所有成功注CO_2的油藏都符合所有的筛选标准，不能机械地把不符合其中某一个指标的油藏拒之于CO_2混相驱范围之外，其原因有二：一方面影响CO_2埋存及提高石油采收率效果的诸多因素不是独立的，而是相互影响、相互制约的；另一方面在各种具体的条件下，各参数对CO_2埋存及提高石油采收率的影响程度是不一样的，具有不同的权重。要综合考虑各因素对CO_2埋存及提高石油采收率的影响，可采用模糊综合评判理论对具体的油藏条件做出综合判断。与CO_2地质埋存筛选评价相比，CO_2驱提高石油采收率的油藏筛选评价指标在取值时，由于有CO_2混相驱成功和不成功的油藏数据作为借鉴和对比，指标一般都可以被合理地量化，这为模糊综合评价提供了可能。

表10–67　CO_2混相驱筛选评价标准

评价	好	较好	中等	较差	差
渗透率，mD	0.1~10	10~50	50~200	200~500	>500
黏度，mPa·s	<2	2~4	4~8	8~10	>10
孔隙度，%	10~15	15~20	20~25	25~30	>30
		8~10	6~8	4~6	<4
油藏深度，m	1500~2000	2000~2500	2500~3000	3000~3500	>3500
		1200~1500	1000~1200	800~1000	<800
油藏温度，℃	80~90	90~100	100~110	110~120	>120
		70~80	60~70	50~60	<50
原油密度，g/cm^3	<0.82	0.82~0.86	0.86~0.88	0.88~0.90	>0.90
油藏倾角，(°)	>70	50~70	30~50	10~30	<10
储层厚度，m	<10	10~20	20~30	30~40	>40
油藏压力，MPa	15~20	20~25	25~30	30~35	>35
		12~15	10~12	8~10	<8
油湿指数	0.8~1	0.6~0.8	0.4~0.6	0.4~0.4	0~0.2
渗透率变异系数	<0.5	0.5~0.55	0.55~0.6	0.6~0.65	>0.65
原油饱和度，%	>70	55~70	40~55	25~40	<25
封闭能力，m	>400	200~400	100~200	0~100	≤0

需要指出的是，以上CO_2驱提高石油采收率油藏筛选标准的分析是在混相驱方法影响因素分析及影响指标描述的基础上进行的，没有对非混相驱进行特别的研究。这样做的主要原因是能进行非混相驱的油藏，其特点很长时间基本上没发生太大变化，仍以超过600~900m深的油层中发现的轻质、低黏原油为最佳开采目标。综合以上分析得到的混相驱筛选标准以及历史上提出的一些看法，在此列出影响非混相驱的主要指标及最佳取值范围，见表10–68。

表 10-68 CO_2 非混相驱筛选评价标准

筛选参数	CO_2 非混相驱
原油黏度，mPa·s	100~1000
原油密度，g/cm^3	>0.9
含油饱和度，%	30~70
油藏深度，m	600~900
储层厚度，m	10~20
渗透率变异系数	0.5~0.55

参 考 文 献

[1] 刘德灿，史睿华，李华．边缘井天然气回收技术研究及应用［J］．内蒙古石油化工，2011，37（5）：2.

[2] 田同生．油井套管气回收工艺及适用性［J］．中国科技纵横，2010，1（3）：27.

[3] 李士富，王继强，常志波，等．冷油吸收与 DHX 工艺的比较［J］．天然气与石油，2010，28（3）：35-39.

[4] 艾云超．大庆油田天然气放空治理措施［J］．天然气工业，2011，31（2）：1-4.

[5] 杨克清，王铁．膜分离技术在油田伴生气集输中的应用［J］．石油化工应用，2012，31（1）：104-106.

[6] 孙德胜．膜技术在轻烃回收中的应用［J］．石油化工设计，2009，26（3）：40-42.

[7] 金伟，田英男，张志军．低压油田伴生气杂质脱除技术——以大庆油田为例［J］．天然气工业，2010，30（12）：96-99.

[8] Gui X，Tang Zh G，Fei W Y. Solubility of CO_2 in Alcohols，Glycols，Ethers，and Ketones at High Pressures from（288.15 to 318.15）k［J］. Journal of Chemical and Engineering Data，2011，56（5）：2420-2429.

[9] 汤志刚，费维扬，李铁枝．利用分子连接性指数关联 CO_2 在吸收剂中的溶解度［J］．中国科学：化学，2012，42（3）：297-305.

[10] Tang Zhigang，Li Hongwei，Chen Jian，et al. Utilization of "Instantaneous Molecule Cluster（IMC）" Hypothesis to Predict VLE in CO_2 Absorption by Alkanes［C］. Paris：CCEA，2013.

第十一章　低碳策略标准与战略技术

通过低碳一期开展的节能减排综合评价指标体系研究和低碳策略、标准与战略研究，建立了中国石油节能、减排及低碳综合评价指标体系，明确节能减排低碳发展阶段和发展方向，制定中国石油低碳管理和低碳技术两项发展路线图，为制定实施绿色发展战略提供了技术依据。

第一节　概　　述

“十二五”期间，随着国家节能减排考核要求和标准日趋严格和规范，建立有效适应国家监管政策要求和中国石油业务快速发展的节能减排综合指标体系十分迫切。例如，国家环保导向已经从污染物控制转向环境质量控制，污染减排已经从方法核算到依据在线监测系统，因此需要加大在线监测系统的权重系数，同时要考虑增加厂界环境质量达标等相应的指标，使指标体系充分反映国家政策导向，满足企业管理需求。而能效对标管理的目标是通过不断地对标、创标，找到差距、解决问题、提高能效。目前，中国石油建立了油气田和炼化业务能效对标指标体系和能效对标数据库，依托中国石油节能节水信息系统构建了能效对标平台，通过内部能效对标实践，逐步完善能效对标指标体系和系统功能，积累能效对标数据和最佳节能实践，为企业提供更为强大的能效对标服务。中国石油节能减排指标体系研究，以现有管理体系为基础的中国石油节能减排评价指标体系及评价方法，推进节能减排对标工作的深入开展，促进节能减排持续改进。

中国石油低碳发展综合评价及低碳路线图研究，旨在构建中国石油的低碳综合水平评价体系，把握中国石油的低碳水平，挖掘低碳潜力，确定低碳发展目标和路径，形成中国石油的低碳发展战略，配套建立较为系统的低碳政策机制、标准体系、数据库与决策支持系统，为中国石油有效应对相关低碳政策、促进低碳能力建设、提高低碳管理水平、全面增强低碳软实力提供技术支撑，有助于中国石油成为我国石油石化行业低碳政策制定的参与者、标准的引导者、低碳管理水平的领先者。课题成果技术水平总体达到国内领先、接近国际先进水平。低碳管理发展路线图从战略规划、政策标准与决策支持系统 3 个领域明确了发展方向，提出了分阶段的目标。低碳技术发展路线图以污染控制标准为导向，提出了无害化—减量化—资源化—“零排放”的发展路线。低碳发展综合评价指标体系建立了包含 5 准则、26 指标、3 层次的我国石油石化行业低碳发展评价指标体系框架。

第二节　中国石油能效对标指标体系及方法

为加强重点耗能企业节能管理，提高能源效率水平，国家推动实施重点耗能企业能效对标活动。中国石油是国家骨干企业，既是能源生产大户，也是能耗大户，建立科学合理的能效对标指标体系及方法，是企业开展能效对标、提高节能管理和技术水平、促进能效持续改进的重要基础。

能效对标是指企业为提高能效水平、与国际国内同行业先进企业能效指标进行对比分析，确定标杆，通过管理和技术措施，达到标杆或更高水平的节能实践活动。

能效对标前期准备内容可概括为：确定一个目标、建立两个数据库、建设三个体系。“确定一个目标”，即基于企业实际情况，合理选择对标主体，并确定适当的能效对标指标改进目标值。“建立两个数据库”，即：在建立企业能效对标指标体系的基础上，建立企业能效对标指标数据库；同时建立企业最佳节能实践库。“建设三个体系”即建设能效对标指标体系、能效对标管理综合评价体系、能效对标工作组织管理体系。

企业能效对标管理活动成功开展后，应作为企业经营的一项职能活动融合到日常能源管理工作中去，成为一项固定的制度连续进行。要加大考核力度，强化考核指标的刚性，把能效对标管理作为加强企业能源管理的有效途径，贯穿企业能源管理的全过程，将对标管理的成果作为部门和员工的重要业绩加以考核，把各阶段能效指标完成情况与员工利益挂钩，形成有效的激励约束机制，使能效指标改进工作保持持续的动力。

一、国际大石油公司能效对标指标

1. 油气田业务

由于油气田业务的特殊性，各油田之间甚至同一油田的不同开发区块，其油藏特性、开发阶段、原油物性、地理环境等均存在明显差异，造成油气田开发方式、生产工艺等不同，导致能源消耗数量、结构、单耗水平差异较大。例如，部分低渗透油层的机采单耗与高渗透油层的机采单耗相差 10 倍之多[1]。

根据调研，国际大型石油公司油气田业务的能效对标管理并不普遍，基本以统计为主。国外大型石油公司公布的油气田能效指标主要有综合性指标、耗能设备的运行效率和温室气体排放指标。

（1）综合性指标：如开采每桶石油的能源消耗（GJ/bbl）、开采每桶石油的电力消耗（kW · h/bbl）、开采每立方米天然气的能源消耗（GJ/m^3）等。

（2）耗能设备的运行效率指标：如抽油机系统效率、注水系统效率、输油泵效率、加热炉效率等。

（3）温室气体排放指标：如每立方米当量原油（气）产量所排放的 CO_2 当量。

2. 炼化业务

国际大型石油公司炼油化工业务开展能效对标活动较为普遍，指标也较为成熟。

1）炼油能效对标指标

国外炼油的能效指标计算方法一般采用以下两大类：一类是以现有炼厂能耗的平均值为基础，确定能耗基准值；另一类是以技术先进、经济合理为前提，人为确定能耗基准。

（1）炼厂能量因数法。由美国阿莫科公司的汤姆逊于 20 世纪 80 年代提出。优点是简化了能耗的概念，易于对各装置能耗进行对比，也易于进行炼厂间的能耗对比；缺点是基准不够严格，装置主要工艺条件的改变不能通过能量因数得到反映和调整。

（2）复杂系数法。由美国的纳尔逊提出，以操作费用的高低作为衡量工艺装置复杂程度的标志。该方法的优点是能提供整个炼厂复杂程度的概念，便于同类型炼厂之间的能耗比较；不足之处在于常压装置的能耗高低不能反映到全厂复杂系数中。

（3）能耗系数法。壳牌所采用的能耗系数法和炼厂能量因数法大致相同。

（4）Solomon EII。Solomon 自 20 世纪 80 年代开始开展全球炼油行业绩效评估，开发了能源密度指数（Energy Intensity Index，EII）用于比较不同炼厂的能源消耗。

EII 既可以反映炼厂装置能耗方面的好坏程度，也可以通过它看出炼厂在能耗方面还有多少潜力未发挥。

（5）KBC BTI。KBC 通过对每类工艺装置的操作数据和设计条件进行分析研究，特别是影响能耗的主要工艺参数，开发建立了 BTI 及计算该值的最佳能量使用效率标准。每套装置的 BTI 为报告期内实际的能源消耗除以其最佳能耗，该值通常为百分数形式，能够基于每个炼厂的原料情况、加工流程复杂度、装置操作苛刻度和产品结构等评价装置、公用工程和全厂的用能水平。

（6）能耗基准因数法。由埃克森美孚提出，制定出标准状况下的能耗基准因数（Energy Guideline Factor，EGF），装置的实际能耗与有效能耗之比称为基准线（Guideline）。优点是能耗对比基准建立在相同的有效用能的基础上，与装置原有的操作状况无关，便于对比；缺点是前提条件太多。

6 种炼油业务能效对标指标对比见表 11-1。

表 11-1　炼油业务能效对标指标对比

能效对标指标名称	评价目标	评价指标及简要计算方法	特点
单位能量因数能耗（炼厂能量因数法）	主要用于对各装置间、炼厂间的能耗对比	以平均能耗为基础，以常压装置能耗为基准，其能量因数为 1，其他工艺装置的能量因数是将该装置单耗与原油常压装置对比。所有工艺装置的能量因数相加得到全厂能量因数	能够反映炼厂复杂程度后的影响。缺点是基准不够严格，不能反映装置技术水平进步
复杂系数	用于同类型炼厂之间的能耗比较	以炼厂常压装置平均操作费用为基准，令常压装置的复杂系数为 1。其他装置单位加工量操作费用和常压装置相比，得到装置的复杂系数。所有工艺装置的复杂系数相加得到全厂复杂系数	以操作费用高低衡量装置复杂程度，基准不够严格，不能反映装置技术水平进步
能耗系数	主要用于对各装置间、炼厂间的能耗对比	根据该集团炼厂的平均数据，确定各工艺装置的能耗系数和公用工程的能耗系数，计算得到装置理论能耗和全厂理论能耗，再与实际能耗相比得到能耗系数	能够反映炼厂能效水平的相对先进水平，不能反映装置技术水平进步
Solomon EII	评价炼厂绩效水平，主要用于不同企业之间的横向竞争力对比	有一套完整的计算指标体系和方法。炼厂每个工艺装置的利用能力乘以“装置标准能耗”得到装置标准能耗。所有工艺装置的标准能耗加和得到炼厂标准能耗。EII 是炼厂实际能耗除以炼厂标准能耗的比值	考虑了炼厂复杂程度后的综合能耗指标
KBC BTI	比较与其最佳水平之间差距，也可进行企业间排名	有一套完整的计算指标体系和方法	能够较为合理地反映原料、工艺和设备对能耗水平的影响
能耗基准因数	用于炼厂之间的能耗水平对标	对常压、减压、催化裂化等 42 套工艺装置，分别根据其处理量、开工天数、能耗基准因数等计算出有效能耗。装置的实际能耗与有效能耗之比称为基准线（Guideline）。通过基准线值比较评价能耗水平	装置操作条件的变化，能反映到基准能耗因数上来。缺点是前提条件太多，计算复杂

2）乙烯装置能效对标指标

能效对标指标主要为单位乙烯能耗，部分公司还采用单位双烯能耗或单位高附加值化学品能耗。

单位乙烯能耗为乙烯装置能耗与乙烯合格产品产量的比值，单位双烯能耗为乙烯装置能耗与乙烯及丙烯合格产品总产量的比值，单位高附加值化学品能耗为乙烯装置能耗与高附加值化学品合格产品总产量的比值。

Solomon 公司针对乙烯装置能效评价，结合炼厂 EII，也将基准能耗的概念引入乙烯装置，实现了不同乙烯装置能耗的可比。

二、中国石油油气田业务能效对标指标体系

1. 总体思路和基本原则

为促进油气田通过能效对标查找差距，不断改进提高，油气田能效对标应满足以下原则：

（1）应选择类型和条件相同的油气田进行综合对标。

（2）类型不同的油气田可选择条件相近的生产系统为单元进行对标。

（3）对标指标应包含耗能设备能效指标，如电动机效率、泵效率、加热炉效率等。

（4）对标数据应包含关键生产和技术参数，如抽油机平衡度、注水压力、排烟温度等。

能效对标是个循环渐进不断深入的过程，由内部对标转向外部对标、由纵向对标转向横向对标、由典型区块对标逐渐覆盖整个生产系统对标、由重点耗能环节对标向生产全过程耗能对标推进。能效对标应成为节能管理的一项常态工作内容，在持续不断的对标活动中提升能效水平。

2. 能效对标指标体系

油气田能效对标体系设三级，最高级为综合能效指标，可反映企业整体用能水平，但由于为宏观指标，可比性较差；二级指标为系统能耗指标；三级指标为耗能设备能效指标和运行技术指标。油气田能效对标指标体系总体框架见表 11–2。

表 11–2　油气田能效对标指标体系总体框架

序号	指标级数	指标名称	说明
1	一级指标	综合能耗指标	反映整体用能水平
2	二级指标	系统能耗指标	反映系统用能水平
3	三级指标	设备能效指标	反映设备用能水平
		运行技术指标	反映运行用能水平

1）油田能效对标指标体系

综合考虑油田生产主要耗能环节及生产管理基本单元模式，油田能效对标分 7 个生产系统建立相应的对标指标体系，即机采系统、转油站及集油系统、原油脱水站、原油稳定处理站、含油污水处理站、注水站及系统、注蒸汽系统。

为了便于开展对标工作，每个生产系统的对标指标体系均由基础信息、能效指标、节能措施三大部分组成，其中基础信息包含开发基本信息、能耗设备、生产参数及主要能源品种消耗量等能效影响因素。

（1）机采系统。机采系统能效对标一般以采油矿或采油队为管理单元寻找标杆，进行对标实践，对标指标包含机采单耗及机采系统效率。影响指标的背景信息有油藏属性、开采方式、平均泵挂深度、原油密度等物性参数；影响指标的设备信息有抽油机井或螺杆泵

井等机采方式，有6型机或10型机等装机型号等因素；影响指标的运行参数有平均单井产液、综合含水率、总井口产液量及总耗电量等。

（2）转油站及集油系统。转油站及集油系统能效对标指标包含集油吨液耗气、集油吨液耗电、集油吨液综合能耗，以及加热炉炉效、掺水泵和外输泵泵效等。影响指标的背景信息有集油工艺、埋地管道地温、气油比、原油黏度、密度等物性参数，以及井口出油温度、井口回压等数据；影响指标的设备信息有加热炉类型及装机容量、转油站内主要机泵型号及装机负荷等；影响指标的运行参数有掺水及回油温度、总外输量及各种能耗量等。

（3）原油脱水站。原油脱水站能效对标指标包含原油脱水吨液耗气、原油脱水吨液耗电、原油脱水综合能耗，以及加热炉炉效、外输泵泵效。影响指标的背景信息有处理规模、脱水工艺、进站温度、原油黏度及综合含水率等数据；影响指标的设备信息有站内加热炉类型及装机容量、主要机泵型号及装机负荷等；影响指标的运行参数有脱水温度、外输温度、总处理量及各种能耗量等。

（4）原油稳定处理站。原油稳定处理站能效对标指标包含原稳吨油耗气、原稳吨油耗电、原稳吨油综合能耗及加热炉炉效、机泵泵效。影响指标的背景信息有处理规模、处理工艺、来油温度、原油密度等数据；影响指标的设备信息有稳定塔设计参数、站内加热炉类型及装机容量、主要机泵型号及装机负荷等；影响指标的运行参数有稳定塔工作温度、操作压力、外输温度、轻烃回收规模及各种能耗量等。

（5）含油污水处理站。含油污水处理站能效对标指标包含单位含油污水处理电耗及机泵泵效。影响指标的背景信息有处理规模、处理工艺、来水含油量、来水悬浮物含量、来水粒径中值及回注何类目的层等情况；影响指标的设备信息有站内各类机泵型号及装机容量等；影响指标的运行参数有处理负荷，处理后水含油量、悬浮物含量、粒径中值及总耗电量等。

（6）注水系统。注水系统能效对标指标包含注水单耗、每兆帕注水单耗、离心泵机泵效率、柱塞泵机泵效率、管网效率、注水系统效率。影响指标的背景信息有注水站规模、注水工艺、油藏属性、井口注入压力等情况；影响指标的设备信息有站内各类机泵型号及装机容量等；影响指标的运行参数有泵压、泵管压差、总注水量及总耗电量等。

（7）注蒸汽系统。注蒸汽系统能效对标指标包含蒸汽生产单耗、锅炉效率及机泵效率。影响指标的背景信息有开发方式、布站方式、管道保温方式、油汽比等情况；影响指标的设备信息有注汽锅炉类型及装机容量，站内各类机泵型号及装机负荷，燃料类型等；影响指标的运行参数有注汽锅炉压力、出站蒸汽干度、出站蒸汽温度、出站供汽压力、井口注汽流量、井口注汽温度、井口注汽压力，总注汽量及各种能耗量等。

2）气田能效对标指标体系

气田生产能耗主要集中在集气系统、增压站、气田水回灌系统和天然气处理厂。综合考虑气田生产主要耗能环节及生产管理基本单元模式，气田能效对标主要按照集气系统、增压站、气田水处理及回灌系统、天然气处理厂4个生产系统建立能效对标指标体系。

（1）集气系统。集气系统能效对标指标包含集气综合能耗、压缩机效率和加热炉平均效率。影响指标的背景信息有集气工艺、防水合物工艺、脱水工艺等情况；影响指标的设备信息有井口加热炉装机负荷，压缩机、注醇泵型号及装机功率等；影响指标的运行参数有平均单井产气量、集气压力、总产气量、各种能耗量等。

（2）增压站。增压站能效对标指标包含单位输气综合能耗、燃驱压缩机效率和压缩机组效率。影响指标的背景信息有设计规模、压缩机驱动方式等情况；影响指标的设备信息有燃驱压缩机组型号及装机容量，电驱压缩机组、空气冷却器等各类机泵型号及装机负荷等；影响指标的运行参数有处理气量、进站压力、出站压力、压缩机负载率及各种能耗量等。

（3）气田水处理及污水回灌系统。气田水处理及污水回灌系统能效对标指标包含单位气田污水处理电耗、回灌水单耗、污水泵机组效率、注水泵机组效率。影响指标的背景信息有设计规模、处理工艺、回灌井深、回灌标准、井口注入压力等情况；影响指标的设备信息有污水提升泵、污水回灌泵等各类机泵型号及装机负荷；影响指标的运行参数有污水处理量、注水量、注水泵泵压及总耗电量等。

（4）天然气处理厂。天然气处理厂能效对标指标包含处理综合能耗、脱硫（碳）装置综合能耗、硫黄回收装置综合能耗、脱水装置综合能耗、凝液回收装置综合能耗、压缩机组效率、加热炉效率、机泵平均效率等。影响指标的背景信息有设计规模、处理工艺、H_2S 组分、CO_2 组分、脱水工艺、脱硫（碳）工艺等情况；影响指标的设备信息有加热炉或锅炉装机负荷，压缩机、风机及各种机泵装机功率等；影响指标的运行参数有处理气量、来气压力、硫收率、轻烃收率、各种能耗及水耗等。

三、中国石油炼化业务能效对标指标体系

1. 总体思路和基本原则

（1）以生产装置为主要单元，兼顾厂级对标。

（2）涵盖主要耗能装置。

（3）兼顾综合类指标和单体类指标。

（4）突出指标影响参数设置。

2. 能效对标指标体系

根据总体思路和原则，炼化业务能效对标指标体系共包括 9 个子体系，各子体系的能效指标包括装置或炼厂能效指标、重点耗能设备能效指标、换热网络能效指标等，具体见表 11–3。

表 11–3　炼化业务能效对标指标

子体系名称	指标类型	指标名称	单位	定义
炼厂	炼厂能效指标	加工吨原油综合能耗	kg（标油）/t	统计周期内加工每吨原油及外购原料油（气）消耗的各种燃料、动力能源总量
		单位能量因数能耗	kg（标油）/（t× 能量因数）	以炼油能量因数作为校正系数计算的炼油综合能耗指标
	重点耗能设备能效指标	加热炉平均效率	%	统计周期内全厂加热炉热效率算术平均
常减压装置	装置能效指标	装置综合能耗	kg（标油）/t	装置综合能耗
	重点耗能设备能效指标	常压炉平均效率	%	统计周期内常压炉热效率算术平均
		常压炉排烟温度	℃	统计周期内常压炉排烟温度算术平均
		常压炉烟气氧含量	%（体积分数）	统计周期内常压炉烟气氧含量算术平均

续表

子体系名称	指标类型	指标名称	单位	定义
常减压装置	重点耗能设备能效指标	减压炉平均效率	%	统计周期内减压炉热效率算术平均
		减压炉排烟温度	℃	统计周期内减压炉排烟温度算术平均
		减压炉烟气氧含量	%（体积分数）	统计周期内减压炉烟气氧含量算术平均
	换热网络能效指标	原油换后终温	℃	统计周期内原油进常压炉温度算术平均
催化裂化装置	装置能效指标	装置综合能耗	kg（标油）/t	装置综合能耗
	重点耗能设备能效指标	烟机效率	%	统计周期内烟机效率算术平均
		烟机出口再生烟气温度	℃	统计周期内烟机出口再生烟气温度算术平均
		再生烟气氧含量	%（体积分数）	统计周期内再生烟气氧含量算术平均
		余热锅炉排烟	℃	统计周期内余热锅炉排烟温度算术平均
		主风机效率	%	统计周期内主风机效率算术平均
		气压机组效率	%	统计周期内气压机组效率算术平均
		气压机反飞动比例	%	统计周期内气压机反飞动量与冷凝罐出口富气量比值
	换热网络能效指标	分馏塔顶油气去冷却温度	℃	统计周期内分馏塔顶油气进冷却器温度算术平均
		顶循去冷却温度	℃	统计周期内顶循进冷却器温度算术平均
		稳定汽油去冷却温度	℃	统计周期内稳定汽油进冷却器温度算术平均
		柴油去冷却温度	℃	统计周期内柴油进冷却器温度算术平均
催化重整装置	装置能效指标	装置综合能耗	kg（标油）/t	装置综合能耗
	重点耗能设备能效指标	“四/五合一炉”效率	%	统计周期内“四/五合一炉”热效率算术平均
		循环氢压缩机效率	%	统计周期内循环氢压缩机效率算术平均
		循环氢压缩机反飞动比例	%	统计周期内循环氢压缩机反飞动比例算术平均
	换热网络能效指标	预加氢进料换热器热端温差	℃	统计周期内预加氢进料换热器热端温差算术平均
		重整进料换热器热端温差	℃	统计周期内重整进料换热器热端温差算术平均
加氢精制装置	装置能效指标	装置综合能耗	kg（标油）/t	装置综合能耗
	重点耗能设备能效指标	新氢压缩机效率	%	统计周期内新氢压缩机效率算术平均
		循环氢压缩机效率	%	统计周期内循环氢压缩机效率算术平均
		加热炉效率	%	统计周期内加热炉热效率算术平均
	换热网络能效指标	反应进料换热器热端温差	℃	统计周期内反应进料与反应产物换热器热端温差算术平均
加氢裂化装置	装置能效指标	装置综合能耗	kg（标油）/t	装置综合能耗
	重点耗能设备能效指标	新氢压缩机效率	%	统计周期内新氢压缩机效率算术平均
		循环氢压缩机效率	%	统计周期内循环氢压缩机效率算术平均
		反应加热炉效率	%	统计周期内反应进料加热炉热效率算术平均
		常压塔重沸炉效率	%	统计周期内常压塔重沸炉热效率算术平均
	换热网络能效指标	反应进料换热器热端温差	℃	统计周期内反应进料与反应产物换热器热端温差算术平均

续表

子体系名称	指标类型	指标名称	单位	定义
焦化装置	装置能效指标	装置综合能耗	kg（标油）/t	装置综合能耗
	重点耗能设备能效指标	加热炉效率	%	统计周期内加热炉热效率算术平均
		气压机组效率	%	统计周期内气压机组效率算术平均
	换热网络能效指标	分馏塔顶油气去冷却温度	℃	统计周期内分馏塔顶油气去冷却温度平均值
		稳定汽油去冷却温度	℃	统计周期内稳定汽油去冷却温度平均值
		柴油去冷却温度	℃	统计周期内柴油去冷却温度平均值
		蜡油去冷却温度	℃	统计周期内蜡油去冷却温度平均值
乙烯装置	装置能效指标	单位乙烯能耗	kg（标油）/t	单位乙烯能耗
		单位双烯能耗	kg（标油）/t	单位双烯能耗
	重点耗能设备能效指标	裂解炉平均效率	%	统计周期内裂解炉热效率平均值
		裂解炉烟气氧含量	%（体积分数）	统计周期内裂解炉烟气氧含量平均值
		裂解炉排烟温度	℃	统计周期内裂解炉排烟温度平均值
		压缩机平均效率	%	统计周期内压缩机效率平均值
	换热网络能效指标	原料换后终温	℃	统计周期内原料换后终温平均值
合成氨装置	装置能效指标	合成氨单位产品综合能耗	kg（标油）/t	合成氨单位产品综合能耗
	重点耗能设备能效指标	压缩机平均效率	%	压缩机平均效率

四、能效对标方法

1. 能效对标的主要步骤和内容

1）分析现状，明确能效对标内容

能效对标管理的第一步是通过分析现状，梳理企业生产、能耗和能源管理状况，分析存在的问题，确定能效对标内容和对标方向。企业要从改进和提高能源管理绩效的角度出发，弄清楚本企业能源投入产出情况，并将具体内容进行分解，以便于进行诸如能源成本、重点用能环节等问题的分析，进行量化和检查。确定能效对标内容，可以采用因果分析法，将企业能源管理面临的问题整理成内容明确的文件，进而找出问题的可能原因，由此构成了能效对标的具体内容。这一步骤的关键是能够时刻地理解、正确地把握影响企业能源管理绩效的问题和症结所在。

企业可以通过分解法、访谈法、问卷调查法和头脑风暴法等多种方法摸清企业能源管理环节。围绕核心能源管理目标，确认影响这一目标实现的关键因素，从而选择对标指标。

2）选定能效标杆

此阶段主要是收集国内外能效先进企业的能源管理标准、能效指标信息及最佳节能实践，建立潜在能效标杆合作伙伴信息数据库，对这些潜在标杆进行分析和筛选，确定最终标杆单位和对标范围。

标杆单位的选择程序：一是从行业实力方面来判断，必须在公认的实力企业中寻找对标标杆；二是从内部承认方面来判断，应该考虑企业内部对这些实力企业的认同程度；三是从学习意义上来判断，应该考虑这些企业对本单位的学习借鉴意义的大小；四是从合作态度、沟通方面来判断，应把那些合作态度好、收集资料渠道通畅、沟通无障碍的企业作为最佳的对标伙伴。

企业实施能效对标管理必须对标杆企业进行比较和选择，对其进行对标管理分析，找出问题所在，制定对目标企业的研究策略。国内企业的发展并不均衡，状况千差万别，标杆不需一致。

3）设定能效指标改进目标值，制订改进方案

收集与能效对标管理有关的资料和数据，是企业合理确定能效指标改进目标值、制订切实可行的指标改进方案和实施进度计划制订能效改进方案的基础。企业能效对标管理可以采取临时性的信息收集工作，但开展持续性的对标管理则需要企业建立情报收集系统。

资料和数据收集可以从企业内部和外部两方面着手进行。企业要对所收集的数据和资料进行分析，主要分析任务是与选定的能效标杆单位进行对标分析，研究与标杆单位在能源管理方式、管理手段、节能投入等方面的差距，深入进行差距分析，进而制订能效改进目标值、指标改进方案和实施进度计划。

4）能效对标实践

企业能效对标执行小组应向领导小组提交经筛选最终确定的能效指标改进方案、包括成本估算在内的详细的实施计划，征得批准后付诸实施。

能效对标实施计划的实施过程可以参考以下工作程序：挑选人员，组建能效对标项目实施小组，进行相应培训；对实施计划进行预测，详细估算其各方面的影响；对各项能效改进措施的成效和可能带来的问题进行详细评估；对项目实施将涉及的员工进行及时培训，使其能在短时间内适应新的工作方法或流程；分阶段推进预先拟定的工作计划，针对执行中遇到的问题和情况，项目执行小组成员和具体的实施人员要及时沟通、商量对策；分阶段评估实施成果和问题，对下一步的具体行动计划进行研讨和修订；工作计划执行完毕后，要及时形成能效对标项目的实施效果报告，并报送对标领导小组；整理本次能效对标项目实施的相关数据和资料，对企业能效对标指标数据库、最佳节能实践库及时进行更新。

5）能效对标评估

能效对标项目实施完成后，必须要进行节能绩效评估，以检验实施效果。能效对标评估的内容主要包括对能效对标工作状况进行评估和对能效对标管理工作机制进行评估。

（1）对能效对标工作状况进行评估。内容包括：建立能效对标工作机制；健全制度体系和标准体系；完善组织措施和保障措施；对标方案及阶段性目标的先进性和可行性；对标计划执行情况及对标工作成果经验，对提升企业能源管理水平的意义和作用等。

（2）对能效对标管理工作机制进行评估。内容包括：对能效对标指标体系的科学性、可比性和导向性进行评估；对评价体系的客观性和公正性进行评估；对管理体系的适应性和有效性进行评估；对指标数据库唯一性、真实性进行评估；对指标数据采集分析的及时性、准确性进行评估；对数据库运用的便捷性进行评估；对最佳节能实践库的先进性、实效性进行评估。

6）持续改进提高

能效对标管理过程本身就是持续往复进行的，对标管理项目的能源管理绩效改进也是

一个永无止境的动态过程。在一个特定的能效对标项目结束后，企业应及时总结，并对新的情况、新的发现进行进一步的分析，提出新的能效指标改进目标，以便进行下一轮的能效对标，这样可使企业在能源管理上始终保持不断进取的态势。

企业能效对标管理活动成功开展后，应作为企业经营的一项职能活动融合到日常能源管理工作中去，成为一项固定的制度连续进行。要加大考核力度，强化考核指标的刚性，把能效对标管理作为加强企业能源管理的有效途径，贯穿企业能源管理的全过程，将对标管理的成果作为部门和员工的重要业绩加以考核，把各阶段能效指标完成情况与员工利益挂钩，形成有效的激励约束机制，使能效指标改进工作保持持续的动力。

2. 中国石油内部企业能效对标方法

基于前述所建立的油气田和炼化能效对标指标体系，中国石油在统建信息系统“节能节水管理系统”中设立了对标模块，利用该模块开展内部能效对标。主要步骤包括：

（1）能效对标对象确定及现状分析。油气田业务可针对油气田区块或采油厂整体进行能效对标，炼化业务可针对炼厂全厂进行能效对标。按照计划对标周期，收集对标对象的详细基础数据以及周期内采取的主要节能措施实施情况及效果，能效指标数据尽量采用统计得到的数据，基础信息中的数据能够计算平均值则计算平均值，如无法计算时可采用典型值。

（2）能效对标数据录入。按照能效对标指标数据库要求，将对标对象的对应统计周期内的基础信息和能效指标数据录入数据库。

（3）能效标杆筛选。按照能效对标指标数据库要求，结合对标对象类型，设置查询参数和关键对标指标，查询与对标对象相近的标杆。如果查询不到最相近的标杆时，可以舍弃部分筛选参数，扩大查询范围来查询标杆。如果选择该装置的历史最好水平作为标杆，则为纵向对标；如果选择其他装置的较好水平作为标杆，则为横向对标。

（4）能效指标及影响参数分析。将对标对象数据与标杆数据进行对比，分析能效对标指标的具体差距和基础信息中的参数差别，了解标杆所采取的主要节能措施，必要时到标杆单位交流学习，认真收集标杆单位先进的节能措施、先进的管理流程、科学的管理方法等有关能源管理的资料，总结标杆单位在指标管理上先进管理理念、管理流程、科学的管理方法、措施手段及最佳实践做法。

（5）能效对标实践。根据指标分析结果，提出能效水平改进方向以及可采取的改进措施，通过深入研讨，制订对标成果落实方案和实施进度计划，将提高指标的措施、计划分解到各月度工作计划中，优化指标管理流程，修订完善规章制度，积极落实最佳实践做法。

（6）能效对标总结。结合能效对标总过程，对对标过程进行总结，编制对标总结报告。

3. 中国石油外部能效对标方法

（1）油气田业务方面，国际大型石油公司能效对标并不普遍，没有国际通行的对标指标和方法。本文建议的对标方法是：首先，按照油气田的分类，确定油气田的类型；其次，选择与自己类型相同或相似，其能效指标先进的油气田作为标杆；最后，根据上述能效对标的内容，对油气田整体及其主要生产系统开展能效对标实践。

（2）炼化业务方面，结合国际大型石油公司（包括中国石化）所采用的能效对标指标，外部对标通常由中国石油炼油与化工分公司统一组织，聘请 Solomon 公司每两年开展一次，针对炼厂、常减压、催化裂化、催化重整、加氢精制、加氢裂化、延迟焦化、乙烯等装置，利用Solomon公司的EII等能效指标开展广泛的能效对标实践，找出能效指标的差距，并加以改进。

五、展望

能效对标管理的目标是通过不断的对标、创标，找到差距、解决问题、提高能效。目前中国石油建立了油气田和炼化业务能效对标指标体系和能效对标数据库，依托中国石油节能节水信息系统构建了能效对标平台，通过内部能效对标实践，逐步完善能效对标指标体系和系统功能，积累能效对标数据和最佳节能实践，为企业提供更为强大的能效对标服务。同时，要加强与国际先进能效水平对标，学习和借鉴国际大型石油公司节能最佳实践。通过循环往复的不断对标，对用能工艺和环节逐步细分，促进工艺参数和操作标准的制定、创建及升级，不断提升节能管理和技术水平，能效持续改进，实现降本增效。

第三节　中国石油减排评价指标体系及方法

为保证中国石油污染减排工作走在中央企业前列，需要中国石油建立科学合理、系统的减排评价指标体系，完善污染物排放指标水平的国内外对标分析，促进资源节约型、环境友好型企业建设，推进减排与国际接轨，以科技进步促进减排持续发展。

一、减排相关概念

我国石油行业的污染减排评价指标与国际石油行业环境业绩指标密切相关，因此需要明确环境绩效、环境绩效评估的概念，了解国际石油行业环境业绩指标的构成。

1. 环境绩效

国际标准化组织（ISO）在ISO 14001中提出，环境绩效是“组织基于其环境方针、目标和指标，控制其环境因素所取得的可测量的环境管理体系成效”。目前对环境绩效有多种表述，许家林等认为，“环境绩效是对企业在涉及环境问题方面的财务业绩和环境质量业绩的统称”。魏素艳等认为，“环境业绩是指企业在保护环境、治理环境污染活动中所取得的环境效益和社会效益”。由于研究范围的限定，上述定义大多把环境绩效限定在“组织”或“企业”范围之内，忽视了宏观环境绩效。有的定义排斥财务绩效，有的定义把环境绩效局限于环境效益和社会效益，忽视了环境活动的经济效果。

2. 环境绩效评估

自从1989年挪威的Norsk Hydro公司发布了全世界第一份环境发展报告对其环境业绩进行披露以来，企业环境报告和环境绩效评价标准至今已有20多年的发展。在此期间，虽然世界各国仍然没能形成统一规范的环境绩效评价标准，但是许多国家、国际组织以及联合国有关部门纷纷发布自己的环境报告指南，对环境绩效评价标准做出规定。

1）加拿大特许会计师协会及其《环境绩效报告》

在环境会计领域，加拿大的研究比较先进，其中主要是加拿大特许会计师协会（CICA）的研究报告和该组织所做的一系列工作。加拿大特许会计师协会在《环境绩效报告》中，列示出了不同行业的环境业绩指标。其环境绩效指标成为企业进行环境绩效评价的参考指标，该指标体系的制定主要考虑企业外部利益相关者的信息需求，不一定完全适用于企业环境管理的需要，因此企业可以结合自身的实际情况有重点地进行选择。

2）ISO 14031《环境绩效评价标准》

国际标准化组织自 1994 年后陆续制定了一些有关环境绩效评价的国际标准，并于 1999 年 11 月完成 ISO 14031《环境绩效评价标准》正式公告，本标准为组织内部设计和实施环境绩效审核提供指南。ISO 14031 标准充分考虑到组织的地域、环境和技术条件等不同，它没有设立具体环境绩效指标，提供的是一个“环境绩效指标库”。根据该标准，环境绩效评价指标（Environmental Performance Indicators，EPIs）可分为组织周边的环境状态指标和组织内部的 EPIs，后者可再细分为管理绩效指标和操作绩效指标。

3）全球报告倡议组织及其《可持续发展报告指南》

为了提高全球范围内可持续发展报告的可比性和可信度，1997 年美国的一个非政府组织——环境责任经济联合体（CERES）和联合国环境规划署（UNEP）共同发起成立了全球报告倡议组织（Global Reporting Initiative，GRI），2002 年 GRI 成为独立的国际组织并以 UNEP 官方合作中心的身份，成为联合国成员。GRI 的主要任务是制定、推广和传播全球应用的《可持续发展报告指南》，为全世界的可持续发展报告提供一个共同框架，目的是促使企业披露经济、环境和社会这“三重底线”业绩的信息成为像披露财务信息一样的惯例，这项行动得到国际组织的大力支持。GRI 于 2000 年发布了第一版《可持续发展报告指南》，2002 年又发布了修订后的《可持续发展报告指南》（2002 版）。可持续发展报告的核心是绩效指标，《可持续发展报告指南》建立的绩效指标体系包括经济、环境和社会 3 个方面，每一方面《可持续发展报告指南》都确定了核心指标和附加指标。核心指标与大多数组织及其利益相关者有关，附加指标则要求报告单位只向重要的利益相关者提供相关信息。

3. 国际石油行业环境业绩指标

国际上，石油天然气公司认可其操作活动可对环境产生潜在影响，某些环境影响可能会产生社会和（或）经济问题。中国石油已做出许多承诺，以控制不良环境影响并使之最小化。这些承诺一般超出了强制性义务的范围。

1）溢漏物与排放物

其包括两项核心指标和两项附加指标。

核心指标包括向环境中溢漏碳氢化合物和水中的受控排放物。

向环境中溢漏碳氢化合物是指向环境中溢漏的 1bbl（159L）以上的碳氢化合物液体的数量与体积。这是一项核心指标，因为碳氢化合物溢漏能产生消极的环境、企业声誉及财务影响。

水中的受控排放物是指水环境（内陆水域或海洋）中的受控或受监管排放物所含的碳氢化合物数量。这是一项核心指标，因为业内广泛使用“水中的受控排放物”指标降低对环境的影响。

附加指标包括其他溢漏物和意外排放物及其他废水排放物。

其他溢漏物和意外排放物是指因运营干扰产生的影响重大的非碳氢化合物溢漏物和意外排放物。其他废水排放物是指非碳氢化合物化学品或物质的许可或受控排放物数量。包括水中的受控排放物包括范围之外的许可或受控排放物，如化学需氧量（COD）、硫化物、氨、苯酚、总悬浮固体（TSS）、与钻井液和钻井岩屑一同排放的非水钻井液（NAF）。

2）废物与残留物

其包括 3 项附加指标，即有害废物、非有害废物和再循环、再利用、可回收物质。

有害废物是指所处置的受监管有害废物数量。包括被适当国家、监管机构或当局定义为有害、有毒、危险、列入名单、优先处置、特别的或某些其他类似术语而进行监管的所有废物。报告实体应该清楚地阐明本指标所含内容的基础。

非有害废物是指处置的非有害废物数量。包括生产活动中产生的未被国家或监管机构指定或列为“有害”类的工业废物。这一种类由现场处置和非现场处置的废物组成，包括垃圾、其他办公室废物、商业废物或包装相关废物。“处置”是指被适当监管当局归为“处置”类的任何废物管理项目。这可能包括：不对废物进行能源回收的垃圾掩埋或焚烧，和（或）再用、再循环、回收或其他有益用途之外的废物管理项目。

再循环、再利用、可回收物质是指再循环、再利用、可回收物质的总量，另外也指有害废物或非有害废物。

3）气体排放

其包括两项核心指标和一项附加指标。

核心指标包括温室气体排放和燃烧气体与排出气体。

温室气体排放是指由中国石油管理和（或）拥有的设施产生的年度温室气体（GHG），可报告为 CO_2 当量总量［全球变暖潜势（GWP）］和个别物种。包括《京都议定书》涵盖的石油与天然气企业向大气中排放的 6 种温室气体（GHG）的个别数量，这是一项核心指标，因为石油与天然气行业排放的温室气体，可能在一定程度上造成全球气候变暖。许多公司发布温室气体排放报告有多重目标，包括正式政府报告、气体排放交易和公共报告。

燃烧气体与排出气体是指因业务活动中的排出和燃烧而向大气中排放的碳氢化合物的总质量或数量，予以单独报告。包括应该估算某设施碳氢化合物气体的总损失量，即未被加工处理成输出产品或未被该设施用作燃料等有益用途（一般为供热或发电）的气体。尽管碳氢化合物气体的某些燃烧与排出作业被公认是与紧急泄放作业和安全管理系统有关，但减少其他燃烧气体和排出气体，同样被视为一种提高运营效率和环境绩效的措施。

附加指标其他运营性空气污染物排放是指石油与天然气业务活动在常规与非常规加工处理期间、向大气中排放的按类报告的个别气体数量。种类可能包括甲烷、挥发性有机混合物（VOC）、氧化硫（SO_x）、氧化氮（NO_x）、颗粒物质［PM_{10} 或 $PM_{2.5}$，或总悬浮颗粒（TSP）］，各公司可能也希望报告其他化学种类，如一氧化碳、空气毒物、金属等，前提是这些种类的排放量具有相关性并影响重大。

4）资源利用

其包括一项核心指标和两项附加指标。

核心指标能源使用是指石油与天然气行业消耗的一次能源数量，包括现场产生的或进口的一次能源。这是一项核心指标，因为它是石油与天然气行业的全行业、全球性资源消耗基本指标，并与温室气体（GHG）的产生有关。生产或炼制每单位碳氢化合物所使用一次能源的标准化数量，是能源强度的一种测量指标，是指每单位加工产品消耗的能源总量。

附加指标包括淡水使用和新能源与可再生能源。

淡水使用是指在淡水可用性成为重要问题的石油与天然气业务活动中，报告淡水使用或消耗量，包括所使用的来自公用设施、水井、湖泊、池塘、河流的所有淡水，前提是淡水供应是一个重要的地方性或地区性问题。

新能源与可再生能源是指开发、生产或使用替代能源或可再生能源的倡议，包括公司可再生能源目标、承诺、计划和项目，以促进可再生能源的开发、生产和使用。

5）其他环境指标

其包括一项核心指标和两项附加指标。

核心指标环境管理体系是指环境管理体系的实施与范围，包括描述公司实施环境管理体系的状况，如果适当，包括该体系在全公司业务范围内应用到了何种程度。环境管理体系是使用规范而系统的方法管理环境和运营活动的一种方式。该方法使用一种循环过程，从一个循环获得经验与知识，再用这些经验与知识改进和调整下一个循环的预期目标。

附加指标生物多样性是指描述公司关于管理与其在陆地、淡水与海洋环境中的业务活动相关的生物多样性影响的方法与进展，包括公司应该确定生物多样性保护的公司政策与指导，包括公司或主要业务部门订立的生物多样性保护目标或承诺。

4. 国内石油和炼化行业的环境业绩考核

国有资产监督管理委员会（以下简称国资委）是在《中央企业负责人年度经营业绩考核补充规定》中提出，2008 年起，央企业绩考核新规定将首次引入“行业对标”原则，引导企业以同行业先进企业的指标为标杆，通过持续改进，逐步达到标杆企业的先进水平。该规定提出，为正确引导中央企业经营业绩考核工作的开展，科学核定中央企业负责人年度经营业绩考核目标，客观评价中央企业负责人年度经营业绩，考核要按照“同一行业，同一尺度”的要求，实施对标管理。企业净资产收益率目标值达到行业优秀水平的，企业完成目标值时可直接加满分；对分类指标目标值达到行业优秀水平的，企业完成目标值时可以直接加满分。分类指标原则上应达到两个，指标的确定既要体现行业特点，又要突出企业管理“短板”。而现行的《中央企业负责人经营业绩考核暂行办法》仅要求，年度经营业绩考核的综合得分 = 年度利润总额指标得分 × 经营难度系数 + 净资产收益率指标得分 × 经营难度系数 + 分类指标得分 × 经营难度系数。以上指标均未特别体现行业差距的因素。

国资委还要求，中央企业要认真做好行业对标工作，根据企业所处行业和发展战略，树好标杆。标杆企业的选择，要注重数量和质量，既要符合企业实际，又要具有一定的先进性，对标企业户数原则上不低于 12 户。对于处于国内领先水平的企业，应积极寻找国际先进企业对标；其他企业应努力将国内具有代表性的先进企业纳入标杆范围。各企业在对标过程中应对照标杆企业，开展广泛的经济技术指标、业务流程等方面的对标工作，从中发掘优势，找出差距，提出目标和改进措施，不断提高业绩考核工作水平。

国家对石油行业的环境绩效考核主要是考核减排指标，包括废水排放量、废水中的化学需氧量减排量、废气排放量、废气中二氧化硫的减排量及环境污染和生态破坏事故情况。

5. 中国石油环境绩效指标及考核方法

中国石油目前采取的环境绩效考核主要为先进考核，分为总部对所属企业和总部对基层，对所属企业考核包括环境管理指标和环境绩效指标，对基层队（站）、车间（装置）考核包括环境管理、生产工艺与装备、资源能源保护和利用、生态保护、污染物治理和排放等。采用赋分的方法进行考核。

（1）环境管理指标。环境管理指标主要反映企业环境管理的总体情况，内容包括管理机构与职责、制度建设、宣传与培训、建设项目环境管理、运行控制、清洁生产措施、信息管理、企业社会形象及公共关系。环境管理指标总分为700分。

（2）环境绩效指标。环境绩效指标主要反映企业环境保护、清洁生产、资源综合利用的指标水平。包括单位工业增加值污染物排放当量、新鲜水消耗量，以及绿色基层队（站）、车间（装置）创建等。环境绩效指标总分为300分。

二、国家污染减排政策要求

国家于2007年11月17日下发了国发〔2007〕36号《国务院批转节能减排统计监测及考核实施方案和办法的通知》，其中包括《主要污染物总量减排统计办法》《主要污染物总量减排监测办法》《主要污染物总量减排考核办法》。国家要求要把减排指标完成情况纳入各地经济社会发展综合评价体系，作为政府领导干部综合考核评价和企业负责人业绩考核的重要内容，实行“一票否决”制。

“十二五”期间，国家新增氨氮、氮氧化物两项污染物控制指标，加大了污染减排工作的力度;《中华人民共和国国民经济和社会发展第十二个五年规划纲要》中明确提出“主要污染物排放总量显著减少，化学需氧量、二氧化硫排放分别减少8%，氨氮、氮氧化物排放分别减少10%”的约束性指标。

国家对污染减排的要求不断加强，同时下达给中国石油的污染减排任务也日益艰巨。“十一五”期间，仅由国资委通过《中央企业任期节能减排管理目标》对中国石油下达了主要污染物的总量控制指标。“十二五”期间，国资委不但在《关于中国石油天然气集团公司“十二五”节能减排目标的通知》中要求，中国石油到2015年污染减排指标总体达到国内先进水平，与2010年相比，化学需氧量和二氧化硫排放量分别下降8%，氨氮和氮氧化物排放量分别下降10%，还制定了《中央企业节能减排监督管理暂行办法》，对中央企业发生的环境污染责任事故进行严格考核；同时，受国务院委托，环境保护部将直接与中国石油签署《“十二五”主要污染物总量削减目标责任书》，要求中国石油2015年化学需氧量和二氧化硫排放总量比2010年减少12%；氨氮和氮氧化物排放总量比2010年减少10%，并提出20项废水治理工程和22项废气治理工程，以及提升车用油品品质，加强污染减排监测、统计和考核体系建设等8条相关管理要求。

三、国际大石油公司减排评价指标与方法

中国石油目标是建设成为世界一流的综合性国际能源公司，其各方面的工作要达到国际一流的水准。对于国家高度重视的污染减排工作，除要满足国家要求外，还要符合国际石油公司的通行标准，因此需要了解国际大石油公司采取的减排评价指标体系和方法，建立具有可比性对标的体系，才能明确自身的定位。

1. 减排评价指标选择及体系分析

20世纪90年代以来，国际社会对能源可持续利用高度重视，纷纷研究能源与排放统计指标体系。国外能源与排放统计指标体系可归纳为两种模式。

模式一：综合可持续发展指标体系中的能源与排放指标。能源是社会发展和经济增长的关键要素，它在环境绩效和发展的可持续性中发挥重要作用，因此，可持续发展指标体系中包括能源与排放指标。

（1）联合国可持续发展指标体系：包括人均年能源消耗、能源使用强度、可再生能源消耗份额、温室气体排放量、氧化硫排放量和氧化氮排放量等。

（2）经济合作与发展组织（OECD）可持续发展指标体系：包括能量强度、无铅汽油的市场份额、能源供给和结构。

（3）欧盟（EU）可持续发展指标体系：包括工业用途和家庭用途的电力价格、工业用途和家庭用途的天然气价格、温室气体排放、经济能源密度、可再生能源所占份额。

模式二：专门的能源与排放指标体系。国际上代表性成果有：国际原子能机构（IAEA）可持续发展能源指标体系（EISD）涉及社会、经济和环境三大领域，包含30个核心指标；EU能源效率指标体系包括能源强度单位能耗、能效指数、调整指标、扩散指标和目标指标等6类宏观性质的能源效率指标，用于反映和评价一个国家、一个行业的能源效率；世界能源理事会（WEC）能源效率指标体系包括测度能源效率的经济性指标和测度子行业、终端用能的能源效率的技术经济性指标，共23个指标。

模式一反映可持续发展的方方面面，能源消耗与排放指标仅是一部分，所以它难以全面细致反映能耗与排放情况。因此，模式一在节能减排中的应用受到了限制。模式二受到国际组织和许多国家推崇，它的不足之处是覆盖面不全，没有全面反映能源从生产、流通、消费、加工转换、库存，到利用效率和综合利用等的全过程，尤其是排放类指标数量有限。

国外没有专门针对减排评价的指标体系，一般用环境绩效对企业的环境管理情况进行评价。经济合作与发展组织（OECD）为帮助成员国提高它们在单项和综合环境管理方面的绩效开展了一项长期环境绩效评估计划，根据国内目标和国际承诺的实现程度进行评估。这些目标和承诺可能是宽泛的目标、明确的定性目标、精确的量化指标或是实施一系列措施的承诺。

2. 减排评价方法

由于单一指标不能全面、客观评价一个国家或企业污染物控制水平，必须建立一套综合评价指标体系。国内外在实践中广泛应用的评价指标体系，一种是利用层次分析法把所选取的指标指数化，赋予权重后加总，以得分的高低排名。这种方法常见于时下比较流行的各种排名；另一种是给各指标设定不同的阈值，以是否达到阈值（目标值）为考核标准。针对污染物控制的综合评价采用了两种方法：一是单项指标评价法，通过单项指标的对比，评价单项指标的发展状态及所处的地位，由此综合判定分析整体污染物控制水平，这一方法无法定量评价多个区域（或经济体）的等级次序；二是综合评价法，通过对单项指标加权，并综合合成，形成发展程度的综合得分，以区分多个区域（或经济体）的等级次序，同时，这一方法也可对单项指标进行判定，但在确定指标权重时存在一定的主观性。

四、中国石油污染物减排评价指标体系

从环境统计月报指标来看，中国石油现行统计的污染物与温室气体排放指标非常全面，但在实际操作上，大部分企业均只对国家重点控制的主要污染物进行准确统计和核算，包括废水中化学需氧量、石油类、氨氮，废气中二氧化硫、氮氧化物，而对非甲烷总烃、VOC、一氧化碳、硫化氢、油品和化学品的泄漏量和泄漏次数等，由于监测能力不

足、统计方法不明确等原因，尚做不到准确统计，在中国石油的年度社会责任报告和环境保护公报中也没有进行公布。

BP、壳牌、埃克森美孚等国际石油公司在温室气体排放控制领域和应对气候变化方面开展了卓有成效的工作，并且引领了行业温室气体控制的发展方向。相较之下，中国石油作为一家综合性国际能源公司，没有一套可借鉴、可比较的评价指标体系用于评估中国石油温室气体减排方面存在的问题与减排潜力。构建一套具有科学性、实用性和可操作性的温室气体减排评价指标系，不仅可以全面、客观地了解中国石油温室气体排放控制水平、与国外大石油公司相比存在的差距和发展潜力，指引企业发展努力方向及重点具有重要意义，而且为行业和国家对企业温室气体排放控制水平进行评价、考核并督促企业向低碳发展方向转变提供重要依据。

1. 建立指标体系的原则

评价指标体系不应是指标的简单堆积，而是应该能够对减排的现状与效果进行客观真实的评价，帮助政府及主管部门发掘减排的潜力所在。因此，科学合理的评价指标体系应遵循以下主要原则：科学性与实用性；简明性与综合性；可得性与连续性；可比性与引导性；系统性原则；动态性原则。

2. 构建减排评价指标体系

基于上述构建目标及主要原则，本书从节能减排的现状与效果及潜力与动力两大方面构建评价体系。通过文献调研类比国内外关于污染减排评价指标体系的特点，依据国家总量控制相关要求、国家各级环境保护行政主管部门污染减排考核要求等，结合现场调研和专家咨询，将中国石油污染减排技术评价指标分为3个层级、7个准则、34项指标。

第一层指标为目标层，定义指标为中国石油污染减排评价指标体系（A）。

第二层指标为准则层，考虑了中国石油污染减排评价目的和业务特点，设定资源综合利用指标（B1）、污染物总量控制完成情况指标（B2）、污染减排工程完成情况指标（B3）、污染物排放达标指标（B4）、污染物排放强度指标（B5）、污染物削减率指标（B6）和污染减排管理指标（B7）等7个方面的指标。

第三层指标为反映中国石油地区公司具有代表性的、易于评价考核的指标。三级指标主要设置如下：

（1）资源综合利用指标（B1）6个，包括工业水循环利用率（C11）、含油污泥油回收率（C12）、粉煤灰利用率（C13）、钻井液循环利用率（C14，针对钻井业务）、伴生气回收率（C15，针对采油气业务）、炼化干气回用率（C16，针对炼化业务）

（2）污染物总量控制完成情况指标（B2）4个，包括化学需氧量排放总量（C21）、氨氮排放总量（C22）、二氧化硫排放总量（C23）、氮氧化物排放总量（C24）。

（3）污染减排工程完成情况（B3）3个，包括工程建设进度完成情况（C31）、工程运行与考核要求符合情况（C32）、工程预期效果实施情况（C33）。

（4）污染物排放达标指标（B4）4个，包括化学需氧量排放达标率（C41）、氨氮排放达标率（C42）、二氧化硫排放达标率（C43）、氮氧化物排放达标率（C44）。

（5）污染物排放强度指标（B5）6个，包括单位产品废水排放量（C51）、单位产品化学需氧量排放量（C52）、单位产品氨氮排放量（C53）、单位产品废气排放量（C54）、单位产品二氧化硫排放量（C55）、单位产品氮氧化物排放量（C56）。

（6）污染物削减率指标（B6）4个，包括化学需氧量与上年相比削减率（C61）、氨氮与上年相比削减率（C62）、二氧化硫与上年相比削减率（C63）、氮氧化物与上年相比削减率（C64）。

（7）污染减排管理指标（B7）7个，包括机构设置（C71）、制度建立（C72）、指标分解（C73）、在线监测装置建设（C74）、在线监测装置运行（C75）、岗位培训（C76）、统计报表（C77）。

3. 评价指标说明

（1）资源综合利用指标。在油气田和炼油化工过程中会存在固体、液体和气体废弃物，若要衡量一个企业污染物减排水平的高低，需要考虑对这部分废弃物处理能力及重新利用水平，因此在油气田开发过程设置工业水循环利用率（C11）、含油污泥油回收率（C12）、钻井液循环利用率（C14）、伴生气回收率（C15）、炼油化工过程设置粉煤灰利用率（C13）、炼化干气回用率（C16）。

（2）污染物总量控制完成情况指标。“十二五”期间，国家实行总量控制的污染物为化学需氧量、氨氮、二氧化硫、氮氧化物，并将总量指标完成情况作为年度减排目标完成情况的一票否决指标，中国石油就此4项指标与各专业分公司签订总量减排目标责任书，因此将此4项指标的完成情况作为污染物总量控制完成情况指标。以环境保护部核定的专业分公司年度主要污染物排放量为基准，对照年度总量控制目标，判断各指标是否完成。

（3）污染减排工程完成情况指标。污染减排工程是确保中国石油完成污染减排目标的重要支撑。在中国石油天然气集团公司与各专业分公司签订的总量减排目标责任书中，纳入了每年度应完成的污染减排工程及预期减排效果。以环境保护部核定的专业分公司年度污染减排工程完成情况为基准，对照年度应完成的污染减排工程，判断工程建设进度、运行管理和减排效果是否实现责任书要求。

（4）污染物排放达标指标。污染物达标排放是减排管理的最低要求，任何环保设施的运行均要以达标排放为底线，因此，污染物排放达标率是评价专业分公司污染减排水平的重要指标。污染物排放浓度数据以各企业通过有效性审核的在线监测装置浓度（如无，则以地方监督监测数据为基准）为基准，参照各企业执行的污染物排放标准确定达标率，单位为%。

（5）污染物排放强度指标。综合体现企业的污染治理设施建设情况、管理水平和清洁生产程度。按照环境保护部核定的各专业分公司主要污染物排放量和主要产品产量总和进行计算。按照环境保护部目前核算原则，油气田企业的主要产品为原油，炼油化工企业的主要产品为汽油、柴油、煤油、尿素、乙烯、合成树脂及聚合物、合成橡胶、合成纤维原料及聚合物等。指标单位为kg/t。

（6）污染物削减率指标。体现专业分公司对中国石油天然气集团公司完成总量减排目标的贡献情况。按照相关单位核定的本年度和上一年度各专业分公司主要污染物排放量进行计算。单位为%。

（7）污染减排管理指标。国家对污染减排管理体现在污染减排“三大体系”建设和运行的考核上，本部分指标体现专业分公司及下属企业污染减排体系建设情况。其中，机构设置、制度建立、指标分解属于污染减排考核体系评价指标，在线监测装置建设、在线监测装置运行属于污染减排监测体系评价指标，人员培训、统计报表上报、统计方法属于污染减排统计体系评价指标。

4. 确定指标权重

由于中国石油污染物减排评价指标体系包含目标层、准则层和指标层3个层次的指标体系，还有定性指标和定量指标，看起来可以采用德尔菲法对指标进行赋权。但由于在指标层中部分指标之间具有相互独立性，不适用于两两重要性的比较。因此，对指标权重的确定采用专家赋权法与层次分析法相结合的方法对指标权重进行赋权。

1）构造比较判断矩阵

评价的最低要求是给出评价方案的优先顺序，以便决策者选择一个理想的方案。层次分析法（AHP）充分考虑到系统评价的特点并提出了相对重要性的比例标度，两个元素相对重要性的比较可变化得到一个衡量的数。在建立递阶层次结构以后，上下层元素间的隶属关系就被确定了，这样就可针对上一层的准则构造不同层次的两两判断矩阵。判断矩阵元素的值反映了人们对各因素相对重要性（或优劣、偏好、强度等）的认识，考虑到人们对各因素间的重要程度认识上的局限性，一般采用1～9及其倒数的标度方法。当相互比较因素的重要性能够用具有实际意义的比值说明时，判断矩阵相应元素的值则可以取这个值。在咨询有关专家意见的基础上，运用1～9标度评分方法判定其相对重要性或优劣程度。并按表11–4定义的比例标度对重要性程度赋值，形成判断矩阵记为$\boldsymbol{C}=(\boldsymbol{C}_{ij})_{n\times n}$，则有$\boldsymbol{C}_{ij}>0$，$\boldsymbol{C}_{ij}=1/\boldsymbol{C}_{ji}$，$\boldsymbol{C}_{ij}=1$（$i$，$j$=1，2，⋯，$n$），$n$为元素个数，矩阵$\boldsymbol{C}$称为正互反判断矩阵，如果矩阵$\boldsymbol{C}$具有完全一致性，则有$\boldsymbol{C}_{ik}\times\boldsymbol{C}_{kj}=\mathrm{C}_{ij}$。根据判断矩阵的互反性，对于一个$n$个元素构成的判断矩阵只需给出其上（或下）三角的$n(n-1)/2$个判断即可。

表11–4　9标度判断值表

标度	定义
$a_{ij}=1$	i因素与j因素相比，同等重要
$a_{ij}=3$	i因素与j因素相比，i因素比j因素略重要
$a_{ij}=5$	i因素与j因素相比，i因素比j因素明显重要
$a_{ij}=7$	i因素与j因素相比，i因素比j因素非常重要
$a_{ij}=9$	i因素与j因素相比，i因素比j因素绝对重要
a_{ij}=2，4，6，8	以上两两比较的中间状态（过渡性中间级别）
倒数	$a_{ij}=1/a_{ji}$

将调查表寄送给油气田领域专家、炼油化工领域专家、环保领域专家，按照1～9标度对每一层指标任意两个指标的重要性进行赋值。最后对调查结果进行统计，分别构造出准则层B对目标层A的比较判断矩阵$\boldsymbol{R}$，指标层34项指标分别对准则层B的比较判断矩阵$\boldsymbol{T}_1\sim\boldsymbol{T}_7$。各判断矩阵中各个元素满足以下条件：$\boldsymbol{R}=\{b_{ij}\}$、$\boldsymbol{T}_k=\{t_{ij}\}$，则$b_{ij}$、$t_{ij}>0$，$b_{ij}=1/b_{ji}$、$t_{ij}=1/t_{ji}$。

（1）中国石油污染减排评价指标体系见表11–5。判断矩阵一致性比例为0.0657；对总目标的权重为1.0000；最大特征值$\lambda_{\max}$为7.5364。

（2）资源综合利用指标见表11–6。判断矩阵一致性比例为0.0252；对总目标的权重为0.0363；$\lambda_{\max}$为6.1589。

表 11-5 中国石油污染减排评价指标体系

中国石油污染减排评价指标体系	污染物总量控制完成情况	污染物排放强度	污染物削减率	污染物排放达标	污染减排工程完成情况	污染减排管理	资源综合利用指标	W_i
污染物总量控制完成情况	1.0000	5.0000	5.0000	4.0000	3.0000	5.0000	6.0000	0.3996
污染物排放强度	0.2000	1.0000	0.5000	0.3333	0.5000	0.3333	3.0000	0.0606
污染物削减率	0.2000	2.0000	1.0000	0.2500	2.0000	2.0000	4.0000	0.1164
污染物排放达标	0.2500	3.0000	4.0000	1.0000	2.0000	2.0000	5.0000	0.1953
污染减排工程完成情况	0.3333	2.0000	0.5000	0.5000	1.0000	2.0000	3.0000	0.1088
污染减排管理	0.2000	3.0000	0.5000	0.5000	0.5000	1.0000	2.0000	0.0830
资源综合利用指标	0.1667	0.3333	0.2500	0.2000	0.3333	0.5000	1.0000	0.0363

表 11-6 资源综合利用指标

资源综合利用指标	工业水循环利用率	含油污泥回用率	粉煤灰利用率	钻井液循环利用率	伴生气回收率	炼化干气回用率	W_i
工业水循环利用率	1.0000	3.0000	2.0000	3.0000	2.0000	2.0000	0.3154
含油污泥回用率	0.3333	1.0000	1.0000	1.0000	1.0000	0.5000	0.1147
粉煤灰利用率	0.5000	1.0000	1.0000	1.0000	2.0000	0.5000	0.1377
钻井液循环利用率	0.3333	1.0000	1.0000	1.0000	1.0000	0.5000	0.1147
伴生气回收率	0.5000	1.0000	0.5000	1.0000	1.0000	1.0000	0.1227
炼化干气回用率	0.5000	2.0000	2.0000	2.0000	1.0000	1.0000	0.1948

（3）污染物总量控制完成情况见表 11-7。判断矩阵一致性比例为 0.0000；对总目标的权重为 0.3996；λ_{max} 为 4.0000。

表 11-7 污染物总量控制完成情况

污染物总量控制完成情况	化学需氧量排放总量	氨氮排放总量	二氧化硫排放总量	氮氧化物排放总量	W_i
化学需氧量排放总量	1.0000	1.0000	1.0000	1.0000	0.2500
氨氮排放总量	1.0000	1.0000	1.0000	1.0000	0.2500
二氧化硫排放总量	1.0000	1.0000	1.0000	1.0000	0.2500
氮氧化物排放总量	1.0000	1.0000	1.0000	1.0000	0.2500

（4）污染减排工程完成情况见表 11-8。判断矩阵一致性比例为 0.0000；对总目标的权重为 0.1088；λ_{max} 为 3.0000。

表 11-8 污染减排工程完成情况

污染减排工程完成情况	工程建设进度完成情况	工程运行与考核要求符合情况	工程预期效果实现情况	W_i
工程建设进度完成情况	1.0000	1.0000	2.0000	0.4000
工程运行与考核要求符合情况	1.0000	1.0000	2.0000	0.4000
工程预期效果实现情况	0.5000	0.5000	1.0000	0.2000

（5）污染物排放达标见表11-9。判断矩阵一致性比例为0.0000；对总目标的权重为0.1953；λ_{max}为4.0000。

表11-9　污染物排放达标

污染物排放达标	化学需氧量排放达标率	氨氮排放达标率	二氧化硫排放达标率	氮氧化物排放达标率	W_i
化学需氧量排放达标率	1.0000	1.0000	1.0000	1.0000	0.2500
氨氮排放达标率	1.0000	1.0000	1.0000	1.0000	0.2500
二氧化硫排放达标率	1.0000	1.0000	1.0000	1.0000	0.2500
氮氧化物排放达标率	1.0000	1.0000	1.0000	1.0000	0.2500

（6）污染物排放强度见表11-10。判断矩阵一致性比例为0.0000；对总目标的权重为0.0606；λ_{max}为6.0000。

表11-10　污染物排放强度

污染物排放强度	单位产品废水排放量	单位产品化学需氧量排放量	单位产品氨氮排放量	单位产品废气排放量	单位产品二氧化硫排放量	单位产品氮氧化物排放量	W_i
单位产品废水排放量	1.0000	0.3333	0.3333	1.0000	0.3333	0.3333	0.0714
单位产品化学需氧量排放量	3.0000	1.0000	1.0000	3.0000	1.0000	1.0000	0.2143
单位产品氨氮排放量	3.0000	1.0000	1.0000	3.0000	1.0000	1.0000	0.2143
单位产品废气排放量	1.0000	0.3333	0.3333	1.0000	0.3333	0.3333	0.0714
单位产品二氧化硫排放量	3.0000	1.0000	1.0000	3.0000	1.0000	1.0000	0.2143
单位产品氮氧化物排放量	3.0000	1.0000	1.0000	3.0000	1.0000	1.0000	0.2143

（7）污染物削减率见表11-11。判断矩阵一致性比例为0.0000；对总目标的权重为0.1164；λ_{max}为4.0000。

表11-11 污染物削减率

污染物削减率	化学需氧量与上年相比削减率	氨氮与上年相比削减率	二氧化硫与上年相比削减率	氮氧化物与上年相比削减率	W_i
化学需氧量与上年相比削减率	1.0000	1.0000	1.0000	1.0000	0.2500
氨氮与上年相比削减率	1.0000	1.0000	1.0000	1.0000	0.2500
二氧化硫与上年相比削减率	1.0000	1.0000	1.0000	1.0000	0.2500
氮氧化物与上年相比削减率	1.0000	1.0000	1.0000	1.0000	0.2500

（8）污染减排管理见表11-12。判断矩阵一致性比例为0.0831；对总目标的权重为0.0830；λ_{max}为7.6777。

表11-12　污染减排管理

污染减排管理	机构设置	制度建立	指标分解	在线监测装置建设	在线监测装置运行	岗位培训	统计报表上报	W_i
机构设置	1.0000	1.0000	1.0000	1.0000	1.0000	3.0000	3.0000	0.1799
制度建立	1.0000	1.0000	1.0000	1.0000	1.0000	2.0000	3.0000	0.1698

续表

污染减排管理	机构设置	制度建立	指标分解	在线监测装置建设	在线监测装置运行	岗位培训	统计报表上报	W_i
指标分解	1.0000	1.0000	1.0000	0.2500	0.2500	0.3333	1.0000	0.0756
在线监测装置建设	1.0000	1.0000	4.0000	1.0000	0.2500	2.0000	2.0000	0.1602
在线监测装置运行	1.0000	1.0000	4.0000	4.0000	1.0000	2.0000	2.0000	0.2381
岗位培训	0.3333	0.5000	3.0000	0.5000	0.5000	1.0000	1.0000	0.0977
统计报表上报	0.3333	0.3333	1.0000	0.5000	0.5000	1.0000	1.0000	0.0788

2）层次单排序并做一致性检验

层次单排序是指对每一个判断矩阵计算最大特征值（λ_{max}）和对应的特征向量（W_i，各因素针对其准则的相对权重），并利用一致性指标（CI）、随机一致性指标（RI）和一致性比率（CR）进行一致性检验。

用和积法计算判断矩阵的特征向量：

$W=[W_1, W_2, \cdots, W_n]^T$，计算结果就是各指标对应于上一层级指标的权重。

用式（11-1）计算最大特征根：

$$\lambda_{max}=\frac{1}{n}\sum_{i=1}^{n}\frac{(AW)_i}{\omega_i} \tag{11-1}$$

式中　$(AW)_i$——向量（AW）的第 i 个元素。

然后进行一致性检验，首先，用式（11-2）计算一致性指标 CI：

$$CI=\frac{\lambda_{max}-n}{n-1} \tag{11-2}$$

式（11-2）中 n 为判断矩阵的阶数。CI 越小，则说明一致性越大。

平均随机一致性指标 RI 对照表见表 11-13，将 CI 与平均随机一致性指标 RI 进行比较，得出一致性比率 CR=CI/RI。

表 11-13　平均随机一致性指标 RI 对照表

阶数	1	2	3	4	5	6	7	8	9
标度 RI	0.00	0.00	0.58	0.90	1.12	1.24	1.32	1.41	1.45

最后，对各级指标权重进行一致性判断，主要依据是：如果 $CR < 0.10$，则所建立的判断矩阵符合一致性要求；否则需要对判断矩阵做出进一步的调整，直至具有满意的一致性为止。

3）各层指标对目标层的综合权重

这一步也称为层次总排序，是用来确定指标层对目标层的综合权重向量，通过式（11-3）进行计算：

$$W=\sum_{j=1}^{4}W_{bj}\times W_{ci}\ (i=1, 2, \cdots, 30) \tag{11-3}$$

式中　W_{bj}——准则层对目标层的权重向量；

W_{ci}——指标层对准则层的权重向量。

最终确定的各层次指标的权重计算结果见表 11-14。

表 11-14　各层次指标的权重计算结果

一级指标	二级指标权重		三级指标权重		
	指标名称	指标权重	指标名称	对准则层，W_{ci}	对目标层，W_{bj}
中国石油污染减排评价指标体系	资源综合利用	0.0363	工业水循环利用率	0.3154	0.0115
			含油污泥回用率	0.1147	0.0042
			粉煤灰利用率	0.1377	0.0050
			钻井液循环利用率	0.1147	0.0042
			伴生气回收率	0.1227	0.0045
			炼化干气回用率	0.1948	0.0071
	污染物总量控制完成情况	0.3996	化学需氧量排放总量	0.2500	0.0999
			氨氮排放总量	0.2500	0.0999
			二氧化硫排放总量	0.2500	0.0999
			氮氧化物排放总量	0.2500	0.0999
	污染减排工程完成情况	0.1088	工程建设进度完成情况	0.4000	0.0435
			工程运行与考核要求符合情况	0.4000	0.0435
			工程预期效果实现情况	0.2000	0.0218
	污染物排放达标	0.1953	化学需氧量排放达标率	0.2500	0.0488
			氨氮排放达标率	0.2500	0.0488
			二氧化硫排放达标率	0.2500	0.0488
			氮氧化物排放达标率	0.2500	0.0488
	污染物排放强度	0.0606	单位产品废水排放量	0.0714	0.0043
			单位产品化学需氧量排放量	0.2143	0.0130
			单位产品氨氮排放量	0.2143	0.0130
			单位产品废气排放量	0.0714	0.0043
			单位产品二氧化硫排放量	0.2143	0.0130
			单位产品氮氧化物排放量	0.2143	0.0130
	污染物削减率	0.1164	化学需氧量与上年相比削减率	0.2500	0.0291
			氨氮与上年相比削减率	0.2500	0.0291
			二氧化硫与上年相比削减率	0.2500	0.0291
			氮氧化物与上年相比削减率	0.2500	0.0291
	污染减排管理	0.0830	机构设置	0.1799	0.0149
			制度建立	0.1698	0.0141
			指标分解	0.0756	0.0063
			在线监测装置建设	0.1602	0.0133
			在线监测装置运行	0.2381	0.0198
			岗位培训	0.0977	0.0081
			统计报表上报	0.0788	0.0065

5. 指标值的标准化

单个指标值的标准化包括单个指标值的选取和指标值的标准化两个过程。

由于指标有定性指标和定量指标两类，因此对指标原始值的选取又可以分为定量指标与定性指标原始值的选取。定量指标的取值包括指标原始数据选取和极值选取两个步骤。是针对某一定量指标，在中国石油范围内对该指标若干年数据集中首先选取该指标的极大值和极小值，然后根据评价过程的需要选取指标的原始值；对于定性指标，首先进行指标的定量化处理，然后再赋值。

指标值的标准化处理是考虑到各个指标方向性与数量级的差异而对指标采取的一种指标归一化方法。

研究确定的评价因素主要包括减排目标完成情况指标、主要污染物排放情况指标、主要污染物减排情况指标和污染减排管理指标四大类，利用定量因素隶属函数常采用的升半梯形表达式，可以分别得到各个指标的定量隶属函数。鉴于研究确定的炼化企业污染减排评价指标体系的指标覆盖了勘探企业，仅对炼化企业污染减排评价指标体系进行隶属函数确定，勘探企业参照执行。其各级指标的隶属函数确定如下。

1）资源综合利用指标

根据中国石油下属企业当年工业水循环利用率、含油污泥油回收率、粉煤灰利用率、钻井液循环利用率、伴生气回收率和炼化干气回用率情况，确定基准值，$D_{11}\sim D_{16}$ 为上述6项指标所有企业最大值，$D_{11}'\sim D_{16}'$ 为所有企业最小值。

$$\mu C_{1i}(X)=\begin{cases}1 & X=D_{1i}\\(X-D_{1i}')/(D_{1i}-D_{1i}') & D_{1i}'<X<D_{1i}\\0 & X=D_{1i}'\end{cases}$$

$i=1,2,\cdots,6$

2）污染物总量控制完成情况指标

在环境保护部组织的污染减排考核中，主要污染物总量控制及污染减排工程完成情况均作为一票否决指标，因此用指标是否符合要求作为基准值，确定隶属函数。

化学需氧量排放总量完成情况：

$$\mu C_1(X)=\begin{cases}1 & X=1\text{（完成）}\\0 & X=0\text{（未完成）}\end{cases}$$

氨氮排放总量完成情况：

$$\mu C_2(X)=\begin{cases}1 & X=1\text{（完成）}\\0 & X=0\text{（未完成）}\end{cases}$$

二氧化硫排放总量完成情况：

$$\mu C_3(X)=\begin{cases}1 & X=1\text{（完成）}\\0 & X=0\text{（未完成）}\end{cases}$$

氮氧化物排放总量完成情况：

$$\mu C_4(X)=\begin{cases}1 & X=1\text{（完成）}\\ 0 & X=0\text{（未完成）}\end{cases}$$

3）污染减排工程完成情况指标

工程建设进度完成情况：

$$\mu C_5(X)=\begin{cases}1 & X=1\text{（全部完成）}\\ 0 & X=0\text{（未全部完成）}\end{cases}$$

工程运行与考核要求符合情况：

$$\mu C_6(X)=\begin{cases}1 & X=1\text{（全部符合）}\\ 0 & X=0\text{（非全部符合）}\end{cases}$$

工程预期效果实现情况：

$$\mu C_7(X)=\begin{cases}1 & X=1\text{（}\geqslant 100\%\text{ 实现）}\\ 0 & X=0\text{（}<100\%\text{ 实现）}\end{cases}$$

4）污染物排放达标指标

化学需氧量排放达标率：

$$\mu C_8(X)=\begin{cases}1 & X=1\\ (1-X)/(1-0.98) & 0.98<X<1\\ 0 & X\leqslant 0.98\end{cases}$$

氨氮排放达标率：

$$\mu C_9(X)=\begin{cases}1 & X=1\\ (1-X)/(1-0.98) & 0.98<X<1\\ 0 & X\leqslant 0.98\end{cases}$$

二氧化硫排放达标率：

$$\mu C_{10}(X)=\begin{cases}1 & X=1\\ (1-X)/(1-0.98) & 0.98<X<1\\ 0 & X\leqslant 0.98\end{cases}$$

氮氧化物排放达标率：

$$\mu C_{11}(X)=\begin{cases}1 & X=1\\ (1-X)/(1-0.98) & 0.98<X<1\\ 0 & X\leqslant 0.98\end{cases}$$

5）污染物排放强度指标

根据中国石油下属炼化企业当年单位产品废水排放量、单位产品化学需氧量排放量、单位产品氨氮排放量、单位产品废气排放量、单位产品二氧化硫排放量和单位产品氮氧化物排放量情况，确定基准值，$D_{51}\sim D_{56}$为上述6项指标所有企业最大值，$D_{51}'\sim D_{56}'$为所有企业最小值。

$$\mu C_{5i}(X)=\begin{cases}1 & X=D_{5i}\\ (X-D_{5i}')/(D_{5i}-D_{5i}') & D_{5i}'<X<D_{5i}\\ 0 & X=D_{5i}'\end{cases}$$

i=1，2，…6

6）污染物削减率指标

“十二五”期间，环境保护部按“五年计划”制定了污染减排目标，因此用“五年计划”目标值的年均削减率作为基准值，确定隶属函数。

化学需氧量与上年相比削减率：

$$\mu C_{21}(X)=\begin{cases}1 & X\geqslant 0.024\\ (X-0)/(0.024-0) & 0<X<0.024\\ 0 & X\leqslant 0\end{cases}$$

氨氮与上年相比削减率：

$$\mu C_{22}(X)=\begin{cases}1 & X\geqslant 0.02\\ (X-0)/(0.02-0) & 0<X<0.02\\ 0 & X\leqslant 0\end{cases}$$

二氧化硫与上年相比削减率：

$$\mu C_{23}(X)=\begin{cases}1 & X\geqslant 0.024\\ (X-0)/(0.024-0) & 0<X<0.024\\ 0 & X\leqslant 0\end{cases}$$

氮氧化物与上年相比削减率：

$$\mu C_{24}(X)=\begin{cases}1 & X\geqslant 0.02\\ (X-0)/(0.02-0) & 0<X<0.02\\ 0 & X\leqslant 0\end{cases}$$

7）污染减排管理指标

机构设置：

$$\mu C_{31}(X)=\begin{cases}1 & X=1\text{（减排机构健全）}\\ 0.5 & X=0.5\text{（有机构但不健全）}\\ 0 & X=0\text{（未设置相关机构）}\end{cases}$$

制度建立：

$$\mu C_{32}(X)=\begin{cases}1 & X=1\text{（管理制度齐全）}\\ 0.5 & X=0.5\text{（有制度但不齐全）}\\ 0 & X=0\text{（无相关管理制度）}\end{cases}$$

指标分解：

$$\mu C_{33}(X)=\begin{cases}1 & X=1\text{（按要求分解指标）}\\ 0 & X=0\text{（未按要求分解指标）}\end{cases}$$

在线监测装置建设：

$$\mu C_{34}(X)=\begin{cases}1 & X=1（按要求建设）\\ 0 & X=0（未按要求建设）\end{cases}$$

在线监测装置运行：

$$\mu C_{35}(X)=\begin{cases}1 & X=1（在线监测装置运行符合相关要求）\\ 0 & X=0（在线监测装置运行不符合相关要求）\end{cases}$$

岗位培训：

$$\mu C_{36}(X)=\begin{cases}1 & X=1（统计人员经培训上岗）\\ 0 & X=0（统计人员未经培训上岗）\end{cases}$$

统计报表上报：

$$\mu C_{37}(X)=\begin{cases}1 & X=100\%\\ (X-80\%)/(100\%-80\%) & 80\%<X<100\%\\ 0 & X\leqslant 80\%\end{cases}$$

X为全年环境统计报表上报符合要求百分比率。

利用上述计算得到权重分布和各指标的隶属函数，结合调研结果对各处理技术相应指标的分数进行加权综合，即可得出每一废水处理技术的得分情况，以此为依据对各废水处理技术进行评价。

6. 指标值综合合成

综合指数法（Synthetical Index Method，SIM）中的线性加权和法（Linear Weighted Sum Method，LWSM）进行指标值的综合合成，主要基于以下方面的理由：一是计算简单，可操作性强；二是比较适用于各评价指标之间相互独立的情况；三是综合评价结果对权重系统的影响明显，评价结果可以对评价对象的低碳发展方向起到导向作用。

研究采用综合指数法中的线性加权法进行指标值的综合合成，计算公式如下：

$$M=\sum_{k=1}^{m}w_k\times e_k \tag{10-4}$$

式中 M——石油石化行业低碳综合评价指数；

w_k——指标权重；

e_k——经过标准化后的指标评价值。

五、展望

随着国家新的法律法规政策标准的出台以及污染减排考核政策的调整，相应的指标应当进行相应的调整，权重系数也要适当调整，以满足国家的政策要求。例如，国家环保导向已经从污染物控制转向环境质量控制，污染减排已经从方法核算到依据在线监测系统，因此未来需要加大在线监测系统的权重系数，同时要考虑增加厂界环境质量达标等相应的指标，使指标体系充分反映国家政策导向，满足企业管理需求。

第四节　低碳标准与评价指标体系

“低碳经济”提出的大背景，是全球气候变暖对人类生存和发展的严峻挑战。发达国家所主张的“低碳经济”，是建立在国家综合实力比较强、人民生活水平比较富足、基本物质需求得到满足的基础之上的，他们强调“低碳经济”是在不降低本国公民福利水平的同时，着力于解决其国内的温室气体减排和能源替代转型问题，通过技术替代和制造业转移达到低碳目标。

一、国内外低碳发展综合评价研究现状

1. 国外低碳发展综合评价概况

目前，国际上在构建低碳发展综合评价指标体系时基本上遵循了指标体系构建的一般原则。比较有代表性的能源消耗目标评价指标体系主要有英国能源行业指标体系、欧盟（EU）能源效率指标体系等。英国能源行业指标体系框架[2]为自上而下的分层设计，具体分为 3 个层级。第一层为“主要指标”，第二层为 28 个“支持指标”，分别用于支持和具体说明上述 4 个主要指标，第三层为背景性指标，分为 12 个条目，用于细化和补充说明上述支持指标。EU 能源效率指标体系框架则为分类设计，包括 6 类宏观性质的能源效率指标，用于评价和反映一国、一个行业的能源效率。此外，出于对全球气候变化问题的关注，该指标体系还包括了一类 CO_2 指标，作为对能源效率指标的补充。在上述各类指标下，分别设定了数量不等的具体评价指标。

2. 国内低碳发展综合评价概况

目前，国内关于低碳发展综合评价的研究大都集中在国家或经济体低碳经济发展评价指标体系与低碳社会评价指标体系方面。

（1）低碳经济发展水平的评价：胡大力等根据产业链从初始资源到最终消费市场这一路径，提出低碳经济评价逻辑结构框架。在充分吸收和借鉴诸多学者研究成果的基础上，遵循低碳经济评价指标体系的构建原则，构建了 3 个层次、6 大准则、20 个指标的低碳经济的评价指标体系。赛迪顾问公司从发展目标、主要领域和支撑环境 3 个层面构建我国低碳经济战略分析体系，在此基础上对 CO_2 排放的主要来源、影响 CO_2 排放的主要因素进行分析，构建了目标层、领域层、结构层和指标层 4 个层次的低碳经济指标体系。

（2）低碳社会的评价指标体系构建：任福兵等从发展低碳社会的内涵和特点出发，对 CO_2 排放的主要来源、影响 CO_2 排放的主要因素进行考察，设定了 52 个指标的低碳社会发展水平的衡量指标体系，最后分别对统计指标进行正向化和无量纲化处理，利用 Delphi 法确定各层次相关指标的权重，采用线性加权和法对指标值进行综合合成，在此基础上，综合评价我国低碳社会的发展水平[3]。

3. 存在的问题及研究趋势

（1）国内外学者对低碳经济的研究多集中在理论方面，比较空泛，对石油石化行业低碳发展的内涵还没有统一认识。

（2）由于相关统计资料及计量手段严重欠缺，导致某些指标无法准确获取，也就无法保证评价结果的正确性。

（3）目前没有一个用来衡量国家、行业或企业低碳发展水平的标准，也没有国际上公认的低碳发展评价方法和指标体系，在指标选取、权重确定等方面仍有值得进一步推敲的不足之处[4, 5]。

二、低碳发展影响因素分析

1. 石油石化行业低碳发展系统的建立

油气开采是一个很复杂的系统工程，为了构建出一套科学、适用于我国石油石化行业低碳发展水平综合评价的指标体系，首先需要建立“石油石化行业低碳发展”系统模型。“石油石化行业低碳发展”系统概念的主要思路是重点围绕油气开采与石油炼制这两大过程以及与之密切相关的外界物质、环境和社会等因素，运用系统思想，从源头调整、过程控制和末端治理 3 个方面以降低温室气体排放为目的，建立“石油石化行业低碳发展”系统，要实现系统整体水平的逐步提高，需要“低碳能源结构、低碳能源效率、碳排放控制、碳资源利用和低碳管理水平”这 5 个因素相互影响、相互促进，协调发展才可以实现。

2. 油气开采与石油炼制过程碳排放影响因素分析

1）油气开采过程碳排放影响因素分析

油气田温室气体排放水平不仅受规模、工艺和装备条件等常规工业温室气体排放主要影响因素的影响，原油的类型、储层深度、含水率、渗透率、区域气候条件等也均对温室气体排放有较大影响。对“石油石化行业低碳发展”系统而言，主要影响因素有油气藏的种类与品质、采油（气）系统效率。此外，提高废水、废汽、固体废弃物的资源化利用比例也可以从节约能源的角度实现碳减排。

2）石油炼制过程碳排放的因素分析

在能源效率方面，主要的影响因素有炼油装置的能效和辅助设备的能效。低效率的装置必然导致单位原油加工的高能耗和高排放。炼厂的燃料燃烧排放占总排放 70% 以上的比例，而其中 60% 以上的燃料是供应加热炉和自备电厂的能耗。另外，炼油过程产生大量的含油含盐污水，目前对这部分废弃物的处置带来 2.4% 的温室气体排放，通过深度综合处理既可以实现污水达标排放，同时也可以实现污水的资源化利用[6]。

三、低碳发展综合评价指标体系方法与程序构建

1. 低碳综合评价指标体系模型

本研究以中国石油石化行业低碳发展内涵为基础，借鉴和吸收国内外有关低碳水平评价的先进成果，依据系统分析方法的思想建立了包含目标层、准则层和指标层在内的多层次、多指标的综合水平评价体系模型（表 11-15）[7, 8]。

石油石化行业低碳发展综合水平评价体系模型将中国石油石化行业低碳发展水平综合评价（A）设为目标层；将低碳能源结构（B1）、低碳能源效率（B2）、碳排放控制（B3）、碳资源利用（B4）和低碳管理水平（B5）5 类指标设定为准则层；将天然气生产占能源总产量比例等 26 个指标（C_{ij}，i=1，2，…，5；j=1，2，…，6）设定为指标层。

表 11-15　中国石油石化行业低碳综合评价体系模型

目标层	准则层	指标层
中国石油石化行业低碳发展水平综合评价，A	低碳能源结构，B1	天然气生产占能源总产量的比例，C11 原油（气）液量生产综合能耗，C12 天然气消耗占总能耗比，C13 原煤消耗占总能耗比，C14 天然气碳减排量占总排放比，C15
	低碳能源效率，B2	万元产值综合能耗，C21 油气当量综合能耗，C22 机采系统效率，C23 炼油单位能量因数耗能，C24 发电标准煤耗，C25 炼油加热炉效率，C26
	碳排放控制，B3	万元产值碳排放，C31 油气当量产量碳排放，C32 火炬气及排放气占总排放量比例，C33 CH_4 排放量占总排放量比例，C34 炼油碳排放强度，C35
	碳资源利用，B4	碳汇增量占总排放量的比例，C41 甲烷回收利用率，C42 炼化污水回用率，C43 含油污泥处置率，C44 CO_2 资源化利用率，C45
	低碳管理水平，B5	是否建立碳交易机制与平台，C51 是否制定低碳发展战略，C52 是否研制低碳相关标准，C53 低碳管理体系，C54 低碳信息数据及披露，C55

2. 低碳发展综合评价标准

中国石油石化行业低碳发展综合评价标准的设定是立足于行业当前的实际，力争达到国内外先进水平为原则而设定。评价标准的设定包括单项指标值的取值、指标值的标准化、评价指标值的综合合成、综合评价标准的设定 4 个主要步骤。

1）单项指标值的取值

单项指标值的选取主要目的是通过全面掌握国内外石油企业某一指标值的总体水平，从而为研究制定石油石化行业低碳发展总体水平评价标准提供科学依据。单项指标的取值分为定量指标的取值及定性指标的定量化处理两步，方法及过程如下：

（1）定量指标的取值。

定量指标的取值是以壳牌、埃克森美孚、BP、道达尔、雪佛龙、中国石油和中国石化综合性石油石化企业 2005—2010 年数据集为对象，选取该数据集的最大值、最小值分别为该指标的最高值和最低值；然后将这 7 家公司分为国内、国外两组，分别求其平均值，这样就确定了最低值、国内平均、国外平均和最高值 4 个值；最后用这 4 个值可确定 5 个数据区间，即小于最低值、最低值到国内平均值、国内平均值到国外平均值、国外平均值到最高值和大于最高值。选定的定量指标值见表 11-16。

表 11–16　定量指标的取值

准则层指标	指标层指标名称		单位	指标方向	最低值	国内平均值	国外平均值	最高值	最大值	最小值
低碳能源结构 B1	C11	天然气生产占能源总产量的比例	%	正向	10.89	19.73	36.73	45.54	45.54	10.89
	C12	原油（气）液量生产综合能耗	kg（标煤）/t	反向	64.18	31.38	20.24	8.16	65.00	8.16
	C13	天然气消耗占总能耗比	%	正向	22.66	24.72	28.94	36.47	36.47	22.66
	C14	原煤消耗占总能耗比	%	反向	26.82	13.99	8.60	4.53	30.00	4.53
	C15	天然气碳减排量占总排放比	%	正向	19.59	34.88	129.09	184.65	184.65	19.59
低碳能源效率 B2	C21	万元产值综合能耗	t（标煤）/万元	反向	1.05	0.79	0.16	0.10	1.10	0.10
	C22	油气当量综合能耗	kg（标煤）/t	反向	218.48	143.10	136.19	73.58	225.00	73.58
	C23	机采系统效率	%	正向	20.10	24.00	30.00	36.00	36.00	16.70
	C24	炼油单位能量因数耗能	kg（标油）/（t · 能量因数）	反向	13.00	11.00	9.50	8.80	15.00	8.80
	C25	发电标准煤耗	g（标煤）/（kW · h）	反向	392.00	377.00	335.00	312.00	395.00	312.00
	C26	炼油加热炉效率	%	正向	70.00	85.00	93.00	95.00	95.00	70.00
碳排放控制 B3	C31	万元产值碳排放	kg（CO_2）/万元	反向	33.46	22.80	9.23	2.36	35.00	2.36
	C32	油气当量产量碳排放	t（CO_2）/t	反向	0.54	0.44	0.35	0.18	0.60	0.18
	C33	火炬气及排放气占总排放量的比	%	反向	33.06	18.08	4.89	2.73	35.00	2.73
	C34	CH_4 排放量占总排放量的比	%	反向	7.83	6.10	5.24	2.96	8.00	2.96
	C35	炼油碳排放强度	t（CO_2）/t	反向	0.28	0.24	0.20	0.15	0.30	0.15
碳资源利用 B4	C41	碳汇增量占总排放量比	%	正向	2.56	7.00	17.51	20.50	20.50	0.00
	C42	甲烷回收利用率	%	正向	18.00	23.00	32.00	60.00	60.00	18.00
	C43	炼油污水回用率	%	正向	14.60	22.10	50.00	70.00	70.00	14.60
	C44	含油污泥处置率	%	正向	24.00	30.00	60.00	80.00	80.00	21.08

注：最大值、最小值为最有可能达到的两个极值。

（2）定性指标的定量化处理。

根据各个定性指标的含义设定［1，5］取值范围，将单项指标按照等比方法分成 5 个不同等级，实现定性指标的定量化。定量化后各等级的指标取值范围及含义见表 11–17。

表 11–17　定性指标的定量化赋值

指标名称		（0，1］	（1，2］	（2，3］	（3，4］	（4，5］
C45	CO_2 资源化利用率	CCS 技术研究	CCS 示范项目建设	CCS 示范项目运行	CCS/EOR 产生效益	CCS/EOR 经济运行
C51	是否建立碳交易机制与平台	交易机制	交易机制与平台	碳交易示范项目	完成 1 笔碳交易	完成 1 笔以上交易

续表

指标名称		(0，1]	(1，2]	(2，3]	(3，4]	(4，5]
C52	是否制定低碳发展战略	低碳相关战略	低碳发展战略	低碳战略 + 规划	战略 + 目标	战略 + 目标 + 措施
C53	是否研制低碳相关标准	1 项企业标准	1 项以上企业标准	1 项行业标准	1 项以上行业标准	1 项国家标准
C54	低碳管理体系	1 项低碳管理规定	2 项低碳管理规定	3 项低碳管理规定	4 项低碳管理规定	4 项以上管理规定
C55	低碳信息数据及披露	开展碳盘查工作	编制碳排放清单	清单 + 碳排放数据库	系统内碳排放披露	系统外碳排放披露

2）指标值的标准化

评价指标的正向化：由于本研究中所选取指标只存在极值型指标，即极大值与极小值两种类型，因此只需将极小值指标通过极值变换转换成极大值，即可实现正向化处理。方法如下：对于某个反向指标 x，应用极值变换 $x' = M-x$，其中 M 为指标 x 可能取值的最大值。

评价指标的无量纲化：对评价指标的无量纲化选择标准差方法：假设 m 个经过正向化处理的评价指标 x_1，x_2，…，x_m，都有 n 组样本观测值 x_{ij}（i=1，2，…，n；j=1，2，…，m)，设：

$$\bar{x}_j=\frac{1}{n}\sum_{i=1}^{n}x_{ij},\quad S_j=\left[\frac{1}{n}\sum_{i=1}^{n}(x_{ij}-\bar{x}_j)^2\right]^{1/2}\quad (j=1,\ 2,\ \cdots,\ m)$$

则评价指标的无量纲化可采用式（11-1）做如下处理：

$$x'_{ij}=\frac{x_{ij}-\bar{x}_j}{S_j}\quad (i=1,\ 2,\ \cdots,\ n;\ j=1,\ 2,\ \cdots,\ m) \tag{11-5}$$

3）评价指标值的综合合成

本书采用综合指数法中的线性加权法进行指标值的综合合成。计算公式如下：

$$M=\sum_{k=1}^{m}w_k\times e_k \tag{11-6}$$

式中　M——石油石化行业低碳综合评价指数；

w_k——指标权重；

e_k——经过标准化后的指标评价值。

指标综合合成后的结果见表 11-18。

表 11-18　评价指标值的综合合成结果

指标名称	最低值	国内平均值	国外平均值	最高值
低碳综合水平，A	-1.2970	-0.4889	0.5001	1.2858
低碳能源结构，B1	-1.2919	-0.4722	0.4740	1.2900
低碳能源效率，B2	-1.3831	-0.3855	0.5859	1.1827
碳排放控制，B3	-1.3374	-0.4256	0.4468	1.3163
碳资源利用，B4	-1.1765	-0.6460	0.4635	1.3590
低碳管理水平，B5	-1.3446	-0.4699	0.5349	1.2795

4）综合评价标准的设定

根据上述对准则层、目标层指标的综合合成结果，确定以下 5 个等级的评价标准（表 11–19），用于对中国石油石化行业低碳发展综合水平进行评价。用该标准既可以实现行业内各个企业之间的横向对比评价，也可用于某一个企业若干年的纵向对比评价。

表 11–19　中国石油石化低碳发展综合评价标准

等级	高碳水平	较高碳水平	中碳水平	经济低碳	理想低碳
A	（–∞，–1.2970］	（–1.2970，–0.4889］	（–0.4889，0.5001］	（0.5001，1.2858］	（1.2858，+∞）
B1	（–∞，–1.2919］	（–1.2919，–0.4722］	（–0.4722，0.4740］	（0.4740，1.2900］	（1.2900，+∞）
B2	（–∞，–1.3831］	（–1.3831，–0.3855］	（–0.3855，0.5859］	（0.5859，1.1827］	（1.1827，+∞）
B3	（–∞，–1.3374］	（–1.3374，–0.4256］	（–0.4256，0.4468］	（0.4468，1.3163］	（1.3163，+∞）
B4	（–∞，–1.1765］	（–1.1765，–0.6460］	（–0.6460，0.4635］	（0.4635，1.3590］	（1.3590，+∞）
B5	（–∞，–1.3446］	（–1.3446，–0.4699］	（–0.4699，0.5349］	（0.5349，1.2795］	（1.2795，+∞）

四、小结

首次研究建立包含“低碳能源结构、低碳能源效率、碳排放控制、碳资源利用和低碳管理水平”5 个准则、26 项指标、3 个层次的行业低碳发展综合评价指标体系模型，并确定综合评价方法。以国内外七大石油公司为统计数据来源，对每一个指标选取“最低值、国内平均值、国外平均值、最高值”4 个水平值进行综合合成，研究提出了值域在［–1.2970，1.2858］范围内且包含“高碳、较高碳、中碳、经济低碳和理想低碳”5 个等级，具有可操作性的石油石化行业低碳综合水平评价标准。

第五节　低碳发展技术路线图

一、背景环境分析

开展低碳战略研究是中国石油积极参与国际油气开发与石油贸易竞争，主动适应国家低碳发展方式转变的迫切需要。以清洁能源为核心的低碳经济革命可以有效降低碳排放，低碳排放引发的低碳经济即是应对气候变化的唯一选择。发达国家在低碳经济方面都确立了适合本国国情的战略目标，采取了相应的行动，并不断发展和完善。截至 2010 年初，中国石油海外投资业务发展到 29 个国家，运作超过 80 个合作项目。

为保证中国石油能够适应国家低碳政策的发展需要，既完成国家节能减排约束性考核的要求，又能顺利适应新的市场约束制度的建设，需要将低碳发展融入社会责任，在低碳发展的新环境下研究石油企业的应对策略，研究中国石油低碳发展战略，按照“一带一路”倡议总体部署建设，在实践中逐渐摸索一条符合中国石油发展的低碳经济之路。

二、中国石油低碳发展战略

中国石油明确了低碳发展的目标、主要任务和保障措施。开展了各业务领域减排措施和潜力调查。确定了生产供给侧结构性改革，需求消费端转型，低碳新动能发展三方面的主要任务。中国石油低碳发展战略计划通过3个阶段步骤实现，以最终实现为企业探索建立一条低碳环保的长期发展道路。

1. 第一阶段——减量化发展，清洁地提供能源

（1）阶段目标：清洁地提供能源，在稳定国家能源保障供应的前提下，实现温室气体和污染物排放的减量化，最大限度地降低排放强度，至2020年单位工业增加值 CO_2 排放总量比2015年下降25%，力争炼化业务温室气体排放量实现达峰；通过技术突破，达到能够形成阶段技术接替的工业生产能力；通过参与排放权交易学习适应市场机制。

（2）执行方式：将低碳发展融进企业管理：按照责任落实、措施落实、工作落实的要求，建立温室气体排放管控和绿色发展的考核指标体系。建立温室气体核算报告信息系统，对所属企业开展2016年温室气体排放量核算，覆盖燃料燃烧、甲烷逸散放空、炼化工艺排放、废物处理、电力消耗等排放源项；所属公司制定温室气体排放清单，重点控排企业完成温室气体核算和报告，并做好初始排放权核定和配额管理技术准备工作。为合理减排提供系统支持，将低碳发展融进公司战略：对开采能耗高及单位产品碳排放量高、市场需求低的炼化装置实施逐步退出政策；开展碳资产管理，推动企业降低单位产能的能耗成本，增强企业竞争力，针对气候变化风险，组织开展企业相关资产的压力测试，对受影响资产加强管理措施。此外，中国石油为致力于绿色低碳发展，积极支持和参与温室气体减控计划与倡议，如 CO_2 捕集利用与封存产业技术创新战略联盟（CTSA-CCUS），油气行业气候倡议组织（OGCI），并参与制定《OGCI—2040年低碳排放路线图》，联合制定油气行业 CO_2 封存容量标准。通过上述措施实现大规模的减量化技术攻关与应用，降低污染物和温室气体排放增量，提高能源利用效率，降低单位组织和设备的排放值。

（3）发展思路：第一阶段的发展主题是减量。立足于当前主营业务，提高排放减量化的能力。具备增产天然气及页岩气的生产能力，完成CCUS技术从科研向工业应用的科技攻关和转化过程，初步形成一定规模的工业应用能力。

（4）工作重点：提高能源利用效率，降低污染物排放，降低温室气体排放强度，在 CO_2 封存和利用技术、页岩气及天然气开发技术方面寻求一定的突破。在第一阶段结束之前，达到进行大规模工业化应用的水平，能够为下一阶段的工程应用提供生产保障。

（5）战略陈述：这一阶段既是中国石油保证产量、保障国家能源安全的重要阶段，也是中国温室气体排放达峰前的重要阶段。按照中国现在的能源结构和技术实力，短时间内实现总量减少是难以实现的。从当前的发展趋势和业务构成判断，结合中国石油当前可以进行的业务改造力度，发展天然气相关技术和CCUS技术是较为合适的方向。

2. 第二阶段——替代式发展，提供清洁能源

（1）阶段目标：提供清洁能源，在保证企业稳定经营的情况下，通过增加清洁能源比例实现业务结构调整，至2030年，持续增加天然气等清洁能源的供给，国内天然气产量占中国石油国内一次能源比例达到55%，天然气产能增加温室气体排放增幅得到有效控制，从而降低温室气体排放总量；确定未来技术攻关方向，完成清洁能源技术储备；企业管理机制适应市场减排手段。

（2）执行方式：从清洁地提供能源向提供清洁能源转变，大幅度提高清洁能源（天然气）的供应能力，相应降低石油，尤其是重油、油砂等高碳排放、高能耗产品供应比例。积极发展煤层气、页岩气和生物质能等低碳能源，持续开展地热能、太阳能等可再生能源

的利用与开发，并在天然气水合物等资源开发利用方面开展探索，重视生产和供应清洁产品，努力实现产品生产、消耗过程清洁化，为改善中国能源结构发挥积极作用。

（3）发展思路：第二阶段的发展主题是替代，有两个含义。一是通过产品种类由低排放的天然气业务替代高排放的重质油品业务，实现企业内部减排。二是通过提供更为清洁的天然气能源，对油品等高排放能源的替代实现企业外部减排。

（4）工作重点：进一步提高天然气比例，当前中国石油业务以油为主、以气为辅，到第二阶段末期（2045—2050年）实现气高于油，油气比接近4∶6。到第一阶段末期，2030年左右，中国石油的天然气业务具备大幅度提高生产规模的能力，并且能够在第二阶段将这些产能释放出来。

（5）战略陈述：第二阶段的时间段基本上处于中国温室气体排放达峰后，中国在国际社会上已经不再具有可以增加排放的空间，而且总量控制的限制会进一步扼制中国的发展。第一阶段投入大量研发精力的CCUS技术和DMC技术，应当在第二阶段发挥重要作用。第二阶段应当在选定的几个技术方向上继续深入科研攻关，掌握自主知识产权，发展较快的技术可以进行初步小型试验甚至中试，尽早尽快实现替代技术的选择和培育工作。

3. 第三阶段——新技术发展，清洁稳定地提供新型清洁能源

（1）阶段目标：进一步提高清洁能源业务比例，实现新技术支撑的主营业务结构改变，新型清洁能源业务比例上升到10%左右。温室气体及污染物排放量呈现稳定下降趋势。至2050年，坚持低碳发展方向，低碳发展达到国际先进水平，为我国履行应对气候变化国际协议、控制温室气体排放做出重要贡献。

（2）执行方式：稳定第二阶段的化石能源生产总量，通过新技术突破和应用推广，将低碳发展融进科技创新，强化产、学、研、用相结合，加快先进技术和成果的转化与推广，满足业务发展节能环保的迫切需求；打造一流的绿色科技支撑条件平台，提升节能减排与环境保护自主创新能力；逐步大幅度提高新型清洁能源业务生产总量，从而实现业务结构调整与生产能力提高的同步完成。

（3）发展思路：第三阶段的发展主题是依靠新技术推动企业低碳发展。在产量和比例两种调节手段都使用过，相应的技术手段难以实现更有效减排的情况下，第三阶段只能依靠新技术的替代效应进入另一种可以减排与发展并行的模式。

（4）工作重点：在第三阶段主要的工作任务是如何在企业内部建立一套与新技术推广应用相适应的运行系统和管理体系。

（5）战略陈述：第三阶段是中国石油从传统能源公司向未来清洁能源公司转变的关键过渡阶段。在这一阶段要完成的重要任务是建立新型清洁能源业务发展模式。

通过技术突破，在新能源方面增加业务比例，并计划在未来培养成为中国石油主营业务中最为重要的一支力量是第三阶段需要达成的目标。

三、低碳发展战略与管理支撑平台

低碳发展战略的策划是基于中国石油发展水平与政策环境等综合因素的研究结果，而其部署与实施更是对企业低碳管理的考验。低碳发展的实际推动力是科技创新，实施途径是企业业务的低碳转型，而实施的保障则是相应管理能力和管理水平的提升。低碳发展要求企业能够从高碳发展阶段向低碳发展转变，这其中对企业运行方式的考验就是对管理能

力的提升要求。

1. 低碳战略评估

低碳战略评估部分包括三个主要内容，分别对企业低碳发展的环境及政策评估、企业低碳现状和相关业务的低碳评价进行研究，形成政策环境、企业主体、相关业务的全方位评价，为低碳战略的制定和部署提供基础。

1）政策及环境评估

政策及发展环境评估是战略研究中的首要任务。本次研究的政策及环境分析从国家对有关约束制度的研究入手，并且分析了国际石油公司在有关低碳方面所做的工作。

市场手段的控制排放措施主要有两个——碳税和碳排放权交易。

碳税是欧洲发达国家使用相对较多的手段，尤其是西欧和北欧的发达国家，但各个国家的碳税速率水平差别较大。我国开征碳税的计划并不明确，尚有很多问题没有解决，而且从多种政策信号的解读上，目前仍未有较为明确的碳税行动可能。相对碳税政策推出的不明朗，中国政府正在大力推行另一种市场机制减排温室气体，建立试验性碳排放交易市场。目前，我国的碳市场可以分为 CDM 项目市场、自愿减排交易市场和碳排放权交易市场，其中以 CDM 项目发展的时间最长、积累的经验最多，自愿减排交易市场更为市场化，而碳排放权交易市场则带有鲜明的政策导向性。碳税和碳交易两种市场手段，当前管理部门更倾向于采用碳交易方式，并且在实际行动中采取了相应的落实行动。可以预见在不久的将来，随着应对气候变化形势的严峻、能耗及排放控制政策的从紧，碳交易将成为未来的主要市场手段，影响企业的减排及生产经营决策。

2）企业低碳评价

跨国石油公司抢占低碳能源高点，低碳技术竞争成为焦点。为了应对低碳经济，目前壳牌投资重点转向生物燃料，埃克森美孚公司在页岩气、致密气开采技术上世界领先；雪佛龙公司长期致力于地热能技术研究，BP 已进入太阳能领域 30 多年，是世界领先的光伏电池生产商之一。各大石油公司的行动方向是趋同的，都以提高能效为手段，扩展新能源发展方向，提高清洁能源比例。

2005 年以来，中国石油的低碳能源效率与碳排放控制水平均有不同程度的提高。2005—2010 年，低碳能源效率系统整体上提高了 18.1%，当前通过提高能源效率，利用节能降低碳排放还是很有潜力的。虽然中国石油通过清洁发展机制在个别试点企业获得了一定的经济效益，但由于政策机制的不完善，使得整个项目在运作过程中困难重重。

3）相关业务评价

中国石油业务链条长且复杂，涉及低碳内容较多。除普遍地提高能源利用效率方式之外，石油生产及石油化工行业都与低碳技术息息相关的新兴技术有待发展，这些待发展的技术中存在着未来可能成为新一轮企业发展替代性主导技术的可能。

碳捕集、封存与利用技术（CCUS）是上游企业能够大量利用 CO_2 工业化生产的先进技术，通过 CCUS-EOR，能够有效提高石油采收率，封存相应比例的 CO_2，同时达到减排和增产的双重利好结果。中国与发达国家相比在 CCUS 资金方面投入相对较少，需要政府做出相关政策、计划，进一步加大政府的投入，引导私有投资加快开展全流程 CCUS 项目的示范，将推动 CCUS 技术商业化运营。

2. 低碳标准

目前，国际上应用最广泛的碳管理相关标准主要包括三个方面：其一为IPCC的国家温室气体清单编制指南，其二为国际标准化组织环境管理技术委员会（ISO/TC 207）已经发布的和正在编制的系列标准，其三为世界资源研究所（WRI）和世界可持续工商联合理事会（WBCSD）联合发布的温室气体议定书（GHG Protocol）系列标准[2]。

国内也开展了大量的碳管理标准的研究工作，企业层面的温室气体排放核算与核算指南已经发布了10个行业。石油石化企业技术标准需求方面有CO_2捕集压缩领域、CO_2封存领域、CO_2工业利用领域、新能源领域、温室气体检测领域的标准，以及石油石化行业生产过程节能技术等六大领域26个方面的标准需求。在低碳管理方面有碳资产、减排规划、排放核算三大领域共7个方向的标准需求。

四、CCUS发展策略研究

1. 研究背景及意义

CCUS技术是CCS技术新的发展趋势，即把生产过程中排放的CO_2进行提纯，继而投入新的生产过程，可以循环再利用，而不是简单地封存。与CCS相比，可以将CO_2资源化，能产生经济效益，更具有现实操作性。为了达到2050年，国际能源署（IEA）的最低成本方法与能源相关的CO_2排放减半的目标，应当尽快转变生产和使用能源的方式。国际能源署长期能源预测表明，2035年化石能源在全球能源的供应还将占到70%以上。能源结构还将长期维持，因此在CCUS的投资是必需的。进一步来说，工业部门排放，包括水泥、钢铁、化工和炼油行业，占当前全球CO_2排放量的20%[9, 10]。CCUS是可以使CO_2在这些领域深度减排的唯一大型技术[11]。

2. 中国石油CCUS发展策略

1）中国石油低碳发展战略

中国石油作为中国国有重要骨干企业和国家重点关注的能耗企业，为主动顺应低碳经济发展趋势，以大力发展天然气产品，保障国家油气资源的供应为前提，以发展清洁能源、强化节能与提高能效、提高低碳发展能力为重要手段，开展了以下4个方面的重要工作：

（1）保持天然气业务持续快速增长。

（2）拓展可再生能源业务。

（3）强化节能与提高能效。

（4）提高低碳发展能力。

CCUS技术是中国石油低碳战略发展中的重要领域，是低碳发展贡献最大、直接有效的技术手段。中国石油充分发挥其特色及技术优势，发展CCUS技术，不仅能促进企业内部发展，还能为国家CO_2减排做出巨大贡献。

2）中国石油CCUS发展策略

（1）制定相关政策引导CCUS相关技术发展。

目前中国石油已将CCUS技术作为低碳战略中重要的一部分，中国石油CCUS的发展不仅能为相关部门提供CCUS技术，还能为中国的能源规划、能源规划、产业规划，以及法律法规和环境管理制度政策提供建议。

（2）有关融资机制的建立。

积极构建 CCUS 资金融资机制，碳市场的建立，推动 CCUS 商业化发展。

（3）开展示范项目，加快技术创新，提高核心竞争力。

中国石油可以适当扩大示范项目范围，在低渗透油藏开展 CO_2-EOR 示范项目，加快技术创新，提高中国石油在 CO_2 资源化利用方面的竞争力，形成 CCUS 发展体系。

（4）加大工程项目建设。

针对不同地层、不同规模的工程项目建设，形成 CCUS 技术产业链。

（5）加强国际科技合作。

加强国际研究机构的合作与交流，在技术和政策上相互借鉴、相互学习，推进我国 CCUS 技术的成熟和政策的建立。

参考文献

[1] 温海龙 . 抽油机节能改造技术在头台油田的应用 [J] . 中国石油和化工标准与质量，2010（1）：165.

[2] 付加峰，庄贵阳，高庆先 . 低碳经济的概念辨识及评价指标体系构建 [J] . 中国人口・资源与环境，2010，20（8）：40-43.

[3] 任福兵，吴青芳，郭强 . 低碳社会的评价指标体系构建 [J] . 科技与经济，2010，23（2）：68-72.

[4] 马军，周琳，李薇 . 城市低碳经济评价指标体系构建——以东部沿海 6 省市低碳发展现状为例 [J] . 科技进步与对策，2010，27（22）：165-167.

[5] Asian Development Bank. Design and Application of Evaluation System for Energy Conservation [M] . Beijing：Maritime Press，2011.

[6] Andress D，Nguyen T D，Das S. Low-carbon Fuel Standard-Status and Analytic Issues [J] . Energy Policy，2010，38：580-591.

[7] Streimikiene D，Sivickas G. The EU Sustainable Energy Policy Indicators Framework [J] . Environment International，2008，34（8）：1227-1240.

[8] IAEA. Energy Indicators for Sustainable Development：Guidelines and Methodologies [M] . Vienna：International Atomie Energy Agency，2005.

[9] Svensson R，et al. Transportation systems for CO_2 application to carbon capture and storage [J] . Energy Conversion and Management，2004，45（15-16）：2343-2353.

[10] Bachu S，Bonijoly D，Bradshaw J，et al. Estimation of CO_2 Storage Capacity in Geological Media-PhaseII [R] . The Task Force on CO_2 Storage Capacity Estimation for the Technical Group（TG）of the Carbon Sequestration Leadership Forum（CSLF），2007.

[11] Department of Trade and Industry（DTI）. UK Energy White Paper：Our Energy Future-reating a Low Carbon Economy [M] . London：TSO，2003.

第十二章　低碳技术发展展望

十九大报告明确提出，“建设生态文明是中华民族永续发展的千年大计”，“加快生态文明体制改革，建设美丽中国”。中国石油作为中国最大的能源企业之一，把成为国家生态文明建设进程中重要参与者、贡献者视为我们光荣的使命，以建设世界一流综合性国际能源公司为目标，持续推进企业的绿色低碳转型。

展望未来，国际能源结构和中国能源结构变化向清洁化、低碳化发展的趋势，中国在世界经济中的重要性将会继续提高，并依然是拉动全球经济增长的重要引擎，中国能源需求特别是油气需求仍将稳定增长。同时，新《中华人民共和国环境保护法》的实施，国家《大气污染防治行动计划》《水污染防治行动计划》《土壤污染防治行动计划》重要任务部署等环保与生态保护法律法规的实施，对中国石油的低碳与清洁发展提出了新的要求。

在新的机遇与新的挑战面前，中国石油积极履行责任，促进低碳发展，引领环保科技创新，构建绿色中国石油。

第一节　新形势下的低碳技术发展面临挑战

基于目前的新形势，中国石油低碳与清洁发展面临以下四大挑战：

（1）总能耗居高不下，节能降耗难度大。

勘探与炼化为石油行业的重点耗能业务。油田业务能耗占勘探板块能耗 58%，是节能降耗的工作重点。通过“十二五”期间低碳专项的攻关，机采、集输、注水等系统能效都得到了提升，有效减缓了能耗上升幅度，但总能耗仍有上升趋势。

油气田业务挖潜难度大，常规设备及工艺节能取得较大突破难度大，单项提效技术很难解决加热炉排烟温度及过剩空气系数高、结垢严重等问题，需要综合集成配套技术。

（2）固废产生量高，风险管控难度大。

国家出台“土十条”加强对土壤、地下水污染监管，近年来公司固废违法存放、原油泄漏污染土壤、地下水等时有发生，国家领导人多次批示，国家和地方环保部门高度关注。

公司固废主要包括钻完井废物、作业废液、含油污泥以及炼化废碱渣、催化剂等，废物量大、点多面广，有效处理及资源化率低，环境风险管控难。

中国石油年钻井约 2 万口，产生大量钻井废弃物、油气田作业废液。陕西、宁夏、四川、海南等地环保部门已提出钻井液不落地、加强地下水监测和风险控制等要求。油田油泥和炼化“三泥”含油及大量化学添加剂为危险废物，产生量大，处理处置要求高。外委处理能力及处理成本均难以被企业接受。

低碳专项研究形成了稠油污泥处理、落地油泥处理、炼化污泥碳化处理技术，解决了部分含油污泥处理问题，但技术仍有提升空间。

（3）国家排放标准升级，污染物难以稳定达标。

《石油炼制工业污染物排放标准》特别排放限值与目前执行标准相比，有 14 项浓度限值降低，《石油化学工业污染物排放标准》有12项浓度限值降低，两个标准石油类和挥发酚都降低了40%，并增加了总磷和总氮两项指标，二氧化硫特别排放限值几乎是原标准的1/10，氮氧化物也下降了一半。排放标准的升级给行业污水处理和排放带来了新的压力。

（4）国家即将开展碳交易，温室气体底数不清。

国家即将实施排污权交易与VOCs收费工作，排放权配额将成为可出售、可储备的重要资产。国家“十三五”规划纲要提出有效控制非二氧化碳温室气体排放。

推动转型发展、应对国内外监管和竞争环境，迫切要求制订完善的低碳发展路线图；建立符合国际标准的碳排放管控体系，迫切需要开展温室气体排放核算核查技术与碳资产管理体系研究；低碳与清洁发展标准体系不健全，技术转化标准率有待提高，低碳标准话语权不足；推进生态多样性保护纲要实施和环境风险管控，迫切需要先进的环境决策支持工具；“十三五”国家继续加大节能监管力度，推行“一挂双控”措施，需要不断完善、提高能源管理水平。

第二节　低碳技术发展方向

节能与提效、减排与资源化、战略与标准3个方面，石油石化行业仍存在以下9个方向的关键技术问题。

一、油田地面工程能量系统优化关键技术

1. 技术发展现状

油田地面生产系统建设规模大、耗能设备多、能耗节点多。相比炼化、钢铁等生产系统，油田生产运行可控性较差。由于生产井数量多，以及检泵、钻关、热洗等情况，油田生产运行具有产量波动大、能耗控制难度大等特点。另外，虽然油田生产系统庞大，耗能设备分散，但可控的参数较少，只有水力系统（P）及热力系统（T）两个主要控制参数，且温度变化范围相对较窄，如稀油多在15~45℃之间；由于油田长期粗放型管理，自控水平相对较差。

“十二五”期间，随着油田开发规模增大，主力油层逐渐被动用，开采对象逐渐过渡到薄差层，聚合物驱、三元复合驱、“三低”油田多井低产等情况，使新开发区块能耗增大。其次，随着生产时间延长、基建规模扩大，已建设施布局不合理、系统效率低、设备腐蚀老化等问题更加严重，使得已建系统低效高耗问题严重。再次，随着投入少、见效快的节能技术推广应用，高投资回报率的节能技术覆盖率增大，节能挖潜工程量及投入需求量大。

在油田建设历程中，随着开发方案的调整，开发规模增大，油田一直经历着建设、改造和调整。在老油田进入高含水期后，尤其在部分油田经历了上产、稳产，进入产量下降阶段后，系统优化调整成为有效的降本增效措施，系统调整主要采用“关停并转、抽换优用管”的方式，但主要停留在优化设计及建设方面。随着油田节能工作不断深入，常规的技术节能和管理节能挖潜难度逐渐增大，投资回报率降低；同时，随着时代的发展、节能技术的突破，以及其他跨界技术，如信息化技术、互联网技术的飞速发展，油田节能需要从新的角度寻求新的突破。

2. 技术发展方向

1）集成开发油田地面生产系统能量优化软件

机采系统：需要以区块油井能耗最低为目标的整体优化技术，包括基于区块整体能耗最低的系统优化模型建立及整体区块油井节能系统优化软件开发，同时需要油井潜力评价和节能挖潜方法研究，寻找具有提高系统效率潜力的油井，给出潜力油井节能挖潜方向。

地面系统：需研究建立带有中国石油油田油品特性的多相流模拟数学模型，提高模拟精度，实现油田地面工程全过程的工艺模拟软件，构建高精度、多参数、动态运行的工艺模型，并需要反复调试。

2）油田地面工程用能评价及优化方法研究

用能评价方法：基于工艺流程仿真模拟的生产用能评价是个性化设计，通过合理的分析找到已建流程所能达到的最优化运行方式，以及最低能耗所对应的用能水平，与当前能耗水平对比，通过科学合理的评价找到工作的基准。这种个性化优化思路是未来精益求精、提高管理水平工作思路的发展方向，也是需要研究的更高一级的方法论。

用能优化方法：针对油田地面系统多目标、多参数及非线性用能优化的问题，提出优化方案，在实现设备效率最大化、操作条件最优化、系统运行最佳化以及提高企业经济效益的同时实现节能降耗。

3）构建油田地面工程优化运行管理平台

为方便使用能量系统优化软件，实现油田各生产系统数据的高效利用，提高油田地面运行管理水平，油田地面工程能量系统优化工作需要信息化手段提供支撑，需要构建油田地面工程优化运行管理平台。当前已建各系统基本上覆盖了油田生产各类数据，基础数据量相当扎实，但当前的信息化工程有一个较大的缺陷，即只是读取了现场数据，多数用于统计分析，数据利用相对较差，不能有效指导生产，投入大量的资本所建成的基础数据库并未能有效指导生产，产生效益。

通过需求分析、功能设置、模块构成、外部接口、展示平台等功能设计，形成能量系统优化研究成果向实际生产力转换，形成业务流程支撑及工程实用机制，为下一步能量系统优化推广应用奠定基础，同时提高油田数字化建设水平及精细化管理水平。

二、页岩气开发废弃物处理与利用关键技术

1. 技术发展现状

2009年以来，我国开始推进页岩气等非常规油气资源开发利用。页岩气作为一种重要的非常规能源，其开发过程有别于常规油气资源，水平钻井、水力压裂、压裂液返排、试采等过程中会带来巨大环保压力。

目前，页岩气开发在造斜段和水平段普遍使用油基钻井液，产生的油基钻屑的污染较重，且油基钻井液的连续相是柴油或工业白油，钻井液价格昂贵。因此，国内分先后开发了综合性能与油基钻井液接近的高性能水基钻井液体系并开展了工业化试验和推广，同时油基钻井液依然在复杂的地层使用。钻井过程中，固体废物产生情况主要是固控系统持续产生的钻井液和岩屑的混合物。钻井过程用水主要用于配制钻井液、冲洗设备等，而页岩气钻井废水主要产生于水基钻井过程，伴随有地层产出水、井筒清洗废水、钻井平台冲洗废水、钻井液罐清洗废水等。废弃物组分复杂，COD高，色度高，盐含量高，可生化性

较差，难处理。

2. 技术发展方向

1）页岩气开发压裂返排减量化与回用技术

“十二五”期间，压裂返排液“抗盐降阻剂＋稀释法”技术已实现废液 80% 回用，但处理成本较高，现场处理量大；采气阶段废水主要依靠外运集中处理，处理成本大于 550 元 $/m^3$，处理企业成本负担较重。而对外排处理研究还处于起步阶段。目前的处理能力和处理效果，还不能满足现场返排液达标外排要求，仍需要加强钻压裂返排液达标外排处理研究。

2）页岩气开发钻井液钻屑综合利用技术

“十二五”期间，各油田和钻探公司已在油基岩屑资源化利用、钻井固体废物微生物处理方面开展了先导性试验和应用。但高性能水基岩屑的无害化处理研发还未起步，其体系稳定，含有一定量的油，采用常规固化处理技术，浸出液难以达标，处理成本高，急需研发配套处理药剂及技术。油基岩屑目前处于资源初步回收阶段，残渣仍含油 3%～5%，急需研发经济、安全的油基岩屑无害化及资源化利用技术。

三、水基钻井废弃物循环利用及资源化技术

1. 技术发展现状

“十二五”期间，随着环保要求日益严格，加大了钻井废物处理技术研究与应用力度，初步形成了水基钻屑、废钻井液、废水处理系列技术，水基钻井废弃物随钻不落地处理已成为钻井环保发展的趋势，国内已在南方勘探公司、塔里木油田、冀东油田及鄂尔多斯大牛地气田等敏感地区示范应用多口井。

但现有废弃钻井液的处理技术存在自身的局限性，如处理不彻底、存在环境隐患或处理费用高，其推广应用受到了限制。同时，这几种废弃钻井液的处理方法还有一个共同特点，就是错过了预防和控制污染的环节，难以满足石油钻井清洁生产的要求。

2. 技术发展方向

针对现有处理技术对钻井液体系的适用范围不宽，普适性不足；固化填埋占地大、潜在风险高、资源化率低；处理设备占地大、集约化不足、运行成本高；技术和设备差别大、缺乏技术评估方法和技术指南指导等问题，以主要水基钻井废弃物（致密油气、聚磺、渤海湾聚合物等）为研究对象，开展随钻不落地处理、装备和钻井废弃物处理技术评价体系、处理技术指南等关键技术研究，提高水基钻井废弃物循环利用率和资源化率。

四、储层改造返排液循环利用及资源化技术

1. 技术发展现状

低渗透、致密油气区块新建井单段产生压裂废液单点液量少、总体液量大，时间、空间分布不均，同时由于不断扩大新建产能、加大老井措施作业频次，废液量持续上升。措施废液进行水质分析后发现存在含油乳化程度高、小粒径悬浮物含量高、矿化度高、细菌含量高、聚合物含量高、腐蚀速率高、酸化液 pH 值低、油水密度差低的“六高、两低”的水质特点，处理难度大。

目前，措施废液处理主要采用站点集中处理与井场原位处理两种模式，针对钻井废

水、压裂废水以及老井措施废水，分别建立了以“混相收集＋破胶脱稳＋板框压滤”“多级除砂＋混凝沉淀＋离子控制＋过滤杀菌”“微电解高级氧化＋高密度斜板沉降＋板框压滤＋化学杀菌”为主体以及水质检测、污泥脱水等为配套的返排液处理与再利用工艺技术。但仍存在处理规模小、设备拉运成本费用占比高等问题，因此迫切需要围绕储层改造返排液无害化处理及资源化利用开展专项攻关，提升技术装备水平，扩大应用规模。

2. 技术发展方向

酸压返排液井场储存池存放、集中拉运处理的方式成本高，容易造成环境二次污染，并导致污水处理厂过大的污染负荷。因此，需要就地处理，以可移动的橇装化装置，及时、方便地解决废液的处置问题。酸压返排液由于注入的酸化液、压裂液性质不同，井场的地质条件不同等因素而呈现出不同的组分特性，应基于酸压废液的污染物分类，开发出以关键处理技术为核心的组合工艺进行分级处理，实现酸压废液的破胶脱稳与回注。

五、含油污泥处理与利用关键技术

1. 技术发展现状

近年来，由于我国环保法规的逐步完善和中国石油打造绿色发展的要求，含油污泥的资源化利用与污染防治越来越引起重视。含油污泥是油田开发过程中和炼化企业生产过程中产生的主要固体污染物之一，呈固态或半流动状态，属非均质多相分散体系。其主要由原油、水分、黏土矿物、生物有机质和化学添加剂等物质组成，一般含油率在10%左右，高的可达20%～30%，具有能源物质回收与黏土矿物再生利用价值。低碳一期开展了稠油污泥、落地油泥、炼化“三泥”3种典型特征含油污泥的处理技术研究，取得了阶段性进展，但在技术应用推广方面还存在一些需要解决的问题。同时，国家密集出台更严法律、更高标准，在低成本战略的发展新常态形势下，企业对含油污泥处理成本也提出了新的需求。

2. 技术发展方向

就国内的现状看，开发成本低、易操作、处理效果好的含油污泥处理技术和设备在各油田更受欢迎。从长远来看，回收污油、实现污泥的综合利用是实现无害化和资源化的发展方向。如何研制和开发含油污泥高效处理系统，走自动化、环保化、一体化之路，是当前首要思考的问题。总之，含油污泥处理技术和工艺应朝着低成本、工艺和流程简单、环保节能、效益高的方向发展，进而实现含油污泥的综合利用。

六、炼化企业废气与挥发性有机物（VOCs）排放控制及回收技术

1. 技术发展现状

国家对VOCs管控要求日益提高，密集出台VOCs减排的相关政策和标准。2014年12月，环保部发布《石化行业挥发性有机物综合整治方案》，要求2017年7月全国石化行业完成VOCs综合整治工作，污染物排放达到相关标准要求，建成VOCs监测监控体系。我国石化行业VOCs管理控制基本还处于研究建立阶段，国家明确了VOCs管控的方向，但体系建设刚刚起步，LDAR程序还没有规范化、例行化。

国内炼化企业废气污染物排放量大，减排任务艰巨，VOCs排放控制技术无法满足国家政策和标准新要求。有组织排放、污水场废气收集处理装置、硫黄回收装置、储存系统

和装卸系统等装置存在处理不达标或油气外泄等问题，迫切需要开发新技术，支撑炼化企业废气污染物达标排放，实现低碳绿色发展。

2. 技术发展方向

中国石油按照国家要求进行了大型集团化炼化企业 VOCs 管控技术的研究，在国内率先研究开发出基于远程网络平台的 VOCs 管控体系，并整合了 LDAR 程序和统一的核算方法软件，获得科技成果鉴定，为我国石化行业 VOCs 管控提供了成功的借鉴。从发展方向来看，体系化、例行化、电子数据管理化是 VOCs 管控的主要趋势。

针对炼化企业生产过程的 VOCs 排放问题，开展丙烯腈吸收塔尾气收集与治理，延迟焦化装置预处理除杂等炼化企业工艺过程 VOCs 排放收集与治理，浮顶罐高效密封形式改造等炼化企业储存过程 VOCs 收集与治理，开展“密封帽”密封性能优化等炼化企业液体产品装卸系统 VOCs 收集与治理。同时，开展污水场废水收集、传输系统含烃恶臭气体的控制与治理和硫黄回收装置尾气治理技术。

七、炼化污水低成本升级达标及高效回用处理关键技术

1. 技术发展现状

主要应用的生物脱氮技术为传统的全程硝化反硝化技术，该工艺过程将氨氮氧化为亚硝酸盐和硝酸盐，之后再反硝化为氮气，实现氮的去除，因此运行能耗高，处理流程长。短程硝化反硝化技术则通过工艺调控使氨氮仅被氧化为亚硝酸盐，然后直接进行反硝化实现脱氮，该工艺是一条新型脱氮途径，具有节约能源、碳源、减少污泥产量及占地面积、节省运行费用等优点，在高氨氮废水处理领域有着广阔的市场需求和应用前景，但在工业废水的处理方面还缺乏实践案例和适应性、工艺优化研究。除此之外，炼化企业催化裂化尾气脱硫废液处理系统（PTU）废液尚未达标排放，含盐污水产生量增加，排放标准逐渐收紧，低成本脱盐技术需求迫切。

2. 技术发展方向

工业废水高氨氮污水短程硝化反硝化技术：构建能够高效降解污水的功能微生物菌群，提高生化处理效率。开展优势脱碳微生物及高效脱氮微生物研究，解决脱氮与脱碳微生物竞争生长问题，控制条件使二者相容协调。通过固定化技术保证高效菌的生物优势，减少脱氮菌流失，通过生物填料负载优势工程菌，构建多样性的生物赋存环境，大大提高高浓度难降解有机污水的处理效率，降低处理费用。

催化裂化烟气脱硫废水脱盐回用技术：脱硫高含盐废水回用处理，使其出水指标满足初级再生水用于循环水补水的水质控制指标要求。研究重点在于高颗粒物、COD 预处理去除和高 TDS 废水回用。

反渗透浓盐水高效回用及“近零排放”技术研究：优选适合炼化反渗透等高含盐废水的膜浓缩技术，并实现减量化、低成本化、运行稳定化的膜浓缩集成技术。对蒸发结晶产生的晶体盐回收利用，以实现结晶盐的资源化利用是未来“零排放”需克服的难题。

八、非二氧化碳温室气体检测与控制关键技术

1. 技术发展现状

非二氧化碳温室气体主要包括甲烷、氧化亚氮、氢氟碳化物、全氟碳化物、六氟化

硫、三氟化硫等，相比二氧化碳具有更强的全球升温效应，占全球温室气体排放总量的1/5～1/4，是当前国际上应对气候变化工作中热点中的热点。能源行业在其中占有重要位置，其中近1/3的甲烷排放来自油气行业的原油开采与天然气生产、集输和分销过程。

油田伴生气与逸散气回收仍具挖掘潜力，长庆油田主要通过安装定压放气阀、敷设集气管线、压缩机增压混输等方式加以回收，还有很大的提升空间。储罐口逸散气体中绝大部分为可用资源，对每年通过逸散损失的可燃气体未进行量化计算和充分回收。石化行业尚未针对非二氧化碳减排有计划、有步骤地做好战略部署，未制订近期、中期、远期目标和行动计划，急需加强对非二氧化碳减排的技术储备。

2. 技术发展方向

针对目前非二氧化碳温室气体产排现状，未来应重点在以下几方面开展技术研究：油气田生产及输送过程甲烷泄漏检测与核算技术；油田逸散气体控制与回收技术，包括油井井下集气装置和井场伴生气密闭回收装置的工艺结构设计及作业场站不同种类特征的挥发性气体的治理技术和设备开发等；炼化企业工艺路线对碳排放影响研究，包括炼化企业温室气体排放评价技术和炼化企业非二氧化碳温室气体核算技术等；石油石化企业非二氧化碳温室气体减排技术路线等。

九、低碳技术标准体系与决策支持技术

1. 技术发展现状

低碳一期构建了中国石油低碳评价体系，完成了中国石油的低碳现状和发展环境评估，建立了低碳标准体系，初步建立了数据管理平台和战略支撑体系。

我国已于2010年正式启动低碳认证制度、碳排放和碳减排认证认可关键技术项目研究，从组织、产品、项目、技术4个层面开展研究，形成包括碳排放和碳减排核查与认证技术体系、基础数据库、认证标准体系以及监督管理体系在内的完整的国家认证认可体系，并选择典型对象开展碳排放认证认可示范。

我国正在大力提升温室气体排放清单编制水平，提高数据的准确性与可靠性，建立相应的温室气体清单数据库，并启动试点省区和城市温室气体清单编制工作，从而进一步加强和完善温室气体排放统计体系建设。

2. 技术发展方向

未来将开展温室气体排放核算、节能评价、环境风险管控、碳资产管理等低碳决策支持技术研究，建立完善低碳与清洁发展标准体系和决策支持平台，形成中国石油中长期低碳发展路线图，可为石油石化行业参与国内碳市场交易、建立符合国际标准的碳管控体系、争取碳排放配额和加强环境风险管控提供重要的技术基础和决策依据。

第三节　低碳技术发展效果分析

针对新形势下的主营业务需求，以能量系统优化及低成本“三废”治理为重点，加强低碳成熟技术配套推广，完善低碳、清洁两套标准规范系列，建成大庆油田节能示范区、长庆油田储层改造返排液资源化利用示范区、页岩气开发“近零排放”示范区、吉林石化清洁发展示范区、宁夏石化清洁发展示范区，并实现产业化，形成公司低碳与清洁发

展技术系列与标准体系，整体达到国内领先水平，污染物处理能力大幅度提升，成本显著降低，油田地面工程能量系统优化技术推广后形成 28×10^4t（标煤）/a 节能能力，清洁生产技术推广后废水、废气稳定达标。为推动国内能源结构调整、推进大气污染防治，响应十九大报告提出的“形成绿色发展方式和生活方式”，“推进能源生产和消费革命，构建清洁低碳、安全高效的能源体系”作出积极贡献。